Springer-Lehrbuch

Springer-Verlag Berlin Heidelberg GmbH

Harun Parlar · Daniela Angerhöfer

Chemische Ökotoxikologie

Zweite Auflage

Mit 194 Abbildungen

Springer

Professor Dr. Harun Parlar
Daniela Angerhöfer

Lehrstuhl für Chemisch-Technische Analyse
und Chemische Lebensmitteltechnologie
Technische Universität München
85350 Freising-Weihenstephan

Die Deutsche Bibliothek – CIP-Einheitsaufnahme
Parlar, Harun: Chemische Ökotoxikologie / Harun Parlar ; Daniela Angerhöfer. –
Berlin ; Heidelberg ; New York ; London ; Paris ; Tokyo ; Hong Kong ; Barcelona ;
Budapest ; Mailand : Springer 1995
  ISBN 978-3-540-59150-4   ISBN 978-3-642-57796-3 (eBook)
  DOI 10.1007/978-3-642-57796-3
NE: Angerhöfer, Daniela:

Satz: Fotosatz-Service Köhler OHG, Würzburg

SPIN 10077198   51-3020-543210 – Gedruckt auf säurefreiem Papier

Unserem verehrten Lehrer

Professor Dr. Friedhelm Korte

in Dankbarkeit gewidmet

Vorwort

Das vorliegende Lehrbuch der chemischen Ökotoxikologie versucht, einem interdisziplinären Leserkreis – Chemikern, Medizinern, Biologen, Ökologen, Agrarwissenschaftlern u. a. – die wissenschaftlichen Strategien und Konzepte der ökotoxikologischen Bewertung von Chemikalien nahezubringen. Dazu werden im ersten Teil des Buches das Verhalten von Chemikalien in der Umwelt, die Einflüsse darauf und die Wirkungen auf Organismen bzw. ökologische Systeme beschrieben. Anschließend werden Methoden vorgestellt, anhand derer das Verhalten von Chemikalien in der Umwelt untersucht werden kann. Der letzte Teil des Buches ist dann den Möglichkeiten zur Schätzung der potentiellen Gefährlichkeit von Chemikalien gewidmet.

Das Buch stellt die ausgearbeitete Niederschrift einer Vorlesungsreihe dar, die unter dem Titel „Einführung in die chemische Ökotoxikologie" seit 1987 an der Universität Gh-Kassel als Pflichtfach für Studenten der Chemie und als Wahlpflichtfach für Studenten der Biologie und der Umweltsicherung gehalten wird. Es ist keine vollständige Darstellung der Ökotoxikologie, sondern beschränkt sich auf die chemischen Aspekte, zeigt aber trotzdem die Vorgehensweise dieses interdisziplinären Gebietes, das sich in den letzten 20 Jahren entwickelt hat. Ziel des Buches ist es, den Studenten einen Überblick über die gegenwärtigen Möglichkeiten für eine wissenschaftlich begründete Beurteilung der Umweltrelevanz von Chemikalien zu geben.

In diesem Vorhaben wurden wir von zahlreichen Fachkollegen dadurch unterstützt, daß sie uns zu den einzelnen Kapiteln Empfehlungen ausgesprochen haben. Besonders danken möchten wir den Herren F. Korte, D. Kotzias, M. Mansour, A. Kettrup, M. Bahadir, M. Spiteller und W. Klein. Außerdem danken wir unserer Sekretärin Frau Günther für ihre freundliche Unterstützung bei der Erstellung des Manuskriptes. Für die vertrauensvolle Zusammenarbeit danken wir allen Mitarbeitern des Springer-Verlages.

Kassel, im Sommer 1991   H. Parlar, D. Angerhöfer

Inhalt

Verzeichnis der verwendeten Abkürzungen

ACC   1-Aminocyclopropan-1-carbonsäure
AChE   Acetylcholinesterase
ADI   acceptable daily intake
AFNOR   Association Francaise de Normalisation (französische
            Behörde, entspricht dem DIN)

BCF   Biokonzentrationsfaktor
BCH   Bicyclo-2,2,1-heptadien
BHC   Benzolhexachlorid (Hexachlorcyclohexan)
BHMP   bis-(Hydroxymethyl)-peroxid
BSB   Biologischer Sauerstoffbedarf
BUA   Beratergremium für umweltrelevante Altstoffe

CAS   Chemical Abstracts System
ChE   Cholinesterase
CMPP   2-(2-Methyl-4-chlorphenoxy)propionsäure
CSB   Chemischer Sauerstoffbedarf
2,4-D   2,4-Dichlorphenoxyessigsäure

DCMU   3-(3,4-Dichlorphenyl)-1,1-dimethylurea
            (3-(3,4-Dichlorphenyl)-1,1-dimethylharnstoff)
DDA   2,2-Bis-(4-chlorphenyl)-essigsäure
DDD   1,1-Bis-(4-chlorphenyl)-2,2-dichlorethan
DDE   1,1-Bis-(4-chlorphenyl)-2,2-dichlorethen
DDMS   2,2-Bis-(4-chlorphenyl)-1-chlorethan
DDMU   2,2-Bis-(4-chlorphenyl)-1-chlorethen
DDNU   1,1-Bis-(4-chlorphenyl)-ethen
DDOH   2,2-Bis-(4-chlorphenyl)-ethanol
DDT   1,1-Bis-(4-chlorphenyl)-2,2,2-trichlorethan
DEE   Direct Environmental Exposure
DEHP   Diethylhexylphthalat
DHE   Direct Human Exposure
DIN   Deutsches Institut für Normung e. V.
DNA   Desoxyribonukleinsäure

EC   effective concentration
E4Chem   Exposure and Ecotoxicity Estimation for Environmental
            Chemicals
E. coli   Escherichia coli

ED	effective dose
EG	Europäische Gemeinschaft
EPA	Environmental Protection Agency (Umweltbehörde der USA)
ETU	Ethenthioharnstoff
F	Fluoreszenz
FAD	Flavin-adenin-dinukleotid
FAO	Food and Agriculture Organisation of the United Nations
FMN	Flavinmononukleotid
GEE	General Environmental Exposure
GSF	Gesellschaft für Strahlen- und Umweltforschung
HCB	Hexachlorbenzol
HCCPD	Hexachlorcyclopentadien
HCH	Hexachlorhexan (γ-HCH = Lindan)
HMP	Hydroxymethylhydroperoxid
HPLC	high pressure liquid chromatography (= high performance liquid chromatography)
IAA	Indol-3-essigsäure
IC	internal conversion (Interne Umwandlung)
IHE	Indirect Human Exposure
ISC	intersystem crossing (Interkombination)
ISO	International Standardisation Organisation (US-Behörde, entspricht dem DIN)
IUPAC	International Union for Pure and Applied Chemistry
LC	lethal concentration
LD	lethal dose
MCPA	2-Methyl-4-chlorphenoxyessigsäure
MITI	Ministry of International Trade and Industry (Japan)
MPD	Minimum Pre-Marketing Set of Data
NAD	Nicotinamid-Adenin-Dinukleotid
NADP	Nicotinamid-Adenin-Dinukleotid-Phosphat
NIH	Nucleophilic Intramolecular Hydrogen
NMR	nuclear magnetic resonance (Kernresonanz)
NOEL	no-observed-effect-level
NTE	neuropathy target esterase
OECD	Organisation of Economic Cooperation and Development
P	Phosphoreszenz
PAN	Peroxyacetylnitrat
PC	physikalisch-chemisch
PCB	Polychlorierte Biphenyle
PEC	Potential Environmental Concentration
PED	Potential Environmental Distribution
p.l.	permissible level

POA	Phenoxyessigsäure
ppb	part per billion
ppm	part per million
R	Relaxation
RNA	Ribonukleinsäure
S	Singulett
SCE	sisterchromatid exchange
T	Symbol für Tritium; in der Photochemie: Triplett
2,4,5-T	2,4,5-Trichlorphenoxyessigsäure
TMV	Tabakmosaikvirus
TOCP	Tri-o-kresylphosphat
TPA	12-O-Tetradecanoyl-phorbol-13-acetat
TSCA	Toxic Substances Control Act (Chemikaliengesetz der USA)
UDP	Uridindiphosphat
UV	Ultraviolett
WHO	World Health Organization
ZNS	Zentralnervensystem

Einleitung

Die Entwicklung der Chemie in diesem Jahrhundert war im wesentlichen durch das Bestreben gekennzeichnet, synthetische Stoffe herzustellen, die vielseitiger verwendbar bzw. für definierte Zwecke besser geeignet sein sollten als Naturstoffe. Die Folgen der Herstellung und Verbreitung synthetischer Substanzen fanden nur dann Beachtung, wenn die menschliche Gesundheit oder das menschliche Wohlbefinden direkt beeinträchtigt wurde. Daß die Anwesenheit von Chemikalien zu Schäden in der Umwelt führen kann, gelangte erst im Lauf der 50er und 60er Jahre in das öffentliche Bewußtsein, als die generelle Anwendung persistenter Organochlorinsektizide in der Landwirtschaft zu einem deutlich sichtbaren Rückgang verschiedener wildlebender Tierarten führte. Seitdem erfolgen intensive Forschungen zur Aufklärung der Wirkungsweise von Xenobiotika und zur Beurteilung des Risikos, das mit ihrer Herstellung und ihrem Gebrauch verbunden ist. Der Schwerpunkt der Untersuchungen liegt aber häufig immer noch auf den potentiellen Gefahren für den Menschen selbst (durch Kontamination von Nahrung, Trinkwasser oder Luft) bzw. der Gefährdung ihm nahestehender Arten, wie Haustiere, jagdbares Wild, Nutzpflanzen oder Arten, denen aus ästhetischen bzw. emotionalen Gründen ein besonderer Wert beigemessen wird.

Aus den Bemühungen um ein besseres Verständnis der Zusammenhänge zwischen den Eigenschaften von Substanzen und Systemen und deren Interdependenzen entwickelten sich als neue, interdisziplinäre Fachgebiete die ökologische Chemie und Ökotoxikologie. Ihr Aufgabengebiet umfaßt die Aufklärung der natürlichen und anthropogenen Einflüsse auf das Vorkommen und Verhalten von Chemikalien, die Erforschung von deren Wirkung auf Arten und natürliche Systeme sowie die Entwicklung von Analysen- und Testmethoden zur Untersuchung der Kontamination einzelner Umweltbereiche und von Konzepten zur Bewertung des Gefahrenpotentials von Chemikalien. Der Schwerpunkt liegt hier auf der Betrachtung natürlicher Systeme als Ganzes. Dafür werden Verfahren aus sehr unterschiedlichen Bereichen, wie Chemie, Biologie, Medizin, Klima- und Bodenkunde und Ökonomie herangezogen.

Die größte Schwierigkeit in der chemischen Ökotoxikologie liegt häufig darin, die verschiedenen Vorgehensweisen der einzelnen Teilgebiete zu integrieren und den neuen Erfordernissen anzupassen. So reicht es beispielsweise für die Untersuchung eventueller Auswirkungen auf ein Ökosystem nicht aus, Standardtests der Toxikologie an mehreren Arten des Systems durchzuführen;

dadurch können nur die Wirkungen auf die untersuchten Arten erfaßt werden, nicht aber die Folgen für das System. Bei einer solchen Zielsetzung etwa müßten toxikologische und ökologische Methoden kombiniert werden. Entsprechendes gilt für die Verbindung chemisch-ökologischer und ökonomischer Methoden bei der Erstellung von Risiko-Nutzen-Analysen. Gerade bei der Bewertung des Gefahrenpotentials von Chemikalien im Rahmen gesetzlicher Regelungen wird rein chemisch-physikalischen und toxikologischen Methoden noch zu einseitig Vorrang eingeräumt.

Auf den Nutzen der Anwendung von synthetischen Stoffen kann und sollte auch in Zukunft nicht verzichtet werden. Damit wird auch das Vorkommen von Chemikalien in der Umwelt nicht zu vermeiden sein. Es ist deshalb von vorrangiger Bedeutung, Methoden zu entwickeln, mittels derer eventuelle Auswirkungen rechtzeitig erkannt und potentielle Risiken quantifiziert werden können. Auch müssen Kriterien gefunden werden, anhand derer entschieden werden kann, welche Stoffe in bestimmten Mengen in der Umwelt toleriert werden können, welche in Produktion oder Anwendung Beschränkungen unterworfen werden sollten und auf welche zum Schutz der Umwelt ganz verzichtet werden muß.

1 Verhalten von Chemikalien in der Umwelt

Jedes Einbringen von Material in ein System bewirkt eine Veränderung der stofflichen Umweltqualität, unabhängig davon, ob der Stoffeintrag auf natürlichem Weg oder durch menschliche Tätigkeit erfolgt. Ob diese Veränderung meßbar ist bzw. ob sie zu – erwünschten oder unerwünschten – Wirkungen führt, hängt vom Verhalten der Substanz ab, das Ausmaß und Dauer der Veränderung bestimmt.

Die Schätzung und Prognose regionaler bzw. globaler Veränderungen erfordert das Aufstellen von Kriterien zur Beurteilung des ökochemischen Verhaltens von Substanzen. Bei der Bewertung der Umweltrelevanz müssen folgende Aspekte berücksichtigt werden:
– Produktionshöhe
– Anwendungsmuster
– Dispersionstendenz
– Persistenz
– Umwandlungen unter Umweltbedingungen
– Wirkungen auf Organismen und Systeme (Toxizität und Ökotoxizität)

Von der Produktionshöhe hängt ab, wieviel von einer Substanz in die Umwelt gelangt, und vom Anwendungsmuster, wo die Emission beginnt und auf welchen Wegen die Ausbreitung verläuft. Persistenz – Ursache für ein langfristiges Vorhandensein der Verbindung in der Umwelt – und Dispersionstendenz – Grundlage für eine mögliche großräumige Belastung – sind eng miteinander verbunden. Die Umwandlungen unter Umweltbedingungen bestimmen die Art der Folgeprodukte, und dem ökotoxikologischen Verhalten läßt sich die potentielle Gefährdung eines einzelnen Systems bzw. der gesamten Umwelt entnehmen.

Da noch nicht genügend vergleichende Daten vorliegen, anhand derer man die Umweltrelevanz des Verhaltens von Verbindungen mit ihrer chemischen Struktur bzw. mit ihren chemisch-physikalischen Stoffkonstanten korrelieren könnte, muß sich die Beurteilung auf die Erfassung und Bewertung von Einzelsubstanzen beschränken. Zur Gewinnung der dafür notwendigen Daten existieren zwei sich ergänzende Methoden. Ein Verfahren besteht darin, Umweltproben auf das Vorkommen und den Gehalt bestimmter Substanzen oder allgemein auf den Gehalt an Natur- und Fremdstoffen zu analysieren (Überwachen, Monitoring). Bei dem anderen Verfahren führt man Modellversuche durch, bei denen eine Chemikalie gezielt in Umweltkompartimente eingebracht wird bzw. natürliche Bedingungen simuliert werden, und erstellt anschließend eine qualitative und quantitative Bilanz. Indem man die Einflüsse der Systembedingungen auf die Verbindungen untersucht, erhält man gleichzeitig Anhaltspunkte über deren zu erwartende Konzentrationen und über die Abbaukapazität des entsprechenden Systems.

Auch durch wiederholte Analysen vergleichbarer Umweltproben in regelmäßigen Zeitabständen lassen sich Anreicherungstendenzen feststellen und daran der Zeitpunkt des Auftretens eventuell bedenklicher Konzentrationen abschätzen. Ebenso kann das Auftauchen neuer Verbindungen registriert werden. Um allerdings durch Analysen von Umweltproben zu Aussagen über Struktur-Verhaltens-Beziehungen oder Systemeinflüsse zu kommen, ist eine sehr hohe Zahl von Proben nötig.

Die Auswahl von Substanzen für gezielte Versuche erfolgt nach zwei voneinander unabhängigen Kriterien. Eins davon ist das Vorhandensein von Strukturmerkmalen, die eine systematische Aufstellung von Struktur-Verhaltens-Beziehungen erlauben. Das zweite besteht in der aktuellen Umweltrelevanz (vgl. Kap. 5). Die diesbezügliche Prioritätsliste wird anhand der Produktionshöhe sowie nach dem vermuteten bzw. in Vorversuchen beobachteten ökotoxikologischen Verhalten erstellt. Die Produktionshöhe ist nicht von größerer Bedeutung als andere Kriterien, sollte aber leichter zugänglich sein als andere Daten, die die Verbindung betreffen. In der Realität ist allerdings die Produktionshöhe vieler Chemikalien nicht bekannt bzw. kalkulierbar, da die vorhandenen Statistiken unterschiedlich aufgebaut sind und die Daten sich deshalb nicht einfach vergleichen lassen. Theoretisch wäre es auch möglich, die Prioritätsliste anhand anderer Parameter zu erstellen, wie z. B. Abbaubarkeit oder Verteilung in der Umwelt. Diese Eigenschaften lassen sich jedoch erst dann beurteilen, wenn die experimentellen Untersuchungen abgeschlossen sind, deren Reihenfolge anhand der Prioritätsliste entschieden werden soll.

Die Kalkulation räumlicher und zeitlicher Stofflüsse anhand von analytischen Daten ist mit erheblicher Unsicherheit verbunden. Es ist deshalb schwierig, die Prozesse in biogeochemischen Zyklen und den anthropogenen Einfluß auf sie zu quantifizieren. Erforderlich dafür sind Daten über physikalische, chemische und biologische Umweltfaktoren, Fluktuationen und langfristige natürliche Entwicklungen. Zur Beurteilung der Auswirkungen des Eintrags von Chemikalien wäre es günstig, wenn man alle Daten einer Substanz zu einem substanzspezifischen Faktor zusammenziehen könnte. Eine solche quantitative Zusammenfassung würde den Vergleich verschiedener Verbindungen und damit die Bewertung von Substitutionsprodukten erheblich erleichtern. Verschiedene Ansätze in der Form mathematischer Modelle existieren bereits (vgl. Kap. 5.1), liefern aber nur in Teilbereichen genaue Aussagen. Allerdings genügen für praktische Maßnahmen der Anwendungsbeschränkung oder Substitution häufig Schätzungen, die weniger genau sind, dafür aber einen Substanzvergleich erlauben und alle Bereiche der Umwelt einschließen.

Im folgenden sollen das Verhalten von Chemikalien in der Umwelt und die Einflüsse darauf ausführlicher erläutert werden.

1.1 Produktionshöhe

Weltweit werden ca. 300 Mio. t Chemikalien pro Jahr produziert (Tabelle 1.1). Die Jahresproduktion der wichtigsten petrochemischen Grundstoffe – Olefine und Aromaten – ist inzwischen auf ca. 70 Mio. t angestiegen. Für die Produktionsmengen der gebräuchlichsten Chlorkohlenwasserstoffe ergaben sich 1979 in der EG Werte im Bereich von $10^4 - 10^7$ t (Tabelle 1.2). Die Gesamtproduktion an Chemikalien hat sich in den letzten drei Jahrzehnten um das 20fache erhöht. Dabei lagen die Wachstumsraten der Herstellung organischer Chemikalien in den Jahren 1960–1978 mit 9 % etwa doppelt so hoch wie diejenigen der anorganischen Chemikalien und der übrigen Chemie (Abb. 1.1).

Kennt man den regionalen oder weltweiten Verbrauch einer Substanz – oder besser den Gesamtverbrauch seit Einführung –, dann lassen sich die maximal möglichen regionalen bzw. globalen Belastungen der Umwelt relativ einfach vorhersagen. Bei nicht natürlich vorkommenden organischen

Tabelle 1.1. Weltproduktion einiger industrieller Grundstoffe (in 10^6 t)

Grundstoffe	1971	1990
Anorganische Substanzen	250	325
Organische Substanzen	60	84
Roheisen	400	450
Nichteisenmetalle	22	45
Zement	450	920
Rohöl		
– insgesamt	2065	4250
– Verwendung für organische Substanzen	ca. 100	220
– Verwendung für Schmieröle	ca. 20	45

Tabelle 1.2. Produktionsmengen chemischer Substanzen in der EG (nach Angaben des Umweltbundesamtes 1979)

Substanz	Produktionsmenge (10^3 t)
Dichlormethan	245
Chloroform	80
Tetrachlormethan	400–450
1,1-Dichlorethan	10–20
1,2-Dichlorethan	5290
1,1,1-Trichlorethan	123
1,1,2-Trichlorethan	70
Hexachlorethan	6
Vinylchlorid	3500
1,1-Dichlorethen	3,5
Trichlorethen	244
Tetrachlorethen	286
Epichlorhydrin	120–130

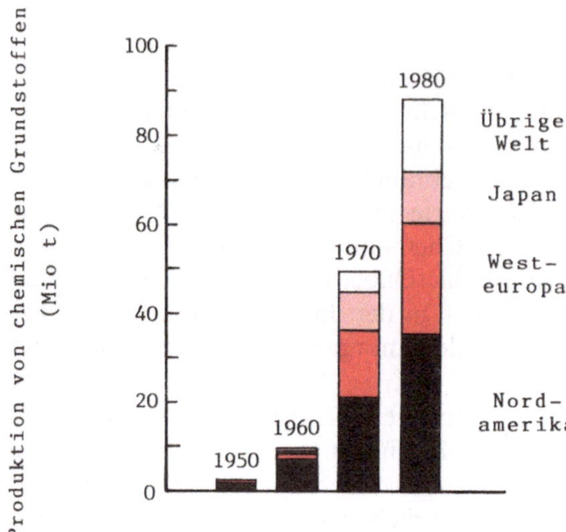

Abb. 1.1. Zunahme der Produktion petrochemischer Grundstoffe von 1950–1980. [Nach Korte (1987)]

Verbindungen (Xenobiotika) ist die Produktionshöhe mit dem maximalen Ausmaß der Veränderungen direkt korrelierbar. Bei der Bewertung des anthropogenen Eintrages und Umsatzes anorganischer und natürlich vorkommender organischer Stoffe müssen zusätzlich die natürlichen globalen Bilanzen berücksichtigt werden, die sich nur näherungsweise erfassen lassen.

Die Berechnung der potentiellen, globalen Veränderungen der Umwelt durch die Anwendung organischer Chemikalien läßt sich durch folgendes Beispiel verdeutlichen. Zur Vereinfachung geht man von der – wenn auch unrealistischen – Annahme aus, daß die gesamte Weltproduktion an organischen Chemikalien sich nur entweder auf die Atmosphäre, den Boden oder den Ozean verteilt, und vernachlässigt die Verluste durch Mineralisierung auf natürlichem Weg sowie durch die verschiedenen Methoden der Abfallbehandlung. Die sich dabei ergebenden Maximalbelastungen der drei Umweltbereiche sind in Tabelle 1.3 zusammengestellt. Diese Zahlen besitzen zwar keine Bedeutung als Daten, zeigen aber, daß es prinzipiell möglich ist, durch anthropogene organische Chemikalien in sehr kurzer Zeit die Umweltqualität global meßbar zu verändern.

Analoge Berechnungen lassen sich für einzelne Staaten aufstellen. Geht man von der globalen zur überregionalen Betrachtungsweise über, dann muß statt der Herstellung der Verbrauch zugrunde gelegt werden. Für die BRD etwa beträgt die so ermittelte potentielle jährliche Flächenbelastung ca. 90 kg anthropogener organischer Chemikalien pro Hektar (Tabelle 1.4). Für die übrigen westeuropäischen Industrieländer und Japan ergeben sich Werte in der gleichen Größenordnung. Dabei ist zu berücksichtigen, daß Schätzungen des nationalen Verbrauchs anhand globaler Produktionszahlen bei Einzelchemikalien viel ungenauer sind als bei Produktgruppen,

Tabelle 1.3. Potentielles maximales Vorkommen organischer Umweltchemikalien in den Umweltkompartimenten Atmosphäre, Ozean und Land. Für die Berechnung wurde angenommen, daß kein Abbau stattfindet und sich die Gesamtmenge in nur jeweils einem Umweltbereich verteilt

Weltproduktion organischer Chemikalien (1977)	$\sim 15 \cdot 10^7$ t
Landfläche der Erde	$140 \quad \cdot 10^6$ km^2
Volumen der Ozeane	$1{,}3 \cdot 10^9$ km^3
Gewicht der Atmosphäre	$5{,}1 \cdot 10^{15}$ t
Verteilung auf gesamte Landfläche,	1 g/m^2 (~ 10 kg/ha)
bzw. in 10-cm-Bodenschicht	4 ppm
Verteilung auf gesamtes Ozean-Volumen,	$1{,}2 \cdot 10^{-4}$ ppm
bzw. in 1-m-Schicht	0,5 ppm
Verteilung auf gesamtes Atmosphären-Volumen	0,03 ppm (Gew.)

Tabelle 1.4. Potentielle jährliche Flächenbelastung durch organische Chemikalien am Beispiel der BRD. Da der Gesamtverbrauch organischer Chemikalien nicht bekannt ist, wurde der prozentuale Handelswertanteil am gesamten Weltverbrauch von 1970 zugrundegelegt und angenommen, daß er proportional zur verbrauchten Menge ist

geschätzte Weltproduktion organischer Chemikalien:	$12 \cdot 10^7$ t
davon in der BRD (Handelswert):	11%
Verbrauch in der BRD (Handelswert):	9%
Fläche der BRD:	248 500 km^2
Atmosphärengewicht über der BRD:	$2485 \cdot 10^9$ t

bei Annahme gleichmäßiger Verteilung	
ohne Abbau: auf der Bodenoberfläche:	44 g/m^2
in den oberen 10 cm des Bodens:	157 ppm
in der Atmosphäre:	4,4 ppm (Gew.)
bei 80% Mineralisierung: auf der Bodenoberfläche:	9 g/m^2
in den oberen 10 cm des Bodens:	31 ppm
in der Atmosphäre:	0,9 ppm (Gew.)

da nationale Verbrauchsgewohnheiten und Bedürfnisse für Einzelsubstanzen sehr weit vom durchschnittlichen Anteil am Weltverbrauch abweichen können.

Ein weiteres Ziel bei der Auswertung von Produktionsstatistiken ist die Prognose von globalen Produktionstrends bzw. von überregionalen Verlagerungen der Anwendung. Bei Mineraldüngern und Pestiziden etwa sinkt der Verbrauch in den Industriestaaten der westlichen Welt (Tabelle 1.5), während der Bedarf in den Ländern der Dritten Welt stark ansteigt (Tabelle 1.6). Wenn die ökonomischen Voraussetzungen erfüllt werden, dann ist mit einer Steigerung des Weltverbrauchs dieser Chemikalien zu rechnen.

Durch den hohen Verbrauch von Einzelsubstanzen, der im allgemeinen zu hohen Konzentrationen in der Umwelt führt, können die Selbstreinigungskraft der Umwelt und auch die Kapazität von Kläranlagen und

Tabelle 1.5. Verbrauch und geschätzter Bedarf an Insektiziden (t) einiger Länder

Staat	1969	1971	1980	1995
Europa	167 303	119 246	105 726	90 580
USA	260 652	199 287	110 830	105 700
Kanada	4 990	3 031	2 900	2 500
Japan	17 087	8 824	7 705	6 000

Tabelle 1.6. Pestizidverbrauch und geschätzter Bedarf in einigen Entwicklungsländern (t)

Staat	1972	1980	1995
Indien	24 335	56 700	73 000
Thailand	4 046	17 800	63 500
Indonesien	2 709	21 350	42 600
Philippinen	924	12 670	95 500

Trinkwasseraufbereitungsanlagen überlastet werden. Beispielsweise konnten in belastetem Trinkwasser Aceton, Benzol, Ethylbenzol, Dichlorethen, Styrol und Toluol nachgewiesen werden.

Produktions- und Verbrauchsdaten werden von nationalen und internationalen Gremien als Kriterium für Umweltrelevanz benutzt. Beispielsweise hat die EPA (Environmental Protection Agency, Office of Toxic Substances) 1973 nach dem Bekanntwerden der unerwünschten Wirkungen von Vinylchlorid in den USA für die 50 Chemikalien mit der höchsten US-Produktion alle offiziellen nationalen Forschungs- und Bewertungs-Daten zusammengestellt. Fast die Hälfte dieser Substanzen werden als Schadstoffe (hazardous substances) im Sinne der Abwasserbelastung (Federal Water Pollution Control Act) bezeichnet, aber erst 1982 erfolgte für einen Teil davon eine gesetzliche Begrenzung im Trinkwasser. 22 dieser Substanzen sind als Wirkstoffe in Pestiziden enthalten, u. a. gebundenes Chlor, Dichlorethen und Ethenoxid.

Nicht alle Chemikalien, die in großen Mengen produziert werden, sind umweltrelevant. Beton, Zement oder Stahl, die in der BRD einen sehr hohen Produktanteil stellen, sind nur insofern von Bedeutung, als bei ihrer Herstellung Chemikalien verwendet werden bzw. Emissionen erfolgen. Deshalb sollte die Produktionshöhe der Substanz nur dann Vorrang auf der Prioritätsliste geben, wenn die Verbindung zusätzlich in mindestens einem weiteren Kriterium relevant ist.

Umgekehrt dürfen bei der Bewertung von Stoffen nicht nur Endprodukte berücksichtigt werden. Auch Hilfsmittel der Herstellung, Nebenprodukte, die als Verunreinigungen Bestandteile der Endprodukte bilden können, Produktionsabfälle und während der Lagerung eventuell entstehende Umwandlungsprodukte gehören zu den Umweltchemikalien. Dagegen sind reine Zwischenprodukte, die vollständig umgesetzt werden, ökotoxikolo-

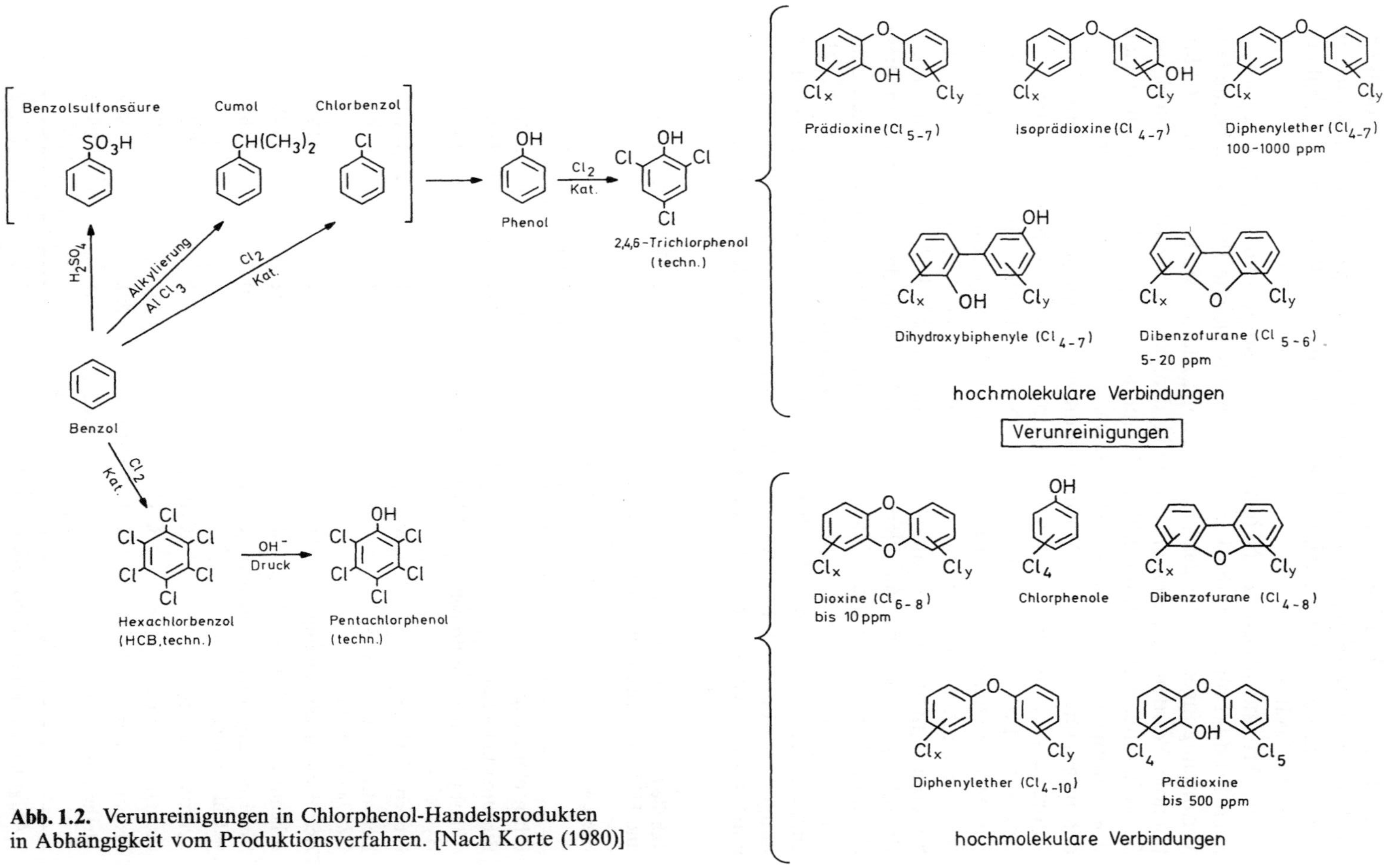

Abb. 1.2. Verunreinigungen in Chlorphenol-Handelsprodukten in Abhängigkeit vom Produktionsverfahren. [Nach Korte (1980)]

gisch nicht von Bedeutung. Auch solche Abfälle, die aus Endprodukten nach ihrer Anwendung bestehen, brauchen nicht gesondert betrachtet zu werden, da das Verhalten einer Chemikalie als Abfall Teil ihres Verhaltens in der Umwelt ist.

Die Art und Menge an Nebenprodukten hängt vom Syntheseweg ab; je nach Produktionsverfahren kann deshalb das gleiche Produkt verschiedene Verunreinigungen enthalten. Ein Beispiel dafür sind technische Chlorphenole. Werden sie durch alkalische Hydrolyse der nächsthöher chlorierten Benzole unter Druck und erhöhter Temperatur hergestellt, dann erhält man u. a. chlorierte Dioxine und chlorierte Dibenzofurane. In Pentachlorphenol, das insgesamt bis zu 13 % Verunreinigungen (hauptsächlich isomere Tetrachlorphenole) enthält, wurden ca. 10 ppm Octachlordibenzo-p-dioxin und einige 100 ppm von dessen Vorläufer Nonachlorphenoxiphenol gefunden. Dagegen entstehen bei der katalytischen Phenolchlorierung am Fe-Kontakt weniger Dioxine (< 0,1 ppm) und Benzofurane (10–20 ppm) und zu einem höheren Anteil die Vorläufer von beiden (Abb. 1.2). Da Chlorphenole Zwischenprodukte für die Herstellung von Herbiziden sind, werden diese ebenfalls kontaminiert und bilden damit eine Quelle für das Auftreten chlorierter Dioxine und Benzofurane in der Umwelt. Die Mengen an Umweltchemikalien, die während der Produktion direkt in die Atmosphäre gelangen, hängen ebenfalls vom Syntheseweg ab. In Tabelle 1.7 ist die jährliche Gesamtemission bei verschiedenen Chlorierungsprozessen zusammengestellt.

Tabelle 1.7. Gesamtemissionen in die Atmosphäre (einschließlich der Ausgangsprodukte und HCl) bei ausgewählten Chlorierungsprozessen in den USA

Prozeß	Produkt	Jahresprod.[a] in 1000 t	Emission in t
Ethenchlorierung	$C_2H_4Cl_2$	2002	27 044
Ethenoxichlorierung	$C_2H_4Cl_2$	353	18 618
Chlorhydrierung von Propen, Hydrolyse	C_3H_6O	498	14 677
Propenchlorierung	C_3H_5Cl	394	10 645
Dehydrochlorierung von 1,2-Dichlorethan	C_2H_3Cl	1178	8 426
Acetylenhydrochlorierung	C_2H_3Cl	294	4 711
Ethenhydrochlorierung	C_2H_5Cl	232	3 714
Vinylchloridhydrochlorierung + Chlorierung	$C_2H_3Cl_3$	190	3 624
Benzolchlorierung	C_6H_5Cl	272	3 262
Methanchlorierung	$C Cl_4$	163	2 945
Propanchlorierung	$C Cl_4, C_2Cl_4$	281	2 809
Methanchlorierung	$CH_3Cl, CH_2Cl_2, CH Cl_3, C Cl_4$	501	8 879

[a] Aufgrund der Produktionszahlen von 1970

Tabelle 1.8. Zusammensetzung des technischen Aldrins

Verbindung		Anteil (%)
Aldrin		90,5
Strukturisomere (z. B. Isodrin)		3,5
Hexachlor-1,3-butadien		0,6
Chlordan		0,5
Octachlorcyclopenten		0,5
Toluol		0,3
Hexachlorcyclopentadien (HCCPD)		0,2
Aldrin-Diaddukt		0,1
Hexachlorethan		< 0,1
Bicyclo-[2,2,1]heptadien (BCH)		< 0,1
Andere Verbindungen (hauptsächlich Polymerisierungsprodukte von HCCPD und BCH)		3,6

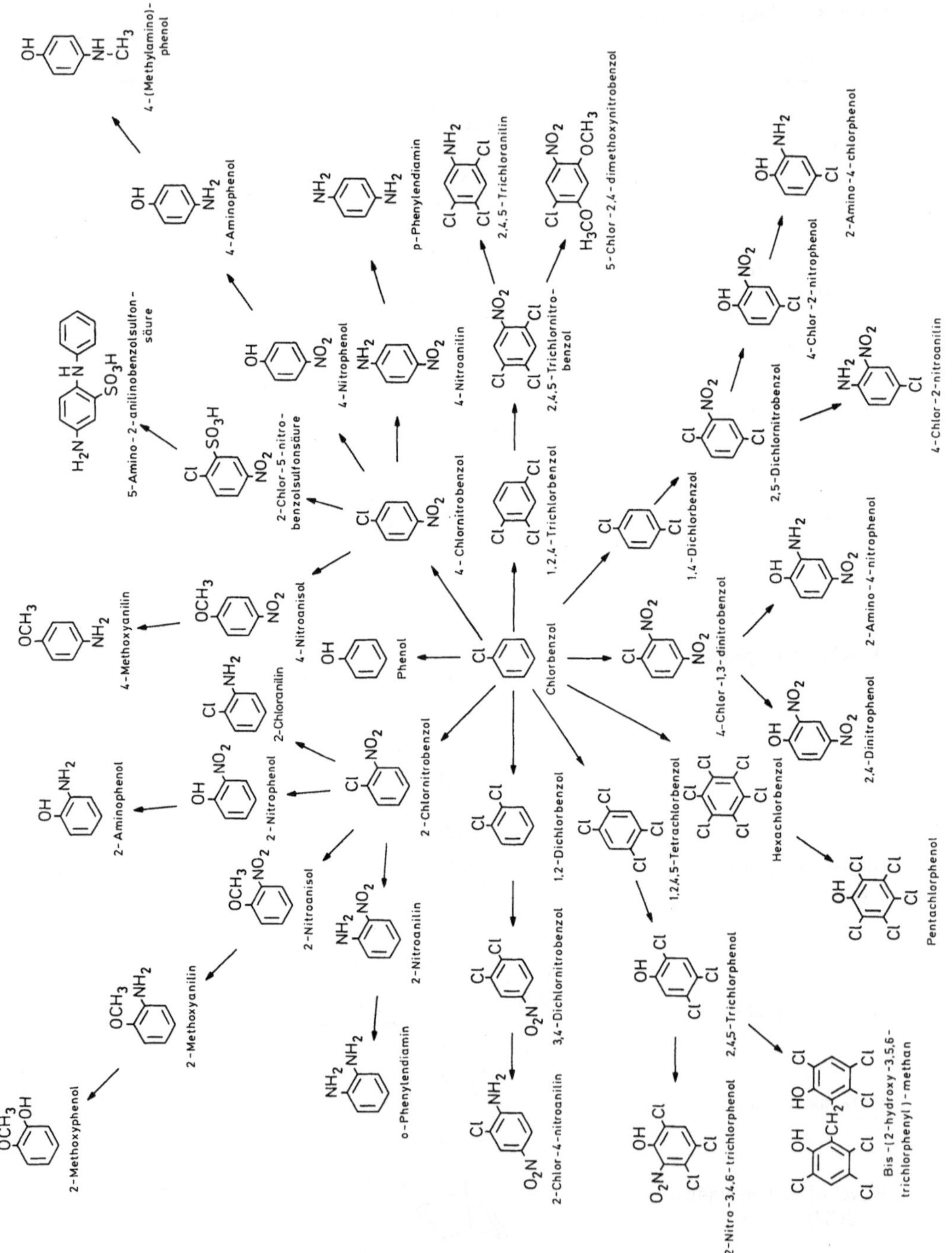

Abb. 1.3. Chemikalienstammbaum am Beispiel von Chemikalien aus Chlorbenzol. [Nach Korte (1980)]

Zur vollständigen Angabe von Produktionsdaten sollte eine genaue Analyse der Verunreinigungen gehören. Von manchen Substanzen, z. B. dem Pestizid Aldrin, sind solche Daten seit Jahren vorhanden (Tabelle 1.8), während bei anderen, teils seit Jahrzehnten benutzten Pestiziden – etwa bei Toxaphen oder technischem Chlordan – erst ein Teil der Komponenten isoliert und identifiziert wurde. Es wäre deshalb sinnvoll, nicht nur die Handelserzeugnisse, sondern auch ihre Synthesewege in Form von Chemikalienstammbäumen (Abb. 1.3) statistisch zu erfassen. Dadurch würde auch die Identifizierung der Verunreinigungen erleichtert. Allerdings wäre eine detaillierte Bewertung aller Chemikalienstammbäume kaum durchführbar; auch hier wäre also eine Prioritätsliste notwendig.

Manche Zwischenprodukte bzw. Hilfsstoffe, wie etwa Lösungsmittel, gelangen in großen Mengen auch in den Endverbrauch (Tabelle 1.9). Bei einer geschätzten Weltproduktion von 73 Mio. t an organischen Chemikalien im Jahr 1970 betrug der Anteil an Stoffen, die ohne Weiterverarbeitung direkt in die Umwelt gelangten, ca. 20 Mio. t; von diesen bestand allein die Hälfte aus Lösungsmitteln, Glykolen und Detergenzien.

Wenn alle Quellen anthropogener Chemikalien erfaßt werden sollen, dann muß auch die unbeabsichtigte Herstellung definierter Substanzen außerhalb von Produktionsprozessen berücksichtigt werden. Hierzu gehören vor allem die Emissionen bei der Energieerzeugung und beim Verkehr. Von der globalen jährlichen Gesamtemission an Kohlenwasserstoffen von ca. 88 Mio. t stammen Schätzungen zufolge 48 Mio. t aus Raffinerien und Verkehr, 25 Mio. t aus der Müllverbrennung und 15 Mio. t aus der Energieerzeugung mit fossilen Brennstoffen. Aus der Zusammensetzung von Erdölprodukten und Autoabgasen können die Hauptkomponenten der Emissionen ermittelt werden (Tabelle 1.10); für Aromaten (Benzol, Toluol, Xylol u. a.) ergibt sich ein Anteil an der Gesamtemission von ca. 10 Mio. t. Das ist ungefähr ein Drittel der globalen Industrieproduktion von 1974, wobei allerdings Doppelzählungen nicht auszuschließen sind.

Ein Teil der Substanzen, die vom Menschen in die Umwelt eingebracht werden, entsteht auch auf natürlichem Weg. Vergleicht man die natürlichen mit den anthropogenen Emissionen etwa bei atmosphärischen Spuren-

Tabelle 1.9. Weltproduktion verschiedener Lösungsmittel (Doppelzählung von Zwischen- und Endprodukten nicht eliminiert)

Substanz/Produkt	10^6 (t) (1972/73)	(1989/90)
Methanol	38	84
1,2-Dichlorethan	13	20
Toluol	8,5	25
Isopropanol	2	5
Aceton	1,9	2,5
Ethanol	1,5	3,5

Tabelle 1.10. Kohlenwasserstoffe in Kraftfahrzeugabgasen (prozentuale Zusammensetzung des Kondensats von Auspuffgasen)

Verbindung	Anteil (%)	Verbindung	Anteil (%)
Ethan	7,77	2-Methyl-1-buten	0,16
Ethen	9,26	Hexan	3,26
Ethin	3,95	Cyclohexan	1,69
Propan	5,35	Methylcyclopentan	1,56
Propen	14,29	1-Hexen	0,12
Propadien	0,68	2-Methyl-1-penten	2,48
Butan	2,12	Heptan	4,18
1-Buten	3,61	2-Methylhexan	1,12
trans-2-Buten	0,69	2,4-Dimethylpentan	0,29
cis-2-Buten	1,45	Octan	1,81
Isobuten	0,69	Nonan	0,65
Pentan	3,68	Benzol	6,11
Isopentan	3,51	Toluol	8,20
Cyclopentan	1,97	Ethylbenzol	2,32
1-Penten	0,53	p-Xylol	6,15
trans-2-Penten	0,43	o-Xylol	2,04
cis-2-Penten	0,19	Sonstige	3,70

Tabelle 1.11. Globale Emissionen verschiedener Substanzen aus anthropogenen und natürlichen Quellen; natürliche Quellen sind etwa Algen für CO, Mikroorganismen und Wälder für Kohlenwasserstoffe (z. B. Terpene) oder anaerobe Mikroorganismen für Methan. Wiederkäuer emittieren das Äquivalent von 7% ihrer Energieaufnahme als Methan (mehrere Millionen Tonnen pro Jahr); die natürliche durchschnittliche Konzentration beträgt ca. 1,5 ppm. [Nach Korte (1987)]

Verbindungen	Emissionen (Mio. t/a)		Anteil der anthropogenen Emission an der Gesamt-emission (%)
	anthropogen	natürlich	
CO	550	3 800	13
CO_2	22 000	600 000	3,5
SO_2	150	20	88
S-Verbindungen insgesamt (gerechnet als SO_2)	150	304	33
NO, NO_2 (gerechnet als NO_2)	53	770	6,5
N_2O	4	145	3
NH_3	7	1 200	0,6
CH_4	110	1 600	6
Kohlenwasserstoffe (ohne CH_4)	90	2 600	3
Aerosole (einschl. (Feinstäube)	246	3 700	6

stoffen (Tabelle 1.11), dann zeigt sich, daß der Anteil an der Gesamtemission – mit Ausnahme des Schwefeldioxids – weit unter 50% liegt. Bei der Mobilisierung von Metallen durch Erosion bzw. Bergbau ist dagegen der anthropogene Anteil wesentlich höher als der natürliche.

1.2 Anwendungsmuster

Der Begriff Anwendungsmuster ist definiert als die quantitative Erfassung der Einsatzbereiche von Einzelchemikalien im Endverbrauch. Je nach Art der Nutzung (Lösungsmittel, Waschmittel, Kunststoffe, Energiegewinnung u.a.) ergeben sich verschiedene Stufen der Anwendung (Abb. 1.4), die zu unterschiedlichen Ausgangspunkten für die Verteilung der Substanzen in der Umwelt führen. Das Anwendungsmuster liefert also Informationen über das anfängliche, häufig lokale Vorkommen der Chemikalien in der Umwelt (und damit über die stoffliche Primärbelastung) und bestimmt gleichzeitig – zusammen mit anderen Faktoren – das weitere Verhalten.

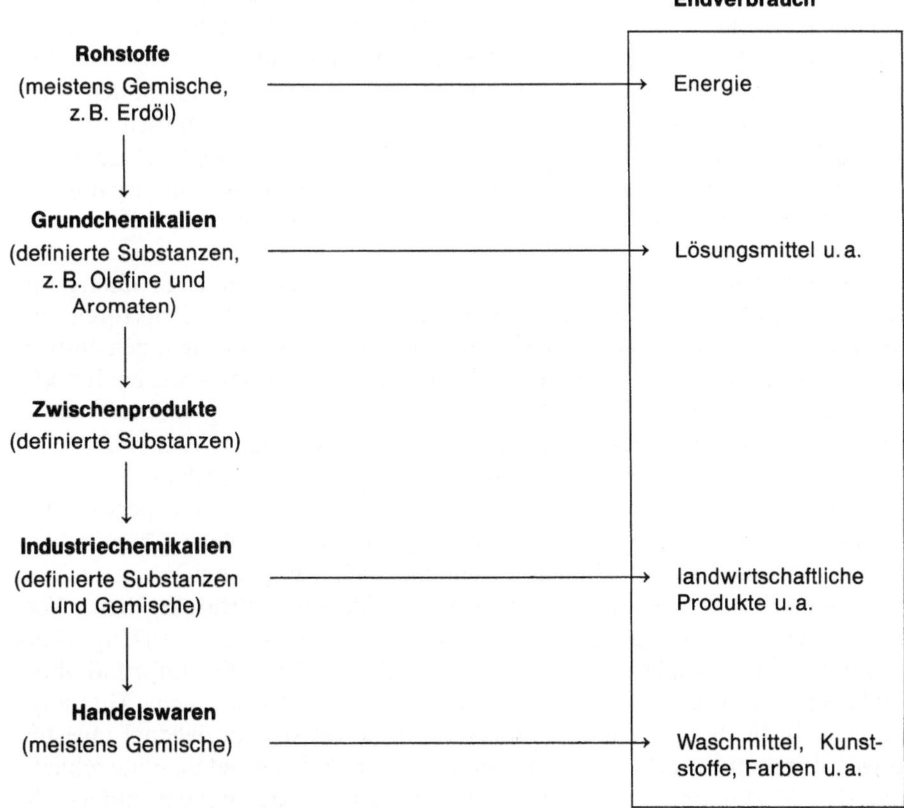

Abb. 1.4. Stufen der Anwendungsmuster von Chemikalien

Tabelle 1.12. Produktion von Schmierstoffen in der BRD

Schmierstoffe	Produktion (t)		Anteil (%)	
	1969	1970	1969	1970
Schmierfette	48 631	42 945	5	4
Getriebeöl	57 837	66 588	5,9	6,1
Formenöl	15 808	16 931	1,6	1,6
Metallbearbeitungsöl	90 005	94 379	9,2	8,7
Isolieröl	33 328	38 241	3,4	3,5
Weißöl	24 990	26 369	2,6	2,4
Achsen- und Dunkelöl	27 842	10 266	2,9	0,9
Motorenöl	403 095	425 556	41,3	39,1
Turbinenöl	12 424	12 526	1,3	1,2
Zylinderöl	7 200	9 140	0,7	0,8
Maschinenöl	120 609	161 813	12,4	14,9
Spindelöl	133 796	126 370	13,7	11,7

Je nach technologischer Eigenschaft, Einsatzbereich und Anwendungsverfahren lassen sich Substanzen in verschiedenen Gruppen zusammenfassen. Das technologische Anwendungsmuster ist häufig identisch mit Chemikaliensparten wie Pigmente, Kunststoffe, Detergentien u. a. So kann man etwa unter technologischen Gesichtspunkten aus verschiedenen Öl- und Fettgemischen die Produktgruppe der Schmierstoffe bilden (Tabelle 1.12). Aus derartigen Daten läßt sich jedoch nicht entnehmen, wo und auf welchem Weg diese Substanzgemische in die Umwelt gelangen. Sie sind übrigens auch nicht in der Summe der Weltproduktion organischer Chemikalien enthalten, da sie – mit Ausnahme einiger Zusatzstoffe – nicht industriell synthetisiert werden.

Verbindungen, die aufgrund ihrer Gebrauchseigenschaften zu Produktgruppen zusammengestellt wurden, können sehr unterschiedliche Strukturen und damit ein sehr unterschiedliches Verhalten unter Umweltbedingungen aufweisen. Auch eine Trennung nach unterschiedlichen Wirkstoffen – wie bei Insektiziden in chlorierte Kohlenwasserstoffe und phosphor-organische Verbindungen – ist nicht zweckmäßig, da phosphor-organische Wirkstoffe ebenfalls organisch gebundenes Chlor bzw. Molekülgruppen enthalten können, die sich unter Umweltbedingungen ähnlich auswirken wie die persistenten Organochlor-Verbindungen. Es ist deshalb sinnvoller, solche Chemikalien, die sich in der Umwelt ähnlich verhalten, auch gemeinsam zu betrachten und dann ihre Anwendung nach den verschiedenen Produkt- bzw. Verbrauchsbereichen aufzugliedern. Ein Beispiel dafür ist die vielfältige Verwendung von Phthalaten in den USA (Tabelle 1.13), die aufgrund ihres ähnlichen Verhaltens als eine Klasse betrachtet werden können. Allerdings kann auch die Benutzung chemischer Stoffklassen bei speziellen Fragestellungen durchaus angebracht sein, wenn etwa bei Schwermetallen ausschließlich das Vorkommen in bestimmten Umweltkompartimenten untersucht und das Verhalten vernachlässigt wird. Soll jedoch ihr Einfluß auf die Um-

Tabelle 1.13. Endverbrauch von Phthalaten in den USA 1972

Endverbrauch	Menge (10^3 t)	Anteil am Gesamtverbrauch (%)
Baugewerbe		44,2
Kabel- und Drahtisolierungen	83,9	
Bodenbeläge	68	
Schwimmbadabdichtungen	9,1	
Witterungsschutz	5,9	
Fensterdichtungen	4,5	
Sonstiges	4,1	
Haushaltseinrichtungen		23,2
Möbelpolster	40,8	
Wandbeläge und Tapeten	17,2	
Haushaltswaren	13,6	
Gartenschläuche	6,8	
Sonstiges	13,6	
Kleidung		8,2
Schuhe	20,4	
Oberbekleidung	9,1	
Babyhosen	3,2	
Verkehr		13,4
Polster- und Sitzbezüge	36,3	
Automatten	6,8	
Autodächer	5,4	
Sonstiges	4,5	
Nahrungsmittel, Medizin		5,3
Verpackungsfolien	8,2	
Luftdichte Verpackungen	3,2	
Medizinische Schläuche	6,8	
Injektions- und Infusionsmaterial	2,7	
Sonstiges (Kosmetika, Pestizidformulierungen)	22,7	5,7

weltqualität berücksichtigt werden, dann müssen Metalle wie Nickel und Quecksilber getrennt betrachtet werden.

Der Einsatzbereich ist ein weiterer Aspekt bei der Beurteilung von Chemikalien. Pestizide werden dann nicht nur wie üblich nach ihrer Wirkung in Insektizide, Herbizide, Fungizide usw. eingeteilt, sondern auch nach ihrer Verwendung in Landwirtschaft einerseits und Gesundheitswesen andererseits. Beim Gebrauch in der Landwirtschaft muß zwischen Vorrats- und Pflanzenschutz unterschieden werden. Entsprechend werden im Gesundheitswesen Pestizide sowohl zur Schädlingsbekämpfung in Gebäuden als auch zur Seuchenkontrolle im Freiland durch großflächige Bekämpfung von Überträgern verwendet.

Ein weiteres Bewertungskriterium besteht darin, ob die Anwendung offen ist – mit der Gelegenheit zur unkontrollierten räumlichen Ausbreitung – oder geschlossen, so daß Wiederverwendung oder gezielte Vernichtung vollständig möglich sind. Dazu zählt auch, ob etwa Farben durch Anstreichen

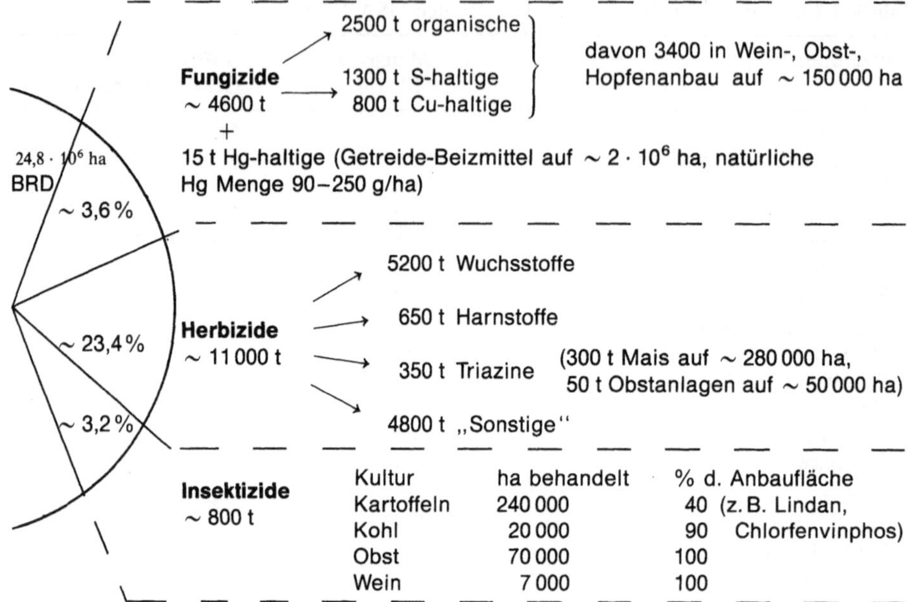

Abb. 1.5. Unterteilung und Anwendungsmuster von Pestiziden in der Landwirtschaft der BRD 1972

oder im Spritzverfahren aufgebracht werden oder ob man ein Pestizid auf den Boden streut oder vom Flugzeug aus versprüht.

Bei Anwendung auf offenen Flächen, wie etwa bei Pestiziden, können zusätzlich zur Aufteilung nach Wirkung und Wirkstoffen auch die geographische Verteilung und der Anteil der behandelten Fläche im Verhältnis zur Gesamtfläche der BRD berücksichtigt werden (Abb. 1.5). Eine Zusammenfassung solcher Einzeldaten einschließlich Angaben über die behandelten Kulturen und unerwünschte Nebenwirkungen existiert für die in der BRD angewandten Herbizide. Allerdings ist eine solche umfassende Gliederung wegen der großen Zahl von Einzelwirkstoffen sehr aufwendig, vor allem, da die Wirkstoffe nicht chemisch rein sind, sondern bis zu 75 % an Hilfsstoffen enthalten. Zusätzlich müßten auch die Verunreinigungen berücksichtigt werden.

Wie wichtig die Kenntnis solcher unbeabsichtigten Anwendungen für die Beurteilung von Substanzen ist, läßt sich am Beispiel von Hexachlorbenzol (HCB) zeigen. Diese Verbindung wird zwar wegen ihrer fungiziden Eigenschaft als Beizmittel für Saatgut (v. a. bei Weizen) benutzt. So wurden 1968 in Australien 200 t technisches HCB für Saatgutbeizung verwendet, und die Produktion in der BRD beträgt jährlich einige 100 t. Es wird jedoch angenommen, daß dieser Einsatz nur einen geringen Teil zur Gesamtbelastung der Umwelt durch HCB beiträgt, die weltweit auf jährlich 10 000–30 000 t geschätzt wird. Um die Hauptquellen zu identifizieren, müßten der Anteil an HCB-Verunreinigungen in anderen Pestiziden, die Abfallmengen in Industrieabwässern aus der Chlorgasherstellung und aus Chlorierungsprozessen und möglicherweise auch die Entstehung von HCB bei der Abwasserdesinfektion mit Chlor untersucht werden.

1.3 Dispersionstendenz

Die Dispersionstendenz von Chemikalien führt dazu, daß sie ihren Anwendungsbereich verlassen; sie ist damit die Ursache für deren unbeabsichtigtes und meistens auch unerwünschtes Vorkommen außerhalb des Anwendungsortes. Gleichzeitig bestimmt sie die potentielle Belastung der gesamten Umwelt durch eine einzelne Substanz. Der Grad der Gefährdung durch die Ausbreitung hängt von der Lebensdauer der Verbindung und der Geschwindigkeit und Reichweite ihres Transportes ab. Die physikalischen, chemischen und biologischen Mechanismen, die den Transport einer Chemikalie – und dabei eventuell ablaufende Reaktionen – beeinflussen, sind sehr komplex und bisher nur in Teilbereichen erforscht bzw. quantifiziert.

Der Weg, auf dem der Anwendungsbereich verlassen wird, die Geschwindigkeit, mit der dies geschieht, und die Menge einer bestimmten Chemikalie, die davon betroffen ist, hängen sowohl vom Anwendungsort als auch vom Zustand der Substanz (fest, gelöst, flüssig oder gasförmig) ab. Gase etwa gelangen bei Emission direkt in die Atmosphäre und unterliegen dort anderen Transportmechanismen als ein Pestizid, das auf den Boden appliziert wird. Bei Abfällen wird die Verteilung statt durch das Anwendungsmuster durch die Art der Abfallbeseitigung (Deponie, Abwasser, Abluft) vom Menschen direkt beeinflußt. Wiederverwertung mit einem gegenüber dem ursprünglichen Produkt veränderten Anwendungsmuster fördert die Dispersion. Dies ist der Fall bei der Verbreitung von Spurenmetallen und organischen Fremdstoffen durch die Nutzung von Klärschlamm und Müllkompost zur Düngung. Aus Deponien gelangen Substanzen durch Versickern in den Boden oder durch Verdunsten in die Luft.

Die Dispersion einer Substanz beginnt in vielen Fällen mit einer Verteilung auf die verschiedenen Phasen des Systems, in das sie eingebracht wurde. Bei im Freiland verwendeten Stoffen sind das die feste Phase des Bodens, die flüssige und die Gasphase in seinem Kapillarsystem und – je nach Flüchtigkeit der Verbindung und Art der Applikation (fest oder flüssig, Gieß- oder Spritzverfahren) – gegebenenfalls auch die Atmosphäre.

Beim Kurzstreckentransport innerhalb des Bodensystems spielen Adsorption und Desorption eine dominierende Rolle. Beide werden durch den Adsorptionskoeffizienten beschrieben. Die Gesamtadsorption hängt von der Temperatur, der Art und Struktur der Chemikalien und den Eigenschaften des Bodens (mineralische Zusammensetzung und Humusanteil und damit die Adsorptionskapazität) ab. Die Desorption durch Wasser oder Salzlösungen ist fast nie vollständig; ein Teil der Verbindungen wird bereits mehr oder weniger dauerhaft festgelegt. Die Differenz zwischen Adsorptions- und Desorptionsisothermen wird als Hysteresis bezeichnet. Der nicht desorbierbare Anteil besteht teils aus kovalent gebundenen Substanzen, die durch Reaktion der Fremdstoffe mit Huminstoff-Vorläufern entstanden sind (Einpolymerisation in Huminstoff-Makromoleküle), teils aus irreversiblen Einlagerungen in die Hohlräume solcher Makromoleküle bzw. in die Schichtgitter von Tonmineralien.

Adsorption und Ionenaustausch bestimmen die Volatilität aus dem Boden und die Aufnahme von Chemikalien durch Pflanzen und besitzen zusammen mit der Verteilung zwischen den Phasen maßgeblichen Einfluß auf die Wanderungsgeschwindigkeit. Von dieser hängt der Massenfluß der Chemikalie durch den Bodenkörper ab. Auch Konvektion aufgrund von Kapillarkräften und in geringerem Maße Diffusion tragen zur Dispersion im Boden bei. Die Mobilität hängt deshalb auch ab von der Dichte und Durchlässigkeit des Bodens, seinem Wassergehalt, der Fließgeschwindigkeit in der flüssigen Phase und dem Verhältnis von Auf- zu Abwärtsbewegung bzw. zu seitlicher Wanderung. Durch den Kontakt mit dem Boden bzw. den Einfluß von Mikroorganismen werden viele Substanzen bereits biotisch oder abiotisch umgewandelt, wobei auch der pH-Wert des Bodens und die Redoxbedingungen mitbestimmend sind.

Durch Versickerung (Austausch mit dem Grundwasser) und Oberflächenabfluß können die Chemikalien dann in Fließgewässer gelangen, während Winderosion und Verdampfung zum Übertritt in die Atmosphäre führen. Die Verdampfungsrate hängt sowohl von der Temperatur und der Windgeschwindigkeit ab als auch vom Wassergehalt des Bodens und der Konzentration der Chemikalie. Der Dampfdruck von Substanzen, die an trockene Bodenoberflächen adsorbiert sind, ist im unteren ppm-Bereich spürbar erniedrigt, steigt mit zunehmender Konzentration an und erreicht schließlich bei einer bestimmten (substanz- und bodenabhängigen) Konzentration den Wert, der dem der Reinsubstanz entspricht. Bei feuchten Böden ist die Volatilität wesentlich höher, wobei der Übertritt der Fremdstoffe unabhängig von dem des Wassers erfolgt. Dies läßt sich daran erkennen, daß sich die Volatilitätsraten der Fremdstoffe nicht ändern, wenn die Verdunstung des Wassers in einer wasserdampfgesättigten Atmosphäre unterdrückt ist. Ursache für die höhere Volatilität in feuchten Böden ist die teilweise Desorption der Substanzen durch das Wasser. Der Übertritt von Fremdstoffen in die Atmosphäre erfolgt hier also bevorzugt aus der flüssigen Phase.

Die Atmosphäre besitzt für den Transport zum Meer hin eine ebenso große Bedeutung wie Fließgewässer. Selbst feste Verunreinigungen werden zum großen Teil über die Luft befördert (Abb. 1.6), während Verunreinigungen in Flüssen zu einem hohen Anteil durch die Sedimentation im Mündungsbreich zurückgehalten werden.

Der atmosphärische Transport verläuft hauptsächlich horizontal (durch Wind), so daß der Hauptanteil der Verunreinigungen auf den untersten Teil der Troposphäre (< 3 km) begrenzt ist. In dieser Schicht werden die Turbulenzen stark von der Oberflächenstruktur beeinflußt. Der vertikale Transport in die oberen Schichten der Atmosphäre (durch Diffusion) verläuft langsamer und kann mehrere Jahre dauern (horizontal: mehrere Monate).

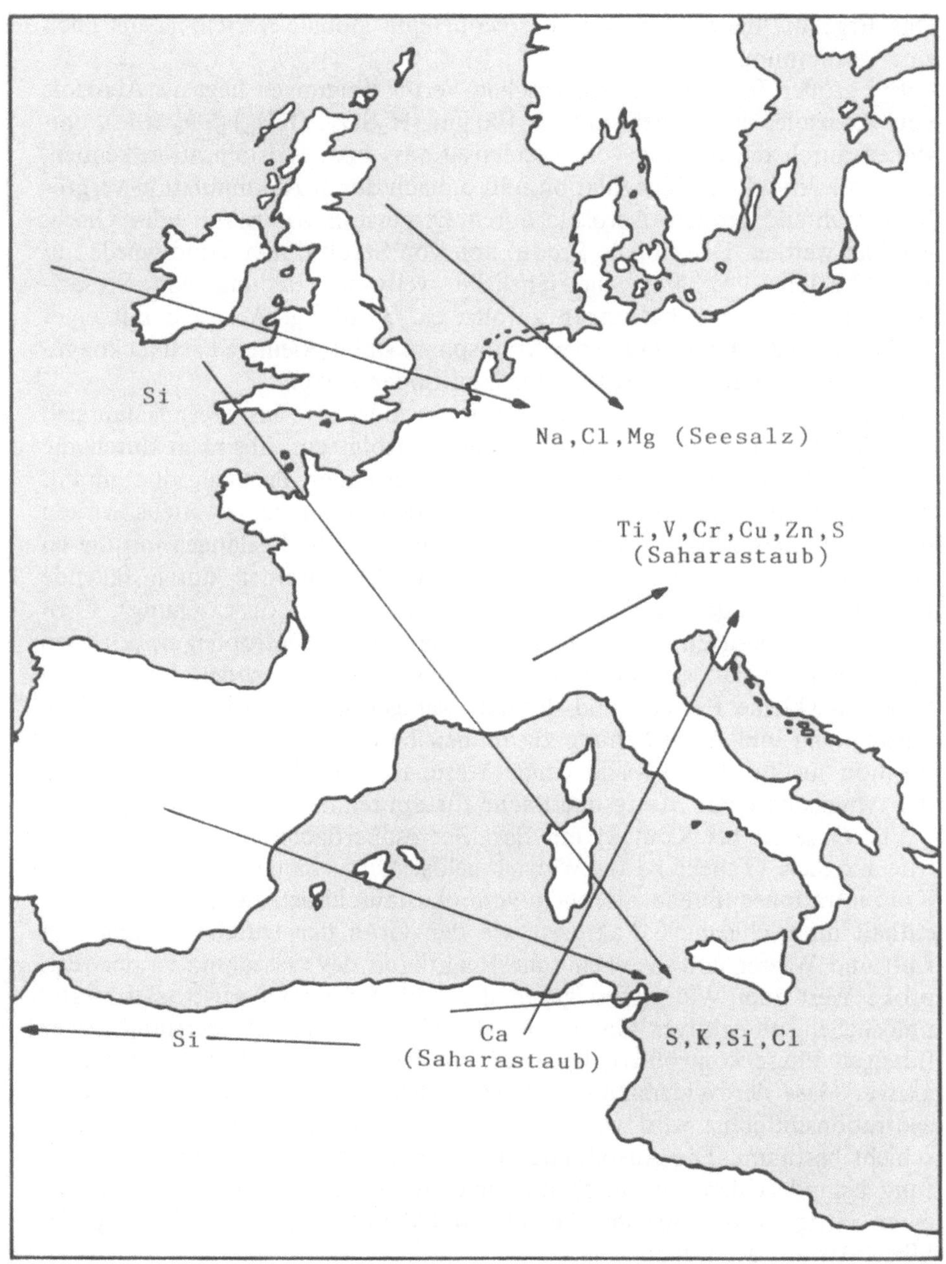

Abb. 1.6. Weiträumiger Transport partikelförmiger Spurenstoffe über Westeuropa. [Nach Hofmann et al.]

Das Ergebnis dieser Prozesse ist sowohl eine globale Verteilung als auch eine Verdünnung.

Ein großer Teil der atmosphärischen Verunreinigungen liegt als Aerosole vor. Aerosole, die kleiner sind als 100 µm (H_2SO_4, $(NH_4)_2SO_4$ u.a.), entstehen durch die Bildung von Kondensations- bzw. Kristallisationskeimen, die sich zuerst durch Koagulation und danach durch Akkumulation vergrößern, während größere Aerosole durch Dispersion von Staub oder Gischt gebildet werden. Die globale Produktion von Staub durch Wind wurde auf $5 \cdot 10^{14}$ g/Jahr geschätzt; die jährliche weltweite Bildung von Seesalz-Aerosolen beträgt Schätzungen zufolge ca. $3 \cdot 10^{15}$ g. Aerosole mit einer Größe von $0{,}2-20$ µm sind in der Atmosphäre stabil; kleinere Partikel koagulieren, während größere relativ schnell zu Boden sinken.

Beim Übergang von Partikeln von der Atmosphäre ins Meer lassen sich zwei Mechanismen unterscheiden. Erstens erfolgt ein Absinken durch die Schwerkraft (trockene Deposition); mit steigender Partikelgröße nimmt der Anteil des Absinkens an der Gesamtdeposition zu. Zweitens wirken Partikel als Kondensationskeime für Regentropfen und gelangen mit diesen abwärts (rainout, Ausregnung). Weitere Partikel werden durch fallende Regentropfen eingefangen und mitgerissen (washout, Auswaschung). Größere Partikel besitzen eine größere Tendenz, von Regentropfen eingefangen zu werden, so daß sie eine kürzere Aufenthaltsdauer in der Atmosphäre haben als kleine Partikel und deshalb weniger weit transportiert werden. Ausregnung und Auswaschung zusammen bezeichnet man als feuchte Deposition. In Tabelle 1.14 sind einige Werte zum mittleren Gesamtfluß von der Atmosphäre zur Meeresoberfläche für Spurenmetalle zusammengestellt.

Für Gase ist bei Kontakt mit der Meeresoberfläche ein direkter Übertritt möglich (Tabelle 1.15). Wieviel gelöst wird, hängt sowohl von der Konzentrationsdifferenz als auch vom Austauschkoeffizienten ab. Dieser enthält unterschiedliche Faktoren wie den Grad der Durchmischung von Luft und Wasser und die chemische Reaktivität des Gases und ist der reziproke Wert zum Widerstand gegen den Luft-Wasser-Übertritt. Bei relativ unlöslichen, unreaktiven Gasen wird der Übergang vom Widerstand in der flüssigen Phase kontrolliert, während für den Übergang löslicher bzw. reaktiver Gase der Widerstand in der Gasphase entscheidend ist. Die Konzentrationsdifferenz wird von der Konzentration in der obersten Meeresschicht bestimmt. Die Ausbildung einer Temperatur- oder Salinitätsschichtung behindert den Austausch mit tieferen Meeresbereichen und führt zu einer Sättigung der obersten Schicht und damit zu einer Begrenzung des Übertritts aus der Luft.

Innerhalb des Meeres erfolgt der Transport aus tieferen Bereichen an die Oberfläche durch Advektion bzw. Diffusion. Gase bilden an Orten der Übersättigung auch Blasen, die nach oben steigen. Mikroorganismen, die in täglichem Rhythmus zwischen Oberfläche und tieferen Schichten hin und her wandern, tragen ebenfalls zum Transport von Substanzen bei.

Im Oberflächenfilm, der je nach den Bedingungen $0{,}001-1000$ µm dick sein kann, reichern sich die Substanzen kurzfristig an, bevor sie in die

Tabelle 1.14. Geschätzter mittlerer Gesamtfluß von Spurenmetallen von der Atmosphäre zur Meeresoberfläche (in $ng \cdot cm^{-2} \cdot Jahr^{-1}$). [Nach Waldichuk]

Element	New Yorker Bucht	Nordsee	Westliches Mittelmeer	Südatlantische Bucht	Bermuda	Tropischer Nordatlantik	Tropischer Nordpazifik
Al	6 000	30 000	5 000	2 900	3 900	5 000	1 900
Sc	–	5	1	–	0,6	1,1	0,4
V	–	480	–	–	5	1,7	2,8
Cr	–	210	49	–	9	14	6
Mn	–	920	–	60	45	70	18
Fe	5 700	25 500	5 100	5 900	3 000	3 200	1 300
Co	–	39	3,5	–	1,2	2,7	0,6
Ni[b]	–	260	–	390	3	20	–
Cu[b]	–	1 300	96	220	30	25	2
Zn[b]	1 400	8 950	1 080	750	75	130	13
As[b]	–	280	54	45	3	–	–
Se[b]	–	22	48	–	3	14	4,5
Ag[b]	–	–	3	–	–	0,9	0,2
Cd[b]	30	43	13	9	4,5	5	0,5
Sb[b]	–	58	48	–	1,0	3,5	0,1
Au[b]	–	–	0,5	–	–	0,1	–
Hg[b]	–	–	5	24	–	2,1	–
Pb[b]	3 900	2 650	1 050	660	100	310	7
Th	–	4	1,2	–	–	0,9	0,9

[a] Die Schätzung des Stofflusses basiert auf einer Vielzahl von Annahmen, die bei den einzelnen Autoren unterschiedlich sein können.

[b] Diese Elemente sind im allgemeinen in marinen Aerosolen angereichert.

Atmosphäre gelangen. Die Dauer dieses Aufenthaltes hängt sowohl von der Wellenaktivität (Aufbrechen der Grenzschicht) als auch den Eigenschaften der Substanz (Benetzbarkeit, Stabilisierung durch Beschichtung mit hydrophoben Verbindungen o. a.) ab und reicht von wenigen Sekunden bei benetzbaren Spurenmetall-Partikeln bis zu einem Tag. Der Übertritt von festen Partikeln und auch von Gasen in die Luft erfolgt wahrscheinlich überwiegend durch das Platzen von Blasen, aber auch durch Gischt bei Windeinwirkung und eventuell sogar durch Spritzer beim Auftreffen von Regentropfen. Hydrophobe Flüssigkeiten gehen durch Verdunsten in die Atmosphäre über. Der Austausch zwischen Luft und Meer findet ständig in beide Richtungen statt, so daß Chemikalien, die über die Atmosphäre ins Meer gelangen, nur zu einem Teil dort bleiben; der Rest gelangt wieder in die Atmosphäre. Manche Metalle werden nach Schätzungen zu 50% in die Luft zurücktransportiert. Einen Überblick über diese Austauschprozesse enthält Abb. 1.7.

Bei entsprechend hoher Lebensdauer kann auch sehr unterschiedliches Dispersionsverhalten verschiedener Stoffe zum gleichen Ergebnis eines ubiquitären Vorkommens führen. Dies soll am Vergleich langlebiger Isotope und persistenter Halogenkohlenwasserstoffe verdeutlicht werden. ^{85}Kr, das bei der Wiederaufbereitung von Kernbrennstoffen frei wird, ist kaum

Tabelle 1.15. Globaler Nettofluß an Gasen durch die Luft-Meeres-Grenzschicht. [Nach Waldichuk]

Element	Verbindung	Bestimmender Widerstand[a]	Globaler Luft-Meeres-Fluß	
			Richtung[b]	Betrag[c]
H	H_2	r_w	+	10^{12}
C	HCHO	$r_a \sim r_w$	−	10^{13}
	CH_4	r_w	+	$10^{12}-10^{13}$
	C_2H_6	r_w	+	10^{12}
	C_3H_8	r_w	+	10^{12}
	C_2H_4	r_w	+	10^{12}
	C_3H_6	r_w	+	10^{12}
	CO	r_w	+	10^{14}
	CO_2	r_w	−	$2 \cdot 10^{15}$
	anthropogen			(wie C)
N	N_2O	r_w	+	$6 \cdot 10^{12}$
	NO	r_w	+ (?)	
	NO_2	?	+ (?)	
	NH_3	r_a	+ (?)	?
O	O_3	r_w	−	$6 \cdot 10^{14}$
S	Total		+	$34-170 \cdot 10^{12}$
	S (flüchtig)			(wie S)
	H_2S	r_w	+	$15 \cdot 10^{12}$
	$(CH_3)_2S$	r_w	+	$30-50 \cdot 10^{12}$
	CS_2	r_w	+	$0{,}3 \cdot 10^{12}$
	COS	r_w	+	$0{,}8 \cdot 10^{12}$
	SO_2	r_a	−	$5 \cdot 10^{12}$
Cl	CH_3Cl	r_w	+	$3-8 \cdot 10^{12}$
	CCl_4	r_w	−	10^{10}
	CCl_4	r_w	=	~ 0
	CCl_3F	r_w	−	$5 \cdot 10^9$
	CCl_3F	r_w	=	~ 0
	$CHCl_3$	r_w	+	$7 \cdot 10^{11}$
I	CH_3I	r_w	+	$3 \cdot 10^{11}$
	CH_3I	r_w	+	$13 \cdot 10^{11}$

[a] r_a = Widerstand in der Gasphase; r_w = Widerstand in der flüssigen Phase.
[b] +: Meer → Luft; −: Luft → Meer; =: Kein Nettofluß.
[c] Die Einheit ist g der Verbindung/Jahr.

wasserlöslich und verbleibt in der Atmosphäre bis zum radioaktiven Zerfall. Die Halbwertszeit beträgt 10,7 Jahre, so daß bis zum 99,9%igen Zerfall ungefähr ein Jahrhundert vergeht. Da sowohl der horizontale als auch der vertikale Transport in der Atmosphäre im Verhältnis zur Lebensdauer schnell verläuft, ist ^{85}Kr in der Luft annähernd gleichmäßig verteilt.

Entsprechendes gilt für ^{90}Sr mit einer Halbwertszeit von 28,6 Jahren, das bei Atombombentests in die Atmosphäre gelangt. Trägt man den Strontium-90-Niederschlag gegen die Breitengrade auf (Abb. 1.8), dann sind die ursprünglich lokalen Quellen nicht mehr erkennbar; lediglich das Maximum auf der Nordhalbkugel (verursacht durch den langsameren

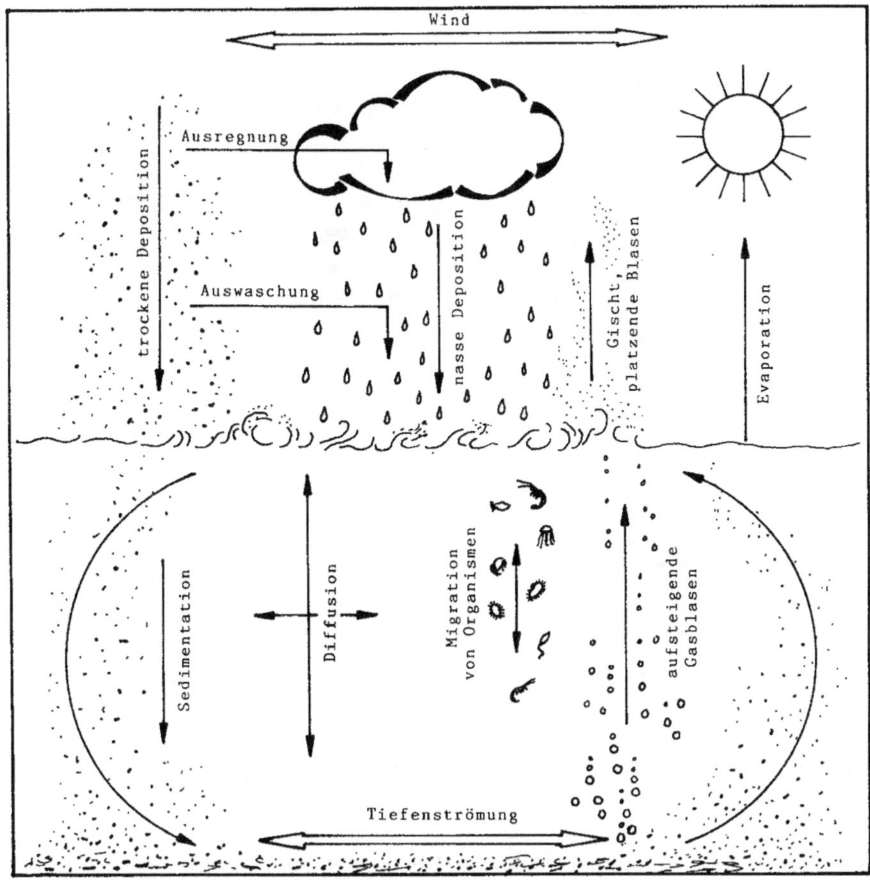

Abb. 1.7. Schematische Darstellung der Prozesse beim Austausch zwischen Atmosphäre und Meer

stratosphärischen Austausch zwischen den beiden Hemisphären) zeigt an, daß dort die Hauptemission erfolgte.

Das Pestizid DDT wurde vor allem in den gemäßigten Breiten der Nordhalbkugel lokal großflächig auf den Boden ausgebracht. Die Verteilungsmechanismen bei DDT sind sehr viel komplexer als der rein atmosphärische Transport der beiden Isotope. Trotzdem ergibt sich bei einem Vergleich der Analysendaten ebenfalls ein weltweites Auftreten und ein ähnliches Verteilungsmuster mit einem größeren Maximum in den mittleren Breiten der nördlichen Hemisphäre und einem kleineren in den mittleren südlichen Breiten.

Ein nicht zu unterschätzender Transportfaktor sind Organismen. Vor allem Substanzen, die sich in Lebewesen anreichern, können relativ weit verbreitet werden. Die Reichweite des Transports hängt davon ab, auf welcher trophischen Stufe der Hauptanteil der Akkumulation stattfindet und wie mobil die mit der Substanz belasteten Organismen sind.

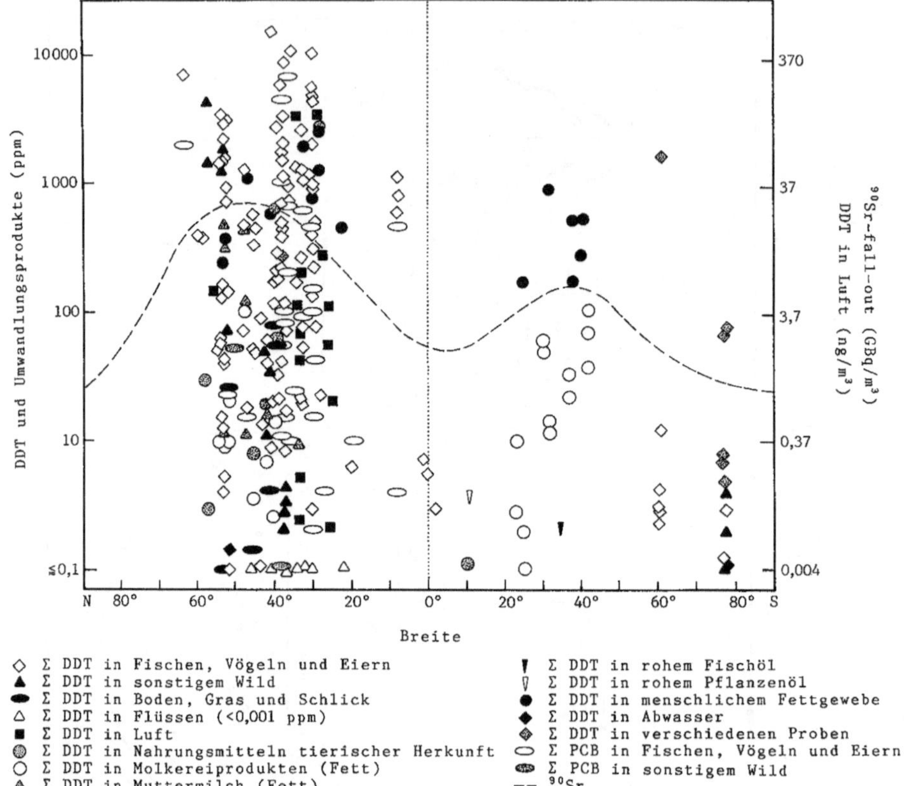

◇ Σ DDT in Fischen, Vögeln und Eiern
▲ Σ DDT in sonstigem Wild
⬬ Σ DDT in Boden, Gras und Schlick
△ Σ DDT in Flüssen (<0,001 ppm)
■ Σ DDT in Luft
◉ Σ DDT in Nahrungsmitteln tierischer Herkunft
○ Σ DDT in Molkereiprodukten (Fett)
⬭ Σ DDT in Muttermilch (Fett)

▼ Σ DDT in rohem Fischöl
▽ Σ DDT in rohem Pflanzenöl
● Σ DDT in menschlichem Fettgewebe
◆ Σ DDT in Abwasser
◈ Σ DDT in verschiedenen Proben
⬮ Σ PCB in Fischen, Vögeln und Eiern
⬬ Σ PCB in sonstigem Wild
—— 90Sr

Abb. 1.8. Dispersion von Strontium-90 und DDT bzw. PCB. Für die beiden Halogen-Kohlenwasserstoffe sind bei den verschiedenen Arten von Umweltproben jeweils die Ergebnisse mehrerer unabhängiger Untersuchungen eingetragen. Allerdings müssen nach heutiger Ansicht sowohl die Substanzidentität als auch die Konzentrationen mit Vorsicht betrachtet werden, da die meisten bis 1968 publizierten Rückstandsergebnisse aufgrund mangelnder Unterscheidungsmöglichkeit zwischen PCB und DDT plus Analoge zu hoch sind. [Nach Korte (1980)]

Akkumulation in bestimmten Umweltbereichen wirkt der Dispersion entgegen und führt zur inhomogenen Verteilung der betroffenen Substanz. In aquatischen Systemen beispielsweise ist die Konzentration an Schwermetallen und organischen Fremdstoffen im Sediment sehr viel höher als im freien Wasser. Auch in der Luft liegen die Chemikalien in höheren Konzentrationen in Partikeln vor als in der Gasphase. Der Einfluß der teilweisen Festlegung von Substanzen im Boden bzw. der Remobilisierung von Rückständen auf die Dispersion ist quantitativ kaum zu ermitteln.

Zur quantitativen Erfassung und Vorhersage von Umwandlungen, Transport und Dispersion einer Substanz werden oft Simulationsmodelle aufgestellt. Dabei erfolgt die Annäherung auf zwei verschiedenen Wegen: mit physikalischen oder mathematischen Methoden. Die physikalischen Modelle beruhen auf Labor- oder Mikrokosmosstudien bzw. Feldexperimenten. Ihre

Bedeutung liegt darin, daß sie zur Überprüfung von mathematischen Öko-system-Modellen herangezogen werden können. Allerdings sind die auf diese Weise gewonnenen Daten in der Regel nicht extrapolierbar und zeigen deshalb nur an, was mit einer Substanz geschehen könnte, aber nicht, was mit ihr unter realen Umweltbedingungen tatsächlich geschieht. Sie können deshalb nicht zur Vorhersage von Konzentrationen bestimmter Substanzen in der Umwelt verwendet werden.

Bei mathematischen Modellen lassen sich drei Kategorien unterscheiden: Modelle, die anhand einer Vielzahl von Daten den gegenwärtigen Zustand eines Systems zusammenfassend beschreiben, Modelle, die kausale Zusammenhänge und wichtige, das System bestimmende Mechanismen erklären sollen, und Modelle, die den zukünftigen Zustand eines Systems vorhersagen sollen. Mechanistische Modelle eignen sich am ehesten zur Prognose des Umweltverhaltens einer Substanz. Da aber auch sie nur Annäherungen an reale ökologische Systeme sind, sollten sie mit entsprechender Vorsicht benutzt werden.

1.4   Akkumulation

Akkumulation ist ein Teilaspekt der Dispersion, nur wird hier nicht das Verhalten der Chemikalie beurteilt, sondern ein Teil des Verhaltens der Organismen bezüglich der Chemikalie. Man bezeichnet als Akkumulation die unerwünschte Anreicherung von Chemikalien in bestimmten Umweltkompartimenten. Die Konzentration der Substanz wird dabei nicht absolut bewertet, sondern in Relation zur Konzentration in der Umgebung des Organismus. Bei Systemen werden die Konzentrationen in verschiedenen Bereichen des Systems verglichen.

Prinzipiell kann jede Chemikalie durch Organismen aufgenommen werden. Natürliche Substanzen, die der Organismus nicht braucht, werden entweder aktiv nicht resorbiert oder aktiv wieder ausgeschieden. Wenn Aufnahme und Ausscheidung gleich schnell verlaufen, ist der Sättigungszustand erreicht. Wann dies der Fall ist, hängt von der Substanz und der biologischen Art ab; der Zeitraum reicht von wenigen Stunden bis zu mehreren Jahren. Von Anreicherung spricht man dann, wenn die Sättigungskonzentration höher liegt als die Konzentration im umgebenden Medium bzw. in der Nahrung.

Daß Substanzen gespeichert werden können, ist eine notwendige Voraussetzung für das Funktionieren stofflicher Kreisläufe; die unerwünschte Speicherung ist nur ein Nebeneffekt. Auch natürlich vorkommende Substanzen werden akkumuliert. Tabelle 1.16 zeigt den Gehalt an verschiedenen Elementen im Ruderfußkrebs Calanus finmarchicus im Vergleich zum umgebenden Meerwasser. Das Verhältnis der Konzentration im Organismus zur Konzentration in der Nahrung bzw. im umgebenden Medium bezeichnet man als Anreicherungsfaktor. Ist das Verhältnis größer als 1, dann spricht

Tabelle 1.16. Gehalt verschiedener Elemente im Meerwasser im Vergleich zum Ruderfußkrebs Calanus finmarchicus

Element	Meerwasser (Massenanteil in %)	Ruderfußkrebs (Massenanteil in %)	Anreicherungsfaktor	
O	85,966	79,99	0,93	
H	10,726	10,21	0,95	
Cl	1,935	1,05	0,54	im Krebs
Na	1,075	0,54	0,5	niedriger
Mg	0,13	0,03	0,23	
S	0,09	0,14	1,6	
Ca	0,042	0,04	1	
K	0,039	0,29	7,4	
C	0,003	6,10	2 000	im Krebs
N	0,001	1,52	1 500	höher
P	< 0,0001	0,13	20 000	
Fe	< 0,0001	0,007	1 500	

Tabelle 1.17. Unterschiede in der Aschezusammensetzung verschiedener Wasserpflanzen aus der gleichen Umgebung

Pflanze	Anteil in %			
	K_2O	Na_2O	CaO	SiO_2
Seerose (Nymphaea alba)	14,4	29,7	18,9	0,5
Schilf (Phragmites communis)	1,1	0,5	0,3	71,5
Krebsschere (Stratiotes aloides)	30,8	2,7	10,7	1,1
Armleuchteralge (Chara spec.)	0,2	0,1	54,8	5,9

man von Bioakkumulation; ist es kleiner als 1, dann könnte man es Anreicherung in der abiotischen Umwelt gegenüber dem Organismus nennen.

Welche Elemente bevorzugt gespeichert werden, ist artspezifisch. Vergleicht man etwa den Gehalt an manchen Elementen in verschiedenen Pflanzenarten, die in der gleichen Umgebung wachsen, dann ergeben sich zum Teil Unterschiede von zwei Zehnerpotenzen (Tabelle 1.17).

Anthropogene Chemikalien werden dann akkumuliert, wenn der Organismus keine speziellen Mechanismen besitzt, um entweder die Resorption zu verhindern oder die Substanz nachträglich zu eliminieren. Bei den organischen Substanzen ist die Anreicherung der Pestizide DDT und Aldrin/ Dieldrin in Fettgeweben am gründlichsten bearbeitet worden. Ursprünglich nahm man an, daß die Speicherung von organischen Xenobiotika unbegrenzt verläuft. Es zeigte sich jedoch, daß auch hier eine Sättigungsgrenze erreicht wird, die von der Höhe der Exposition abhängt. Es muß also auch hier eine Ausscheidung stattfinden, die zu der Einstellung eines Gleichgewichtes führt. Da das Erreichen des Plateaus sehr lange dauern kann und

Tabelle 1.18. Anreicherung von Elementen aus dem Meerwasser durch Plankton und Braunalgen; $KF = \dfrac{\text{Konz. in Organismen (bezogen auf Frischgewicht)}}{\text{Konz. im Meerwasser}}$ (ppm)

Element	KF Plankton	KF Braunalgen
Ag	210	240
As	–	2 500
Cd	910	890
Cl	1	0,062
Cr	17 000	6 500
Cu	17 000	920
Fe	87 000	17 000
Hg	–	250
N	19 000	7 500
P	15 000	10 000
Pb	41 000	70 000
Si	17 000	120
Ti	20 000	3 000
Zn	65 000	3 400

Tabelle 1.19. Akkumulation einiger organischer Chemikalien in der Alge Chlorella fusca; $f_{24} = \dfrac{\text{Konz. in Algen (µg/g Trockengewicht) nach 24 h}}{\text{Endkonz. im Wasser (µg/mg)}}$

Verbindung	Anfangskon-zentration im Wasser (µg/l)	Anteil in der Alge nach 24 h (%)	Anteil im Wasser nach 24 h (%)	Akkumulations-faktor (f_{24})
Hexachlorbenzol	51	60	5	120 000
Sencor	51	2	75	290
Pentachlorphenol	46	38	52	7 400
	51	33	64	5 200
	53	35	55	6 000
2,4,6-Trichlorphenol	49	7	92	580
Monolinuron	50	0,6 (1,4)	98 (96)	60 (140)
4-Chloranilin	50	11	87	1 200
Pentachlornitrobenzol	49	60 (74)	42 (34)	14 000 (22 000)
Aldrin	60	70	24	29 000
2,5,4′-Trichlorbiphenyl	38	91	9	110 000

Algenkonzentration: 0,1 g/l (Trockengewicht).

die Konzentration der Chemikalie in der Umwelt nicht konstant ist, sind Akkumulationsfaktoren für Xenobiotika nicht leicht zu bestimmen. Man vergleicht deshalb die Anreicherung verschiedener Chemikalien in Testorganismen unter standardisierten Bedingungen (Tabelle 1.18 und 1.19). Algen eignen sich dafür besonders gut, da sie eine hohe Akkumulationsfähigkeit besitzen.

Ein Beispiel für Anreicherung in Teilbereichen von Ökosystemen ist die Festlegung von Metallen in Sedimenten, die zu den am besten bekannten Gebieten der ökologischen Chemie zählt. Die Quecksilberkonzentration in belasteten Flußsedimenten liegt ca. 1000mal höher als in Sedimenten unbelasteter Gewässer. So wurden flußabwärts einer Papierfabrik in England, in der quecksilberhaltige Fungizide Verwendung fanden, je nach Entfernung von der Einleitungsstelle (1,6–5 km unterhalb) 18,4–10 µg Hg/g Sediment nachgewiesen. Erst nach 7 km betrug der Gehalt weniger als 5 µg/g. Die höchsten Quecksilberkonzentrationen in Meeressedimenten wurden in der Minamatabucht in Japan gemessen; sie betrugen 7–800 µg Hg/g Sediment.

Eventuelle ökotoxikologische Auswirkungen der Bioakkumulation lassen sich kaum vorhersagen. Die Speicherung toxischer Stoffe in abgegrenzten Geweben kann von Vorteil sein, da die Verbindungen so dem Stoffwechsel entzogen werden und ihre Wirkung nicht entfalten können. Andererseits bilden diese Rückstände ein Reservoir, aus dem sie unter Streßbedingungen mobilisiert werden und dann eine vermehrte Belastung darstellen können. Schließlich ist es auch möglich, daß die akkumulierte Verbindung nicht für den anreichernden Organismus selbst toxisch ist, sondern nur für ein höheres Glied der Nahrungskette. Dies ist der Fall bei der Ciguatera-

Tabelle 1.20. DDT-Konzentration in Proben aus einem Teich nach einmaliger Applikation von 1 µg/l ^{14}C-DDT. Angegeben sind jeweils ppm im organischen Material. Bei den meisten Proben waren Trockengewicht und Gewicht der organischen Substanz identisch

Probe	nach 30 Tagen	nach 59 Tagen
Wasser (filtriert)	0,00004	0,00001
Seston (= Plankton + organisches Material	0	0
Sediment	0,69 ± 0,02	0,71 ± 0,02
Blasenwurz	1,98 ± 0,04	—
Moos	0,38 ± 0,01	0,22 ± 0,01
Libellenlarven	0,20 ± 0,02	0,17 ± 0,01
Köcherfliegenlarven	0,43 ± 0,02	0,38 ± 0,02
Wasserwanze	0,24 ± 0,02	—
Muscheln	0,24 ± 0,03	0,17 ± 0,03
Wassermolch	0,58 ± 0,03	—
Barsch		
– Muskel	0,44 ± 0,05	0,24 ± 0,03
– Kiemen	3,73 ± 0,19	2,15 ± 0,08
– Leber	2,79 ± 1,02	0,52 ± 0,02
– Bauchfett	17,20 ± 4,60	23,80 ± 6,6
Karausche		
– Muskel	0,10 ± 0,01	0,37 ± 0,04
– Kiemen	0,33 ± 0,02	0,83 ± 0,03
– Leber	0,09 ± 0,01	0,20 ± 0,01
– insgesamt	2,06 ± 0,06	2,02 ± 0,05

Fischvergiftung, bei der ein Algentoxin, das für Fische nur einen indifferenten Ballast bedeutet, über mehrere Glieder der Nahrungskette hinweg beim Menschen wirksam wird.

Ebenso schwierig ist die Beurteilung des Akkumulationsverhaltens eines Organismus nach Beendigung der Exposition. Manches spricht dafür, daß nach der Abnahme der Konzentration im Medium kein weiterer Konzentrationsanstieg im Organismus erfolgt. Andererseits haben experimentelle Untersuchungen in aquatischen Systemen ergeben, daß zumindest in den höheren Gliedern der Nahrungskette auch nach Beendigung des Fremdstoffeintrags noch ein Konzentrationsanstieg möglich ist. In Tabelle 1.20 und 1.21 sind Rückstandsdaten von verschiedenen Flora-, Fauna-, Sediment- und Wasserproben nach der Applikation von ^{14}C-DDT bzw. ^{14}C-Hexachlorbenzol zusammengefaßt. Obwohl Bioakkumulationsfaktoren hier nicht absolut bestimmbar sind, da sie die Gleichgewichtseinstellung bei konstanter Exposition voraussetzen, läßt sich erkennen, daß trotz fallender Konzentration im Wasser die Konzentration im Sediment und in Fischen im gleichen Zeitraum nicht sinkt bzw. bei ^{14}C-Hexachlorbenzol nach Beendigung des Eintrags sogar noch ansteigt.

1.4.1 Aufnahme und Akkumulation in aquatischen Organismen

Die meisten im Wasser lebenden Organismen können niedermolekulare Verbindungen nicht nur mit der Nahrung bzw. bei Pflanzen über die Wurzeln aufnehmen, sondern über die gesamte Körperoberfläche. Man unterscheidet deshalb folgende Fälle:

Biokonzentration. Anreicherung einer Chemikalie durch Aufnahme aus dem umgebenden Medium ohne Berücksichtigung der Aufnahme über die Nahrung

Biomagnifikation. Anreicherung einer Chemikalie durch Aufnahme mit der Nahrung ohne Berücksichtigung der Aufnahme über die Körperoberfläche

Bioakkumulation. Anreicherung einer Chemikalie auf beiden Wegen

Ökologische Magnifikation. Konzentrationszunahme einer Substanz in einem Ökosystem oder einer Nahrungskette beim Übergang von einem niedrigeren zum nächst höheren trophischen Niveau

In natürlichen aquatischen Systemen verlaufen Biokonzentration und -magnifikation parallel, wobei im allgemeinen die Aufnahme über die Körperoberfläche überwiegt. Die relative Bedeutung beider Wege wird u. a. von der Wachstumsrate bestimmt. Eine Anreicherung über mehrere Glieder der Nahrungskette hinweg ist unter natürlichen Bedingungen kaum zu beweisen; wenn die Glieder am Ende einer Nahrungskette eine erhöhte Konzentration einer bestimmten Substanz aufweisen, dann kann die Ursache dafür in einer erhöhten Biokonzentration liegen.

Verfolgt man den zeitlichen Verlauf der Aufnahme einer Substanz durch einen Organismus aus dem Wasser, dann erhält man eine typische Sättigungskurve (Abb. 1.9). Die Geschwindigkeit der Konzentrationszunahme

Tabelle 1.21. Konzentration von ^{14}C-Hexachlorbenzol und Umwandlungsprodukten in Proben aus einem Teich nach mehrmaliger Applikation. K = Konzentration radioaktiver Stoffe (ppm, bezogen auf das Trockengewicht); F = Anreicherung, bezogen auf die HCB-Konzentration im Wasser während der Applikation (0,05 mg/l). [Nach Korte (1980)]

	Zeit nach der letzten Applikation (in Wochen)																	
	8		18		24		28		32		38		42		44		48	
	K	F	K	F	K	F	K	F	K	F	K	F	K	F	K	F	K	F
Schlamm	1,51	30,1	3,52	70,5	3,22	64,4	3,18	63,7	2,69	53,7	3,02	60,5	2,45	49,1	1,1	22	0,41	8,2
Wasserhahnenfuß (Ranunculus aquat.)	1,19	23,9	0,18	3,3	<0,002													
Binse (Scirpus mucr.)	3,04	60,6	0,21	4,1	<0,002													
Binse (Juncus acutifl.)	2,6	51,9	0,16	3,2	<0,002													
Segge (Carex panicul.)	2,13	42,6	0,19	3,9	<0,002													
Wasserlinse (Lemna trisc.)	5,83	116,5	0,29	5,6	<0,002													
Zooplankton	4,99	99,2																
Wasserkäfer (Colymbetes fuscus)															0,79	15,7		
Wasserwanze (Notonecta glauca)	3,45	69			3,62	72,4	4,34	86,8	5,27	105,4	6,49	129,8	<0,002[a]		0,64	12,8	0,91	
Schwimmkäfer (Dytiscus margin.)											1,37	27,4	1,98	39,6				
Libelle (Anax imp.)											2,48	49,6						
Libelle (Libellula quadr.)							4,65	92,8	2,8	56	2,31	46,2	1,97	39,4				
Schnecke (Bulimus tent.)											0,56	11,2	0,98	19,6			0,71	14,2

[a] juvenile Tiere

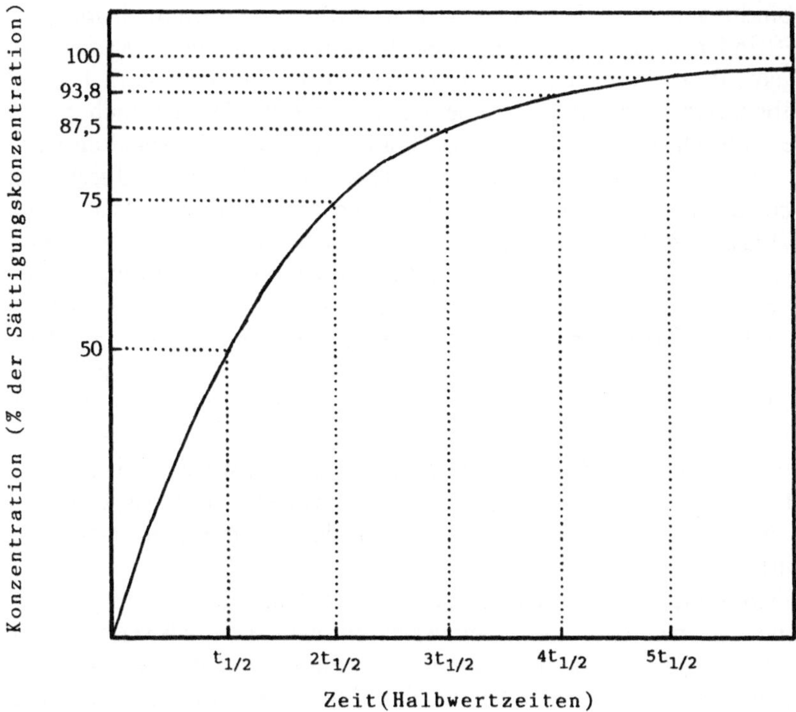

Abb. 1.9. Änderung der Konzentration einer Substanz bei der Aufnahme aus Wasser (in Prozent der Sättigungskonzentration) in einem Testorganismus in Abhängigkeit von der Zeit (als Halbwertzeiten)

hängt vom Gehalt im Medium und im Organismus ab; sie setzt sich aus den Geschwindigkeiten von Aufnahme und Ausscheidung zusammen.

$$\frac{dc_A}{dt} = k_1 \cdot c_W - k_2 \cdot c_A$$

c_W = Konzentration im Wasser ($ng \cdot g^{-1}$)

c_A = Konzentration im Organismus ($ng \cdot g^{-1}$)

k_1, k_2 = Geschwindigkeitskonstanten für Aufnahme und Ausscheidung (in Tagen)

Die Sättigungskonzentration der Chemikalie im Organismus erhält man über die Gleichung

$$c_{As} = \frac{k_1}{k_2} \cdot c_W$$

k_1/k_2 wird als Biokonzentrationsfaktor (BCF) bezeichnet. Dessen Werte können je nach Substanz über einen Bereich von 5 Zehnerpotenzen variieren. Die stärkste Korrelation mit dem BCF hat wahrscheinlich der n-Octanol/Wasser-Verteilungskoeffizient, da bei der Speicherung organischer Verbindungen ein Übertritt aus dem wäßrigen in ein hydrophobes Milieu stattfinden muß, d.h., je leichter die Verbindung vom Wasser ins Fett übergeht, desto höher ist die Biokonzentration. Bei sehr stark hydrophoben Substanzen ist dieser Zusammenhang jedoch weniger deutlich, möglicherweise dadurch, daß sie in äußeren Lipidschichten zurückgehalten werden. Eine andere Erklärung wäre ein langsamerer Übergang durch die Membranen, der mehr Zeit für Metabolisierung bzw. Exkretion läßt. Dem n-Octanol/Wasser-Verteilungskoeffizienten läßt sich demnach nur das Potential einer Verbindung für Bioakkumulation entnehmen, das durch weitere Faktoren verringert werden kann. Dazu gehört auch die Höhe der Dosis.

Analog läßt sich der Lipidgehalt des Organismus mit seiner Fähigkeit zur Biokonzentration korrelieren (Abb. 1.10). Dabei muß berücksichtigt werden, daß unter dem Begriff Lipide sehr unterschiedliche Verbindungen zusammengefaßt werden. Ob Differenzen in der relativen Löslichkeit einer Substanz in verschiedenen Lipiden von Bedeutung sind, wurde bisher kaum untersucht. Weitere Faktoren, die den BCF beeinflussen, sind artspezifische biochemische Reaktionen und Vorgänge an den Membranen (selektive Penetration).

Mechanismus und Verlauf der Aufnahme aus dem Wasser sind je nach Substanzklasse verschieden. Bei Schwermetallionen beispielsweise lassen sich im zeitlichen Ablauf der Aufnahme durch Planktonalgen mehrere Phasen erkennen. Unmittelbar nach Beginn der Exposition kommt es zu einer schnellen Zunahme des Metallgehaltes (Abb. 1.11); innerhalb weniger Minuten kann ein erstes Plateau erreicht werden. Bricht man zu diesem Zeitpunkt den Versuch ab und analysiert die Algen auf die tatsächlich fest gespeicherte Menge an Metallionen, dann stellt man fest, daß der größte Teil

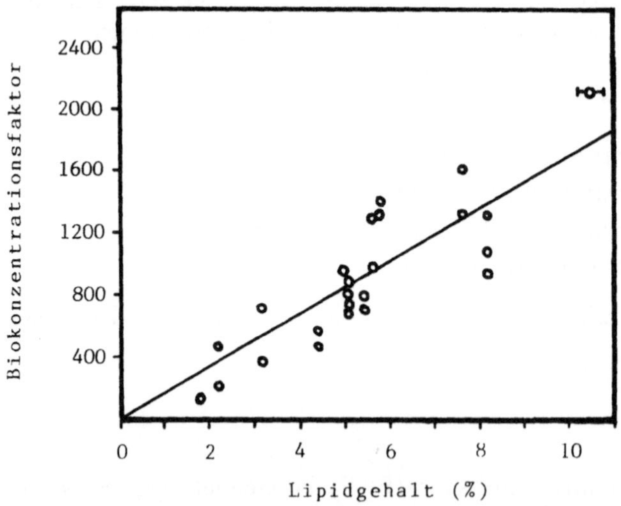

Abb. 1.10. Korrelation zwischen dem Lipidgehalt von acht verschiedenen Fischarten und ihrem Biokonzentrationsfaktor (bezogen auf die Frischmasse) für 1,3,4-Trichlorbenzol

des aufgenommenen Metalls sich wieder abwaschen läßt. Anfangs erfolgt offenbar überwiegend eine reversible Komplexierung der Ionen durch Bestandteile der Algenzellwände bzw. -schleimschichten (Sulfhydryl-, Carboxyl-, Hydroxy-Gruppen u. a.) bzw. eine elektrostatische Adsorption an Grenzflächen.

Anschließend erfolgt eine Phase längerer Stagnation, die dadurch zustande kommt, daß die Bindungsstellen an der Oberfläche besetzt sind. Dabei besteht zwischen den adsorbierten und den freien Ionen ein Austauschgleichgewicht. Wird der Versuch im Dunkeln durchgeführt, dann kann sich dieser Stillstand über einen längeren Zeitraum erstrecken. Durch Belichtung wird diese Phase beendet.

Mit einsetzender Belichtung beginnt ein erneuter langsamer Anstieg des Metallgehaltes in den Algen. Das zusätzlich aufgenommene Metall läßt sich nicht abwaschen. Das deutet darauf hin, daß adsorbierte Metallionen unter Aufwand von Stoffwechselenergie (Lichtabhängigkeit) durch die Cytoplasmamembran in das Zellinnere überführt werden. Dies ist die eigentliche Inkorporation.

Bei höheren aquatischen Organismen, z. B. Muscheln, erhält man für den zeitlichen Ablauf der Aufnahme ähnliche Ergebnisse. Dabei gilt, daß für den Gesamtgehalt einschließlich der reversiblen Adsorption der Metallionengehalt des Wassers von größerer Bedeutung ist, während das Ausmaß der Inkorporation hauptsächlich vom Metallgehalt in der Nahrung bestimmt wird.

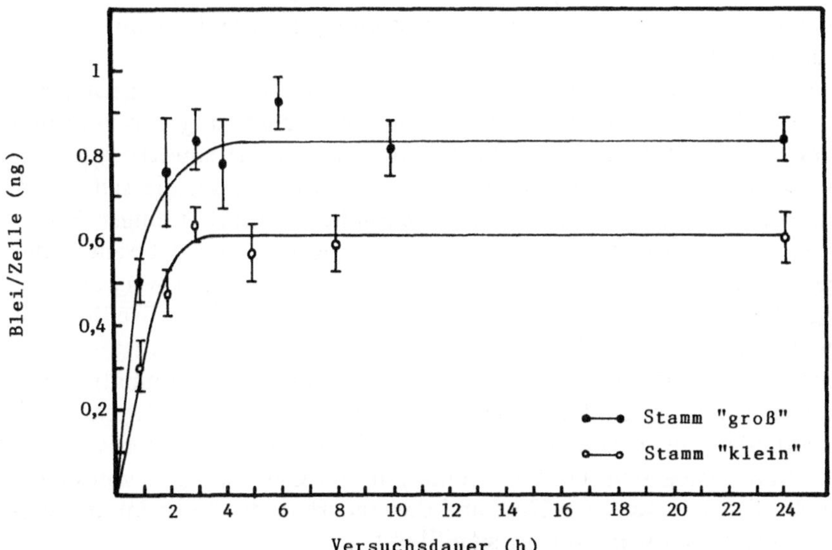

Abb. 1.11. Kinetik der Aufnahme von Blei durch Eremosphaera viridis im Dunkeln (1 mg $\cdot$ l^{-1} Bleinitrat, 20° C, pH 7,0). [Nach Simonis]

Ganz anders verhalten sich lipophile Substanzen, wie etwa chlorierte cyclische Insektizide. Die Zellwände sind an der Adsorption kaum beteiligt. Die Aufnahme erfolgt wahrscheinlich innerhalb weniger Minuten in die lipidreiche Cytoplasmamembran, wobei sich sehr schnell ein Verteilungsgleichgewicht zwischen wäßriger und Lipidphase einstellt. Von der Lipidphase aus erfolgt dann die Adsorption teils durch sehr spezifische Bindung an Proteine (durch die Michaelis-Menten-Kinetik bzw. Langmuirschen Adsorptionsisotherme beschreibbar) und teils durch unspezifische Bindung, an der die Einstellung der Verteilungsgleichgewichte in hohem Ausmaß beteiligt ist. Der Übertritt in die Lipidphase bedeutet gleichzeitig eine Inkorporation in lipophile Membranbestandteile. Die Weitergabe an interne Zellbestandteile läuft offensichtlich ebenfalls über Verteilungsgleichgewichte. Der Durchtritt durch die Membran ist unabhängig von Energiezufuhr bzw. Belichtung. Die Kinetik der primären Aufnahmeprozesse läßt sich durch eine Sättigungsfunktion beschreiben.

1.4.2   Aufnahme und Akkumulation bei terrestrischen Organismen

Bei vollständig im Boden lebenden Organismen, wie bei Regenwürmern, kann die Aufnahme von Chemikalien durch Kontakt mit der Bodenlösung ebenfalls zu einem großen Teil über die Körperoberfläche erfolgen. Bei nicht bodenlebenden Tieren dagegen ist eine nahrungsunabhängige Aufnahme – etwa durch trockene oder nasse Deposition auf die Körperoberfläche und Aufnahme bei Fell- bzw. Gefiederpflege – gegenüber der Aufnahme mit der Nahrung von untergeordneter Bedeutung. Auch hier korrelieren die Akkumulationsfaktoren mit den n-Octanol/Wasser-Verteilungskoeffizienten der Substanzen, obwohl die Streuung infolge der Umwandlungen in den Organismen sehr hoch ist.

Für die ökologische Magnifikation gilt das Gleiche wie im aquatischen Milieu, vor allem auch deshalb, weil die Zusammensetzung der Nahrung und damit die Kontamination nicht nur von Art zu Art sondern auch individuell sehr verschieden sein kann. Eier von Greifvögeln, die sich überwiegend von Pflanzenfressern ernähren, enthalten deutlich weniger Rückstände des Insektizids DDT als die Eier von vogelfressenden Greifen, dafür aber höhere Konzentrationen des als Saatgutbeizmittel verwendeten Fungizids Hexachlorbenzol. Der Einfluß der unterschiedlichen Ernährungsweise wurde auch bei Kohlmeisen und Feldsperlingen durch Austauschexperimente untersucht. Dabei wurde eine vergleichbare Kontamination mit verschiedenen chlorierten Kohlenwasserstoffen bei artverschiedenen Jungvögeln gefunden, die zusammen von einem Elternpaar aufgezogen wurden. Dagegen unterschied sich die Kontamination von Geschwistern, von denen eins im elterlichen, arteigenen Nest und das andere in der Nähe im artfremden Nest aufgezogen worden war, signifikant.

Bei Pflanzen sind die Mechanismen für die Aufnahme von Chemikalien sehr komplex. Der Hauptweg für Ionen und niedermolekulare Verbindungen ist die Diffusion in Zellwände und Intermicellarräume der äußeren Zellschichten der Wurzelhaare, wo bereits eine reversible Speicherung durch Anlagerung an Zellwandgruppen stattfindet. Aufgrund der erhöhten Konzentration durch Ansammlung der Substanzen bzw. Ionen vor der Endodermis kann es dort zusätzlich zur Ausfällung kommen. Die Endodermis enthält spezielle Carriersysteme mit unterschiedlicher Affinität für die einzelnen Ionen, durch die sie aktiv unter Energieverbrauch in das Cytoplasma der Endodermiszellen aufgenommen werden. Zusätzlich findet ein passiver, unselektiver Eintritt über Tunnelproteine statt, wobei die Ionen- bzw. Molekülgröße als begrenzender Faktor wirkt. Nicht für den Stoffwechsel benötigte Ionen gelangen wahrscheinlich nur durch Diffusion ins Zellinnere. An der Wurzelspitze kann durch noch nicht ausdifferenzierte Endodermiszellen auch ein direkter Übertritt in das Innere der Wurzelzellen erfolgen (bypassing). Dieser Weg spielt vor allem für die Langzeitanreicherung von Ionen eine Rolle. Weitere Möglichkeiten sind die Aufnahme gasförmiger Verbindungen über die Spaltöffnungen der Blätter und die Ablagerung von Staubpartikeln auf den Blattoberflächen. Während lipophile Substanzen die Membranen leicht durchdringen können, ist der Mechanismus der Aufnahme von Ionen über die Pflanzenoberfläche noch weitgehend ungeklärt.

Der Zusammenhang zwischen Aufnahme und physikalisch-chemischen Stoffkonstanten ist für die einzelnen Wege bzw. Teilschritte verschieden. Während die Anreicherung im wäßrigen Milieu der Wurzelzellwände mit dem n-Octanol/Wasser-Verteilungskoeffizienten negativ korreliert ist, ergibt sich für den Übertritt in die Zellmembran ein positiver Zusammenhang. Entsprechendes gilt für den Austausch zwischen den Leitungsbahnen der Pflanzen, die ein hydrophiles System bilden, und den einzelnen Zellen der pflanzlichen Organe. Wie weit die gesamte Akkumulation mit physikalisch-chemischen Stoffkonstanten korreliert, hängt somit vom Anteil der verschiedenen Prozesse an Aufnahme und Transport einer bestimmten Chemikalie ab.

1.4.3 Kompartiment-Modelle

Um experimentelle Daten zur Aufnahme und Ausscheidung von Chemikalien durch einzelne Organismen, zur Dispersion zwischen den Organsystemen und zur Akkumulation in einzelnen Bereichen interpretieren zu können, werden häufig physiologische Modelle verwendet. Sie liefern gleichzeitig die Basis für die Bewertung möglicher toxischer Effekte. Grundlage dieser Modelle ist die Vorstellung, daß sich jeder Organismus in eine Vielzahl von Kompartimenten unterteilen läßt. Ein Kompartiment ist definiert als eine Masse an Substanz, die einer einheitlichen Transport- bzw. Umwandlungskinetik unterliegt und deren Kinetik sich von der anderer Kompartimente unterscheidet. Vom Organismus aus betrachtet, entspricht ein Kompartiment einem Bereich des Körpers, in dem sämtliche vorhandene Substanz gleichförmig verteilt ist; es ist also nicht notwendigerweise mit

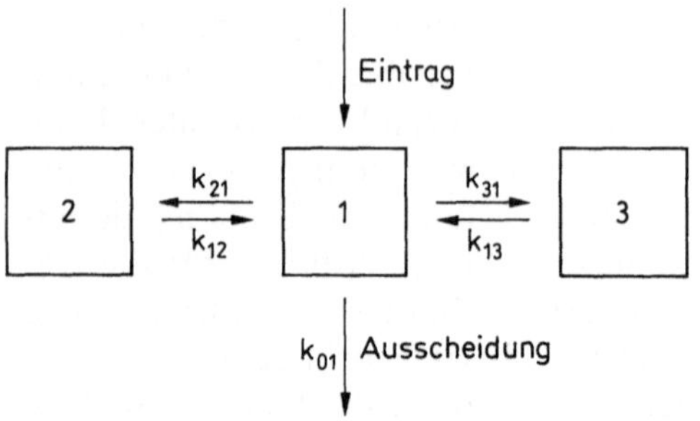

Abb. 1.12. Drei-Kompartiment-Modell für die Verteilung einer Chemikalie innerhalb eines Organismus. Der Index an den Geschwindigkeitskonstanten bezieht sich auf die beiden Kompartimente, zwischen denen der Austausch stattfindet, und die Richtung, in die der Stoffluß läuft. Die erste der beiden Zahlen bezeichnet das Kompartiment, in das die Substanz übergeht, und die zweite das Kompartiment, aus dem die Substanz austritt. Bei manchen Autoren ist die Reihenfolge umgekehrt. [Nach Moriarty]

einem Organ identisch, obwohl es in der Praxis häufig mit Organen bzw. Geweben gleichgesetzt wird. Alle Kompartimente des Organismus sind mit einem zentralen Kompartiment verbunden, aber nicht untereinander. In jedem Kompartiment laufen Substanzeintrag und -austritt (unverändert oder als Metabolit) ab, zwischen denen sich ein Gleichgewicht einstellt (Abb. 1.12).

Zur Berechnung der Stoffflüsse innerhalb des Systems bzw. zwischen System und Umwelt sind zusätzlich folgende Annahmen nötig:
1) Das zentrale Kompartiment entspricht dem Transportsystem (Blut, Lymphe, extrazelluläre Flüssigkeit o.a.) und ist das einzige, das Substanz von außen aufnimmt bzw. an die Umwelt abgibt.
2) Die Geschwindigkeit, mit der eine Substanz ein Kompartiment verläßt, ist der Menge innerhalb des Kompartimentes direkt proportional.
3) Die Geschwindigkeitskonstanten für Aufnahme und Abgabe sind tatsächlich konstant (stochastische Modelle gehen oft von fluktuierenden k-Werten aus, wodurch die mathematische Behandlung sehr viel komplizierter wird).

Die Definition des Kompartimentes ist auf die Substanzmasse bezogen. Analytische Ergebnisse werden aber meistens in Konzentrationseinheiten angegeben. Bei kürzeren Versuchszeiten (Stunden bis wenige Tage) ist das häufig irrelevant, da das Volumen eines Gewebes kurzfristig kaum schwankt. Bei Experimenten, die Monate dauern, muß dagegen eine mögliche Volumenänderung in Betracht gezogen werden. Der Vorteil der massenbezogenen Definition läßt sich durch folgendes Beispiel verdeutlichen: Bei Eiern der Silbermöve (Larus argentatus) wurde während des Brütens zwischen dem 7. und 28. Tag eine Verringerung des Fettgehaltes von 9 auf 4,1% und des Gesamtfeuchtgewichtes um 18,7% festgestellt, während der Anteil an Wasser bei ca. 70% konstant blieb. Die Masse einer persistenten Verbindung bliebe dabei unverändert, aber die Konzentration würde steigen, und zwar um 23%, bezogen auf das Feuchtgewicht, um 18%, bezogen auf das Trockengewicht, und um 171%, bezogen auf das Fettgewicht.

Obwohl höhere Organismen theoretisch aus sehr vielen Kompartimenten bestehen können, lassen sich wegen der Streuung der Rückstandswerte Modelle mit mehr als drei Kompartimenten kaum noch auf experimentelle Daten anwenden. In vielen Fällen – etwa bei der Bewertung von Aufnahme, Metabolisierung und Exkretion von Medikamenten – lassen sich die Ergebnisse bereits mit einem Zwei-Kompartiment-Modell adäquat beschreiben.

1.4.3.1 Ein-Kompartiment-Systeme

Im einfachsten Fall – etwa bei einem Einzeller, unter Vernachlässigung des unterschiedlichen Verhaltens der einzelnen Zellphasen bzw. Organellen – besteht ein Organismus nur aus einem einzigen Kompartiment. Dieses soll einen bestimmten Betrag an Substanz (Q) enthalten, und die Substanz soll nicht metabolisiert werden. Die Umgebung soll aus reinem Wasser bestehen. Ist die Geschwindigkeit, mit der die Substanz das Kompartiment verläßt, direkt proportional zu ihrem Gehalt, dann läßt sich die Gehaltsabnahme durch eine Kinetik 1. Ordnung beschreiben:

$$\frac{dQ}{dt} = - k_{01} \cdot Q$$

k_{01} = Geschwindigkeitskonstante des Übergangs vom Kompartiment 1 in die Umgebung (0)

Integriert man diese Gleichung, dann erhält man:

$$Q = Q_0 \cdot e^{-k_{01} \cdot t}$$

Q_0 = Betrag an Substanz im Kompartiment zum Zeitpunkt $t = 0$

Durch Logarithmieren der Gleichung ergibt sich:

$$\lg Q = \lg Q_0 - 0{,}4343 \cdot k_{01} \cdot t$$

Trägt man $\lg Q$ gegen t auf, dann entspricht der Graph einer Gerade mit der Steigung $- 0{,}4343\, k_{01}$.

Als nächstes soll angenommen werden, daß das Kompartiment keine Substanz enthält, während die Umgebung einen bestimmten Betrag an Substanz aufweist, und daß nach Beginn der Aufnahme sofort die Abgabe beginnt. Der Einstrom in das Kompartiment soll mit der konstanten Geschwindigkeit R_{10} erfolgen (Kinetik pseudonullter Ordnung); isoliert betrachtet läßt sich das durch folgende Gleichung darstellen:

$$- \frac{dQ}{dt} = R_{10}$$

Für den Ausstrom gilt unter Berücksichtigung des Einstroms:

$$\frac{dQ}{dt} = - k_{01} \cdot Q + R_{10}$$

Durch Integration erhält man:

$$Q = \frac{R_{10}}{k_{01}} \cdot (1 - e^{-k_{01} \cdot t}) + Q_0 \cdot e^{-k_{01} \cdot t}$$

Da $Q_0 = 0$, vereinfacht sich die Gleichung auf

$$Q = \frac{R_{10}}{k_{01}} (1 - e^{-k_{01} \cdot t})$$

Die Exkretionsgeschwindigkeit steigt so lange, bis sich das Gleichgewicht eingestellt hat. Zu diesem Zeitpunkt (t_∞) verlaufen Aufnahme und Abgabe gleich schnell.

$$Q \cdot k_{01} = R_{10}$$

bzw.

$$Q = \frac{R_{10}}{k_{01}} = Q_\infty$$

Trägt man Q gegen t auf, dann wird die Form der Kurve ausschließlich von k_{01} bestimmt. Je größer k_{01} ist, desto schneller wird das Gleichgewicht erreicht (Abb. 1.16). Enthält das Kompartiment zum Zeitpunkt $t = 0$ bereits etwas von der Substanz, dann beginnt der Anstieg bei einem höheren Wert (Abb. 1.13), und für Q gilt:

$$Q = \frac{R_{10}}{k_{01}} - \left(\frac{R_{10}}{k_{01}} - Q_0\right) \cdot e^{-k_{01} \cdot t}$$

$$= Q_\infty - (Q_\infty - Q_0) \cdot e^{-k_{01} \cdot t}$$

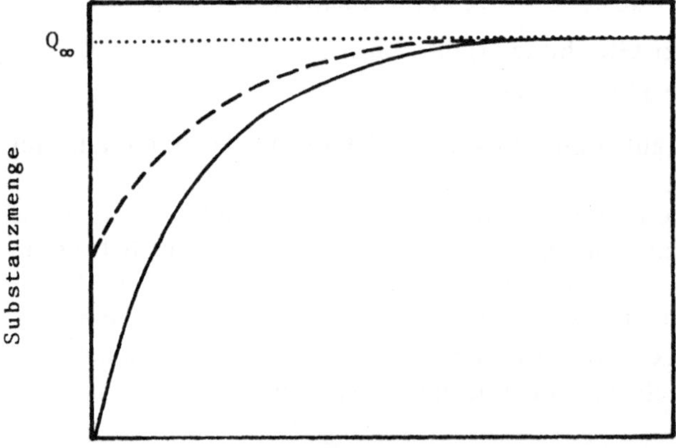

Abb. 1.13. Änderung des Betrags an Substanz (Q) in Abhängigkeit von der Zeit (t) bei der Aufnahme in ein Kompartiment. [Nach Moriarty]
——: $Q_0 = 0$
---: $Q_0 \approx \frac{1}{2} Q_\infty$

Es ist kaum anzunehmen, daß das Ein-Kompartiment-System in Wirklichkeit auf viele Situationen zutrifft. Es ist zwar vom mathematischen Standpunkt aus bequemer, die Konzentrationen in drei verschiedenen Geweben eines Organismus anhand von drei Ein-Kompartiment-Systemen vorauszusagen, und die große Streuung vieler Rückstandsdaten läßt oft auch eine andere mathematische Behandlung nicht zu, aber die so berechneten Werte von k besitzen nur wenig biologische Bedeutung.

1.4.3.2 Mehr-Kompartiment-Systeme

Betrachtet man ein System mit einem zentralen (1) und einem peripheren Kompartiment (2) nach Beendigung der Exposition, dann läßt sich die Geschwindigkeit der Aufnahme in das zentrale Kompartiment auf folgende Weise beschreiben:

$$\frac{dQ_1}{dt} = k_{12} \cdot Q_2 - (k_{21} + k_{01}) \cdot Q_1$$

Für die Geschwindigkeit der Aufnahme in das periphere Kompartiment gilt:

$$\frac{dQ_2}{dt} = k_{21} \cdot Q_1 - k_{12} \cdot Q_2$$

Durch jeweiliges Integrieren ergeben sich Gleichungen mit zwei Exponentialtermen:

$$Q_1 = X_1 \cdot e^{-\lambda_1 \cdot t} + X_2 \cdot e^{-\lambda_2 \cdot t}$$
$$Q_2 = X_3 \cdot e^{-\lambda_1 \cdot t} + X_4 \cdot e^{-\lambda_2 \cdot t}$$

und

$$X_1 = \frac{Q_{1,0}(\lambda_1 - k_{12}) - k_{12} \cdot Q_{2,0}}{\lambda_1 - \lambda_2}$$

$$X_2 = \frac{Q_{1,0}(k_{12} - \lambda_2) + k_{12} \cdot Q_{2,0}}{\lambda_1 - \lambda_2}$$

$$X_3 = \frac{Q_{2,0}(k_{12} - \lambda_2) - k_{21} \cdot Q_{1,0}}{\lambda_1 - \lambda_2}$$

$$X_4 = \frac{Q_{2,0}(\lambda_1 - k_{12}) + k_{21} \cdot Q_{1,0}}{\lambda_1 - \lambda_2}$$

$$\lambda_1 = \frac{(k_{21} + k_{12} + k_{01}) + \sqrt{(k_{21} + k_{12} + k_{01})^2 - 4k_{12}k_{01}}}{2}$$

$$\lambda_2 = \frac{(k_{21} + k_{12} + k_{01}) - \sqrt{(k_{21} + k_{12} + k_{01})^2 - 4k_{12}k_{01}}}{2}$$

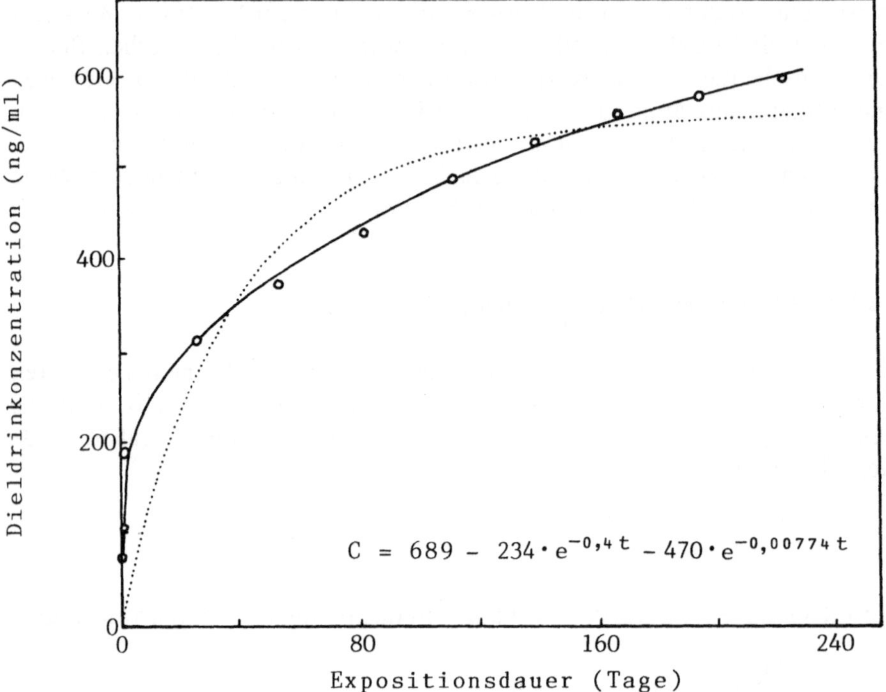

Abb. 1.14. Änderung der Dieldrinkonzentration im Blut von Schafen während einer Exposition von 2 mg Dieldrin/kg Körpergewicht/Tag. [Nach Moriarty]
———: Zunahme bei Ableitung von einer Gleichung mit zwei Exponentialtermen
·····: Zunahme bei Ableitung von einer Gleichung mit einem Exponentialterm

Man erhält hier selbst durch Logarithmieren von Q keine lineare Abhängigkeit von der Zeit. Vom physiologischen Standpunkt aus sind jedoch nur die Geschwindigkeitskonstanten von Interesse, die mit den Exponentialkonstanten folgendermaßen zusammenhängen:

$$\lambda_1 + \lambda_2 = k_{21} + k_{12} + k_{01}$$
$$\lambda_1 + \lambda_2 = k_{12} \cdot k_{01}$$

Die Abb. 1.14 und 1.15 zeigen zwei Beispiele für Untersuchungen, deren Daten sich durch die Annahme eines Zwei-Kompartiment-Systems interpretieren lassen. Erhöht man die Zahl der Komponenten des Systems, dann ergeben sich ähnliche Gleichungen mit entsprechend mehr Exponentialtermen.

Rückstände werden üblicherweise in Konzentrationseinheiten angegeben. Die Konzentrationsänderung einer Substanz beim Übergang von einem Kompartiment in ein anderes hängt nicht nur von der Geschwindigkeitskonstante ab, sondern auch vom Volumenverhältnis beider Kompartimente.

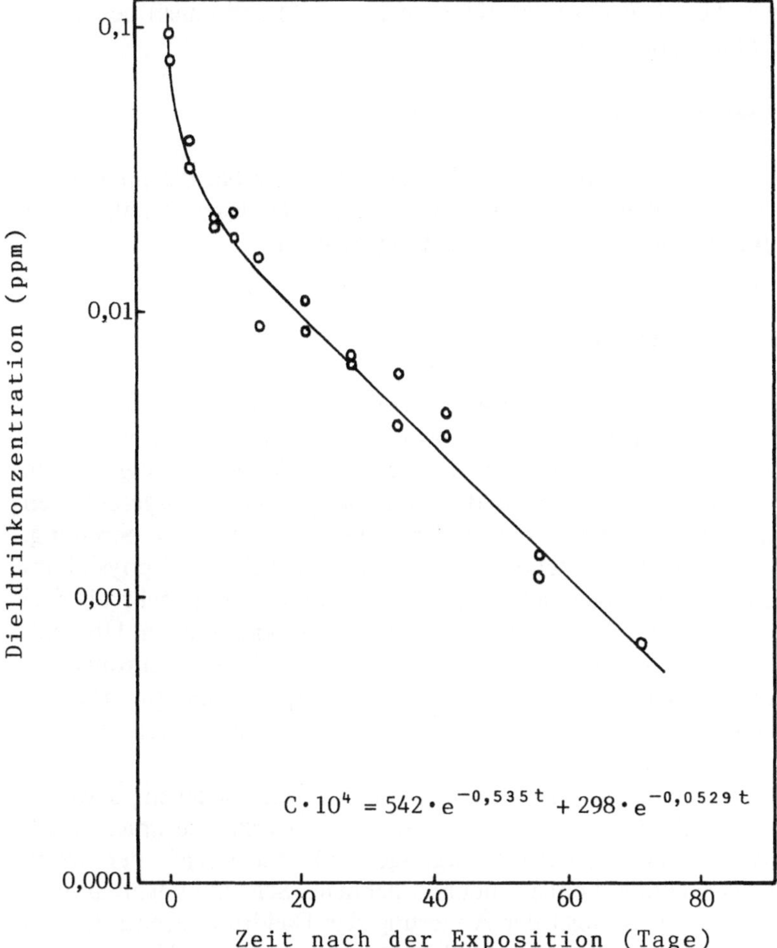

$$C \cdot 10^4 = 542 \cdot e^{-0,535\,t} + 298 \cdot e^{-0,0529\,t}$$

Abb. 1.15. Änderung der Dieldrinkonzentration im Blut von Ratten während der ersten 71 Tage nach der Exposition. [Nach Moriarty]

Dadurch ändert sich die Gleichung in

$$\frac{dC_1}{dt} = k_{12} \cdot C_2 \cdot \frac{V_2}{V_1} - (k_{21} + k_{01}) \cdot C_1$$

$$X_1 = \frac{C_{1,0}(\lambda_1 - k_{12}) - k_{12} \cdot C_{2,0} \cdot \dfrac{V_2}{V_1}}{\lambda_1 - \lambda_2}$$

Ohne Kenntnis des Volumens lassen sich die Geschwindigkeitskonstanten nicht berechnen. Es ist aber möglich, das Verhältnis der Konstanten des Übergangs zwischen zwei Kompartimenten zu schätzen. Da im Gleichgewicht Aufnahme und Ausscheidung gleich schnell verlaufen, gilt für die

Beziehung zwischen dem zentralen Kompartiment (1) und einem beliebigen peripheren Kompartiment (Z):

$$C_1 \cdot k_{Z1} = C_Z \cdot k_{1Z} \quad \text{bzw.} \quad \frac{C_Z}{C_1} = \frac{k_{Z1}}{k_{1Z}}$$

Bei Organochlorinsektiziden müssen demnach Fettgewebe, die im Gleichgewicht die höchste Konzentration aufweisen, das höchste Verhältnis der Konstanten für Aufnahme und Ausscheidung besitzen.

1.4.3.3 Anwendung der Modelle

In der Praxis ist es häufig schwierig, eine dieser Gleichungen mit den experimentellen Daten in Einklang zu bringen. Der Versuchszeitraum bei Untersuchungen mit persistenten Chemikalien erstreckt sich im allgemeinen über Wochen, so daß Änderungen der Bedingungen nicht ausgeschlossen werden können. Entsprechend zeigen die Ergebnisse oft große Streuung. Häufig sind auch nicht genügend Werte vorhanden. Selbst bei physiologischen Untersuchungen findet sich zwischen Gleichungen mit mehr als drei Exponentialtermen und den experimentellen Daten kaum noch Übereinstimmung. Bei der Messung der Aufnahme während einer chronischen Exposition läßt sich meistens nur noch mit einem Exponentialterm arbeiten.

Bei der Benutzung von Kompartimentmodellen müssen generell folgende Punkte beachtet werden:

1) Das Verhältnis der Konzentrationen in den verschiedenen Geweben ändert sich in der Anfangsphase, und zwar um so stärker, je unterschiedlicher die k-Werte der einzelnen Übergänge sind. Auch nach der ersten Gleichgewichtseinstellung können noch erhebliche Schwankungen auftreten. Dies läßt sich am Beispiel der Änderung der Dieldrinkonzentration in Blut, Leber und Fett von Ratten (Abb. 1.16) gut erkennen. Vor allem in Fett und Leber treten an den Tagen 31 und 95 starke Abweichungen auf. Eine Erklärung dafür wären Schwankungen der experimentellen Bedingungen. Ebenso gut lassen sich aber auch Oszillationen um die Gleichgewichtslage annehmen. So könnte die zunehmende Belastung durch das Dieldrin zu einer Enzyminduktion führen, die einen vermehrten Abbau und ein niedrigeres Plateau zur Folge hätte. Extrapolation des nach oben herausragenden Wertes ergäbe dann die Gleichgewichtskonzentration, die sich ohne Enzyminduktion einstellen würde. Die Voraussage der Gleichgewichtskonzentrationen wird davon jedoch kaum betroffen. Das Verhältnis der Konzentration in Blut, Leber und Fett nach Erreichen des Gleichgewichts liegt in der Größenordnung von 1:10:100.

2) Ein ganz wesentlicher Gedanke der Modelle besteht in der Annahme, daß sich bei genügend langer Exposition ein Gleichgewicht einstellt. Es gibt jedoch Fälle, in denen auch im Lauf mehrerer Jahre kein Plateau beobachtet bzw. nach Erreichen eines Plateaus ein erneuter Anstieg registriert wurde (Abb. 1.17). Organismen reifen bzw. altern im Verlauf von

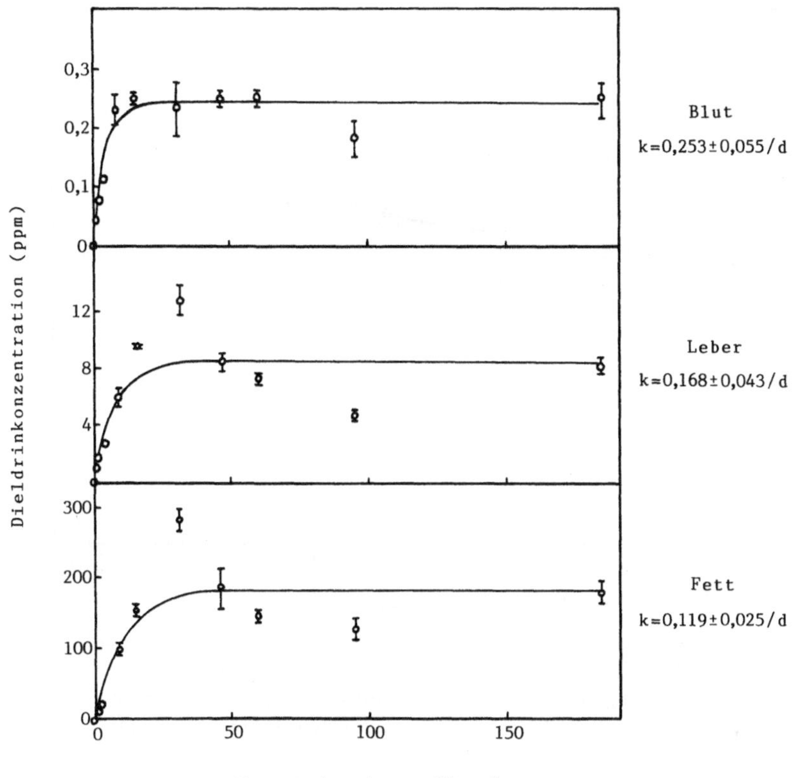

Abb. 1.16. Änderung der Dieldrinkonzentrationen in Blut, Leber und Fett von Ratten, die mit der Nahrung 50 ppm Dieldrin erhielten. Die Konzentrationen sind als Mittelwerte mit Standardabweichungen angegeben. [Nach Moriarty]

Langzeitexperimenten. Davon werden auch der Nahrungsbedarf (und damit die Aufnahme von Chemikalien), die Nahrungsverwertung und die physiologischen Parameter einzelner Organe betroffen. Auch die zusätzliche Aufnahme weiterer Verbindungen oder Schwankungen der Exposition oder des physiologischen Zustandes (durch Hunger, Überwinterung, Aufzucht von Nachkommen o. a.) können die Gleichgewichtslage ändern bzw. die Einstellung eines stabilen Gleichgewichtes verhindern.

3) Eine weitere Grundlage der Modelle ist die Vorstellung, daß die Substanz in der wäßrigen Phase des Körpers (d. h. im Blut) homogen verteilt ist. Bei lipophilen Verbindungen wie Organochlorinsektiziden entspricht das kaum der Realität. Viele Substanzen liegen im Blut an Proteine gebunden vor, so daß ihre Ausscheidungsgeschwindigkeit allmählich sinkt – eventuell durch den langsamen Übergang vom Plasmaprotein in die wäßrige Phase des Blutes. Demnach müßte das Blut eigentlich in zwei Kompartimente getrennt werden, wobei das eine (Plasmaproteine) im anderen (Blutflüssigkeit) verteilt ist.

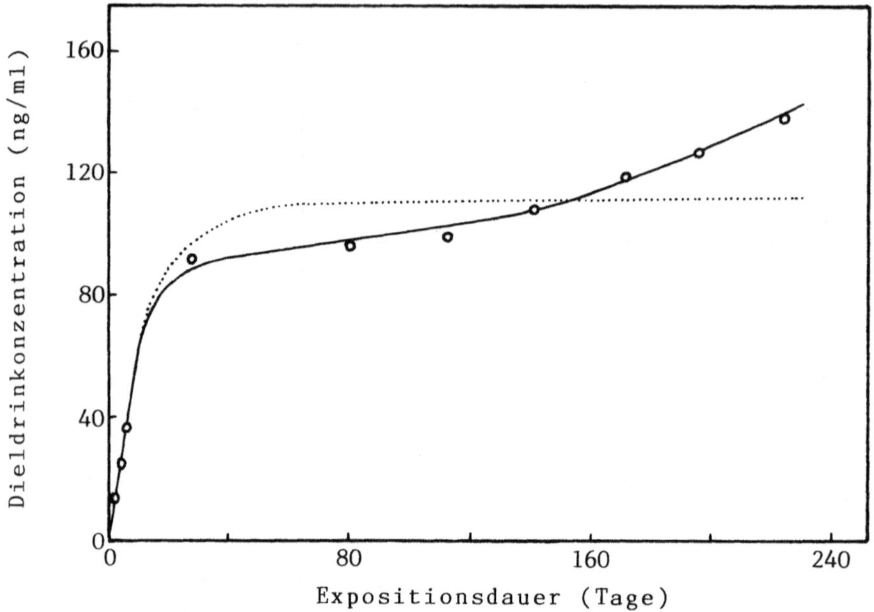

Abb. 1.17. Änderung der Dieldrinkonzentrationen im Blut von Schafen während einer Exposition von 0,5 mg Dieldrin/kg Körpergewicht/Tag. [Nach Moriarty]
——: Änderung bei Ableitung von einer Gleichung mit zwei Exponentialtermen
·····: Änderung bei Ableitung von einer Gleichung mit einem Exponentialterm

4) Mögliche Umwandlungen der Substanzen in den einzelnen Kompartimenten werden meistens vernachlässigt. Bei Ein-Kompartiment-Systemen zeigt das kaum Auswirkungen, da der Abbau in die Ausscheidungskonstante k_{01} eingeht. Für Mehr-Kompartiment-Modelle gilt das nur dann, wenn man das Organ, in dem der Hauptanteil der Metabolisierung abläuft – bei Wirbeltieren also die Leber –, als Bestandteil des zentralen Kompartimentes betrachtet. Zur Zeit läßt sich kaum beurteilen, inwieweit eine solche Annahme der Realität entspricht.

Kompartimentmodelle werden auch eingesetzt, um die Verteilung von Chemikalien in der Umwelt vorauszusagen. Dazu wird die Umwelt in grober Näherung in drei Kompartimente (Luft, Wasser und Boden) unterteilt. Die Dispersion wird dann anhand physikalisch-chemischer Daten (Wasserlöslichkeit, Hydrolysegeschwindigkeit, Dampfdruck, Siedepunkt) und der Ergebnisse von Abbaubarkeitstests geschätzt. Auch hier wird eine Gleichgewichtseinstellung vorausgesetzt, die nicht unbedingt der Realität entsprechen muß. Es existieren zwar auch Modelle für Ungleichgewichtssituationen, aber diese wurden für sehr viel höhere Mengen an Chemikalien entwickelt, als normalerweise in die Umwelt gelangen.

Befriedigende Ergebnisse erhält man mit den Kompartiment-Modellen bestenfalls dann, wenn man sie auf eng begrenzte Bereiche der Umwelt anwendet, z. B. auf einen Flußabschnitt. Allerdings sollten sie in jedem

Fall nicht zur Schätzung absoluter Konzentrationen benutzt werden, sondern eher zur Prognose des potentiellen Verhaltens der Chemikalie (relative Mengen in den verschiedenen Kompartimenten, Transportwege und -richtungen, Gesamtpersistenz).

1.5 Persistenz

Für die Dispersionstendenz einer Chemikalie ist die Dauer ihres Vorkommens in der Umwelt von großer Bedeutung. Der Begriff Persistenz wurde zuerst ohne spezifische Definition generell für die Stabilität von Chlorkohlenwasserstoff-Pestiziden unter Umweltbedingungen benutzt. 1971 wurde dann speziell für Pestizide die unerwünschte Persistenz von der IUPAC folgendermaßen definiert:

„Eine Substanz ist unerwünscht persistent, wenn eine meßbare Menge davon in irgendeiner nachweisbaren chemischen Form weiter existiert. Eine optimale Chemikalie hätte offensichtlich nur eine solche Stabilität, die gerade ausreicht, daß sie ihre Funktion ausübt und keinen verbleibenden Rückstand hinterläßt. Da dies schwer zu erreichen ist, muß der Anwendungsrhythmus mit Bezug zur Funktionsdauer immer berücksichtigt werden. Deshalb muß der Wirkungsdauer-Rhythmus einer Chemikalie nicht nur ihre Stabilität, sondern ebenfalls das spätere Vorhandensein in irgendeiner chemischen Form berücksichtigen."

Eine Chemikalie ist also auch dann persistent, wenn sie selbst zwar umgesetzt, aber ihr organisches Umwandlungsprodukt nicht weiter abgebaut wird.

Vereinfacht ausgedrückt, versteht man unter Persistenz die Stabilität organischer Chemikalien in der Umwelt. Dabei wird nicht zwischen den primären Industriechemikalien und ihren jeweiligen Umwandlungsprodukten unterschieden. Vom Standpunkt der Umwandlung aus betrachtet, beschreibt das Kriterium der Persistenz die Geschwindigkeit der endgültigen Eliminierung einer Substanz; in der Regel ist das die Schnelligkeit ihrer vollständigen Mineralisierung.

Aus diesem Grund wird der Begriff Persistenz bei organischen und anorganischen Chemikalien unterschiedlich verwendet. Prinzipiell müßten alle anorganischen Verbindungen als persistent bezeichnet werden, da sie bereits mineralisch vorliegen, also zwar umgewandelt, aber nicht im eigentlichen Sinne abgebaut werden können. Man spricht auch nicht von Persistenz, wenn eine anthropogene Chemikalie in eine Substanz umgewandelt wird, die in so großer Menge natürlich vorkommt, daß der anthropogene Anteil unbedeutend ist. Beispiel dafür sind die Zersetzung von Peroxiden oder der Stickstoffanteil von Düngemitteln, der durch Umwandlungen in den natürlichen Stickstoffkreislauf eingeschleust wird. CO_2 bildet eine Ausnahme insofern, als seine Konzentration durch die Verbrennung fossiler Energieträger stetig merklich erhöht wird. Global betrachtet entspricht der Ein-

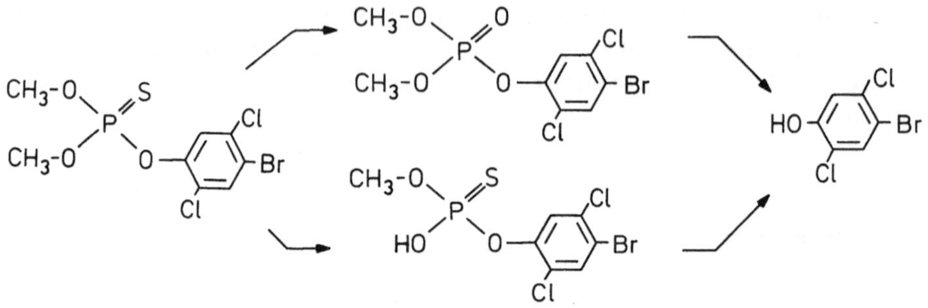

Abb. 1.18. Struktur des nicht persistenten und inaktiven Insektizids Bromophos und seiner persistenteren aktiven Umwandlungsprodukte. Das 1,4-Dichlor-3-Bromphenol kann auch gebunden als Sulfat oder Glucuronid vorliegen

trag anorganischer, anthropogener Chemikalien in die Umwelt einer künstlichen Mobilisierung der Elemente, während derjenige organischer Verbindungen zu einer Verschiebung im Umsatz biochemischer Zyklen führt.

Bei der Beurteilung der Persistenz einer Chemikalie muß berücksichtigt werden, daß die Substanz mindestens so lange stabil sein muß, wie die Anwendung dauert (Wirkdauer). Man spricht in einem solchen Fall von erwünschter bzw. beabsichtigter Persistenz. Wie lange eine Verbindung unverändert bleiben soll, hängt von ihrem Anwendungsbereich ab. Für Chemikalien, die unkontrollierbaren Umwelteinflüssen ausgesetzt sind, aber trotzdem lange wirken sollen – etwa im Bausektor –, wird eine hohe Persistenz gefordert; häufig wird sie durch Zusatz von Stabilisatoren erhöht. Andere Substanzen, z.B. Tenside, sollen nur kurze Zeit wirken und dann abgebaut werden, und selbstverständlich sollen alle Substanzen auch bei längerer Lagerung bis zur Anwendung unverändert bleiben.

In manchen Fällen ist es nicht das Industrieprodukt selbst, dessen Persistenz erwünscht ist, sondern ein Umwandlungsprodukt, das dann die eigentlich wirksame Form ist und dessen Rückstände nach der Anwendung problematisch werden. Dies ist der Fall bei Organophosphor-Insektiziden, die unter Umweltbedingungen desulfuriert werden. Die Struktur der persistenteren Umwandlungsprodukte trägt zur beabsichtigten Wirksamkeit der Insektizide bei (Abb. 1.18).

Sobald die Stabilität einer Substanz deren Anwendungszeit überdauert, wird sie zur unerwünschten Persistenz. Diese würde sich in manchen Fällen auf technologischem Weg vermeiden lassen. Chemikalien, die in geschlossenen Systemen verwendet werden und damit während der Nutzung nur wenigen, kontrollierten Einflüssen ausgesetzt sind, brauchen auch nur gegenüber diesen Einflüssen stabil zu sein. So müssen Motorenöle und ihre Zusatzstoffe zwar bei erhöhter Temperatur und unter Druck unverändert bleiben; sie werden jedoch in ihrer Funktion (im System des Motors) nicht beeinträchtigt, wenn sie mikrobiell oder photochemisch schnell abbaubar sind. Die unerwünschte Persistenz solcher Chemikalien wird deshalb auch durch den jeweiligen Stand der chemischen Technologie bzw. die Wirtschaftlichkeit der Produktion bedingt.

Eine höhere unerwünschte Persistenz tritt zwangsläufig bei Chemikalien auf, die offen angewendet werden, und zwar auch dann, wenn die Wirkung nur kurzfristig gewünscht wird. Solche Substanzen führen unabhängig von ihrer Stuktur oder von den Umwelteinflüssen zu Rückständen, die unterschiedlich lange im natürlichen System verbleiben. Vermeiden läßt sich eine Anreicherung bei Chemikalien, die auch nach der Anwendung noch kontrollierbar sind – etwa in Form fester Abfälle –, indem man die Stoffe z. B. durch Müllverbrennung gezielt abbaut.

Ein absolutes Maß für Persistenz gibt es nicht. Dagegen läßt sich die relative Persistenz von organischen Chemikalien anhand ihrer strukturellen Merkmale abschätzen. Beispielsweise sind ungesättigte Verbindungen weniger persistent als gesättigte und Alkane weniger als Aromaten. Die Stabilität von Aromaten steigt mit der Zahl der Substituenten, wobei Halogene die Persistenz mehr erhöhen als Alkylreste. Auch N-Heteroatome tragen zur Stabilisierung aromatischer Ringsysteme bei.

Die Schnelligkeit der Mineralisierung und der Reaktionsweg hängen von den physikalischen Bedingungen und der Abbaukapazität des Umweltsystems ab. Oberflächen von Boden- oder Staubpartikeln können den Abbau adsorbierter chlorierter Kohlenwasserstoffe katalysieren. Klima, Bodentyp und landwirtschaftliche Nutzung beeinflussen die Mineralisierungsrate der während der Bodenbildung angesammelten organischen Substanzen in erheblichem Maß. Während die vollständige Umsetzung von Humus in den

Tabelle 1.22. Schnelligkeit der biologischen Mineralisierung einiger organischer Chemikalien in einer Bodensuspension unter aeroben und anaeroben Bedingungen. Da unter anaeroben Bedingungen zusätzlich zu CO_2 Methan gebildet werden kann, liegen die tatsächlichen anaeroben Abbauraten eventuell höher als die Werte in dieser Tabelle

Substanz	Versuchs- dauer	Anteil in %					
		CO_2 nach 5 d		CO_2 nach Versuchsende		Rückstand im Wasser nach Versuchsende	
	(Tage)	aerob	anaerob	aerob	anaerob	aerob	anaerob
Methanol	5	53,4	46,3	53,4	46,3	15	13,6
Harnstoff	5	66,3	70,1	66,3	70,1	23,3	18
Anilin	56	17,4	–	26,5	11,9	13,1	28,8
p-Chloranilin	56	1,5	–	3	2,3	14,6	22,1
Diethylhexylphthalat	56	5,6	2,9	11,6	8,1	14,4	14,3
Dodecylbenzolsulfonat	42	13,8	26	40,6	51,9	7,5	20,2
Phenanthren	14	3	4,2	7,2	6,3	0,1	0,4
Anthrazen	14	0,1	0,3	1,3	1,8	1,6	1,8
2,6-Dichlorbenzonitril	42	< 0,1	< 0,1	0,5	< 0,1	38,9	36,8
Hexachlorbenzol	14	< 0,1	< 0,1	0,4	0,2	1,9	2,1
Trichlorethen	14	1,8	2,5	3,5	4,2	12,4	11
Lindan	42	0,4	0,4	1,9	3	3,1	2,2
DDT	42	0,1	0,3	0,8	0,7	2,4	2
2,4-D	14	0,1	0,2	0,5	0,7	89,1	83,4

Tropen ca. 8 Jahre benötigt, kann sie in kalten, semiariden Gebieten über 70 Jahre dauern. Bodenbearbeitung beschleunigt die Mineralisierung, und zwar wahrscheinlich dadurch, daß abbauenden Agenzien Zutritt zu den im Boden eingeschlossenen Verbindungen verschafft wird. In Tabelle 1.22 sind Abbaugeschwindigkeiten verschiedener Umweltchemikalien in einer Bodensuspension zusammengestellt.

1.6   Umwandlungen unter Umweltbedingungen

Das Gegenstück zur Persistenz von Umweltchemikalien ist ihre Abbaubarkeit. Zur vollständigen Bewertung des Verhaltens einer Substanz ist auch die Untersuchung ihrer Umwandlungen sowie die Erfassung der Zwischen- und eventuell auch Endprodukte notwendig. Anhand der Kenntnisse von Reaktionswegen und Umwandlungsraten können bei zwar nachgewiesenen, aber nicht angewandten Verbindungen die Quellen identifiziert werden. Umgekehrt läßt sich die potentielle Entstehung von Umweltchemikalien aus industriellen Vorläufern vorhersagen. Und schließlich bilden Daten über die Struktur der Umwandlungsprodukte und ihre Konzentrationen in der Umwelt die Basis für human- und ökotoxikologische Untersuchungen.

Bei der Beurteilung der Reaktionen anthropogener Substanzen muß auch deren möglicher Einfluß auf natürliche Stoffumsätze berücksichtigt werden. Beispiele für die Störungen geochemischer und biologischer Zyklen sind die Beschleunigung des Ozonzerfalls in der Stratosphäre, bei dem eine Beteiligung der Fluor-Chlor-Kohlenwasserstoffe nicht auszuschließen ist, und die Änderung von Enzymaktivitäten oder sogar Enzymmustern durch Fremdstoffe bzw. erhöhte Mengen von Naturstoffen.

Für viele Industriechemikalien wurden bereits Untersuchungen durchgeführt mit dem Ziel, die Zeitdauer der Wirksamkeit zu bestimmen. Ein schneller Verlust der erwünschten Wirkung wird dabei häufig mit geringer Persistenz bzw. leichter Abbaubarkeit gleichgesetzt. Dies ist etwa der Fall beim „Abbau" von Tensiden in Kläranlagen, die dort durch Umwandlungen ihre oberflächenaktiven Eigenschaften verlieren. Im ökologisch-chemischen Sinn versteht man unter Abbau jedoch eine vollständige Mineralisierung. Deshalb lassen sich den unter technologischen Gesichtspunkten erarbeiteten Daten nur eingeschränkt Hinweise auf den Abbau unter Umweltbedingungen entnehmen.

Quantitative Daten über das Vorkommen von Umwandlungsprodukten lassen sich auf zwei Wegen gewinnen. Entweder man verfolgt den Konzentrationstrend von Einzelsubstanzen, indem man in regelmäßigen Abständen repräsentative Proben analysiert. Dazu benötigt man allerdings ausreichend zuverlässige und empfindliche Analysenmethoden zur getrennten Bestimmung aller möglicherweise gleichzeitig vorkommenden Verbindungen. Oder man untersucht Umwandlungen, Reaktionsgeschwindigkeiten und Dispersion von Ausgangssubstanz und Reaktionsprodukten unter verschiedenen, simulierten Umweltbedingungen, wofür ebenfalls die experimentellen Voraussetzungen erfüllt sein müssen.

1.6.1 Abiotische Umwandlungen

Die Reaktionswege einer Substanz, die Umwandlungsraten und die Produkte hängen davon ab, in welchem System (Luft, Wasser, Boden) sie vorkommt, welche Energiequellen und Reaktionspartner dort zur Verfügung stehen und welche dynamischen und katalytischen Effekte durch Wechselwirkungen zwischen Substanz und Umwelt auftreten können. Die wichtigsten Energiequellen sind die UV-Strahlung der Sonne und die Temperatur.

Die Strahlungsintensität der Sonne und die spektrale Verteilung ändern sich mit der Höhe über der Erdoberfläche (Abb. 1.19). In der Troposphäre

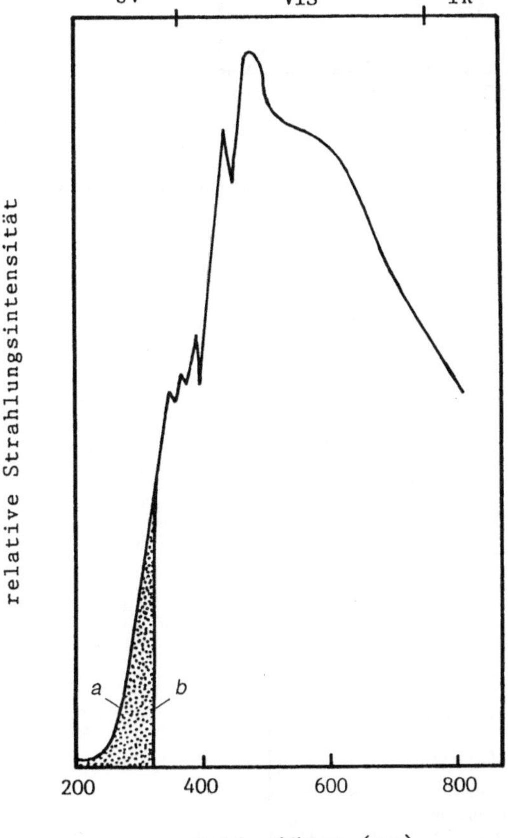

Abb. 1.19. Strahlungsintensität und spektrale Verteilung des Sonnenlichtes oberhalb der Stratosphäre (*a*) und in der Troposphäre (*b*). Der gepunktete Bereich entspricht dem in der Ozonschicht absorbierten Anteil

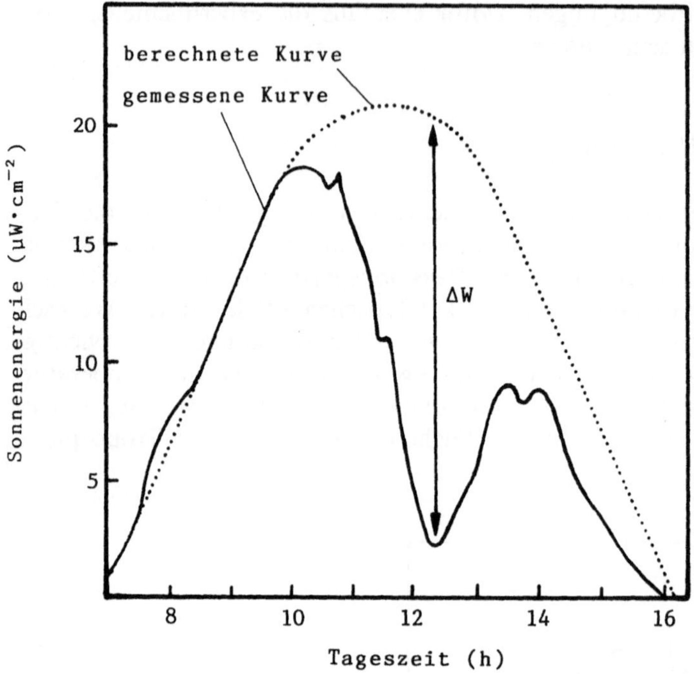

Abb. 1.20. Abhängigkeit der Sonnenenergie von der Tageszeit in kontaminierter Atmosphäre

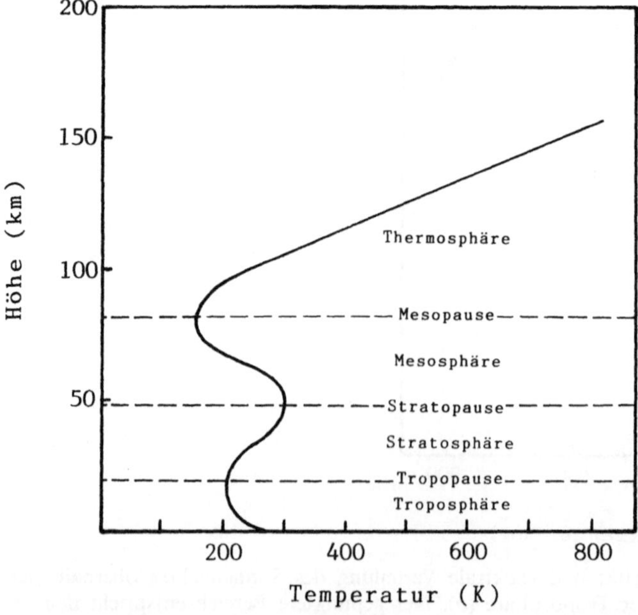

Abb. 1.21. Temperaturprofil der Atmosphäre

etwa ist die UV-Strahlung durch die Absorption in den oberen Schichten auf den Bereich von 290–400 nm eingeschränkt, der einen Anteil von nur 5–6% der Strahlungsenergie ausmacht; dieser Bereich stellt aber in der Troposphäre 10% der Gesamtenergie der Sonne. Kontamination der Atmosphäre mit chemischen Verunreinigungen bzw. Aerosolen verringert die Strahlungsenergie, wobei erhebliche tageszeitliche Schwankungen auftreten können (Abb. 1.20). Die größte Differenz zwischen berechneten und gemessenen Werten ($\Delta W = 18\ \mu W/cm^2$) tritt um die Mittagszeit auf. Diese Verringerung ist eine Ursache für die zeitliche Verzögerung des photochemischen Smogs.

Die einzelnen atmosphärischen Schichten unterscheiden sich auch stark in der Temperatur (Abb. 1.21). Beispielsweise treten in der Stratosphäre Temperaturen von 150–300 K auf. In der Troposphäre werden die Temperaturen vor allem in Bodennähe stark vom lokalen Klima beeinflußt.

1.6.1.1 Hydrolytische Prozesse

Die Hydrolysegeschwindigkeit in aquatischen Systemen ist ein wichtiges Kriterium bei der Beurteilung der Umweltverträglichkeit organischer Substanzen. Viele Verbindungen, die die strukturellen Voraussetzungen erfüllen, werden leicht zu hydrophilen Produkten hydrolysiert. Unter Hydrolyse werden hier diejenigen Reaktionen zusammengefaßt, bei denen H_2O in ein Molekül eingeführt und dabei eine $C-X$-Bindung getrennt wird. Ebenso bedeutend ist die Spaltung von $C-C$-Einfach- oder $C-O$-Doppelbindungen (als Hydratation bezeichnet), auf die hier aber nicht eingegangen werden soll. Einfache Beispiele für Hydrolysen sind die Überführung von Alkylhalogeniden in Alkohole, die Reaktion von Epoxiden zu Diolen oder die Verseifung von Estern. Dabei werden oft alle Reaktionen, bei denen Säurereste abgespalten werden ($RCOO^-$, Sulfatrest, Halogenidrest u.a.) als Verseifungen bezeichnet.

Bei vielen Verbindungen RX verläuft die Hydrolyse bimolekular; sie kann sowohl durch Säuren als auch durch Basen katalysiert werden. Die Reaktionsgeschwindigkeit wird jeweils durch folgende Gleichungen beschrieben:

$$\text{neutral:}\quad -\frac{d[RX]}{dt} = k_n' \cdot [RX] \cdot [H_2O] \quad \text{und} \quad [H_2O] \approx \text{konstant}$$

daraus folgt:

$$-\frac{d[RX]}{dt} = k_n \cdot [RX],$$

$$\text{säurekatalysiert:}\quad -\frac{d[RX]}{dt} = k_a' \cdot [RX] \cdot [H_3O^+] \cdot [H_2O]$$

$$\text{und} \quad [H_2O] \approx \text{konstant}$$

daraus folgt:

$$-\frac{d[RX]}{dt} = k_a \cdot [RX] \cdot [H_3O^+]$$

basenkatalysiert: $-\dfrac{d[RX]}{dt} = k_b' \cdot [RX] \cdot [OH^-] \cdot [H_2O]$

$$\text{und} \quad [H_2O] \approx \text{konstant}$$

daraus folgt:

$$-\frac{d[RX]}{dt} = k_b \cdot [RX] \cdot [OH^-]$$

Faßt man alle Prozesse in einer Gleichung zusammen, dann erhält man:

$$-\frac{d[RX]}{dt} = k_n \cdot [RX] + k_a \cdot [RX] \cdot [H_3O^+] + k_b \cdot [RX] \cdot [OH^-]$$
$$= [RX] \cdot (k_n + k_b \cdot [H_3O^+] + k_b \cdot [OH^-])$$

Außerdem gilt:

$$[OH^-] \cdot [H_3O^+] = K_W \quad \text{bzw.} \quad [OH^-] = \frac{K_W}{[H_3O^+]}$$

daraus folgt:

$$-\frac{d[RX]}{dt} = [RX] \cdot \left(k_n + k_a[H_3O^+] + k_b \cdot \frac{K_W}{[H_3O^+]} \right)$$

Für einen gegebenen pH-Wert lassen sich jeweils die Konstanten zu einer neuen Konstante zusammenfassen:

$$\left(k_n + k_a[H_3O^+] + k_b \frac{K_W}{[H_3O^+]} \right) = k_H$$

Dadurch vereinfacht sich die Geschwindigkeitsgleichung auf:

$$-\frac{d[RX]}{dt} = k_H \cdot [RX]$$

Die Reaktion ist also pseudo-erster Ordnung, und die Halbwertzeit der Substanz RX ist unabhängig von ihrer Konzentration.

$$t_{1/2} = \ln 2 \cdot \frac{1}{k_H}$$

Verseifungsreaktionen wurden vor allem bei Organophosphor-Insektiziden gründlich untersucht, weil bei ihnen die Hydrolyse meistens mit einer Entgiftung verbunden ist. Sie verläuft allgemein nach folgendem Muster:

Tabelle 1.23. Halbwertzeiten einiger Organophosphor-Insektizide in wäßriger Lösung bei 70 °C und unterschiedlichem pH-Wert

Substanz	pH								
	1	2	3	4	5	6	7	8	9
	Halbwertzeit (h)								
Parathion	34	27	21	18	20	13	8	4	3
Methylparathion	15	12	11	11	11	10	7	3	1,5
Chlorthion	12	9	7	6	5	5	4	1,4	–
PO-Methyldemeton	5	5	5	5	4	4	3,5	3	1,3
Metasystox R	12	12	12	12	15	12	6	3	0,5
Disulfoton	62	62	62	62	60	44	28	22	7
Azinphos	24	14	9	7	9	8	5	2	0,6
Trichlorphon	32	34	33	27	15	3	0,7	0,6	0,1

Ein alkalisches Milieu begünstigt die Reaktion (Tabelle 1.23). Auch durch Temperaturerhöhung wird die Reaktionsgeschwindigkeit in wäßriger Lösung erheblich gesteigert (Tabelle 1.24). Dabei wirkt sich eine Temperaturänderung nicht nur auf die Geschwindigkeitskonstante der Hydrolyse aus, sondern über das Ionenprodukt des Wassers auch auf den pH-Wert der Puffersysteme.

Hydrolyseempfindliche Substanzen existieren auch unter den Chlorkohlenwasserstoff-Insektiziden. So wird Heptachlor, ein Cyclodien-Insektizid, in wäßriger Lösung zu 1-exo-Hydroxychlorden verseift. Auch hier steigt die Hydrolysegeschwindigkeit mit dem pH-Wert an. Eine Beschleunigung der Reaktion wird außerdem durch Metallkationen erreicht.

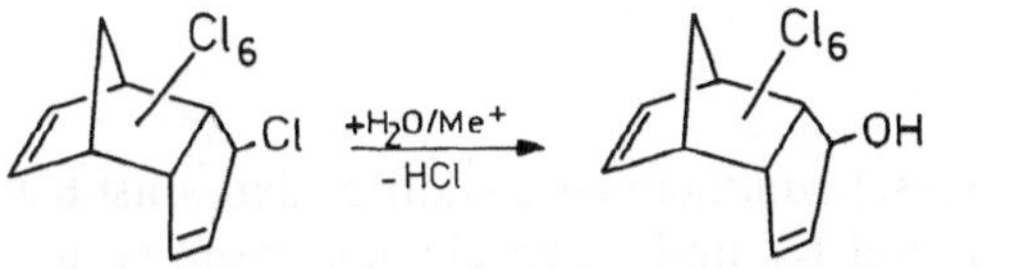

Cl$_6$ Cl $\xrightarrow[-\text{HCl}]{+\text{H}_2\text{O}/\text{Me}^+}$ Cl$_6$ OH

Heptachlor   1-*exo*-Hydroxychlorden

Für den Mechanismus dieser Katalyse gibt es zwei verschiedene Erklärungen. Entweder reagieren die Metall-Aquo-Komplexe als OH-Ionen-Donatoren bei solchen pH-Werten, bei denen wenig freies OH$^-$ vorhanden ist a), oder es entstehen Metall-Organokomplexe, innerhalb derer die Reaktion mit OH$^-$ bzw. H$_2$O erleichtert ist b).

a) $[\text{Me}(\text{H}_2\text{O})_n]^{m+} + \text{H}_2\text{O} \longrightarrow [\text{Me}(\text{H}_2\text{O})_{n-1}(\text{OH}^-)]^{(m-1)+} + \text{H}_3\text{O}^+$

$\text{RX} + [\text{Me}(\text{H}_2\text{O})_{n-1}(\text{OH}^-)]^{(m-1)+} \longrightarrow \text{ROH} + [\text{Me}(\text{H}_2\text{O})_{n-1}(\text{X}^-)]^{(m-1)+}$

b) $\text{Me}^{m+} + \text{RX} \longrightarrow [\text{MeRX}]^{m+} \xrightarrow{+\text{OH}^-} \text{ROH} + \text{Me}^{m+} + \text{X}^-$

Allerdings sind die Metallionenkonzentrationen in der Umwelt im allgemeinen zu gering, um Hydrolysen spürbar zu beeinflussen; nur bei wenigen

Tabelle 1.24. Halbwertzeiten (in Tagen) einiger Organophosphor-Insektizide in wäßriger Lösung bei pH 1–5 und bei unterschiedlicher Temperatur

Substanz	Temperatur (°C)						
	0	10	20	30	40	50	60
	Halbwertzeit (d)						
Parathion	13 800	3 000	690	180	50	15	5
Methylparathion	3 600	760	175	45	12,5	4	1,3
Chlorthion	2 900	600	138	36	10	3	1
PO-Methyldemeton	1 450	360	88	26	7,5	2	0,7
Metasystox R	4 800	970	236	62	18	5	1,7
Disulfoton	23 200	4 830	1 100	290	78	24	8
Azinphos	5 200	1 070	240	62	18	5,5	2
Trichlorphon	11 600	2 400	526	140	41	11	3

Chemikalien mit besonderen Strukturen könnte eine Katalyse von Bedeutung sein. Auch andere Faktoren, wie die Ionenstärke oder der Einfluß der Konzentration der Abgangsgruppe X^- in der Lösung, spielen in natürlichen wäßrigen Systemen wahrscheinlich nur in Einzelfällen eine Rolle.

Wenn man den Einfluß polarer Substituenten auf die Geschwindigkeit der Hydrolyse von Estern untersucht, dann stellt man in vielen Fällen eine Abhängigkeit der Reaktionsgeschwindigkeit von der Säurestärke der entstehenden Säure fest. Trägt man etwa bei m- und p-substituierten Benzoesäureethylestern die Logarithmen der Geschwindigkeitskonstanten gegen die pK_S-Werte der zugehörigen Säuren auf, dann erhält man annähernd eine Gerade (Abb. 1.22). Die Abhängigkeit läßt sich durch folgende Gleichung beschreiben:

$$\lg k = -p \cdot \lg K_S + C$$

Wenn man Säure- und Geschwindigkeitskonstante der unsubstituierten Benzoesäure bzw. des Esters mit K_0 und k_0 bezeichnet, dann erhält man:

$$\lg k_0 = -p \cdot \lg K_0 + C$$

Subtrahiert man die zweite Gleichung von der ersten, dann ergibt sich folgende Beziehung:

$$\lg k - \lg k_0 = -p \cdot \lg K_S + C + p \cdot \lg K_0 - C$$
$$= p(\lg K_S - \lg K_0)$$
$$\Leftrightarrow \quad \lg \frac{k}{k_0} = p \cdot \lg \frac{K_S}{K_0}$$
$$= p \cdot \sigma$$

Hammett-Gleichung
p = Empfindlichkeit der Reaktion gegenüber Substituenteneffekten
σ = Substituentenkonstante

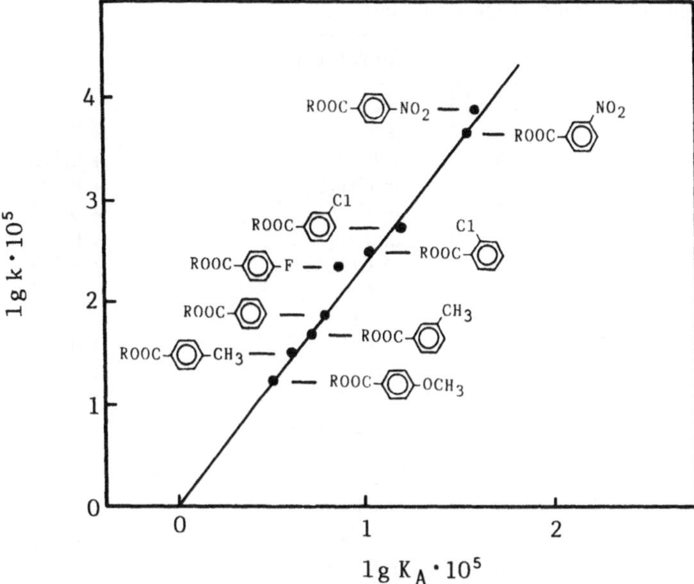

Abb. 1.22. Hammett-Diagramm für die alkalische Verseifung verschiedener Benzoesäure-ester

Diese Gleichung läßt sich auch auf viele andere Hydrolysen anwenden. Anhand der σ-Werte (Tabelle 1.25) lassen sich Aussagen über die Stärke der Partialladungen in den Übergangszuständen und über die konjugative Wechselwirkung dieser Ladungen machen. Dagegen liefert die Empfindlichkeit p die Information über die Entfernung des Substituenten vom Reaktionszentrum. Vergleicht man etwa die p-Werte für die Dissoziation von Benzoesäure, Phenylessigsäure und Phenylpropionsäure (Tabelle 1.26), dann läßt sich nach Einfügen einer Methylengruppe zwischen Aromat und Säuregruppe eine Verringerung der Empfindlichkeit um ca. 50 % erkennen.

1.6.1.2 Reduktive Prozesse

Im anaeroben Milieu von Sedimenten laufen Reduktionen ab, die sich als Übergang zwischen abiotischen und biotischen Umwandlungen betrachten lassen. Die Redoxsysteme (an Proteine gebundene Porphyrine, Fe−II/Fe−III-Systeme u. a.) werden beim Abbau von biologischem Material frei und können Elektronen von dem reduzierten organischen Substrat auf die Umweltchemikalien übertragen. Einige solcher Umwandlungen sind in Abb. 1.23 zusammengestellt. Das Verhältnis biotischer Ursachen zu abiotischen ist bei diesen Reaktionen nicht genau bekannt.

Tabelle 1.25. Substituentenkonstanten nach Hammett

Substituent	σ	Substituent	σ
$p\text{-}O^{\ominus}$	$-1,00$	$p\text{-}Cl$	$+0,226$
$m\text{-}O^{\ominus}$	$-0,71$	$p\text{-}Br$	$+0,232$
$p\text{-}NH_2$	$-0,660$	$p\text{-}J$	$+0,276$
$p\text{-}(CH_3)_2N$	$-0,600$	$m\text{-}CH_3CO$	$+0,306$
$p\text{-}OH$	$-0,357$	$m\text{-}F$	$+0,337$
$p\text{-}CH_3O$	$-0,268$	$m\text{-}J$	$+0,352$
$m\text{-}(CH_3)_2N$	$-0,211$	$m\text{-}COOH$	$+0,355$
$p\text{-}(CH_3)_3C$	$-0,197$	$m\text{-}Cl$	$+0,373$
$p\text{-}CH_3$	$-0,170$	$m\text{-}Br$	$+0,391$
$m\text{-}NH_2$	$-0,161$	$m\text{-}COOC_2H_5$	$+0,398$
$p\text{-}C_2H_5$	$-0,151$	$m\text{-}CF_3$	$+0,415$
$p\text{-}(CH_3)_2CH$	$-0,151$	$p\text{-}B(OH)_2$	$+0,454$
$m\text{-}(CH_3)_3Si$	$-0,121$	$p\text{-}C_6H_5CO$	$+0,459$
$m\text{-}(CH_3)_3C$	$-0,120$	$p\text{-}CH_3CO$	$+0,516$
$p\text{-}(CH_3)_3Si$	$-0,072$	$p\text{-}COOC_2H_5$	$+0,522$
$m\text{-}CH_3$	$-0,069$	$p\text{-}CF_3$	$+0,551$
$p\text{-}CH_3S$	$-0,047$	$m\text{-}CH_3SO$	$+0,551$
$p\text{-}C_6H_5O$	$-0,028$	$p\text{-}CH_3SO$	$+0,567$
$p\text{-}HN-CO-CH_3$	$-0,015$	$p\text{-}CN$	$+0,628$
$m\text{-}OH$	$-0,002$	$m\text{-}CH_3SO_2$	$+0,647$
H	$\pm0,000$	$m\text{-}CN$	$+0,678$
$p\text{-}C_6H_5$	$+0,009$	$m\text{-}JO_2$	$+0,700$
$p\text{-}F$	$+0,062$	$m\text{-}NO_2$	$+0,710$
$m\text{-}COO^{\ominus}$	$+0,10$	$p\text{-}CH_3SO_2$	$+0,728$
$m\text{-}CH_3O$	$+0,115$	$p\text{-}JO_2$	$+0,760$
$p\text{-}COO^{\ominus}$	$+0,13$	$p\text{-}NO_2$	$+0,778$
$m\text{-}CH_3S$	$+0,144$	$p\text{-}(CH_3)_3N^{\oplus}$	$+0,86$
$m\text{-}C_6H_5$	$+0,218$	$m\text{-}(CH_3)_3N^{\oplus}$	$+0,90$

Tabelle 1.26. p-Werte einiger aromatischer Carbonsäuren

Verbindung	p	Δp
⬡–COOH	1	0
⬡–CH_2–COOH	0,49	0,51
⬡–CH_2–CH_2–COOH	0,21	0,79

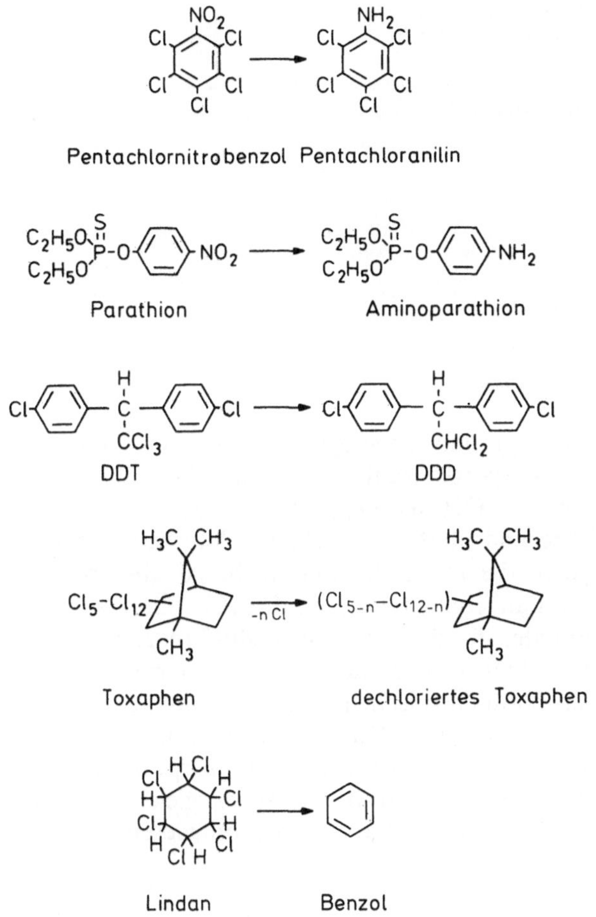

Pentachlornitrobenzol Pentachloranilin

Parathion Aminoparathion

DDT DDD

Toxaphen dechloriertes Toxaphen

Lindan Benzol

Abb. 1.23. Reduktive Reaktionen von Umweltchemikalien in anaerobem Milieu. [Nach Korte (1987)]

1.6.1.3 Oxidative Prozesse

Zu den abiotischen Oxidationen gehören nicht nur die Reaktionen mit molekularem Sauerstoff (der Anteil an O_2 in der Atmosphäre beträgt ca. 21 %), sondern auch diejenigen mit verschiedenen reaktiven Sauerstoffspezies, die sowohl in der Luft als auch in Gewässern vorhanden sind und hauptsächlich photochemisch und enzymatisch gebildet werden. Dazu gehören u. a. angeregter und atomarer Sauerstoff, Ozon und das OH-Radikal. Sie alle lassen sich nur bedingt getrennt betrachten, da durch verschiedene Prozesse jeweils eines aus dem anderen entstehen kann.

Der Anteil der einzelnen reaktiven Formen an den Oxidationen unter Umweltbedingungen hängt sowohl von ihrer Reaktivität als auch von ihren Konzentrationen in bestimmten Umweltkompartimenten ab. Während in

Tabelle 1.27. Konzentrationen der wichtigsten reaktiven Sauerstoffspezies in Luft und Wasser. [Nach Mill (1980)]

Oxidant	Konzentration, $mol \cdot l^{-1}$
	Wasser
$RO_2^{\cdot}$	$1 \cdot 10^{-9}$
$^1O_2$	$1 \cdot 10^{-12}$
	Luft
$HO^{\cdot}$	$3,4 \cdot 10^{-15}$
	$(8,2 \cdot 10^{-8}\ ppm)$
O_3	$1,7 \cdot 10^{-9}$
	$(4,1 \cdot 10^{-2}\ ppm)$

Gewässern Peroxidradikale ($RO_2^{\cdot}$) und angeregter Sauerstoff ($^1O_2$) von größerer Bedeutung sind als das Hydroxylradikal, verlaufen Oxidationen in der Atmosphäre hauptsächlich mit $^{\cdot}OH$ und O_3 (Tabelle 1.27).

Man unterscheidet chemische und photochemische Oxidationen. Letztere sind bei Verbindungen möglich, die imstande sind, Licht zu absorbieren. Diese werden dann entweder im angeregten Zustand direkt oxidiert, oder es kommt zur Spaltung in Radikale, die dann mit Sauerstoff reagieren. Der Unterschied zur chemischen Oxidation liegt hauptsächlich darin, daß die Reaktionsgeschwindigkeit der photochemischen Oxidation direkt von der Lichtabsorption durch die zu oxidierende Verbindung abhängt, während sie bei der chemischen Oxidation indirekt von der Lichtabsorption derjenigen Substanzen bestimmt wird, die in Luft bzw. Wasser gleichbleibende Konzentrationen der reaktiven Formen von Sauerstoff produzieren.

Photooxidation:

$$AB \xrightarrow{\ h \cdot \nu\ } AB^*$$

$$AB^* + O_2 \longrightarrow Produkte$$

oder

$$AB^* \longrightarrow A^{\cdot} + B^{\cdot}$$

$$A^{\cdot}\ (bzw.\ B^{\cdot}) + O_2 \longrightarrow Produkte$$

Chemische Oxidation:

$$AB + Ox \longrightarrow Produkte \qquad Ox = verschiedene\ Sauerstoffspezies$$

Über den Mechanismus der direkten Oxidation angeregter Zustände weiß man in den meisten Fällen wenig; besser bekannt sind die radikalischen Photooxidationen. Die Geschwindigkeit der direkten Photooxidation wird außer von der Konzentration der Substanz auch von ihrem Extinktionskoeffizienten, ihrer Quantenausbeute und der Lichtintensität bestimmt.

$$-\frac{d\,[AB]}{dt} = \varphi_{AB} \cdot \varepsilon_{AB\lambda} \cdot I_\lambda \cdot [AB]$$

φ = Quantenausbeute; ε = Extinktionskoeffizient;

I = Lichtintensität

Der weitere Verlauf der Reaktion hängt ausschließlich vom Verhalten der freien Radikale ab.

Chemische Oxidationen gehören zu den Reaktionen zweiter Ordnung; die Gesamtgeschwindigkeit der Oxidation einer Substanz A setzt sich aus den Geschwindigkeiten der einzelnen Reaktionen mit den unterschiedlichen Formen des Sauerstoffs zusammen.

$$-\frac{d[A]}{dt} = (k_1 \cdot [Ox_1] + k_2 \cdot [Ox_2] + \cdots + k_n \cdot [Ox_n]) \cdot [A]$$

Vernachlässigt man die Konzentrationsänderung jedes Oxidationsmittels während der Messung, dann erhält man eine Reaktion pseudo-erster Ordnung.

$$-\frac{d[A]}{dt} = (k'_1 + k'_2 + \cdots + k_n) \cdot [A]$$

Für die Halbwertzeit der Substanz gilt dann:

$$t_{1/2} = \ln 2 \cdot \frac{1}{\Sigma k_n}$$

Um die Geschwindigkeit der oxidativen Umwandlung einer Substanz in der Luft oder im Wasser voraussagen zu können, müssen deshalb die angreifenden Sauerstoffspezies, die Geschwindigkeitskonstanten für die Oxidation durch alle Sauerstofformen an spezifischen Stellen des Moleküls und die Reaktionsordnung für jeden einzelnen Prozeß bekannt sein. Einige Geschwindigkeitskonstanten für die Oxidation von Ethen durch verschiedene Substanzen sind in Tabelle 1.28 angegeben.

Reaktionen mit molekularem Sauerstoff (Autoxidationen)

Die Elektronen des Sauerstoffmoleküls liegen im Grundzustand ungepaart vor, so daß sich das Molekül als Biradikal verhält. Wenn bei organischen Verbindungen die strukturellen Voraussetzungen erfüllt sind, dann reagie-

Tabelle 1.28. Lebensdauer von Ethen, berechnet für die Reaktion mit verschiedenen oxidierenden Spurenkomponenten in der Atmosphäre. [Nach Stuhl]

Reaktives Radikal oder Molekül	Konzentration in Moleküle $\cdot$ cm^{-3}	k in cm^3 s^{-1}	τ in s
OH	$4,1 \cdot 10^5$	$8,8 \cdot 10^{-12}$	$2,5 \cdot 10^5$
O_3	$1,0 \cdot 10^{12}$	$1,9 \cdot 10^{-18}$	$5,3 \cdot 10^5$
NO_3	$3,0 \cdot 10^8$	$9,3 \cdot 10^{-16}$	$3,6 \cdot 10^6$
O	$2,5 \cdot 10^4$	$7,8 \cdot 10^{-13}$	$5,1 \cdot 10^7$
HO_2	$6,5 \cdot 10^8$	$1,7 \cdot 10^{-17}$	$9,1 \cdot 10^7$
CH_3O	$1,3 \cdot 10^6$	$6,2 \cdot 10^{-17}$	$1,3 \cdot 10^{10}$
$O_2(^1\Delta)$	$2,0 \cdot 10^7$	$1,7 \cdot 10^{-17}$	$2,9 \cdot 10^9$

ren sie mit Sauerstoff auch unter relativ milden Bedingungen. Die Reaktion verläuft radikalisch; der Start erfolgt durch die Abspaltung eines Wasserstoffatoms.

$$R-H + \overline{O}=\overline{O} \longrightarrow R^{\cdot} + H-\overline{O}-\overline{O}^{\cdot}$$

$$HOO^{\cdot} + H-R \longrightarrow H_2O_2 + R^{\cdot}$$

$$R^{\cdot} + \overline{O}=\overline{O} \longrightarrow R-\overline{O}-\overline{O}^{\cdot}$$

$$ROO^{\cdot} + H-R \longrightarrow ROOH + R^{\cdot}$$

Peroxide beschleunigen die Reaktion; der Ablauf ist deshalb autokatalytisch. Durch Metallionen werden die gebildeten Peroxide in Radikale gespalten, so daß die Kettenreaktion in Gang gehalten wird.

$$ROOH + Me^{+} \longrightarrow RO^{\cdot} + OH^{-} + Me^{2+}$$

$$ROOH + Me^{2+} \longrightarrow ROO^{\cdot} + H^{+} + Me^{+}$$

Die Reaktion bricht ab, wenn die Radikale miteinander reagieren.

Da das Peroxi-Radikal relativ reaktionsträge ist ($D_{HOO-H} = 375{,}9$ $kJ \cdot mol^{-1}$), greift es bevorzugt reaktive $C-H$-Bindungen (in Nachbarstellung zu Aromaten, Doppelbindungen, Ether- oder Aldehydgruppen) an. Zu den Autoxidationen gehören etwa die Oxidation von Ölen und Fetten (Ranzigwerden) oder von Kunststoffen (Materialalterung). Auch Aldehyde werden bei Anwesenheit von Metallspuren während der Lagerung leicht oxidiert. Im Boden kommt es zu Autoxidationen im Verlauf der abiotischen Polykondensation von verschiedenen Huminstoffvorläufern zu Huminsäuren. Bei diesen Polymerisationen können Umweltchemikalien eingebaut werden, die OH^{-}, NH_2- oder Aldehydgruppen besitzen (Phenole, Chloraniline, Chinone), so daß sie nicht extrahierbare Rückstände im Boden bilden.

Reaktionen mit angeregtem Sauerstoff ($^1O_2$)

Bei angeregtem Sauerstoff lassen sich spektroskopisch zwei Zustände (mit den Symbolen $^1\Sigma_g^+$ und $^1\Delta_g$) nachweisen (Abb. 1.24). Beide unterscheiden

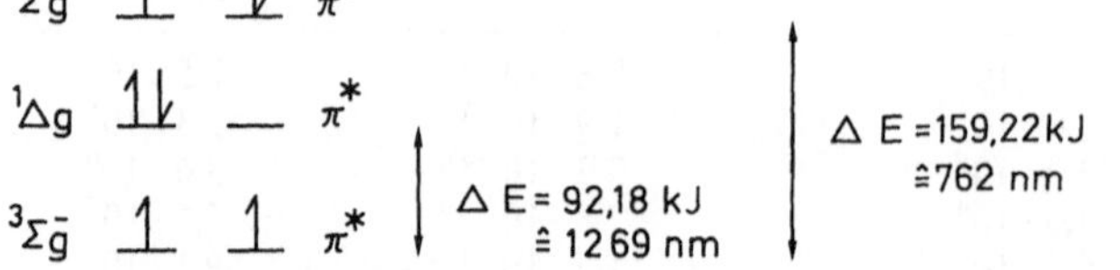

Abb. 1.24. Besetzung der oberen antibindenden Orbitale $\pi^*_{p_{xy}}$ bei Sauerstoff im Grund- und elektronisch angeregten Zustand

sich in ihren Eigenschaften sowohl vom Grundzustand ($^3\Sigma_g^-$) als auch untereinander. Der Grundzustand ist diamagnetisch bezüglich des Bahndrehmoments und paramagnetisch bezüglich des Gesamtspins (Triplett-Sauerstoff). Der $^1\Delta_g$-Zustand dagegen ist aufgrund der gepaarten Elektronen diamagnetisch bezüglich des Spins (Singulett-Sauerstoff), aber paramagnetisch bezüglich des Bahndrehmoments, während der $^1\Sigma_g^+$-Zustand zwar keine gepaarten Elektronen, aber solche mit entgegengesetzten Spins besitzt und somit diamagnetisch bezüglich des Gesamtspins (Singulett-Sauerstoff) und bezüglich des Bahndrehmomentes ist.

Singulett-Sauerstoff entsteht in geringen Mengen bei der UV-Photolyse von Ozon bzw. durch direkte Anregung von Sauerstoff und in relativ hohen Ausbeuten durch Übertragung der Anregung von NO_2^* oder angeregten organischen Sensibilisatoren wie Chinoxalin, Anthracen, Phenanthren, Dibenzofuran, Anthrachinon u. a. auf O_2. Da der Übergang vom angeregten Singulett- zum Triplett-Grundzustand spinverboten ist und außerdem ein Energiebetrag von ca. 92 bzw. 159 kJ abgegeben werden muß, ist $^1O_2$ metastabil. Dies gilt jedoch für die beiden angeregten Zustände in unterschiedlichem Ausmaß, denn der Übergang von $^1\Sigma_g^+$ zu $^1\Delta_g$ ist spinerlaubt und liefert nur ca. 67 kJ; die Desaktivierung von $^1\Sigma_g^+$ zu $^1\Delta_g$ erfolgt deshalb sehr schnell. Die Lebensdauer für $^1\Sigma_g^+$ beträgt nur 7–12 s in der Gasphase und $\sim 10^{-9}$ s in Lösung, während sie für $^1\Delta_g$ theoretisch bei 45 min in der Gasphase und $\sim 10^{-3}$ s in Lösung (je nach Lösungsmittel) liegt. Die reale Lebensdauer ist für beide Zustände noch etwas geringer, da eine Energieabgabe zusätzlich durch Kollisionskomplexe möglich ist. Aufgrund der unterschiedlichen Lebensdauer der beiden Zustände ist für Reaktionen mit Umweltchemikalien nur der $^1\Delta_g$-Zustand relevant. Dessen Gesamtkonzentration in der Atmosphäre wurde auf ca. 10^{-5} ppm geschätzt; in Gewässern liegen die Konzentrationen bei ca. 10^{-12} M.

$O_2(^1\Delta_g)$ verhält sich wegen seiner gepaarten Außenelektroden wie ein reaktionsfähiges Olefin. Da zusätzlich ein leeres π^*-Orbital zur Aufnahme von Elektronen zur Verfügung steht, ist $^1\Delta_g$-Sauerstoff außerdem elektrophil. $^1O_2$ greift deshalb hauptsächlich ungesättigte Verbindungen an. Dabei lassen sich folgende Reaktionstypen unterscheiden:

Addition an elektronenarme Olefine mit allylständigem Wasserstoffatom

Es entsteht ein Hydroperoxid, wobei die Doppelbindung verschoben wird.

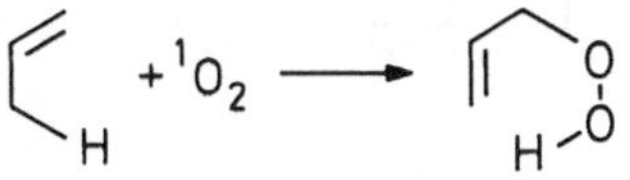

Es sind zwei verschiedene Zwischenstufen möglich, je nachdem, ob das allylständige C-Atom in den Übergangszustand einbezogen wird oder nicht. Im ersten Fall bildet sich primär ein Dioxetan, im zweiten Fall ein Peroxiran.

Die Reaktion ist stereospezifisch und stark strukturabhängig; beispielsweise erhält man aus Methylbuten-2:

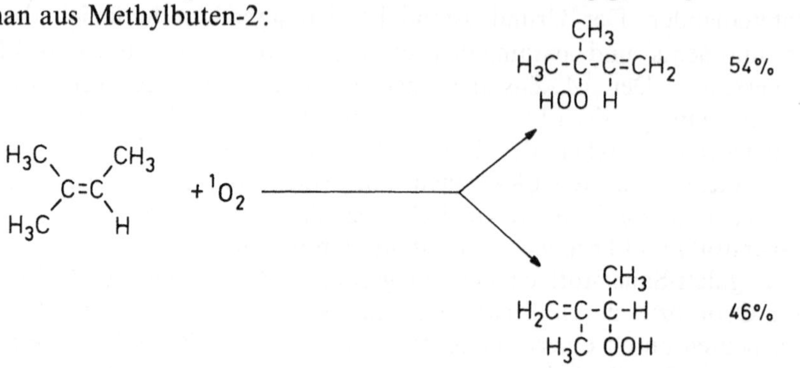

Die Reaktionsgeschwindigkeit steigt mit dem Grad der Alkylsubstitution an der Doppelbindung.

Addition an elektronenreiche Olefine

Der Reaktionsweg hängt stark von der Stellung der elektronengebenden Gruppe ab und davon, ob zusätzlich ein allylständiges Wasserstoffatom vorhanden ist und an welcher Stelle der Doppelbindung es sich befindet. Entweder entsteht ein Hydroperoxid, oder es kommt zu einer Spaltung in Carbonylfragmente. Die Reaktion verläuft konzertiert oder über Zwitterionen, wobei der Weg auch vom Lösungsmittel beeinflußt wird. So können Olefine, bei denen sich elektronengebende Gruppe und Wasserstoffatom auf der gleichen Seite der Doppelbindung befinden (z. B. 2-Amino-propen) auf folgende Weise reagieren:

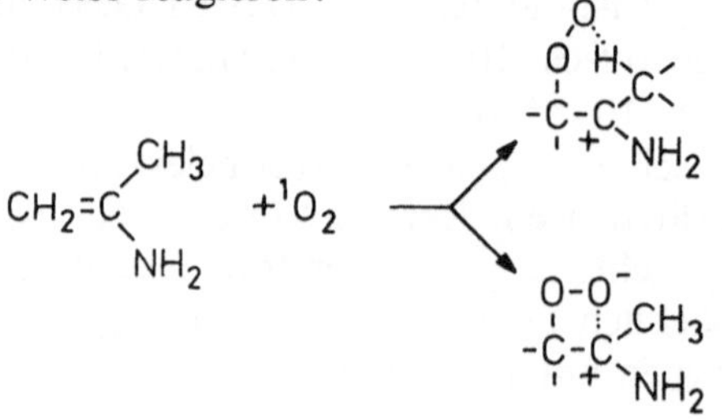

Bei 3,4-Dihydropyran kommt es in polaren Lösungsmitteln zum Ringbruch:

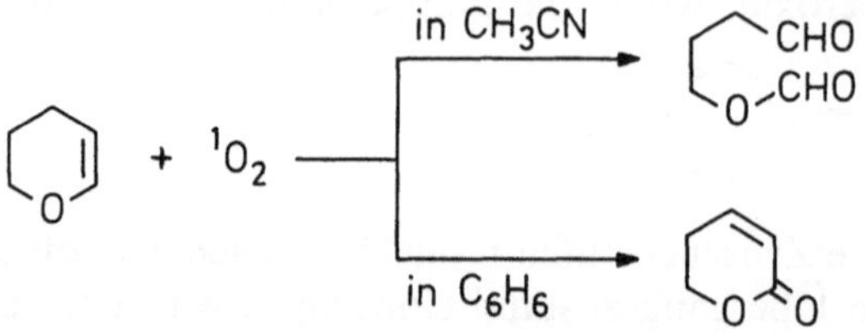

Addition an α, β-ungesättigte Verbindungen

Die Reaktion verläuft konzertiert über einen 6π-Elektronen-Übergangszustand analog zur Diels-Alder-Synthese, wobei ein Endoperoxid entsteht.

Da $^1O_2$ reaktiver ist als andere Diels-Alder-Komponenten, addiert es auch
an weniger reaktive Diene und Aromaten. Typisch sind folgende Additionen:

α-Terpinen   Ascaridol

Anthracen   Anthrachinon

Dimethylfuran

verschiedene Produkte

Bei Molekülen wie Terpinolen können 2+2-Addition und Diels-Alder-Re-
aktion nacheinander ablaufen:

Weitere Reaktionen von $^1O_2$ sind die Oxidation von Schwefel in Sulfiden,
Disulfiden und Mercaptanen und die Elektronenübertragung bei Phenolen
oder anderen Elektronendonatoren.

$$2R_2S + {}^1O_2 \longrightarrow 2R_2SO$$

$$ArOH + {}^1O_2 \longrightarrow ArO^{\cdot} + HO_2^{\cdot}$$

Die Geschwindigkeitskonstanten all dieser Prozesse reichen von $10^4 -$
$10^8\ mol^{-1} \cdot l \cdot s^{-1}$ (Tabelle 1.29). Die Reaktivität gegenüber verschiedenen
Strukturtypen ist sehr unterschiedlich. Für einige Verbindungsklassen wie
Furane kann die Reaktion mit Singulett-Sauerstoff zu bedeutenden Verlusten
führen. Mit Verbindungen, deren Doppelbindungen chloriert oder sterisch
abgeschirmt sind, reagiert $^1O_2$ nicht.

Tabelle 1.29. Reaktionsraten verschiedener Verbindungsklassen für die Oxidation durch Singulett-Sauerstoff in Wasser bei 25 °C. [Nach Mill (1980)]

Struktur	$k\,(^1O_2)$ $l \cdot mol^{-1} \cdot s^{-1}$	$t_{1/2}$ [a]
Unsubstituierte Kohlenwasserstoffe	$3 \cdot 10^3$	7,3 Jahre
Cyclische Olefine	$2 \cdot 10^5$	40 Tage
Substituierte Olefine	$1 \cdot 10^6$	8 Tage
Dialkylsulfide	$7 \cdot 10^6$	27 h
Diene	$1 \cdot 10^7$	19 h
Imidazole	$4 \cdot 10^7$	4,8 h
Furan	$1,4 \cdot 10^8$	1 h
Trialkylenamine	$8 \cdot 10^8$	14 min

[a] Für die Berechnung wurde eine $^1O_2$-Konzentration von 10^{-12} M angenommen.

Reaktionen mit Sauerstoffatomen ($O(^3P)$)

In den höheren atmosphärischen Schichten entstehen Sauerstoffatome durch Spaltung von molekularem Sauerstoff unter der Einwirkung kurzwelliger UV-Strahlung. Die Dissoziation erfolgt bei 242 nm; das entspricht einer Energie von 501,9 kJ $\cdot$ mol^{-1}. Die Sauerstoffatome sind zuerst elektronisch angeregt ($O(^1D)$), werden aber durch Kollision mit anderen Molekülen wie N_2 sehr schnell desaktiviert.

In den erdbodennahen Schichten der Atmosphäre werden Sauerstoffatome durch Photodissoziation von Stickstoffdioxid gebildet. NO_2 ist die wichtigste lichtabsorbierende Substanz in der Troposphäre im Bereich oberhalb von 290 nm und trägt damit wesentlich zur Auslösung der photochemischen Smogbildung bei. Der erste Schritt nach der Absorption von Strahlung mit Wellenlängen unterhalb von 398 nm ist die Dissoziation ($E_D \approx 300$ kJ $\cdot$ mol^{-1}) mit einer Quantenausbeute von fast eins. Auch im Bereich von 398–430 nm kommt es zur Bindungsspaltung; die zusätzlich benötigte Energie stammt wahrscheinlich aus der Rotationsenergie.

$$NO_2 \xrightarrow[\lambda < 430\,nm]{h\nu} NO + O(^3P)$$

Die troposphärische Konzentration von $O(^3P)$ beträgt schätzungsweise 10^{-8} ppm. In der Atmosphäre reagieren die Sauerstoffatome hauptsächlich mit molekularem Sauerstoff, wobei die überschüssige kinetische Energie von einem Stoßpartner M (O_2, N_2) aufgenommen wird.

$$O(^3P) + O_2 \xrightarrow{M} O_3 \qquad K = 2{,}1 \cdot 10^8$$

Zu einem geringen Anteil werden Sauerstoffatome auch an Doppelbindungen von Olefinen und Aromaten addiert (Tabelle 1.30). Ein Beispiel dafür ist ihre Umsetzung mit dem Cyclodieninsektizid Aldrin, bei der Dieldrin entsteht (Abb. 1.25). Die Epoxidierung erfolgt selektiv an der nicht chlorierten Doppelbindung. Bei einer photochemischen Reaktion des Aldrins wird durch intramolekulare Verbrückung zuerst Photoaldrin gebildet, dessen

Tabelle 1.30. Typische Geschwindigkeitskonstanten für Reaktionen von $O(^3P)$ mit Olefinen und Aromaten bei 298 K

Substanz	$k(O(^3P)) \cdot 10^{-8}$ $mol^{-1} \cdot s^{-1}$	
Ethen	4,3	$\pm$ 0,5
Propen	20	$\pm$ 1,7
trans-Buten	24	$\pm$ 3,7
cis-2-Buten	92	$\pm$ 15
2-Methyl-2-buten	313	$\pm$ 30
2,3-Dimethyl-2-buten	425	$\pm$ 46
Benzol	0,144	$\pm$ 0,002
Toluol	0,45	$\pm$ 0,045
o-Xylol	1,05	$\pm$ 1,11
m-Xylol	2,12	$\pm$ 0,21
p-Xylol	1,09	$\pm$ 0,11
1,2,3-Trimethylbenzol	6,9	$\pm$ 0,7
1,2,4-Trimethylbenzol	6	$\pm$ 0,6
1,3,5-Trimethylbenzol	16,8	$\pm$ 2

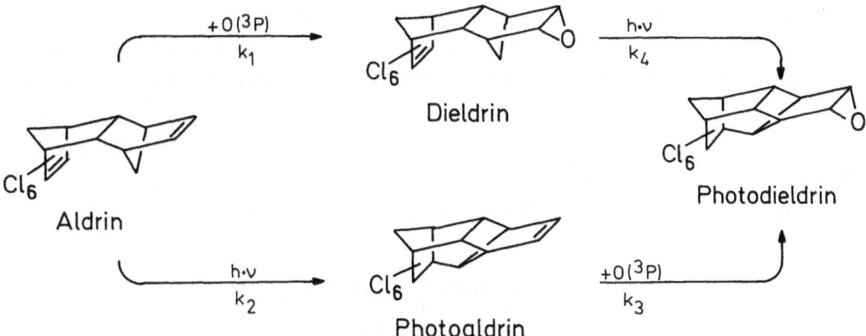

Abb. 1.25. Reaktion von Aldrin zu Dieldrin bzw. Photodieldrin ($k_1 \approx k_3$; $k_2 \gg k_4$)

nicht chlorierte Doppelbindung anschließend ebenfalls epoxidiert wird. Die Geschwindigkeiten beider Oxidationen sind etwa gleich groß, während die Verbrückung des bereits epoxidierten Dieldrins zum Photodieldrin wesentlich langsamer verläuft als die Photoreaktion des Aldrins. Oxidation und Verbrückung des Aldrins konkurrieren also miteinander.

Auch Chlorden wird durch $O(^3P)$ epoxidiert (Abb. 1.26). Wie bei Aldrin wird die halogenierte Doppelbindung für einen Angriff durch das Sauerstoffatom wahrscheinlich zu stark abgeschirmt. Als Konkurrenzreaktion zur Sauerstoff-Addition tritt nicht nur eine intramolekulare 2+2-Cycloaddition auf, bei der Käfigisomere des Chlordens entstehen, sondern auch zu einem geringen Teil die Bildung von 1-Ketochlorden als Folge einer Allyloxidation. Eine Vorstufe davon könnte 1-exo-Hydroxychlorden sein, was jedoch noch nicht mit Sicherheit bewiesen ist.

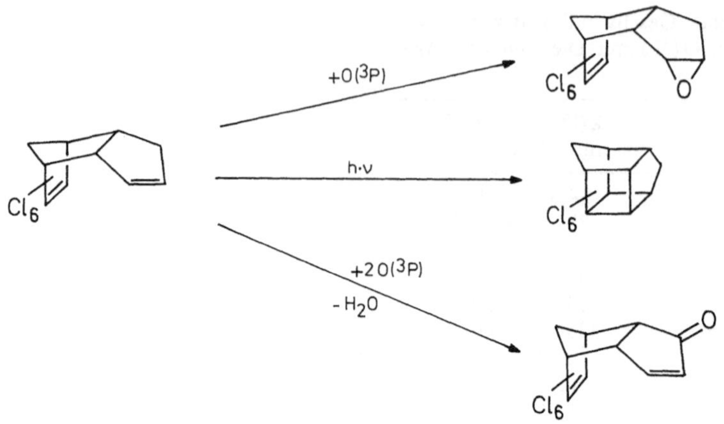

Abb. 1.26. Reaktion von Chlorden mit $O(^3P)$. [Nach Parlar u. Korte (1977)]

Für die Reaktion von $O(^3P)$ mit 1-Buten bei 300 K wurde auch eine Abspaltung von Wasserstoff angenommen. Hydroxyl-Radikale als Zwischenprodukt konnten jedoch nicht nachgewiesen werden; wahrscheinlich verläuft die Abspaltung im Verhältnis zur Anlagerung zu langsam.

Auch eine Einschiebung in die $C-H$-Bindung wurde bei Olefinen nicht beobachtet. Die Addition verläuft nicht stereospezifisch. Als Zwischenprodukt wird ein kurzlebiges Biradikal angenommen, das zum Epoxid oder Carbonyl weiterreagiert bzw. sich zersetzt, wenn keine Stabilisierung durch Stöße erfolgt. Unter atmosphärischen Bedingungen können durch Reaktion mit Sauerstoff auch Peroxide gebildet werden, die anschließend zerfallen.

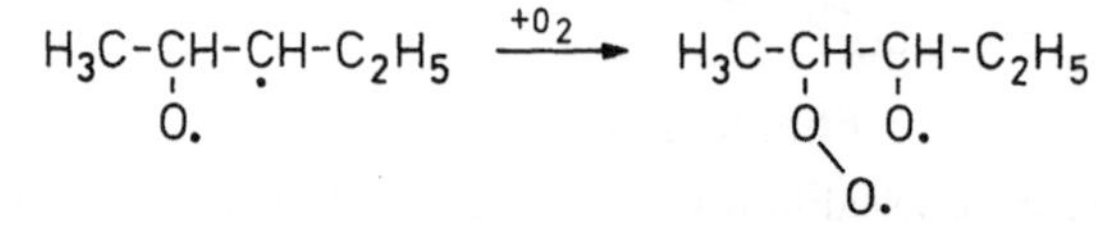

$$H_3C-\overset{\cdot}{C}H-\overset{\cdot}{C}H-C_2H_5 \xrightarrow{+O_2} H_3C-\underset{\underset{O.}{|}}{C}H-\underset{|}{C}H-C_2H_5$$

Bei der Reaktion von $O(^3P)$ mit Benzol und Toluol wurden als Reaktionsprodukte u. a. Wasser, CO und Phenol bzw. Kresole nachgewiesen. Der Hauptanteil der Produkte bestand aus nichtflüchtigen, polymeren Verbindungen, die wahrscheinlich aliphatisch sind und eventuell $-CHO$, $-OH$ und $C-O-C$ als Gruppen enthalten.

Die Bildung solcher Polymere ist insofern von Bedeutung, als sie das Vorkommen aliphatischer, bifunktioneller Verbindungen in atmosphärischen Schwebstoffen erklären könnte. Zahlreiche dieser Verbindungen enthalten fünf oder sechs Kohlenstoffatome und könnten durch die Reaktion von $O(^3P)$ mit Aromaten, anschließende Ringöffnung und Folgereaktionen mit elementarem Sauerstoff entstanden sein. Sollte sich die Ringöffnung unter Bildung ungesättigter aliphatischer Verbindungen als ein Hauptreaktionsweg von Aromaten unter atmosphärischen Bedingungen erweisen, dann müßte der erhöhte Aren-Gehalt bleifreier Kraftstoffe entsprechend bewertet werden.

Reaktionen mit Ozon

Die atmosphärische Ozonkonzentration ist unterschiedlich je nach Höhe über dem Erdboden, Jahres- und Tageszeit und örtlichen Bedingungen, liegt aber durchgehend im Bereich von 10^{-9} M. Die Bildung erfolgt durch die Reaktion von molekularem Sauerstoff mit Sauerstoffatomen; die Reaktionsgeschwindigkeit hängt vom Luftdruck ab und sinkt deshalb mit zunehmender Höhe.

$$O(^3P) + O_2 \xrightarrow{\text{M}} O_3 \qquad\qquad M = \text{Stoßpartner}$$

Die troposphärische Quelle von Sauerstoffatomen ist die Photodissoziation von NO_2, während $O(^3P)$ in der Stratosphäre durch die Spaltung von Sauerstoffmolekülen entsteht.

$$\text{Troposphäre:} \quad NO_2 \xrightarrow[\lambda<420\,nm]{h\nu} NO + O(^3P)$$

$$\text{Stratosphäre:} \quad O_2 \xrightarrow[\lambda<240\,nm]{h\nu} 2\,O(^3P)$$

Das gebildete Ozon wird durch Photolyse mit Wellenlängen des gesamten UV/VIS-Bereiches wieder zersetzt, wobei je nach Strahlungsenergie $O(^3P)$ oder angeregtes $O(^1D)$ entsteht (Abb. 1.27).

$$\text{UV-Bereich:} \quad O_3 \xrightarrow[\lambda<310\,nm]{h\nu} O_2(^1\Delta g) + O(^1D)$$

$$\text{VIS-Bereich:} \quad O_3 \xrightarrow{h\nu} O_2(^3\Sigma_{\bar{g}}) + O(^3P)$$

Diese Reaktion benötigt eine relativ hohe Aktivierungsenergie, wird aber durch freie Radikale katalysiert. Da diese Radikale u. a. durch Reaktionen von $O(^1D)$ entstehen und außerdem das Sauerstoffatom auch mit O_3 reagiert, stellt sich zwischen Ozonbildung und -abbau ein Gleichgewicht ein (Abb. 1.28 und 1.29). Der Kreislauf zwischen Ozon, Sauerstoff und den Stickstoffoxiden wird als photostationärer Zustand bezeichnet.

$$\text{A)} \quad O(^1D) + O_3 \longrightarrow O_2^* + O_2$$

$$\text{B)} \quad O(^1D) + N_2O \longrightarrow 2\,NO$$

$$NO + O_3 \longrightarrow NO_2 + O_2$$

$$\text{C)} \quad O(^1D) \overset{+H_2O}{\underset{+H_2}{\big\langle}} \begin{array}{l} 2\,{}^\cdot OH \\[4pt] {}^\cdot OH + H^\cdot \end{array}$$

$$^\cdot OH + O_3 \longrightarrow HO_2^\cdot + O_2$$

$$HO_2^\cdot + O_3 \longrightarrow {}^\cdot OH + 2\,O_2$$

Bei einer Luftfeuchtigkeit von 1–3 % reagieren ca. 9 % der angeregten Sauerstoffatome mit dem Wasser. Dabei konkurriert die Bildung der Hydroxylradikale ($k_{298\,K} = 2{,}2 \cdot 10^{-10}\,cm^3 \cdot mol^{-1} \cdot s^{-1}$) mit der Desaktivierung von $O(^1D)$ durch Luft ($k_{298\,K} = 2{,}9 \cdot 10^{-11}\,cm^3 \cdot mol^{-1} \cdot s^{-1}$).

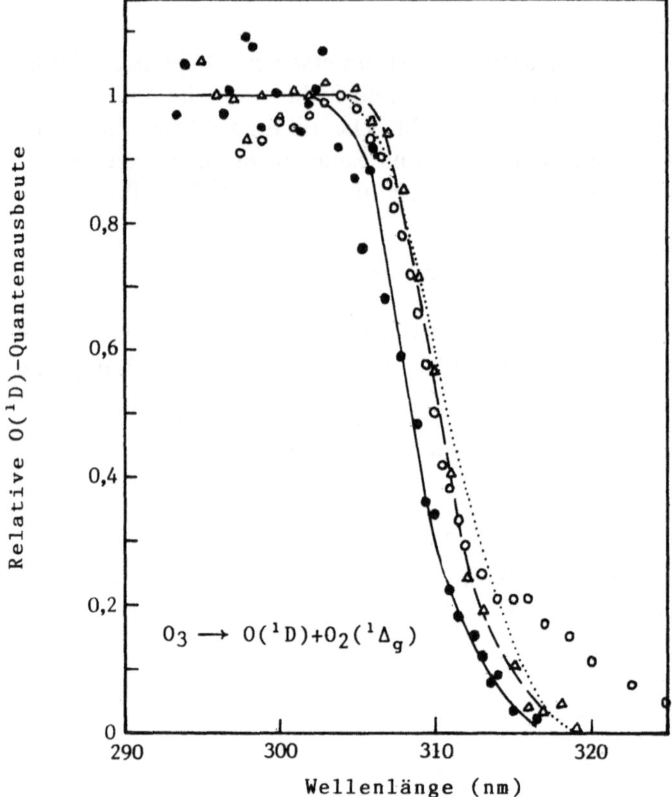

Abb. 1.27. Wellenlängenabhängigkeit der relativen O(^{1}D)-Quantenausbeute in der Photolyse von Ozon bei 298 K (Zusammenstellung der Ergebnisse verschiedener Autoren)

Weitere Prozesse, die zum Abbau von Ozon führen, sind Reaktionen mit Chlorradikalen (aus der UV-induzierten Dehalogenierung von halogenierten Kohlenwasserstoffen) und Olefinen:

$$O_3 + Cl^{\bullet} \longrightarrow ClO + O_2$$

$$O_3 + {>}C{=}C{<} \longrightarrow \text{verschiedene Produkte}$$

Reaktionen von Olefinen mit Ozon werden als Ozonolyse bezeichnet; je nach Struktur entstehen dabei Aldehyde, Ketone, Carbonsäuren oder deren Derivate. Die Doppelbindung wird normalerweise nicht verschoben. Der Mechanismus verläuft wahrscheinlich auch in der Gasphase in den folgenden drei von Criegee für Lösungen beschriebenen Schritten: der Bildung eines Primärozonids, dessen Zerfall in ein Carbonyl und ein Carbonyloxid und deren Addition zum Ozonid, das auch als cyclisches, acetalartiges Peroxid betrachtet werden kann (Abb. 1.30). Das instabile Carbonyloxid ist die reaktionsfähigste Verbindung bei der Ozonolyse und reagiert auch mit verschiedenen troposphärischen Spurenkomponenten wie H_2O, SO_2,

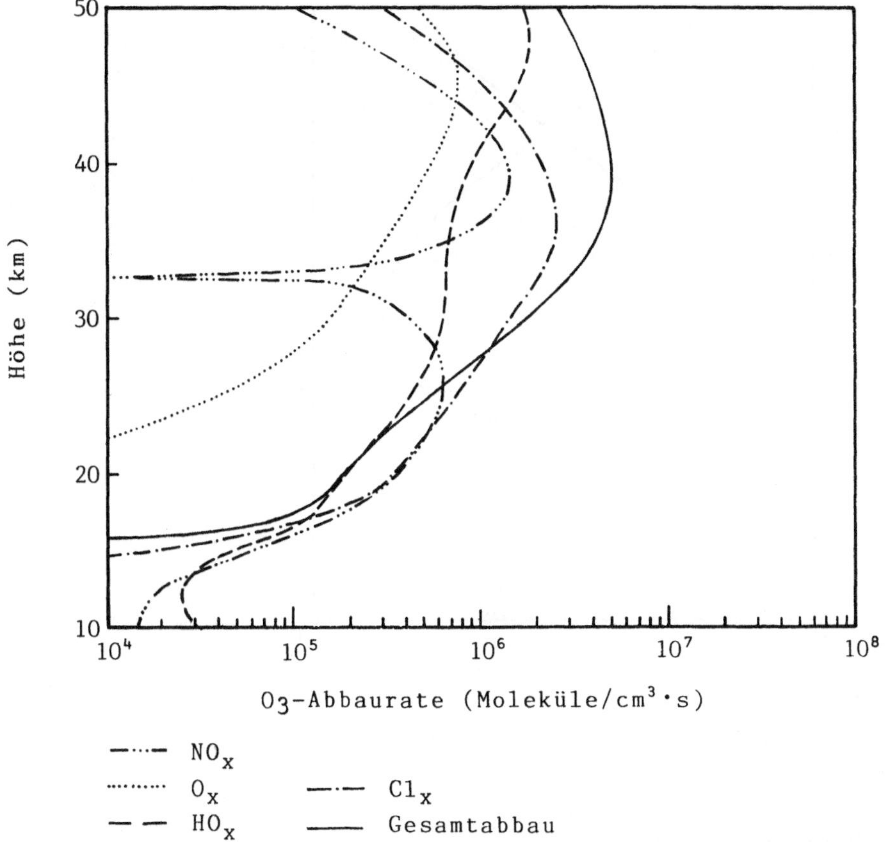

Abb. 1.28. Vertikale Verteilung der Ozondestruktionsraten aufgrund verschiedener katalytischer Reaktionen; tägliche Mittelwerte, berechnet anhand eines eindimensionalen numerischen Modells der stratosphärischen Chemie von 1979. Da die Geschwindigkeitskonstanten inzwischen neu bestimmt wurden, würde sich heute ein verändertes Bild ergeben. [Nach Ehhalt (1985)]

NO, NO_2, HCl, Aldehyden, Methanol und anderen Substanzen mit aktiviertem Wasserstoff. Dabei können toxische Peroxide gebildet werden. Die Ozonolyse verläuft exotherm.

Zu den in der Atmosphäre vorhandenen Olefinen gehören Isoprene und Terpene, die von Wäldern in großen Mengen (weltweit $10^8 - 10^9$ t/a) emittiert werden; Spitzenkonzentrationen einzelner Terpene in der Nähe von Wäldern erreichen 10 ppm. Reaktionsprodukte ihrer Ozonolyse sind außer Formaldehyd und Ameisensäure auch Hydroxymethylhydroperoxid (HMP) und bis-(Hydroxymethyl)-peroxid (BHMP), die durch Reaktion des Carbonyloxids mit Wasser entstehen.

$$[CH_2OO] + H_2O \longrightarrow HOCH_2OOH \quad (HMP)$$

$$HOCH_2OOH + CH_2O \longrightarrow HOCH_2OOCH_2OH \quad (BHMP)$$

O· (x1000)
O3
Höhe (km)
0
10
20
30
40
50
10^10
10^11
10^12
10^13
Konzentration (cm^-3)

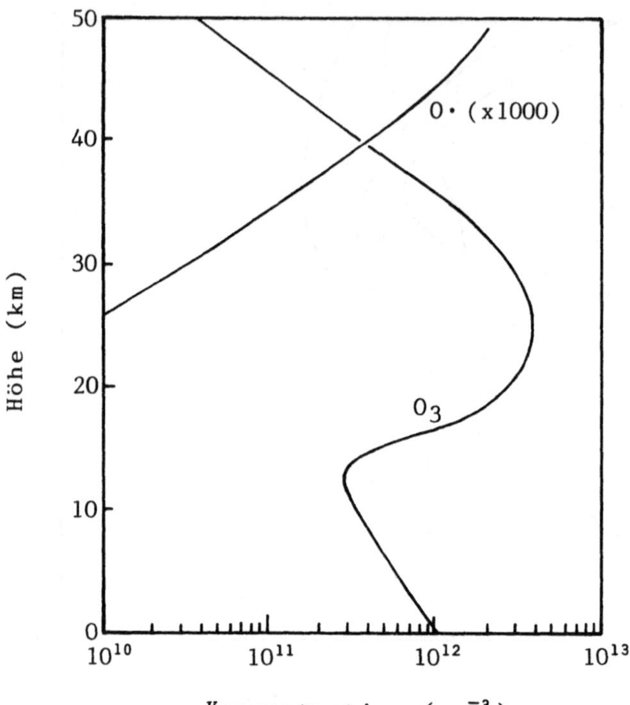

Abb. 1.29. Mittlere berechnete Vertikalprofile der Ozon- und Sauerstoffatomkonzentration. [Nach Ehhalt (1985)]

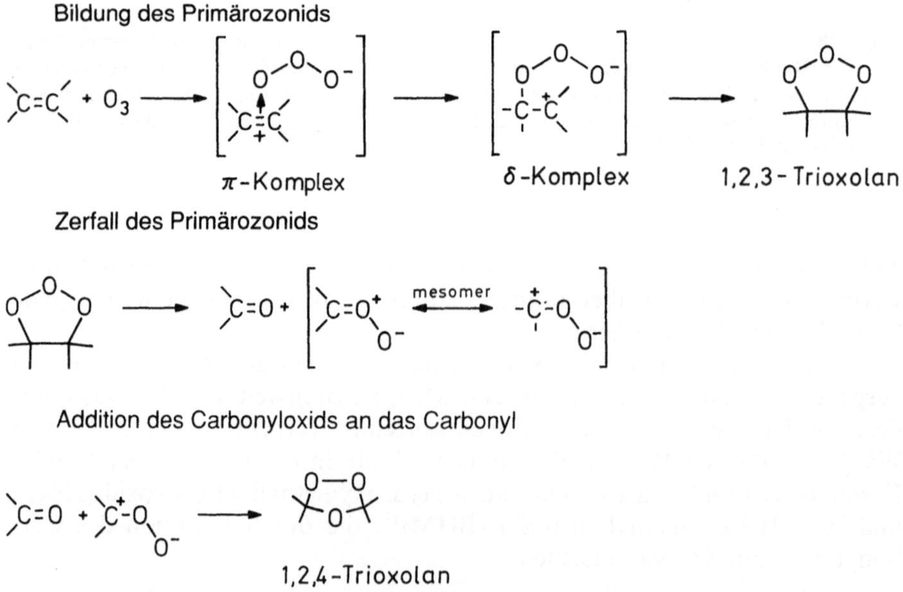

Bildung des Primärozonids
π-Komplex
δ-Komplex
1,2,3-Trioxolan
Zerfall des Primärozonids
mesomer
Addition des Carbonyloxids an das Carbonyl
1,2,4-Trioxolan

Abb. 1.30. Mechanismus der Reaktion von Ozon mit ungesättigten Verbindungen. [Nach Korte (1980)]

Man nimmt an, daß die Ozonolyse bei nicht-terminalen Olefinen wie α-Pinen über ein methylsubstituiertes Carbonyloxid verläuft, das sich unter Protonenwanderung zum terminalen Olefin umlagert. Aus diesem entsteht wegen der elektronegativen Hydroperoxy-Gruppe selektiv Peroxymethylen.

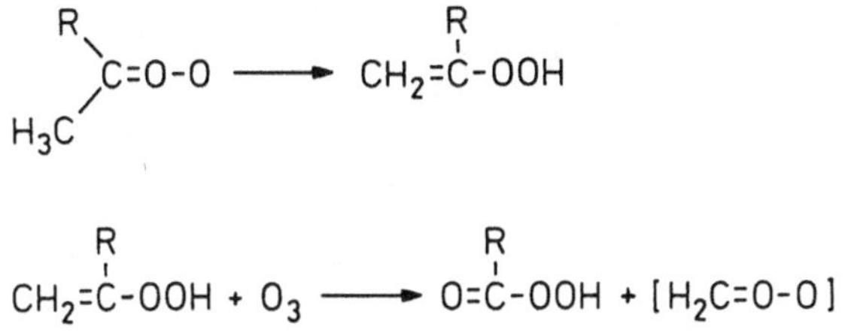

$$\underset{H_3C}{\overset{R}{\diagdown}}C{=}O{-}O \longrightarrow CH_2{=}\overset{R}{\underset{|}{C}}{-}OOH$$

$$CH_2{=}\overset{R}{\underset{|}{C}}{-}OOH + O_3 \longrightarrow O{=}\overset{R}{\underset{|}{C}}{-}OOH + [H_2C{=}O{-}O]$$

Anthropogene Olefine in der Troposphäre sind Ethen, Propen, Mono-, Tri- und Tetrachlorethen u. a. Ihre Ozonolyse verläuft analog der von Terpenen; es wird BHMP und Formaldehyd gebildet, bei halogenierten Propenen auch Essigsäure bzw. Chloressigsäure. Außerdem addiert das Chlorcarbonyloxid an Wasser.

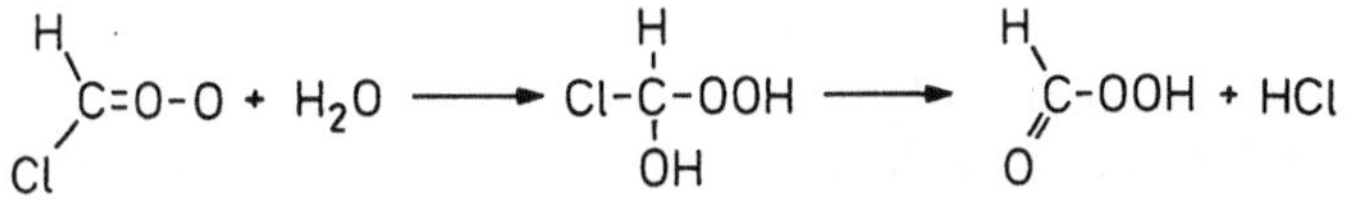

$$\underset{Cl}{\overset{H}{\diagdown}}C{=}O{-}O + H_2O \longrightarrow Cl{-}\overset{H}{\underset{OH}{C}}{-}OOH \longrightarrow \underset{O}{\overset{H}{\diagdown}}C{-}OOH + HCl$$

Mit zunehmendem Chlorierungsgrad der Doppelbindung sinkt die Reaktionsgeschwindigkeit (Tabelle 1.31). Ursache dafür ist wahrscheinlich die höhere Elektronegativität des Chlors im Verhältnis zum Wasserstoff. Zusätzlich hängt die Reaktionsgeschwindigkeit von sterischen Einflüssen ab. So reagiert trans-1,2-Dichlorethen 16mal schneller mit Ozon als cis-1,2-Dichlorethen und dieses wieder schneller als 1,1-Dichlorethen.

Die Reaktionen, die bei der Ozonolyse halogenierter Doppelbindungen ablaufen, sind am Beispiel von trans-2,3-Dichlor-2-buten zusammengefaßt (Abb. 1.31). Das primär gebildete Essigsäurechlorid (2) wird zur Säure (4)

Tabelle 1.31. Geschwindigkeitskonstanten für die Oxidation durch Ozon bei verschiedenen Substanzklassen in der Atmosphäre bei 25 °C. [Nach Mill (1980)]

Substanzklasse	$k(O_3)$ $1 \cdot mol^{-1} \cdot s^{-1}$	$t_{1/2}$ [a] (Tage)
Alkane	< 0,005	> $2 \cdot 10^6$
Terminale Olefine	$5,8 \cdot 10^3$	1,4
Nichtterminale Olefine	$1,1 \cdot 10^5$	0,7
Nichtterminale verzweigte Olefine	$3{-}9 \cdot 10^5$	0,2–0,6 h
Chlorethene	< 60	> 130
Alkylaromaten	< 60	> 130
Alkine	< 60	> 130

[a] Für die Berechnung wurde eine O_3-Konzentration von 10^{-9} M angenommen.

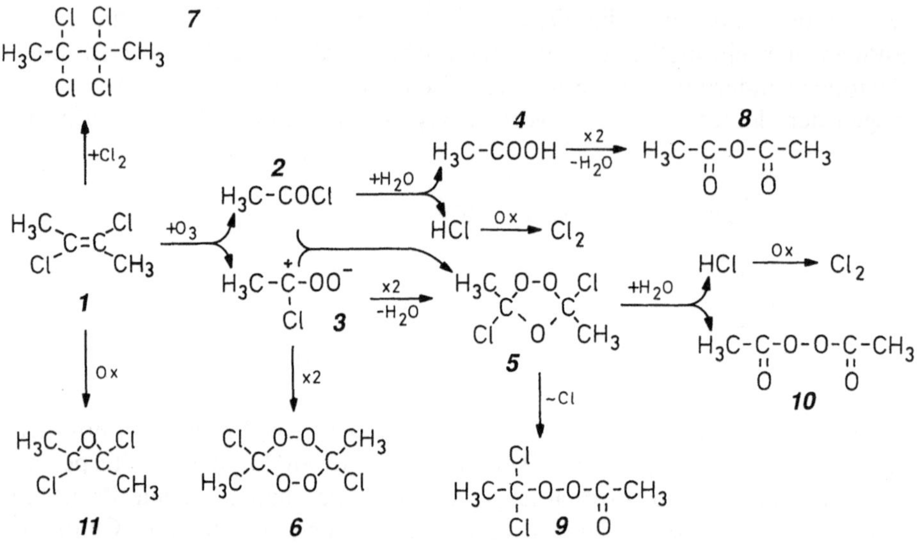

Abb. 1.31. Reaktionen von trans-2,3-Dichlor-2-buten mit Ozon

hydrolysiert und reagiert dann weiter zum Anhydrid (8). Das abgespaltene HCl wird durch Ozon oder die Peroxidprodukte zu Chlor oxidiert, das an die Ausgangsverbindung (1) addiert. Das Carbonyloxid (3) dimerisiert zu 6 bzw. bildet ein Ozonid (5), das sich möglicherweise anschließend zum Peroxid (9) umlagert. Dieses Peroxid könnte aber auch aus dem Säurechlorid (2) und dem Dimer (6) entstehen. Das Diacetylperoxid (10) wird entweder durch Hydrolyse von 5, 6 bzw. 9 oder durch Dechlorierung von 6 gebildet. Zusätzlich wird die Ausgangsverbindung (1) durch Ozon bzw. peroxidische Produkte zum Epoxid oxidiert, wobei die C−C-Bindung erhalten bleibt. Diese Abweichung vom Criegee-Mechanismus beruht auf elektronischer oder sterischer Behinderung der Bildung des Primärozonids. Stattdessen entsteht wahrscheinlich ein σ-Komplex, der O_2 abspaltet. Lösungsmittelabhängige Seitenreaktionen führen über mehrere Zwischenstufen ebenfalls zum Säurechlorid, so daß Abweichungen von der 1:1-Stöchiometrie zwischen 2 und 3 auftreten können.

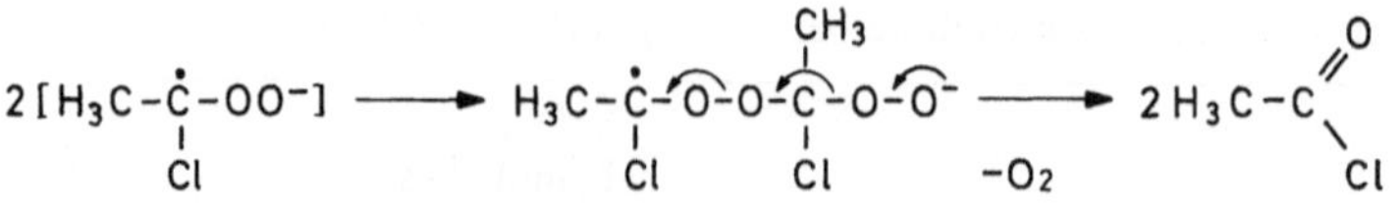

Das nach Criegee gebildete Ozonid ist oft stabil, vor allem bei Olefinen mit 6 oder 7 C-Atomen, während Olefine mit weniger C-Atomen nur bei einem Überschuß an Aldehyden stabile Ozonide ergeben. Bei offenkettigen halogenierten Olefinen ist das Ozonid nicht beständig, wohl aber bei chlorierten, cyclischen 5-Ringsystemen. Bei β- und γ-Chlorden und Hexachlorcyclopentadien erhält man in Lösung hohe Ausbeuten des Ozonids, beim γ-Isomer des Chlordens auch in der Gasphase.

γ-Chlorden

Reaktionen mit Hydroxylradikalen

Hydroxylradikale sind vor allem in der Troposphäre von Bedeutung, da sie aufgrund ihrer hohen Reaktivität die Lebensdauer vieler atmosphärischer Spurenstoffe bestimmen, die von anderen Sauerstoffspezies kaum oder nicht angegriffen werden. Die Quelle für troposphärisches $^{\cdot}OH$ ist hauptsächlich die Reaktion von Wasser mit angeregten Sauerstoffatomen; aber auch die Photodissoziation von Stickstoffoxiden und Wasserstoffperoxid, die Reaktion von $O(^1D)$ mit anderen Spurenkomponenten und sogar direkte Emission (z. B. durch Kraftfahrzeuge) tragen dazu bei.

Die Hydroxylradikale reagieren mit verschiedenen Spurenkomponenten (Abb. 1.32). Die dabei entstehenden Radikale können ihrerseits wieder $^{\cdot}OH$ bilden. Diese Reaktionsketten sind die Ursache dafür, daß sich trotz der hohen Reaktivität des Hydroxylradikals (die individuelle Lebensdauer beträgt in der unteren Atmosphäre ca. 1 s) eine genügend hohe Konzentration davon aufbaut, daß zahlreiche weitere Umsetzungen mit organischen Substanzen ermöglicht werden. Die OH-Konzentration nimmt mit zunehmender Höhe ab, und zwar ungefähr proportional zum sinkenden Wassergehalt der Atmosphäre, und wird von Tages- und Jahreszeit und geographischer Breite bestimmt (Lichtflußabhängigkeit der Photolyseprozesse,

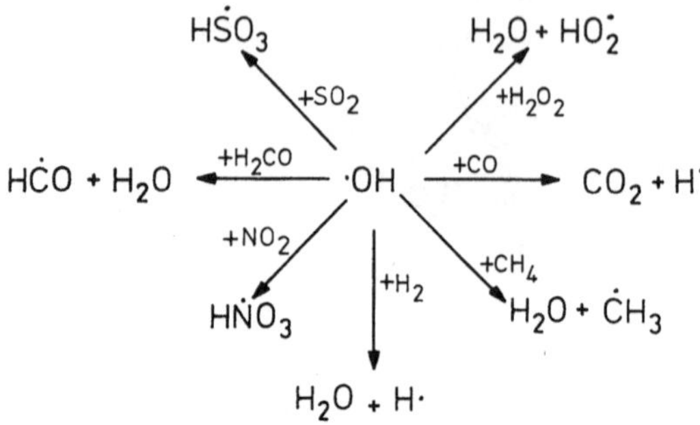

Abb. 1.32. Reaktionen von Hydroxylradikalen mit verschiedenen troposphärischen Spurenkomponenten

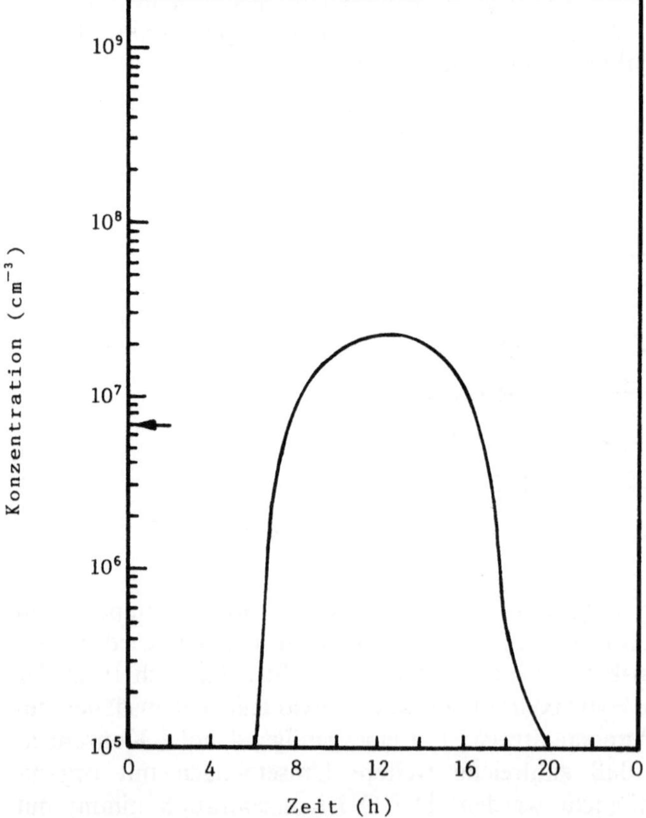

Abb. 1.33. Berechneter Tagesverlauf der OH-Radikalkonzentration 6 km über NN bei 45° N; Berechnung für Tag/Nachtgleiche und wolkenlosen Himmel. Der Pfeil kennzeichnet die mittlere OH-Radikalkonzentration. [Nach Stuhl]

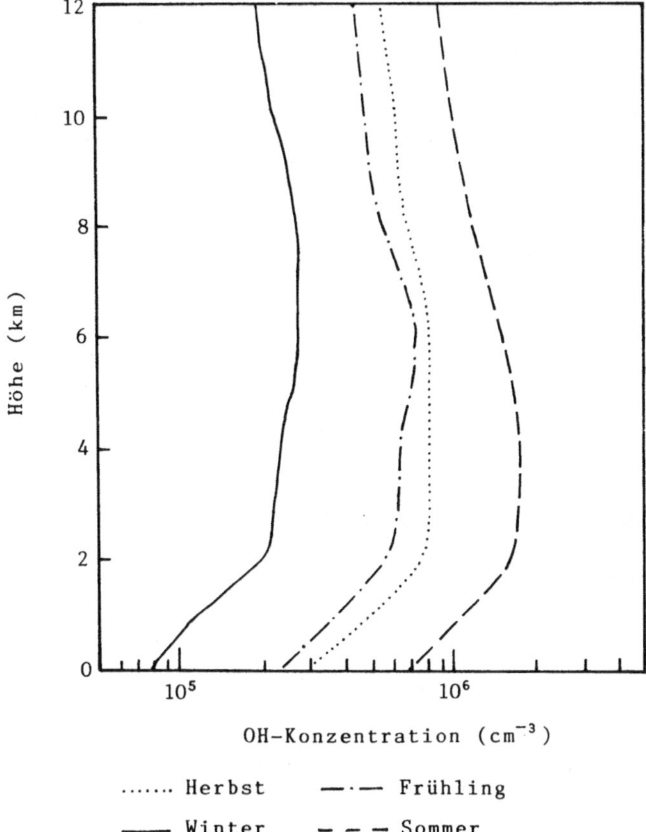

Abb. 1.34. Höhenprofil der OH-Radikalkonzentration in Abhängigkeit von der Jahreszeit (Tagesmittelwerte bei mittlerer Wolkenbedeckung). [Nach Stuhl]

Abb. 1.33–1.35). Berücksichtigt man außerdem den Einfluß der Konzentrationen wichtiger, an Bildung und Verbrauch der OH-Radikale beteiligter Spurenkomponenten (Abb. 1.36 und 1.37), dann ergeben sich Mittelwerte in der Größenordnung von $10^5 - 10^7$ Moleküle $\cdot$ cm^{-3}.

In natürlichem Wasser entstehen ebenfalls Hydroxylradikale durch Photolyse verschiedener organischer Verbindungen. Sie liegen dort aber in geringerer Konzentration vor $(0{,}14 \cdot 10^{-17} - 1{,}8 \cdot 10^{-17}$ M), so daß das Ausmaß ihrer Reaktionen im Vergleich zu dem der Oxidation durch Peroxidradikale unbedeutend ist.

Beim Angriff von OH-Radikalen auf organische Verbindungen lassen sich mehrere Prozesse unterscheiden:

– Wasserstoffabspaltung bei Alkanen, Alkoholen, Aminen, halogenierten Kohlenwasserstoffen u. a.

$$\cdot OH + HR \longrightarrow H_2O + \cdot R$$

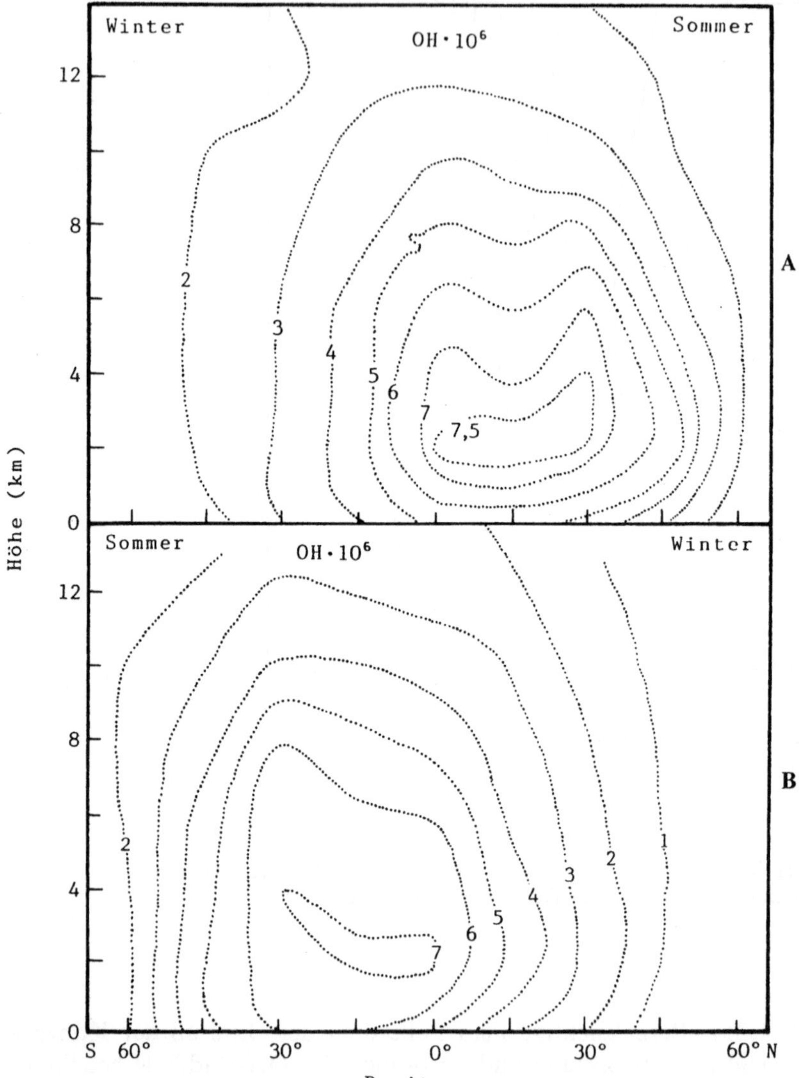

Abb. 1.35. Mittagskonzentration $(cm^{-3} \cdot 10^6)$ von OH-Radikalen in Abhängigkeit von Höhe über NN und geographischer Breite. **A** Sommer auf der Nordhalbkugel; **B** Winter auf der Nordhalbkugel

Das Alkylradikal kann mit O_2 reagieren ($\rightarrow RO_2^{\cdot}$) oder bei geeigneter Struktur ein weiteres H-Atom eliminieren:

– Anlagerung an Doppelbindungen

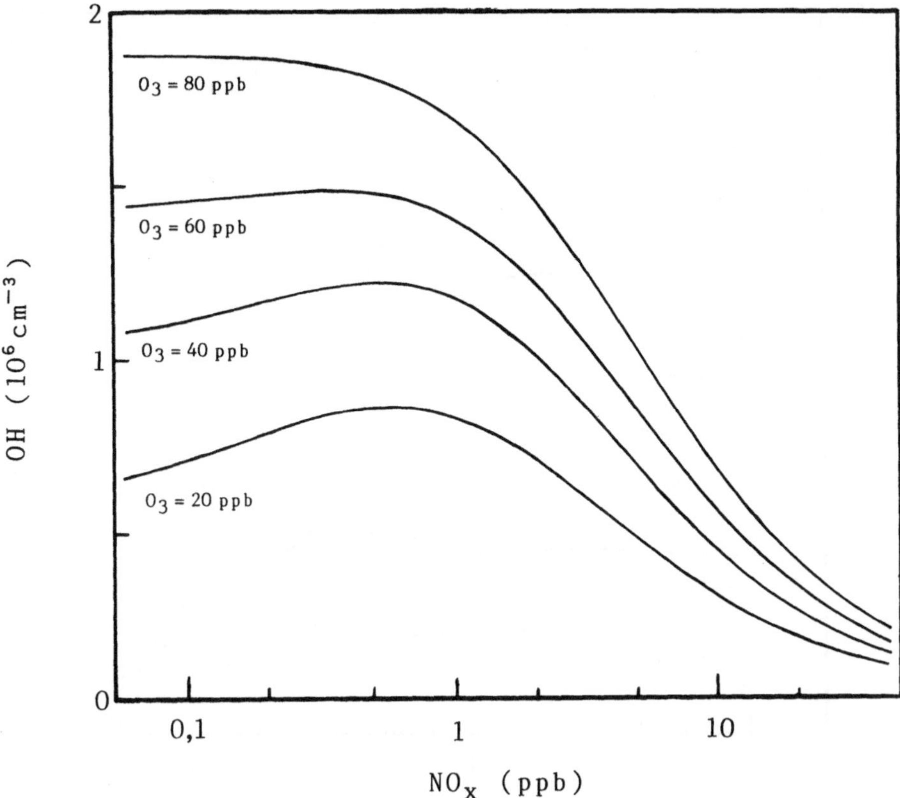

Abb. 1.36. Abhängigkeit der OH-Radikalkonzentration von der NO$_x$-Konzentration für verschiedene Konzentrationen von Ozon. Bei geringer NO$_x$-Konzentration bildet die Reaktion von O(^{1}D) mit H$_2$O die Hauptquelle für OH-Radikale. Mit steigender NO$_x$-Konzentration nimmt der Anteil der Bildung von ˙OH aus NO und HO$_2^\bullet$ zu und erreicht bei ca. 1 ppb NO$_x$ sein Maximum. Bei höherer Konzentration an NO$_x$ überwiegt der Verbrauch von ˙OH durch die Bildung von HNO$_3$. Die relative Höhe des Maximums nimmt mit zunehmender Ozonkonzentration ab, da die Ozonolyse als Quelle für ˙OH immer bedeutender wird und schließlich dominiert. [Nach Armerding]

– Addition an Aromaten

Das gebildete Radikal kann sich je nach Struktur und Angriffspunkt durch Wasserstoffeliminierung stabilisieren oder zu Carbonylverbindungen weiterreagieren.

Die Geschwindigkeit, mit der die Spurenkomponente aus der Atmosphäre entfernt wird, läßt sich durch folgende Gleichung beschreiben:

$$-\frac{d[Sp]}{dt} = k \cdot [\text{˙OH}] \cdot [Sp]$$

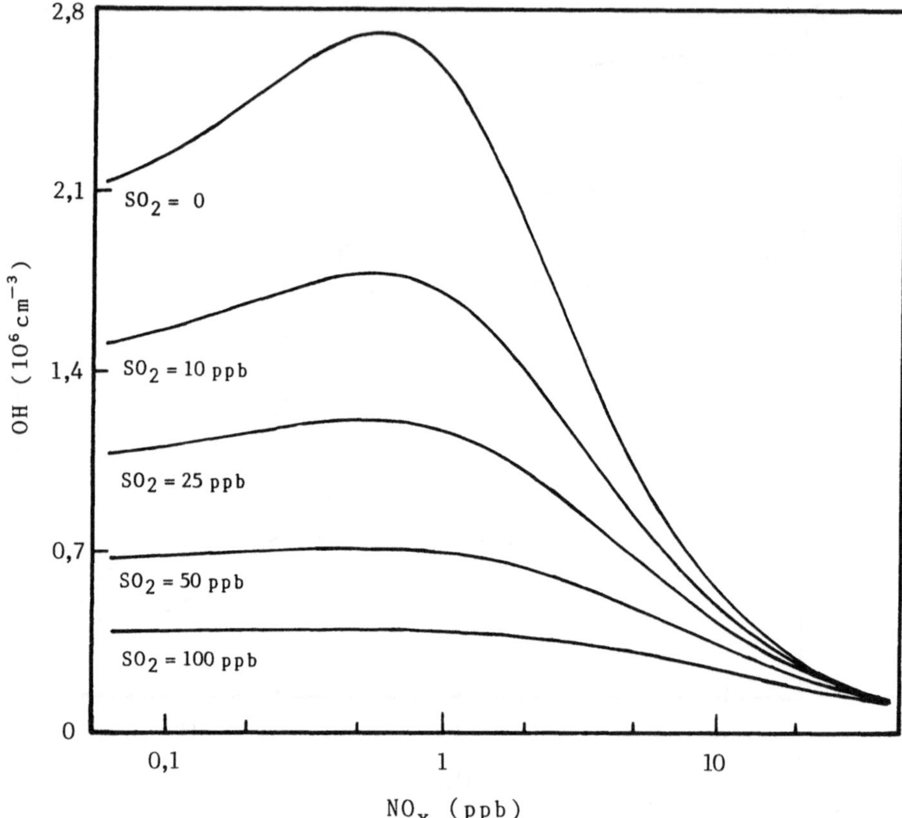

Abb. 1.37. Abhängigkeit der OH-Radikalkonzentration von der NO$_x$-Konzentration für verschiedene Konzentrationen an SO$_2$ bei einer Ozonkonzentration von 40 ppb. Mit zunehmender SO$_2$-Konzentration spielt der Abbau des ·OH eine immer größere Rolle, so daß die Bildung durch NO schließlich nicht mehr spürbar wird. Eine besonders hohe OH-Radikalkonzentration ist deshalb dann zu erwarten, wenn die Ozonkonzentration hoch und die SO$_2$-Konzentration niedrig ist und die Konzentration an NO$_x$ bei ca. 1 ppb liegt. [Nach Armerding]

Nimmt man an, daß die OH-Radikalkonzentration in der Atmosphäre annähernd konstant ist, dann resultiert eine Reaktion pseudoerster Ordnung, und man erhält für die Halbwertzeit:

$$t_{1/2} = \ln 2 \cdot \frac{1}{k' \cdot [\text{Sp}]}$$

Tabelle 1.32 enthält einige Geschwindigkeitskonstanten für die Oxidation von organischen Verbindungen durch OH-Radikale. Da die jeweiligen Reaktionspartner des Hydroxylradikals auch durch andere Prozesse abgebaut bzw. aus der Atmosphäre entfernt werden können, gibt die daraus berechnete troposphärische Lebensdauer die Obergrenze der Persistenz der Chemikalie in der Troposphäre an.

Tabelle 1.32. Geschwindigkeitskonstanten für die Oxidation durch OH-Radikale in der Atmosphäre bei 25 °C. [Nach Mill (1980)]

Substanzklasse	$k\,(OH) \cdot 10^{-9}$ $l \cdot mol^{-1} \cdot s^{-1}$	$t_{1/2}{}^a$ (Tage)
n-Alkane (C_3-C_8)	1,3–5	1,3–4,3
iso-Alkane (C_6-C_{10})	0,6–2,9	1,9–9,4
Cycloalkane (C_4-C_6)	0,7–4,1	1,4–8
Halogenmethane (1–3 Cl od. F)	$1,2 \cdot 10^{-4}-6,5 \cdot 10^{-2}$	87–47 000
Halogenethane (1–3 Cl und 3–4 F)	0,006–0,23	24–950
Butanon	1,9	2,9
primäre Alkohole (C_2-C_3)	2	2,8
sekundäre Alkohole (C_3-C_4)	4,1	1,3
Ether (C_2-C_6)	2,5–1	0,6–2,2
Terminale Olefine (C_2-C_7)	4,6–34	0,2–1,2
Nichtterminale Olefine (C_2-C_5)	29–90	0,06–0,2
Benzol	0,82	6,8
Toluol	3,5	1,6
Xylole	5,9–12	0,47–1
Trimethylbenzole	15–30	0,2–0,4
Ethylbenzol	4,4	1,3
Propylbenzol	3,5	1,6
Cumol	4,6	1,2
o-Kresol	20	0,3
Benzaldehyd	7,6	0,74

[a] Für die Berechnung wurden eine OH-Konzentration von $3,4 \cdot 10^{-15}$ M und 10 h Sonnenlicht/Tag angenommen.

1.6.1.4 Photochemische Prozesse

Die Voraussetzung für eine direkte photochemische Reaktion ist die Fähigkeit des Moleküls, über das Grundgerüst oder über funktionelle Gruppen Licht zu absorbieren, das genügend energiereich ist, um Elektronenübergänge anzuregen. Der photochemische Primärprozeß beginnt mit der Absorption eines Lichtquants und endet entweder mit einer chemischen Veränderung des Moleküls oder mit dem Übergang in einen Zustand, dessen Reaktivität nicht höher ist als derjenige gleicher Moleküle, die sich im thermischen Gleichgewicht mit der Umgebung befinden.

Bei den angeregten Zuständen unterscheidet man Singulett-Niveaus (diamagnetisch bezüglich des Gesamtspins) und Triplett-Niveaus (paramagnetisch bezüglich des Gesamtspins); der Grundzustand ist bei organischen Molekülen im allgemeinen ein Singulett. Die elektronischen Zustände sind jeweils in Schwingungsniveaus und diese wieder in Rotationsniveaus unterteilt. Die Lichtabsorption im UV-Bereich führt normalerweise zu einem Übergang in den ersten oder zweiten angeregten Singulett-Zustand. Eine direkte Anregung in einen Triplett-Zustand ist wegen der damit verbundenen Spinumkehr (Interkombination, engl.: intersystem crossing) selten zu beobachten.

$$S_0 + h\nu_S \longrightarrow S_n^v \quad \text{Singulett-Anregung}$$
$$S_0 + h\nu_T \longrightarrow T_1^v \quad \text{Triplett-Anregung}$$

$$S_0 = \text{Singulett-Grundzustand}$$
$$S_n = \text{elektronisch angeregter Singulett-Zustand}$$
$$T^v, S^v = \text{schwingungsangeregter Zustand}$$
$$T_1 = 1.\,\text{Triplett-Zustand}$$

Zur Rückkehr in den Grundzustand gibt es folgende Wege:
A) Intramolekulare, physikalische Desaktivierung (Abb. 1.38)
 1) Direkte Rückkehr in den Grundzustand durch Abgabe von Strahlung der gleichen Energie wie die aufgenommene Strahlung (Resonanzfluoreszenz bzw. -phosphoreszenz).

$$S_n^v \longrightarrow S_0 + h\nu_S \quad \text{Resonanzfluoreszenz}$$
$$T_1^v \longrightarrow S_0 + h\nu_T \quad \text{Resonanzphosphoreszenz}$$

 2) Strahlungslose Abgabe von Schwingungsenergie an die Umgebung des Moleküls, so daß der Schwingungsgrundzustand des elektronisch angeregten Niveaus erreicht wird (Relaxation, engl.: vibrational relaxation).

$$S_n^v \rightsquigarrow S_n$$
$$T_1^v \rightsquigarrow T_1 \quad \text{Relaxation (R)}$$

Danach sind verschiedene Schritte möglich:
– Abgabe von Strahlungsenergie mit einem Betrag, der geringer ist als der der eingestrahlten Energie (Fluoreszenz bzw. Phosphoreszenz)

$$S_n \longrightarrow S_0 + h\nu_S' \quad \text{Fluoreszenz (F)}$$
$$T_1 \longrightarrow S_0 + h\nu_T' \quad \text{Phosphoreszenz (P)}$$

– Strahlungslose Umwandlung eines Teils der elektronischen Energie in Vibrationsenergie des gleichen Betrages und dadurch Übergang in den schwingungsangeregten Zustand eines elektronisch niedrigeren Niveaus (interne Umwandlung, engl.: internal conversion); dies wird dadurch ermöglicht, daß sich die elektronischen Anregungszustände meistens überschneiden. Anschließend kann durch erneute Relaxation der Grundzustand erreicht werden.

$$S_n \rightsquigarrow S_{n-1}^v \quad \text{Interne Umwandlung (IC)}$$
$$S_0^v \rightsquigarrow S_0 \quad \text{Relaxation}$$

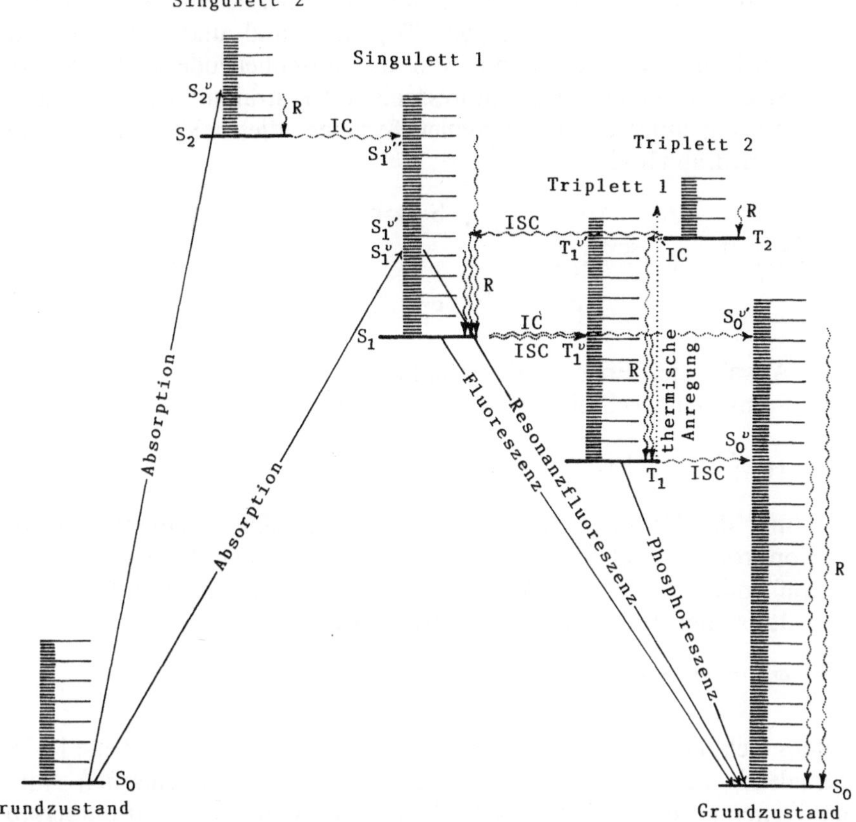

Abb. 1.38. Angeregte Zustände und die photophysikalischen Übergänge zwischen ihnen bei einem typischen organischen Molekül. Strahlende Übergänge sind durch gerade Pfeile gekennzeichnet und strahlungslose Übergänge durch gewellte. Waagerechte Übergänge finden zwischen energiegleichen Niveaus statt. Zur Vereinfachung sind Schwingungs- und Rotationsniveaus mit gleichem Abstand gezeichnet; in Wirklichkeit wird der Abstand immer kleiner, bis sie zu einem Kontinuum verschmelzen. Aus dem gleichen Grund wurden die höheren Singulett- und Triplett-Zustände weggelassen. Auch photochemische Reaktionen sind hier nicht berücksichtigt. [Nach Calverts u. Pitts (1966)]

Auf dem gleichen Weg kann ein Übergang in den schwingungsangeregten Zustand eines Triplett-Niveaus erfolgen, wobei es zur Spinumkehr kommt; anschließend relaxiert das System.

$$S_1 \rightsquigarrow T_1^v$$
$$T_1^v \rightsquigarrow T_1 \qquad \text{Interkombination (ISC)}$$

Nach einem Spinsystemwechsel existieren wieder mehrere Möglichkeiten:

– Strahlungslose Interkombination mit anschließender Relaxation; dieser Prozeß ist temperaturunabhängig.

$$T_1 \xrightarrow{ISC} S_0^v \xrightarrow{R} S_0$$

- Aufnahme von genügend thermischer Energie zur Anhebung in einen schwingungsangeregten Triplettzustand und von dort aus Umkehr der Interkombination mit anschließender Abgabe von Strahlung (verzögerte Fluoreszenz) oder strahlungsloser Desaktivierung innerhalb des Singulett-Systems; dieser Vorgang ist temperaturabhängig.

$$T_1 \xrightarrow{\Delta T} T_1^v \xrightarrow{ISC} S_1 \begin{cases} \xrightarrow{F} S_0 + h\nu_S' \\ \xrightarrow{IC} S_0^v \xrightarrow{R} S_0 \end{cases}$$

- Abgabe der Energie als Strahlung, wobei es ebenfalls zu einem Spinsystemwechsel kommt.

$$T_1 \xrightarrow{P} S_0 + h\nu_T'$$

Unter der Voraussetzung, daß es weder zu einer chemischen Reaktion kommt noch zur Übertragung elektronischer Anregungsenergie auf andere Moleküle (Quenching), ist die Quantenausbeute φ (Verhältnis von Produktmenge zu absorbierten Photonen) eins.

$$\varphi_{ges} = \varphi_F + \varphi_P + \varphi_{IC/R} + \varphi_{ISC/R} = 1$$

B) Intermolekulare, physikalische Desaktivierung (Abb. 1.39, Tabelle 1.33) Strahlende oder strahlungslose Übertragung der elektronischen Anregungsenergie auf ein anderes Molekül, das dann unter Strahlungsabgabe oder strahlenlos in den Grundzustand zurückkehrt; dabei ist sowohl ein Singulett → Singulett- als auch ein Triplett → Triplett-Transfer möglich.

$$A(S_n) + B(S_0) \longrightarrow A(S_0) + B(S_m^v)$$
$$B(S_m) \longrightarrow B(S_0) + h\nu_S'' \qquad \text{sensibilisierte Fluoreszenz}$$
$$\text{o. a. Prozesse}$$

$$A(T_1) + B(S_0) \longrightarrow A(S_0) + B(T_1^v)$$
$$B(T_1^v) \longrightarrow B(S_0) + h\nu_T'' \qquad \text{sensibilisierte Phosphoreszenz}$$
$$\text{o. a. Prozesse}$$

C) Intra- oder intermolekulare, chemische Desaktivierung (Abb. 1.39, Tabelle 1.33)
1) Intramolekulare Umlagerung (Photoisomerisierung); benötigt nur eine geringe Menge an Aktivierungsenergie.
2) Spaltung (Photodissoziation), meistens homolytisch, seltener heterolytisch; eines oder beide Fragmente können angeregt sein.
3) Ionisierung; die Voraussetzung dafür ist, daß Anregungsenergie und Ionisierungspotential genau übereinstimmen.

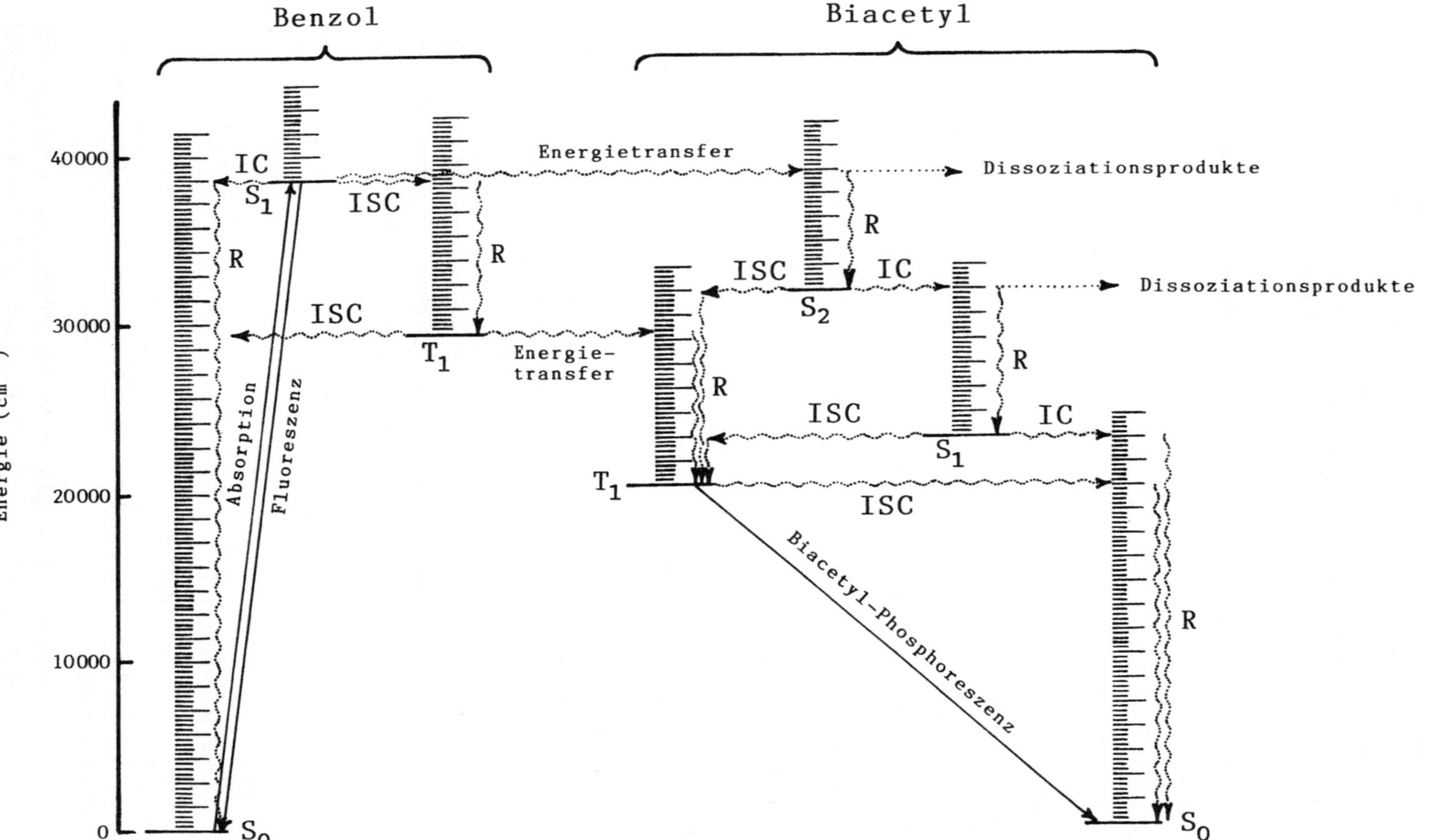

Abb. 1.39. Elektronische Niveaus und Übergänge zwischen ihnen beim Benzol-Biacetyl-System bei einer Bestrahlung mit $\lambda = 253{,}7$ nm. Biacetyl absorbiert selbst bei der gleichen Wellenlänge, aber diese Übergänge wurden weggelassen, ebenso dessen T_2-Zustand. [Nach Calverts u. Pitts (1966)]

Tabelle 1.33. Primärprozesse und elektronische Übergänge im Benzol-Biacetyl-System in der Gasphase bei Bestrahlung mit $\lambda = 253,7$ nm. [Nach Calverts u. Pitts (1966)]

Intramolekulare Prozesse beim Benzol:

1. $C_6H_6\,(S_0) + h\nu\,(\lambda = 253,7$ nm$) \longrightarrow C_6H_6\,(S_1)$ Absorption

2. $C_6H_6\,(S_1) \longrightarrow C_6H_6\,(S_0) + h\nu'$ Fluoreszenz
   $k_2 = 1,6 \cdot 10^6$ sec^{-1} $\tau_F = 6,2 \cdot 10^{-7}$ sec

3. $C_6H_6\,(S_1) \xrightarrow{IC} C_6H_6\,(S_0^{v'}) \xrightarrow{IC} C_6H_6\,(S_0)$ Interne Umwandlung
   $k_3 =$ klein

4. $C_6H_6\,(S_1) \xrightarrow{ISC} C_6H_6\,(T_1^{v}) \xrightarrow{IC} C_6H_6\,(T_1)$
   $k_4 = 4,7 \cdot 10^6$ sec^{-1} Interkombination

5. $C_6H_6\,(T_1) \xrightarrow{ISC} C_6H_6\,(S_0^{v}) \xrightarrow{IC} C_6H_6\,(S_0)$

Intermolekulare Prozesse:

6. $C_6H_6\,(S_1) + C_6H_6\,(S_0) \longrightarrow 2\,C_6H_6\,(S_0)$ Quenching
   $k_6 = 10^9\,$l$\cdot$mol$^{-1}\cdot$s^{-1}

7. $C_6H_6\,(S_1) + B\,(S_0) \longrightarrow C_6H_6\,(S_0) + B\,(S_2)$ Singulett $\rightarrow$ Singulett-Transfer
   [oder S_2^{v}]

8. $C_6H_6\,(T_1) + B\,(S_0) \longrightarrow C_6H_6\,(S_0) + B\,(T_1)$ Triplett $\rightarrow$ Triplett-Transfer
   [oder T_1^{v}]

Intramolekulare Prozesse beim Biacetyl:

9. $B\,(S_0) + h\nu\,(\lambda = 253,7$ nm$) \longrightarrow B\,(S_2^{v})$ Absorption

10. $B\,(S_2) \rightsquigarrow B\,(T_2)$

11. $B\,(T_2) \rightsquigarrow B\,(S_0^{v'}) \rightsquigarrow B\,(S_0)$ Interkombination

12. $B\,(T_1) \rightsquigarrow B\,(S_0^{v'}) \rightsquigarrow B\,(S_0)$

13. $B\,(T_1) \longrightarrow B\,(S_0) + h\nu''$ Phosphoreszenz

14. $B\,(S_2) \longrightarrow$ Produkte   Dissoziation

4) Übertragung der Anregungsenergie auf ein anderes Molekül, das dann aus dem angeregten Zustand heraus chemisch verändert wird. Die Übertragung kann strahlend erfolgen oder strahlenlos.

$$A^* \longrightarrow h\nu + A$$
$$B + h\nu \longrightarrow B^* \longrightarrow \text{Produkte}$$

oder

$$A^* + B \longrightarrow A + B^*$$
$$B^* \longrightarrow \text{Produkte}$$

5) Direkte Spaltung eines anderen Moleküls ohne dessen Anregung als Zwischenstufe.

Auch bei intermolekularen Übergängen finden solche, bei denen sich der Gesamtspin des Systems (bestehend aus Donator- und Akzeptormolekül

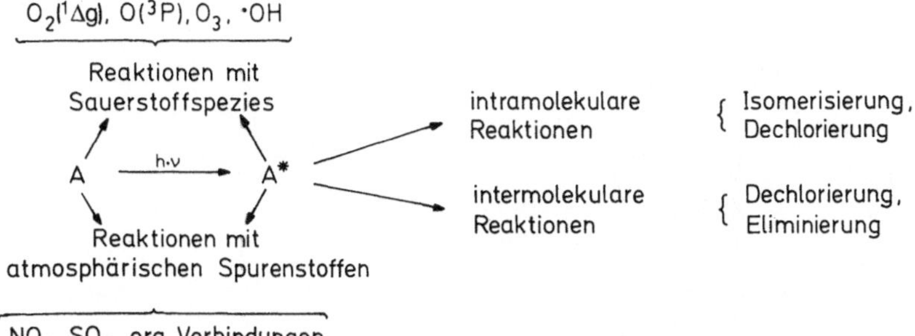

Abb. 1.40. Mögliche photoinduzierte Reaktionen von Umweltchemikalien

und eventuellen Umwandlungsprodukten) ändert, selten statt. Dies bedeutet, daß bei einer sensibilisierten Reaktion andere Produkte entstehen können als bei direkter Anregung des Akzeptormoleküls.

Welches bei einer bestimmten Substanz der Hauptprozeß ist bzw. in welchem Verhältnis die verschiedenen Vorgänge an der Desaktivierung beteiligt sind, hängt nicht nur von der Struktur des Moleküls ab (relative Lage der Energieniveaus zueinander und zu denen von Fremdmolekülen), sondern auch von dessen Umgebung (Konzentration der Substanz, Zahl der Kollisionen, Anwesenheit und Art von Fremdmolekülen u.a.). Bei nichtlinearen, vielatomigen Molekülen ist die Überlappung der verschiedenen Niveaus größer und die strahlungslosen Übergänge werden erleichtert. Bei Anwesenheit schwerer Atome wie Halogene gilt das Interkombinationsverbot nicht mehr streng, und Singulett-Triplett-Übergänge werden verstärkt beobachtet. Bei einer genügend großen Zahl von Stoßpartnern verlaufen die strahlungslosen Prozesse (R, IC und ISC) sehr schnell; Reaktionen in der flüssigen Phase finden deshalb meistens aus dem S_1- oder T_1-Zustand heraus statt. Die Mehrzahl der Desaktivierungsprozesse verläuft zwar bimolekular, aber wegen des Energieüberschusses der angeregten Moleküle erfolgt eine Reaktion bei jedem Stoß, und die Reaktionsgeschwindigkeit wird nur durch die Diffusionsgeschwindigkeit der beteiligten Moleküle bestimmt.

Absorbieren Moleküle nicht in dem Wellenlängenbereich oberhalb von 290 nm, der in der Troposphäre zur Verfügung steht, dann können sie in dieser Schicht nur indirekt photochemisch umgewandelt werden, indem sie von angeregten Molekülen oder daraus entstandenen reaktiven Produkten angegriffen werden. Die verschiedenen Möglichkeiten zur photochemischen Umwandlung einer Umweltchemikalie sind in Abb. 1.40 schematisch dargestellt.

Photoisomerisierung

Bestrahlt man Cyclodien-Insektizide mit UV-Licht im Wellenlängenbereich von ca. 200–300 nm, dann laufen je nach Struktur (Zahl der Doppelbindungen, Stellung der Chloratome, Vorhandensein weiterer Substituenten)

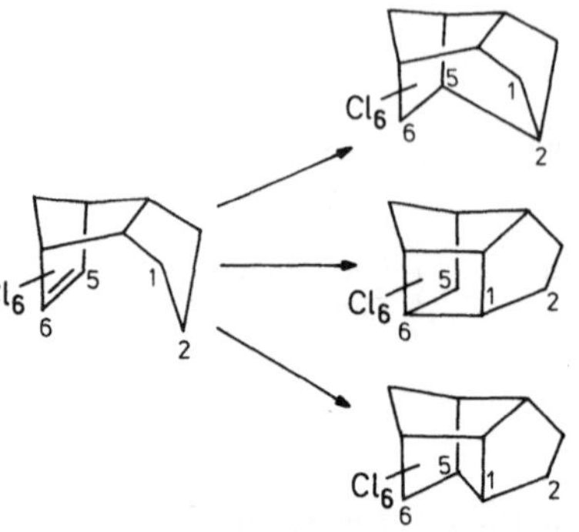

Abb. 1.41. Photochemische Addition an eine Doppelbindung bei Dihydrochlorden. [Nach Parlar u. Korte (1980)]

unterschiedliche intramolekulare Photoreaktionen ab. Dabei lassen sich drei Reaktionstypen erkennen:

Addition an eine Doppelbindung

Es entstehen verschiedene verbrückte Produkte sowohl bei direkter Bestrahlung als auch bei indirekter Anregung durch Sensibilisatoren. Unter Umweltbedingungen kann eine Sensibilisierung durch Aldehyde, Ketone oder manche Metalle erfolgen. Durch die angeregte Doppelbindung wird ein Wasserstoffatom abgespalten und eine neue $C-C$-Bindung gebildet (Abb. 1.41). Bei Methanoindanen werden $2 \rightarrow 5$-Verknüpfungen bevorzugt und bei Dimethanonaphthalinen $2 \rightarrow 10$-Verknüpfungen. Entscheidend dabei ist möglicherweise die $C-C$-Bindungslänge im triplettangeregten Zustand.

2 + 2-Cycloaddition

Die chlorierte Doppelbindung, die durch Absorption angeregt wird, reagiert hier mit einer unsubstituierten, nicht angeregten Doppelbindung zu einem Ring mit zwei neuen σ-Bindungen. Die Reaktion erfolgt bei direkter Bestrahlung aus dem Singulett-Zustand heraus, bei der Anwesenheit von Sensibilisatoren dagegen aus dem Triplett-Zustand. Dieser Typ von Verbrückungsreaktion läuft bei allen Cyclodieninsektiziden ab, die am nicht chlorierten Ring eine Doppelbindung besitzen, z.B. bei α-, β und γ-Chlorden. Die drei Isomere sind zu $21-24\%$ in technischem Chlordan enthalten, das zu den bekanntesten Cyclodieninsektiziden gehört. Die insektizide Wirksamkeit der Verbrückungsprodukte ist wesentlich höher als die der Ausgangsverbindungen (Tabelle 1.34). Vor allem Photo-γ-Chlorden ist im Test mit der Stubenfliege (Musca domestica) fast 20mal aktiver als γ-Chlorden.

Wasserstoffverschiebungen

Dihydrochlordendicarbonsäure (1) (Abb. 1.42), die bei der Metabolisierung von Aldrin bzw. Dieldrin entsteht, reagiert bei $-70\,°C$ und UV-Bestrahlung mit Wellenlängen oberhalb von 290 nm mit einer reversiblen Verlagerung der

Tabelle 1.34. Insektizide Wirksamkeit der Chlordenisomere α- und γ-Chlorden und ihrer Verbrückungsprodukte. [Nach Korte (1980)]

Verbindung		Mortalität (%)	
		Stubenfliege (Musca domestica) (bei 10 µg/Tier)	Nachtfalter (Spodoptera littoralis) (bei 0,4%igem Spray)
α-Chlorden	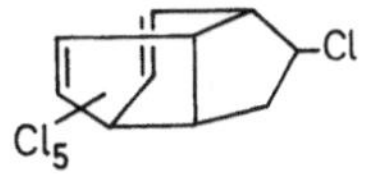	45	0
Photo-α-Chlorden	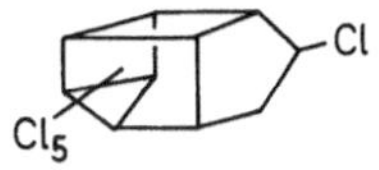	100	80
γ-Chlorden	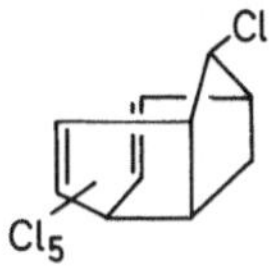	5	10
Photo-γ-Chlorden	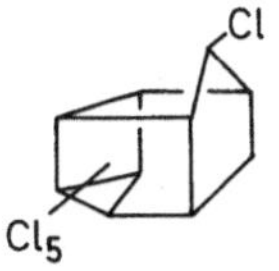	100	20
Parathion	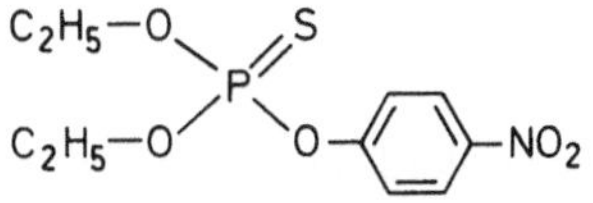	100	100

Doppelbindung (5), während bei Temperaturen oberhalb von 30 °C die für die Substanzklasse üblichen Verbrückungsprodukte (2,3,4) entstehen. Erklären läßt sich das durch einen Reaktionsverlauf über biradikalische Zwischenstufen. In Lösung wird die Reaktion durch die Triplett-Sensibilisatoren Aceton und Acetophenon ($E_T = 308{,}4$ kJ/mol), nicht aber durch Benzophenon ($E_T = 290{,}6$ kJ/mol) angeregt. Die energieärmsten Triplettzustände von Dihydrochlordendicarbonsäure und ihrem unverbrückten Produkt (5) müssen demnach zwischen 290,6 und 308,4 kJ/mol liegen. Die Quantenausbeute der Hinreaktion ist mit $1{,}98 \cdot 10^{-2}$ höher als die der Rückreaktion mit $0{,}04 \cdot 10^{-2}$; das Photogleichgewicht ist also zum Produkt hin verschoben.

Ersetzt man die Carbonsäureester-Reste durch Wasserstoffatome (4,5,6,7,8,8-Hexachlor-3a,4,7,7a-tetrahydro-4,7-methanoindan), dann verläuft die Wasserstoffverschiebung irreversibel, da die entstandene Doppelbindung wegen der fehlenden Aktivierung durch die Carbonsäureestergruppen kein Licht mehr im längerwelligen UV-Bereich absorbiert.

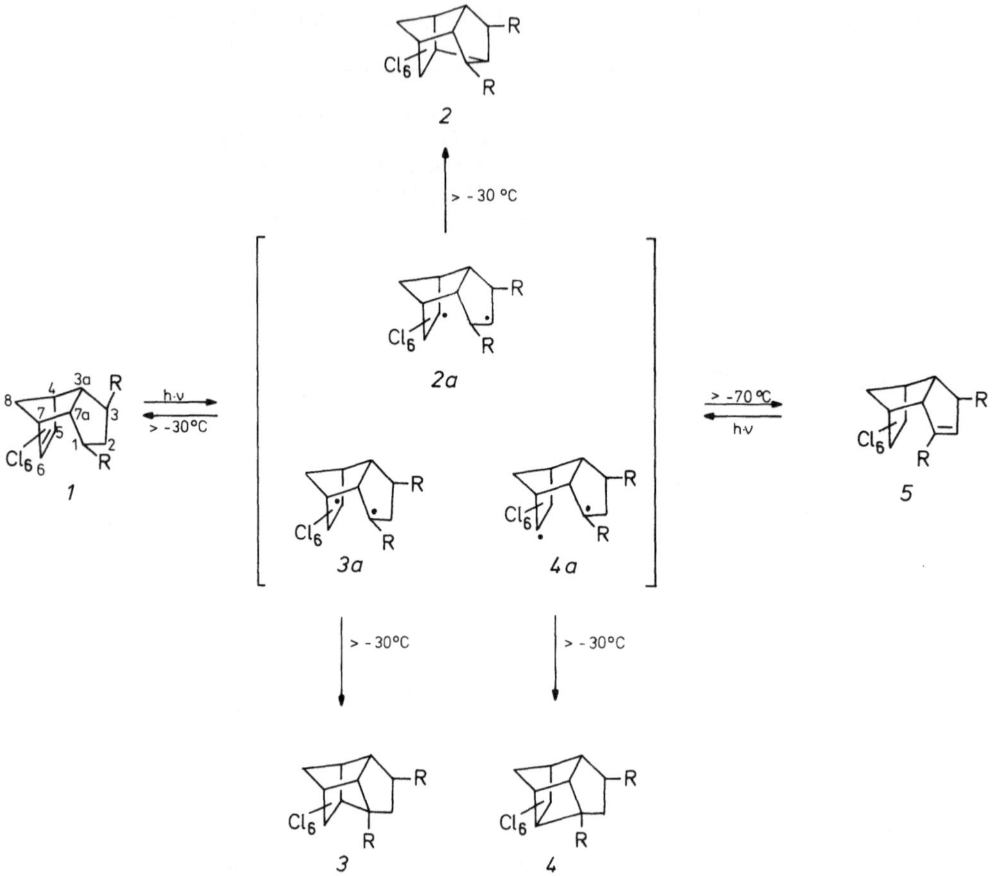

Abb. 1.42. Photosensibilisierte Reaktionen der Dihydrochlordendicarbonsäure

Photodissoziation

Die Wirksamkeit und Toxizität von Chlorkohlenwasserstoff-Pestiziden beruht in vielen Fällen auch auf dem enthaltenen Chlor; eine Dechlorierung führt häufig zum Verlust der Wirksamkeit und zu einer Verringerung der Toxizität. Bei Cyclodieninsektiziden erfolgt die Abspaltung von Chloratomen ohne Sensibilisatoren; sie verläuft wahrscheinlich über einen angeregten Singulett-Zustand. Dabei entstehen sowohl einfach dechlorierte Isomere als auch zweifach dechlorierte Produkte (Abb. 1.43). Die gebildeten Chlorradikale können ihrerseits nicht chlorierte Doppelbindungen der Ausgangssubstanz angreifen. Durch eine solche Reaktion entstehen möglicherweise α-, β- und γ-Chlorden.

Die Stellung der Chloratome zueinander bzw. zu anderen Substituenten beeinflußt die Leichtigkeit der Dechlorierung. Dies zeigt sich beispielsweise bei einem Vergleich der Quantenausbeuten der Dechlorierung verschiedener Chlorbenzole, Chlorphenole und Chloraniline (Tabelle 1.35), von denen

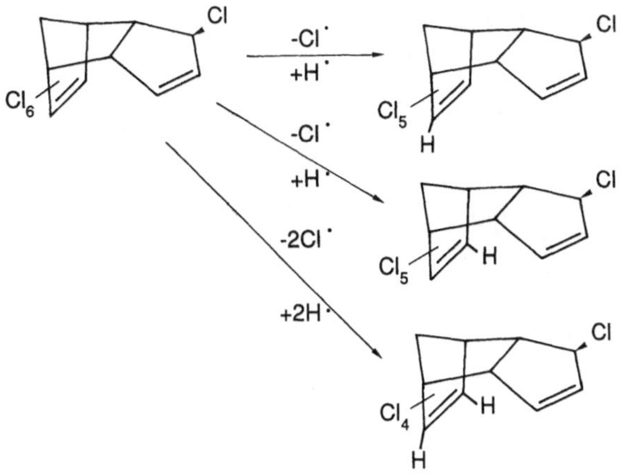

Abb. 1.43. Photochemische Dechlorierung von 1-exo-4,5,6,7,8,8-Heptachlor-3a,4,4,7a-tetra-hydro-4,7-methanoinden. [Nach Parlar u. Korte (1977)]

Tabelle 1.35. Quantenausbeuten der Dechlorierung von Dichlorbenzolen, Chloranilinen und Chlorphenolen in Hexan bei Einstrahlung in die ^1L_b-Bande

Verbindung	Absorptionsmaximum der ^1L_b-Bande (nm)	Quantenausbeute
o-Dichlorbenzol	271	$2{,}44 \cdot 10^{-1}$
m-Dichlorbenzol	273	$4{,}17 \cdot 10^{-2}$
p-Dichlorbenzol	276	$4{,}48 \cdot 10^{-3}$
2-Chloranilin	292	$6{,}2 \ \cdot 10^{-5}$
3-Chloranilin	292	$4{,}29 \cdot 10^{-2}$
4-Chloranilin	300	—
2-Chlorphenol	275	$2{,}74 \cdot 10^{-2}$
3-Chlorphenol	275	$2{,}01 \cdot 10^{-1}$
4-Chlorphenol	282	$2{,}88 \cdot 10^{-3}$

einige als Abbauprodukte von Pestiziden in der Umwelt vorkommen. So entstehen Chloraniline aus Phenylharnstoff-Herbiziden und Chlorphenole aus Carbamaten. Die gemessenen Quantenausbeuten der Chlorabspaltung liegen innerhalb dieser Gruppen bis zu drei Zehnerpotenzen auseinander. Bei chlorierten Anilinen und Phenolen wird das Chlor in para-Stellung am langsamsten abgebaut.

Ein weiteres Beispiel für die Strukturabhängigkeit der Dechlorierung ist die Reaktion des Insektizids Toxaphen bei UV-Bestrahlung. Technisches Toxaphen ist ein Gemisch aus ca. 180 höher chlorierten C_{10}-Kohlenwasser-stoffen, die meisten davon mit Bornangerüsten, das durch Chlorierung von Camphen entsteht. Zu den Komponenten, die bisher isoliert und identifiziert wurden, gehört die Verbindung I (Abb. 1.44), bei der allerdings nicht geklärt ist, an welcher Stelle des Rings sich die CCl_2-Gruppe befindet (Ia oder Ib). Untersucht man diese Komponente auf ihr photochemisches Verhalten in

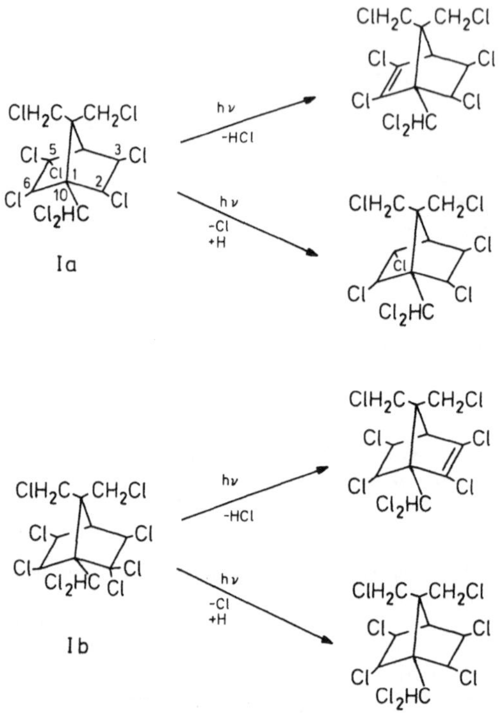

Abb. 1.44. UV-Dechlorierung einer Toxaphen-Komponente; Ia und Ib sind die beiden möglichen Strukturen der Ausgangsverbindung

wäßriger Lösung, dann stellt man fest, daß sowohl eine Abspaltung von HCl (Dehydrohalogenierung) als auch eine radikalische Substitution von Chlor durch ein Wasserstoffatom des Lösungsmittels (Dehalogenierung) nur an der CCl_2-Gruppe des Rings stattfindet; die Seitenketten werden nicht dechloriert. Am C_{10}-Atom wird zwar ebenfalls ein Chlorradikal eliminiert, aber das C_{10}-Radikal kombiniert hauptsächlich mit Hydroxylradikalen und bildet unter Abspaltung von HCl eine Aldehydgruppe.

Photomineralisierung

Als Photomineralisierung bezeichnet man die vollständige Zersetzung von Umweltchemikalien zu kleinen anorganischen Molekülen (CO_2, CO, H_2O, HCl u. a.) unter der Einwirkung von Licht. Ein solcher Totalabbau wird hauptsächlich bei Chemikalien im adsorbierten Zustand beobachtet. Vor allem viele halogenierte Kohlenwasserstoffe, die in Lösung und in der Gasphase sehr stabil sind, werden an Oberflächen auch unter den milden troposphärischen Lichtbedingungen ($\lambda > 290$ nm) relativ schnell mineralisiert. So lassen sich bei der Bestrahlung von Pentachlorphenol, DDT und DDE mit Wellenlängen oberhalb von 290 nm CO_2 und HCl als Produkte nachweisen; Cl_2 wurde nicht gefunden. Der Abbau verläuft bei den auf

Tabelle 1.36. UV-Bestrahlung ($\lambda > 290$ nm) von Pentachlorphenol, DDT und DDE als Festkörper im Sauerstoffstrom bzw. adsorbiert auf 100 g Kieselgel, jeweils 7 Tage

Verbindung	Eingesetzte Menge (mg)	Zurückgewonnene Menge		Produkte (mg)			
		mg	%	CO_2	HCl	Dichlorbenzophenon	Trichlorbenzophenon
als Festkörper im Sauerstoffstrom							
Pentachlorphenol	80	69	86	15	6	–	–
DDT	94	89	95	12	2	–	–
DDE	98	85	87	10	8	–	–
adsorbiert auf Kieselgel							
Pentachlorphenol	102	12	12			–	–
DDT	385	255	66			–	–
DDE	362	69	19			38	7

Tabelle 1.37. Photomineralisierung von einigen Chlor-Kohlenwasserstoffen

Verbindung	Mineralisierungsprodukte			
	CO_2		HCl	
	$\lambda > 230$ nm	$\lambda > 290$ nm	$\lambda > 230$ nm	$\lambda > 290$ nm
1,1-Dichlorethen	+	+	+	+
Tetrachlorethen	+	+	+	+
1,1-Dichlorpropen	+	+	+	+
1,2-Dichlorpropen	+	+	+	+
Hexachlorbutadien	+	+	+	+
Toxaphen	+	–	+	–
2,6-Dichlorbornan	+	–	+	–
2,10-Dichlorbornan	+	–	+	–
Dichlorfluormethan	+	+	+	+
Trichlorfluormethan	+	+	+	+

Kieselgel adsorbierten Substanzen sehr viel schneller als bei denselben Verbindungen, wenn sie als Festkörper vorliegen (Tabelle 1.36).

Unter den gleichen Bedingungen werden chlorierte Ethene, Hexachlorbutadien, Fluorchlor-Kohlenwasserstoffe (Tabelle 1.37) und Aldrin, Dieldrin und Photodieldrin (Tabelle 1.38) mineralisiert. Die Photoisomerisierung von Aldrin zu Photoaldrin, die in Lösung und in der Gasphase der Hauptreaktionsweg ist, kann an Oberflächen nicht mit der Epoxidierung (Aldrin $\rightarrow$ Dieldrin $\rightarrow$ Photodieldrin) konkurrieren. Chlorbenzole, chlorierte Biphenyle und Bornane reagieren dagegen auch an Oberflächen erst bei Wellenlängen im Bereich von 230–290 nm.

Ursache des beschleunigten Abbaus an Oberflächen sind mehrere zusammenwirkende Effekte. Im adsorbierten Zustand sind die Substanzen nicht

Tabelle 1.38. Photomineralisierung einiger Chlorkohlenwasserstoffe als Festkörper im Sauerstoffstrom in Abhängigkeit vom Wellenlängenbereich

Verbindungen	Produkte (mg)			
	CO_2		HCl	
	$\lambda > 230$ nm (2 d)	$\lambda > 290$ nm (6 d)	$\lambda > 230$ nm (2 d)	$\lambda > 290$ nm (6 d)
Aldrin, Dieldrin, Photo-dieldrin	51–70	8–11	19–28	3–4
Pentachlorbenzol, Hexa-chlorbenzol, 2,4,5,2′,4′,5′-Hexachlorbiphenyl, 2,4,5,2′,4′5′-Tetrachlorbiphenyl	46–53	–	19–26	–
Pentachlorphenol, DDT, DDE			10–15	2–8

nur feiner verteilt, so daß mehr Moleküle von Photonen getroffen werden können als bei Festkörpern, sondern es bestehen auch Wechselwirkungen zu den Molekülen des Trägermaterials. Die Aktivität einer Oberfläche hängt hauptsächlich von der Elektronendichte und dem Ausmaß an Elektronenübergängen zwischen Substrat und Trägermaterial ab. Die Bestrahlung eines halbleitenden Katalysators mit sichtbarem oder UV-Licht kann sowohl beim isolierten Träger als auch bei Anwesenheit einer adsorbierten Substanz die Besetzung von dessen Energieniveaus ändern. Durch die Anregung des Trägers werden die Bindungen zwischen Substrat und Oberfläche neu orientiert und der Ablauf der chemischen Reaktion der angelagerten Moleküle beeinflußt. Voraussetzung für eine effektive Katalyse ist das Vorhandensein von genügend gleichartigen aktiven Zentren an der Oberfläche. Ob in der Natur vorkommende Oberflächen katalytische Eigenschaften besitzen, läßt sich kaum vorhersagen. Allerdings wurde nachgewiesen, daß die Oberflächen einiger Sande die Mineralisierung mancher Verbindungen selbst im Dunkeln beschleunigen können (Tabelle 1.39).

Durch die Wechselwirkung zwischen Träger und Substrat ändert sich auch das UV-Verhalten der Substanz im adsorbierten Zustand. Bei vielen Verbindungen läßt sich eine deutliche Rotverschiebung der Adsorptionsbanden feststellen (Abb. 1.45), die bewirkt, daß auch Licht mit Wellenlängen oberhalb von 290 nm absorbiert werden kann. Dadurch können Photoreaktionen auch unter troposphärischen Lichtbedingungen auftreten. Eventuell wird der Abbau durch die Bildung von Chlorradikalen gestartet und beschleunigt; jedenfalls werden als stabil geltende Chlorkohlenwasserstoffe dann schnell mineralisiert, wenn eine photoindiuzierte $C-Cl$-Bindungsspaltung möglich ist. Ob zwischen Substrat und Sauerstoffmolekülen ebenfalls eine Energieübertragung stattfindet, ist nicht bekannt, aber es ist wahrscheinlich, daß reaktive Sauerstoffspezies bei Photomineralisierungsreaktionen gebildet werden oder doch wenigstens daran beteiligt sind.

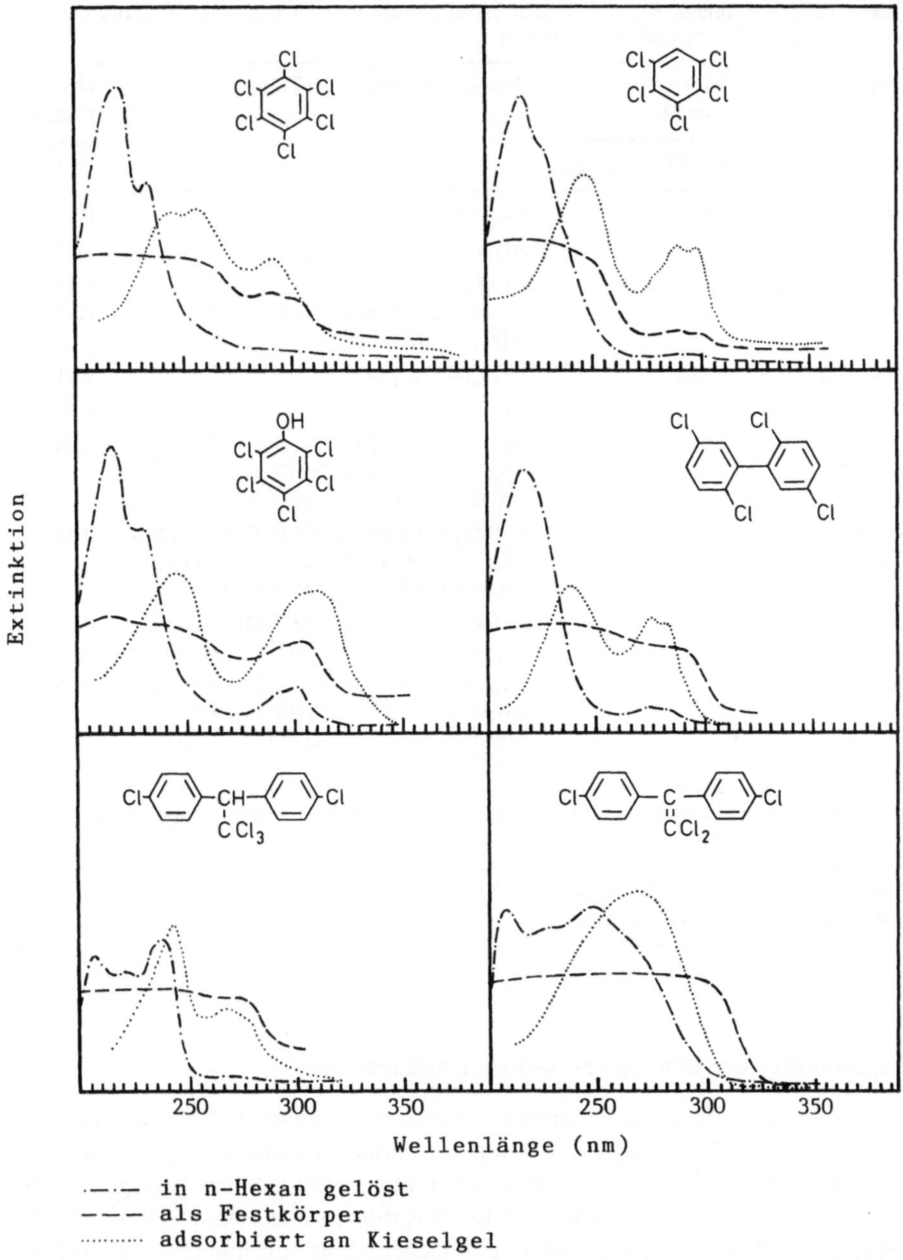

Abb. 1.45. UV-Spektren aromatischer Chlorkohlenwasserstoffe in Lösung, als Festkörper und adsorbiert an Kieselgel. [Nach Parlar u. Korte (1981)]

Tabelle 1.39. Abhängigkeit der Dunkelmineralisierung von $^{14}CCl_4$ und $^{14}CCl_2F_2$ von der Art des Trägers. [Nach Gäb et al. (1980)]

Träger	Mineralisation (%)[a]		Zusammensetzung des Trägers (%)[b]	Oberflächenwasser (%)[c]
	$^{14}CCl_4$	$^{14}CCl_2F_2$		
Silicagel	8	–	SiO_2 (pur)	$0,32^{d}$
Tonerde basisch	87	–	Al_2O_3 (pur)	$1,03^{e}$
Tonerde neutral	92	≥ 90	Al_2O_3 (pur)	$0,94^{e}$
Molekularsiebe	41	–	$Si(SiO_2)$ 17,8(38,0), $Al(Al_2O_3)$ 17,1(32,2), $K(K_2O)$ 24,7(28,9)	$0,01^{e}$
Ammoniumsulfat	0,01	–	$(NH_4)_2SO_4$ (pur)	$< 0,01^{e}$
Natriumchlorid	–	0^{f}	$NaCl$ (pur)	$0,12^{d}$
Omansand	14	–	$Si(SiO_2)$ 18,2(38,9), $Ca(CaO)$ 17,1(23,9), $Mg(MgO)$ 5,1(8,5), $Fe(Fe_2O_3)$ 2,0(2,8), $Al(Al_2O_3)$ 1,9(3,5), $C(CO_2)$ 5,0(18,5)	$0,08^{d}$
Mekkasand	46	9	$Si(SiO_2)$ 32,4(69,3), $Al(Al_2O_3)$ 7,2(13,6), $Fe(Fe_2O_3)$ 3,2(6,0), $Ca(CaO)$ 2,9(4,1), $Na(NaO)$ 1,5(2,0), $Mg(MgO)$ 1,2(1,9)	$0,02^{d}$
Ägyptischer Sand	–	6	$Si(SiO_2)$ 45,5(97,3), $Ca(CaO)$ 1,2(1,7), $Al(Al_2O_3)$ 0,66(1,3), $Fe(Fe_2O_3)$ 0,3(0,5)	$0,04^{d}$
Tularosasand	–	8	$Si(SiO_2)$ 27,1(58,0), $Ca(CaO)$ 5,8(8,1), $Al(Al_2O_3)$ 4,2(8,0), $Fe(Fe_2O_3)$ 1,8(2,5), $Mg(MgO)$ 1,6(2,7), $K(K_2O)$ 1,8(2,1), $C(CO_2)$ 0,6(2,2)	$0,26^{d}$

[a] Ca. 10 µmol der Verbindung auf 200 g des Trägers wurden 3 Tage lang geschüttelt.
[b] Die Werte in Klammern wurden geschätzt.
[c] Bestimmung des Oberflächenwassers nach Karl Fischer.
[d] Wassergehalt nach 24 h Trocknen bei 150 °C.
[e] Wassergehalt ohne Trocknung.
[f] Keine Umwandlung.

Mechanismen der Bildung von photochemischem Smog

Als Smog bezeichnet man allgemein schmutzige Dunstschichten, die sich bei Inversionswetterlagen über Gebieten mit hoher Luftbelastung bilden. Da sich Smog je nach Art der Emissionen aus verschiedenen anorganischen und organischen Spurenkomponenten zusammensetzen kann, läßt er sich nicht einheitlich definieren. Man unterscheidet hauptsächlich zwei Typen. Der sogenannte Londoner Smog besteht überwiegend aus Schwebstoffen und Schwefeldioxid, das bei der Verbrennung schwefelhaltiger fossiler Brennstoffe entsteht. Die SO_2-Konzentration beträgt durchschnittlich 0,06–1 ppm, erreicht aber unter bestimmten Bedingungen Werte bis zu 1,5 ppm, wie im Fall des Londoner Smogs im Dezember 1957, bei dem mehrere hundert Menschen starben. Dagegen sind für den Smog, der im Gebiet von Los Angeles auftritt, hohe Konzentrationen von Oxidantien,

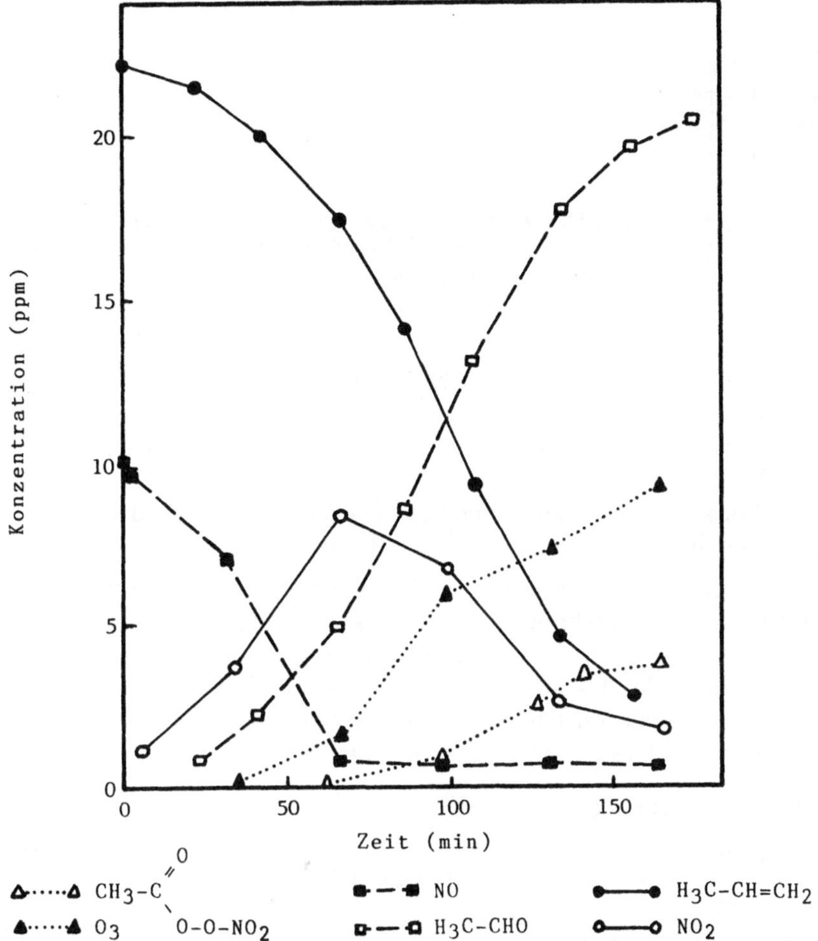

Abb. 1.46. Konzentrations-Zeit-Profile der wichtigsten Ausgangsstoffe und Produkte des photochemischen Smogs bei UV-Bestrahlung in einer Smogkammer. [Nach Pitts u. Finlayson]

vor allem von Ozon, charakteristisch. Typische Begleiterscheinungen dieses photochemischen Smogs sind Augenreizungen, verminderte Sicht und Schäden an Pflanzen, die zu erheblichen Ernteausfällen führen können. Durch zahlreiche Experimente in Smogkammern wurden nicht nur die Bestandteile des Smogs und ihre Bildung, sondern auch dessen charakteristischer Tagesrhythmus untersucht. Abbildung 1.46 zeigt die typischen Konzentrations-Zeit-Profile für die wichtigsten Ausgangsstoffe und Produkte des photochemischen Smogs bei UV-Bestrahlung mit Wellenlängen oberhalb von 290 nm. Folgende Hauptprozesse lassen sich erkennen:
– NO, das sich wie SO_2 bei der Verbrennung fossiler Brennstoffe bildet, wird zu NO_2 oxidiert.

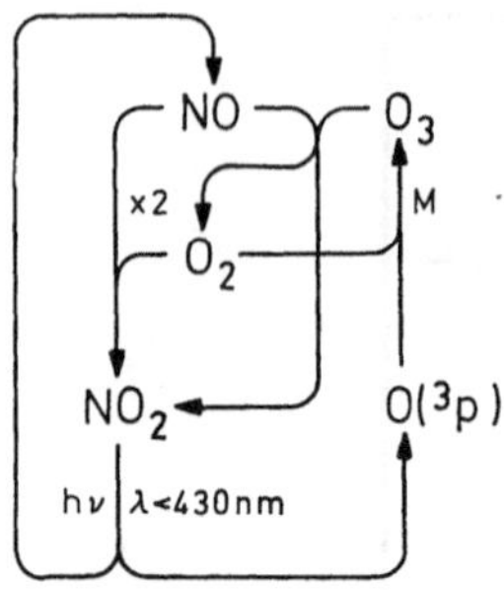

Abb. 1.47. Schematische Darstellung einiger wichtiger Reaktionen von Stickstoffoxiden und Ozon unter troposphärischen Bedingungen

– Wenn die Konzentration von NO_2 ihr Maximum erreicht hat, setzt verstärkt die Bildung von Ozon ein.
– Die Konzentrationen der aus verschiedenen Abgasen stammenden Kohlenwasserstoffe nehmen kontinuierlich ab.
– Umgekehrt proportional dazu nehmen die Konzentrationen der daraus entstehenden Aldehyde und des Peroxyacetylnitrats (PAN) zu.

Die primären Verunreinigungen NO_X und Kohlenwasserstoffe werden also durch photochemische Reaktionen in sekundäre Verunreinigungen (Ozon, Aldehyde, PAN) überführt. An zentraler Stelle stehen die Reaktionen der Stickstoffoxide und des Ozons (Abb. 1.47). Sowohl die Dissoziation des NO_2 als auch die Reaktion des Ozons mit NO verläuft sehr schnell. Für das Verhältnis beider Geschwindigkeiten gilt folgendes:

1. $$NO_2 \longrightarrow NO + O$$

$$-\frac{d[NO_2]}{dt} = k_1 \cdot [NO_2] \qquad k_1 \leqq 8 \cdot 10^{-3}\ s^{-1}$$

2. $$O_3 + NO \longrightarrow NO_2 + O_2$$

$$-\frac{d[O_3]}{dt} = k_2 \cdot [O_3] \cdot [NO] \qquad k_2 = 7{,}48 \cdot 10^{-12}$$
$$cm^3 \cdot Moleküle^{-1} \cdot s^{-1}$$

Wenn

$$-\frac{d[NO_2]}{dt} = -\frac{d[O_3]}{dt},$$

dann gilt:

$$k_1[NO_2] = k_2 \cdot [O_3] \cdot [NO]$$

$$\Leftrightarrow \frac{k_1}{k_2} = \frac{[O_3] \cdot [NO]}{[NO_2]}$$

Tagsüber, wenn beide Reaktionen mit maximaler Geschwindigkeit ablaufen, stellt sich ein quasistationärer Zustand ein mit hoher Konzentration von O_3 und niedriger Konzentration von NO_2 und NO (Abb. 1.48). Nachts dagegen entfällt die lichtabhängige Dissoziation des NO_2, während die

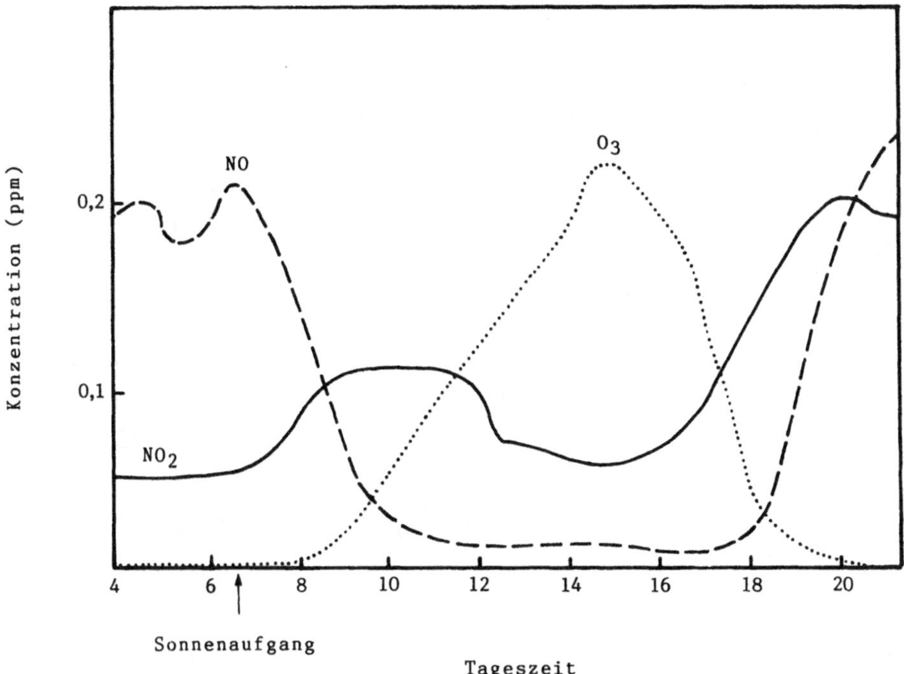

Abb. 1.48. Tageszyklus von NO, NO_2 und O_3 in St. Louis, 1. Oktober 1976. [Nach Güsten (1986)]

Bildung so lange weiterläuft, bis entweder NO oder O_3 aufgebraucht ist. In Gebieten, in denen die Emission von NO auch nachts kaum nachläßt, sinkt entsprechend die Ozonkonzentration fast auf Null. Am nächsten Morgen startet der Zyklus von neuem, wobei das über Nacht entstandene NO_2 beteiligt ist.

Aufgrund der Entfernung des Ozons durch die Reaktion mit NO und durch Photodissoziation läßt sich der Aufbau einer so hohen Ozonkonzentration nur dadurch erklären, daß weitere Prozesse an dessen Bildung bzw. an der Bildung des Ozonvorläufers NO_2 beteiligt sind. Eine bedeutende Quelle für NO_2 ist die Reaktion von NO mit verschiedenen Radikalen, die u. a. bei der Oxidation der Kohlenwasserstoffe entstehen bzw. daran beteiligt sind (Abb. 1.49). Die Umsetzungen von Kohlenwasserstoffen mit den verschiedenen Oxidantien verlaufen unterschiedlich schnell (Tabelle 1.40). Bei kurzen Reaktionszeiten ist die Geschwindigkeit des Angriffs durch das Hydroxylradikal am größten, so daß in der Frühphase der Olefinabbau hauptsächlich durch ·OH erfolgt. Vor allem mit höheren Olefinen verläuft die Umsetzung praktisch nur diffusionskontrolliert. Bei längeren Reaktionszeiten steigt der Anteil der Oxidation durch O_3 und $HO_2^{\cdot}$.

Eines der Hauptoxidantien des photochemischen Smogs ist Peroxyacetylnitrat (PAN), das in höherer Konzentration phytotoxisch wirkt, Augenreizungen hervorruft (beides möglicherweise durch Reaktion mit SH-Gruppen

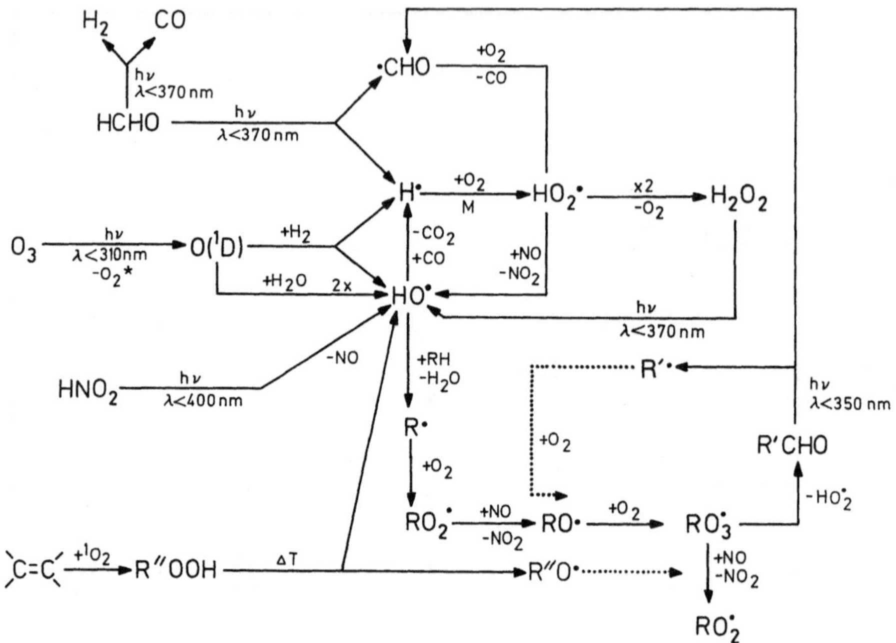

Abb. 1.49. Schematische Darstellung einiger Reaktionen, die zur Bildung von Radikalen bzw. NO_2 führen

Tabelle 1.40. Errechnete Geschwindigkeiten ($ppm \cdot min^{-1} \cdot 10^{-4}$) des Angriffs von reaktiven Sauerstoffspezies auf trans-2-Buten in einer belasteten Stadtatmosphäre in Abhängigkeit von der Reaktionszeit. [Nach Pitts u. Finlayson]

Reaktions-dauer (min)	berechnete Angriffsgeschwindigkeit				
	$O(^3P)$	O_3	HO_2	$HO^{\cdot}$	$O_2(^1\Delta g)$
2	0,13	0,26	1,69	18,1	$2,9 \cdot 10^{-5}$
30	0,17	1,58	1,49	5,9	$2,0 \cdot 10^{-5}$
90	0,03	1,0	0,49	1,2	$0,7 \cdot 10^{-5}$
120	0,01	0,65	0,28	0,7	$0,4 \cdot 10^{-5}$

von Proteinen) und eventuell an der Zunahme der Fälle von Hautkrebs beteiligt ist. Seine Konzentration in der Atmosphäre beim Auftreten von Smog liegt in der gleichen Größenordnung wie die des Ozons und zeigt ähnliche Schwankungen im Tagesverlauf (Abb. 1.50). Die Bildung erfolgt aus Acetylradikalen, die auf unterschiedliche Weise entstehen können, u. a. durch die Oxidation von Acetaldehyd mit Hydroxylradikalen. Die Reaktion verläuft wahrscheinlich über Peroxide.

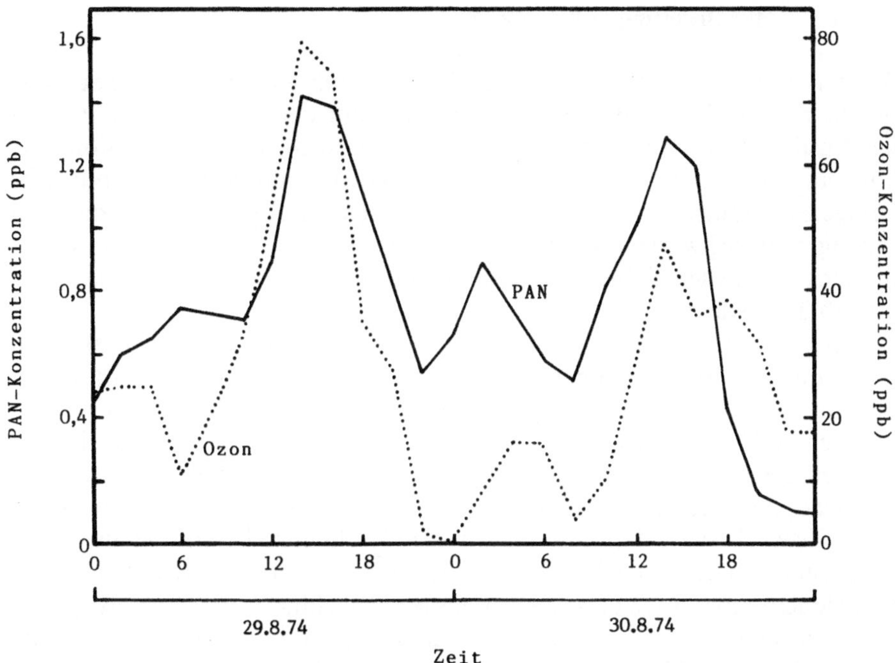

Abb. 1.50. Konzentrations-Zeit-Profil von Ozon und PAN in Harwell (England) im August 1974. [Nach Güsten (1986)]

Da das Acetylperoxy-Radikal durch NO zersetzt wird, beginnt die Bildung von PAN erst, wenn die NO-Konzentration ihr Minimum erreicht hat. Bei Abwesenheit von Licht und reaktiven Spurenkomponenten und bei tiefen Temperaturen kann PAN längere Zeit stabil sein, über größere Strecken transportiert werden und dann, wenn es schließlich unter Licht- und Temperatureinwirkung zerfällt, zur Bildung von Ozon oder anderen für Smog typischen Verbindungen führen.

1.6.2 Biotische Umwandlungen

Chemische Veränderungen einer Substanz, die durch Organismen bzw. deren Enzyme bewirkt werden, bezeichnet man als biotische Umwandlungen oder – analog dem Um- und Abbau natürlicher Substrate – als Metabolismus von Umweltchemikalien; die Umwandlungsprodukte heißen Metabolite. Im Gegensatz zu abiotischen Reaktionen laufen biotische Umsetzungen mit sehr geringem Energieaufwand ab. Enzymatisch katalysierte Reaktionen können erwünscht oder unerwünscht sein, je nachdem, ob dabei Verbindungen geringerer Schadwirkung entstehen (Detoxifikation) bzw. ein Totalabbau stattfindet oder ob Zwischen- bzw. Endprodukte gebildet werden, die eine höhere Giftigkeit für das Ökosystem besitzen als die Ausgangsverbindung (Aktivierung).

1.6.2.1 Metabolisierung von Metallen

Von den in die Umwelt eingebrachten Metallen führen vor allem die Schwermetalle zu erheblichen Belastungen, da nicht nur der anthropogene Eintrag das Ausmaß des natürlichen erreicht, sondern auch durch Dispersion eine Anreicherung in Umweltbereichen stattfindet, die von Natur aus nur sehr geringe Schwermetallkonzentrationen aufweisen. Stoffwechselwege zur Umsetzung von Schwermetallverbindungen existieren in vielen Organismen; allerdings entstehen dabei zum Teil Metallorgano-Verbindungen mit hoher Warmblütertoxizität.

Quecksilber beispielsweise kann bakteriell sowohl in das Element als auch in organische Produkte überführt werden (Abb. 1.51). Dazu wird zuerst das natürlich vorkommende, unlösliche Sulfid über das Sulfit zum wasserlöslichen Sulfat oxidiert. Danach besteht die eine Möglichkeit darin, die zweiwertigen Quecksilberionen durch reduziertes Nicotinamid-Adenin-Dinukleotid (NADH$_2$) zu Quecksilber zu reduzieren, das einen so hohen Dampfdruck besitzt, daß es – etwa aus Klärschlamm heraus – teilweise in die Gasphase übergehen kann. Der andere Weg führt zu Methyl- und Dimethylquecksilber. Letzteres ist ebenfalls leichtflüchtig. Auch Diphenylquecksilber wurde als bakterielles Produkt nachgewiesen. Umgekehrt können bestimmte Einzeller Methylquecksilber zu metallischem Quecksilber und Methan reduzieren, und quecksilberresistente Pseudomonasarten bauen auch Ethyl- und Phenylquecksilber ab.

Methylquecksilber ist sehr giftig. Es wird aufgrund seiner lipophilen Eigenschaften im Fettgewebe gespeichert und reichert sich so in der Nahrungskette an. Enzyme zur Methylierung des Quecksilbers besitzen alle Organismen; wahrscheinlich sind an der Reaktion immer Methylcorrinoid-Derivate (Methyl-Vitamin B$_{12}$) beteiligt. Entweder wird die Cobalt-Kohlenstoff-Bindung durch das elektrophil wirkende Metallion heterolytisch gespalten und ein Carbanion (CH$_3^-$) auf das höher oxidierte Metall übertragen, oder die Spaltung erfolgt homolytisch, und das reduzierte Metallion nimmt ein Methylradikal auf.

Analog wird auch Zinn durch Pseudomonas-Arten methyliert. Die toxische Wirkung von Methylzinn auf das Zentralnervensystem ist erwiesen; ob es über die Nahrungskette akkumuliert wird, ist noch nicht gesichert. Blei

$$HgS \longrightarrow HgSO_3 \longrightarrow HgSO_4 \xrightarrow{\text{in } H_2O} Hg^{2+} + SO_4^{2-}$$

Abb. 1.51. Hauptreaktionen des Quecksilbers in Organismen

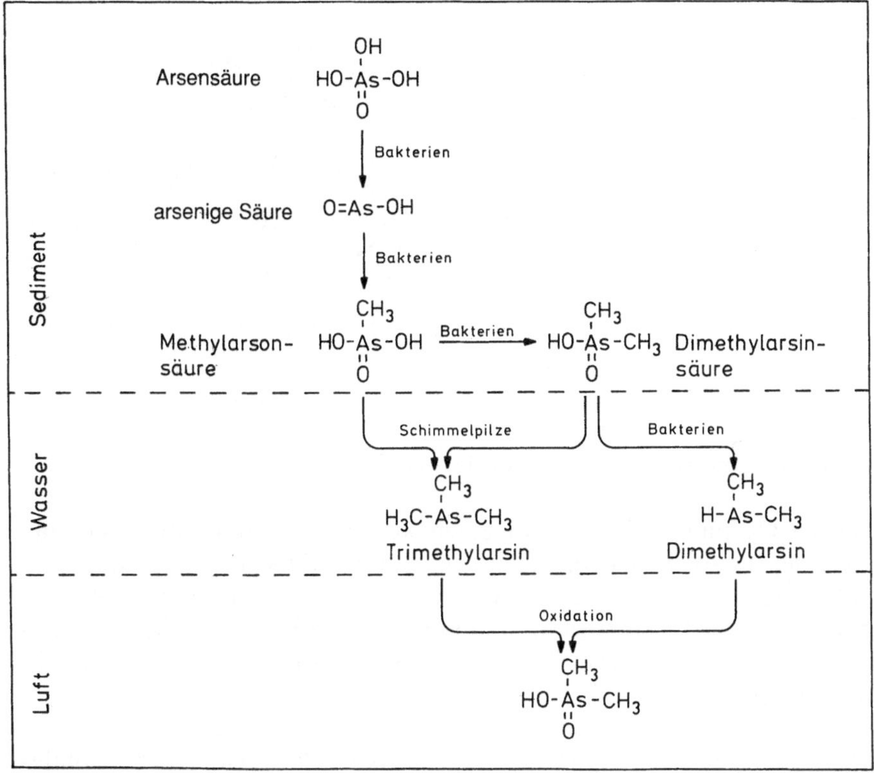

Abb. 1.52. Natürlicher Kreislauf des Arsens

wird ebenfalls biologisch methyliert; außerdem erfolgt eine Umwandlung des Bleitetraethyls (Antiklopfmittel) in das noch giftigere Triethylderivat. Extrem toxisch sind auch Di- und Trimethylarsin, die bei der Biomethylierung von Arsen gebildet werden (Abb. 1.52). Aus den Arsinen entstehen durch Oxidation weniger giftige Produkte wie Kakodylsäure. Ähnliche biologische Kreisläufe bestehen wahrscheinlich für Selen und Tellur.

1.6.2.2 Metabolisierung organischer Verbindungen

Bei der enzymatischen Umsetzung organischer Chemikalien lassen sich drei Fälle unterscheiden:

1) Die Substanz wird ohne das Auftreten persistenter oder biologisch aktiver Zwischenstufen direkt vollständig mineralisiert. Die Endprodukte sind Kohlendioxid und Wasser. Dabei kommt es zu einem Zuwachs an Biomasse der beteiligten Organismen. Ein solcher Totalabbau ist jedoch nur von wenigen Chemikalien bei einigen speziell angepaßten Organismen bekannt (vor allem bei Bakterien in aquatischen und terrestrischen Systemen).

2) Die Substanz wird zu niedermolekularen Verbindungen abgebaut, die in die natürlichen Stoffwechselkreisläufe eingehen. Indirekt entstehen also

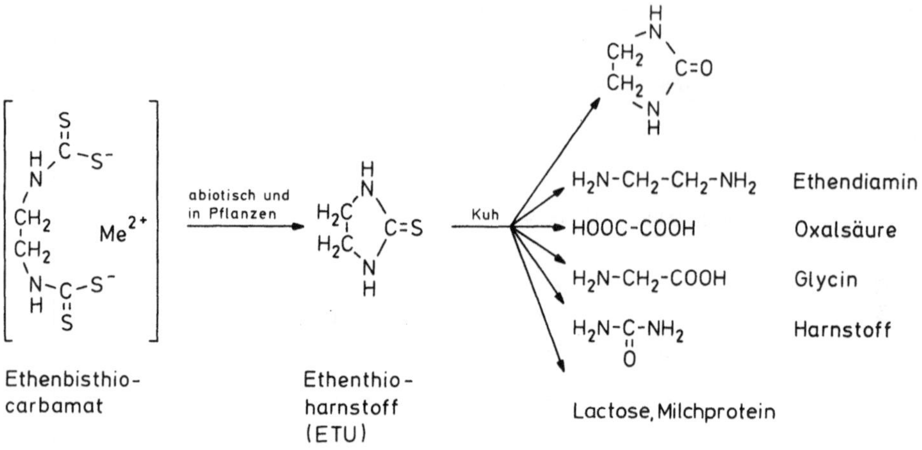

Abb. 1.53. Biotischer Abbau von Ethenbisthiocarbamaten

ebenfalls CO_2 und H_2O, so daß es zu keiner Umweltbelastung kommt. Ein Beispiel für solche Chemikalien sind Ethenbisthiocarbamate, die in der Landwirtschaft als Fungizide verwendet werden. Als primäres Umwandlungsprodukt bildet sich sowohl abiotisch als auch biotisch Ethenthioharnstoff (ETU), der zwar warmblütertoxisch ist, jedoch teilweise in natürliche Stoffwechselprodukte überführt wird (Abb. 1.53).

3) Die Substanz wird zwar chemisch verändert, liefert dabei aber weder Energie noch für den Organismus verwertbare Produkte (Co-Metabolismus). Letztere werden entweder ausgeschieden oder in der Zelle gespeichert, bis sie durch den Tod des Organismus freigesetzt werden bzw. in der Nahrungskette weiterwandern und dabei eventuell wieder verändert werden. Solange sie nicht zu natürlichen niedermolekularen Verbindungen bzw. CO_2 und H_2O abgebaut sind, müssen diese Co-Metaboliten als Umweltchemikalien betrachtet werden.

Mit Ausnahme weniger Bakterien besitzen Organismen keine speziellen Enzyme für die Umsetzung von Xenobiotika. Die Umwandlung erfolgt durch unspezifische Enzymsysteme, die entweder ausschließlich von ihrem natürlichen Substrat induziert werden (die Umweltchemikalie wird dann nur bei Anwesenheit dieses Substrates angegriffen) oder auch durch den Fremdstoff, dessen ähnliche Struktur bzw. entsprechende funktionelle Gruppe dann erkannt wird. Je nach Ähnlichkeit der Struktur von natürlichem Substrat und Fremdstoff bzw. Selektivität des Enzymsystems können ein oder mehrere Schritte des Stoffwechselweges durchlaufen werden, bevor die Strukturabweichung des Produktes dessen weitere Umwandlung blockiert. Dabei kann es auch zur Enzyminhibition kommen (z. B. Hemmung der β-Oxidation durch Verzweigungen in der Alkylkette). Auf welchem Stoffwechselweg die Umweltchemikalie eine kurze Strecke mitläuft, ist je nach Verbindung verschieden. Grundsätzlich lassen sich folgende Reaktionstypen unterscheiden: Oxidationen, Reduktionen und Hydrolysen. Sekundär treten auch Bindungen an Makromoleküle auf.

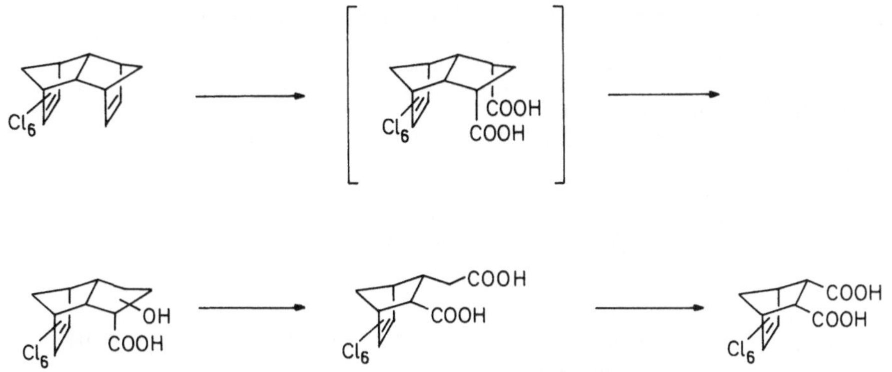

Abb. 1.54. Oxidativer Abbau des Insektizids Isodrin in Pflanzen

Oxidationen

Oxidative Prozesse sind in Organismen am weitesten verbreitet. Die meisten pflanzlichen Metaboliten von Umweltchemikalien sind Oxidationsprodukte. Das ist einerseits nachteilig insofern, als einige davon (Epoxide, Phenole) eine gesteigerte biologische Aktivität besitzen, was bei der Bewertung der Anwendung von Pflanzenschutzmitteln bei Nahrungsmittelpflanzen berücksichtigt werden muß. Andererseits kann die schrittweise oxidative Aufspaltung von $C-C$-Bindungen bei persistenten Substanzen auch zu einer Detoxifikation führen. Dies ist der Fall beim oxidativen Abbau des Insektizids Isodrin durch Pflanzen (Abb. 1.54).

Die an Oxidationen beteiligten Enzymsysteme sind u. a. Oxidasen, Peroxidasen und mischfunktionelle Oxygenasen; letztere führen entweder ein oder zwei Sauerstoffatome in das Substrat ein (Tabelle 1.41).

Zu den wichtigsten Monooxygenasen gehört Cytochrom-P-450. Unter dieser Bezeichnung faßt man eine Gruppe von Monooxygenasen zusammen, die als prosthetische Gruppe das Häm b (die farbgebende Gruppe des Blutfarbstoffs, Abb. 1.55) enthält. Während die 5. Koordinationsstelle des Eisenions mit dem Cystein-Schwefel verbunden ist, der bei der Katalyse mitwirkt, bindet die 6. Koordinationsstelle den Sauerstoff. Der Name stammt vom Maximum der Hauptabsorptionsbande (450 nm) des Cytochrom-P-450-CO-Komplexes. Kohlenmonoxid bildet mit dem Häm-Eisen einen stabileren Komplex als Sauerstoff, so daß die oxidierende Wirkung des Enzyms in Anwesenheit von CO gehemmt wird. Allerdings ist dessen Bindung reversibel; das CO wird durch einen Überschuß an Sauerstoff verdrängt bzw. der CO-Komplex durch Anregung mit Licht der Wellenlänge 450 nm zerstört.

Monooxygenasen bilden einen Teil der Redoxsysteme, die allgemein in die Membrane der Mitochondrien und des endoplasmatischen Retikulums eingebettet sind. Sie kommen in besonders großer Zahl in der Leber vor, in der sie einen wesentlichen Bestandteil des Entgiftungssystems ausmachen und für den Stoffwechsel von Medikamenten von Bedeutung sind. Zahlreiche

Tabelle 1.41. Übersicht über die wichtigsten Enzymgruppen, die Oxidationen katalysieren

Enzymgruppe	Wirkungsweise	Reaktionsschema
Oxygenasen	führen Sauerstoff in das Substrat ein	
1. Dioxygenasen	Beide Sauerstoff-atome werden ins Substrat eingebaut; dabei wird ein aromatischer Ring geöffnet	
2. Monooxy-genasen	Ein Sauerstoff-atom wird ins Substrat eingebaut, das andere zu Wasser reduziert	$DH_2 + O_2 + RH \xrightarrow{Enz.} D + H_2O + ROH$
Dehydrogenasen	entziehen dem Substrat Wasserstoff	
1. aerobe Dehydr. = Oxidasen	übertragen den Wasserstoff auf Sauerstoff	oder $\quad DH_2 + O_2 \xrightarrow{Enz.} D + H_2O_2$ $\quad 2\,DH_2 + O_2 \xrightarrow{Enz.} 2\,D + 2\,H_2O$
2. anaerobe Dehydr.	übertragen den Wasserstoff auf eine andere prosthetische Gruppe	$DH_2 + A \xrightarrow{Enz.} D + AH_2$
Peroxidasen	reduzieren H_2O_2 durch Wasserstoffübertragung; Donator ist ROH oder ein Substrat	$2\,AH_2 + 2\,H_2O_2 \xrightarrow{Enz.} 2\,H_2O + O_2$ oder $2\,RCHOH + 2\,H_2O_2 \xrightarrow{Enz.} 2\,RCHO + 2\,H_2O + O_2$

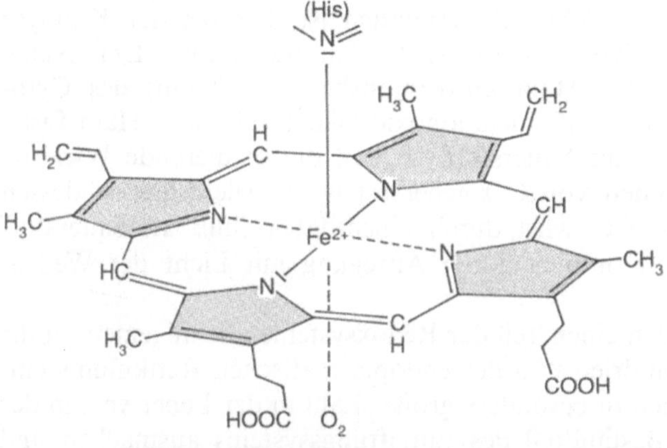

Abb. 1.55. Aktives Zentrum von Cytochrom-P-450. [Nach Karlsson]

unterschiedliche Xenobiotika werden von ihnen angegriffen (Tabelle 1.42), vor allem lipophile Verbindungen, darunter auch inerte Substanzen, wie aliphatische Kohlenwasserstoffe und Aromaten. Dabei wird eine C−H-Bindung homolytisch gelöst und ein Sauerstoffatom eingeschoben (Abb. 1.56). Die Spaltung dieser relativ stabilen Bindung wird durch die Bildung des sehr reaktiven Oxen-Radikals ermöglicht, das durch das Häm-Thiolat-Eisen resonanzstabilisiert wird. Die Energie dafür stammt aus der Wasserstoffübertragung auf das zweite Sauerstoffatom durch $NADH/H^+$.

Die Hydroxylierung von Aromaten verläuft wahrscheinlich über instabile Epoxide (Arenoxide). Diese werden entweder zum Dihydrodiol hydroly-

Tabelle 1.42. Verbindungen, die durch die Methan-Monooxygenase von Methylococcus capsulatus oxidiert werden. [Nach Gibson]

Methan	Ethen
Chlormethan	Propen
Brommethan	1-Buten
Dichlormethan	cis-2-Buten
Trichlormethan	Dimethylether
Cyanomethan	Diethylether
Nitromethan	Cyclohexan
Methanthiol	Benzol
Ethan	Toluol
Propan	Styrol
Butan	Pyridin
Pentan	
Hexan	
Heptan	
Octan	

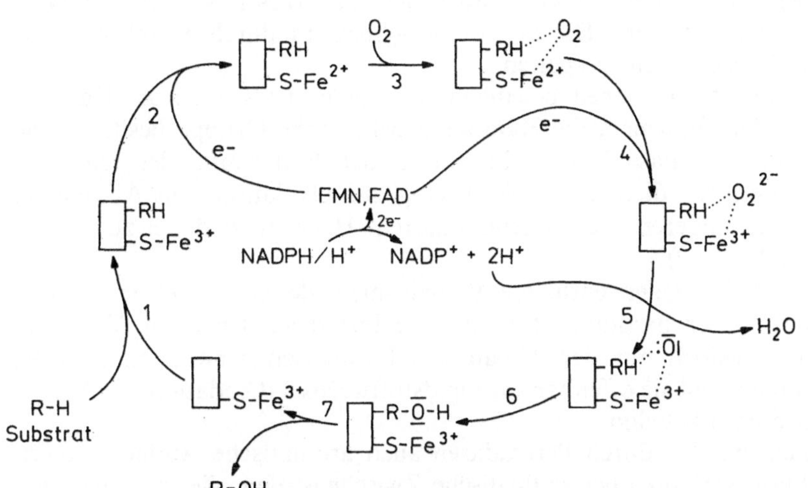

Abb. 1.56. Mechanismus der Hydroxylierung durch Cytochrom-P-450. [Nach Karlsson]

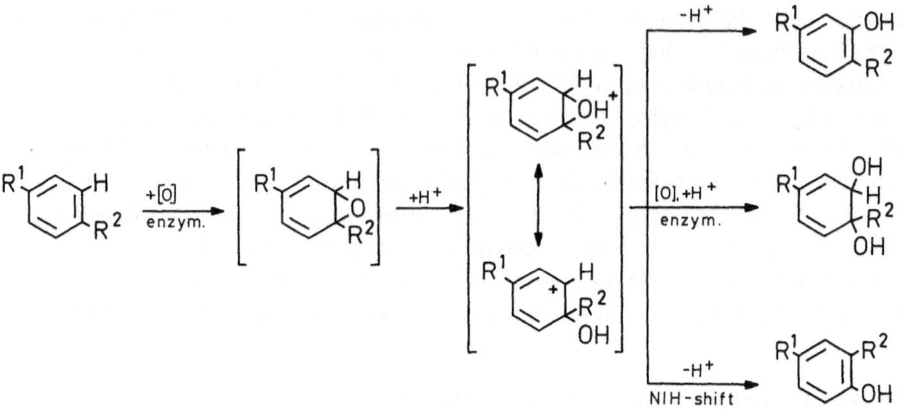

Abb. 1.57. Mechanismus der enzymatischen Oxidation von Aromaten mit NIH-shift

siert, oder das aromatische System bildet sich zurück, wobei es zu einer Verschiebung des Substituenten (NIH-shift) kommen kann (Abb. 1.57).

Bei der von Dioxygenasen katalysierten Anlagerung von Sauerstoff an aromatische Doppelbindungen wird der Ring aufgebrochen. Werden die dabei entstehenden Carboxygruppen zu Säuregruppen oxidiert, dann kann sich eine mehrfache oxidative Decarboxylierung anschließen, die zu einem weitgehenden Abbau des Moleküls führt.

Oxidationen in Pflanzengeweben werden zu einem großen Teil durch Peroxidasen katalysiert, die in den Peroxisomen lokalisiert sind. Dies sind membranumschlossene Mikrokörper, in denen Reservefette in Kohlenhydrate umgewandelt werden und in denen ein Teil der Photorespiration abläuft. Bei der letzteren wird als Zwischenschritt Glycolat in Glyoxylat überführt, das anschließend vollständig zu CO_2 oxidiert werden kann (Abb. 1.58). Der Sauerstoff wird dabei nicht zu Wasser, sondern zu Wasserstoffperoxid reduziert. Dieses wird anschließend durch Katalase (Leitenzym der Peroxisomen) gespalten.

Sowohl die verschiedenen beteiligten Peroxidasen als auch die Katalase gehören zu den Enzymen, die Häm als prosthetische Gruppe besitzen. Die Funktion der Katalase liegt nicht nur in der Entfernung des reaktiven H_2O_2, sondern sie dient auch gleichzeitig zur Oxidation von Alkoholen, Phenolen und anderen Elektronendonatoren. H_2O_2 wird dabei zu Wasser reduziert (Abb. 1.59).

Auch Wirbeltierzellen enthalten Peroxisomen, deren vermehrte Bildung in der Leber durch bestimmte Pharmaka induziert werden kann. Von ihrer Funktion ist jedoch nur der Abbau von Purinbasen genauer untersucht; darüber hinaus sind sie offenbar am Lipidstoffwechsel (Oxidation der Acetyl-CoA-Fettsäuren) beteiligt.

Im Boden werden durch Peroxidasen auch aromatische Amine oxidiert. Die Reaktion verläuft über radikalische Zwischenstufen, die prinzipiell auf verschiedene Weise miteinander reagieren können: durch N−N-, N−C-

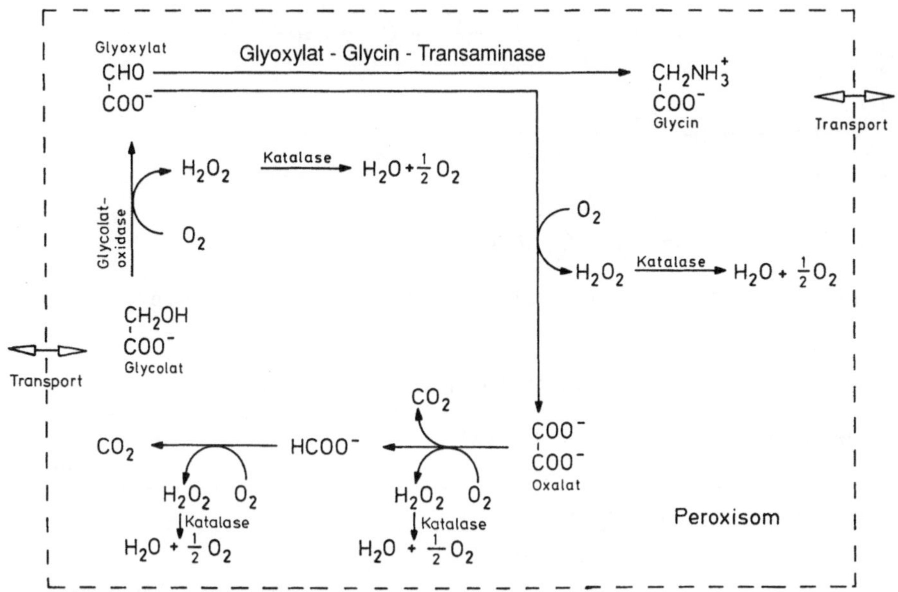

Abb. 1.58. Mechanismus der Glycolatoxidation in den Peroxisomen. [Nach Strasburger]

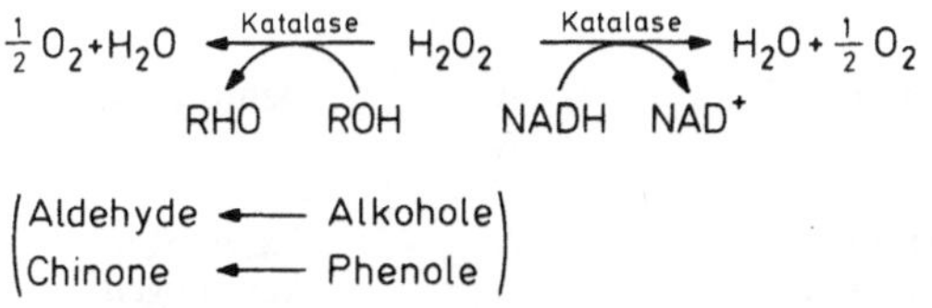

$$\tfrac{1}{2}O_2 + H_2O \xleftarrow{\text{Katalase}} H_2O_2 \xrightarrow{\text{Katalase}} H_2O + \tfrac{1}{2}O_2$$

Abb. 1.59. Mögliche Wege zur Reduktion von H_2O_2 durch Katalase

oder $C-C$-Kopplung (Abb. 1.60). Unter Umweltbedingungen wurde bisher nur die Entstehung von Azobenzolen beobachtet, und auch unter Laborbedingungen kommt es zur $C-C$-Bindungsbildung offenbar nur dann, wenn die beiden anderen Reaktionen durch sterische Faktoren behindert werden. Die Azobenzole können weiter zu Azoxybenzolen oxidiert werden. Außerdem können sich weitere im Boden vorhandene Radikale, etwa das NO_2-Radikal, an der Reaktion beteiligen. In Tabelle 1.43 sind einige Beispiele für enzymatische oxidative Umwandlungen von Umweltchemikalien zusammengestellt.

Reduktionen und Hydrolysen

Reduktive Prozesse in Organismen sind weniger gut untersucht. So ist zwar bekannt, daß im Boden auch in anaerobem Milieu ein Abbau von cyclischen und aromatischen Verbindungen stattfindet, aber der Mechanismus ist noch nicht geklärt. Ein Zwischenprodukt ist offenbar Cyclohexanon (Abb. 1.61).

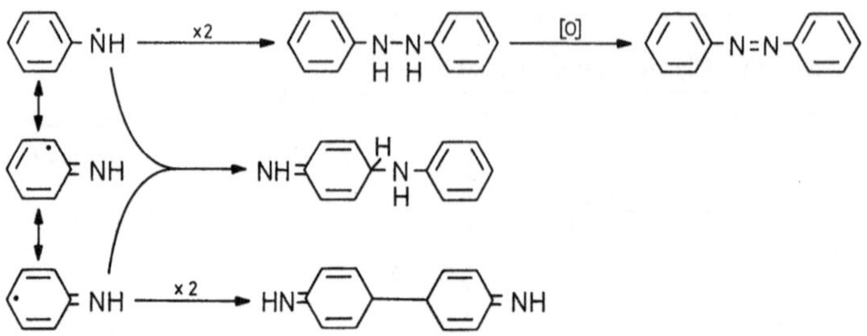

Abb. 1.60. Ein-Elektron-Oxidation und Dimerisierung von Anilinen im Boden

Tabelle 1.43. Oxidative enzymatische Veränderungen von Xenobiotika

Reaktionen	Substratbeispiel		Wirkung nach Aktivierung
C-Hydroxylierung	Benzol-Derivate		
	PCB	A	
	Naphthalin		
	Benz[a]pyren	A	karzinogen
	Isobutan		
	DDT	D	
	Dieldrin	D	
C-Hydroxymethylierung	Benzol		
Epoxidation	Styrol		
	Cyclodien-Insektizide	A	neurotoxisch
	Chlorethene	A	
O-Dealkylierung	Anisole		
N-Hydroxylierung	2-Naphthylamin	A	karzinogen
N-Oxidation	N,N-Dialkylaniline	A	karzinogen
	Aniline		
	Chloraniline		
	N-substituierte aromatische Amine		
Oxidative Desaminierung	Amphetamin		
N-Dealkylierung	N,N-Dimethylanilin		
Sulfoxidation	α-Thiocarbonsäuren		
	Thioanisol		
	Carboxin		
Phosphorthionat-Oxidation	Parathion	A	neurotoxisch
	Malathion	A	neurotoxisch
Oxidative Dechlorierung	1,1,2-Trichlorethan	A oder D	
Spaltung von	PCB	D	
C – C-Bindungen	Cyclodieninsektizide	D	
C-Dehydrierung	Hexachlorcyclohexan	D	
Bildung von Azobenzolen	Chlorierte Aniline	A	
β-Oxidation	2,4-Dichlorphenoxyalkylsäuren	A oder D	
Methyloxidation	Bromacil		
Ketonbildung	Carbofuran		
Oxidative C – C-Verknüpfung (Bildung chinoider Systeme)	Anilin	A	cytotoxisch
	Dinitrophenol	A	cytotoxisch

A = Aktivierung;   D = Desaktivierung.

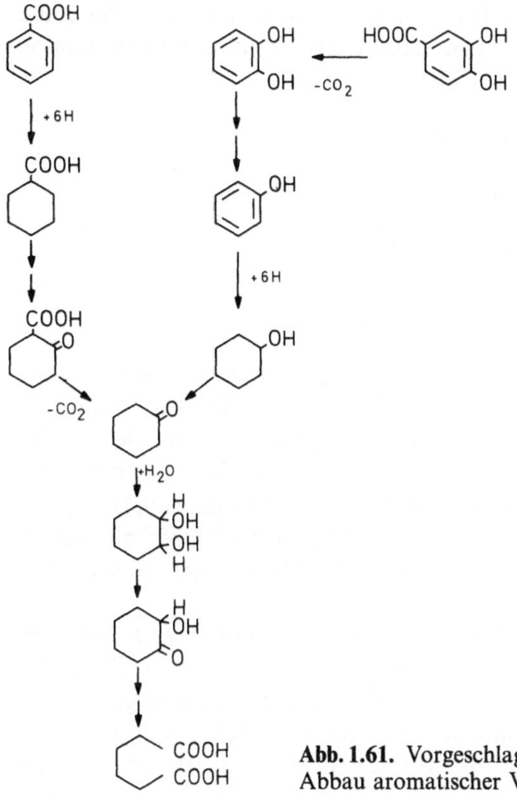

Abb. 1.61. Vorgeschlagener Reaktionsweg für den anaeroben Abbau aromatischer Verbindungen. [Nach Gibson]

In Pflanzen werden aromatische Nitroverbindungen wahrscheinlich durch mikrosomale Elektronentransportsysteme zu Aminen reduziert. Auch höhere aquatische Organismen besitzen Azo- und Nitro-Reduktasen, die in der Leber am aktivsten sind und durch CO und Sulfhydryl-Blocker gehemmt werden. Bei manchen oxidationsbeständigen Ketonen und Aldehyden wird eine Umwandlung in die entsprechenden Alkohole beobachtet. So wird Chloralhydrat zu Trichlorethanol reduziert.

$$\underset{\text{Chloralhydrat}}{Cl_3C-\overset{\displaystyle OH}{\underset{\displaystyle OH}{C}}-H} \longrightarrow \underset{\text{Trichlorethanol}}{Cl_3C-CH_2OH}$$

Dithioverbindungen werden reduktiv in die Thiole überführt.

$$R^1\text{-}S\text{-}S\text{-}R^2 \longrightarrow R^1\text{-}SH + HS\text{-}R^2$$

Zu den Hydrolysen gehören u. a. die wichtigsten Verdauungsreaktionen (Spaltung von Proteinen, Stärke und Neutralfetten). Katalysiert werden sie durch verschiedene Hydrolasen. Bei Umweltchemikalien ist die Spaltung von Estern durch Esterasen und Bildung von Alkoholen und Phenolen einerseits und Säuren andererseits von Bedeutung. Amide werden analog zu Aminen und Carbonsäuren hydrolysiert.

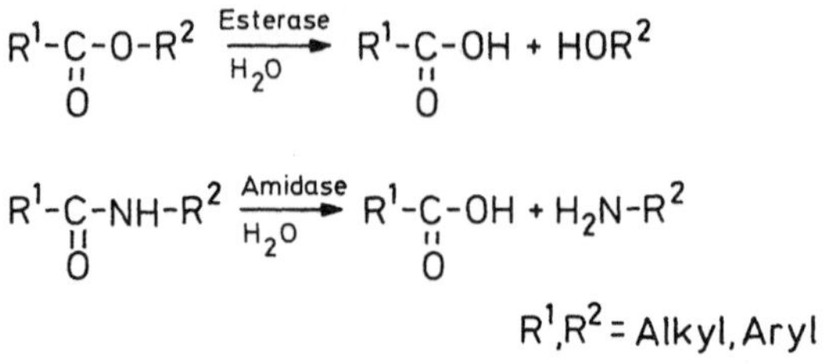

$$R^1\text{-}\underset{\underset{O}{\|}}{C}\text{-}O\text{-}R^2 \xrightarrow[H_2O]{Esterase} R^1\text{-}\underset{\underset{O}{\|}}{C}\text{-}OH + HOR^2$$

$$R^1\text{-}\underset{\underset{O}{\|}}{C}\text{-}NH\text{-}R^2 \xrightarrow[H_2O]{Amidase} R^1\text{-}\underset{\underset{O}{\|}}{C}\text{-}OH + H_2N\text{-}R^2$$

$$R^1, R^2 = Alkyl, Aryl$$

Die Aktivität der Esterasen hängt von den Substituenten der zu verseifenden Ester ab. Das Vorhandensein größerer Reste in der Nähe der Esterbindung erschwert oder blockiert die Hydrolyse. Die Ursache dafür liegt wahrscheinlich in einer sterischen Behinderung. Verbindungen, die gegen Hydrolyse stabil sind, wie der Weichmacher Diethylhexylphthalat (DEHP, Abb. 1.62), können sich deshalb im Fettgewebe anreichern. Phthalate mit geradkettigen Resten werden dagegen zur hydrophilen Phthalsäure verseift und ausgeschieden (Abb. 1.62).

Bei Säugetieren ist die Kapazität der Esterase aufgrund ihres hohen Anteils im Zellplasma (v. a. der Leberzellen) sehr groß. Insekten verfügen dagegen über geringere Mengen an Esterasen. Deshalb können sie Organophosphorinsektizide weniger effektiv und damit weniger schnell entgiften. Stattdessen überwiegt bei ihnen in größerem Ausmaß als bei Säugern die oxidative Aktivierung (vgl. Kap. 2.1.2.1). Beispiele für reduktive und hydrolytische Veränderungen von Umweltchemikalien sind in den Tabellen 1.44 und 1.45 enthalten.

Sekundärreaktionen

Eine wichtige Aufgabe der Biotransformation in Wirbeltieren ist die Überführung hydrophober Verbindungen in wasserlösliche und damit über den

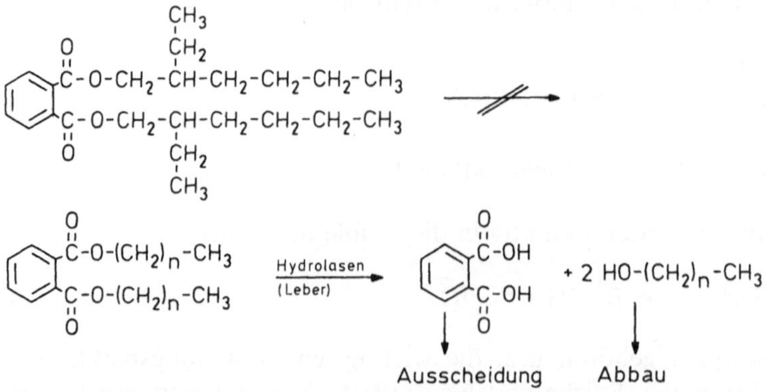

Abb. 1.62. Abhängigkeit des Abbaus von Phthalaten von der Struktur der Seitenkette

Tabelle 1.44. Reduktive enzymatische Veränderungen von Fremdstoffen

Reaktion	Substanzbeispiel
$-\overset{\shortmid}{\underset{\overset{\shortparallel}{O}}{C}}- \longrightarrow -\overset{\shortmid}{\underset{\overset{\shortmid}{OH}}{C}}-$	Acetophenon
$-N{=}N- \longrightarrow -NH{-}NH-$	Azobenzol
$-NO_2 \longrightarrow -NH_2$	Pentachlornitrobenzol, Parathion, 4-Nitrobenzoesäure
$-\overset{\shortmid}{\underset{\shortmid}{C}}{-}Cl \longrightarrow -\overset{\shortmid}{\underset{\shortmid}{C}}{-}H$	DDT, Toxaphen, chlorierte Benzolderivate
$\rangle C{=}C\langle \longrightarrow -\overset{\shortmid}{\underset{\overset{\shortmid}{H}}{C}}{-}\overset{\shortmid}{\underset{\overset{\shortmid}{H}}{C}}-$	DDMU
$-C{\equiv}C- \longrightarrow \rangle C{=}C\langle$	Buturon

Tabelle 1.45. Hydrolytische enzymatische Veränderungen von Fremdstoffen

Reaktion	Substanzbeispiel
$-\underset{\overset{\shortparallel}{O}}{C}{-}O{-}\overset{\shortmid}{\underset{\shortmid}{C}}- \xrightarrow{+H_2O} -\underset{\overset{\shortparallel}{O}}{C}{-}OH + HO{-}\overset{\shortmid}{\underset{\shortmid}{C}}-$	Malathion, Kelevan, Phthalate
$-C{\equiv}N \xrightarrow{+H_2O} -\underset{\overset{\shortparallel}{O}}{C}{-}NH_2$	2,4-Dichlorbenzonitril
$-\overset{\shortmid}{\underset{\overset{\shortmid}{H}}{N}}{-}\overset{\shortmid}{\underset{\shortmid}{C}}- \xrightarrow{+H_2O} -NH_2 + HO{-}\overset{\shortmid}{\underset{\shortmid}{C}}-$	N-Acetyl-2-aminofluoren
$\underset{-O}{\overset{-O}{{>}}}P\underset{O{-}C{-}}{\overset{O}{{<}}} \xrightarrow{+H_2O} \underset{-O}{\overset{-O}{{>}}}P\underset{OH}{\overset{O}{{<}}} + HO{-}\overset{\shortmid}{\underset{\shortmid}{C}}-$	Paraoxon, Tri-o-tolylphosphat
$\underset{C{-}C}{\overset{O}{\triangle}} \xrightarrow{+H_2O} -\overset{OH}{\underset{\shortmid}{C}}{-}\overset{\shortmid}{\underset{\overset{\shortmid}{OH}}{C}}-$	Cyclohexenoxid, Dieldrin
$-\overset{\shortmid}{\underset{\shortmid}{C}}{-}O{-}\underset{\overset{\shortparallel}{O}}{C}{-}\overset{H}{\underset{\shortmid}{N}}{-}\overset{\shortmid}{\underset{\shortmid}{C}}- \xrightarrow{+H_2O} -\overset{\shortmid}{\underset{\shortmid}{C}}{-}OH + HO{-}\underset{\overset{\shortparallel}{O}}{C}{-}\overset{H}{\underset{\shortmid}{N}}{-}\overset{\shortmid}{\underset{\shortmid}{C}}-$	Carbaryl

Harn abführbare Derivate. Dies wird durch Kopplung der Fremdstoffe an hydrophile Moleküle wie Glucuronsäure, Schwefelsäure o.a. erreicht (Konjugation, Tabelle 1.46). Voraussetzung dafür ist das Vorhandensein einer kopplungsfähigen Gruppe wie dem Hydroxylrest; dieser kann, wie beschrieben, durch Monooxygenasen in das Molekül eingeführt werden. Glucuronsäure wird durch Oxidation von Glucose am C_6-Atom gebildet.

Tabelle 1.46. Konjugationen primärer Metaboliten von Fremdstoffen mit zelleigenen Molekülen

Konjugationspartner	Konjugat	Substanzbeispiel
Glucuronsäure	Glucuronid	Pentachlorphenol, Trichlorethanol
Schwefelsäure	Sulfat	Phenol
Essigsäure	N-, O-Acetate	Heptachlor, Anilin
Glycin	Hippursäure	Benzoesäure
Glutathion	Glutathionate	Diketone
Glucose	Glycoside	
Peptide	Peptidkomplexe	
Lösliche Proteine	Proteinkomplexe	2,4-Dichlorphenoxyessigsäure
Phosphorsäure	Phosphate	
Malonsäure	Malonyl-Amine	Anilin
Methylgruppe	Ester, Ether, Amine	

Dabei ist das Glucosemolekül über eine energiereiche Bindung an das Coenzym Uridinphosphat (UDP) gebunden. Die UDP-Glucuronsäure kann dadurch leicht auf alkoholische und phenolische Gruppen übertragen werden (Abb. 1.63). Analog erfolgt die Bildung von Schwefelsäureestern aus aktiviertem Sulfat (Abb. 1.64).

Entsprechende Konjugate entstehen auch in Pflanzen (Glycoside), werden dort aber im allgemeinen nicht ausgeschieden. Der umgekehrte Prozeß, die Überführung wasserlöslicher in wasserunlösliche Derivate, kann durch Veresterung oder Veretherung mit anderen Gruppen erfolgen. So sind an Acetyl-CoA gebundene, aromatische Amine zum Teil schwerer löslich als die freien Amine.

Über Stoffwechselwege, die zum Aufbau von Makromolekülen führen, können Xenobiotika auch an Strukturelemente gebunden werden. Sie bilden dann unlösliche Rückstände, die nicht ohne Zerstörung der Molekülstruktur extrahiert werden können. Bei Pflanzen beträgt ihr Anteil mehr als die Hälfte der Gesamtrückstände. Die Anlagerung erfolgt hier bevorzugt an Lignin, wobei es sowohl zum einfachen Einschluß als auch zur Ausbildung echter kovalenter Bindungen kommen kann. Betroffen davon sind hauptsächlich stickstoffhaltige Verbindungen wie Pestizide auf Anilin- und Triazin-Basis (Abb. 1.65).

Analoge Reaktionen laufen im Boden ab bei der Einlagerung bzw. Einpolymerisierung anthropogener Substanzen in Huminsäuren. Chloraniline gehen sowohl hydrolysierbare als auch nicht hydrolysierbare Bindungen ein (Abb. 1.66). Im ersten Fall liegt wahrscheinlich intaktes Chloranilin vor, das über das N-Atom kovalent an das C-Atom einer C=O-Gruppe oder an ein chinoides System der Huminsäure gebunden ist. Im zweiten Fall ist das N-Atom des Dichloranilins möglicherweise in heterocyclische Systeme des Phenoxazin- oder Phenazin-Typs eingebunden. Die resultierenden chlorierten Huminsäuren sind kein natürlicher Bodenbestandteil mehr, sondern müssen als Umweltchemikalien betrachtet werden. Wie beim vom p-Chloranilin abgeleiteten Herbizid Monolinuron nachgewiesen wurde,

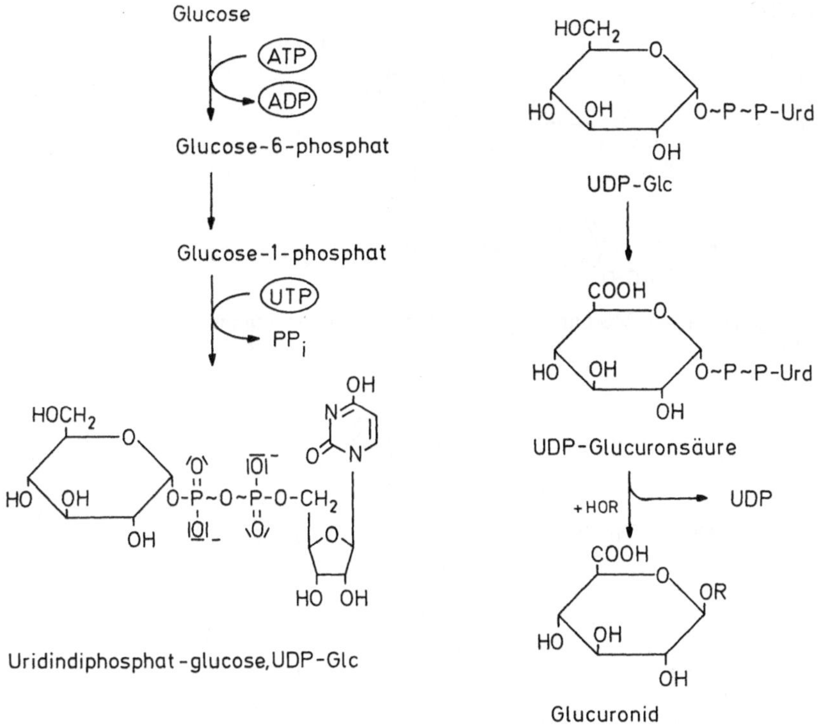

Glucose → Glucose-6-phosphat → Glucose-1-phosphat → Uridindiphosphat-glucose, UDP-Glc

UDP-Glc → UDP-Glucuronsäure → Glucuronid

Abb. 1.63. Konjugation von Alkoholen und Phenolen mit Uridindiphosphat-glucuronsäure. [Nach Karlsson]

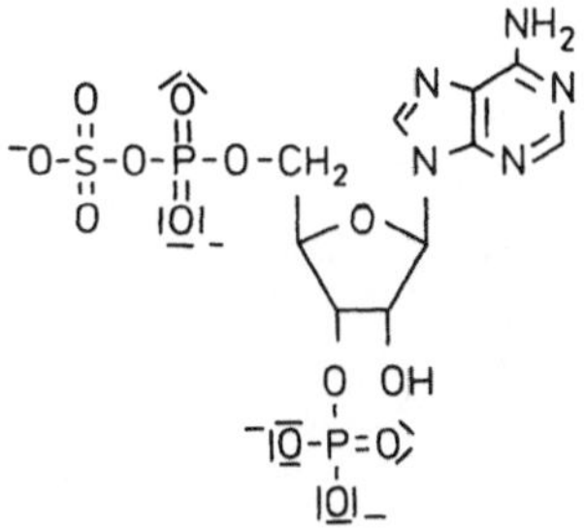

Abb. 1.64. Strukturformel von aktiviertem Sulfat

können auch diese heterozyklischen Systeme mikrobiell aufgebrochen werden, so daß das Dichloranilin wieder pflanzenverfügbar wird.

Bei Tieren ist die kovalente Bindung an Struktursubstanzen weniger häufig; sie erfolgt dann an Proteine oder Nucleinsäuren. So wird etwa Toluoylchlorid-Phenylhydrazin an Hämoglobin gekoppelt; die Fixierung findet dabei am Phenylhydrazin-Ende statt. Auch eine Bindung von Chlorphenoxyessigsäuren an Albumin ist nachgewiesen. Problematisch sind vor allem Reaktionen von Fremdstoffen (Alkylierungsmitteln, aktivierten Epoxiden,

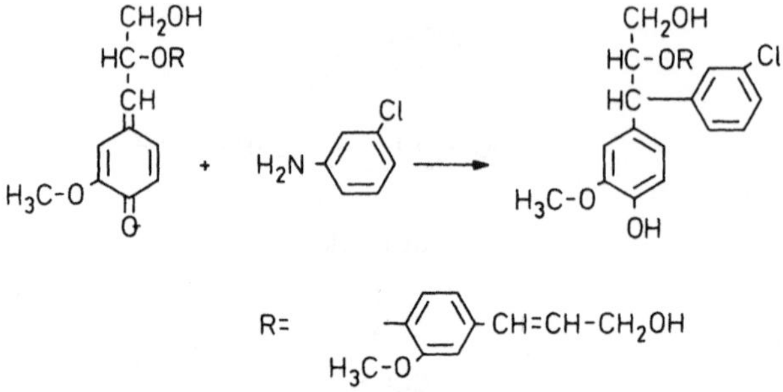

Abb. 1.65. Vorgeschlagener Mechanismus des Einbaus von Arylaminen in Lignin. [Nach Korte (1987)]

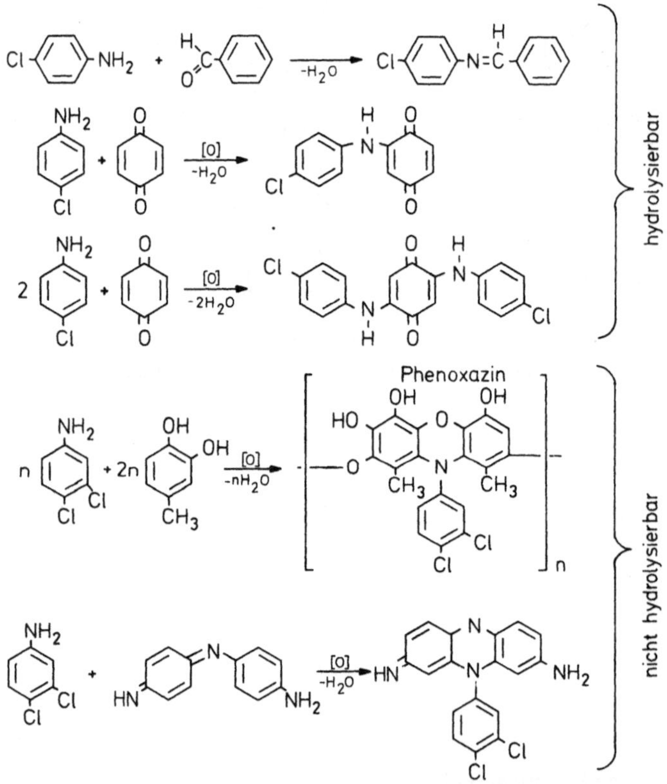

Abb. 1.66. Bindung von Chloranilinen an Huminstoff-Monomere im Boden. [Nach Korte (1987)]

N-Nitrosoverbindungen u.a.) mit Nucleinsäuren, da sie Punktmutationen bzw. die Entstehung von Krebs auslösen können. Beispielsweise erfolgt eine Methylierung der Cytosin- und Guanin-Basen durch Diazomethan, das intermediär über mehrere Schritte aus Dimethylnitrosamin entsteht (vgl. Kap. 2.1.4.1). Aktivierte Epoxide entstehen etwa aus polycyclischen Kohlenwasserstoffen (Benzpyren) oder aliphatischen Olefinen (chlorierte Lösungsmittel).

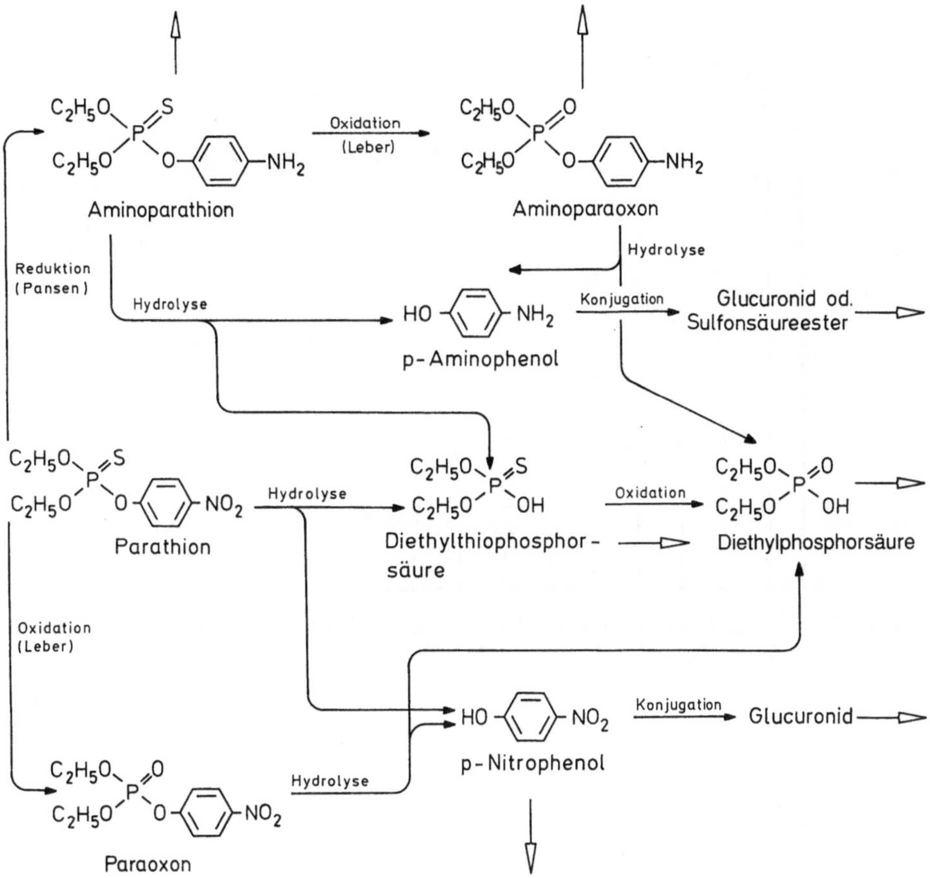

Abb. 1.67. Parathionabbau im Rind, ▷: Ausscheidung. [Nach Korte (1987)]

Innerhalb eines Organismus können die verschiedenen primären und sekundären Umwandlungen nicht nur nacheinander, sondern auch nebeneinander ablaufen, wobei sie dann um das gleiche Substrat konkurrieren. Dabei wird das Molekül an verschiedenen Stellen angegriffen. Bei der Umsetzung des Organophosphor-Insektizids Parathion im Rind (Abb. 1.67) findet in der Leber eine Desulfuration statt. Es wird Paraoxon gebildet, das anschließend zu p-Nitrophenol und Diethylphosphorsäure hydrolysiert wird. Im Pansen dagegen wird Parathion zuerst zu Aminoparathion reduziert und danach teils zu Diethylthiophosphorsäure hydrolysiert und teils in die Leber transportiert, wo daraus oxidativ Aminoparaoxon entsteht. Dieses wird in Diethylthiophosphorsäure und p-Aminophenol gespalten. Diethylthiophosphorsäure wird zur entsprechenden Phosphorsäure umgewandelt, während p-Aminophenol in das Glucuronid bzw. in den Sulfonsäureester überführt und dann ausgeschieden wird. Der Anteil einzelner

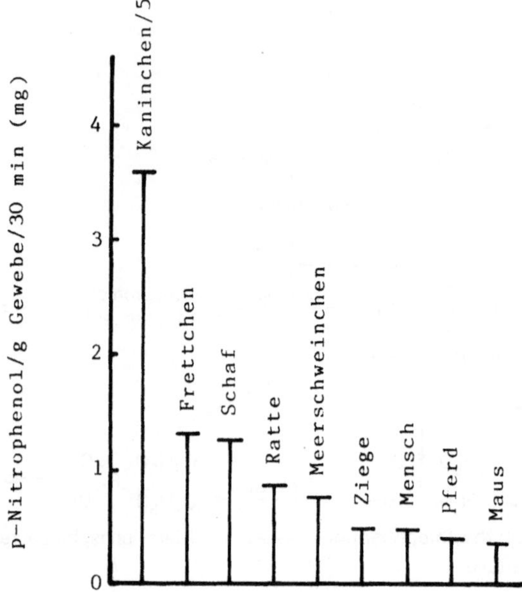

Abb. 1.68. Hydrolyse von Paraoxon im Serum verschiedener Säuger. Der Wert für Kaninchen wurde auf ein Fünftel reduziert. [Nach O'Brien]

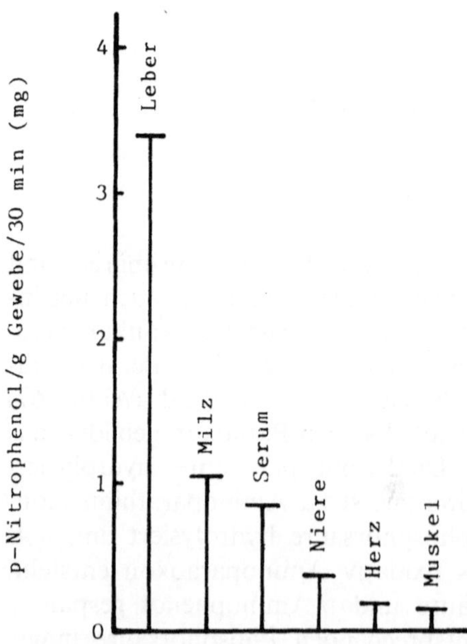

Abb. 1.69. Hydrolyse von Paraoxon durch Homogenate verschiedener Gewebe der Ratte. [Nach O'Brien]

Stoffwechselschritte am Gesamtabbau von Verbindungen unterscheidet sich sowohl bei den einzelnen Arten (Abb. 1.68) als auch in den verschiedenen Geweben einer Art (Abb. 1.69).

Für den Metabolismus von Fremdstoffen bestehen bei den einzelnen Organismen erhebliche Unterschiede, und zwar nicht nur in der Enzymausstattung, dem Abbauweg (Abb. 1.70) und der Endstufe (Abb. 1.71), sondern auch in der Geschwindigkeit des Abbaus und im Umfang. Die Hydroxylierung, eine der wichtigsten Umwandlungsmechanismen in Säugern, läuft offenbar in Fischen sehr viel langsamer ab. Auch innerhalb der-

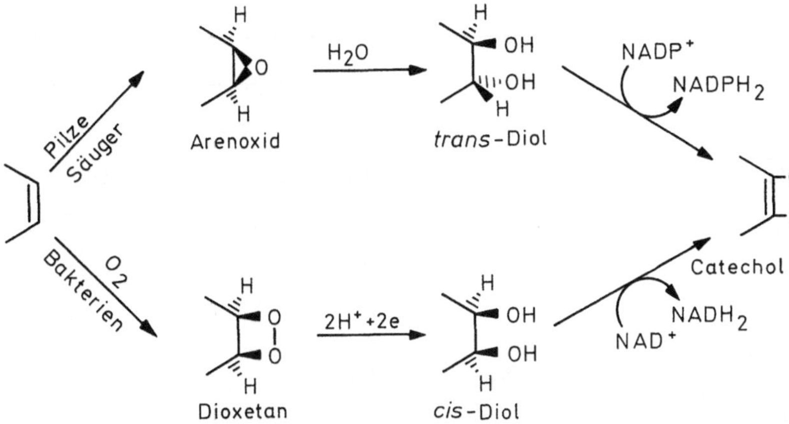

Abb. 1.70. Abbauwege bei der Oxidation von aromatischen Kohlenwasserstoffen bei prokaryotischen und eukaryotischen Organismen; die Dioxethan-Zwischenstufe ist hypothetisch. [Nach Gibson]

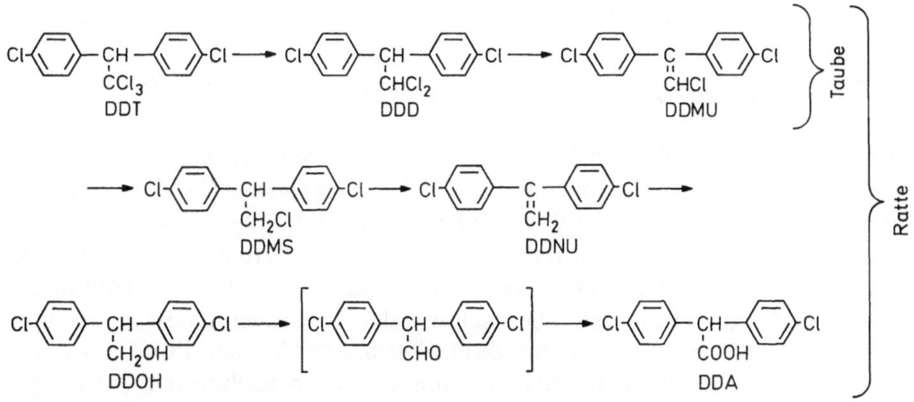

Abb. 1.71. Umwandlung von DDT in Nagetieren (Ratte) und Vögeln (Taube). [Nach Korte (1980)]

selben Klasse differieren einzelne Arten in erheblichem Ausmaß (Tabelle 1.47). Dieldrin wird von Säugern teils direkt ausgeschieden und teils hydrolysiert. Dabei zeichnen sich Mäuse durch einen besonders hohen Anteil an der Umsetzung zum Aldrin-trans-diol aus, was eine Erklärung für die geringere cytotoxische Wirkung von Dieldrin auf Mäuse im Vergleich zu anderen Säugern sein könnte. Auch geschlechtsspezifische Unterschiede treten auf. Die Ergebnisse von Tierversuchen lassen sich deshalb nur bedingt auf Menschen übertragen.

Tabelle 1.47. Ausscheidung von Dieldrin und Metaboliten (10 Tage nach einer einmaligen oralen Gabe von 0,5 mg/kg Dieldrin, in % der verabreichten Dosis). [Nach Korte (1980)]

Verbindung	Maus		Ratte		Kaninchen		Schim-panse	Rhesus-affe
	♀	♂	♀	♂	♀	♂	♀	♂
Dieldrin	3,2	5,5	2,8	0,8	0,5	0,3	3,2	9,0
12-OH-Dieldrin	7,5	13,0	4,6	8,8	0,2	–	2,0	9,4
Aldrin-trans-diol	26,0	20,0	2,4	2,3	2	1,5	1,1	2

1.6.2.3 Voraussagbarkeit biotischer Umwandlungen

Anhand des Vergleichs der Metabolisierungswege verschiedener Substanzen einer Verbindungsgruppe in unterschiedlichen Organismen können Art und Menge der Umwandlungsprodukte in begrenztem Umfang vorausgesagt werden. Beispielsweise wurde für die Klasse der polychlorierten Biphenyle (PCB) festgestellt, daß ein steigender Chlorierungsgrad biologische Umwandlungen bzw. den Abbau erschwert. Die Stellung der Substituenten ist dabei von ebenso großer Bedeutung wie ihre Zahl. Warmblüter können PCBs nur dann metabolisieren, wenn wenigstens ein Ring an zwei benachbarten C-Atomen frei von Substituenten ist. Befinden sich die unsubstituierten C-Atome in p- und m-Stellung, dann erfolgt die Umwandlung leichter.

Auch das o,p'-DDT wird eher metabolisiert als sein p,p'-Isomer. Allgemein sind unsubstituierte DDT-Analoge und solche, bei denen sich nur in einer p-Position eine Hydroxy-, Amino- oder Methoxygruppe befindet, leicht mikrobiell abbaubar, während diejenigen, bei denen beide C-Atome in p-Stellung mit OH-, Methoxygruppen oder Chloratomen besetzt sind, hohe Resistenz zeigen.

In der Gruppe der Cyclodien-Insektizide ist es die Epoxygruppe, die die Persistenz bewirkt. Bei den nicht epoxidierten Verbindungen sind diejenigen mit endo-endo-Konfiguration, wie z. B. Isodrin, anfälliger gegen eine oxidative Spaltung des Rings als diejenigen mit endo-exo-Konfiguration wie Aldrin. Ähnliche konfigurationsabhängige Unterschiede in der biologischen Abbaubarkeit findet man bei BHC-Isomeren.

Bei Phenolen lassen sich die Geschwindigkeitskonstanten der bakteriellen Hydroxylierung zu Catecholen mit dem van der Waals-Radius der Substituenten korrelieren. In begrenztem Maß lassen sich auch physikalisch-chemische Stoffkonstanten wie der n-Octanol/Wasser-Verteilungskoeffizient zur Prognose der Schnelligkeit des mikrobiellen Abbaus heranziehen, wie etwa bei der Esterhydrolyse von chlorierten Carbonsäuren mit verschieden langen Alkylresten. Aus diesem Zusammenhang läßt sich schließen, daß die Aufnahme des Esters in die Zelle über hydrophobe Membrane die Geschwindigkeit der Hydrolyse mitbestimmt.

Literatur

Armerding W, Comes FJ, Gericke KH (1987) Untersuchungen zum troposphärischen OH. In: Jaenicke R (Hrsg) Atmosphärische Spurenstoffe, VCH, Weinheim

Baughman GL, Burns LA (1980) Transport and Transformation of Chemicals: A Perspective. In: Hutzinger O (Ed) The Handbook of Environmental Chemistry Vol. 2, Part A, Springer, Berlin, Heidelberg, New York

Bell TH (1974) Vertical mixing in the deep ocean. Nature 251:43–44

Calvert JG (1982) The Chemistry of the Polluted Troposphere. In: Georgii HW, Jaeschke W (Eds) Chemistry of the Unpolluted and Polluted Troposphere, Dordrecht, Reidel, S. 425–456. Proceedings of the NATO Advanced Study Inst., Corfu (Greece), Sept. 28–Oct. 10, 1981

Calvert JG, Pitts jr JN (1966) Photochemistry, Wiley, London

Cicerone RJ (1974) Stratospheric ozone destruction by manmade chlorofluoromethanes. Science 185:1165–1167

Coulston F, Korte F (Eds) Environmental Quality and Safety, Stuttgart, New York, 1972–1976, Thieme/Academic Press

Cox RA (1982) Chemical Transformation Processes for NO_x Species in the Atmosphere. In: Schneider T, Grant L (Eds) Air Pollution by Nitrogen Oxides, Amsterdam, S. 249–261. Elsevier, Proceedings of the US-Dutch internat. symposium, Maastricht (Netherlands) May 24–28, 1982

Criegee R (1973) Ozonolyse, Chemie in unserer Zeit 7:75–81

Dilling WL (1982) Atmospheric Environment. In: Conway RA (Ed) Environmental Risk Analysis for Chemicals, New York, S. 154–197. Van Nostrand Reinhold Company

Dop van H (1982) Atmospheric Physical Processes. In: Schneider T, Grant L (Eds) Air Pollution by Nitrogen Oxides, Elsevier, Amsterdam, S. 31–44

Ehhalt DH (1985) Chemische Reaktionen in der Stratosphere. In: Becker H, Löbel J (Eds) Atmosphärische Spurenstoffe und ihr physikalisch-chemisches Verhalten, Springer, Berlin

Ehhalt DH, Drummond JW (1982) The Tropospheric Cycle of NO_x. In: Georgii HW, Jaeschke W (Eds) Chemistry of the Unpolluted and Polluted Troposphere, Dordrecht, Reidel, S. 219–251

Gäb S, Nitz S, Parlar H, Korte F (1975) Photochemische Reaktionen von Chlorden-Isomeren des technischen Chlordans, Zeitschrift für Naturforschung 30 B:239–344

Gäb S, Schmitzer J, Turner WV, Korte F (1980) Mineralization of CCl_4 and CCl_2F_2 on Solid Surfaces. Zeitschrift für Naturforschung 35 B:946–952

Gaffney JS, Marlay NA, Prestbo EW (1989) Peroxyacyl Nitrates (Pans): Their Physical and Chemical Properties. In: Hutzinger O (Ed) The Handbook of Environmental Chemistry, Vol 4, Part B, Springer, Heidelberg, S. 1–38

Gavis J, Ferguson JF (1972) The cycling of mercury through the environment. Water research 6:989–1008

Gibson DT (1980) Microbial Metabolism. In: Hutzinger O (Ed) The Handbook of Environmental Chemistry, Vol 2, Part A, Springer, Amsterdam

Gollnick K (1982) Photooxygenation and its application in industry. La Chimica e l'Industria 64:156–166

Güsten H (1986) Formation, Transport and Control of Photochemical Smog. In: Hutzinger (Ed) The Handbook of Environmental Chemistry Vol. 4, Part A, Springer, Amsterdam

Güsten H, Klasinc L (1986) Eine Voraussagemethode zum abiotischen Abbauverhalten von organischen Chemikalien in der Umwelt. Naturwissenschaften 73:129–135

Guicherit R, Hout van den D (1982) The Global NO_x Cycle. In: Schneider T, Grant L (Eds) Air Pollution by Nitrogen Oxides, Elsevier, Amsterdam, S. 15–29

Hofmann D, Georgii H-W, Groeneveld K-O (1987) PIXE – Analysen in der Aerosolphysik. In: Jaenicke R (Ed) Atmosphärische Spurenstoffe, VCH, Weinheim

Holton JR (1990) Global Transport Processes in the Atmosphere. In: Hutzinger O (Ed) The Handbook of Environmental Chemistry, Vol. 1, Part E, Springer, Berlin, S. 97–145

Karbe L, Bias R, Borchardt T (1987) Aufnahmekinetik und Anreicherung von Blei in Muscheln und Fischen. In: Lillelund K et al. (Hrsg): Bioakkumulation in Nahrungsketten, DFG-Forschungsbericht, VCH, Weinheim

Karlsson P (1984) Kurzes Lehrbuch der Biochemie für Mediziner und Naturwissenschaftler, Thieme, Stuttgart

Kearns DR (1971) Physical and Chemical Properties of Singlet Molecular Oxygen. Chemical Reviews 71(4):395–427

Kley D (1974) Physikalisch-chemische Probleme der Ozonosphäre. Chemie in unserer Zeit 8:54–62

Knackmuss HJ (1984) Biochemistry and Practical Implications of Organohalide Degradation; Klug MJ, Reddy CA (Eds) Current Perspectives in Microbial Ecology, Proceedings of the Third International Symposium on Microbial Ecology, 7.–12. Aug. 1983, Michigan State University, East Lansing

Koecke HU (1977) Allgemeine Biologie für Mediziner und Biologen, UTB, Stuttgart

Korte F (Hrsg) (1980) Ökologische Chemie, Thieme, Stuttgart

Korte F (Hrsg) (1987) Lehrbuch der Ökologischen Chemie, Thieme, Stuttgart

Korte F, Klein W, Drefahl B (1970) Technische Umweltchemikalien. Vorkommen, Abbau und Konsequenzen. Naturwissenschaftliche Rundschau 23(11):445–457

Koss G, Reuter A, Koransky W (1986) Excretion of metabolites of hexachlorobenzene in the rat and in man. IARC Scientific Publications 77:261–266

Kremer H (1982) Chemical and Physical Aspects of NO_x Formation. In: Schneider T, Grant L (Eds) Air Pollution by Nitrogen Oxides, Elsevier, Amsterdam, S. 97–114

Larson RJ (1984) Kinetic and Ecological Approaches for Predicting Biodegradation Rates of Xenobiotic Organic Chemicals in Natural Ecosystems. In: Klug MJ, Reddy CA (Eds) Current Perspectives in Microbial Ecology, Proceedings of the Third International Symposium on Microbial Ecology 7.–12. Aug. 1983, Michigan State University, East Lansing

Lipfert FW (1989) Air Pollution and Materials damage. In: Hutzinger O (Ed) The Handbook of Environmental Chemistry, Vol. 4, Part B, Springer, Heidelberg, S. 113–186

Mackay D (1982) Basic properties of materials. In: Conway RA (Ed) Environmental Risk Analysis for Chemicals, New York, S. 33–60. Van Nostrand Reinhold Company

Maguhn J, Ozone Reactions of Biogenic and Anthropogenic Olefins in the Gas-Phase. In: Second German-French Workshop on the study of chemical reactions with tropospheric interest, Final Report, St. Hugues de Biviers, 11–13 March 1986

Mason HS (1957) Mechanism of oxygen metabolism. Science 125:1185–1188

May A, Ellenberg H (1985) Ein Freilandexperiment zur Ökologie der Schadstoffkontamination von Vögeln und Folgerungen für die Verwendung von Organismen als Biomonitoren. Ökologie der Vögel (Ecology of Birds) 7:97–112

Mill T (1980) Chemical and Photo Oxidation. In: Hutzinger O (Ed) The Handbook of Environmental Chemistry Vol. 2, Part A, Springer, Amsterdam

Mill T, Mabey W (1988) Hydrolysis of Organic Chemicals. In: Hutzinger O (Ed) The Handbook of Environmental Chemistry Vol. 2, Part D, Springer, Amsterdam

Moriarty F (1975) Exposure and Residues. In: Moriarty F (Ed) Organochlorine Insecticides: Persistent Organic Pollutants, Academic Press, London, S. 29–72

Morrison IN, Cohen AS (1980) Plant Uptake, Transport and Metabolism. In: Hutzinger O (Ed) The Handbook of Environmental Chemistry Vol. 2, Part A, Springer, Amsterdam

O'Brien RD (1967) Insecticides – Action and Metabolism, Academic Press, New York

Parlar H (1980) Photochemistry at Surfaces and Interfaces. In: Hutzinger O (Ed) The Handbook of Environmental Chemistry Vol. 2, Part A, Springer, Amsterdam

Parlar H (im Druck) Photochemical Generated Reactive Oxygen Species in the Environment [$^1O_2$, O_3, ˙OH]. In: Hutzinger O (Ed) The Handbook of Environmental Chemistry Vol. 2, Part A, Springer

Parlar H, Korte F (1977) Photoreactions of Cyclodiene Insecticides under Simulated Environmental Conditions. Chemosphere 10:665–705

Parlar H, Korte F (1981) Wie effizient ist der photoinduzierte Abbau organischer Umweltchemikalien in heterogener Phase. Chemikerzeitung 105:127–134

Pitts JN jr, Finlayson BJ (1975) Mechanismen der photochemischen Luftverschmutzung. Angewandte Chemie 87:18–33

Raiswell RW, Brimblecombe P, Dent DL, Liss PS (1980) Environmental Chemistry, Arnold, London

Reischl A, Schramm K-W, Beard A, Reissinger M, Hutzinger O (1989) Akkumulationskinetik schwerflüchtiger atmosphärischer Kohlenwasserstoffe in Koniferennadeln. In: Halogenierte organische Verbindungen in der Umwelt. VDI-Berichte, Bd I, VDI-Verlag, Düsseldorf

Ridley WP, Dizikes LJ, Wood JM (1977) Biomethylation of toxic elements in the environment. Science 197:329–332

Schurath U (1985) Grundlagen der chemischen Kinetik. In: Becker H, Löbel J (Eds) Atmosphärische Spurenstoffe und ihr physikalisch-chemisches Verhalten, Springer, Berlin

Seinfeld JH (1986) Atmospheric Chemistry and Physics of Air Pollution, Wiley, New York

Selenka F, Hack A, Heuser HP (1986) Bacteriological processes in underground treatment of nitrate-rich groundwater with the addition of treated waste-water or natural gas; DVGW-Schriftenreihe Wasser 106:117–130

Shaw GE, Khalil MAK (1989) Arctic Haze. In: Hutzinger O (Ed) The Handbook of Environmental Chemistry Vol. 4, Part B, Springer, Heidelberg, S. 69–111

Simonis W (1987) Primärvorgänge bei der Sorption von Schwermetallen, Insektiziden und Herbiziden. In: Lillelund K et al. (Hrsg.) Bioakkumulation in Nahrungsketten, DFG-Forschungsbericht, VCH, Weinheim

Strasburger E (1978) Lehrbuch der Botanik, 31. Aufl., Fischer, Stuttgart

Stuhl F (1985) Radikale in der reinen und verschmutzten Atmosphäre. In: Becker H, Löbel J (Eds) Atmosphärische Spurenstoffe und ihr physikalisch-chemisches Verhalten. Springer, Berlin

Thomson AJ (1977) Giftige Elemente in der Umwelt. Nachrichten aus Chemie, Technik und Laboratorium 25:708–710

Waldichuk M (1988) Exchange of Pollutants and other Substances Between the Atmosphere and the Oceans. In: Hutzinger O (Ed) The Handbook of Environmental Chemistry Vol. 2, Part D, Springer, Amsterdam

Wassermann HH, Murray RW (Ed) (1979) Singlet Oxygen, Academic Press, New York

Wayne RP (1989) The Photochemistry of Ozone. In: Hutzinger O (Ed) The Handbook of Environmental Chemistry Vol. 2, Part E, Springer, Berlin

Whelpdale DM (1982) Wet and Dry Deposition. In: Georgii HW, Jaeschke W (Eds) Chemistry of the Unpolluted and Polluted Troposphere, Reidel, Dordrecht, S. 375–391

Winchester JW (1980) Transport Processes in Air. In: Hutzinger O (Ed) The Handbook of Environmental Chemistry Vol. 2, Part A, Springer, Amsterdam

Wong PTS, Chan YK, Luxon PL (1975) Methylation of lead in the environment. Nature 253:263–264

Wood JM (1974) Biological cycles for toxic elements in the enviroment. Science 183:1049–1052

Woodwell GM, Craig PP, Johnson HA (1971) DDT in the Biosphere: Where Does it Go? Science 174:1101–1107

Yamaguchi K, Ikeda Y, Fueno T (1985) Charge-Transfer Interactions, Exiplex Formations and Ionic Dissociations in Singlet Oxygen Reactions. Tetrahedron 41(11):2099–2107

Zitko V (1980) Metabolism and Distribution by Aquatic Animals. In: Hutzinger O (Ed) The Handbook of Environmental Chemistry Vol. 2, Part A, Springer, Amsterdam

2 Wirkung von Chemikalien

Ein zentraler Aspekt der Ökotoxikologie ist die Untersuchung und Bewertung der Wirkung von Umweltchemikalien auf die verschiedenen Organisationsebenen Zelle, Organ, Organismus, Population und Ökosystem. Von einer Wirkung wird dann gesprochen, wenn Abweichungen vom normalen Erscheinungsbild auftreten und der Verdacht einer Schädigung besteht. Während in der klassischen Toxikologie ausschließlich Veränderungen bei Individuen berücksichtigt werden, steht in der Ökotoxikologie die direkte oder indirekte Reaktion der Population bzw. des gesamten Ökosystems auf eine Chemikalie im Vordergrund. Insgesamt lassen sich vier Schwerpunkte unterscheiden:
- Erforschung der direkten Wirkung einer Chemikalie im Organismus, d.h., der chemischen Reaktion der Substanz mit bestimmten Zellbestandteilen und deren physiologische Folgen für Zelle, Gewebe und Organismus
- Untersuchung der Folgen von Störungen in Organismen für höhere Ebenen, d.h., der Abhängigkeiten zwischen den einzelnen Gliedern der Systeme unter Berücksichtigung biotischer und abiotischer Faktoren
- Entwicklung von Modellen zur Beurteilung und Prognose der Wirkungen und zur Übertragung der Ergebnisse von Monospeziestests auf höhere Ebenen
- Entwicklung von Therapiemaßnahmen

2.1 Wirkung auf Individuen

Die Wirkung einer Chemikalie im Organismus bzw. in dessen Zellen hängt von sehr vielen Faktoren ab (Tabelle 2.1). Diese sind teils artspezifisch, wie die Aufnahme- und Ausscheidungsrate, die Enzymausstattung zur Metabolisierung sowie die Regulation, teils systembedingt, wie das Auftreten zusätzlicher äußerer Belastungen, teils werden sie von der Art der Chemikalie bestimmt und teils von individuellen Bedingungen, wie Dosis, Aufnahmeweg und Dauer der Exposition. Prinzipiell können Fremdstoffe bzw. Naturstoffe in zu hohen Konzentrationen von allen Organismen durch Ausscheidung, Deposition in spezifischen Geweben oder Abbau eliminiert werden. Die eigentliche Wirkung W wird von der aktuellen Stoffkonzentration K (zusammengesetzt aus Aufnahme A und Eliminierung E) und der Verweildauer im Organismus t bestimmt.

$$W = \int_0^\infty (A - E) \cdot dt \quad \text{und} \quad A - E = K$$

Tabelle 2.1. Unterteilung des zeitlichen Verlaufs der Wirkung in eine Expositions-, eine kinetische und eine dynamische Phase. Resorption und Verteilung werden auch als Invasion zusammengefaßt und Biotransformation und Ausscheidung als Evasion

Phase	Vorgänge	Faktoren, die diese Vorgänge beeinflussen	
Expositionsphase	Resorption	Vorkommen in resorbier- barer Form	→ Emulgierbarkeit → Oberflächenaktivität → Löslichkeit → Dissoziierbarkeit → Teilchen- bzw. Partikelgröße
		Dauer des Kontaktes Kontaktorgan Bedingungen am Resorp- tionsort	→ eventuelle Schädigungen → Temperatur → Feuchtigkeit → Fettgehalt → Gehalt an emulgierenden Stoffen
		eventuell beginnende Umwandlungen	→ Enzymausstattung
Kinetische Phase	Verteilung	passive Transportvorgänge	→ Verteilungskoeffizienten → Diffusionskonstanten → Phaseneigenschaften der Organe

		aktive Transportvorgänge	→ Zahl der Carriermoleküle und Kapa-
			   zität ihrer aktiven Zentren (Sättigung)
			→ Stärke der Wechselwirkung zwischen
			   Chemikalie und Carriermolekül

	Biotrans- formation	strukturelle Vorausset- zungen der Substanz	→ Hydrolysierbarkeit → Oxidierbarkeit → Reduzierbarkeit → Vorhandensein konjugierbarer Gruppen
		Enzymausstattung der Organe	→ Art der Enzyme → Menge, Aktivität bzw. Kapazität → Enzyminduktion oder -inhibition
	Ausschei- dung	Ausscheidungsorgan	→ Abscheidung in fester, gasförmiger oder flüssiger Form
		Eigenschaften der Substanz	→ Löslichkeit → Flüchtigkeit

Dynamische Phase	Wechselwir-
	kung zwi-
	schen Che-
	mikalie und
	Rezeptor
		Bedingungen am
		   Reaktionsort
			→ Konzentration
			→ Temperatur
			→ pH-Wert
			→ Anwesenheit konkurrierender
			   Verbindungen

		Strukturelle Vorausset- zungen	→ Bindungskonstanten → sterische Effekte

Verlaufen Aufnahme und Eliminierung gleich schnell, dann kann es zu keiner Wirkung kommen. Ist K > 0, dann ist eine Wirkung möglich. Dies gilt für alle Substanzen, auch für Naturstoffe. Zwischen Giften und nicht giftigen Stoffen besteht kein Wesensunterschied; das Problem liegt ausschließlich darin, daß ein Gift schon in sehr geringer Konzentration unerwünschte Effekte hervorruft, eine nicht giftige Substanz dagegen erst in sehr hoher Konzentration.

Diese Effektivität von Giften ist nur möglich durch ihre hohe Spezifität, die verhindert, daß die Substanz durch Reaktionen mit allen erreichbaren Zellbestandteilen aufgebraucht wird, und dadurch, daß sie gerade mit einem Bestandteil reagiert, der sowohl essentiell als auch nur in geringer Menge vorhanden ist. Die hohe Spezifität gilt nur im und unterhalb des Bereiches der minimal letalen Dosis. Bei sehr viel höheren Konzentrationen werden meistens auch andere Zellbestandteile mit sehr viel geringerer Affinität für das Gift in Mitleidenschaft gezogen. Diese Situation tritt aber normalerweise nur unter experimentellen Bedingungen auf. Unter natürlichen Bedingungen stirbt der Organismus häufig, bevor die Konzentration des Giftes auf Werte ansteigen kann, bei denen weitere Reaktionen in nennenswertem Ausmaß auftreten.

Abbildung 2.1 gibt den idealisierten Verlauf einer Dosis-Wirkungs-Beziehung wieder. Sie beginnt mit einem Bereich, in dem keine Veränderungen zu erkennen sind (no-observed-effect-level). Oberhalb des toxischen Schwellenwertes liegt der subletale Bereich mit meßbaren biochemischen Abweichungen, Verhaltensstörungen bzw. verschiedenen Formen von chronischen Schäden. Dieser geht dann in den letalen Bereich über, in dem prozentual immer mehr und schließlich alle Individuen sterben.

Die Grenzen zwischen den einzelnen Bereichen sind nicht leicht zu ziehen. Als subletal bezeichnet man allgemein eine Dosis, die den Organismus nicht innerhalb kurzer Zeit tötet. Man könnte eine Dosis aber auch dann tödlich nennen, wenn sie erst nach längerer Zeit zum Tod des Organismus führt – etwa über Tumorbildung – oder wenn sie die Fitness des Organismus so vermindert, daß seine unter normalen Bedingungen zu erwartende Lebensdauer signifikant verkürzt wird. Es ist jedoch oft sehr schwierig vorauszusehen, welche längerfristigen Folgen subletale Effekte für den Organismus haben. Häufig läßt sich nicht einmal die Wahrscheinlichkeit einer verzögerten Wirkung angeben.

Ebenso unsicher ist die Bewertung von möglichen, jedoch nicht sichtbaren Effekten. Die diesbezüglichen Testergebnisse sind oft widersprüchlich. So wurde bei der Begasung von Weidelgras (Lobium perenne) mit SO_2-Luft-Gemischen festgestellt, daß in niedrigen Konzentrationsbereichen die Wachstumsrate sinkt, ohne daß irgendwelche Schäden an den Pflanzen sichtbar sind. In anderen Versuchen wurde dagegen auch bei solchen SO_2-Konzentrationen keine Wachstumsverminderung beobachtet, die bereits direkte Schäden an den Blättern in Form von Gelbfärbung zwischen den Adern hervorriefen. Gerade im Bereich sehr geringer Konzentrationen spielen zusätzliche Einflüsse (bei der Begasung mit SO_2 etwa Temperatur,

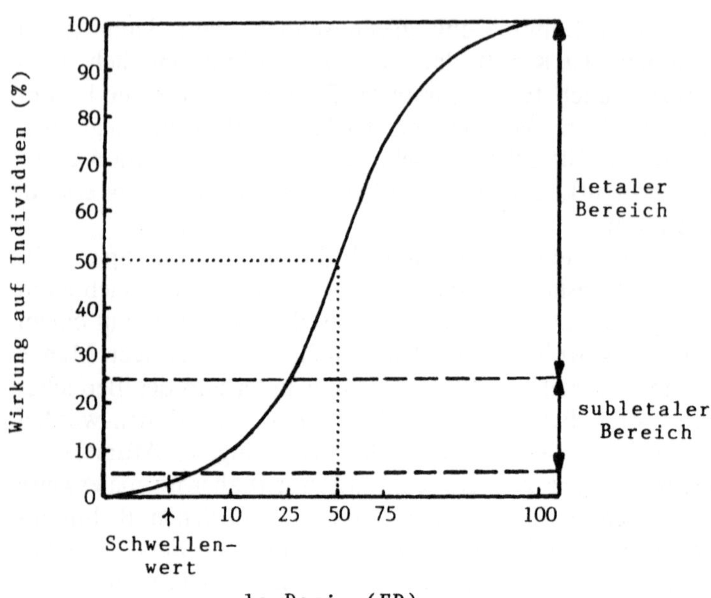

Abb. 2.1. Idealisierte Summenkurve einer Empfindlichkeitsverteilung mit Angabe von Wirkungsschwellen (ED 10,25 . . .-Werte). [Nach Korte (1987)]

Luftfeuchtigkeit, Windgeschwindigkeit und Grad der Stomataöffnung) eine große Rolle.

Auch über den Schwellenwert gehen die Meinungen auseinander. Beispielsweise wird bezüglich mancher Ursachen von Krebs häufig argumentiert, daß es im statistischen Sinn keinen Schwellenwert gibt und das Auftreten von Krebs der Exposition direkt proportional ist. Selbst dort, wo eindeutig ein Schwellenwert zu erkennen ist, variiert er zwischen den einzelnen Individuen einer Population. Dabei wird angenommen, daß das Produkt des Betrages, um den der Schwellenwert überschritten wird, und der Expositionsdauer, die zu einer Schädigung führt, konstant ist.

$$(C - C_R) \cdot t = K$$

C_R = Schwellenwert
C = gegebene Konzentration
t = Expositionsdauer

Die Einflüsse verschiedener Faktoren auf die Wirkung bzw. auf den Schwellenwert einer Substanz in einem bestimmten Organismus sind in vielen Fällen sehr komplex. Um sie in die Wirkungsanalyse einzubeziehen, ohne sie einzeln berücksichtigen zu müssen, werden häufig Regulationsmodelle verwendet. Viele Bereiche des inneren Milieus, wie Temperatur, osmotische Gradienten oder die Konzentrationen bestimmter Substanzen im Körper, werden über komplizierte, hormonell bzw. nervös gesteuerte Regelkreise in engen Grenzen konstant gehalten (Homöostase). Alle äußeren

Tabelle 2.2. Der Effekt von DDT auf die Akkumulation von Dieldrin im Fettgewebe von Ratten bei simultaner Fütterung. Angegeben sind die Mittelwerte von Gruppen von jeweils 12 Tieren. Die Ergebnisse lassen vermuten, daß die Speicherung von chlorierten Kohlenwasserstoffen nicht nur auf einfachem Lösen in einem großen Fettpool beruht, sondern eine Anheftung an spezifische, nur in begrenzter Zahl vorhandene Bindungsstellen einschließt. [Nach Street]

Anteil an DDT in der Nahrung (ppm)	Gehalt an Dieldrin im Gewebefett (ppm)	
	1 ppm Dieldrin in der Nahrung	10 ppm Dieldrin in der Nahrung
0	$15{,}1 \pm 0{,}94$	$67{,}5 \pm 2{,}7$
5	$5{,}4 \pm 0{,}46$	$43{,}9 \pm 2{,}4$
50	$1 \ \pm 0{,}06$	$11{,}2 \pm 0{,}62$

und inneren Faktoren (einschließlich Umweltchemikalien), die das Gleichgewicht stören, werden als Stressoren zusammengefaßt. Der Organismus gilt als angepaßt, solange die Regulation unter dem Einfluß der Stressoren nicht zusammenbricht. Allerdings ist diese Definition von Streß ungenau, da häufig nicht exakt festgelegt ist, bei welcher Schwankungsbreite der Regulation der Streß beginnt. Erschwert wird die Beurteilung außerdem durch die Verknüpfung der verschiedenen regulatorischen Prozesse miteinander. Generell gilt aber, daß bei Einwirkung zusätzlicher Stressoren der Schwellenwert für eine Chemikalie oft niedriger liegt als bei nichtgestreßten Individuen. Ein klassisches Beispiel dafür ist die erhöhte Sterberate von Säugern und Vögeln, die über längere Zeit niedrigen Dosen von DDT ausgesetzt waren und deren Nahrungszufuhr dann zusätzlich verringert wurde. DDT wird im Fettgewebe gespeichert. Werden bei Nahrungsmangel diese Fettreserven mobilisiert, dann steigt die aktuelle Konzentration von DDT im Blut auf kritische Werte an.

Ein spezieller Aspekt des Streßproblems ist die mögliche gegenseitige Beeinflussung zweier oder mehrerer Substanzen (Tabelle 2.2, Abb. 2.2). Die akute Toxizität von Substanzgemischen, beispielsweise bei der Bestimmung der Toxizität von Gewässer- oder Luftproben, wird häufig festgelegt, indem man jeder Komponente eine Standard-Toxizitäts-Einheit zuordnet, wobei die Konzentration der Substanz jeweils als Anteil einer bestimmten Dosis ausgedrückt wird, die einen definierten Effekt hervorruft (z. B. LD_{50}). Diese Toxizitäts-Einheiten werden dann addiert. In Wirklichkeit können sich zwei Substanzen gegenseitig in ihrer Wirkung verstärken, aufheben oder unbeeinflußt lassen. Um Synergismus bzw. Antagonismus festzustellen, muß überprüft werden, ob die Wirkung zweier kombinierter Substanzen signifikant größer oder kleiner ist als die Wirkung der doppelten Dosis einer der beiden Substanzen allein. Die Voraussetzung für eine solche Untersuchung ist eine lineare Dosis-Wirkungs-Beziehung. Die Beeinflussung der Wirkung ist häufig einseitig. Substanzen, die für sich allein überhaupt keine Wirkung zeigen, die Wirksamkeit einer anderen Chemikalie aber steigern, werden als Promotoren bezeichnet.

1000
500
0
Konzentration im Fett (Anteile · 10⁻⁶)
♂
♀
1000
500
0
Konzentration im Blut (Anteile · 10⁻⁹)
♂
♀
-8
-4
0
4
8
Zeit (Wochen)

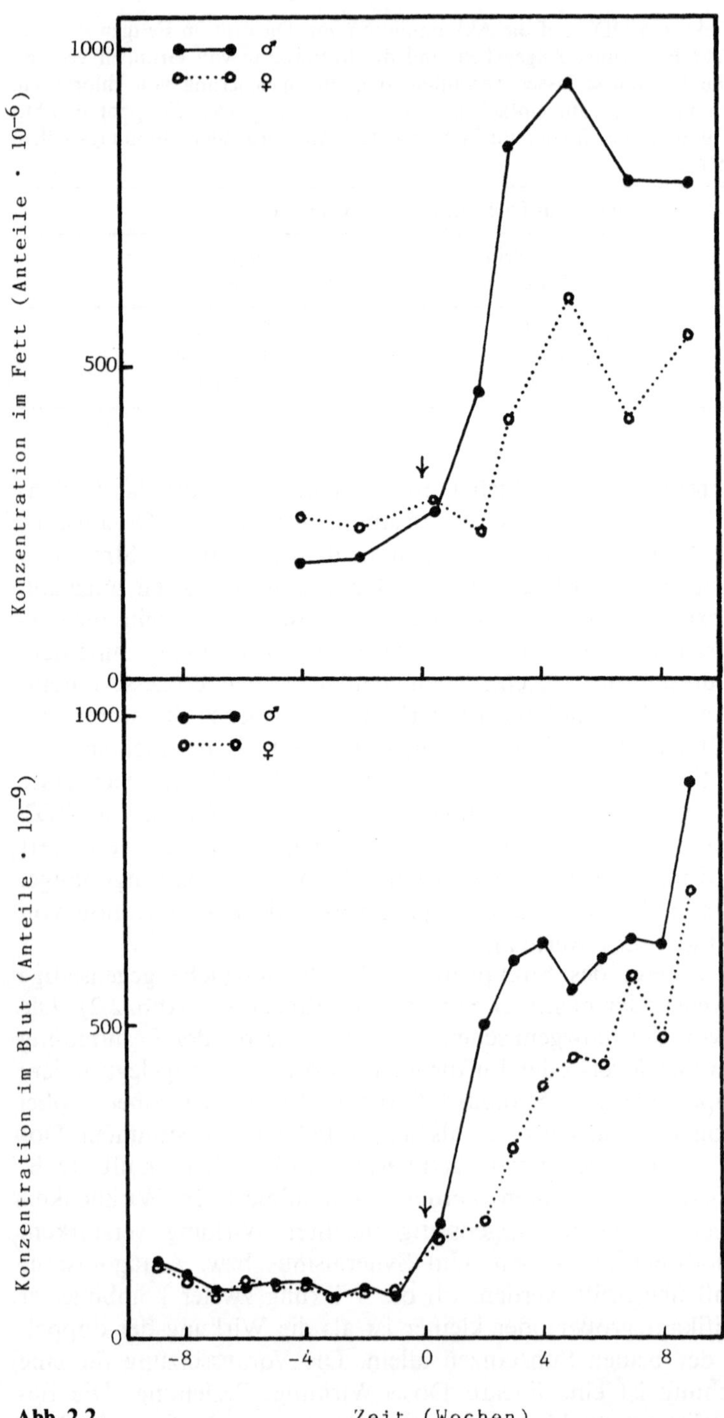

Abb. 2.2

Die fördernde bzw. hemmende Wirkung von Verbindungen kann spezifisch oder unspezifisch sein. Ein sehr spezifischer Eingriff in die Wirkung einer anderen Substanz kann darin bestehen, ein Enzym zu blockieren, das an ihrer Entgiftung oder Aktivierung beteiligt ist. In einem solchen Fall besteht Synergismus oder Antagonismus eventuell nur zwischen zwei definierten Verbindungen. Unspezifisch wirken Stoffe, die beispielsweise generell die Umsatzrate bestimmter entgiftender Zellen oder Zellkompartimente beeinflussen, so daß alle von diesem Zelltyp umgesetzten Verbindungen betroffen sind. Unspezifische Synergisten oder Antagonisten können etwa Chemikalien sein, die selbst in der Zelle metabolisiert werden und dabei einen Anstieg des Enzymgehaltes induzieren. Es sind eine ganze Reihe unterschiedlicher Verbindungen bekannt, die die Zunahme der Menge mikrosomaler Enzyme bewirken. Da die Mikrosomen bezüglich ihrer Umsetzungen nicht sehr spezifisch sind, kann durch jede dieser Verbindungen eine größere Anzahl anderer beeinflußt werden (Kreuzinduktion).

Im Bereich subletaler Konzentrationen führt die Einwirkung von Stressoren zu einer Gegenregulation, durch die der Streß vermindert wird. Im Fall der Aufnahme einer Chemikalie kann sich die Exkretionsgeschwindigkeit erhöhen; durch Aktivierung bzw. Neusynthese von Enzymen kann die Metabolisierungsrate gesteigert werden, oder es können zusätzliche Stoffwechselwege aktiviert werden, die im streßfreien Zustand ungenutzt bleiben. Je nach Wirkung der toxischen Substanz, ihrer Dosis und der Dauer der Exposition kann es zu einer partiellen oder vollständigen Erholung des Organismus kommen. Dabei ist die artspezifische und individuelle Regenerationsfähigkeit von großer Bedeutung. Bei einer chronischen Belastung durch Konzentrationen im subletalen Bereich tritt häufig eine dauerhafte Adaptation an den Streßfaktor auf, die sich zum Beispiel durch Vergrößerung des Exkretions- oder Entgiftungsorgans oder auf zellulärer Ebene durch eine Abweichung der Enzymausstattung bemerkbar machen kann. Eine solche Veränderung kann sowohl als Schädigung als auch als spezielle Form von Anpassung eingestuft werden.

Eine häufige Erscheinung bei der Regulation physiologischer Prozesse ist eine sogenannte überschießende Reaktion als Antwort auf eine geringfügige Belastung durch Stressoren. Eine solche Überregulation könnte auch die Erklärung dafür sein, daß bei zahlreichen Inhibitoren in subletalen Konzentrationen häufig eine Wachstumsstimulierung festgestellt wurde (Abb. 2.3). Der Konzentrationsbereich, in dem der fördernde Effekt zutage tritt, liegt in den meisten Fällen direkt unterhalb des toxischen Schwellenwertes. Die

Abb. 2.2. Die Auswirkung von Aldrin auf die Konzentration von p,p'-DDT in Hunden. Die Tiere wurden 10 Monate lang mit 12 mg DDT/kg Körpergewicht an 5 Tagen in der Woche gefüttert. Danach erhielten sie zusätzlich zu DDT 0,3 mg Aldrin/kg Körpergewicht an 5 Tagen pro Woche. Die Konzentrationen an DDT im Blut bzw. Fett sind als die Mittelwerte von jeweils 4 Tieren angegeben. Der Beginn der Aldrinexposition ist mit einem Pfeil gekennzeichnet. Die DDT-Konzentration in den Kontrolltieren, die kein Aldrin zu sich nahmen, blieb die ganze Zeit relativ konstant. [Nach Moriarty]

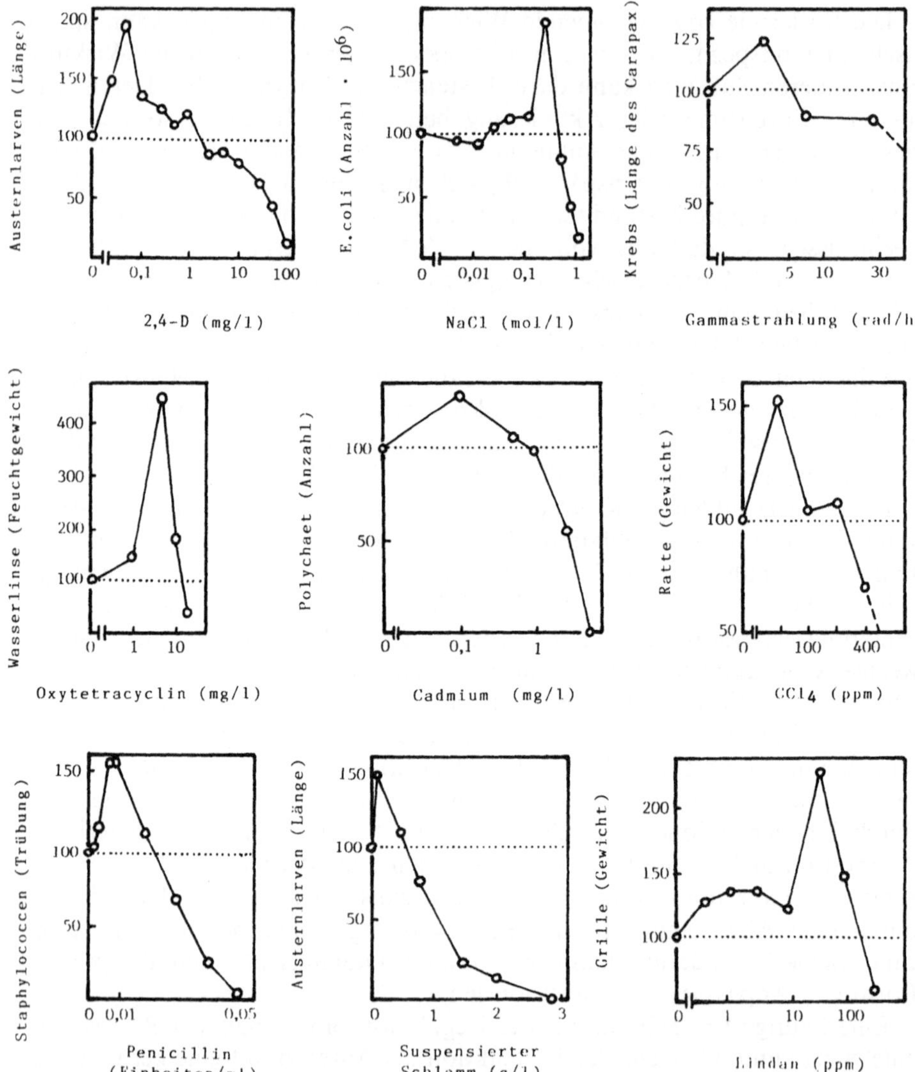

Abb. 2.3. Effekte unterschiedlicher Stressoren auf Wachstumsparameter (% der Kontroll-gruppe) verschiedener Organismen in Abhängigkeit von der Konzentration. [Nach Stebbing]

Steigerung des Wachstums oder der Metabolisierungsrate oder beidem als unspezifische Antwort von sehr verschiedenen Organismen auf sehr unterschiedliche Stressoren deutet darauf hin, daß vor allem Kontrollmechanismen der Biosyntheserate beteiligt sein könnten. Aufgrund der geringen Zahl diesbezüglicher Untersuchungen ist jedoch eine detaillierte Erklärung der vorliegenden Mechanismen noch nicht möglich.

Die direkte Wirkung einer Substanz ist immer eine bestimmte chemische Reaktion mit einem spezifischen Zellbestandteil. Bei vielen Chemikalien sind mehrere verschiedene Primärreaktionen möglich, die sich in gleicher Weise oder unterschiedlich auf den Organismus auswirken können. Welche der einzelnen Reaktionen dann tatsächlich abläuft bzw. entscheidend für die beobachteten Symptome ist, hängt von der Dosis, dem Aufnahmeweg und der Verteilung in den einzelnen Geweben bzw. Organen ab. Im Folgenden sollen mögliche Wirkungen toxischer Substanzen auf Individuen an mehreren Beispielen erläutert werden.

2.1.1 Beispiel I: Cyanide

Cyanide gelangen nicht nur auf direktem Weg in die Umwelt (Tabelle 2.3, 2.4), sondern werden auch im Organismus bei der Metabolisierung von pflanzli-

Tabelle 2.3. Vorkommen von freiem und organisch gebundenem Cyanid in der Umwelt

anthropogen	biogen
Verwendung:	
Salze Galvanisierbetriebe, Metallhärtung	**Tiere** gebunden in Cyanocobalamin (Vitamin B_{12})
Blausäure Entwesungsmittel in geschlossenen Räumen (Speicher, Wohnungen, Schiffe)	**Pflanzen** gebunden in a) β-Glycosiden von – Mandelsäurenitril [Amygdalin (Samen verschiedener Rosaceen), Prunasin (Blätter verschiedener Rosaceen), Sambunigrin (Holunder, ältere Blätter)]
Nitrile Lösungsmittel (Acetonitril) synthetische Fasern (Polyacrylnitril → Dralon, Acrilan) Insektizide (Phthalonitril, Mono- und Trichloracetonitril)	
Freisetzung: Pyrolyse von Kunststoffen Verbrennung von Hartspiritus Tabakrauch	

– α, p-Dihydroxyphenylacetonitril [Dhurrin, Taxiphyllin (Hirse, Blätter)]
– Acetoncyanohydrin [Linamarin (Weißklee, Limabohne u. a.)]
b) – 3-Indolylacetonitril (Wachstumshormon)

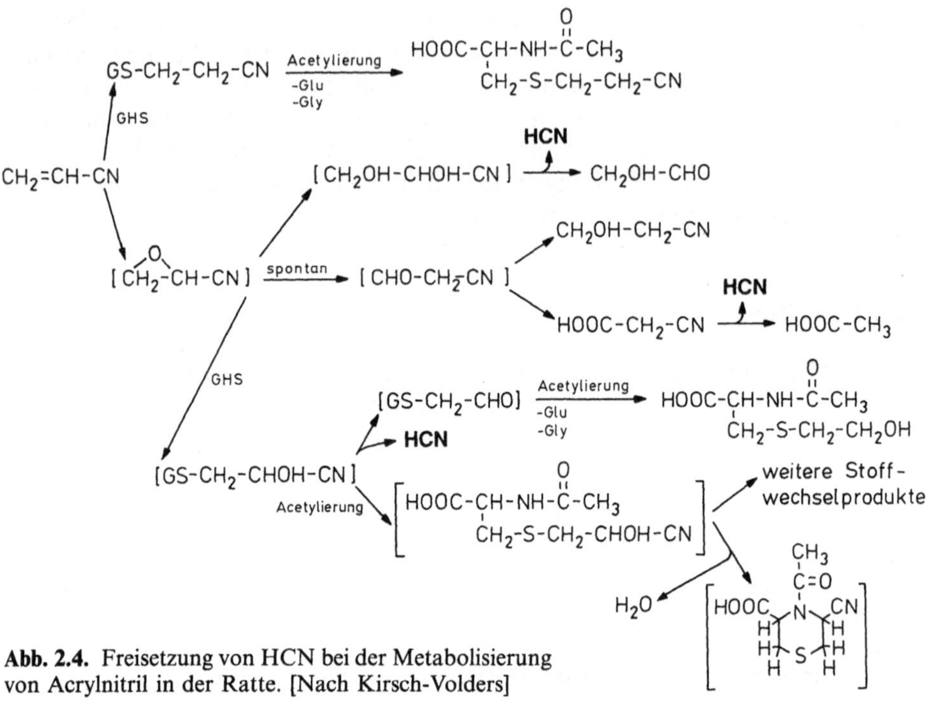

$$GS-CH_2-CH_2-CN \xrightarrow[\substack{-Glu\\-Gly}]{Acetylierung} \begin{array}{l} HOOC-CH-NH-\overset{\overset{\textstyle O}{\|}}{C}-CH_3 \\ \ \ \ \ \ CH_2-S-CH_2-CH_2-CN \end{array}$$

$$[CH_2OH-CHOH-CN] \xrightarrow{HCN} CH_2OH-CHO$$

$$CH_2=CH-CN$$

$$[CH_2\text{-}CH\text{-}CN] \xrightarrow{spontan} [CHO-CH_2-CN] \nearrow CH_2OH-CH_2-CN$$

$$HOOC-CH_2-CN \xrightarrow{HCN} HOOC-CH_3$$

$$[GS-CH_2-CHO] \xrightarrow[\substack{-Glu\\-Gly}]{Acetylierung} \begin{array}{l} HOOC-CH-NH-\overset{\overset{\textstyle O}{\|}}{C}-CH_3 \\ \ \ \ \ \ CH_2-S-CH_2-CH_2OH \end{array}$$

$$[GS-CH_2-CHOH-CN]$$

$$\left[\begin{array}{l} HOOC-CH-NH-\overset{\overset{\textstyle O}{\|}}{C}-CH_3 \\ \ \ \ \ \ CH_2-S-CH_2-CHOH-CN \end{array} \right]$$

weitere Stoffwechselprodukte

Abb. 2.4. Freisetzung von HCN bei der Metabolisierung von Acrylnitril in der Ratte. [Nach Kirsch-Volders]

chem, auf unterschiedliche Weise gebundenem Cyanid (Tabelle 2.4) und anthropogenen Nitrilen (Abb. 2.4 und Tabelle 2.5) freigesetzt. Die Toxizität CN-haltiger Verbindungen ist für die einzelnen Tierarten sehr unterschiedlich und hängt davon ab, wie gut die jeweilige Substanz von dem betroffenen Organismus abgebaut bzw. wie effektiv das freiwerdende CN^- beseitigt werden kann. Biologisch stabile Nitrile sind ungiftig, sofern sie nicht andere toxisch wirkende Produkte liefern. Amygdalin etwa führt bei Hunden selten zu einer Vergiftung und wird sogar gelegentlich unverändert ausgeschieden, während es auf Kaninchen und Meerschweinchen stark toxisch wirkt (die toxische Dosis für Kaninchen beträgt 6 mg/kg Körpergewicht). Dagegen ist Cyanessigsäure für Kaninchen relativ ungiftig (toxische Dosis 2000 mg/kg Körpergewicht).

Die Hauptwirkung von Cyanid in der Zelle beruht darauf, daß sich das Anion als Komplexligand an die Metallionen prosthetischer Gruppen anlagert (Tabelle 2.6). Die Affinität zu den verschiedenen Metallionen ist sehr unterschiedlich. Cyanid bindet hauptsächlich Eisen und von diesem die dreiwertige Stufe stärker als die zweiwertige. Der stabilste Komplex entsteht mit der Cytochromoxidase ($K_i \sim 8 - 9 \cdot 10^{-8}$ mol $\cdot l^{-1}$). Die Atmungskette (Abb. 2.5) läuft über mehrere, strukturell unterschiedliche Cytochrome, die Eisen als reaktives Zentrum enthalten. Cyanid kann sich nur an das Eisen anlagern, wenn dessen 6. Koordinationsstelle frei ist (bei Cytochrom a_3 und c_1), nicht aber, wenn sie durch die nukleophile Gruppe eines Proteinbausteins besetzt ist (bei Cytochrom c und a).

Tabelle 2.4. Gehalt an Cyanid in verschiedenen Nahrungsmittelpflanzen. (Nach Vennesland et al., 1981)

Pflanze	Gehalt (mg HCN/kg)
Maniok, bittere Varietät	
Blätter	310
Wurzelkortex, getrocknet	2450
gesamte Wurzel	395
Maniok, süße Varietät	
Blätter	468
Wurzeln	462
Hirse, gesamte unreife Pflanze	2500
Bambus, unreife Sproßspitze	8000
Limabohne, bunte Varietät (Java)	3120
Limabohne, schwarze Varietät (Puerto Rico)	3000
Limabohne, weiße Varietät (Burma)	2100

Tabelle 2.5. Freisetzung von HCN aus aliphatischen Nitrilen durch ein Leberhomogenat (% der Freisetzung aus Phenylacetonitril). (Nach Vennesland et al., 1981)

Substanz	%	Substanz	%
CH_3-CN	0,0	$NC-C_5H_{10}-CN$	1,9
C_2H_5-CN	0,5	$NC-C_6H_{12}-CN$	34,7
C_3H_7-CN	4,0	$CH_2=CH-CN$	0,0
C_4H_9-CN	5,8	$CH_2=CH-CH_2-CN$	2,0
$C_5H_{11}-CN$	7,7	$NC-CH_2-CH=CH-CH_2-CN$	6,8
$C_7H_{15}-CN$	15,0	$ClCH_2-CN$	3,3
$NC-CH_2-CN$	0,0	$H_2N-CH_2-CH_2-CN$[a]	0,0
$NC-C_2H_4-CN$	0,0	$NC-CH_2-CH(NH_2)_2-COOH$[a]	0,0
$NC-C_3H_6-CN$	0,0	$NC-CH_2-COO-C_2H_5$	3,7
$NC-C_4H_8-CN$	0,0	Phenylacetonitril	100

[a]) natürlich vorkommende Verbindungen

Tabelle 2.6. Empfindlichkeit verschiedener Enzyme gegenüber Cyanid. (Nach Vennesland et al., 1981)

Enzym	Metall	pK_D
Cytochromoxidase (ox)	Fe	6
Cytochromoxidase (red)	Fe	4
Nitratreduktase (red)	Mo	9,4
Myoglobin (ox)	Fe	6,1
Meerrettichperoxidase	Fe	5,5
Lactoperoxidase		4,5

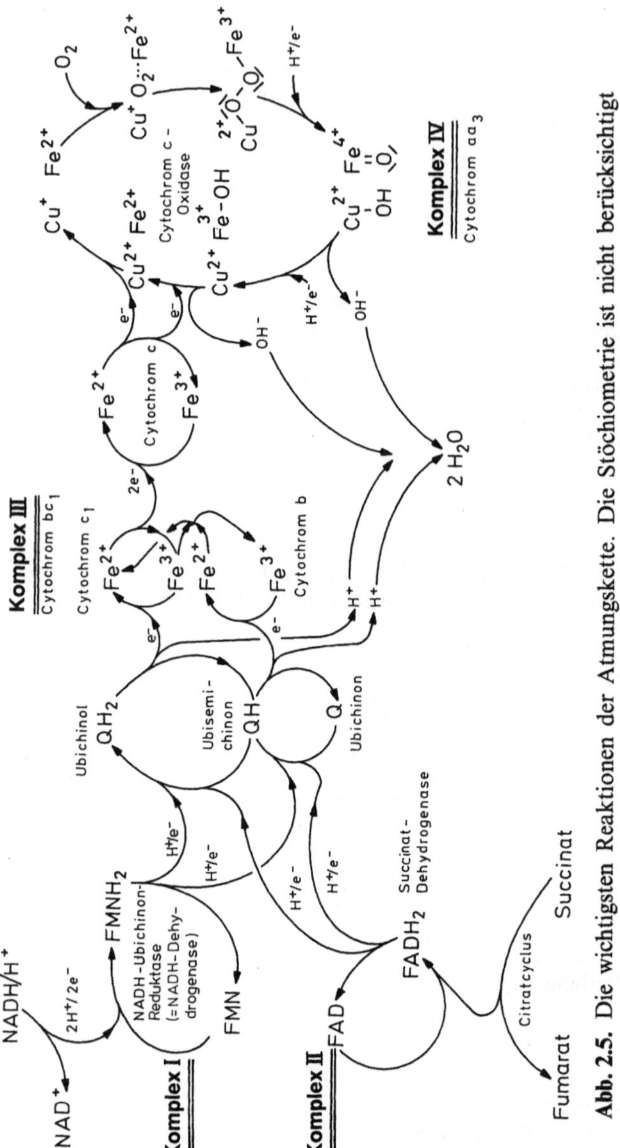

Abb. 2.5. Die wichtigsten Reaktionen der Atmungskette. Die Stöchiometrie ist nicht berücksichtigt

Durch die Blockierung der Cytochromoxidase wird die Zellatmung unterbrochen, eine Reaktion, die in tierischen und vielen pflanzlichen Geweben zum Zelltod führt. Die anaerobe Energiegewinnung über Glycolyse und anschließende Gärung kann i. d. R. nicht schnell genug gesteigert werden, um den Ausfall der oxidativen Phosphorylierung zu kompensieren. Zellen mit besonders hohem Energieumsatz (Gehirn, ZNS u. a.) sterben zuerst, so daß lebenswichtige zentralnervöse Steuerungsmechanismen ausfallen. Symptome einer akuten Cyanidvergiftung sind u. a. Kopfschmerzen, Bewußtlosigkeit und Atemstillstand.

In den meisten Organismen existieren Enzyme zur Entgiftung des Cyanids. In Warmblütern wird freies CN^- hauptsächlich durch ein vor allem in der Leber angereichertes, aber auch in anderen Geweben vorhandenes Enzym Rhodanese (= Rhodanid-Synthetase = Thiosulfat-Thiotransferase) in das sehr viel weniger giftige Rhodanid überführt. Dieses Enzym überträgt generell Schwefel auf thiophile Anionen.

$$SSO_3^{2-} \diagdown \diagup\; Rhodanese \;\searrow\diagup\; SCN^- \longrightarrow \text{Ausscheidung}$$
$$SO_3^{2-} \diagup\diagdown\; Rhodanese\text{-}S \;\diagup\diagdown\; CN^-$$

Umgekehrt kann durch ein nur in Erythrocyten gefundenes Enzym Thiocyanatoxidase aus Rhodanid CN^- freigesetzt werden. Darüber hinaus wird Rhodanid durch Peroxidasen, Methämoglobin und Oxyhämoglobin wieder in Cyanid überführt.

$$SCN^- + H_2O_2 \xrightarrow{\text{Enz}} CN^- + SO_4^{2-} + 2\,H_3O^+$$

Das Gleichgewicht liegt jedoch weit auf der Seite des Rhodanids. Ein geringer Anteil des Cyanids wird auch zu CO_2 oder Ameisensäure oxidiert bzw. auf verschiedenen Stoffwechselwegen in Cholin, Methionin, Allantoin und Cyanocobalamin eingebaut (Abb. 2.6). Mit Cystin reagiert CN^- zu 2-Iminothiazolidin-4-Carbonsäure (Abb. 2.7), die metabolisch inert ist und ausgeschieden wird. Auch Rhodanid wird ausgeschieden, allerdings mit geringer Geschwindigkeit, da es in den Nieren zu einem großen Teil rückresorbiert wird.

Die Menge an Rhodanese und dessen Aktivität sind artspezifisch. Die gesamte Leber eines Hundes enthält genug von diesem Enzym, um 4015 g CN^- in 15 Minuten zu entgiften, und im gesamten Skelettmuskel ist noch genug vorhanden, um 1763 g CN^- umzusetzen. Die Entgiftungsgeschwindigkeit beim Menschen beträgt 1 mg/kg/h, d.h., die letale Dosis (1 mg/kg

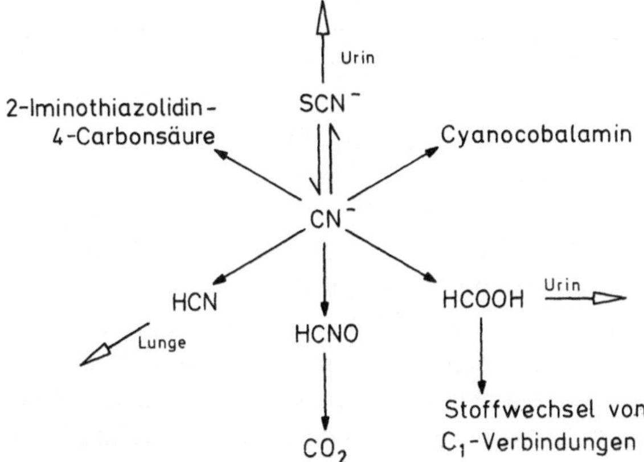

Abb. 2.6. Stoffwechselwege zur Umsetzung von Cyanid in tierischen Organismen. [Nach Williams]

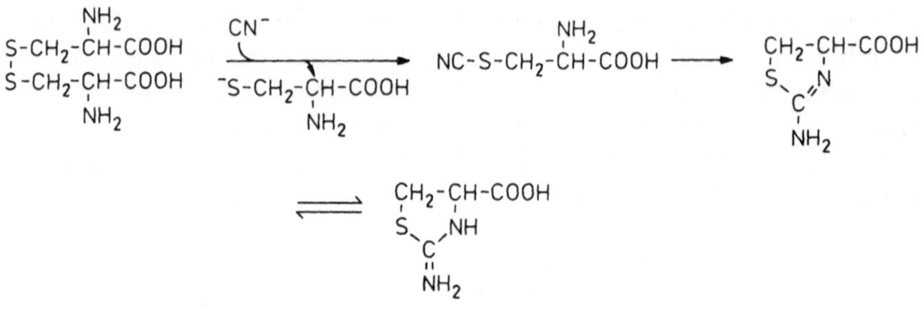

Abb. 2.7. Bildung von 2-Iminothiazolidin-4-Carbonsäure. [Nach Williams]

Körpergewicht) kann in einer Stunde vollständig entgiftet werden. Limitierend wirkt dabei die Schnelligkeit der Mobilisierung des Schwefels im Intermediärstoffwechsel. Die Aktivität der Rhodanese hängt auch von der Darbietungsform des Schwefels ab. Im Hund ist das Enzym am aktivsten mit $S_2O_3^{2-}$ und kolloidalem Schwefel, aber kaum aktiv mit Cystein oder Cystin. Mit Sulfid reagiert es nur in Anwesenheit von Sauerstoff, wobei das Sulfid zuerst zu elementarem Schwefel oxidiert wird.

Die Existenz dieser Entgiftungswege bedeutet, daß cyanidhaltige Verbindungen, etwa aus pflanzlicher Nahrung, in sehr begrenztem Umfang verwertet werden können, sofern die Hydrolyse der Glycoside nicht schneller verläuft, als das anfallende Cyanid gebunden werden kann. Solange das Detoxifikationssystem nicht überlastet wird, kann CN^- auch regelmäßig aufgenommen werden, ohne sich anzureichern oder zu direkten Langzeitschäden zu führen. Allerdings kann ein dauerhaft erhöhter Rhodanidlevel die Kropfbildung fördern, da SCN^- die Aufnahme von Iod durch die Schilddrüse hemmt. Weitere indirekte Symptome chronischer Cyanidbelastung können Nervenschäden, Bluthochdruck, Vitamin-B_{12}-Mangel oder Kretinismus sein. Bei gleichzeitiger Unterernährung kann der ständige Verbrauch der schwefelhaltigen Aminosäuren auch zu Mangelerscheinungen führen. Akklimatisierung oder Resistenzerwerb sind offenbar nicht möglich.

Obwohl das Cyanidion in Pflanzen prinzipiell genauso reagiert wie in Tieren, wirkt es auf viele Pflanzen sehr viel weniger giftig. Das liegt erstens daran, daß Pflanzen an verschiedenen Stellen ihres normalen Stoffwechsels mit größeren Mengen an Cyanid konfrontiert werden, etwa bei der Ethylensynthese in alternden Geweben (Abb. 2.8), und entsprechend effektive Entgiftungssysteme besitzen. Pflanzen enthalten teils Rhodanese und teils andere Enzyme wie β-Cyanoalanin-Synthetase oder FHL. β-Cyanoalanin-Synthetase ist auch in nicht cyanogenen Geweben enthalten, besitzt dort aber eine geringere Aktivität. In reifenden Geweben mit gesteigerter Ethylenproduktion ist auch die Aktivität dieses Enzyms erhöht. Die Metabolisierung läuft über verschiedene Wege (Abb. 2.9), wobei die Umsetzung von CN^- mit Cystein schneller verläuft als mit Serin.

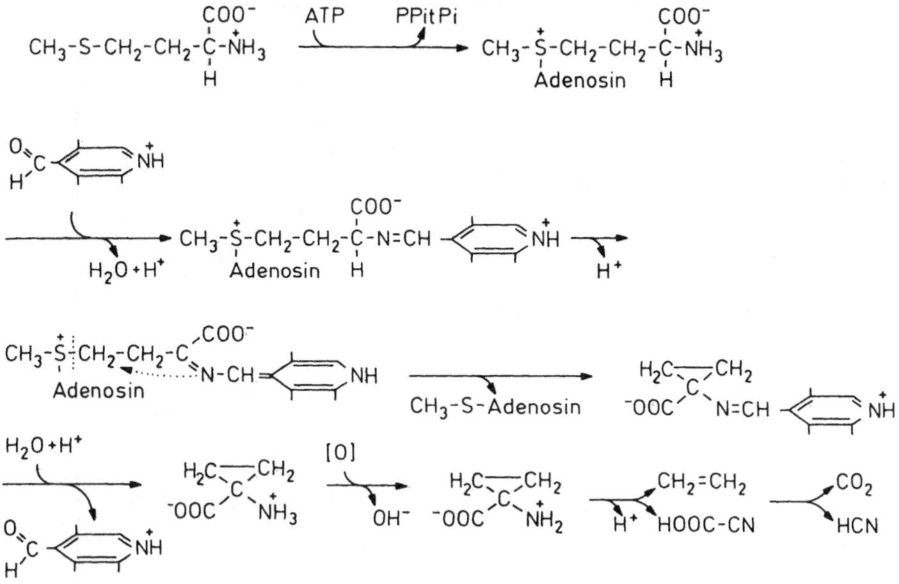

Abb. 2.8. Ethylensynthese in alterndem bzw. reifendem Gewebe. Pro Molekül Ethylen wird ein Molekül HCN gebildet

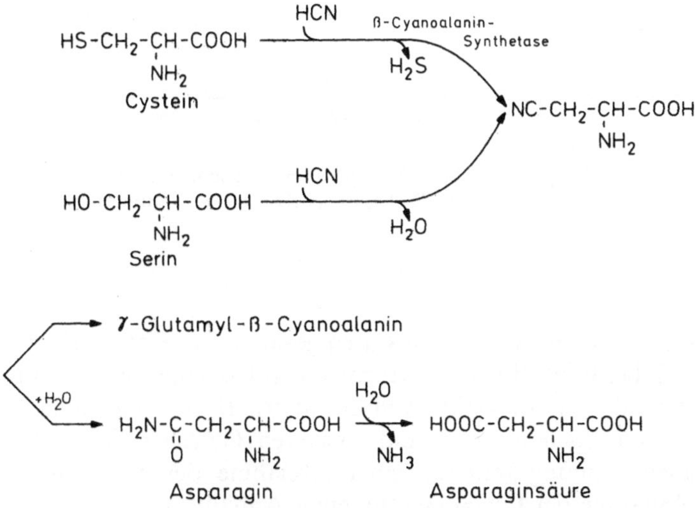

Abb. 2.9. Stoffwechselwege zur Umsetzung von Cyanid in pflanzlichen Organismen

Zweitens existiert in Mitochondrien von höheren Pflanzen, Protozoen und Hefen ein zusätzliches, wahrscheinlich nicht mit Phosphorylierung verbundenes Elektronentransportsystem, das vor dem Komplex III abzweigt und bei einer alternativen Oxidase endet. Diese enthält möglicherweise ein Nichthäm-Eisen, das mit CN^- nicht blockierbar ist. Die Bedeutung dieses Weges ist noch nicht gesichert. Eventuell dient er zur Entlastung des Cytochrom-Redox-

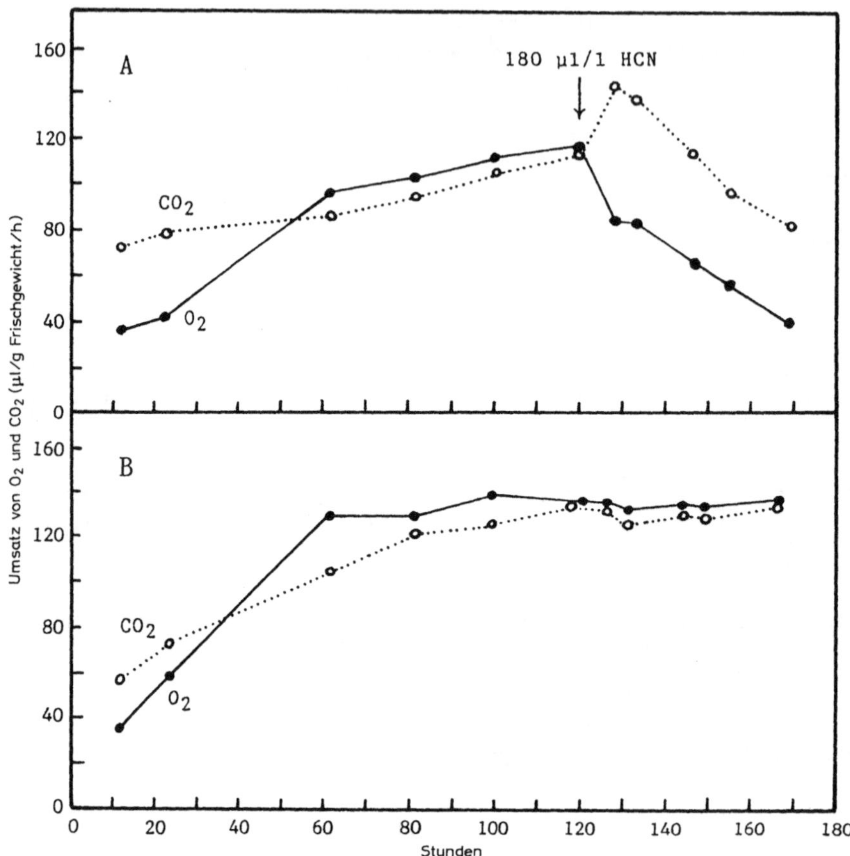

Abb. 2.10. O_2-Aufnahme und CO_2-Abgabe bei 5 Tage alten Erbsenkeimlingen (Pisum sativum var. Alaska) **A** behandelt mit 180 µl HCN/l Luft, **B** Kontrolle; Temperatur 20°C. [Nach Solomos u. Laties (1976)]

systems, wenn dieses bei hohen Respirationsraten gesättigt ist. Entsprechend bleibt in Planzen auch bei Inhibition der Cytochromoxidase eine Restatmung erhalten. Allerdings ist die Leistungsfähigkeit des alternativen Wegs je nach Pflanze bzw. Organ verschieden. In cyanid-sensitiven Geweben führt der Ausfall der normalen Atmungskette zu einer Abnahme der Respiration (Abb. 2.10), einer Zunahme der Glycolyserate, einer Anhäufung von Laktat und Ethanol und zu einer Verringerung der ATP-Ausbeute. Die Kapazität der cyanid-resistenten Atmung reicht hier nicht aus, um das anfallende Pyruvat zu verwerten und den ATP-Level zu halten. In cyanid-resistenten Geweben dagegen sammelt sich trotz erhöhter Glycolyserate kein Gärungsprodukt an, die Respirationsrate steigt (Abb. 2.11), und die ATP-Ausbeute bleibt gleich oder nimmt ebenfalls zu. Dabei wird die weniger effiziente Energiegewinnung durch die vermehrte Glycolyse und die Abführung der Elektronen über den alternativen Weg kompensiert.

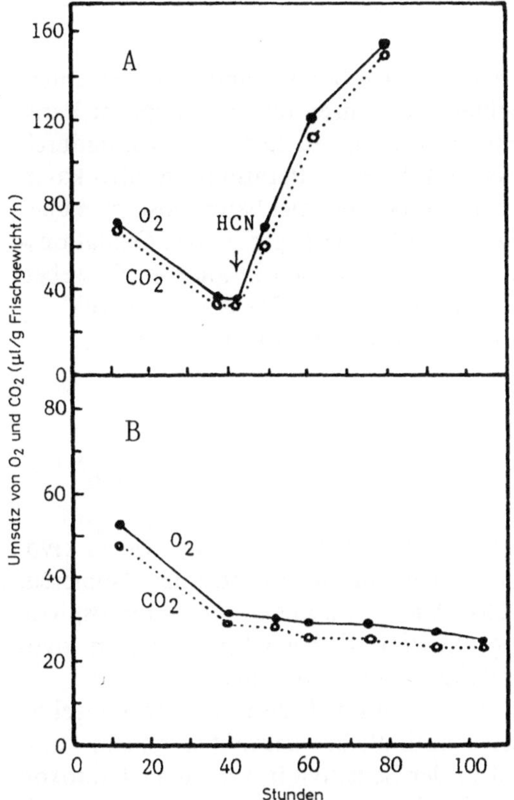

Abb. 2.11. O_2-Aufnahme und CO_2-Abgabe bei der Cherimoyafrucht (Annona cherimola) **A** behandelt mit 400 µl HCN/l Luft, **B** Kontrolle; Temperatur 20° C. [Nach Solomos u. Laties (1976)]

2.1.2 Beispiel II: Organophosphate

Organophosphate wirken auf zahlreiche tierische Organismen dadurch giftig, daß sie im Körper verschiedene Enzyme vom Typ der Hydrolasen (Trypsin, Chemotrypsin, Acetylcholinesterase (AChE), Cholinesterase (ChE), Leberesterasen u. a.) mehr oder weniger stark hemmen. All diese Enzyme besitzen am aktiven Zentrum eine ähnliche Aminosäuresequenz, die Serin als Komponente enthält. Auch eine Alkylierung der HS-Gruppen von Proteinen oder eine Einbindung in die DNA ist bei manchen der Organophosphate möglich, ist aber an der direkten toxischen Wirkung nicht beteiligt. Je nach Substanz bzw. am stärksten betroffenen Enzym lassen sich zwei Krankheitsbilder unterscheiden: eine akute toxische Wirkung, die innerhalb weniger Stunden auftritt, und – völlig unabhängig davon – eine verzögerte Neuropathie, die erst nach ein bis zwei Wochen nachweisbar ist.

2.1.2.1 Akute Toxizität

Die akute Toxizität wurde vor allem an Warmblütern und Insekten untersucht. Eine der am besten untersuchten Substanzen dieser Gruppe ist Parathion, das in hochreiner Form nicht selbst giftig ist. Dies läßt sich dadurch nachweisen, daß Acetylcholinesterase durch reines Parathion in vitro kaum gehemmt wird (Tabelle 2.7). In vivo erfolgt bei vergleichbarer Dosis eine über 80%ige Inhibition. Die dabei eigentlich wirksame Form ist das Oxidationsprodukt Paraoxon, das sowohl in der Leber als auch in anderen Geweben durch mikrosomale Monooxygenasen gebildet wird. Der Anteil der Bildung von Paraoxon an der gesamten Metabolisierung ist dabei relativ gering.

$$C_2H_5O\underset{C_2H_5O}{\overset{S}{>}}P-O-\!\!\left\langle\;\right\rangle\!\!-NO_2 \xrightarrow[-SO_4{}^{2-}]{\text{Thionophosphatoxidase, } O_2} C_2H_5O\underset{C_2H_5O}{\overset{O}{>}}P-O-\!\!\left\langle\;\right\rangle\!\!-NO_2$$

Technisches Parathion ist allerdings in vitro ebenso wirksam wie in vivo. Die Ursache dafür sind Verunreinigungen mit hochwirksamen Isomeren, darunter auch Paraoxon (Tabelle 2.8). Auch viele andere Organophosphate werden erst durch Metabolisierung aktiviert. Dabei gilt, daß die in vivo-Toxizität mit steigender Hydrolysierbarkeit der Verbindung zunimmt.

Das Ausmaß der Aktivierung ist art- und teilweise sogar geschlechtsspezifisch. So sind weibliche Ratten empfindlicher gegenüber reinem Parathion als männliche Tiere, während in der Sensitivität gegenüber Paraoxon kein Unterschied zwischen den Geschlechtern besteht. Umgekehrt ist beispielsweise Bis-dimethylaminofluorphosphinoxid toxischer für männliche Ratten. Auch die Art der Verabreichung spielt eine Rolle. Eine alkoholische Lösung des wasserunlöslichen Parathions wirkt auf Ratten bei intravenöser oder intraperitonealer Applikation innerhalb von einer Stunde tödlich. Bei subcutaner Injektion kleiner Volumina einer konzentrierten Lösung muß dagegen insgesamt ca. das Zehnfache der durchschnittlich intravenös letalen Dosis verabreicht werden, und auch dann tritt der Tod erst nach 24–48 Stunden ein. Eventuell bleibt die Verbindung in den Lipidan-

Tabelle 2.7. Vergleich der Inhibition von Erythrozyten-Acetylcholinesterase durch Parathion in vivo und in vitro. Für die Berechnung der in vivo-Konzentration im Blut wurde für Kaninchen ein Blutvolumen von 70 ml/kg angenommen. Es wurde außerdem angenommen, daß sich die Substanz ausschließlich im Blut befindet. Zur Applikation wurde die Verbindung in absolutem Alkohol gelöst. [Nach Aldrige u. Barnes]

Dosis (mg/kg)	Applikation	Zeit nach der Applikation bzw. Inkubation (min)	Inhibition (%)	
			in vitro	in vivo
10	intravenös	10	8	83
10	intraperitoneal	11	9	66
		40	20	81

Tabelle 2.8. Vergleich von Parathion, zwei seiner Isomeren und Paraoxon bezüglich ihrer Toxizität für Ratten und ihrer in vitro-Inhibition von Erythrozyten-Acetylcholinesterase. [Nach Aldrige u. Barnes]

Verbindung	Konzentration, die in Erythrozyten von Schafen nach 30 min Inkubation bei 37 °C 50 % Inhibition bewirkt (mol/l)	Ungefähre letale Dosis für männliche Ratten bei intravenöser Applikation einer alkoholischen Lösung (mg/kg)
$C_2H_5\text{-}O$, $C_2H_5\text{-}O$–P(=S)–O–C$_6$H$_4$–NO$_2$ Parathion	$1{,}7 \cdot 10^{-4}$ [a]	3
$C_2H_5\text{-}S$, $C_2H_5\text{-}O$–P(=O)–O–C$_6$H$_4$–NO$_2$ Isomer I	$2{,}5 \cdot 10^{-7}$ [b]	1,2
$C_2H_5\text{-}O$, $C_2H_5\text{-}O$–P(=O)–S–C$_6$H$_4$–NO$_2$ Isomer II	$2{,}8 \cdot 10^{-8}$	0,5
$C_2H_5\text{-}O$, $C_2H_5\text{-}O$–P(=O)–O–C$_6$H$_4$–NO$_2$ Paraoxon	$2 \cdot 10^{-8}$	0,4

[a] Extrapolierter Wert, der über der Löslichkeit liegt.
[b] Keine Korrektur in Bezug auf Verunreinigungen (möglicherweise Anwesenheit von Paraoxon).

teilen des Gewebes nahe der Injektionsstelle gelöst und wird nur langsam freigegeben.

Die tödliche Wirkung von Parathion bzw. Paraoxon ist auf die Inhibition der Acetylcholinesterase zurückzuführen, denn eine selektive Hemmung von anderen Esterasen (z. B. Carboxyesterase = Aliesterase) erzeugt in vivo keine toxischen Symptome. Aber auch von Acetylcholinesterase existieren mehrere Isoenzyme, die verschieden stark blockiert werden, und das mit unterschiedlich kritischen Folgen für den Organismus. Beispielsweise wurden bei der Stubenfliege (Musca domestica) insgesamt 7 Isoenzyme isoliert, vier davon im Kopfganglion und drei im Thorakalganglion. Von diesen ist das Isoenzym 7 wahrscheinlich nicht das für den Organismus entscheidende, denn wenn den Fliegen eine LD_{50}-Dosis appliziert wird, dann liegt dieses Isoenzym auch bei den überlebenden Individuen vollständig blockiert vor (Abb. 2.12). Isoenzym 5 dagegen, das in allen Fällen zu ungefähr 80 % desaktiviert wird, könnte dasjenige sein, dessen Inhibition tödliche Folgen hat.

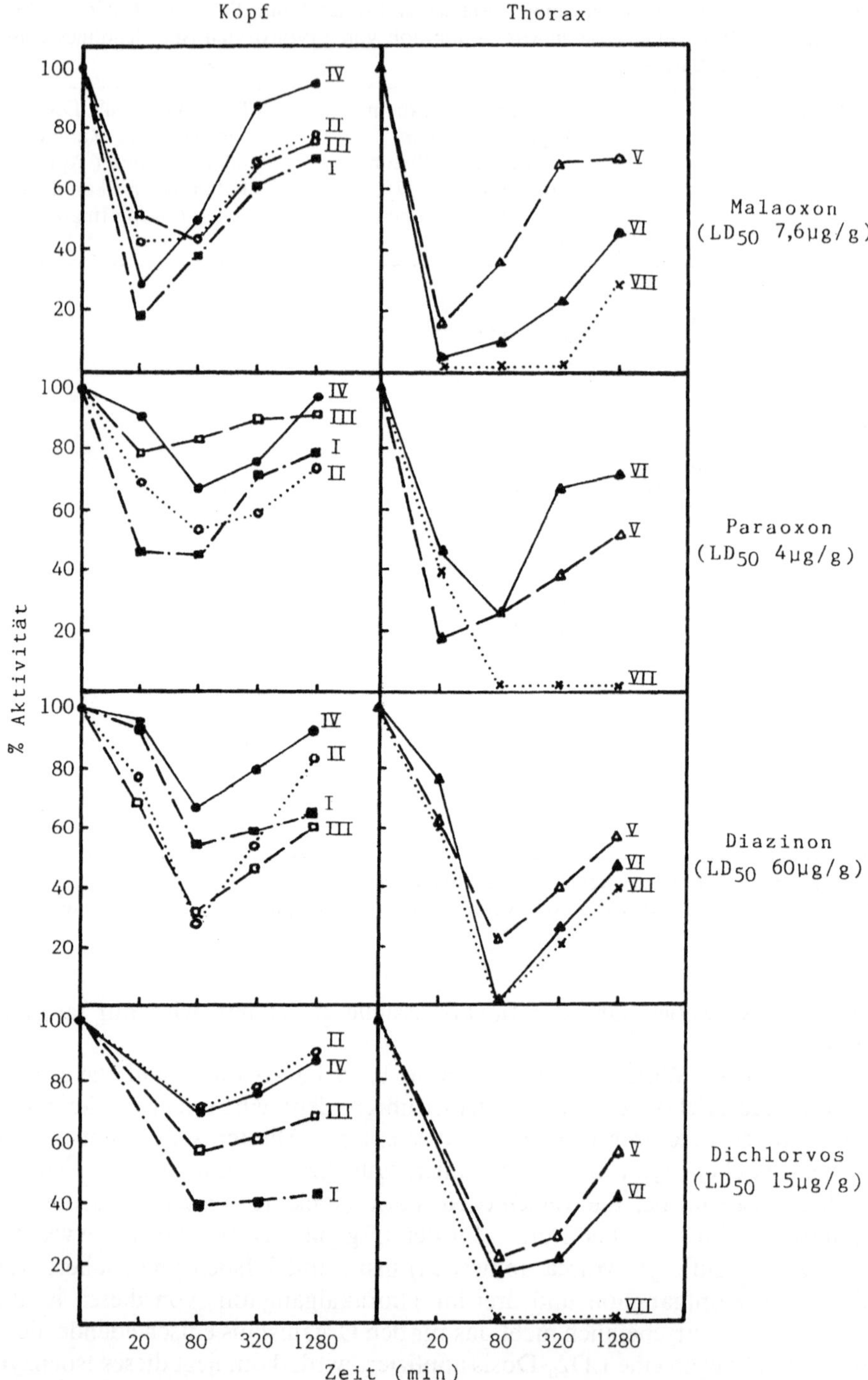

Abb. 2.12. Der Effekt einiger Organophosphor-Insektizide auf die prozentuale Aktivität von 7 Isoenzymen der Acetylcholinesterase in verschiedenen Ganglien der Stubenfliege (Musca domestica) nach der Applikation einer LD_{50}-Dosis. [Nach Tripathi u. O'Brien]

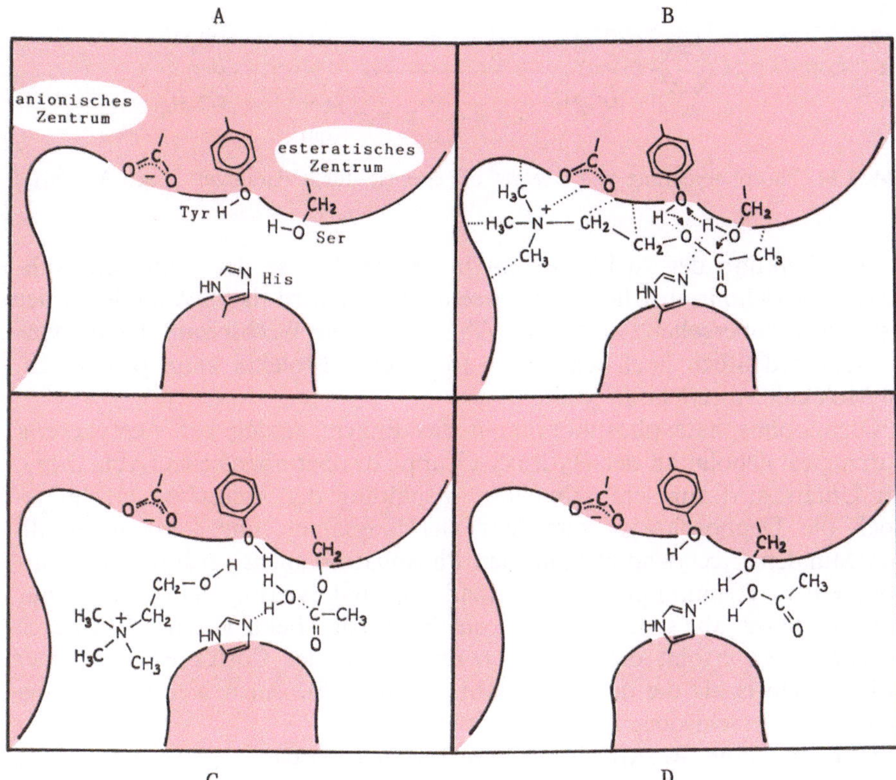

Abb. 2.13. Schematische Darstellung der Hydrolyse von Acetylcholin durch das Enzym Acetylcholinesterase. **A** Aktive Stelle des Enzyms mit einem anionischen und einem esteratischen Zentrum. Die funktionellen Gruppen sind wahrscheinlich Carboxy- oder Phosphatreste im anionischen Zentrum und die Hydroxy-Gruppen von Serin und Tyrosin und ein Imidazolstickstoff (Histidin) im esteratischen Zentrum. Möglicherweise ist das Enzym auch komplexer gebaut. Als Alternative wurden zwei basische Zentren und multiple Bindungszonen vorgeschlagen, die mit verschiedenen Substanzen unterschiedlich binden; **B** die Anlagerung von Acetylcholin löst eine Elektronenverschiebung und als Folge davon Umlagerungsreaktionen aus; **C** Acetylcholin wird hydrolytisch gespalten. Cholin verläßt sofort den Enzymsubstratkomplex, und ein intermediär acetyliertes Enzym bleibt zurück; **D** die Essigsäure wird ebenfalls abgespalten (geschwindigkeitsbegrenzender Schritt). [Nach Kuschinski u. Lüllmann]
·····: Wasserstoffbrückenbindung bzw. elektrostatische Anziehung
↷ : Umlagerung

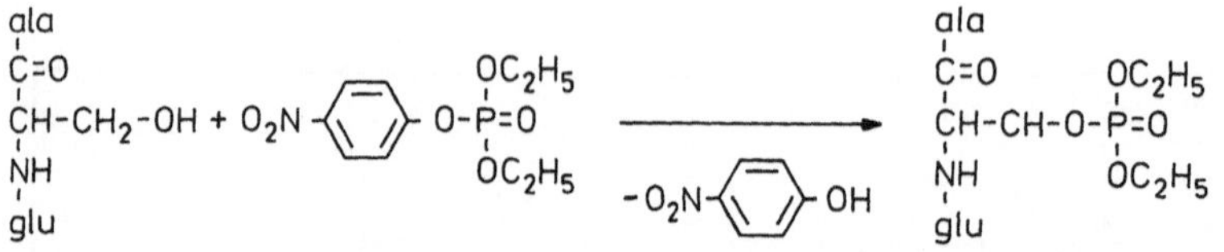

Abb. 2.14. Phosphorylierung von Acetylcholinesterase durch Paraoxon. [Nach Moriarty]

Die Funktion der AChE besteht in der Hydrolyse der Transmittersubstanz Acetylcholin in Cholin und Acetat. Dabei wird das Serinmolekül der Esterase vorübergehend acetyliert (Abb. 2.13). Die Wechselzahl des Enzyms ist außerordentlich hoch (ca. $10^6 - 10^7$); jedes Molekül kann pro ms ca. 50 Moleküle Acetylcholin spalten.

Organophosphate phosphorylieren das Enzym analog zur Acetylierung durch Acetylcholin an der Hydroxy-Gruppe des Serinbausteins (Abb. 2.14). Im Unterschied zur sehr schnellen Abspaltung der Essigsäure erfolgt jedoch die Dephosphorylierung sehr viel langsamer, und zwar innerhalb von Stunden. Acetylcholin kann den Phosphatrest nicht verdrängen (nichtkompetitive Hemmung). Das Ausmaß der Inaktivierung hängt nicht nur von der Dosis ab, sondern auch vom Zielorgan. Beim Hutaffen (Macaca radiata) etwa erfolgt die Inhibition der AChE des Cortex erst bei einer höheren Dosis als die der Blut-AChE (Abb. 2.15). Auch hier liegen möglicherweise verschiedene Isoenzyme vor.

Eine spontane Reaktivierung des Enzyms durch Dephosphorylierung ist nur möglich, solange die Abgangsgruppe des Organophosphates den Enzym-Substrat-Komplex noch nicht verlassen hat.

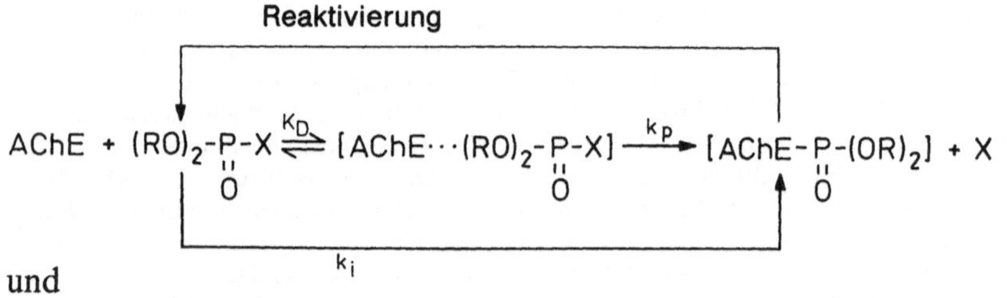

und

$$k_i = \frac{k_p}{K_D}$$

K_D = Komplexdissoziationskonstante
k_p = Phosphorylierungskonstante
k_i = bimolekulare Inhibitionskonstante

K_D gilt als Maß für die Stärke der Bindung an das Enzym und wird von der Struktur des Organophosphates bestimmt (Tabelle 2.9).

Nach der Phosphorylierung nimmt die Reaktivierbarkeit des Enzyms durch irreversible Sekundärreaktionen (Alterung) ab. Dabei wird ein weiterer Rest abgespalten, und es bleibt ein negativ geladener, monosubstituierter

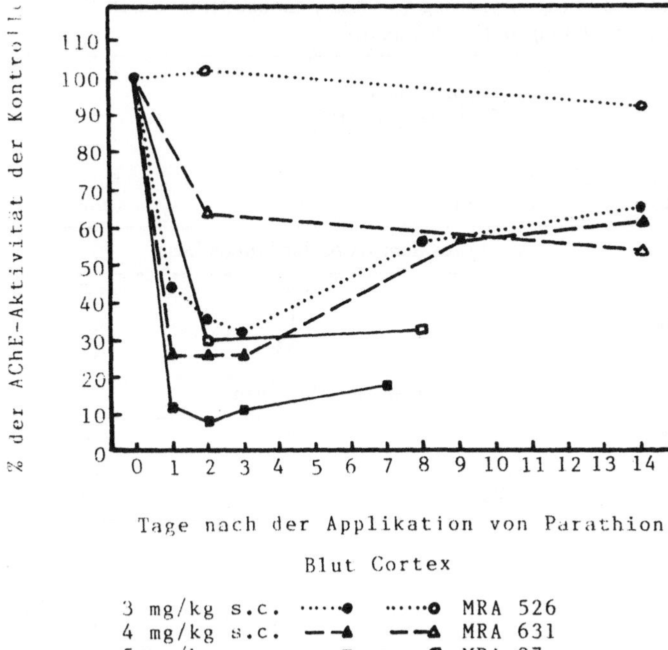

Abb. 2.15. Prozentuale Aktivität von Acetylcholinesterase aus dem Blut und der Hirnrinde von drei verschiedenen Hutaffen (Macaca radiata), abgekürzt MRA, unter dem Einfluß verschiedener Dosen von Parathion. [Nach Woolley et al.]

Phosphorsäurerest am Enzym zurück. Dieser gealterte Komplex ist auch durch dephosphorylierende Reagenzien wie Oxime nicht mehr reaktivierbar; eine Regeneration ist nur noch durch Totalabbau und Neusynthese möglich. Da die einzelnen Enzyme bzw. Isoenzyme unterschiedliche biologische Halbwertzeiten besitzen, können bis zur vollständigen physiologischen Reaktivierung je nach Enzym und Tierart bis zu 100 Tage vergehen. Dabei werden die Isoenzyme der Cholinesterase generell schneller regeneriert als die der Acetylcholinesterase. Abbildung 2.16 zeigt die Inhibition und Reaktivierung von AChE und ChE in verschiedenen Organen der Ratte.

Als Folge der weitgehenden Hemmung von AChE werden die acetylcholin-sensiblen Nerven mit Acetylcholin überschwemmt. Beim Eintreffen eines elektrischen Signals an der präsynaptischen Membran werden die Transmittermoleküle freigesetzt und heften sich an einen Rezeptor in der postsynaptischen Membran (Abb. 2.17). Die Reaktion darauf besteht entweder in einer Depolarisierung, die bei genügender Höhe ein Aktionspotential auslöst, oder einer Hyperpolarisierung, die die Entstehung eines Aktionspotentials erschwert bzw. verhindert.

Normalerweise wird das Acetylcholin anschließend sofort abgebaut, so daß sich das Potential der postsynaptischen Membran wieder normalisieren kann. Ist jedoch die Acetylcholinesterase blockiert, dann verhindert die

Tabelle 2.9. Konstanten für die Phosphorylierung von Acetylcholinesterase durch Fenitrothion-oxon und verwandte Verbindungen. [Nach Fukuto]

$$(CH_3O)_2P \overset{O}{\underset{O}{\big\langle}} \text{—} \underset{NO_2}{\overset{R}{\bigcirc}}$$

Verbindung	R	$k_i \cdot 10^{-5}$ $(M^{-1} min^{-1})$	$K_d \cdot 10^5$ (M)	k_p (min^{-1})
		AChE aus dem Kopf der Stubenfliege		
1	H	2,9	3,7	10,6
2	Me	7,6	1,1	8,3
3	i-Pr	22,6	0,33	7,5
		AChE aus Rindererythrozyten		
1	H	5,2	1,3	6,5
2	Me	0,73	6,7	5,0
3	i-Pr	0,22	15,8	3,5

anhaltende Anwesenheit von Acetylcholin im Synapsenspalt die Wiederherstellung des Ruhepotentials. Infolge der anhaltenden De- bzw. Hyperpolarisation wird die Reizübertragung an allen Synapsen blockiert, bei denen Acetylcholin als Transmittersubstanz dient. Bei Wirbeltieren sind das vor allem die neuromuskulären Synapsen der Skelettmuskulatur, fast alle prä- und postganglionären Fasern des Parasympathikus und die präganglionären Fasern des Sympathikus (Abb. 2.18).

Zusätzlich lassen sich zwei verschiedene Rezeptortypen für Acetylcholin unterscheiden, die nach den Substanzen, mit denen sie blockiert werden können, dem Muscarin- bzw. Nicotintyp zugeordnet werden (Abb. 2.19). Die Muscarin-Rezeptoren (an parasympathischen, postganglionären Synapsen) reagieren wesentlich empfindlicher auf die Anwesenheit von Acetylcholin. Deshalb zeigen sich äußere Anzeichen zuerst im Zentralnervensystem und an den parasympathisch innervierten Organen; zu den Symptomen gehören gesteigerte Drüsensekretion, Erbrechen, Durchfall, asthmatische Zustände u.a. Ohne Therapie stirbt der Organismus durch Lähmung des Atemzentrums, an Lungenödemen oder infolge Herzversagens.

Wenn – etwa bei Schutz der Muscarin-Rezeptoren durch ein Cholinolyticum – die Konzentration an Acetylcholin noch weiter ansteigt, dann werden auch die Nicotin-Rezeptoren (an den Synapsen der autonomen, präganglionären Fasern und der motorischen Endplatten) kontinuierlich depolarisiert. Dadurch wird dann die neuromuskuläre Übertragung gehemmt. Die Symptome reichen von Unruhe und allgemeiner Muskelschwäche bis zu epilepsieähnlichen Krämpfen, die ebenfalls zum Tod führen. Die einzelnen Erscheinungen sind bei den verschiedenen Säugern unterschiedlich ausgeprägt, je nachdem, in welchem Verhältnis jeweils nicotinische und muscarinische

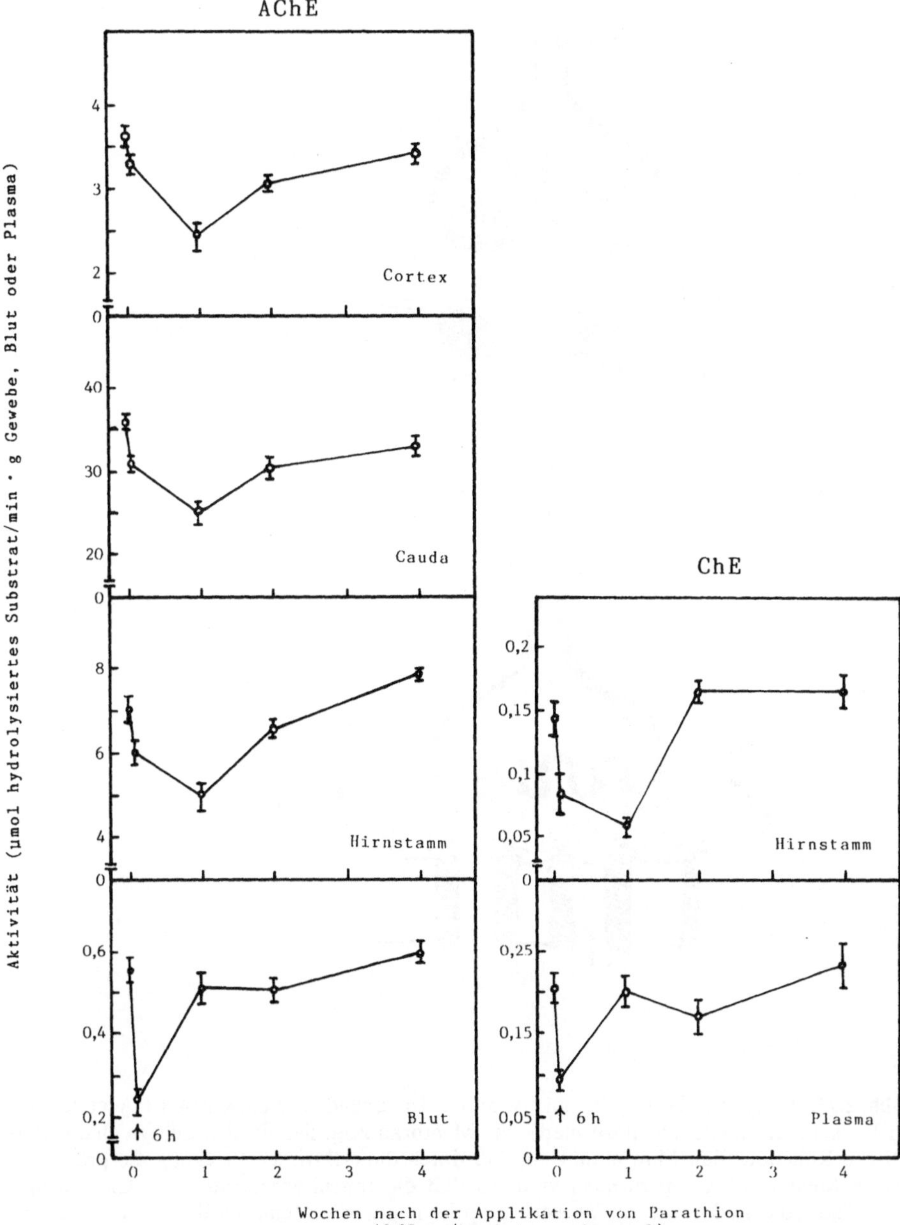

Abb. 2.16. Zeitlicher Verlauf der Inhibition und Regeneration von Acetylcholin- und Cholinesterase aus verschiedenen Körperregionen der Ratte. [Nach Woolley et al.]

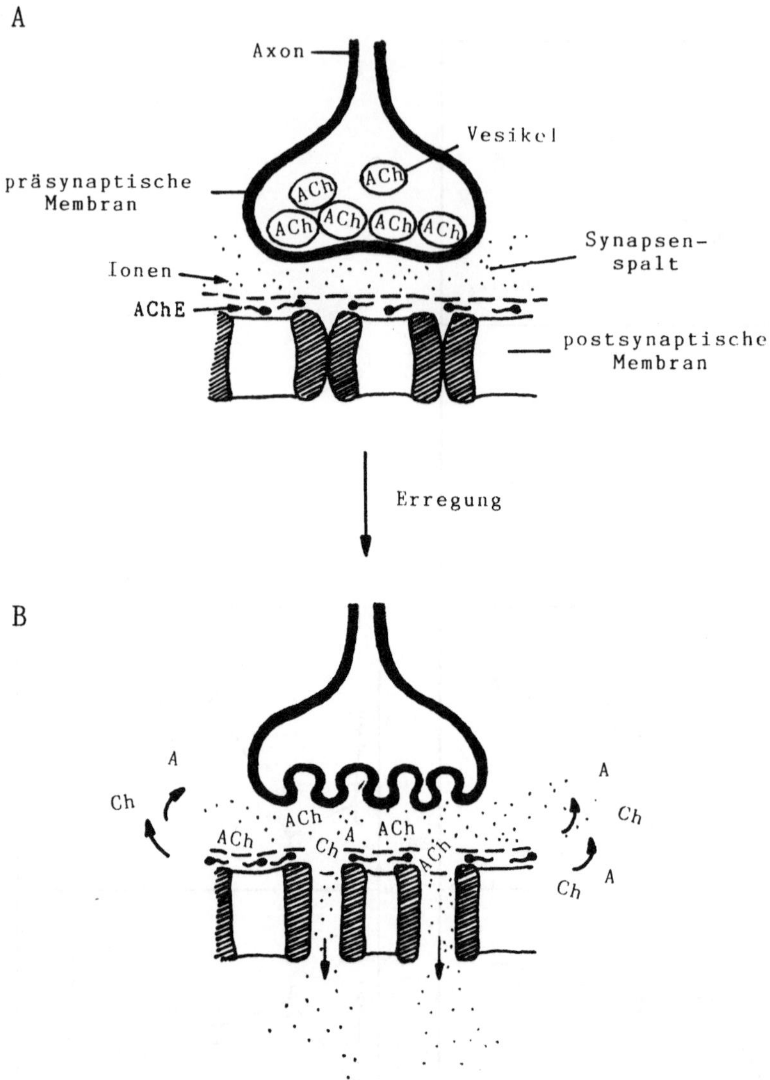

Abb. 2.17. Erregungsübertragung an Synapsen. In ruhenden Synapsen **A** ist Acetylcholin in Vesikeln angehäuft. Die postsynaptische Membran zeigt das für den Zelltyp charakteristische Ruhepotential. Man nimmt an, daß durch die elektrische Erregung die präsynaptische Membran Ca^{2+}-permeabel wird, so daß die Innenkonzentration an Ca^{2+} steigt. Dies führt zu einer Fusion von Vesikel- und präsynaptischer Membran **B**. Acetylcholin wird durch Exozytose ausgeschleust und heftet sich an der postsynaptischen Membran an ein Rezeptormolekül, das möglicherweise ein Tunnelprotein ist. Die durch die Bindung des Acetylcholins ausgelöste Konformationsänderung bewirkt ein Öffnen bestimmter Ionenkanäle. Der Ionenein- bzw. ausstrom führt je nach Zelltyp zur De- oder Hyperpolarisierung der postsynaptischen Membran. [Nach Karlsson]

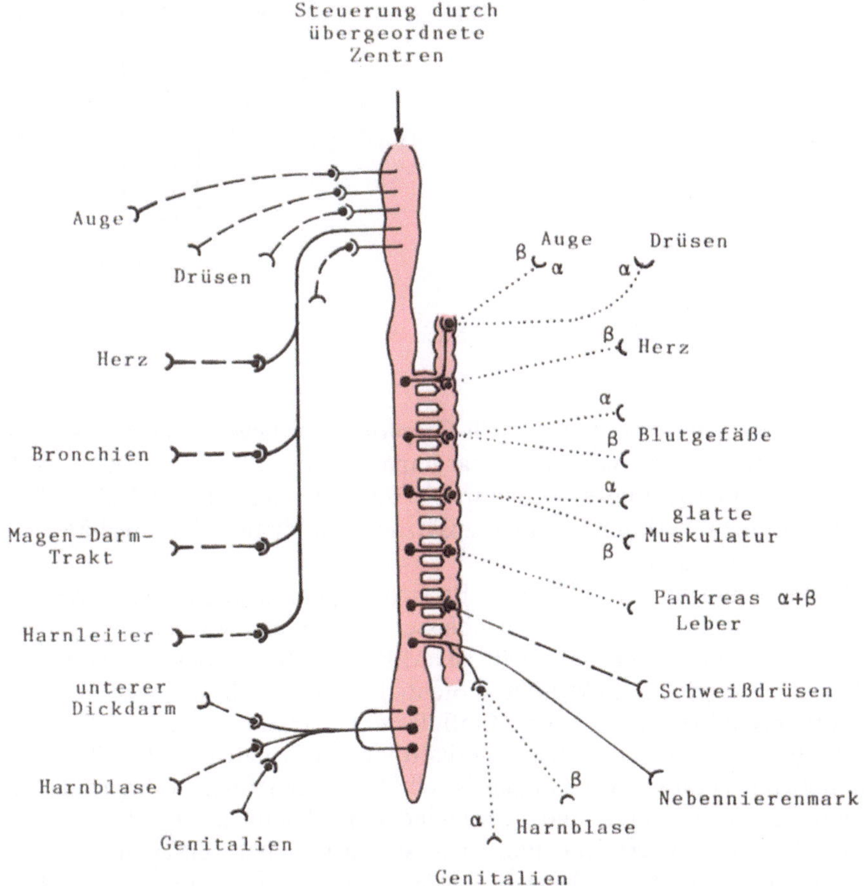

Abb. 2.18. Übersicht über das autonome (= vegetative) Nervensystem am Beispiel Mensch. [Nach Silbernagl u. Despopoulos]

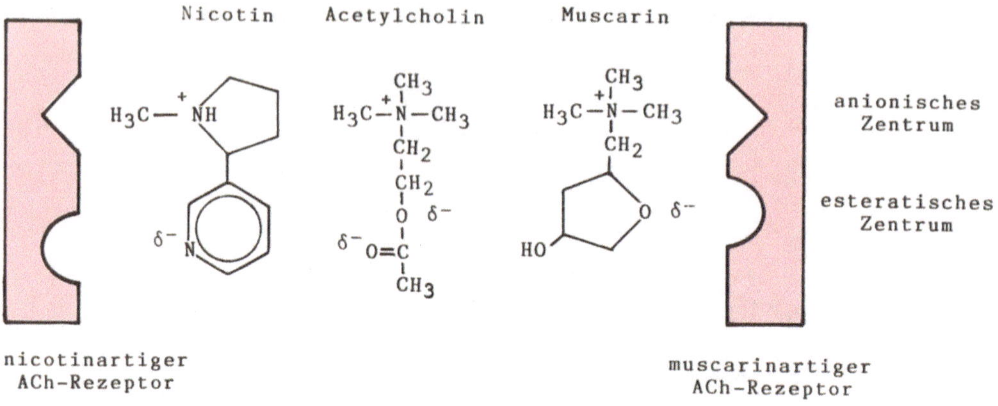

Abb. 2.19. Rezeptoren für Acetylcholin. [Nach Penzlin]

bzw. zentrale und periphere ACh-Rezptoren vorliegen. Bei Mäusen und Ratten etwa zeigen sich die parasympathischen Effekte stärker als bei Affen. Die Beurteilung wird dadurch erschwert, daß z. B. im Gehirn beide Rezeptortypen vorkommen und zusätzlich ein dritter, intermediärer Typ nachgewiesen wurde.

Untersuchungen im subletalen Bereich zeigen, daß die sichtbaren Vergiftungserscheinungen bereits nachlassen, wenn erst ein kleiner Teil der Enzymaktivität wieder hergestellt ist. Mißt man bei Ratten das von einem Blitzlicht ausgelöste elektrische Potential in der Sehrinde oder anderen Gehirnabschnitten unter dem Einfluß von Parathion, dann erfolgt die Normalisierung der Potentiale innerhalb von 24 Stunden (Abb. 2.20). Auch bei anderen nervösen Reaktionen ist der Effekt maximal, während die Aktivität der AChE sinkt, und verschwindet, nachdem die AChE-Hemmung ihren Höhepunkt erreicht und sich stabilisiert hat. Offenbar sind die Symptome nicht an die Aktivität der AChE gebunden, sondern an die Konzentration des Acetylcholins. Vergleicht man den zeitlichen Verlauf der AChE-Inhibition und -Regeneration mit dem der Acetylcholinkonzentration, dann stellt man fest, daß 24 Stunden nach der Applikation von Paraoxon bei Ratten die Aktivität des Enzyms noch immer auf 50% reduziert ist, während der Acetylcholinlevel bereits wieder auf den Normalwert gesunken ist. Möglicherweise wirkt sich die hohe Konzentration von Acetylcholin durch einen negativen Feedback-Mechanismus auf die Synthese oder die Freisetzung von Acetylcholin in der präsynaptischen Faser aus. Zusätzlich könnte eine Adaptation der Rezeptoren an den erhöhten Acetylcholinlevel stattfinden. Bei manchen Organophosphaten wurde auch nachgewiesen, daß sie bei genügend hoher Konzentration zusätzlich mit den Rezeptoren direkt reversibel reagieren und dadurch eine postsynaptische Erregung durch Acetylcholin verhindern können. Zur Zeit gibt es Anhaltspunkte für all diese Erklärungen, aber welcher dieser Effekte der entscheidende ist, muß noch untersucht werden.

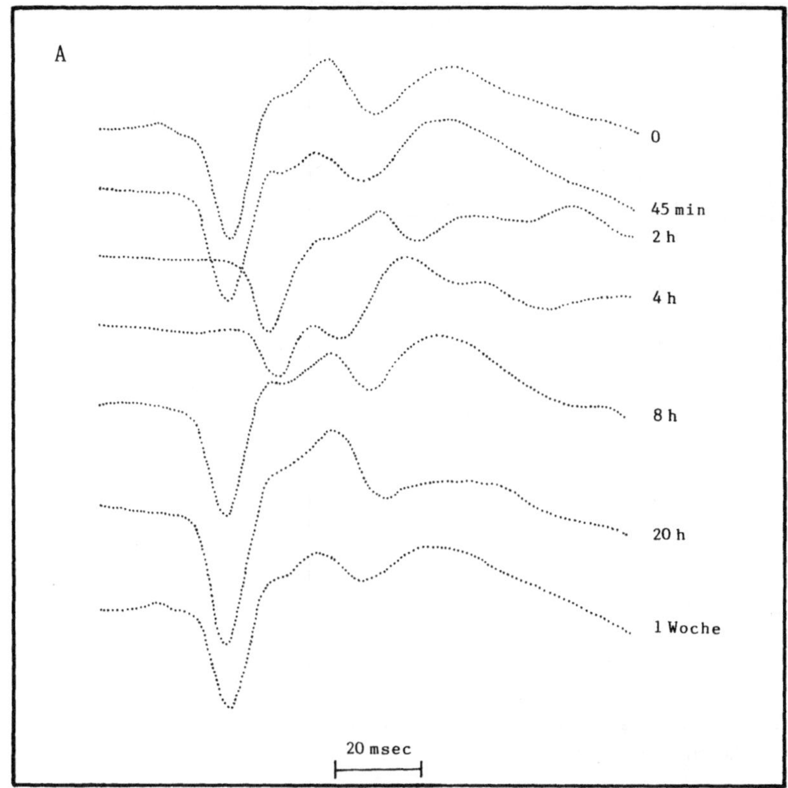

Abb. 2.20A. Auswirkung von Parathion auf die durch Blitzlicht ausgelösten Potentiale in der Sehrinde einer Ratte. [Nach Woolley et al.]

Wesentlich empfindlicher gegenüber der Einwirkung von Organophosphaten sind die Verhaltensfunktionen. Verhaltensstörungen treten bereits bei einer geringeren Dosis auf als die meßbaren Veränderungen der Gehirnpotentiale; außerdem halten sie auch länger an. So normalisiert sich das optische Unterscheidungsvermögen von Rhesusaffen (Macaca mulatta) je nach Dosis erst wieder nach ein bis mehreren Wochen (Abb. 2.21).

Die Detoxifikation erfolgt hauptsächlich durch Spaltung der Phosphoresterbindung durch Arylesterasen, die nicht durch Organophosphate blockierbar sind. Durch die entstehende negative Ladung wird das Phosphat gegenüber dem Angriff von ROH inaktiviert und außerdem wasserlöslicher, so daß es ausgeschieden werden kann. Der abgespaltene Rest kann über die OH-Gruppe konjugiert werden (vgl. Abb. 1.67).

Bei Insekten sind die Transmittersubstanzen der einzelnen Nervenfasern weniger gut untersucht. Das Vorhandensein von Acetylcholinesterase und Acetylcholin als Transmitter wurde für verschiedene Wirbellose, darunter auch Insekten, nachgewiesen. Allerdings differieren diese Acetylcholin-

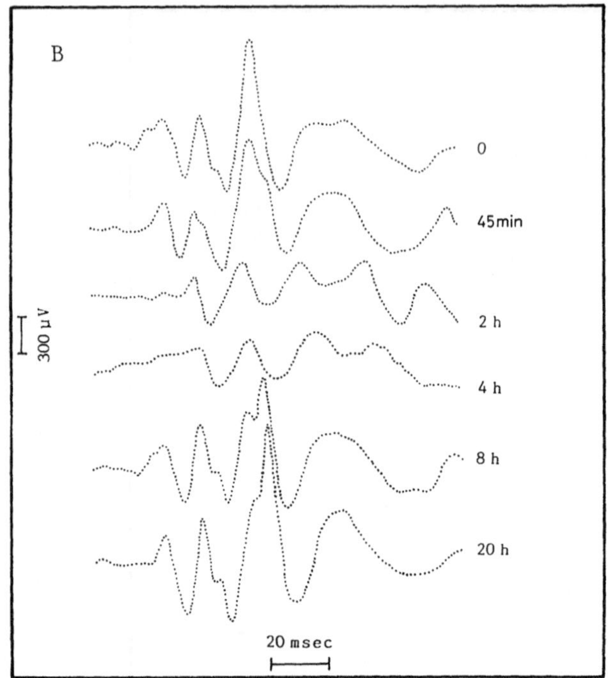

Zeit nach der Applikation von Parathion
(3 mg/kg subcutan)

Abb. 2.20B. Auswirkung von Parathion auf die durch Blitzlicht ausgelösten Potentiale im Colliculus superior (Teil des Mittelhirns) einer Ratte. [Nach Woolley et al.]

esterasen zum Teil von denen der Wirbeltiere in ihrem Verhalten gegenüber den einzelnen Organophosphaten. Das gleiche gilt für die Rezeptortypen. Bei der Stubenfliege wurden insgesamt drei Bindungsproteine für Acetylcholin gefunden. Zwei davon lassen sich mit geringfügigen Abweichungen als Muscarin- bzw. Nicotin-Rezeptor betrachten, während das dritte Protein, dessen Funktion als Rezeptor noch nicht gesichert ist, ein ganz anderes pharmakologisches Verhalten zeigt. Trotzdem geht man davon aus, daß die Hauptwirkung von Organophosphaten in Insekten der in Wirbeltieren ähnelt. Das schließt die Beteiligung zusätzlicher Prozesse nicht aus.

Resistenz entstand bei vielen Insektenarten gegenüber verschiedenen Organophosphaten. Dafür wurden folgende Ursachen gefunden:

– Erhöhung des Gehaltes an bzw. Steigerung der Aktivität von Hydrolasen, die selbst nicht durch das Insektizid blockiert werden und die aktive Form oder deren Vorstufe spalten. Inhibitoren dieser Enzyme wirken als Synergisten für Organophosphate. Die wichtigsten Hydrolasen sind die Carboxyesterasen, die für den vermehrten Malathionabbau in resistenten Stämmen von Culex tarsalis verantwortlich sind, und die Phosphatasen, die den vermehrten Malaoxonabbau in resistenten Stämmen von Culex tarsalis bewirken.

a
b1
Zahl der korrekten Reaktionen
20
16
12
8
4
20
16
12
8
4
MMU 6448
MMU 6493
2
1
5
24
29
1
2
3
Wochen
Stunden
Wochen
Zeit

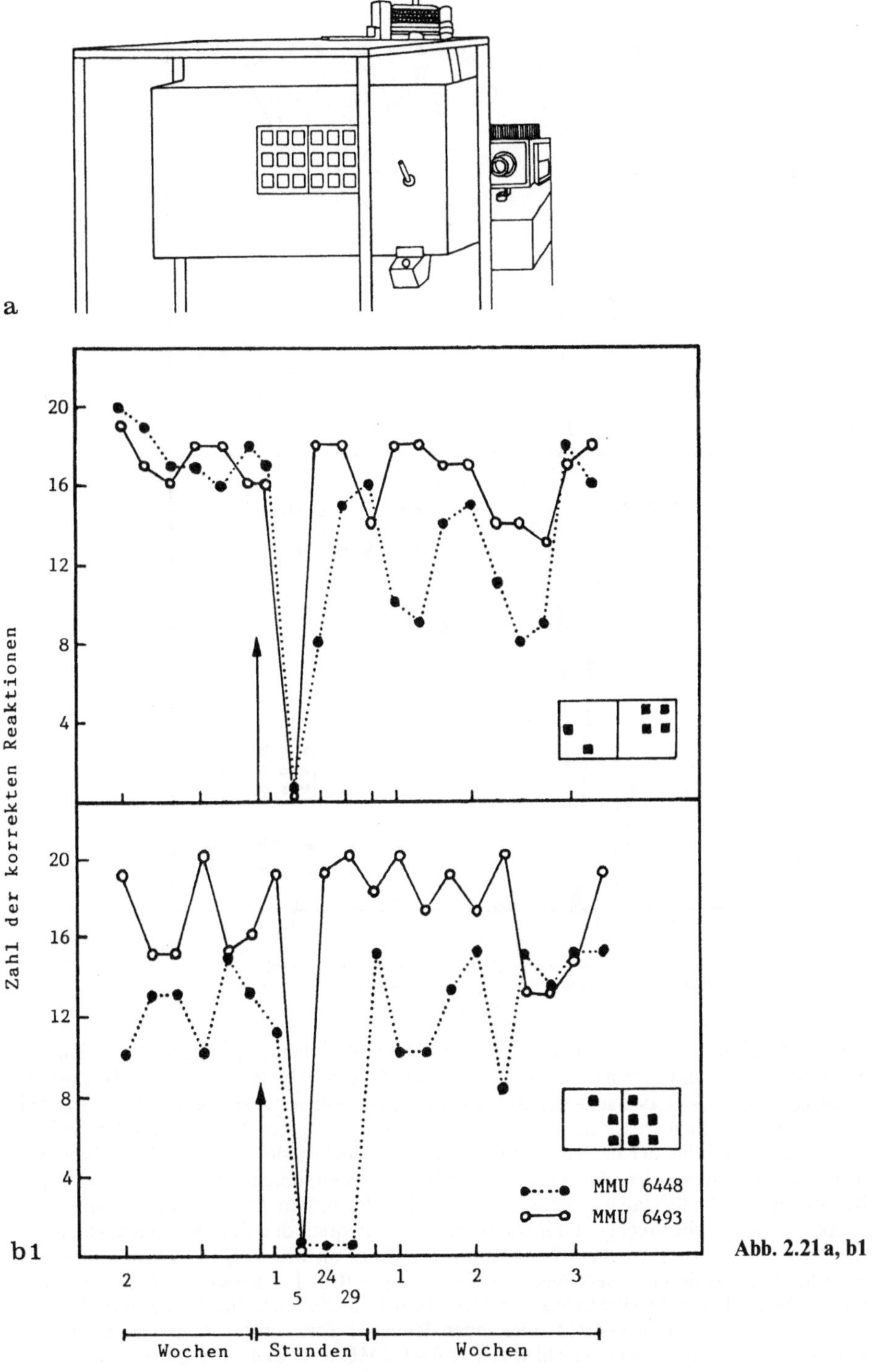

Abb. 2.21 a, b1

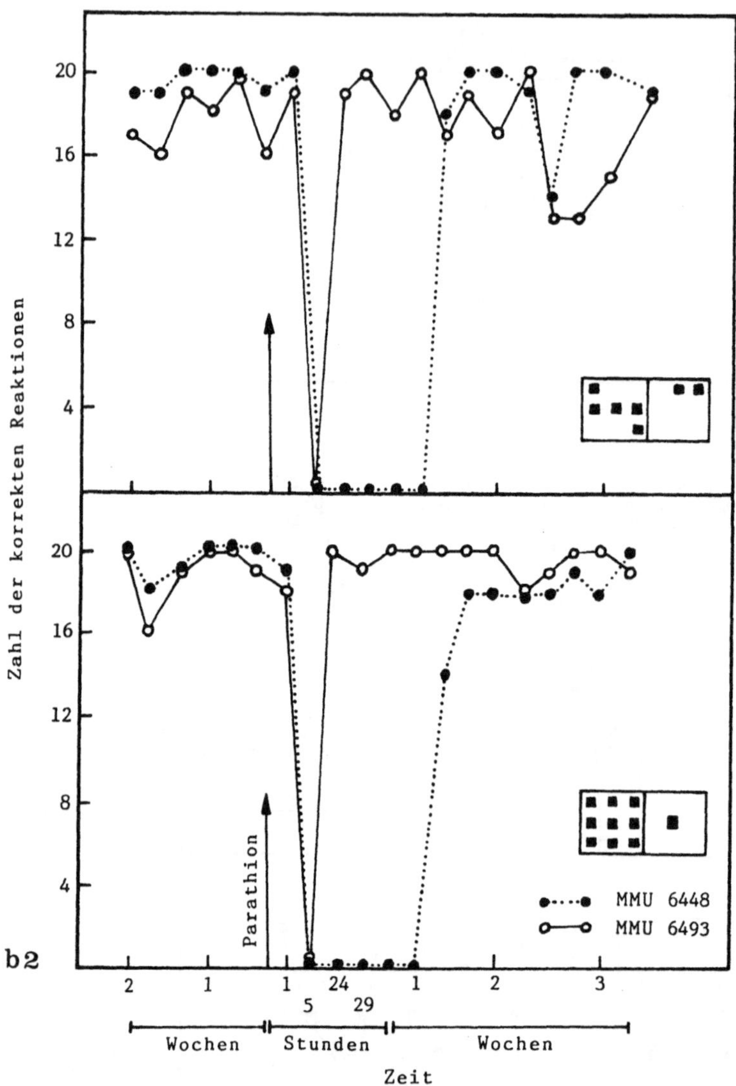

Abb. 2.21. Einfluß von Parathion auf das optische Unterscheidungsvermögen von Rhesusaffen (Macaca mulatta). Während des Versuches befanden sich die Tiere in einer Box (**a**). Bei Betätigung des Schalters erschienen in beiden Feldern zwei verschiedene Muster aus jeweils 9 hellen und dunklen Quadraten. Die Tiere lernten, diese beiden Muster zu unterscheiden. Wenn sie das richtige der beiden Felder berührten, erhielten sie automatisch ein Bananenpellet. Insgesamt wurden 4 verschiedene Musterkombinationen angeboten, davon jede Kombination 20mal. Dabei wechselte das richtige der beiden Muster einer Kombination zufallsmäßig zwischen rechts und links. Korrekte Antworten der Tiere wurden automatisch registriert. Nach zwei Wochen Gewöhnung der Tiere an die Aufgabe wurde ihnen eine Einzeldosis Parathion in 4 verschiedenen Dosierungen (0,5; 1; 1,5 und 2 mg/kg) oral verabreicht. Die niedrigste Dosis zeigte keine Auswirkung, aber die drei höheren beeinflußten die Anzahl der richtigen Antworten über einen längeren Zeitraum; **b** zeigt die Anzahl der korrekten Antworten zweier verschiedener Affen (MMU 6448 und 6493) bei einer Dosis von 2 mg/kg. Wenn die Anzahl richtiger Antworten 0 ist, dann verweigerten die Tiere die Durchführung der Aufgabe ganz. [Nach Woolley et al.]

$$
\begin{array}{ccc}
\text{Malathion} & \xrightarrow{\text{Phosphatase / Carboxyesterase}} & \text{Malaoxon}
\end{array}
$$

Malathion

Malaoxon

Bei Musca domestica war die Steigerung des Phosphatasegehaltes mit einer Verringerung des Carboxyesterasegehaltes verbunden, was als mutative Umwandlung der Carboxyesterase in eine Phosphatase (modifizierte Aliesterase) interpretiert wurde. Sowohl das ursprüngliche Enzym als auch die modifizierte Form wurden durch Organophosphate phosphoryliert, aber während die Carboxyesterase dadurch irreversibel blockiert wurde, fand sich bei der Phosphatase eine zwar langsame, aber deutliche Regeneration. Auch bei einigen resistenten Lepidopterenarten wurden verschiedene Hydrolasen identifiziert, die sich bezüglich ihrer Affinität zu den Sauerstoff- bzw. Schwefelanalogen des Organophosphates und ihrer Umsatzrate unterscheiden.

– Erhöhung der Aktivität der Glutathion-S-Alkyltransferase bei manchen diazinonresistenten Stämmen von Musca domestica. Dieses Enzym spaltet Diazinon unter Kopplung des Restes an Glutathion (GSH).

$$
\text{Diazinon} + \text{GSH} \xrightarrow{\text{Glutathion-S-transferase}} + \text{GS--R}
$$

– Erhöhte Aktivität der mischfunktionellen Oxygenasen. Diese Enzyme spielen nicht nur bei der Aktivierung, sondern auch beim Abbau von Organophosphaten eine große Rolle. Bei manchen diazinon-resistenten Stämmen von Musca domestica ist der Gehalt an Cytochrom P-450 in mikrosomalen Enzympräparaten ca. doppelt so hoch wie bei sensitiven Stämmen.

– Erhöhte Aufnahme des Insektizids in das Fettgewebe. Die weiblichen Tiere der Schabe Periplaneta americana sind doppelt so tolerant gegenüber Schradan wie die männlichen Tiere, was sich möglicherweise darauf zurückführen läßt, daß die Weibchen fünfmal so viel des Insektizids in den Fettkörper aufnehmen wie die Männchen.

– Geringere Sensitivität der Acetylcholin- oder Cholinesterase gegenüber den Inhibitoren. Die einzelnen Isoenzyme der Acetylcholinesterase in verschiedenen resistenten und nicht resistenten Stämmen der Milbe Boophilus microplus können in ihrer Sensitivität gegenüber Coroxon um das 500fache differieren.

Die verschiedenen Mechanismen können zusammenwirken, aber auch durch andere Faktoren kompensiert werden. Beispielsweise beträgt die Detoxifikationsrate für Famphur 90 %/h bei der Maus und nur 10 %/h bei der Wanze Oncopeltus fasciatus, aber die LD_{50}-Werte sind für beide Arten fast gleich (11,6 mg/kg bei der Maus, 8 mg/kg beim Insekt), denn die Acetylcholinesterase der Maus ist 32mal empfindlicher gegenüber der aktiven Form von Famphur als die AChE des Insektes.

2.1.2.2   Verzögerte Neuropathie

Die verzögerte Neuropathie wurde zuerst am Menschen beobachtet und danach im Experiment auch bei anderen Warmblütern gefunden. Dabei erwies sich das Haushuhn als empfindlichste Art, während Ratten vergleichsweise widerstandsfähig waren. Generell reagieren Nagetiere nicht oder in abweichender Weise mit verzögerter Neuropathie; Affen, Wiederkäuer, Hunde, Katzen und manche Vögel sind dagegen extrem sensibel.

Ausgelöst wird diese Erkrankung durch zahlreiche Substanzen, die teils akut cholinerg wirken, teils nicht. Von diesen Verbindungen wurde Tri-o-kresylphosphat (TOCP, Verwendung als Schmiermittel in der Ölindustrie, Weichmacher für Thermoplaste u. a.) am besten untersucht. TOCP bewirkt keine akute Vergiftung. Die oral toxische Minimaldosis für Hühner beträgt ca. 250 mg/kg Körpergewicht.

Der Krankheitsverlauf ist bei ihnen sehr gleichförmig und gut reproduzierbar. Die ersten äußeren Symptome zeigen sich nach ein bis zwei Wochen. Bis dahin gibt es – auch histologisch – keinerlei Anzeichen für eine Vergiftung; lediglich elektrophysiologische Untersuchungen am Ischiasnerv ergeben bereits nach 24 Stunden einen Anstieg des Schwellenwertes für die Erregungsauslösung. Ansonsten verhalten sich die Tiere völlig normal. Nach 10–14 Tagen verbringen sie einen immer größeren Teil der Zeit in sitzender Haltung, bei Bewegung wirken sie geschwächt, und ihr Gang wirkt plump (Ataxie). Weibliche Tiere legen keine Eier mehr; unreife Eier werden resorbiert. Nach 15–20 Tagen sind die Beine gelähmt und die Flügel merklich geschwächt. Zuletzt nimmt auch die Häufigkeit der Nahrungsaufnahme ab. Bei einer genügend hohen Dosis führt das zu einem starken Gewichtsverlust, an dem die Tiere schließlich sterben. Bei einer subletalen Dosis tritt nach einem leichten Gewichtsverlust wieder eine Gewichtszunahme und eine allgemeine Besserung des Gesundheitszustandes ein, obwohl eine Störung des Gebrauchs der Extremitäten zurückbleiben kann.

Im Gegensatz zur akuten Toxizität tritt bei der verzögerten Neuropathie ein additiver Effekt auf. Kleine Dosen von mehreren mg TOCP/kg Körpergewicht über eine längere Zeit täglich aufgenommen induzieren Ataxie nach 27–42 Tagen. Diese kumulative Wirkung wird nur bei Verbindungen beobachtet, die in hoher Dosis Neuropathie verursachen, nicht aber bei Organophosphaten, die in toxischen Dosen ausschließlich akut cholinerg wirken. Die Voraussetzung für eine additive Auslösung der Neuropathie ist erstens eine Gesamtdosis, die annähernd der oral toxischen Minimaldosis entspricht, und zweitens eine tägliche Mindestdosis; bei Hühnern liegt sie für TOCP bei 5 mg/kg Körpergewicht. Unterhalb dieses Schwellenwertes ist kein kumulativer Effekt mehr zu beobachten. Das spricht dafür, daß dann Ausscheidung bzw. Metabolisierung die Aufnahme soweit kompensieren, daß keine wirksamen Mengen mehr angereichert werden können. Wird umgekehrt bei einer einmaligen Aufnahme die Menge über die toxische Minimaldosis hinaus erhöht (bis 2000 mg/kg), dann wirkt sich das nur auf den Grad der Lähmung im Endstadium aus; die ataxische Phase beginnt nicht wesentlich früher.

Das histologische Bild erkrankter Tiere zeigt eine parallel zur Ataxie verlaufende, fortschreitende Degeneration von einzelnen Bereichen bestimmter Nervenzellen. Davon werden die distalen Enden der längeren peripheren und zentralen Neurone zuerst betroffen. Die erste sichtbare Veränderung besteht in einer Anschwellung der Vakuolen, gefolgt von einer deutlichen Wucherung der Vesikel des glatten endoplasmatischen Retikulums und einer Desintegration der neurotubulären Organellen. Schließlich zerfällt auch die Myelinscheide in lose Strukturen. Die Zerstörung breitet sich je nach Dosis unterschiedlich weit über den Axon aus und kann in schweren Fällen den ganzen Zellkörper einschließen. Von den peripheren Nerven sind u. a. die sensorischen Nerven der Muskelspindel am stärksten geschädigt. Im Rückenmark treten die degenerativen Erscheinungen bei den aufsteigenden Bahnen in der Halsregion und bei den absteigenden Bahnen im dorsalen und lumbosacralen Bereich auf. Beim Menschen sind sie beschränkt auf die peripheren Nerven und Teile der Spinalnerven; in manchen Fällen sind auch die motorischen Nerven der Medulla geschädigt. Eine Regeneration der zerstörten Nerven findet nicht statt. Die teilweise Erholung beruht auf der Entwicklung von kollateralen Nervenverbindungen bzw. von Muskeln, die durch nicht geschädigte Nerven gesteuert werden.

Zur Erklärung dieses Krankheitsbildes gibt es mehrere Hinweise. Erstens sind alle Organophosphate, die verzögerte Neuropathie induzieren, Esteraseinhibitoren, aber nicht alle Esteraseinhibitoren lösen Neuropathie aus. Zweitens besteht ein Zusammenhang zwischen der Auslösung von verzögerter Neuropathie durch verschiedene Organophosphate und deren Fähigkeit zur Blockierung eines esteratisch wirksamen Proteins (neuropathy target esterase; früher auch neurotoxic esterase = NTE), das aus neuralem und nicht neuralem Gewebe von Warmblütern isoliert wurde und normalerweise an Membrane gebunden vorliegt. Offenbar ist eine 70–80%ige Inhibition der NTE in Gehirn bzw. Spinalstrang nötig, um eine verzögerte Neuropathie hervorzurufen. Und drittens läßt sich die Induktion der Neuropathie verhindern, indem man vor der Applikation der neurotoxischen Organophosphate Verbindungen verabreicht, die das esteratische Zentrum der NTE reversibel blockieren (z. B. Sulfonylfluoride oder Carbamatester). Die Esterase wird dann vor der Phosphorylierung durch die neurotoxische Substanz geschützt. Diese Schutzwirkung hält so lange an, bis wieder 70–80% der normalen Esteraseaktivität vorhanden sind. Es ist also offenbar nicht der Verlust der

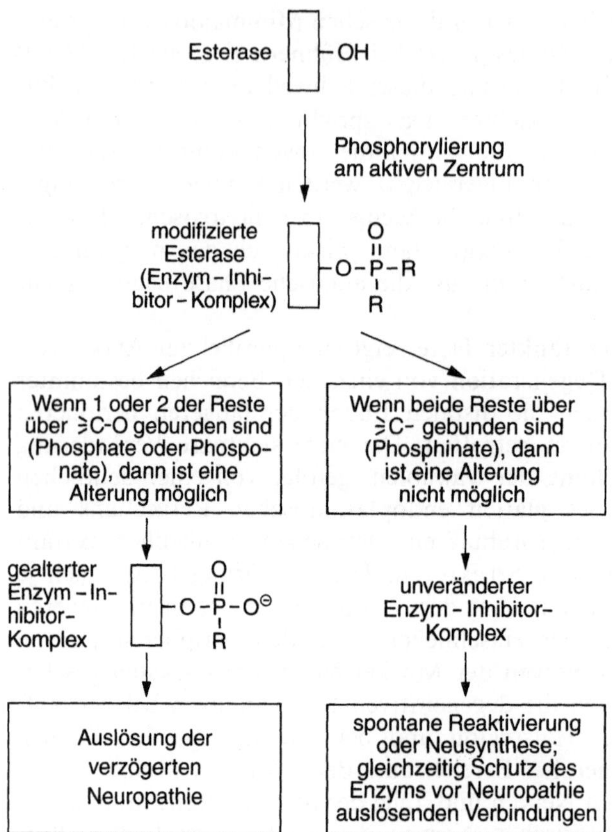

Abb. 2.22: Schema der Reaktion von Organophosphaten mit der NTE. [Nach Johnson, 1982]

Abb. 2.23. Aktivierung von Tri-o-kresylphosphat. Der erste Schritt besteht in einer Hydroxylierung einer der Methylgruppen. Durch Reaktion der gebildeten Hydroxygruppe mit dem Phosphor kommt es anschließend zum Ringschluß unter Eliminierung einer Kresylgruppe. [Nach O'Brien]

Esteraseaktivität, der über die Auslösung der Neuropathie entscheidet. Als zweiter Schritt muß wahrscheinlich eine irreversible Sekundärreaktion des Enzym-Inhibitorkomplexes (Alterung) hinzukommen (Abb. 2.22). Dabei hängt die biologische Wirksamkeit von der Art der Gruppe ab, die kovalent an das aktive Zentrum der NTE gebunden ist. Möglicherweise besitzt der gesamte membrangebundene Enzymkomplex eine physiologische Funktion, während die Esterasetätigkeit aufgrund des Vorhandenseins redundanter Enzyme von untergeordneter Bedeutung ist.

Die Bedeutung der NTE für den Organismus ist noch nicht bekannt. So gewinnt die NTE über 50 % ihrer Aktivität zurück, bevor sich überhaupt klinische Anzeichen für eine Neuropathie entwickeln. Es gibt auch zur Zeit keine Theorie, die alle Erscheinungen der verzögerten Neuropathie befriedigend erklärt.

Die Auslösung von verzögerter Neuropathie wurde bei sehr unterschiedlichen Verbindungen nachgewiesen. Dazu gehören u. a. Organophosphate, in denen der Phosphor direkt an ein F-Atom oder einen Phenylrest gebunden ist. Häufig ist nicht die Ausgangssubstanz selbst toxisch, sondern ein Metabolit. Dies ist auch der Fall bei TOCP (Abb. 2.23). Daß dort ein zyklisches Produkt die aktive Form darstellt, erklärt die Inaktivität der para- und meta-Cresylester, die nicht zu phosphorylierenden Verbindungen zyklisieren können. Wahrscheinlich sind für die Effektivität von Neuropathie auslösenden Verbindungen folgende Faktoren von Bedeutung:
1) die relative Stabilität des Moleküls während des Transportes zum Axon der Nervenzelle
2) die relative Lipophilie und die daraus resultierende Anwesenheitsdauer im Axon
3) die elektronischen und sterischen Eigenschaften des Substituenten, die die Phosphorylierungsfähigkeit der Verbindung bzw. ihres aktiven Metaboliten bestimmen
4) die Reaktivität bei der Alterungsreaktion.

Dabei hat sich gezeigt, daß die Neigung zur Alterung bei Enantiomeren sehr verschieden sein kann. Generell scheinen wie bei der Blockierung der AChE die P = S-Verbindungen schlechtere Inhibitoren zu sein als die P = O-Analogen. Die Korrelation zwischen der in vitro-Inhibition der NTE und der in vivo-Initiation der verzögerten Neuropathie ist jedoch nicht sehr ausgeprägt. Die Fähigkeit zur Metabolisierung oder andere Faktoren spielen wahrscheinlich eine ebenso große Rolle wie die Enzymhemmung.

2.1.3 Beispiel III: Chlorphenoxyessigsäuren

Chlorphenoxyessigsäuren gehören zu den Wuchsstoffherbiziden, deren Toxizität auf der Imitation von Auxinen, einer Gruppe natürlicher Pflanzenhormone, beruht. Auxine sind nach einer ihrer Wirkungen definiert als Verbindungen, die fähig sind, in den Zellen von Schößlingen eine Zellstreckung

Indol-3-essigsäure (IAA)   4-Chlorindol-3-essigsäure

Abb. 2.24. Strukturen zweier natürlicher Auxine

hervorzurufen. Natürliche Auxine sind beispielsweise die Indol-3-Essigsäure (IAA) und die 4-Chlorindol-3-essigsäure (Abb. 2.24).

In der Regel verursachen Auxine eine ganze Reihe unterschiedlicher Effekte (die Induktion oder Stimulierung des Streckenwachstums von Sprossen ist nur der auffallendste), die zum Teil noch kaum erforscht sind. Dazu gehören beispielsweise:

- Induktion oder Stimulierung von Zellteilung, Xylem- und Phloemdifferenzierung, Adventivwurzel- und Zwiebelbildung, Bildung samenloser Früchte u. a.
- Stimulierung der Biosynthese bzw. Aktivierung von Enzymen; dadurch auch Beteiligung an der Regulation der Ethylensynthese
- Unterdrückung des Austriebs von Seitenknospen und des Blatt- und Fruchtfalls
- Steigerung der Wasseraufnahme mancher Gewebe (z. B. des Speicherparenchyms von Kartoffelknollen)
- Beteiligung an tropistischen Bewegungen
- Änderung der Phaseneigenschaften von Lipiden, der Verteilung von Intraplasmamembranpartikeln und der Protoplasmaviskosität, Auslösung der Protoplasmaströmung
- Einfluß auf den Nukleinsäuremetabolismus

Die Wirkung hängt nicht nur von der Verbindung ab, sondern auch vom Gewebetyp und dessen Alter, Reife bzw. physiologischem Zustand. Auch die Dosis-Wirkungs-Kurven sind je nach Gewebeart verschieden (Abb. 2.25). Dabei ist auch das Zusammenspiel mit anderen Gruppen von fördernden bzw. hemmenden Hormonen (Cytokinine, Ethylen u. a.) von Bedeutung.

Es gibt eine ganze Reihe sehr unterschiedlicher synthetischer Verbindungen, die in Pflanzen Auxinwirkung zeigen. Zu den wichtigsten gehören die 2,4-Dichlorphenoxyessigsäure (2,4-D) und einige ihrer Derivate (Abb. 2.26). Bei diesen wurden auch die Struktur-Aktivitäts-Beziehungen am gründlichsten untersucht. So besitzen Zahl und Stellung der Ringsubstituenten einen großen Einfluß auf die wachstumsfördernde Aktivität der Verbindungen. Beispielsweise sind die 2,3-, 2,4- und 3,4-Isomere der Dichlorphenoxyessigsäure physiologisch aktiv, die 2,6- und 3,5-Isomere dagegen nicht. Bei den Monochlorderivaten steigt die Aktivität in der Reihe 2 < 3 < 4, während die unsubstituierte Phenoxyessigsäure keine Aktivität besitzt.

Auch Substituenten am Acetylrest sind für die Wirkung von Bedeutung. So muß am der Carboxygruppe benachbarten C-Atom wenigstens ein Wasser-

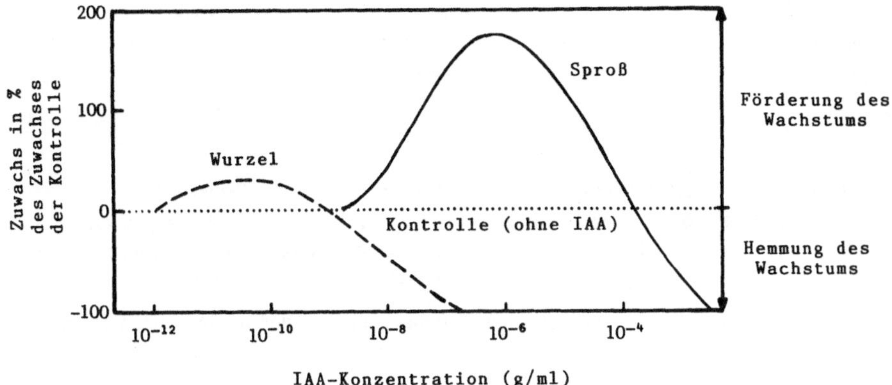

Abb. 2.25. Abhängigkeit des Sproß- und Wurzelwachstums von der vorhandenen IAA-Konzentration. Die Konzentration liegt im Sproß normalerweise unterhalb des Optimums, während sie in der Wurzel je nach Pflanzenart und Stickstoffversorgung etwas über oder unter dem Optimum liegt. [Nach Libbert]

stoffatom erhalten bleiben, damit die Verbindung aktiv bleibt (Abb. 2.27). Besitzt das Molekül ein asymmetrisches C-Atom, dann ist ein Enantiomer hochaktiv und das andere inaktiv.

Insgesamt sind offenbar für die Aktivität dieser synthetischen Auxine drei Strukturelemente unerläßlich: die Carboxygruppe, der ortho-Substituent am Ring und eine bestimmte räumliche Anordnung zwischen Ringsystem und polarer Gruppe, die nicht durch voluminöse Reste in der Seitenkette gestört werden darf. Aufgrund dieser Bedingungen wurde die Zweipunkt-bindungshypothese aufgestellt, nach der das Molekül zu einem Bindeprotein passen muß, um Auxinwirkung zu entfalten (Abb. 2.28a und b).

Nach dieser Theorie wird die optimale Auxinwirkung dann erreicht, wenn die Zahl der Auxinmoleküle gerade ausreicht, um alle Bindungs-stellen zu besetzen. Bei einem Überschuß an Auxin kommt es zur Konkurrenz zwischen den einzelnen Auxinmolekülen, so daß die Wirkung sinkt. Auf ähnliche Weise werden Auxine durch sogenannte Antiauxine kompetitiv gehemmt. Viele Antiauxine lassen sich dadurch erhalten, daß eine der drei wesentlichen strukturellen Voraussetzungen für die Auxinwirkung eliminiert wird (Abb. 2.29). Häufig sind sie für sich allein schwach aktiv und wirken erst in Gegenwart eines starken Auxins kompetitiv hemmend.

Einer anderen Hypothese zufolge besitzt der Rezeptor eine elektrophile, planare Region, die größer ist als der Indolkern und mit der der aromatische Ring und die elektronenreichen Substituenten durch ihre delokalisierten π-Elektronen in Wechselwirkung treten können. Der Grad der Bedeckung dieser Fläche durch elektronenreiche Gruppen könnte mit der Auxinaktivität korreliert sein. Auch eine Dreipunktbindungstheorie wurde diskutiert (Abb. 2.28c). Wieder andere Autoren nehmen eine Konformationsänderung bei der Bindung an.

Ebenso vielfältig wie die Wirkungen der natürlichen Auxine können die Effekte sein, die durch synthetische Auxine hervorgerufen werden. Auch

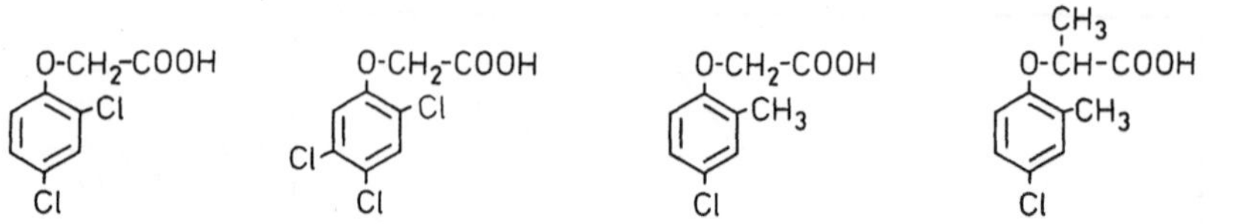

2,4-Dichlor-phenoxyessigsäure (2,4-D)

2,4,5-Trichlor-phenoxyessigsäure (2,4,5-T)

2-Methyl-4-chlor-phenoxyessigsäure (MCPA)

2-(2-Methyl-4-chlorphenoxy)-propionsäure (CMPP)

Abb. 2.26. Strukturen einiger synthetischer Auxine vom Typ der halogenierten Phenoxyessigsäuren

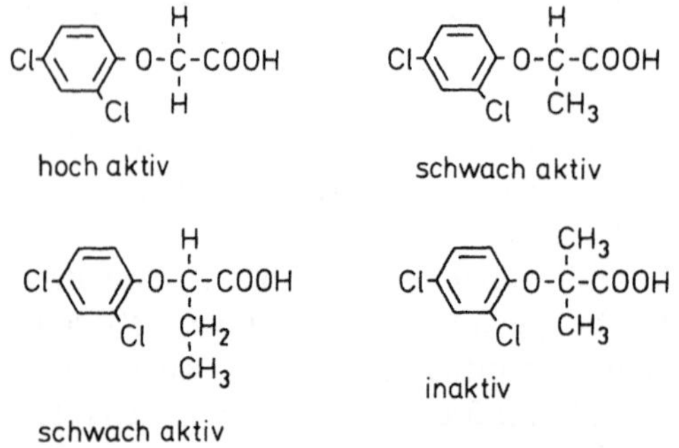

Abb. 2.27. Einfluß von Substituenten am Acetylrest auf die Aktivität von Chlorphenoxyessigsäurederivaten

hier spielt die Dosis eine große Rolle. In sehr geringer Konzentration stimulieren diese Verbindungen das Wachstum genauso wie IAA. In extrem hoher Konzentration wirken sie als Kontaktgift. Die Blätter werden zerstört, der Transport unterbunden, und die Pflanze verliert zwar den behandelten Teil, bleibt selbst aber am Leben. In mäßig hohen Konzentrationen wird offenbar das Auxin-Cytokinin-Gleichgewicht gestört. Äußerlich sicht-

Abb. 2.28. Hypothesen für die Bindung von Auxinen an ein Bindeprotein. **a** Zweipunktbindungshypothese: Auxine liegen in Zweipunktbindung vor (A) und Antiauxine in Einpunktbindung (B–D). Bei überoptimaler Auxinkonzentration (E) wird aufgrund der gegenseitigen Konkurrenz ebenfalls ein Teil der Auxinmoleküle nur an einem Punkt gebunden. Die Auxinwirkung ist proportional der Anzahl der in Zweipunktbindung besetzten Bindestellen; **b** Vergleich der Strukturen von IAA und verschiedenen synthetischen Auxinen, der zeigt, daß jeweils eine schwach positive Ladung in 5,5 Å Abstand von der negativen Ladung der dissoziierten Carboxylgruppe vorhanden ist. [**a** Nach Libbert, **b** nach Strasburger]

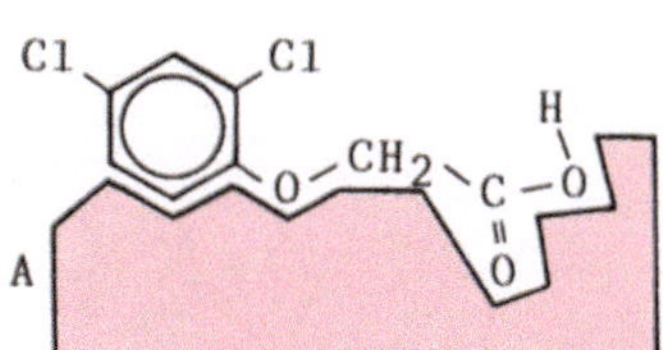

Cl
Cl
CH2
C
O
H
O
O
A
Cl
Cl
O
CH2
C
O
H
O
B
Cl
Cl
O
CH3
C
Cl
Cl
CH3
CH3
O
C
O
H
O
D
H
O
C
CH2
O
O
Cl
Cl
Cl
Cl
O
H2C
C
O
H
O
E
a

H
H
CH
C
O
HN
O
H
δ+
IAA
δ+
O
H
C
C
O
Cl
O
Cl
2,4-Dichlorphenoxy-
essigsäure
Cl
O
δ+
Cl
Cl
O
2,3,6-Trichlor-
benzoesäure
H3C
δ+
O
H
C
N
C
H3C
S
O
C
O
Thiocarbamat
b
5,5Å

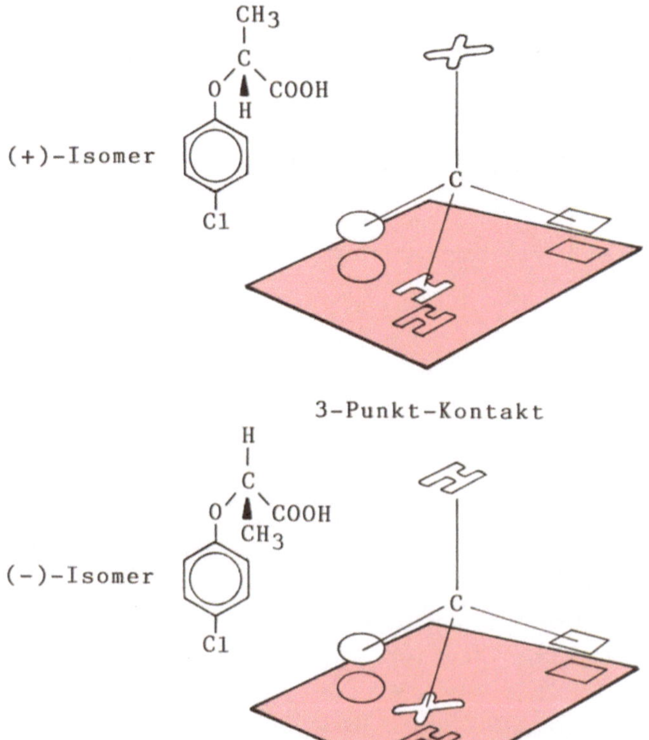

Abb. 2.28 c. Dreipunktbindungshypothese. [Nach Garraway u. Wain]

bare Symptome an mit 2,4-D behandelten Pflanzen sind beispielsweise Verdickung und Verkrümmung des Sprosses und die Bildung von Sekundärwurzeln und Tumoren; schließlich wird das Phloem verstopft, das Xylem bricht zusammen, die Wurzeln verhungern, und die Pflanze geht ein.

Charakteristisch für die Störung der hormonellen Balance ist die Umkehrung des gesamten normalen Wachstumsmusters. Die Teilung in meristematischen Zellen wird gestoppt, während sich das Parenchym ausgereifter Gewebe zu teilen beginnt, wobei jedoch die Differenzierung der neugebildeten Zellen verzögert wird. Die Ausdehnung junger Blätter wird unterbunden; statt dessen bilden sie ein sehr kompaktes Mesophyll mit wenig Chloroplasten. Die Wurzelstreckung hört auf, aber die radiale Expansion läuft weiter, und schließlich verlieren die Wurzeln ihre Fähigkeit zur Aufnahme von Wasser und Nährstoffen.

Viele dieser Wirkungen sind wahrscheinlich sekundär. Als primär wird jedoch der Eingriff der synthetischen Auxine in den Nukleinsäure-Metabolismus betrachtet. In expandierenden Geweben nimmt die Menge an RNA zu, in nekrotischen Zellen dagegen ab. Die Resistenz von Gräsern gegenüber 2,4-D wird zum Teil deren natürlicherweise hohem Ribonukleaselevel zugeschrieben. Die Anregung der RNA-Synthese scheint über die RNA-Polymerase zu erfolgen. Der Mechanismus ist allerdings noch unklar. Möglicherweise wird das Herbizid an die Plasmamembran gebunden, wo ein Transkriptionsfaktor freigesetzt wird, der in den Zellkern wandert und dort den Transkriptionsprozeß kontrolliert. Da die neusynthetisierte RNA bzw. die gebildeten Proteine offenbar in den Stamm wandern, werden Transpiration und Transport allmählich unterbrochen.

Einige der Reaktionen lassen sich durch die Steigerung der Ethylenproduktion erklären. Dazu gehört auch der Blattabwurf bei Bäumen (Einsatz von 2,4,5-T u. a. zur großflächigen Entlaubung als Erntehilfe oder zur Bekämpfung von Insekten durch Beseitigung ihrer Brutstätten). Dabei wirken Auxine und Ethylen antagonistisch. Auxine verzögern die Alterung der Blätter, während Ethylen sie beschleunigt. Entsprechend ist die Auxinkonzentration in jungen Blättern mit gesteigerter Ethylenproduktion hoch und in alternden Blättern mit nachlassender Ethylenproduktion gering. Andererseits wird die Ethylenproduktion durch Auxine angeregt (Abb. 2.30). Wird den Blättern über die Oberfläche Auxin zugeführt, dann wird dort ein lokaler Überschuß an Ethylen gebildet, der in die nicht behandelten Blattbereiche diffundiert. In dem behandelten Teil selbst wird die Ethylenwirkung offenbar durch die hohe Auxinkonzentration aufgehoben, so daß keine Veränderung eintritt. In den umliegenden Gewebeteilen dagegen ist der normalerweise vorhandene Auxinlevel zu niedrig, um dem Ethylen entgegenzuwirken. Eine vorzeitige Alterung setzt ein, und der Blattabwurf erfolgt innerhalb von ein bis drei Wochen.

Der Unterschied in der Wirkung von natürlichen und synthetischen Auxinen beruht vor allem darauf, daß die Konzentrationen der natürlichen Auxine unter der Kontrolle des Stoffwechsels stehen, so daß sich keine schädlichen Mengen ansammeln können. Die synthetischen Auxine können

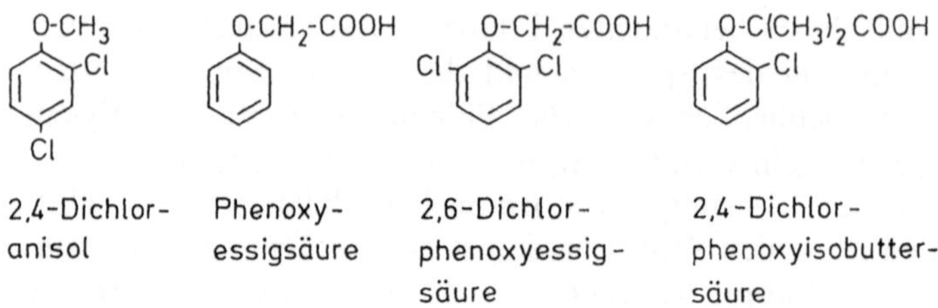

Abb. 2.29. Strukturen einiger schwacher Auxine bzw. Antiauxine

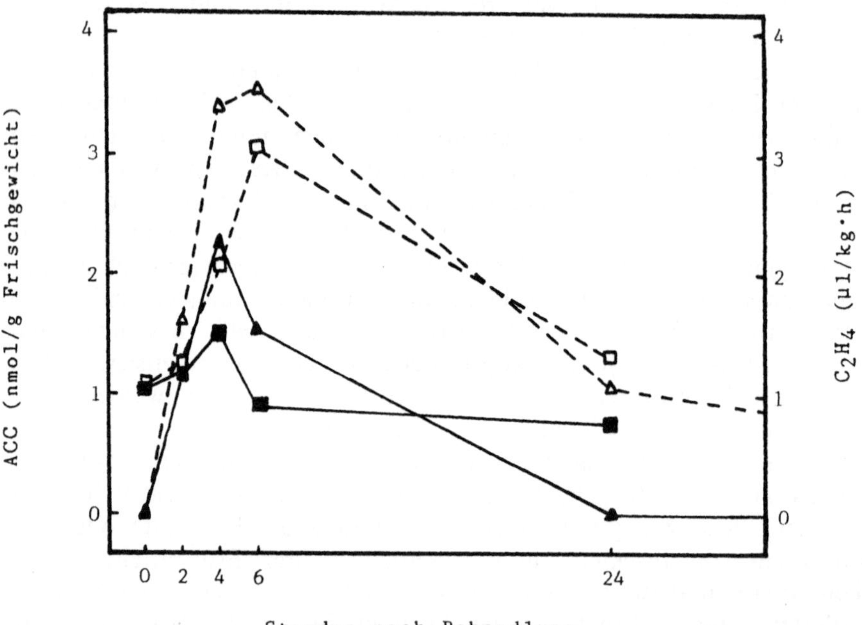

Abb. 2.30. Produktion von Ethylen bzw. dessen Vorstufe 1-Aminocyclopropan-1-carbon-
säure (ACC) in mit 0,1 mM Lösung von 2,4-D bzw. Wasser behandelten Bananenfrucht-
scheiben. [Nach Vendrell u. Dominguez]
△ Ethylenentwicklung mit 2,4-D
▲ Ethylenentwicklung ohne 2,4-D
□ ACC-Entwicklung mit 2,4-D
■ ACC-Entwicklung ohne 2,4-D

jedoch nicht auf dem gleichen Weg wie IAA durch Oxidation bzw. Konjugation desaktiviert und damit reguliert werden. Ihre Toxizität hängt deshalb in hohem Maß davon ab, wie effektiv sie auf anderen Wegen entgiftet
werden können. Entsprechend wirken Chlorphenoxyessigsäuren sehr selektiv. So ist 2,4-D hochaktiv in vielen breitblättrigen Pflanzen, aber nicht
toxisch für Gräser (Verwendung zur Unkrautbekämpfung in Getreide-,

Mais-, Reis- und Zuckerrohrkulturen). Aber auch breitblättrige Pflanzen differieren erheblich in ihrer Empfindlichkeit. Die Desaktivierung ist auf verschiedenen Wegen möglich; dazu gehören Hydroxylierung, Konjugation, Decarboxylierung, Hydrolyse, Dealkylierung und Aufspaltung des Rings.

Hydroxylierung

Die Hydroxylierung am Ring in der para-Position ist eine der am weitesten verbreiteten Entgiftungsreaktionen. Befindet sich an dieser Stelle ein Chloratom, dann kommt es zum NIH-Shift, und es entsteht sowohl das 4-Hydroxy-5-chloro- als auch das 4-Hydroxy-3-chloro-Derivat. In wenigen Fällen wurde auch die Eliminierung eines Chloratoms beobachtet. So wird aus 2,4-D in einigen Pflanzen 2-Chlor-4-hydroxy-phenoxyessigsäure gebildet. Die Hydroxylierungsgeschwindigkeit hängt nicht nur von der Pflanzenart ab, sondern auch vom Alter des Gewebes. In Haferembryos beispielsweise ist die Umsetzung von Phenoxyessigsäure anfangs sehr gering, steigt vom dritten Tag an sprunghaft an und erreicht am sechsten Tag die ca. 16fache Rate des anfänglichen Umsatzes (Tabelle 2.10).

Konjugation

Die hydroxylierten Herbizide werden zu einem großen Teil in die entsprechenden β-D-Glucoside umgewandelt. Die Chlorphenoxyessigsäuren können aber auch direkt über die Carboxylgruppe mit Glucose, verschiedenen Aminosäuren und möglicherweise auch Proteinen verestert werden. Allerdings bewirkt die Veresterung mit Aminosäuren – im Gegensatz zur Hydroxylierung mit anschließender Konjugation mit Glucose – keine Detoxifikation. Ob die Aminosäurekonjugate selbst aktiv sind oder ob sie die aktive Form durch Hydrolyse leicht freigeben, ist noch nicht mit Sicherheit geklärt.

Tabelle 2.10. Einfluß des Alters von Haferkeimlingen (Avena spec) auf den Metabolismus von Phenoxyessigsäure (POA). [Nach Hutber et al.]

Alter des Keimlings	Produkte (nmol $\cdot$ g^{-1})		
	4-OH-POA	OGlu-POA	Gesamt-4-OH-POA
0,3 h	5,7	31	37
1,5 d	20	19	39
2,5 d	25	11	36
4,0 d	115	18	133
5,0 d	420	110	530
6,0 d	450	140	590

Decarboxylierung

Eine schnelle Decarboxylierung ist bei manchen Pflanzen die Hauptursache für hohe Resistenz gegenüber einigen Phenoxyessigsäurederivaten. So unterscheiden sich die 2,4-D-empfindliche Schwarze Johannisbeere (Ribes nigrum) und die 2,4-D-resistente Rote Johannisbeere (Ribes sativum = R. rubrum) erheblich in ihrer Decarboxylierungsrate (Tabelle 2.11, Abb. 2.31). Das Ausmaß der Umsetzung der einzelnen Verbindungen ist dabei sehr verschieden (Tabelle 2.12). Der Abbau findet hauptsächlich an der Seitenkette statt; der Ring wird wenig oder gar nicht zu CO_2 oxidiert. Bei der Seitenkette wird vor allem die Carboxygruppe und nur zu einem geringen Teil die Methylengruppe in CO_2 überführt (Abb. 2.32).

Für den oxidativen Abbau der Seitenkette von 2,4-D sind prinzipiell zwei Wege denkbar: die Spaltung der Etherbindung mit anschließender Umsetzung des Acetats über den normalen Stoffwechsel oder eine direkte Oxidation der Säuregruppe des Herbizids mit anschließender Demethylierung. Im ersten Fall entsteht als Zwischenprodukt das entsprechende Chlorphenol und im zweiten Fall 2,4-Dichloranisol. Die Endprodukte sind in beiden Fällen 2,4-Dichlorphenol und CO_2. Es gibt Hinweise darauf, daß beide Wege existieren, daß aber bei höheren Pflanzen die Spaltung der Etherbrücke als erster Schritt der dominierende Weg ist. 2,4-Dichlorphenol ist phytotoxisch für 2,4-D-sensitive Pflanzen, während es durch 2,4-D-resistente Arten schnell konjugiert wird. In Abb. 2.33 sind die möglichen Wege der Hydroxylierung, Konjugation und Decarboxylierung zusammengefaßt.

β-Oxidation

Bei längerkettigen Chlorphenoxyalkylsäuren kann die Seitenkette durch β-Oxidation abgebaut werden (Abb. 2.34). Allerdings führt diese Reaktion nicht immer zu einer Entgiftung. Diejenigen längerkettigen Derivate von

Tabelle 2.11. Niedrigste Konzentration (in ppm) verschiedener Chlorphenoxyessigsäure, die auf Schößlinge von Schwarzer und Roter Johannisbeere (Ribes nigrum und Rives sativum) innerhalb eines Monats nach Applikation schädigend bzw. tödlich wirken. [Nach Luckwill u. Lloyd-Jones]

Verbindung	Schwarze Johannisbeere		Rote Johannisbeere	
	schädigend	letal	schädigend	letal
2,4-Dichlorphenoxyessigsäure	−	10	1000	> 1000
2,4,5-Trichlorphenoxyessigsäure	−	10	−	10
2-Chlorphenoxyessigsäure	> 1000	> 1000	> 1000	> 1000
4-Chlorphenoxyessigsäure	100	300	1000	> 1000
2-Methyl-4-chlorphenoxyessigsäure	30	100	100	> 1000

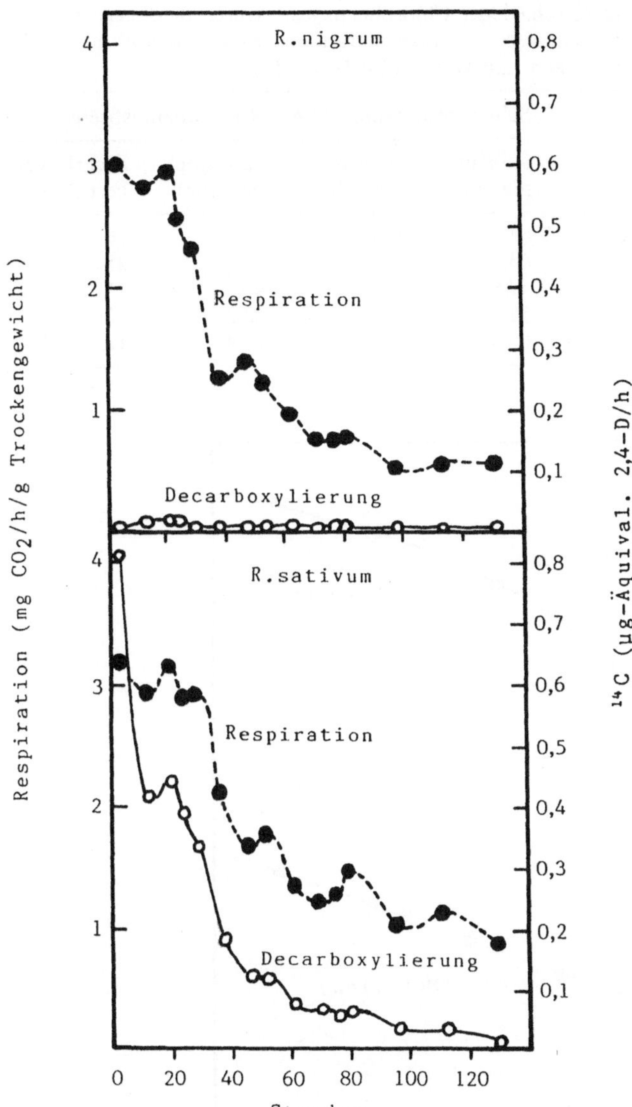

Abb. 2.31. Respirationsrate und Geschwindigkeit der Decarboxylierung von 2,4-D in isolierten Blättern von Schwarzer und Roter Johannisbeere (Ribes nigrum und Ribes sativum). [Nach Luckwill u. Lloyd-Jones]

2,4-D, deren Seitenkette eine gerade Anzahl von C-Atomen aufweist, werden durch den Abbau in das toxische 2,4-D überführt (Abb. 2.35), während diejenigen mit einer ungeraden Zahl von C-Atomen in der Seitenkette zum inaktiven 2,4-Dichlorphenol abgebaut werden. Auch bei den längerkettigen Derivaten der 4-Chlorphenoxyessigsäure resultiert bei den geradzahligen eine physiologische Aktivierung (Tabelle 2.13). Bei den 2,4,5-Tri-

Tabelle 2.12. Decarboxylierung verschiedener Chlorphenoxyessigsäuren in isolierten Blättern von Schwarzer und Roter Johannisbeere (Ribes nigrum und Ribes sativum) innerhalb von 20 h im Dunkeln bei 25 °C. [Nach Luckwill u. Lloyd-Jones]

Verbindung	Schwarze Johannisbeere		Rote Johannisbeere	
	aufgenom-men (μg)	decarboxy-liert (%)	aufgenom-men (μg)	decarboxy-liert (%)
2,4-Dichlorphenoxyessigsäure	62,6	0	71,2	16
2,4,5-Trichlorphenoxyessigsäure	63,2	0	28,4	25
2-Chlorphenoxyessigsäure	47,8	0	42,2	1
4-Chlorphenoxyessigsäure	53,2	0	38,2	12
2-Methyl-4-chlorphenoxyessigsäure	60,6	0	56,4	12

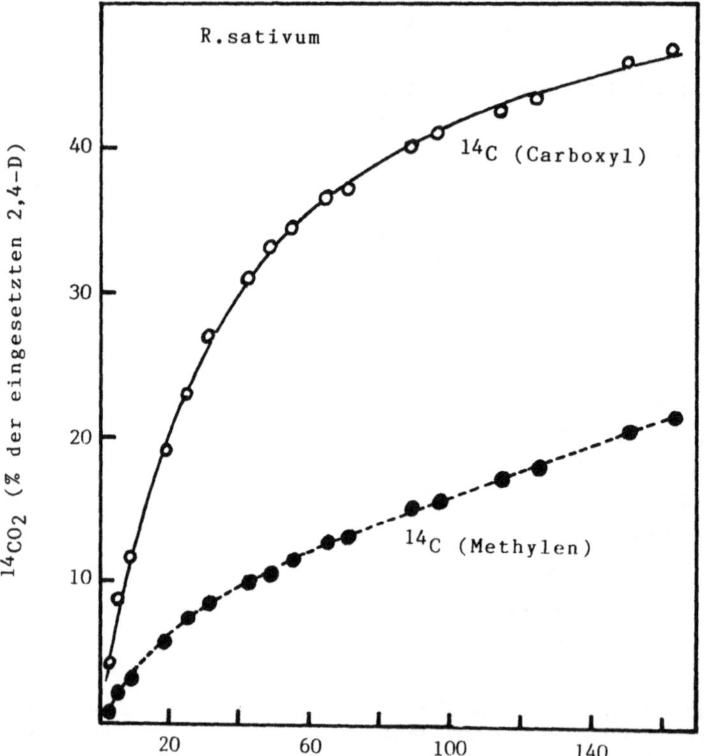

Abb. 2.32. Anteil des Carboxyl- und Methylen-C-Atoms an der CO_2-Produktion aus 2,4-D in Blättern der Roten Johannisbeere (Ribes sativum). [Nach Luckwill u. Lloyd-Jones]

chlorphenoxyalkylsäuren ist dagegen nur das Essigsäurederivat hochaktiv. Entsprechend sind diejenigen Pflanzen, die ein sehr aktives β-Oxidase-Enzymsystem besitzen, gegenüber den längerkettigen, geradzahligen Derivaten sehr empfindlich. Pflanzen, deren entsprechende Enzyme kaum aktiv sind oder diese Derivate nicht angreifen können, sind selektiv resistent

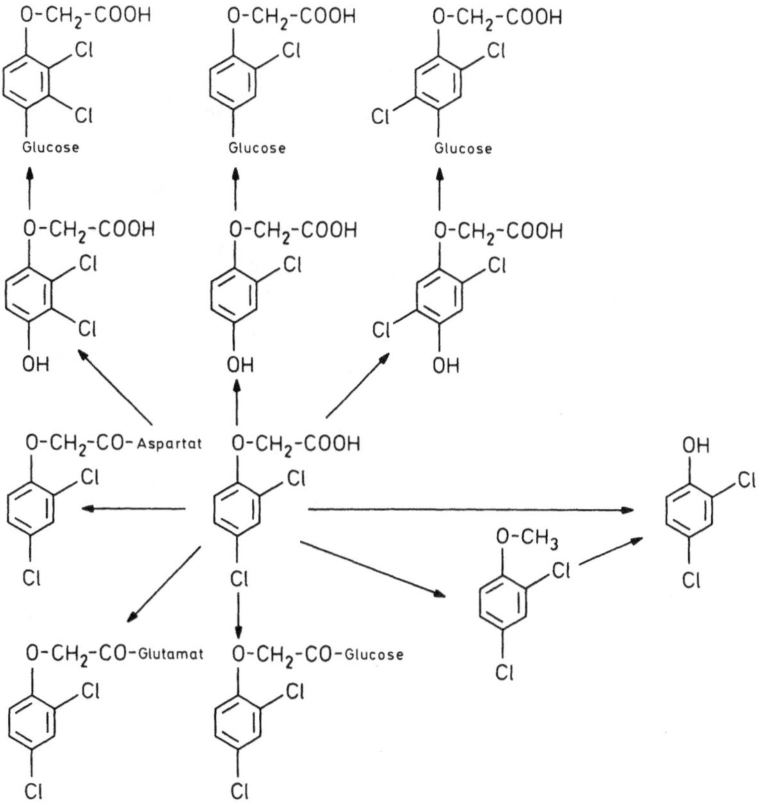

Abb. 2.33. Übersicht über die wichtigsten Metabolisierungsreaktionen von 2,4-D in höheren Pflanzen. Außer mit den angeführten Aminosäuren wurde eine direkte Konjugation auch mit Alanin, Valin, Leucin, Phenylalanin und Tryptophan nachgewiesen. [Nach Ashton u. Crafts (1981)]

gegen sie. Dies gilt jedoch nur für geradkettige Chlorphenoxyalkylsäuren; die verzweigtkettigen werden nicht durch Abbau aktiviert. Umgekehrt kommt es in manchen Pflanzen auch zu einer Verlängerung der Seitenkette, wobei jeweils eine Einheit von zwei C-Atomen eingebaut wird.

2.1.4 Mutagenität

Zahlreiche Umweltchemikalien können Änderungen des genetischen Materials bewirken. Dabei kann das DNA-Molekül selbst angegriffen werden (direkte Mutagene), oder es können einzelne Schritte der DNA-Synthese, DNA-Reparatur, Replikation, Rekombination, Zellteilung oder Regulation der Genexpression beeinflußt werden (indirekte Mutagene). Aber auch bei einer direkten Veränderung der DNA stabilisiert sich die Veränderung meistens erst unter Beteiligung der zelleigenen Reparatur-, Re-

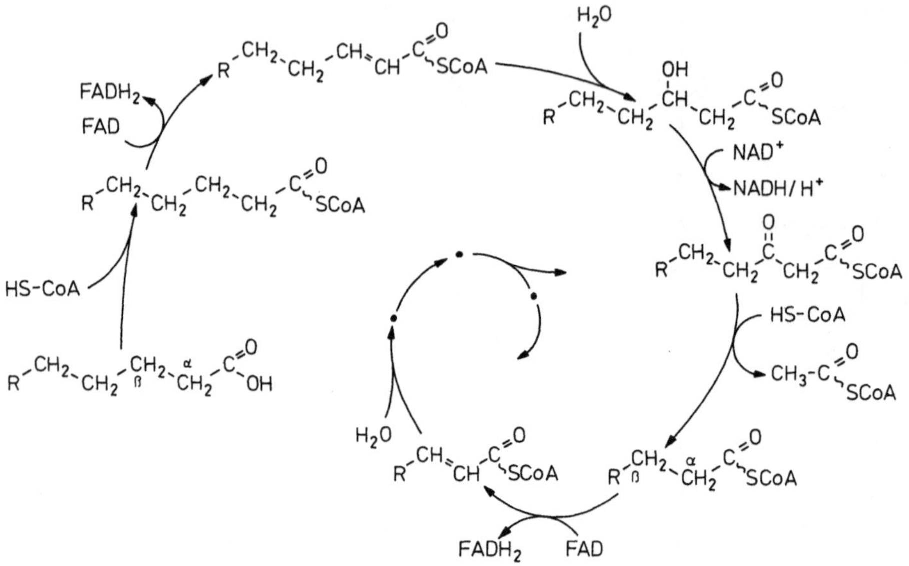

Abb. 2.34. β-Oxidation der Seitenkette von Chlorphenoxyalkylsäuren. [Nach Karlsson]

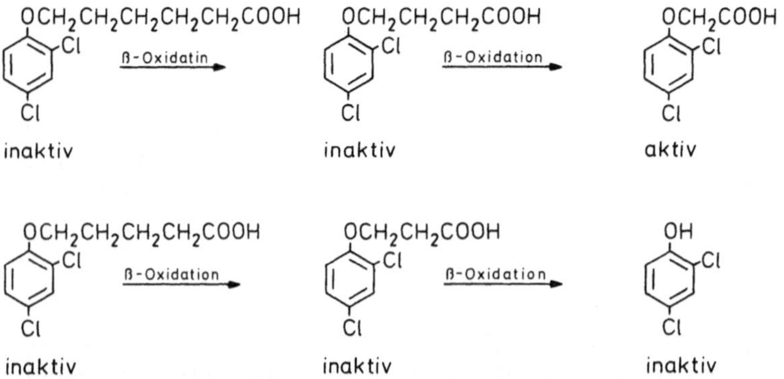

Abb. 2.35. Abhängigkeit der Aktivierung von Chlorphenoxyalkylsäuren durch β-Oxidation von der Anzahl der C-Atome in der Seitenkette

kombinations- oder Replikationsvorgänge, denn es ist möglich, die Mutationsrate durch Blockierung der DNA-Synthese zu senken. Mutationen können deshalb mit erheblicher Verzögerung sichtbar werden. Oft tauchen sie dann nicht in den mit der Chemikalie behandelten Zellen auf, sondern in einem Teil von deren Nachkommen der zweiten Generation. Körperzellen sind davon ebenso betroffen wie Keimzellen.

Bei den meisten Mutagenen hängt das Ausmaß ihrer Wirkung auf die verschiedenen Arten auch von deren Fähigkeit zur Metabolisierung bzw.

Tabelle 2.13. Aktivität verschiedener Chlorphenoxyalkylsäuren in drei unterschiedlichen Aktivitätstests. [Nach Wain (1955)]

Zahl der Methylengruppen in der Seitenkette	4-Chlorphenoxyalkylsäuren			2,4,5-Trichlorphenoxyalkylsäuren		
	Zylindertest	Krümmungstest	Epinastietest	Zylindertest	Krümmungstest	Epinastietest
1	+	+	+	+	+	+
2	−	−	−	−	−	−
3	+	+	+	+	−	−
4	−	−	−	−	−	−
5	+	+	+	+	−	−
6	−	−	−	−	−	−
7	+	+	+	+	−	−

ihrem physiologischen Zustand ab. Beispielsweise ist Coffein (1,3,7-Trimethylxanthin) in manchen Organismen hochaktiv, während es in anderen offenbar abgebaut wird. Formaldehyd erhöht die Mutationsrate in der Fruchtfliege nur dann, wenn es von männlichen Larven mit der Nahrung aufgenommen wird, aber nicht in einem anderen Entwicklungsstadium und generell nicht bei weiblichen Tieren. Außerdem kann die mutagene Wirkung durch Anwesenheit bestimmter Chemikalien (Antimutagene) vollständig unterdrückt werden. Antagonisten für Purine wie Coffein sind Purin-Ribonukleoside wie Adenosin und Guanosin. Sie können sogar die Spontanmutationsrate verringern.

Als Maß für das mutagene Potential einer Chemikalie läßt sich die von ihr induzierte Erhöhung der Austauschrate von Schwesterchromatiden (SCE) während des Crossing overs benutzen (Abb. 2.36). Dieser Austausch führt zwar nicht in jedem Fall zu einer Mutation, eignet sich aber zum Vergleich von Mutagenen, da diese normalerweise Chromosomenaberrationen und SCEs bewirken (vgl. Kap. 2.1.4.3). Einen Überblick über mutagene Verbindungen und die von ihnen ausgelösten Mutationstypen gibt Tabelle 2.14.

2.1.4.1 Punktmutationen

Als Punkt- oder Genmutation bezeichnet man Veränderungen der Basensequenz der DNA in kurzen Abschnitten durch Austausch oder Verlust einzelner oder weniger Basen. Dabei lassen sich mehrere Mechanismen unterscheiden.

Veränderung der Paarungseigenschaften von Basen

Desaminierung

Normalerweise paart sich Cytosin mit Guanin und Adenin mit Thymin bzw. Uracil (Abb. 2.37). Eine Änderung wird beispielsweise durch oxi-

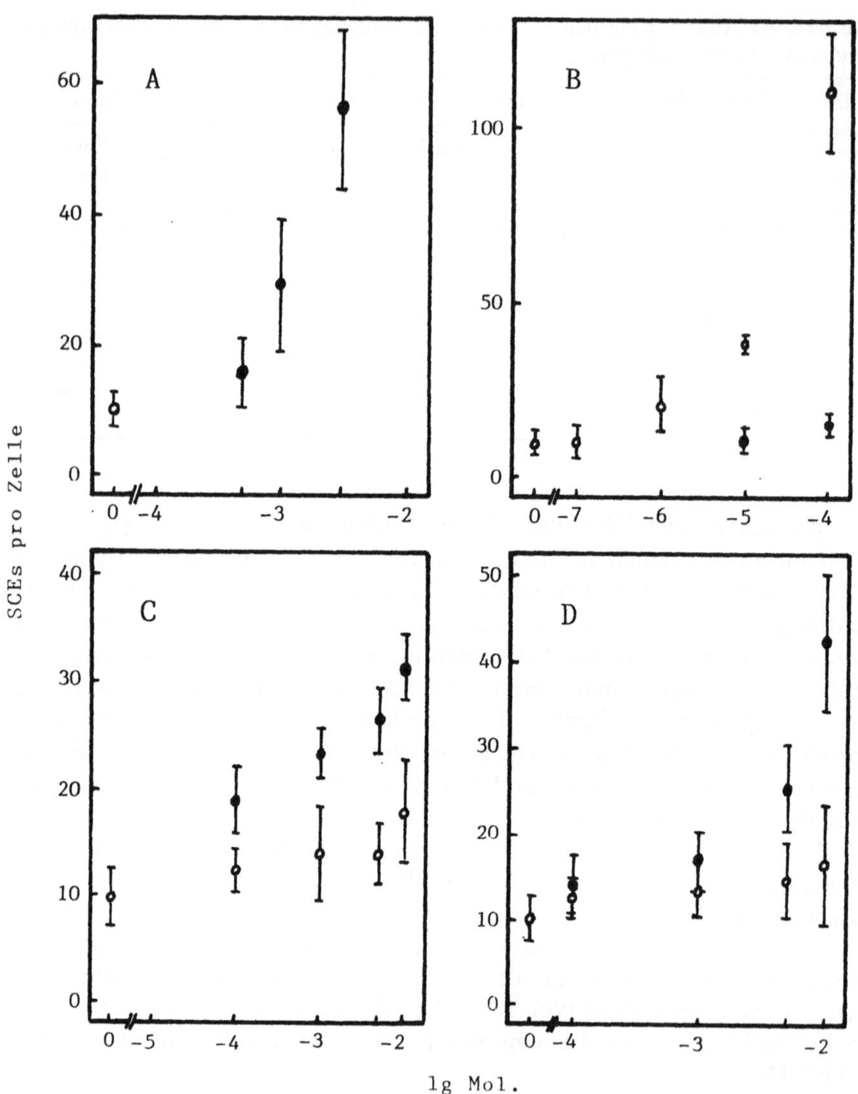

Abb. 2.36. Konzentrationsabhängiger Einfluß verschiedener Mutagene auf die Rate des Schwesterchromatid-Austausches in Zellkulturen menschlicher Lymphocyten. **A** Ethylmethylsulfonat; **B** Cyclophosphamid; **C** Urethan; **D** Hydroxyurethan (o mit metabolischer Aktivierung, ● ohne metabolische Aktivierung). Die Werte sind angegeben als Mittelwerte mit Standardabweichung. [Nach Csukas et al.]

dative Desaminierung von Cytosin und Adenin bewirkt (Abb. 2.38). Aus Cytosin entsteht so Uracil, das sich statt mit Guanin mit Adenin paart.

Uracil kommt im allgemeinen nicht in der DNA, sondern nur in der RNA vor. Allerdings wird es in der Zelle gelegentlich auch spontan in die DNA eingebaut, bzw. Cytosin kann spontan, d.h., durch nicht näher analysierbare Einflüsse, in Uracil umgewandelt werden. Schätzungen zufolge

Tabelle 2.14. Verschiedene Typen mutagener Verbindungen und die von ihnen ausgelösten Änderungen der DNA. [Nach Kirsch-Volders]

Mutagen	Art der DNA-Schädigung				
	Verringerung der Bindungsstärke der DNA-Basen	Zerstörung der DNA-Basen	Modifizierung der DNA-Basen (Fehlpaarung)	Vernetzung DNA–DNA	Interkalation zwischen zwei DNA-Basen
Alkylierungsmittel: monofunktional bifunktional multifunktional	+ + +		+ + +	+ +	
Salpetrige Säure Hydroxylamin 2-Aminopurin			+ + +	+	
Peroxid- und Radikalbildner: Formaldehyd Ethoxycoffein Urethan		+ + +			
Acridine Phenanthridine Polycyclische Kohlenwasserstoffe					+ + +
Mutationstyp	Basenverlust ↓ Strangbruch ↓ Chromosomenaberration		Punktmutation	Chromosomenaberration	Rasterschubmutation

kommt es täglich zu ca. 100 Desaminierungen pro Zelle. Bestimmte Enzyme (Uracil-N-Glycosylasen) kontrollieren die DNA, erkennen fälschlich eingebaute Uracil-Moleküle und spalten sie ab, so daß ein basenfreies Nukleotid zurückbleibt. Andere Glycosylasen entfernen Hypoxanthin. Die so entstandene Lücke wird möglicherweise je nach gegenüberliegender Base entweder direkt durch Einbau von Thymin oder über die Exzisionsreparatur (Abb. 2.39) geschlossen.

Wird jedoch die Häufigkeit der oxidativen Desaminierung durch die Anwesenheit desaminierender Verbindungen wie Nitrit stark gesteigert, dann kommt es zu einem Überangebot an Uracil. Dadurch wird die Reparaturkapazität überfordert, und ein Teil der Uracil-Moleküle bleibt bis zur nächsten Replikation in der DNA. Nach der ersten Replikation liegt dann eine A−U-Paarung vor. Diese ist formal noch keine Mutante, da sie nicht konstant weitervererbt werden kann. Ein stabiler Genotyp wird erst nach

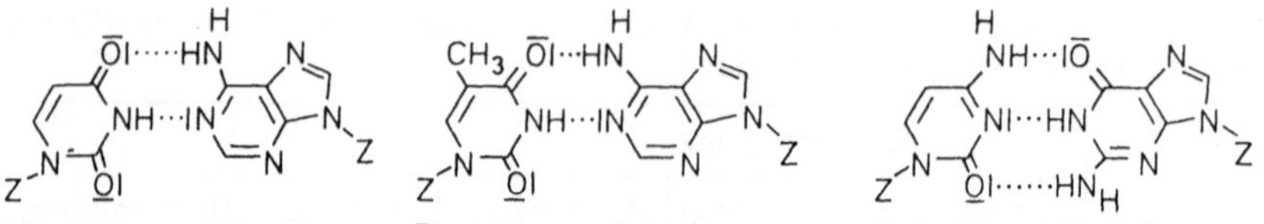

Abb. 2.37. Paarung der Basen in DNA und RNA durch Wasserstoffbrückenbindungen

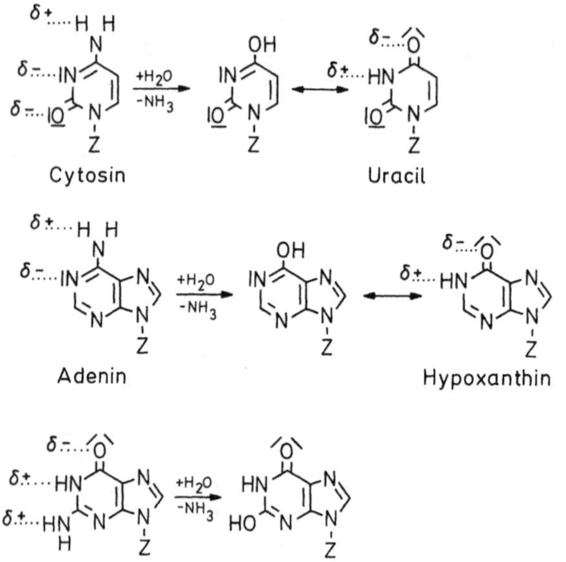

Abb. 2.38. Oxidative Desaminierung von Cytosin, Adenin und Guanin (durch HNO_2 o.a.)

der zweiten Replikation erreicht, wenn A mit T gepaart ist. Insgesamt ist also C−G durch A−T ersetzt worden.

Analog wird Adenin zu Hypoxanthin desaminiert. Dieses ähnelt in der Verteilung seiner polaren Gruppen Guanin und paart sich deshalb mit Cytosin. In zwei Replikationsrunden wird so A−T durch G−C ersetzt. In beiden Fällen wird eine Purinbase mit einer anderen Purinbase vertauscht. Diese Form einer mutativen Veränderung wird Transition genannt. Da der Austausch in beide Richtungen stattfindet, kann durch die gleiche chemische Substanz auch die Rückmutation ausgelöst werden. Die Desaminierung von Guanin führt zu keiner Transition, da Xanthin das gleiche Paarungsverhalten aufweist wie Guanin. Von manchen Autoren wird allerdings angenommen, daß sich Xanthin mit keiner Base paart, während andere wiederum eine gelegentliche Paarung mit Thymin für möglich halten. Jedenfalls führt die Bildung von Xanthin selten zu Punktmutationen, sondern hauptsächlich zur Inaktivierung der DNA.

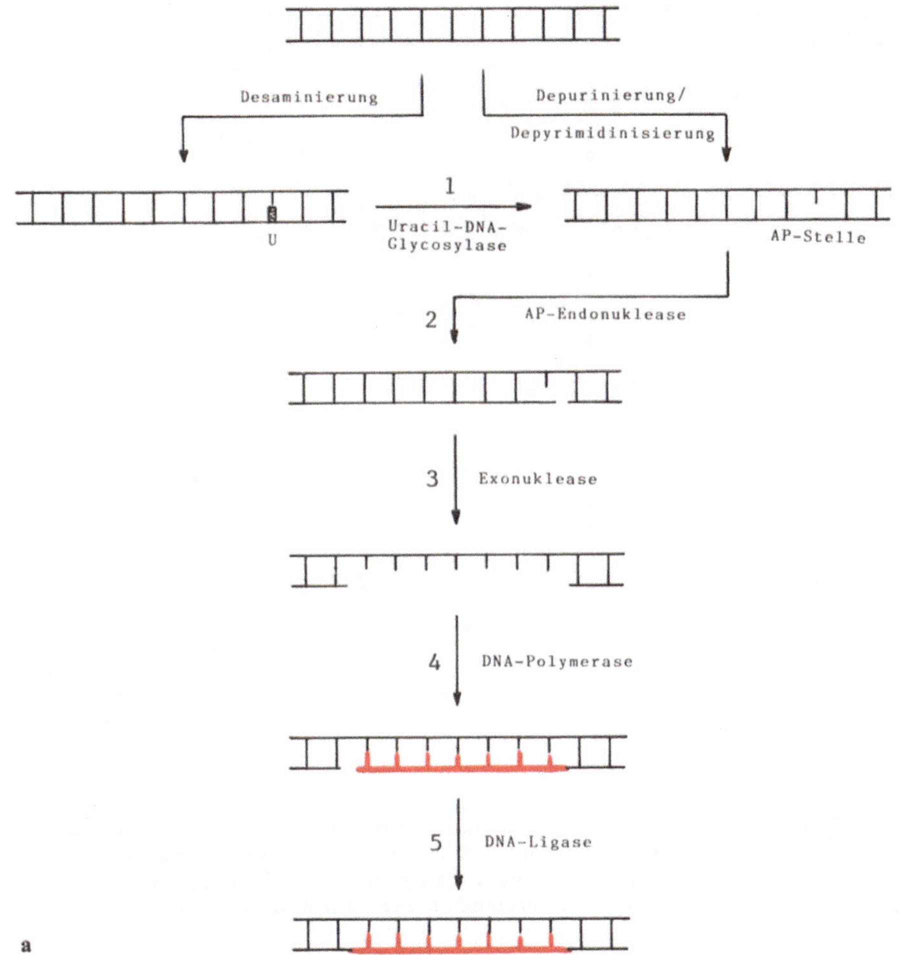

Abb. 2.39. Ablauf der Exzisionsreparatur. **a** Korrektur von Fehlstellen und chemisch veränderten Basen. *1* Hydrolytische Abspaltung von Uracil; *2* Trennung von zwei Mononukleotiden an der Phosphodiesterbindung auf der 5′-Seite der fehlenden Base; *3* Schrittweiser Abbau des defekten Strangstückes (3 bis 35 Nukleotide); *4* Neusynthese des fehlenden Stückes mit dem noch intakten Strang als Matrize; *5* Verknüpfung der beiden offenen Strangenden [**a** Nach Schröder]

Die Folgen von Punktmutationen durch Desaminierung von Cytosin und Adenin wurden u.a. am Tabakmosaikvirus untersucht. Bei 55 % aller untersuchten Mutanten waren Aminosäuren im Hüllprotein ausgetauscht worden. 25 % der Basenaustausche führten zu letalen Veränderungen, und 20 % zeigten keine Auswirkung, da die veränderten Codons die gleiche Aminosäure kodierten. 24 der ca. 200 TMV-Mutanten sind in Tabelle 2.15 zusammengestellt.

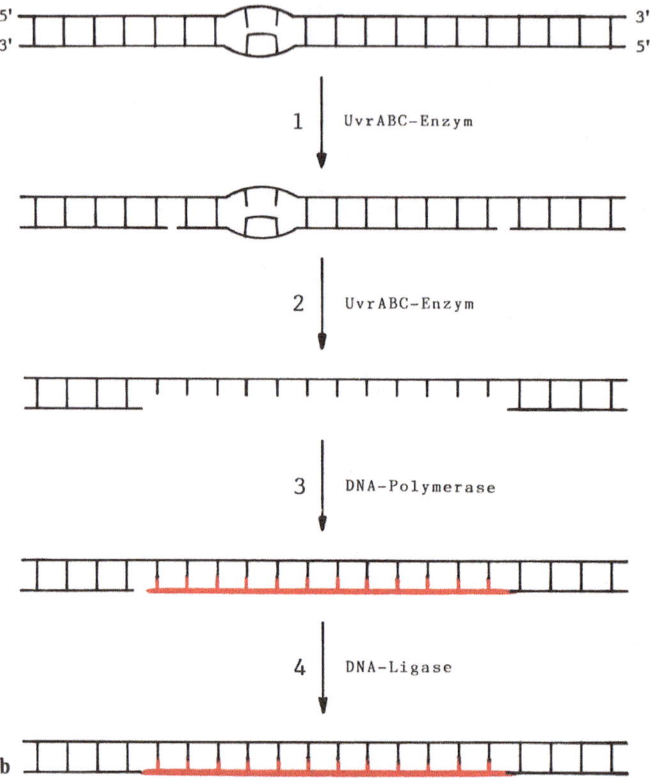

Abb. 2.39. b Reparatur von Strangverformungen. *1* Öffnung des DNA-Stranges auf beiden Seiten der Beschädigung (im Abstand von 8 Nukleotiden auf der 5′-Seite der Verformung und 4–5 Nukleotide auf der 3′-Seite); *2* Einseitige Abspaltung eines Teilstücks von 12 Basen; *3* Ergänzung der fehlenden Basen; *4* Verknüpfung der offenen Strangenden

Die Reaktion von salpetriger Säure mit der DNA folgt einer Kinetik 1. Ordnung. Die Desaminierungsgeschwindigkeit der drei Basen nimmt in der DNA in der Reihenfolge Guanin > Cytosin > Adenin ab. In der RNA hängt sie vom pH-Wert ab. Bei pH = 4,2 werden die RNA-Basen mit ungefähr gleicher Häufigkeit desaminiert.

Durch Hydroxylamin wird ebenfalls die Aminogruppe von Cytosin ersetzt (Abb. 2.40). Hydroxylamino-Cytosin paart sich mit Adenin (Ersatz von C–G durch T–A). Die Desaminierung mit Hydroxylamin ist in vitro hochspezifisch für Cytosin. Da andere Basen nicht betroffen sind, ist eine Rückmutation durch die gleiche chemische Substanz nicht möglich (Einweg-Transition). In vivo dagegen induziert Hydroxylamin alle vier Typen von Transitionen. Dafür gibt es mehrere Erklärungen:
– Ablauf verschiedener Reaktionen mit Cytosin, deren Produkte unterschiedliches Paarungsverhalten aufweisen (beispielsweise wurde auch

Tabelle 2.15. Austausch von Aminosäuren mit den jeweils angenommenen Änderungen der zugehörigen Basensequenz bei 24 Mutanten des Tabakmosaikvirus nach Behandlung mit salpetriger Säure. [Nach Soifer]

Mutation	Änderungen im Code	Mutation	Änderungen im Code
Ni 102	Asp → Gly GAU GGU	Ni 1055	Ile → Met AUA AUG
Ni 109	Glu → Gly GAA GGA	Ni 1103	Asp → Ser AAU AGU
Ni 118	Pro → Leu CCC CUC	Ni 1103 Ni 1108	Ile → Val AUU GUU
Ni 445	Ser → Phe UCU UUU	Ni 1045 Ni 1196 Ni 1234 Ni 1688	Pro → Ser CCC UCC
Ni 458 Ni 568 Ni 470 Ni 2032 Ni 462 Ni 2204 　　　　Ni PM2	Tre → Ile ACU AUU	Ni 1688 Ni 1927 Ni 2029	Pro → Leu CCC CUC
Ni 462 Ni 2204 Ni 2239	Ser → Leu UCG UUG	Ni 2068	Tyr → Cys UAC UGC
Ni 630 Ni 725	Thr → Met ACG AUG	Ni PM2	Glu → Asp GAA GAU

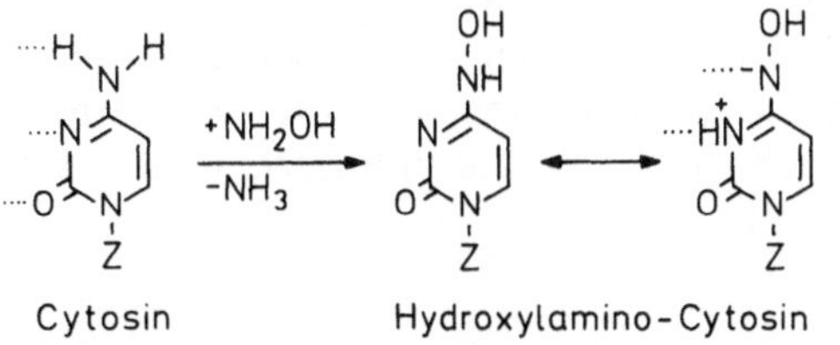

Cytosin   Hydroxylamino-Cytosin

Abb. 2.40. Reaktion von Cytosin mit Hydroxylamin

eine Addition von Hydroxylamin an die Doppelbindung des Ringes nachgewiesen).

– Eingriff von Hydroxylamin in die DNA-Synthese o.a. Prozesse und dadurch allgemeine Anhäufung von Mutationen.

– Bildung anderer Mutagene durch Umwandlungsprodukte von Hydroxylamin. Dessen Reaktion mit der DNA ist sehr kompliziert und hängt von vielen Einflüssen ab, wie Konzentration, Temperatur, pH-Wert, osmotischer Druck, Sauerstoffdruck, Inhibitoren u.a. Während bei hoher Konzentration der direkte Angriff auf Cytosin überwiegt, nimmt bei niedriger Hydroxylaminkonzentration nicht nur die Wechselwirkung mit den anderen Basen zu, sondern auch der Anteil an Nebenreaktionen durch Oxidationsprodukte von Hydroxylamin wie HNO_2, H_2O_2, Hyponitrit, Radikale u. a. Die inaktivierende Wirkung stark verdünnter Hydroxylaminlösungen wird vor allem den gebildeten Radikalen zugeschrieben. Bei Unterdrückung der Peroxidbildung durch Austausch von O_2 gegen N_2 oder Zugabe von Peroxidase sinkt die Ausbeute an inaktivierter DNA.

Alkylierung

Eine weitere Reaktion, die zu einer Veränderung des Paarungsverhaltens von Guanin führt, ist seine Alkylierung in der O^6-Position durch Alkylierungsmittel (Abb. 2.41). O^6-Alkylguanin paart sich mit Thymin und führt so zu einem Austausch von $G-C$ gegen $A-T$. Die Reparatur der so veränderten Base erfolgt entweder durch Exzisionsreparatur oder – wenn es sich um einen Methylrest handelt – durch direkte Demethylierung. Dabei wird die Methylgruppe auf den Cysteinschwefel eines Rezeptorproteins (O^6-Methylguanin-Methyltransferase) übertragen. Bei diesem Protein handelt es sich nicht um ein echtes Enzym, da jedes Molekül nur einmal reagiert; das Protein wird nicht regeneriert. Auf analoge Weise werden Methylgruppen von Phosphatresten (vgl. Kap. 2.1.4.3) entfernt.

Normalerweise ist die Kapazität dieses Reparatursystems sehr begrenzt. Werden jedoch Zellen von E. coli im Wachstumsstadium sehr geringen Dosen des Alkylierungsmittels Nitrosoguanidin ausgesetzt, dann wird dadurch ein 100facher Anstieg des Gehaltes an O^6-Methylguanin-Methyltransferase induziert, was als adaptive Antwort bezeichnet wird. Anschließend sind die Bakterien sehr viel resistenter gegenüber dieser Verbindung. Parallel dazu wird durch das gleiche Gen, das die O^6-Methylguanin-Methyltransferase kodiert, auch die Glycolase induziert, welche die Alkylreste vom DNA-Rückgrat entfernt.

Guanin O^6-Alkylguanin   **Abb. 2.41.** Alkylierung von Guanin

Abspaltung von Basen

Durch spontane, nicht enzymatische Hydrolyse können Basen abgespalten werden (Abb. 2.42). So verliert die DNA einer Säugerzelle pro Tag schätzungsweise 10 000 Purin- und 500 Pyrimidinbasen. Das Schließen der Lücken erfolgt durch die Enzyme des Exzisionsreparatursystems. Wenn durch dessen Überlastung Leerstellen bleiben, dann wird die Lücke

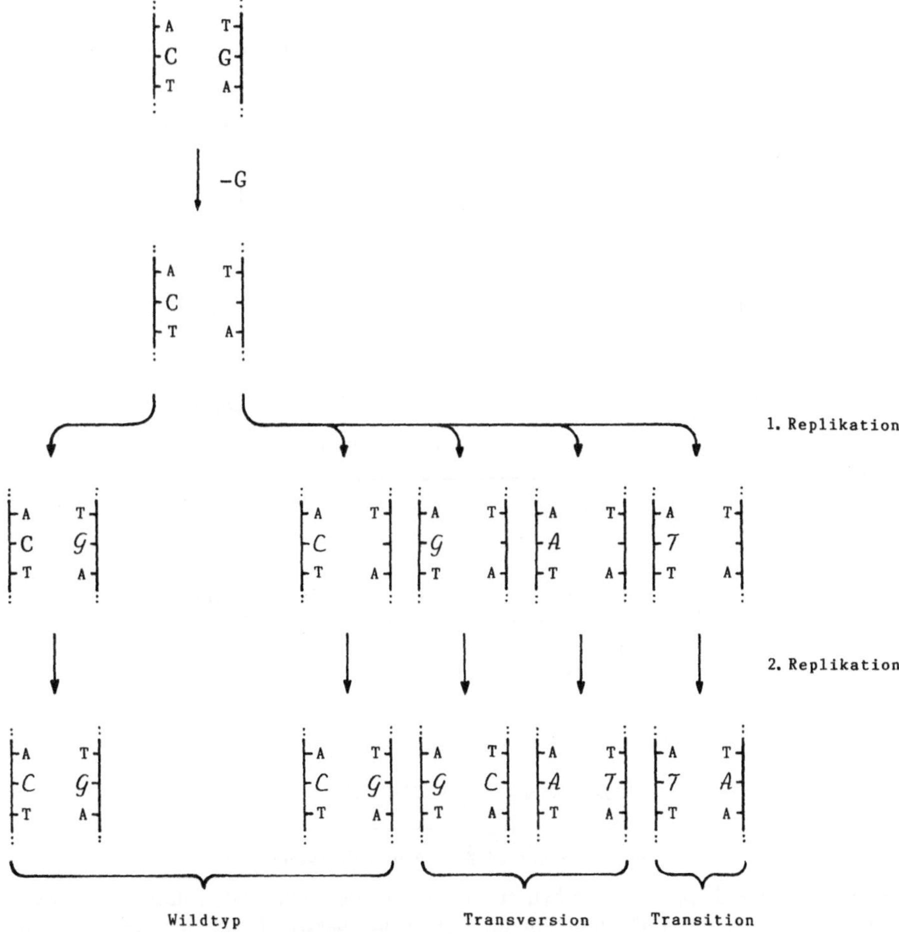

Abb. 2.42. Spontane Hydrolyse von Guanin. [Nach Soifer]

bei der nächsten Replikation mit rein statistischer Verteilung durch eine beliebige Base gefüllt. Wird dabei eine Purin- mit einer Pyrimidinbase vertauscht bzw. umgekehrt, dann spricht man von einer Transversion (Abb. 2.43). Anschließend an den Verlust der Basen kann es auch durch den dort erleichterten Angriff von strangabbauenden Nukleasen zu Strangunterbrechungen und als Folge davon zu Chromosomenbrüchen kommen.

Abb. 2.43. Entstehung von Transitions- und Transversionsmutanten durch Abspaltung einzelner Basen. [Nach Kaudewitz]

Die Abspaltungsrate wird durch Substanzen wie Alkylsulfonate, Nitrosamine, Nitrosamide, Ethendibromid und andere Alkylierungsmittel erheblich gesteigert (Tabelle 2.16). Manche von ihnen, wie Nitrosamine, sind nicht in ihrer ursprünglichen Form wirksam, sondern werden in der Zelle durch teils enzymatische und teils nicht enzymatische Umwandlungen aktiviert (Abb. 2.44).

Die nukleophile Addition von Alkylgruppen kann an verschiedenen Stellen der DNA erfolgen. Dabei wird die Phosphatgruppe am stärksten angegriffen (Tabelle 2.17). Allerdings kann das Alkylradikal eventuell gelegentlich vom Phosphatrest auf Guanin übertragen werden. Dies wäre eine Erklärung dafür, daß freie Nukleotide und Nukleoside weniger leicht alkyliert werden als in der DNA gebundene.

Bevorzugte Angriffspunkte für die Alkylierung der DNA-Basen sind deren Stickstoff- und Sauerstoffatome, wobei die Stickstoffatome der bei-

Tabelle 2.16. Verbindungsgruppen, die Nukleinsäuren alkylieren. [Nach Soifer]

$S\langle^{Al^*-Cl}_{Al-Cl}$	Lost	$R^2-CH\overset{}{\underset{O}{-}}CH-R^1$	Epoxide
$Cl-Al-N\langle^{Al-Cl}_{Al-Cl}$	Stickstofflost	$H_2C\underset{\underset{R}{N}}{-}CH_2$	Ethylenimine
$Al-O-\overset{O}{\underset{O}{S}}-O-Al$	Dialkylsulfat	$\overset{H\ \ H}{HC-CH}\ \ \atop{O-C=O}$	β-Propiolakton
$Al-O-\overset{O}{\underset{O}{S}}-Al$	Alkylalkansulfonate	$^+N\equiv N-R$ $Al^*-Alkylgruppen$	Diazoverbindungen

$$R^1-CH_2 \atop R^2-CH_2 {\Large\rangle} N-N=O \xrightarrow{enzyma-tisch} {R^1-CH_2 \atop R^2-CH} {\Large\rangle} N-N=O \xrightarrow{spontan} R^1-CH_2-N=N-OH + R^2-CHO$$

$$R-CH_2-N=N-OH \xrightarrow[-H_2O]{+H^+} [R-CH_2-N\equiv N] \xrightarrow{-N_2} [R-CH_2]$$

Reaktion mit DNA,RNA und Proteinen

Abb. 2.44. Umwandlung von Dialkylnitrosaminen in der Zelle. Ob zuletzt das Alkyldiazoniumion oder das Carboniumion die eigentliche reaktive Form darstellt, ist noch nicht endgültig geklärt, aber in jedem Fall verläuft die Alkylierung wahrscheinlich konzertiert, da die reaktiven Zwischenstufen extrem kurzlebig sind. [Nach Phillips]

Tabelle 2.17. Geschätzte Reaktionsfähigkeit verschiedener funktioneller Gruppen der DNA gegenüber Alkylierungsmitteln. [Nach Soifer]

Funktionelle Gruppe	pK	Alkylierungswahrscheinlichkeit bei pH 7,5
Primäres Phosphoryl	2,0	0,9999
Sekundäres Phosphoryl	6,0	0,96
Hydroxyl aromatischen Typs (Uracil, Thymin, Guanin)	10,2	0,02
Aminogruppe aromatischen Typs		
Guanin	2,3	0,9999
Adenin, Cytosin	3,9	0,999
Zuckerhydroxyl	13,0	10^{-5}

Tabelle 2.18. Angriffspunkte bei den DNA-Basen für verschiedene Alkylierungsmittel (Z = Zucker). [Nach Phillips]

	Adenin	Cytosin	Guanin	Thymin
Benz[a]pyren	N^6	N^4	N^2, N^7	
Chrysen			N^2	
N-Ethylnitroso-harnstoff	N^1, N^3	N^3, O^2	N^3, N^7, O^6	O^2, O^4
N-Methylnitroso-harnstoff	N^1, N^3	N^3	N^3, N^7, O^6	O^4
N-Methyl-4-amino-azobenzol			N^2, N^7, C^8	
N-Hydroxy-2-naph-thylamin	N^6		N^2, C^8	
1-Hydroxysafrol	N^6		N^2	
2-Acetylaminofluoren			N^2, C^8	
N-Methyl-N'-nitro-N-nitrosoguanidin	N^1, N^3	N^3	N^7, O^6	
Methylmethansulfonat	N^1, N^3	N^3	N^7, O^6	
N-Dimethylnitrosamin	N^1		N^7, O^6	
Benzidin			C^8	
1,2-Dimethylhydrazin	N^3		N^7, O^6	
4-Nitrochinolin-1-oxid	N^1, N^6			

den Purinbasen am reaktivsten sind. Auch die Art der alkylübertragenden Verbindung (Tabelle 2.18) und der Reaktionsmechanismus spielen eine große Rolle. Bei den einfachen Alkylierungsmitteln besitzen diejenigen, die überwiegend nach dem S_{N_2}-Mechanismus reagieren, eine größere Affinität zu den Stickstoffatomen in Ringposition als diejenigen, deren Reaktionsverlauf mehr dem S_{N_1}-Mechanismus entspricht. Beispielsweise beträgt das Verhältnis der O^6/N^7-Alkylierung von Guanin 0,7 bei N-Ethylnitrosoharnstoff, 0,1 bei N-Methylnitrosoharnstoff und 0,004 bei Methylmethansulfonat. Zusätzlich muß die räumliche Orientierung der Basen berücksichtigt werden. Das N^7-Atom des Guanins und das N^3-Atom des Adenins sind gegenüber angreifenden Nukleophilen am wenigsten abgeschirmt. Insgesamt werden bevorzugt die Stickstoffatome alkyliert, die nicht an Wasserstoffbrückenbindungen beteiligt sind, die in der Nähe des Phosphatrestes liegen und die sterisch nach außen exponiert sind.

Je nach der Alkylierungsposition ist die Folgereaktion verschieden. Die Alkylierung der O^6-Position bei Guanin führt wie beschrieben zur Änderung des Paarungsverhaltens. Bei einer Addition des Carboniumions an eines der Ringstickstoffatome wird dagegen durch die positive Ladung die N-glycosidische Bindung destabilisiert und als Folge davon die Base abgespalten (Abb. 2.45). Einige mögliche Reaktionen von Alkylierungsmitteln mit der DNA sind in Abb. 2.46 dargestellt.

Eine Depyrimidinisierung der RNA bzw. DNA läßt sich auch durch Hydroxylamin und Hydrazin induzieren. Hydroxylamin wird an die $C-C$-Doppelbindung von Uracil addiert, und als Folge davon entstehen über eine Reihe von Zwischenstufen Ribosylhydroxylamin und Harnstoff (Abb. 2.47). Hydrazin bricht den Ring bei Uracil und Cytosin auf, wobei Ribosylharnstoff und Pyrazolderivate entstehen (Abb. 2.48). Der Harnstoff wird hydrolytisch vom Zucker abgespalten.

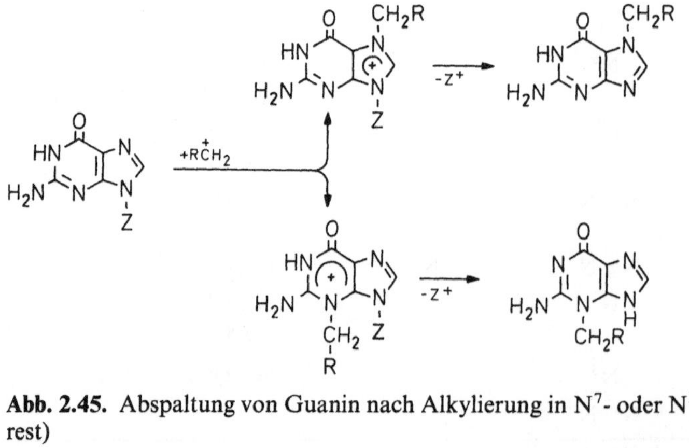

Abb. 2.45. Abspaltung von Guanin nach Alkylierung in N^7- oder N^3-Position (Z = Zuckerrest)

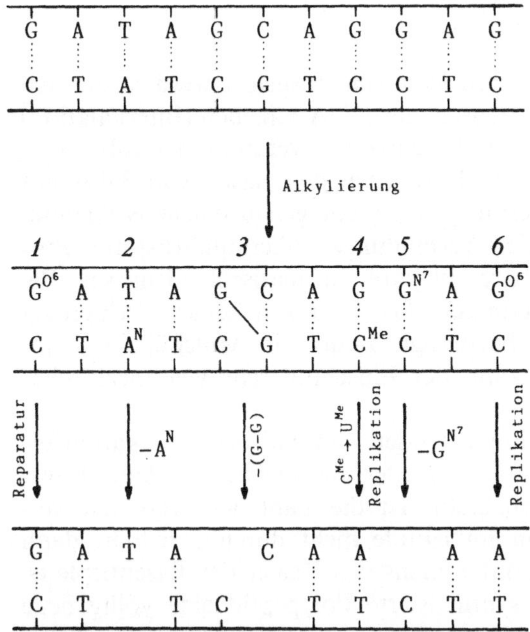

Abb. 2.46. Verschiedene mögliche Reaktionen von Alkylierungsmitteln mit der DNA. *1* und *6* Alkylierung von Guanin am O^6-Atom ($\rightarrow$ Fehlpaarung); *2* Alkylierung von Adenin an einem Ringstickstoffatom ($\rightarrow$ Abspaltung und Strangbruch); *3* bifunktionelle Verknüpfung zweier Guaninmoleküle; *4* Methylierung von Cytosin ($\rightarrow$ Methyluracil); *5* Alkylierung von Guanin am N^7-Atom ($\rightarrow$ AP-Stelle). [Nach Soifer]

Abb. 2.47. Depyrimidinisierung der RNA durch Hydroxylamin. [Nach Soifer]

Abb. 2.48. Depyrimidinisierung der DNA und RNA durch Hydrazin. [Nach Soifer]

2.1.4.2 Rasterschubmutationen

Rasterschubmutationen können durch Moleküle ausgelöst werden, die sich reversibel zwischen zwei Mononukleotide der DNA schieben (Interkalation) und so den Abstand zwischen zwei Basenpaaren vergrößern (Abb. 2.49). Acridin etwa vergrößert den Abstand zwischen den Basen von 3,4 Å auf ca. 7 Å. Die Zunahme der Entfernung entspricht genau einem Nukleotid. Viele der acridin-analog wirkenden Verbindungen (Acridinfarbstoffe, Proflavine u. a.) besitzen polarisierbare, planare, aromatische Gruppen. Bei ihrer Einlagerung wird das Basenpaar G−C wegen seiner geringfügig besseren Polarisierbarkeit leicht bevorzugt. Besitz ein Molekül zwei einlagerungsfähige Gruppen, dann kann der Einschluß sehr viel spezifischer erfolgen.

Je nachdem, ob die Interkalation vor oder während der Replikation erfolgt, kommt es zum Verlust (Deletion) oder zusätzlichen Einbau (Insertion) eines Mononukleotids (Abb. 2.50). Ist die Zahl der insgesamt verlorenen bzw. hinzugefügten Mononukleotide nicht durch 3 teilbar, dann verschiebt sich innerhalb des gesamten Gens das Raster der Basentripletts, so daß das bei der Translation synthetisierte Polypeptid eine völlig neue Aminosäuresequenz erhält. Da durch die Rasterverschiebung zufallsbedingt auch Stopcodons entstehen können, ist das vom mutierten Gen kodierte Polypeptid häufig kürzer als das des Wildtyps.

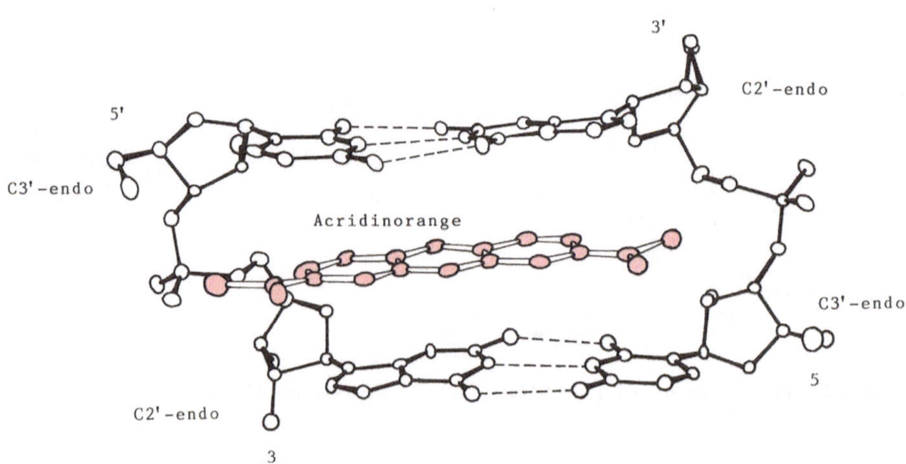

Abb. 2.49. Einlagerung von Acridinorange zwischen zwei Basenpaare Cytosin-Guanin. [Nach Landolt-Börnstein]

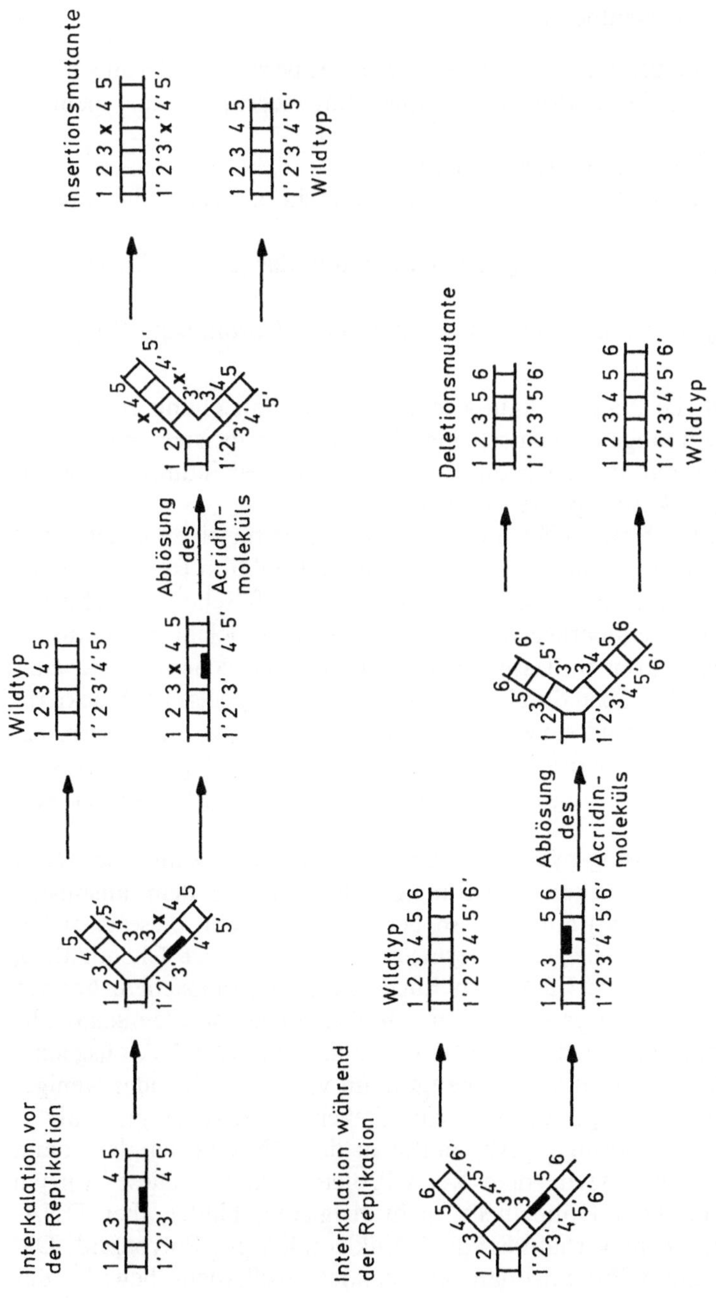

Abb. 2.50. Induktion von Deletions- und Insertionsmutanten durch Acridin. [Nach Kaudewitz]

2.1.4.3 Chromosomenmutationen

Als Chromosomenmutationen bezeichnet man größere Veränderungen des Chromosoms bzw. DNA-Moleküls. Dabei unterscheidet man mehrere Formen:
- Verlust eines DNA-Abschnittes (Deletion)
- Bruch eines Abschnittes und Anheftung an ein anderes Chromosom (Translokation)
- Bruch, Drehung um 180° und erneuter Einbau in das gleiche Chromosom (Inversion)
- Bruch mit folgender Anheftung an das homologe Chromosom (Duplikation).

Die Wirkung auf die Zelle ist häufig letal. Bei der Entstehung spielen die Rekombinationsvorgänge eine entscheidende Rolle. Die meisten chemischen Mutagene können nur dann Chromosomenaberrationen induzieren, wenn die Zellen eine Replikationsphase durchlaufen.

Das Crossing-over bietet nicht nur die Möglichkeit für einen genetischen Austausch. Eine zweite, vielleicht sogar wichtigere Funktion ist die Reparatur größerer Schäden in der DNA. Während einzelne falsche oder fehlende Basen anhand des gegenüberliegenden intakten Stranges leicht ausgetauscht bzw. ergänzt werden können, lassen sich Doppelstrangbrüche mit beidseitig fehlenden Nukleotiden oder durch Kreuzvernetzung doppelseitig blockierte DNA-Stränge nur während eines Rekombinationsvorganges ausbessern, bei dem entweder die neusynthetisierte Tochter-DNA, das homologe Chromosom oder ein anderer DNA-Strang mit homologer Sequenz als Matrize zur Verfügung steht.

Der Start des Crossing-overs ist nur dann möglich, wenn die DNA Brüche oder größere Lücken (einsträngige Regionen in dem ansonsten doppelstrangigen Molekül) aufweist. In der Meiose werden diese einsträngigen Abschnitte durch zelleigene Enzyme erzeugt. Aber auch Chemikalien, die auf verschiedene Weise Lücken in Einzelsträngen verursachen, können ein vermehrtes Crossing-over induzieren. Möglicherweise werden sogar alle homologen Rekombinationen von Diskontinuitäten in der DNA ausgelöst. Die Verteilung der Kreuzungsstellen hängt dann von der mehr oder weniger zufälligen Lage der Schädigungen bzw. den Stellen des Enzymangriffs ab.

Sind erst einmal einsträngige Abschnitte in der DNA vorhanden, dann werden sie von einem Enzym, dem RecA-Protein, erkannt. Dieses Enzym kann mit einer intakten Doppelhelix nicht reagieren, bindet aber DNA-Einzelstränge mit einem Verhältnis von 5 Nukleotiden pro Polypeptid. Dadurch wird ein DNA-Protein-Filament gebildet. Außerdem bewirkt das gleiche Enzym die Nebeneinanderausrichtung der beiden homologen Stränge (Abb. 2.51). Wie es dabei die homologe Stelle findet, ist noch unklar. Anschließend wird ebenfalls durch das RecA-Protein die intakte Doppelhelix am Beginn der homologen Region geöffnet, der Einzelstrang in die Lücke eingefädelt und so lange an der Öffnungsstelle entlangbewegt, bis eine komplementäre Sequenz gefunden ist. Sowohl der freigelegte

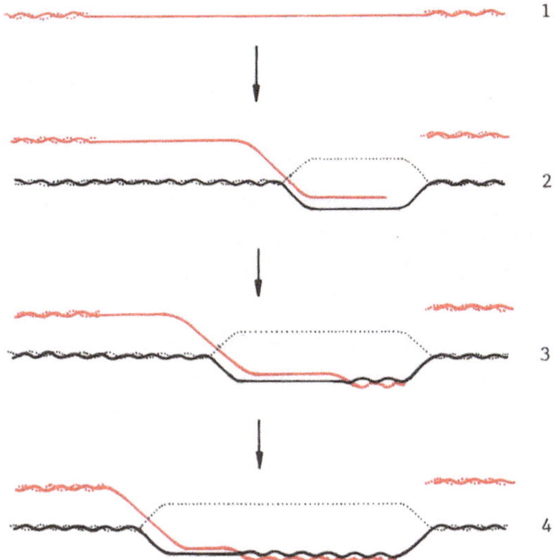

Abb. 2.51. Funktionen des RecA-Proteins bei Rekombinationsvorgängen. *1* Bindung des Enzyms an den Einzelstrang; *2* Öffnung des homologen Bereichs der Doppelhelix und Einfädeln des Einzelstrangs; *3* Suchen der komplementären Basen und Einleitung der Paarung; *4* Hybridisierung der beiden homologen Strangabschnitte. [Nach Watson et al.]

Einzelstrang der intakten DNA als auch die ursprüngliche Fehlstelle wird dann durch DNA-Polymerase ergänzt. Im gleichen Maß, wie die neue Hybrid-DNA entsteht, wird der Doppelstrang vom RecA-Protein freigegeben, bis schließlich zwei intakte, gemischte Doppelstränge vorliegen.

Normalerweise verläuft die Paarung der Einzelstrangregionen während des Crossing-overs fehlerfrei. Dies wird hauptsächlich dadurch gewährleistet, daß die meisten Polynukleotidsequenzen über eine längere Strecke hinweg ungleich sind. Zu Fehlpaarungen kann es in den seltenen Fällen kommen, in denen verschiedene Chromosomen oder verschiedene Abschnitte des gleichen Chromosoms zufällig in einem größeren Bereich übereinstimmen. Auch wenn sich die Basensequenzen der homologen Chromosomen geringfügig unterscheiden, entstehen einzelne Stellen mit falscher Basenpaarung. Ein solcher Bereich, in dem die Stränge der rekombinierten DNA nicht exakt komplementär sind, wird als Heteroduplex bezeichnet. Einzelne Fehlpaarungen werden normalerweise durch ein spezielles Reparaturenzym beseitigt. Bleibt diese Reparatur aus – etwa durch Überlastung des Reparatursystems –, dann wird bei der nächsten Replikation die jeweils komplementäre Base angelagert, so daß in einem oder beiden Tochter-DNA-Molekülen eine Punktmutation entsteht (Abb. 2.52). Bei größeren fehlgepaarten Stellen kommt es zur Deletion oder Insertion (Abb. 2.53).

Einzelstranglücken, die die Rekombination auslösen, können durch Chemikalien auf zweierlei Weise erzeugt werden:

1) durch direktes Aufbrechen des DNA-Rückgrates (z.B. durch Abspaltung oder Zerstörung von Basen). In allen Fällen bieten sich Angriffspunkte

für Nukleasen, die einen der Stränge abbauen, und für Enzyme, die den Doppelstrang aufwinden.

2) durch Schaffung von Deformationen, die bei der Replikation Lücken hinterlassen.

Folgende Mechanismen wirken dabei mit:

Strangbrüche: Einstrangbrüche werden beispielsweise durch Methylmethansulfonat, Methylhydrazin und Hydroxylamin verursacht. Der Mechanismus ist in vielen Fällen nicht genau bekannt. Bei Alkylierungsmitteln werden zwei Wege diskutiert:

– eine Abspaltung von Guanin durch Alkylierung am N^7-Atom mit anschließender hydrolytischer Ringöffnung des Zuckers und Bruch der Hauptvalenzkette

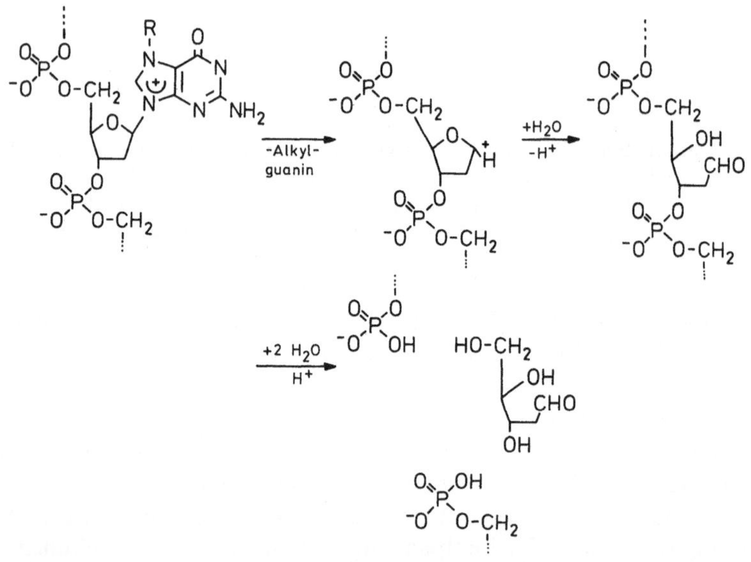

– eine direkte Alkylierung der Phosphatgruppen mit nachfolgender Hydrolyse der Esterbindung zwischen Zucker und Phosphat

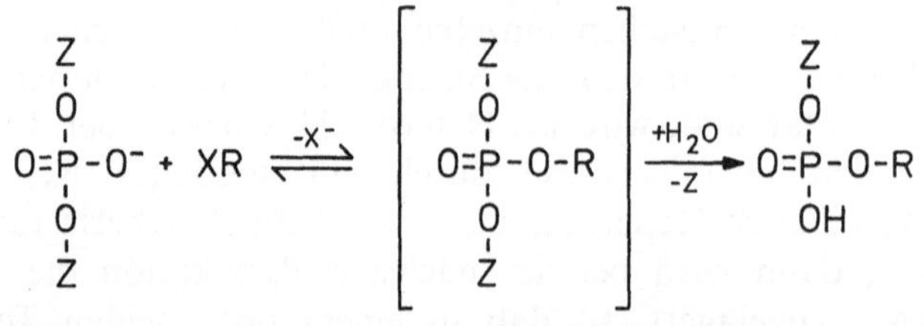

Im Vergleich zur Alkylierung anderer funktioneller Gruppen läuft die der Phosphatgruppen bevorzugt ab (vgl. Kap. 2.1.4.1).

Interstrangvernetzungen: Es gibt eine ganze Reihe unterschiedlicher Mutagene (HNO_2, Mitomycine, manche Alkylierungsmittel), die die beiden Stränge einer DNA oder Stränge verschiedener DNA-Moleküle miteinander vernetzen. Bei HNO_2 etwa kommt auf vier Desaminierungen ca. eine Ver-

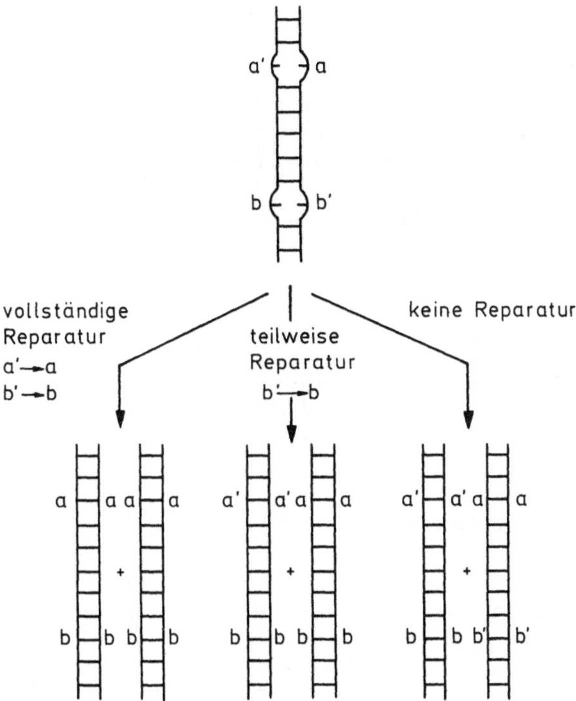

Abb. 2.52. Entstehung von Punktmutationen durch Basenfehlpaarungen bei Rekombinationsvorgängen. [Nach Watson et al.]

netzung. Dabei reagieren möglicherweise Zwischenprodukte der Desaminierungsreaktion (z. B. RN_2^+). Bifunktionelle Verbindungen können die beiden DNA-Stränge miteinander verbrücken, indem jede ihrer reaktiven Gruppen mit jeweils einer Base reagiert. Bei den Mitomycinen wird die Strangvernetzung wahrscheinlich nicht durch die Verbindung selbst, sondern durch ein alkylierendes Derivat (Reduktion der Ausgangsverbindungen) bewirkt. Die Folge solcher Vernetzungen kann die Exzision bzw. Deletion eines Nukleotids sein.

Moleküldeformationen: Zu Verformungen des Doppelstranges kommt es u. a. dann, wenn zwei benachbarte Basen kovalent miteinander verknüpft werden. Die wichtigste Art der Basenkopplung und gleichzeitig eine der Hauptursachen für Mutationen ist die UV-induzierte Dimerisierung zweier Thyminmoleküle. Auch andere photochemische Verknüpfungen (C↔T, C↔C und G↔G) nebeneinander- oder gegenüberliegender Basen lassen sich beobachten (Abb. 2.54). Die Beseitigung der Dimere erfolgt teils durch Exzisionsreparatur, d. h., durch Öffnen des Stranges durch die Endonuklease, einseitigem Abbau eines Teilstücks durch die Exonuklease, Resynthese durch DNA-Polymerase und Strangschluß durch Ligase, teils durch ein spezielles, lichtabhängiges Reparaturenzym. Diese Photolyase bindet Thymindimere und katalysiert eine zweite Photoreaktion, durch die der Cyclobutanring wieder geöffnet wird. Man bezeichnet den gesamten Vor-

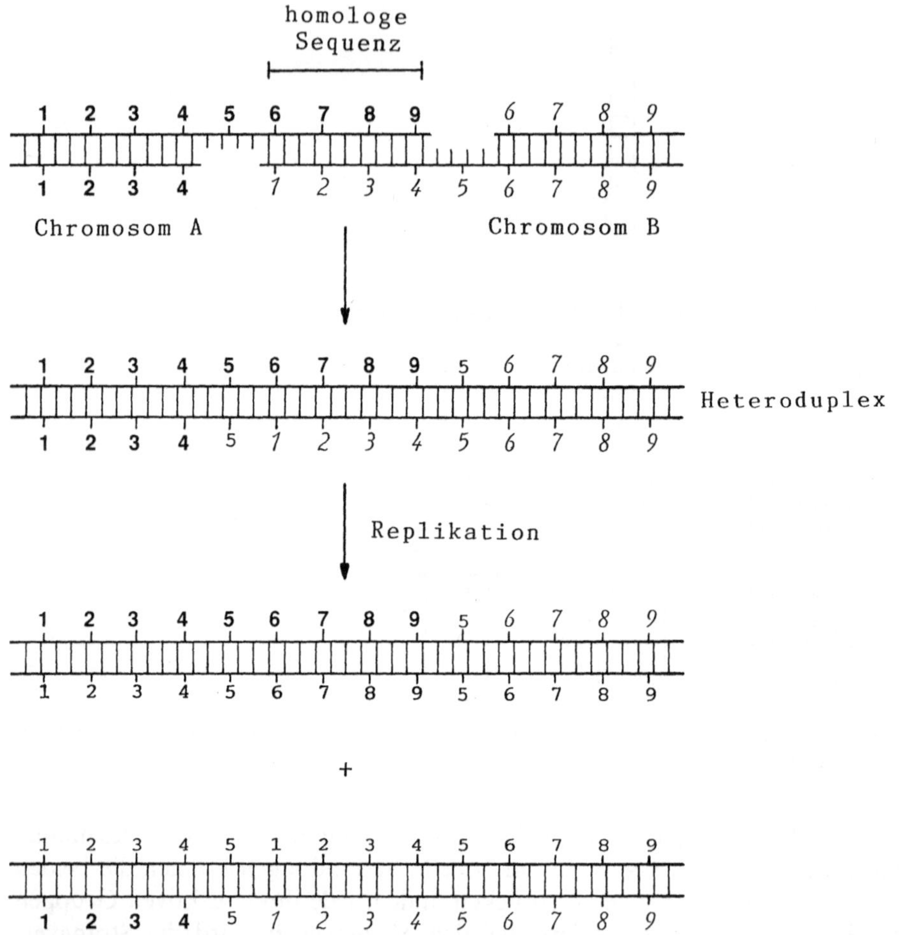

Abb. 2.53. Entstehung von Insertionen größerer DNA-Abschnitte durch Rekombination homologer Sequenzen von nicht homologen Chromosomen. Die Zahlen bezeichnen Intragen-Marker. [Nach Watson et al.]

gang als Photoreaktivierung. Für die Rückreaktion wird nicht UV-, sondern sichtbares Licht genutzt. Bleiben Dimere zurück, dann können Transitionen (GC→AT) oder Rasterschubmutationen resultieren.

Die Bildung UV-induzierter Dimere wird durch Photosensibilisatoren stark gefördert. Eine Triplettanregung von Thymin kann beispielsweise durch Energieübertragung aus den höher liegenden Triplettniveaus von Acetophenon, Benzophenon oder Aceton erfolgen (Abb. 2.55). Aus seinem angeregten Triplettzustand heraus kann das Thyminmolekül dann mit einer benachbarten Pyrimidinbase reagieren. Dabei koppelt es bevorzugt mit gleichartigen Molekülen. Die Bestrahlung von DNA bei 313 nm in Gegenwart von Acetophenon führt fast ausschließlich zur Bildung von Thymindimeren (Tabelle 2.19).

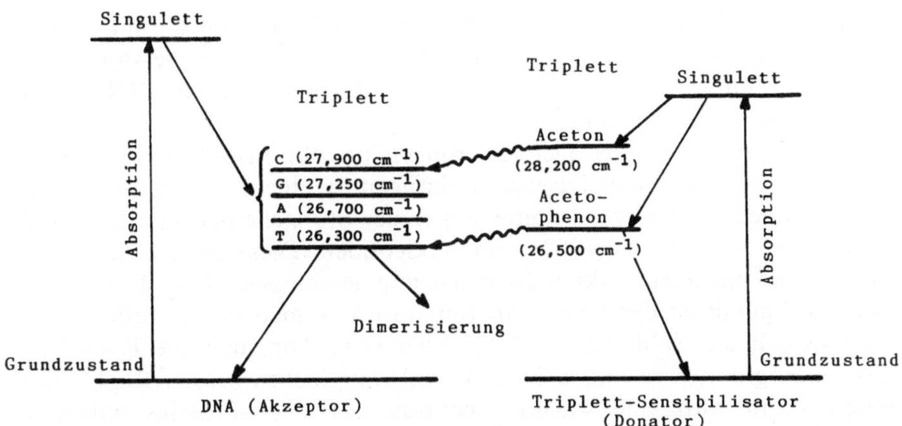

Abb. 2.54. Verschiedene Formen der photochemischen Vernetzung von DNA-Basen (Z = Zucker). [Nach Patrick u. Rahn]

Abb. 2.55. Relative Lage der untersten Singulett- und Triplett-Energieniveaus der vier DNA-Nukleoside und Aceton bzw. Acetophenon. Die Bestrahlung bei 313 nm führt zu keiner direkten Anregung von DNA-Basen, da deren Absorption in diesem Bereich vernachlässigbar klein ist. Bei Acetophenon erfolgt bei 313 nm eine Anregung in den Singulettzustand, gefolgt von einem Intersystem crossing mit einer Quantenausbeute von fast 1. Da das Triplettniveau von Acetophenon über dem von Thymin aber unter dem der anderen Basen liegt, kommt es fast ausschließlich zur Anregung von Thymin (Bildung von T−T-Dimeren). Das Triplettniveau von Aceton dagegen liegt hoch genug, um auch Cytosin anzuregen (zusätzliche Bildung von C−T und C−C-Dimeren). [Nach Rahn u. Patrick]

Tabelle 2.19. Anteile verschiedener Photoprodukte bei der Bestrahlung von DNA in Anwesenheit von Acetophenon. [Nach Rahn u. Patrick]

Photoprodukt	Anteil in % der Menge an $T-T$-(c, s)-Dimeren
$T-T$-Dimer (c, s)	100
$T-T$-Dimer (t, s)	0,25
$C-C$-Dimer	0,25
$C-T$-Dimer	3
Cytosinphotohydrat	0,3
$6-4'$-(Pyrimidin-$2'$-on)-thymin	0,25
5,6-Dihydrothymin	2

c, s = cis-syn-Cyclobutadien-Dimer.
t, s = trans-syn-Cyclobutadien-Dimer.

Die Ausbeute an Thymindimeren hängt nicht nur von der Konzentration der Sensibilisatoren ab, sondern auch vom Sauerstoffgehalt (Abb. 2.56). In Gegenwart von O_2 werden drei- bis sechsmal weniger Dimere gebildet. Dabei wirkt O_2 als Quencher für den angeregten Sensibilisator. In der Abwesenheit von Sauerstoff werden angeregte Acetophenonmoleküle zum Teil durch Kollisionen untereinander desaktiviert. Bei Benzophenon und Aceton, die beide kürzere Triplett-Halbwertzeiten besitzen, tritt keine Selbstdesaktivierung auf.

Ein Nebeneffekt der photosensibilisierten Dimerisierung sind Einzelstrangbrüche, und zwar möglicherweise durch reaktive Sauerstoffspezies (eventuell Bildung von $^1O_2$ durch Triplettanregung oder von ·OH durch Photolyse des Sensibilisators).

Bei Strangbrüchen oder Deformierungen des Stranges kann die DNA-Polymerase kein korrektes Basenpaar einfügen. In einem solchen Fall stoppt sie fast immer, startet etwas weiter hinter der Störstelle neu und hinterläßt so eine Lücke von bis zu 1000 Mononukleotiden. Diese werden durch Rekombination mit dem intakten Tochterstrang geschlossen (Abb. 2.57).

Im Normalfall ist der Gehalt an Reparaturenzymen in der Zelle gering. Steigt jedoch die Zahl der DNA-Schäden soweit an, daß die DNA-Synthese verlangsamt wird und sich die Einzelstranglücken bei der Replikation häufen, dann wird eine weitere Reaktion des RecA-Proteins induziert: Es spaltet das Repressorprotein für mehrere Gene, die verschiedene Reparaturenzyme, darunter auch das RecA-Protein, kodieren. Dadurch werden vermehrt Reparaturenzyme gebildet (SOS-Antwort). Gleichzeitig läßt allerdings auch die normale Korrekturleseaktivität bei der DNA-Synthese nach, so daß die Häufigkeit von Fehlpaarungen zunimmt.

Im Extremfall – wenn die Schäden in der DNA zu zahlreich werden bzw. so angeordnet sind, daß auch über eine Rekombination keine Reparatur mehr möglich ist – wird noch ein weiteres Reparatursystem aktiviert: die SOS-Reparatur (error prone repair). Dessen Enzyme veranlassen auf noch ungeklärte Weise, daß eine Base auch dann in den wachsenden Strang eingebaut wird, wenn keine Matrize vorhanden ist (bypass-synthesis). Die Fehlerrate dieses Systems ist sehr hoch (ca. 75%).

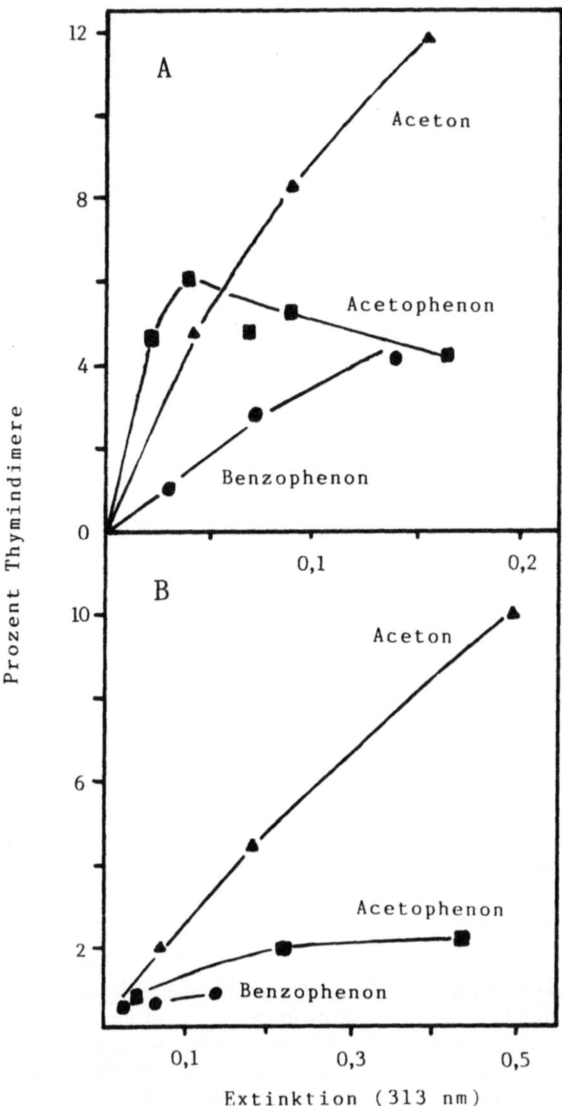

Abb. 2.56. Ausbeute von Thymindimeren in Abhängigkeit von der Konzentration des Sensibilisators bei Anwesenheit von Sauerstoff **A** und unter Sauerstoffausschluß **B**. Die Konzentration ist angegeben als Extinktion bei 313 nm. [Nach Rahn u. Patrick]

2.1.4.4 Indirekte Mutagene

Zu den indirekten Mutagenen gehören Verbindungen, die nicht mit der DNA selbst reagieren, sondern Enzyme des Nukleinsäuremetabolismus, der Replikation oder der Reparatur hemmen. Von Coffein beispielsweise ist bekannt, daß es bei Bakterien auf die Enzyme der Exzisionsreparatur einwirkt. In Gerstenkeimlingen und Mäusefibroblasten wurde eine Hemmung

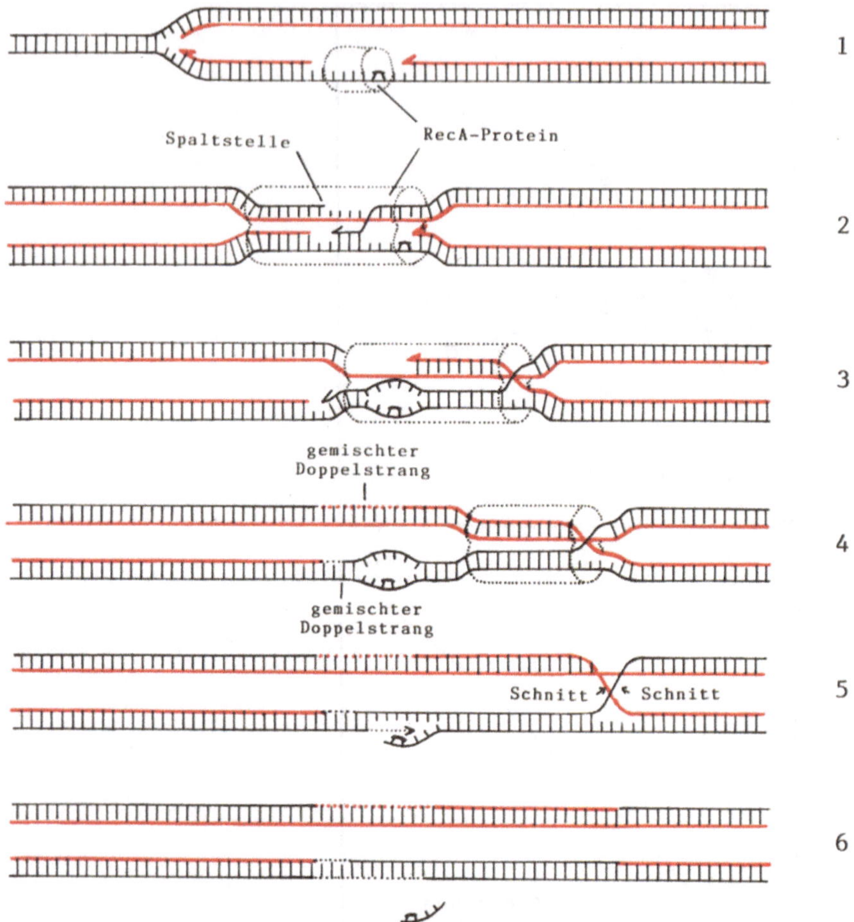

Abb. 2.57. Ablauf der Rekombinationsreparatur am Beispiel einer durch ein Thymindimer verursachten Replikationslücke. *1* Bindung des RecA-Proteins an die einsträngige Stelle und Ausrichtung parallel zur homologen Region des Schwesterndoppelstrangs; *2* Öffnung des intakten Doppelstrangs, Einfädelung des freien Endes in die Lücke und Paarung der komplementären Basen; *3* Auffüllung des oberen Stranges durch die DNA-Polymerase unter gleichzeitiger Verschiebung des RecA-Proteins und der Überkreuzungsstelle; *4* Freigabe der Stelle mit dem Thymindimer, dem jetzt die korrekten Basen gegenüberliegen; *5* Beseitigung des Dimers durch Exzisionsreparatur; *6* Trennung der beiden Stränge am Kreuzungspunkt und Schließen der offenen Stelle. [Nach Howard-Flanders]

mancher Formen der Rekombinationsreparatur festgestellt. In HeLa-Zellkulturen beeinflußt Coffein die Länge der Zellzyklusphasen.

Eine wichtige Gruppe indirekter Mutagene sind Chemikalien, die in die Zellteilungsmechanismen eingreifen (Mitosegifte). Dabei lassen sich vor allem zwei Arten unterscheiden. Zellteilungsgifte verhindern gegen Ende der Telophase die Bildung einer neuen Zellwand, so daß zweikernige Zellen entstehen. Beispiele für Zellteilungsgifte sind p-Dichlorbenzol und Theobromin.

Zu den sogenannten Spindelinhibitoren gehören verschiedene Arzneimittelwirkstoffe (Colchicin, Vinblastin), Anaesthetika (Methoxyfluran, Halothan, Enfluran) und metallorganische Verbindungen. Ihre Wirkung beruht darauf, daß sie die Ausbildung des Spindelapparates in der Metaphase verhindern (C-Mitose) bzw. seine Funktion stören, so daß die Chromosomen nicht getrennt werden. Dies führt zu Endoreduplikationen bzw. Polyploidie (Genommutationen). Polyploidie läßt sich bei Pflanzen oft beobachten, während sie bei Tieren selten ist. Nur wenige der bei gestörter Zellteilung entstehenden Chromosomensätze sind genetisch stabil; die meisten sind letal oder in ihrer Funktion eingeschränkt. Triploide Gameten besitzen eine stark verminderte Fertilität. Krankheiten, die durch Trisomie bestimmter menschlicher Chromosomen verursacht werden, sind etwa das Down- und das Patau-Syndrom. Ein großer Teil der spontanen Aborte weist Abweichungen von der normalen Chromosomenzahl auf.

Der Spindelapparat besteht aus Mikrotubuli, röhrenförmigen Organellen, deren Wand aus Dimeren von α- und β-Tubulin zusammengesetzt ist. Colchicin verhindert die Polymerisierung der Dimere dadurch, daß es sich derart an deren Verknüpfungsstelle anlagert, daß die Dimere nicht mehr zusammentreten können. In höherer Dosis kann es möglicherweise sogar den fertigen Spindelapparat zerstören. Entfernt man das Colchicin, dann kann sich der Spindelapparat regenerieren. Colchicin verhindert außerdem die Trennung der Zentriolen in der Prophase.

Metallorganische Verbindungen dagegen inaktivieren wahrscheinlich die bei der Zellteilung mitwirkenden Sulfhydrylgruppen des Spindelapparates. Als Nebenreaktion tritt eventuell auch eine Vergiftung der Enzyme auf, die an der Polymerisierung des Tubulins beteiligt sind. Die Bindungsstelle wird auch von der Substanz bestimmt. Phenylquecksilber wird offenbar leichter im Bereich des Centromers gebunden und Methylquecksilber eher im Bereich der Pole. Die Folge ist ebenfalls eine Störung der Chromosomenverteilung. Weil es auf unterschiedliche Weise reagieren kann, bewirkt Quecksilber einen graduelleren Übergang zwischen normaler und ·C-Mitose als Colchicin.

Schließlich gibt es noch eine Reihe von Mutagenen, die sowohl Chromosomenaberrationen hervorrufen als auch in den Zellteilungsmechanismus eingreifen. Hierher gehören Actinomycin D und Ethidiumbromid (eventuell sogar alle Substanzen, die zur Interkalation in die DNA fähig sind).

2.1.5 Karzinogenität

Mutagenität und Karzinogenität stehen in einem engen Zusammenhang; bei den meisten Mutagenen wurde auch eine karzinogene Wirkung nachgewiesen, und umgekehrt sind die meisten Karzinogene auch mutagen (Tabelle 2.20). Als Ursache von Krebs wird heute generell eine gestörte Genfunktion in einzelnen Zellen angenommen, die sich dahingehend aus-

Tabelle 2.20. Ergebnisse von vier unterschiedlichen Mutagenitäts-Tests bei verschiedenen Karzinogenen. [Nach Kirsch-Volders]

	Ames–Test	SCE	Chromosomen-aberrationen	Microkern-test
2-Aminofluoren				
β-Naphthylamin	+	+		−
Benzidin	+			+
Cyclophosphamid	+	+	+	+
Stickstofflost	+	+	+	
Captan	+		+	
Benz(a)pyren	+	+	+	−
Benz(a)anthracen	+	+	−	
7,12-Dimethylbenz(a)anthracen	+	+	+	+
3-Methylcholanthren	+	+	+	+
Methylmethansulfonat	+	+	+	+
Myleran	+	+	+	−
Ethylmethansulfonat	+	+	+	+
Dimethylsulfat	+	+	+	
β-Propiolacton	+	+	+	
1,3-Propansulton	+	+	+	
1,2,3,4-Diepoxybutan	+	+	+	
N,N-Dimethylnitrosamin	+	+	+	+
N,N-Diethylnitrosamin	+	+	+	−
N-Methyl-N'-nitro-N-nitrosoguanidin	+	+	+	−
N-Methyl-N-nitrosoharnstoff	+	+	+	
Aflatoxin B1	+	+	+	+
Mitomycin	+	+	+	+
3-Methyl-4-dimethylaminoazobenzol	+		+	
Ethidiumbromid	+	−	+	
2-Methyl-4-dimethylaminoazobenzol	+		−	
4-Aminoazobenzol	+			
4-Aminobiphenyl	+			
p-Rosanilin	+			
Auramin	+			
Benzo(e)pyren	+			
Diethylsulfat	+			
Safrol	+			
Cycasin	+			
Tetrachlormethan	−	+		
DDE	−		+	
Urethan	−	+	+	+
Thioacetamid	−	+		
Thioharnstoff	−	+		
Diethylstilböstrol	−	−	+	
L-Ethionin	−			+
Griseofulvin	−		+	−

Tabelle 2.20 (Fortsetzung)

	Ames –Test	SCE	Chromosomen- aberrationen	Microkern- test
Phenobarbital	–	+	+	
Natulan	–	+	+	+
1,2-Dimethylhydrazin	–			
3-Amino-1,2,4-triazol	–	–		
Dieldrin	–			
Acetamid	–			
1-Hydroxysafrol	–			
4-Aminoantipyren	–			

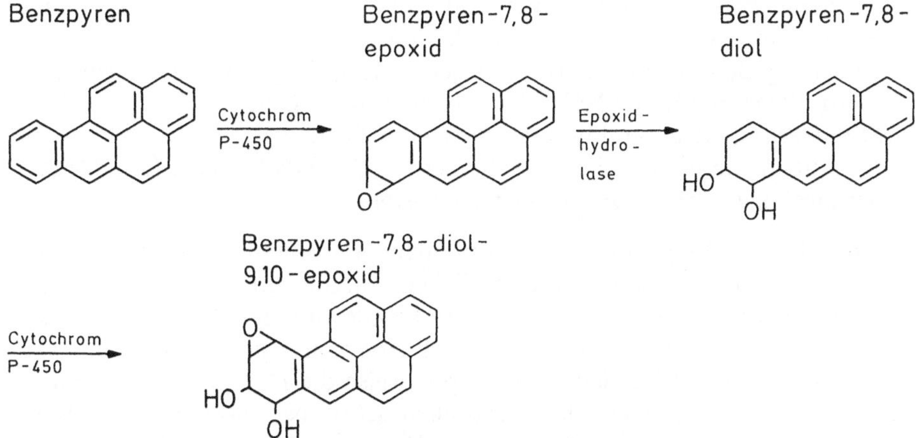

Abb. 2.58. Aktivierung von Benzpyren. [Nach Watson et al.]

wirkt, daß diese Zellen beginnen, sich unkontrolliert zu teilen. Voraussetzung für eine Tumorentwicklung sind damit somatische Mutationen. Wahrscheinlich sind mehrere Mutationen innerhalb einer Zelle nötig. Manche davon sind rezessiv, eventuell durch den Verlust von genetischem Material entstanden, und manche dominant. In vielen Tumorzellen wurden veränderte Chromosomen gefunden, die häufig das Resultat von Chromosomentranslokationen sind. Zur Auslösung von Krebs können so alle Chemikalien beitragen, die die spontane Mutationsrate erhöhen. Als stark karzinogen bekannt ist beispielsweise Benzpyren, das nicht selbst mutagen wirkt, sondern in manchen Zellen erst durch Umwandlungen aktiviert wird (Abb. 2.58). Deshalb ist auch bei Karzinogenen die artspezifische bzw. individuelle Metabolisierungsrate für die Empfindlichkeit gegenüber der Substanz von entscheidender Bedeutung. Zu den wichtigsten Enzymen in diesem Zusammenhang gehört möglicherweise Cytochrom P-450 (vgl. Kap. 1.6.2.2).

Der Zeitpunkt, an dem sich die Zellen bestimmter Gewebe teilen, und ihre Teilungsrate müssen in jedem mehrzelligen Organismus durch ein sorgfältig kontrolliertes Programm bestimmt werden. Tumore treten dann auf, wenn bei einer einzelnen Zelle diese Kontrolle versagt. Dafür muß – mutativ oder durch direkte Reaktion mit den beteiligten Enzymen – das Zellwachstum stimuliert oder die Unterdrückung der für das Wachstum verantwortlichen Enzyme bzw. Gene beseitigt werden. Dies kann u. a. auf folgende Weise erreicht werden:
- Expression rezessiver Allele durch Erzeugung des homozygoten Zustandes durch Rekombination
- Direkte Aktivierung bzw. Inaktivierung der an der Kontrolle beteiligten Gene durch Punktmutationen oder Deletionen
- Indirekte Aktivierung bzw. Inaktivierung von Genen durch Änderung der Genexpression infolge einer Translokation (z. B. Verlagerung in eine Region mit anderer Transkriptionsaktivität)
- Änderung der Genexpressivität durch Verlagerung von Transkriptions-kontrollfaktoren in die Nähe des entsprechenden Gens
- Stimulierung oder Induktion der Genvervielfältigung
- Eingriff in die enzymatische Methylierung der DNA-Basen (das Methylierungsmuster beeinflußt die Genexpression)

Bei der Entwicklung von Krebs geht man von einem Mehrschrittprozeß aus. Dabei müssen außer dem eigentlichen Karzinogen weitere Verbindungen berücksichtigt werden, die zwar selbst weder mutagen noch karzinogen sind, aber mit karzinogenen Substanzen zusammen die Entwicklung von Tumoren fördern. Behandelt man beispielsweise die Haut von Mäusen ausschließlich mit Benzpyren, dann entstehen selbst bei wiederholter Exposition kaum Tumore. Wird dagegen die Haut der Mäuse nach einmaliger dermaler Applikation von Benzpyren mehrfach dem nicht mutagenen 12-O-Tetradecanoyl-phorbol-13-acetat (TPA, Abb. 2.59) ausgesetzt, dann treten gehäuft Tumore auf. Benzpyren bezeichnet man in diesem Fall als Initiator und TPA als Promotor. Für das Zusammenwirken von Initiatoren und Promotoren wurden verschiedene Modelle entwickelt.

Am einfachsten ist das Zwei-Stufen-Modell (Abb. 2.60). In ihm geht man davon aus, daß der Initiator eine (bzw. mehrere) irreversible somatische Mutation verursacht. Dafür kann eine einmalige Dosis genügen, für die wahrscheinlich kein Schwellenwert existiert. Die Wirkung kann auch addi-

Verbindung	R₁	R₂	Aktivität
Tetradecanoyl-phorbol-acetat	Tetradecanoat	Acetat	+ + + +
Phorbol-didecanoat	Decanoat	Decanoat	+ +
Phorbol-dibenzoat	Benzoat	Benzoat	+
Phorbol-diacetat	Acetat	Acetat	0
Phorbol	H	H	0

Abb. 2.59. Struktur verschiedener Phorbolester (Bestandteile des Crotonöls) und ihre Aktivität als Promotor. [Nach Boutwell]

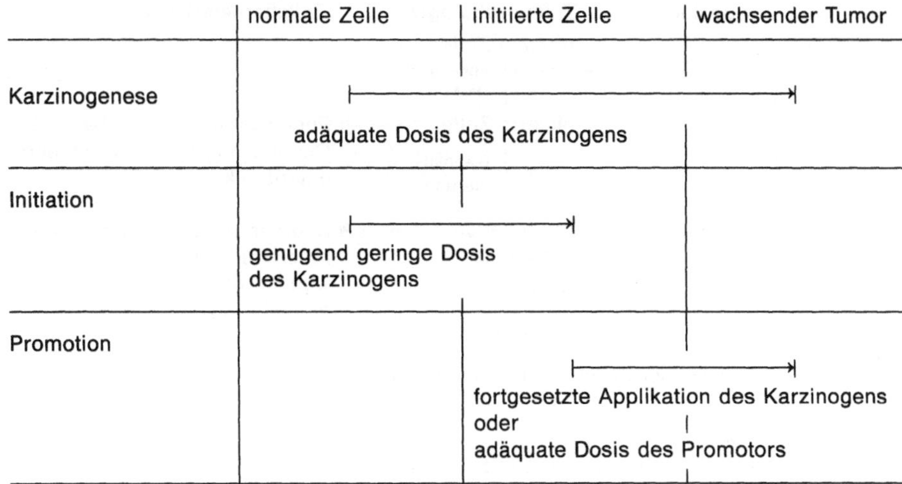

Abb. 2.60. Schematische Darstellung des Zwei-Stufen-Modells der Karzinogenese. [Nach Boutwell]

tiv durch mehrere Dosen zustande kommen, die so gering sind, daß bei einer allein selbst mit einem Promotor kein Effekt sichtbar wird. Manche Initiatoren (z. B. Alkylierungsmittel) wirken allerdings bereits in sehr geringen Mengen cytotoxisch, so daß man histologische Veränderungen nachweisen kann.

Im Gegensatz zu Initiatoren wirken Promotoren nur dann, wenn sie nach der Applikation eines Initiators angewendet werden. Die Reihenfolge ist nicht umkehrbar. In den seltenen Fällen, wo bei alleiniger Verabreichung eines Promotors eine Tumorentwicklung in Gang gesetzt wurde, ist eine verdeckte Initiation infolge von Spontanmutationen nicht auszuschließen. Der Effekt von Promotoren ist reversibel und nicht unbedingt additiv. Durch Vergrößerung der Abstände zwischen den einzelnen Applikationen (bei entsprechend erhöhter Dosis) oder Verringerung der Dosis (bei entsprechend erhöhter Frequenz) kann die Wirksamkeit völlig verloren gehen.

Aus diesen Unterschieden läßt sich schließen, daß der Promotor auf einer ganz anderen Stufe angreift als der Initiator. Man nimmt an, daß dies auf der Ebene der phänotypischen Realisierung der genetischen Änderung geschieht. Während Initiatoren die genetische Information abwandeln, beeinflussen Promotoren die Expressivität der mutierten Gene, so daß zuerst ein veränderter Metabolismus resultiert, später eine veränderte Zellmorphologie (z. B. eine abweichende Oberflächenstruktur, die sich auf den Signalaustausch mit anderen Zellen auswirkt) und zuletzt ein Tumor (Abb. 2.61). Dabei spielt der Zeitraum zwischen Initiation und Promotion offenbar keine Rolle.

Verfolgt man die Entwicklung von Tumoren in epidermalen Zellen, dann zeigt sich häufig, daß auch nach der Umwandlung einzelner Zellen in Tumorzellen nicht sofort eine Tumorentwicklung einsetzen muß. In Experimenten, in denen Tumorzellen in die Pfortader von Ratten injiziert und

Substanz
Zellmorphologie
Zellcharakteristika
normale Zelle
Initiator
veränderte DNA
karzinogen
initiierte Zelle
Phenotyp einer normalen Zelle. Genotyp einer Tumorzelle, aber unterdrückt
Genaktivierung
Promotor
sich teilende Tumorzelle
Repressiver Einfluß des differenzierten Zellsystems überwunden (immunologisch, hormonell o. a.)
sichtbarer Tumor

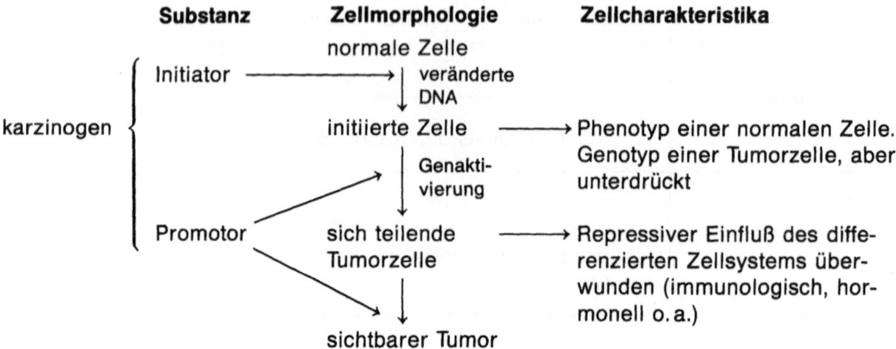

Abb. 2.61. Änderungen der Zellcharakteristika im Verlauf der zweistufigen Karzinogenese. [Nach Boutwell]

normale Zelle
initiierte Zelle
schlafende Tumorzelle
wachsender Tumor
Karzinogenese
adäquate Dosis des Karzinogens
Initiation
genügend geringe Dosis des Karzinogens
unvollständige Karzinogenese
begrenzte Dosis des Karzinogens
Promotion
fortgesetzte Applikation des Karzinogens oder adäquate Dosis des Promotors
Konversion
begrenzte Dosis des Karzinogens oder
begrenzte Dosis des Promotors
Propagation
fortgesetzte Applikation des Karzinogens
oder
fortgesetzte Applikation des Promotors
oder
regenerative Stimuli (chemisch oder physikalisch)

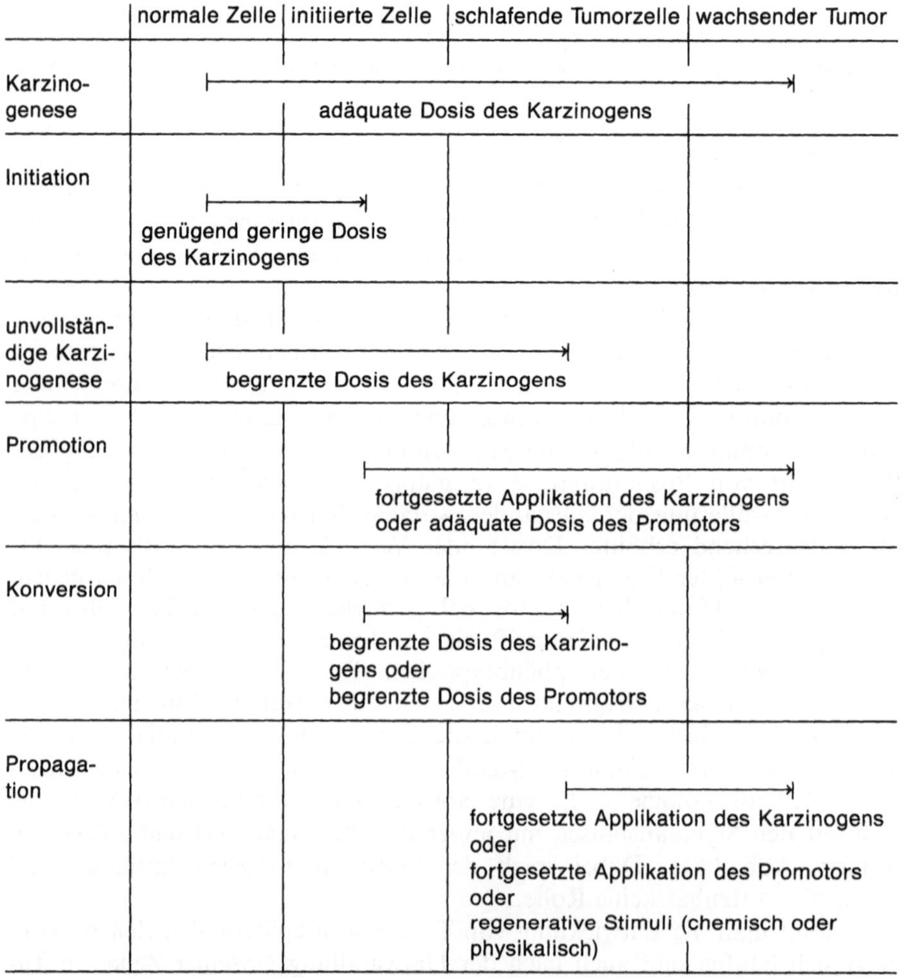

Abb. 2.62. Schematische Darstellung des Drei-Stufen-Modells der Karzinogenese. [Nach Boutwell]

die Tiere erst fünf Monate später überprüft wurden, entwickelte sich während der ganzen Zeit kein Lebertumor. Aber bei den Ratten des Parallelversuchs, denen drei Monate nach der Injektion wiederholt die Bauchdecke geöffnet wurde, um die Leber zu untersuchen, entstanden innerhalb weniger Wochen Lebertumore bei allen Tieren. Ursache der Auslösung war in diesem Fall wahrscheinlich die zellteilungsstimulierende Wirkung der wiederholten Verletzungen.

Aufgrund solcher Beobachtungen wurde das Zwei-Stufen-Modell erweitert (Abb. 2.62). Dem Promotor wird eine doppelte Funktion zugewiesen: die Umwandlung der mutierten Zelle in eine sogenannte schlafende Tumorzelle (Konversion) und deren spätere Aktivierung (Propagation), so daß sie sich zu teilen beginnt (Abb. 2.63).

Für die Funktionsweise wurde die Bildung von reaktiven Sauerstofformen vorgeschlagen, die außer zu einer direkten Reaktion mit der DNA auch zur gehäuften Peroxidation von Lipiden führen könnten. Die entstandenen Peroxide könnten ihrerseits die Vernetzung von Proteinen bewirken und so die gesamte Zellorganisation einschließlich Membran, Oberflächenstruktur und Teilungsapparat beeinflussen. Die Induktion von Chromosomenbrüchen über die Bildung von Sauerstoffradikalen durch Phorbolester wurde nachgewiesen, ebenso die Zerstörung des mitotischen Apparates und die Expression rezessiver Gene durch verschiedene Promotoren. Eine weitere Wirkung besteht in der Peroxidation von Prostaglandinen und Leukotrienen, also Hormonen, die auf ungesättigten Fettsäuren basieren. Beide Hormonfamilien sind an Zellteilungs-, Zelldifferenzierungs- und Tumorwachstumsprozessen beteiligt. Auch die tumorfördernde Wirkung von Verletzungen oder von Asbeststaub könnte darauf beruhen, daß es im Verlauf von Entzündungsreaktionen zur vermehrten Bildung von Sauerstoffradikalen in den Phagozyten kommt.

Daß die Entstehung von reaktivem Sauerstoff unabhängig von seiner Produktion durch Xenobiotika ein Nebeneffekt vieler Stoffwechselreaktionen ist, läßt sich aus der weiten Verbreitung natürlicher Antioxidantien (Carotinoide, Tocopherole, Ascorbinsäure, Harnsäure) und Enzyme (Superoxid-Dismutase, Glutathionperoxidase u.a.) schließen, die reaktive Formen von Sauerstoff desaktivieren bzw. entfernen. Zusammen bieten sie einen sehr effektiven Schutz, der auch gegen peroxid- bzw. sauerstoffradikal-bildende Xenobiotika wirksam ist. So wird die Induktion von Chromosomenbrüchen durch Phorbolester in Anwesenheit von Superoxid-Dismutase unterdrückt. Damit läßt sich die Entstehung von Tumoren bzw. deren Promotion eventuell analog zu Mutationen als Versagen oder eine Überforderung zelleigener Reparatur- bzw. Entgiftungsmechanismen betrachten.

2.1.6 Teratogenität

Über die Wirkungsmechanismen von Teratogenen ist noch relativ wenig bekannt. Dies liegt nicht nur an der Komplexität des Zusammenspiels

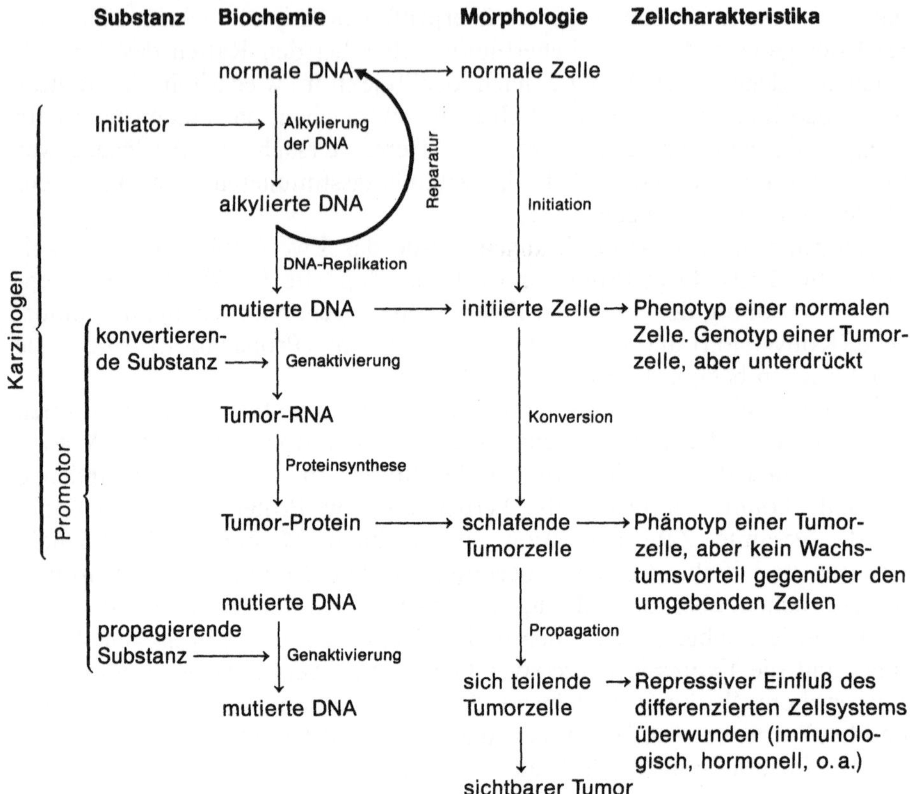

Abb. 2.63. Biochemische Änderungen im Verlauf der dreistufigen Karzinogenese. [Nach Boutwell]

zwischen embryonalem und mütterlichem Stoffwechsel, das zusätzlich noch stadienabhängigen Änderungen unterliegt, sondern auch daran, daß die meisten teratogenen Substanzen offenbar indirekt wirken. Selbst in den Fällen, in denen die Primärreaktion der Chemikalie bekannt ist, liegt der Weg, der von der chemischen Reaktion zu der durch die Substanz ausgelösten Mißbildung führt, oft völlig im Dunkeln.

Insgesamt lassen sich bei diesen Verbindungen zwei Gruppen unterscheiden: direkte und indirekte Teratogene. Die Mechanismen der direkten Embryotoxizität entsprechen den bisher beschriebenen, mit dem Unterschied, daß Embryos bzw. Feten empfindlicher sind als adulte Organismen der gleichen Art. Allerdings ist die Voraussage einer direkten toxischen Wirkung noch schwieriger als bei ausgewachsenen Organismen, und zwar u. a. deshalb, weil über die Rolle der embryonalen und fetalen Biotransformation von Chemikalien bisher zu wenig bekannt ist. Der zeitliche Ablauf der Entwicklung der an Aktivierungs- bzw. Detoxifizierungsreaktionen beteiligten Enzymsysteme ist sowohl organ- als auch artspezifisch. Untersuchungen an Säugerfeten ergaben bei den meisten Arten für die frühen Stadien eine extrem niedrige Aktivität fast aller mikrosomalen Enzyme, die an der Biotransformation von Xenobiotika beteiligt sind. Das gleiche wird von einem Teil der nicht mikrosomalen Enzyme angenommen. Höhere Umwandlungsraten wurden lediglich bei verschiedenen Reduktions- und Konjugationsreaktionen nachgewiesen. Eine Induktion der fetalen Enzymsysteme war in den meisten Fällen nur im letzten Drittel der Schwangerschaft möglich. Andererseits wurde bei manchen Arten, darunter auch dem Menschen, eine vergleichsweise hohe Aktivität der P-450-abhängigen Monooxygenasen gefunden, was im Hinblick auf die mögliche Bildung von Mutagenen oder Karzinogenen bedenklich ist.

Zu einer indirekten Wirkung kommt es entweder durch einen Eingriff in den mütterlichen Metabolismus oder durch eine Störung des Stoffaustausches zwischen mütterlichem und embryonalem bzw. fetalem Organismus. Beides kann zu einem Mangel oder auch Überschuß essentieller Nährstoffe im Embryo führen und damit zu einer Fehlentwicklung der Gewebe, die zu ihrer Differenzierung auf jeweils bestimmte Konzentrationen der einzelnen Nährstoffe angewiesen sind.

Eingriffe in den mütterlichen Stoffwechsel können dadurch erfolgen, daß eine Chemikalie mit der vom Embryo benötigten Substanz reagiert. So bewirkt Salicylamid, das im Verlauf der Entgiftung mit Sulfat konjugiert und ausgeschieden wird, in hohen Dosen eine Sulfatverknappung in trächtigen Ratten, die mit einem Sulfatmangel im Fetus korrespondiert. Entsprechend wird dort das Ausmaß der Synthese von Glukosaminoglykanen für Gerüststrukturen des Bindegewebes herabgesetzt.

Zu einem Mangel an Nährstoffen im mütterlichen Organismus kann es aber auch durch Störungen des Hormonhaushaltes kommen. Beispielsweise werden durch hohe Dosen von Cortison, einem natürlichen Regulator des Blutzuckerspiegels, der Eiweißabbau und die Gluconeogenese in der Mutter stimuliert, während gleichzeitig eine Hemmung der peripheren Glucoseverwertung erfolgt. Dadurch wird auch der Glucosetransport in die Plazenta verringert. Da Glucose das Hauptsubstrat für die oxidative Energiegewinnung ist, bewirkt ihre Verknappung u. a. die zwangsweise Nutzung anderer Energiequellen, z. B. die von Aminosäuren. Die Folgen können unterschiedlich sein und reichen von der Reduzierung des Gehirngewichtes bis hin zur Induktion von Gaumenspalten.

Auch eine Änderung des plazentalen Transportes kann zu Nährstoffmangel im Embryo bzw. Fetus führen. Dies kann durch spezifische Blockierung des Transports geschehen, wie bei der Aufnahme von Aminosäuren über die Plazenta von Mäusen, die durch Methylquecksilber gehemmt wird. Der Aminosäuregehalt im mütterlichen Blut sinkt dabei gleichfalls, aber da die Abnahme im mütterlichen Blut nicht mit der im Fetus korreliert ist und die Aufnahme von Aminosäuren in den Fetus aktiv erfolgt, so daß dessen AS-Gehalt auch bei einem verringerten AS-Level der Mutter aufrechterhalten wird, erscheint eine direkte Abhängigkeit der fetalen Abnahme von der mütterlichen unwahrscheinlich.

Tabelle 2.21. Entstehung von Fehlbildungen an unterschiedlichen Organen in Abhängigkeit vom Zeitraum eines vorübergehenden, künstlich induzierten Folsäuremangels. [Nach Juchau]

Fehlentwicklung	Tag der Schwangerschaft						
	7	8	9	10	11	12	13
Großhirn	×	×					
Eingeweidebruch	×	×	×				
Herz	×	×	×				
Großes Blutgefäß		×	×	×			
Augenbläschen		×	×	×			
Linsen				×	×	×	
Niere				×	×	×	
Skelett				×	×	×	
Gaumenspalte				×	×	×	×
Anämie					×	×	×
Ödem					×	×	×

Die meisten Substanzen werden allerdings passiv durch die Plazenta transportiert. In einem solchen Fall kann die Versorgung des Fetus mit ihnen durch alle Chemikalien beeinflußt werden, die direkt oder indirekt in die Blutflußregulation eingreifen. Dazu gehört beispielsweise Nicotin. Aber auch bei dem Mutagen Hydroxyharnstoff geht die teratogene Wirkung möglicherweise weniger auf die Blockierung der DNA-Synthese, sondern eher auf die Erhöhung des mütterlichen Blutdrucks zurück. Zwischen dem plazentalen Blutfluß und dem Gewicht des Fetus besteht eine direkte Korrelation.

Insgesamt läßt sich bezüglich der Wirkung aller dieser indirekten Teratogene eine ausgeprägte Stadienabhängigkeit beobachten. Ein Beispiel dafür ist die unterschiedliche Art der Fehlbildungen, die durch Folatmangel ausgelöst werden können. Tetrahydrofolsäure ist ein wichtiges Coenzym im C_1-Stoffwechsel, dessen Mangel sich u.a. auf die Biosynthese von Purinderivaten auswirkt. Ein derartiger Mangel läßt sich im Versuch durch orale Verabreichung von Inhibitoren der Folsäurereduktasen (Aminopterin oder Methotrexat) unter gleichzeitiger Fütterung von folsäurefreier Diät leicht über einen definierten Zeitraum herbeiführen. Tritt eine vorübergehende Unterversorgung bei Ratten am 7. und 8. Tag der Schwangerschaft auf, dann entstehen Fehlentwicklungen hauptsächlich am Herz und weniger an den großen, von den primitiven Aortenbögen abgeleiteten Arterien. Dauert der Mangel dagegen vom 9. bis 10. Tag, dann ist die Situation umgekehrt: der überwiegende Teil der Neugeborenen weist Defekte an den Hauptarterien auf. Dies stimmt mit der Reihenfolge der Differenzierung der einzelnen Organe überein. Entsprechend lassen sich durch Folsäuremangel auch andere Fehlbildungen induzieren, je nachdem, zu welchem Zeitpunkt er erzeugt wird (Tabelle 2.21).

2.2 Wirkung auf Populationen und Ökosysteme

Über die Wirkung von Umweltchemikalien auf der Ebene der Populationen bzw. Ökosysteme ist relativ wenig bekannt. Das liegt nicht nur daran, daß Ergebnisse von Toxizitätstests an Individuen einer bestimmten Art nicht direkt auf die höheren Ebenen übertragbar sind, sondern auch an den zahlreichen, teils noch ungenügend erforschten Bedingungen, von denen die Reaktion einer Population auf die Schädigung eines Teils ihrer Individuen abhängt. Vor allem indirekte Wirkungen, die durch Interaktionen der verschiedenen Glieder eines Ökosystems zustande kommen, lassen sich mit dem gegenwärtigen Wissensstand kaum überblicken.

Ein Beispiel für eine solche indirekte Wirkung ist der Nährstoffeintrag in ursprünglich nährstoffarme Systeme wie Moore, dystrophe und oligotrophe Seen, Magerwiesen u.a. Der Pflanzenbestand solcher Systeme zeichnet sich durch unterschiedliche Formen der Anpassung an die Nährstoffarmut aus. Viele dieser Arten können auch in nährstoffreichem Boden oder Wasser leben, im allgemeinen sogar besser als in nährstoffarmem. Ihr natürliches Vorkommen ist nur deshalb auf nährstoffarme Standorte beschränkt, weil sie dort einem geringeren Konkurrenzdruck ausgesetzt sind. In nährstoffreichen Systemen werden sie durch zwar weniger spezialisierte, aber schneller oder höher wüchsige Arten verdrängt. Das Einbringen von Nitraten oder Phosphaten in nährstoffarme Systeme – sei es absichtlich durch Düngung oder unbeabsichtigt durch Abwasser, Abfluß von benachbarten, landwirtschaftlich genutzten Flächen oder Niederschläge – schädigt die systemspezifischen Pflanzen nicht direkt, erlaubt aber anderen, konkurrenzkräftigeren Arten, Fuß zu fassen. Beispielsweise werden die im Uferbestand dystropher Seen dominierenden Riedgräser (Carex, Eriophorum u.a.) bei einem Anstieg des Nährstoffgehaltes allmählich durch Süßgräser (Typha, Phragmites u.a.) ersetzt. Selbst wenn bei übermäßiger Eutrophierung ein großer Teil des Bestandes im See stirbt, dann liegt die Ursache nicht in einer direkten Toxizität, sondern in der kritischen Sauerstoffverknappung als Folge des Abbaus der Algen, wenn sie nach einer Phase der explosionsartigen Vermehrung durch Lichtmangel in den undurchsichtig gewordenen Oberflächenschichten eingehen. Die Wirkung von N- und P-haltigen pflanzenverwertbaren Verbindungen beruht damit auf der Veränderung einer der grundlegenden abiotischen Faktoren des Systems und ist ein Beispiel für Substanzen, die primär auf der Systemebene wirken.

Die Toxizität einer Substanz, ausgedrückt als LD_{50}, gilt häufig als Maß für die Gefährdung einer Art durch die betreffende Chemikalie. Dies beruht auf der stark vereinfachenden Annahme, daß der Grad der Bedrohung einer Art mit zunehmender Zahl der durch die Chemikalie getöteten Individuen mehr oder weniger linear ansteigt. Der Sperber (Accipiter nisus) etwa, ursprünglich einer der häufigsten und am weitesten verbreiteten Greife Englands, wurde in der zweiten Hälfte der 50er Jahre so stark reduziert, daß er in Ost- und Mittelengland in vielen Gegenden selten oder überhaupt nicht mehr brütet. Die Ursache liegt wahrscheinlich in der hohen Zahl von akuten

Vergiftungen adulter Sperber mit Vögeln und Kleinsäugern, die ihrerseits mit Aldrin, Dieldrin und Heptachlor gebeiztes Saatgut gefressen hatten. Greifvögel erwiesen sich in vielen Fällen als sehr viel empfindlicher gegenüber diesen Chemikalien als ihre Beute, so daß die Aufnahme weniger, stark kontaminierter Tiere zur Tötung der Greife genügte. Da dem Tod durch Vergiftung häufig ein auffälliges Verhalten vorausgeht, das das Erbeutetwerden erleichtert, könnte seitens der Räuber außerdem eine Selektion hoch kontaminierter Beute stattgefunden haben.

Eine direkte Abhängigkeit zwischen Todesfällen innerhalb einer Art und ihrem Rückgang ist jedoch keineswegs immer gegeben. So stieg in England im gleichen Zeitraum ebenfalls durch vergiftete Beute die Mortalität des Fuchses stark an, ohne daß sich dessen Populationsdichte wesentlich änderte. Die Tatsache, daß eine hohe Anzahl von Individuen einer Population getötet wurde, bedeutet also nicht unbedingt, daß die Population ernsthaft beeinträchtigt wurde. Der Tod zahlreicher Individuen durch eine Chemikalie heißt eventuell nur, daß weniger Individuen durch andere Ursachen sterben – daß etwa weniger Individuen verhungern, weil die innerartliche Konkurrenz um Nahrung vermindert wird. Vergleichende Untersuchungen der Auswirkung einer hohen Zahl von Todesfällen aufgrund kurzfristiger, stoßweiser Belastung durch Chemikalien mit analogen Situationen, wie saisonaler starker Bejagung oder besonders harten Wintern, widerlegen die simple Vorstellung, daß eine große Zahl plötzlicher Todesfälle

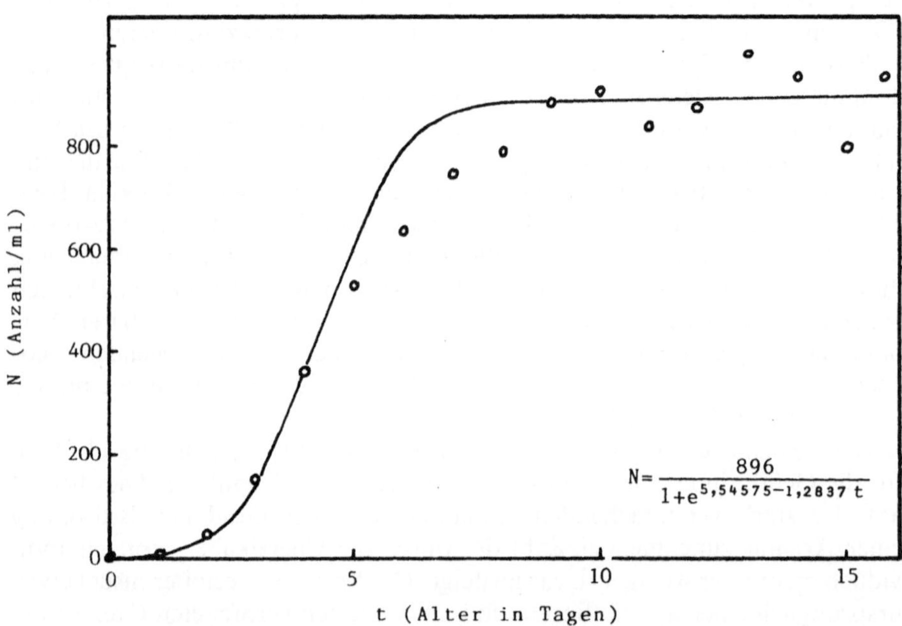

$$N = \frac{896}{1 + e^{5,54575 - 1,2837\,t}}$$

Abb. 2.64. Änderung der Populationsdichte einer Kultur von Paramecium aurelia in 5 ml gepufferter Salzlösung bei 26 °C. Die Lösung wurde jeden zweiten Tag erneuert und täglich die gleiche Menge einer reinen Bakterienkultur als Nahrung zugegeben. [Nach Moriarty]

immer eine nachhaltige Schädigung der Population zur Folge haben muß. Zum Verständnis der ökologischen Auswirkungen von Umweltchemikalien muß die natürliche Dynamik der zu untersuchenden Population berücksichtigt werden, die deshalb zunächst etwas ausführlicher erläutert werden soll.

Die Größe einer Population unter idealen Bedingungen hängt (unter Vernachlässigung der Zu- und Abwanderung) vom Verhältnis der Geburts- zur Todesrate ab, die beide sowohl artspezifisch sind als auch von externen Einflüssen kontrolliert werden. Jedes System kann von einer Art nur eine bestimmte Anzahl von Individuen tragen; die Begrenzung erfolgt durch sehr unterschiedliche Faktoren wie Nahrung, Deckung, Zahl der Reviere oder Nistplätze, mehr oder weniger günstige Bedingungen für die natürlichen Feinde u. a. Stark vereinfacht läßt sich die Größe einer Population als folgender Zusammenhang beschreiben:

$$\frac{dN}{dt} = rN\left(1 - \frac{N}{K}\right)$$

N = Individuenzahl
t = Zeit
K = Kapazität des Systems
r = Wachstumsrate der Population unter streßfreien Bedingungen

Integriert man diese Gleichung, dann erhält man:

$$N = \frac{K}{1 + e^{(a-rt)}}$$

a = Konstante

Das bedeutet, daß eine Population nicht unbegrenzt wachsen kann. Das Maximum hängt von K ab, und unter der Voraussetzung einer stabilen Altersstruktur wird die Wachstumsgeschwindigkeit durch Geburtsrate minus Sterberate bestimmt. Die effektive Zuwachsrate $\left[r \cdot \left(1 - \frac{N}{K}\right)\right]$ hängt von der Individuendichte ab. Abbildung 2.64 stellt die idealisierte Form einer solchen Wachstumskurve dar.

Als Reaktion auf die unter natürlichen Bedingungen einwirkenden Streßfaktoren sind jedoch weder die Individuenzahlen noch die Wachstumsraten von Populationen konstant. Abbildung 2.65 zeigt die Fluktuation der Individuendichte einer Mottenart (Tyria jacobaeae) in den Jahren 1966–73 in Norfolk. Die Änderungen zeigen nicht nur eine Abhängigkeit der prozentualen Mortalität vom Entwicklungsstadium des Insektes, sondern es besteht auch ein – wenn auch nicht strenger – Zusammenhang zwischen der Individuenzahl eines jeden Stadiums und der Zahl des vorangegangenen Stadiums. Möglicherweise werden diese Schwankungen von zwei Schlüsselfaktoren gesteuert: dem Verhungern von Larven und dem Erbeutetwerden von Puppen. In den Jahren 1967, 1968, 1971 und 1978 war eine derart große Anzahl von Larven vorhanden, daß die Nahrungspflanze (Senecio

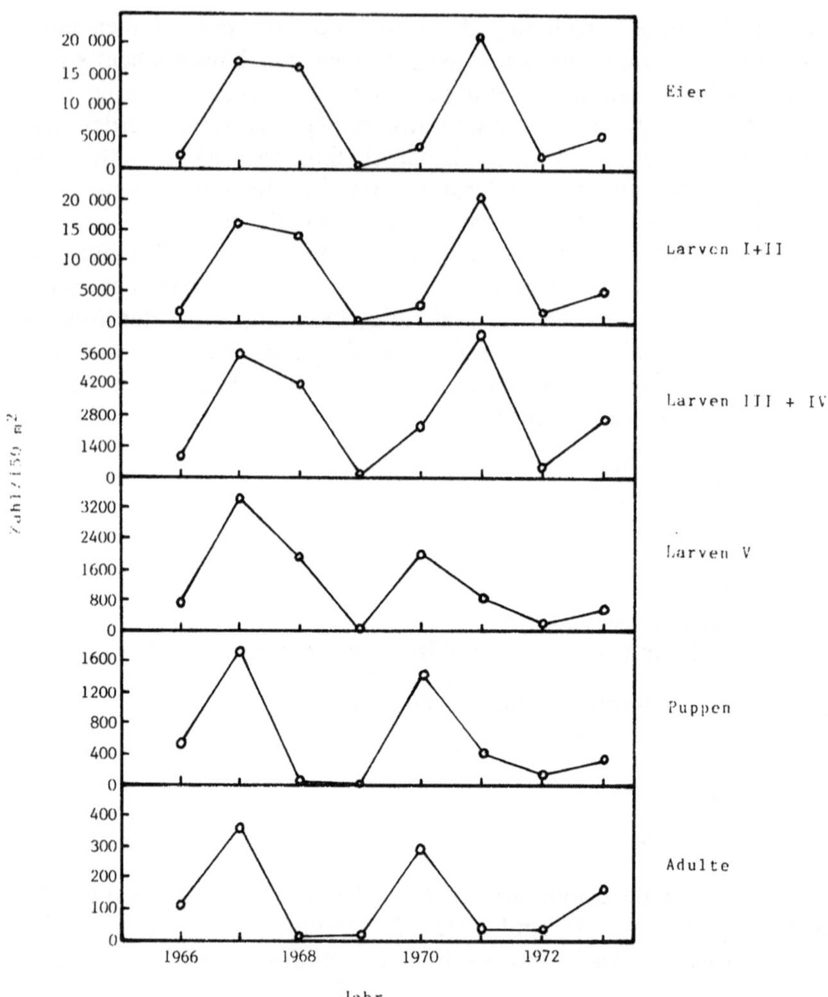

Abb. 2.65. Änderung der Populationsdichte von Tyria jacobaeae in den Jahren 1966–1973 auf einem ca. 19 ha großen Gebiet (Weeting Heath) in Norfolk. Der Lebenszyklus dieser Mottenart beginnt im Sommer mit dem Schlüpfen der Larve. Diese häutet sich viermal, so daß insgesamt 5 Larvenstadien unterschieden werden können. Während dieser Zeit ist Senecio jacobaea die einzige bedeutende Wirtspflanze. Die Überwinterung erfolgt als Puppe in den obersten Bodenschichten. Im nächsten Sommer schlüpft die Motte und legt ihre Eier wieder an die Blattunterseite der Wirtspflanze. [Nach Moriarty]

jacobaea) stark entblättert wurde, so daß viele Larven eingingen. Entsprechend sind die Zyklen von Insekt und Futterpflanze miteinander verknüpft. Die Zahl der Motten verringert sich drastisch, wenn die der Pflanzen stark gesunken ist, und die Schnelligkeit der Erholung der Insektenpopulation hängt von der Geschwindigkeit ab, mit der die Zahl der Futterpflanzen zunimmt. Als zweiter wichtiger Faktor wird der Fraß der Puppen durch Maulwürfe angesehen. Auch hier sind zwei Zyklen miteinander verkettet, wobei allerdings berücksichtigt werden muß, daß der Maulwurf noch andere Beutetiere hat und die Motte noch andere Feinde.

Wendet man die oben angeführte Gleichung auf Populationen unter natürlichen Bedingungen (Einwirkung von Stressoren) an und berücksichtigt zusätzlich, daß die Reaktion auf ein verändertes Nahrungsangebot bzw. die Reaktion des Freßfeindes auf die schwankende Populationsdichte der Beute oft verzögert erfolgt, dann erhält man folgenden Ausdruck:

$$\frac{dN_t}{dt} = r \cdot N_t \left(1 - \frac{N_{(t-T)}}{K} \right)$$

T = Konstante für die Verzögerung, mit der ein dichteabhängiger, regulatorischer Effekt zur Wirkung kommt

In dem Maß, in dem das Verhältnis r/T wächst, ändert sich die Dynamik der Population von einem stabilen Gleichgewicht über regelmäßige Oszillation bis hin zu einer anscheinend willkürlichen Fluktuation. In der Realität sind alle diese Muster beobachtet worden.

Abgeleitet von diesem mathematischen Modell ist die Einordnung der verschiedenen Arten auf einer r − K-Skala (K hier für die Populationsdichte im Gleichgewichtszustand). r-Strategen zeichnen sich durch eine hohe Zahl von Nachkommen, schnelle Generationenfolge, hohe Abwanderungsraten, geringen Spezialisierungsgrad und dadurch geringe Konkurrenzfähigkeit unter stabilen Bedingungen aus. K-Strategen dagegen werden durch geringe Wachstumsraten, Langlebigkeit der Individuen, Ortstreue, hohen Spezialisierungsgrad und hohe Konkurrenzfähigkeit unter stabilen Bedingungen charakterisiert.

Allerdings lassen sich nicht alle Arten nur zwischen diesen beiden Extremformen einreihen. Deshalb sind von manchen Autoren für Pflanzen drei Strategietypen aufgestellt worden, je nachdem, ob die Arten entweder sehr konkurrenzfähig sind (C-Selektion), sehr streßresistent (S-Selektion) oder hohe Ausbreitungsfähigkeit besitzen (R-Selektion). Eine andere Einteilung der Überlebensstrategien legt eine Anpassung der Arten an verschiedene Typen von Systemen zugrunde: stabile, temporäre oder ungünstige. Dabei können einzelne Arten in unterschiedlichem Ausmaß Anpassungen in Richtung auf beide bzw. drei Strategieformen besitzen, oder der Strategietyp kann innerhalb einer Art mit dem Entwicklungsstadium wechseln. Von Bedeutung für die Ökotoxikologie ist dabei nur, daß die einzelnen Arten unterschiedliche Überlebensstrategien entwickelt haben und auf stoßweise bzw. chronische Belastung mit dem Streßfaktor Umweltchemikalie unterschiedlich reagieren. Entsprechend wirkt sich der plötzliche Tod von 50% der Individuen einer Population bei einer Art vom r-Typ anders aus als bei einer Art, die dem K-Typ nahesteht. Die LD_{50} als Maß für die Schädigung einer Art ist deshalb nicht allgemein anwendbar.

Das Eingehen von Individuen ist nicht die einzige Wirkung von Chemikalien, die die Populationsdichte beeinflussen kann. Alles, was zu einer Veränderung des Verhältnisses zwischen Nachwuchs- und Todesrate führt, wie verminderte Fruchtbarkeit, kürzere Reproduktionsperioden, verminderte Überlebensfähigkeit des Nachwuchses, langsameres Wachstum u. a. auf der einen Seite und Schwächung, erhöhte Krankheitsanfälligkeit, geringere Chancen, Feinden zu entkommen, u. a. auf der anderen Seite kann zu einer Verringerung der Populationsdichte führen und langfristig das Überleben der Population gefährden. Unter diesem Aspekt gewinnen subletale Wirkungen erheblich an Bedeutung. So bewirkte im Test eine einmalige subletale Dosis des Organophosphorinsektizids Dicrotophos, die gerade genügte, um 50% der Cholinesterase im Gehirn zu blockieren, daß Stare (Sturnus vulgaris) sich weniger um ihren Nachwuchs kümmerten. Unter natürlichen Bedingungen würde das die Überlebenswahrscheinlichkeit der Nestlinge entsprechend verringern.

Wird bei einem K-Strategen für einige Jahre der Fortpflanzungserfolg eingeschränkt, dann ändert sich zunächst nur die Altersstruktur der Population. Ein Beispiel dafür ist der relativ langlebige Steinadler (Aquila chrysaetos, Lebensdauer ca. 30 Jahre), dessen Bruterfolg in West-Schottland in den Jahren 1963–65 vermutlich aufgrund von Dieldrin-Rückständen in Schafkadavern auf annähernd 30% reduziert wurde. Trotz des ausbleibenden Nachwuchses nahm die Populationsdichte nicht ab. Erst wenn der Fortpflanzungserfolg bei K-Strategen länger ausbleibt, als die Fortpflanzungsfähigkeit der vorhandenen Individuen andauert, wirkt sich das spürbar auf die Individuendichte aus. Der gleiche Effekt zeigt sich, wenn durch die gleiche oder eine andere Belastung zusätzlich die Sterberate erhöht wird (bei Sperber und Wanderfalken etwa kam beides zusammen).

Ein kurzlebiger r-Stratege würde auf einen reduzierten Fortpflanzungserfolg sehr viel schneller mit einer Abnahme der Populationsdichte reagieren. Andererseits würde nach einer zeitlich begrenzten Belastung auch die Erholung aufgrund der hohen Vermehrungsrate der Überlebenden bzw. der Rückwanderung aus nicht belasteten Gebieten sehr viel schneller erfolgen als bei K-Strategen. Besonders deutlich wird das bei der Bekämpfung von Schädlingen, die durch ihre Unausrottbarkeit sozusagen den Erfolg der r-Strategie demonstrieren.

Untersucht man längerfristige Auswirkungen von Umweltchemikalien auf Populationen, dann müssen auch genetische Veränderungen berücksichtigt werden. Die chronische Belastung durch eine bestimmte Substanz stellt einen zusätzlichen Selektionsfaktor dar, der die Zusammensetzung des Genpools allmählich verschieben kann. Individuen, deren genetische Ausstattung sie befähigt, Enzyme zur Detoxifikation einer Chemikalie zu synthetisieren oder dem Streß anderweitig auszuweichen, werden auf Dauer in ihrer Lebenserwartung bzw. in ihrem Fortpflanzungserfolg weniger beeinträchtigt als Individuen, denen die entsprechende genetische Information fehlt. Damit bilden die beiden Genotypen zwei Gruppen innerhalb der Population, die sich im Verhältnis zwischen Geburts- und Todesrate unterscheiden. Dabei wird angenommen, daß das Allel, das die lebenserhaltende Information trägt, bereits vorher im Genpool vorhanden war (sofortige positive Auswirkungen einzelner Mutationen sind umstritten). Das bedeutet,

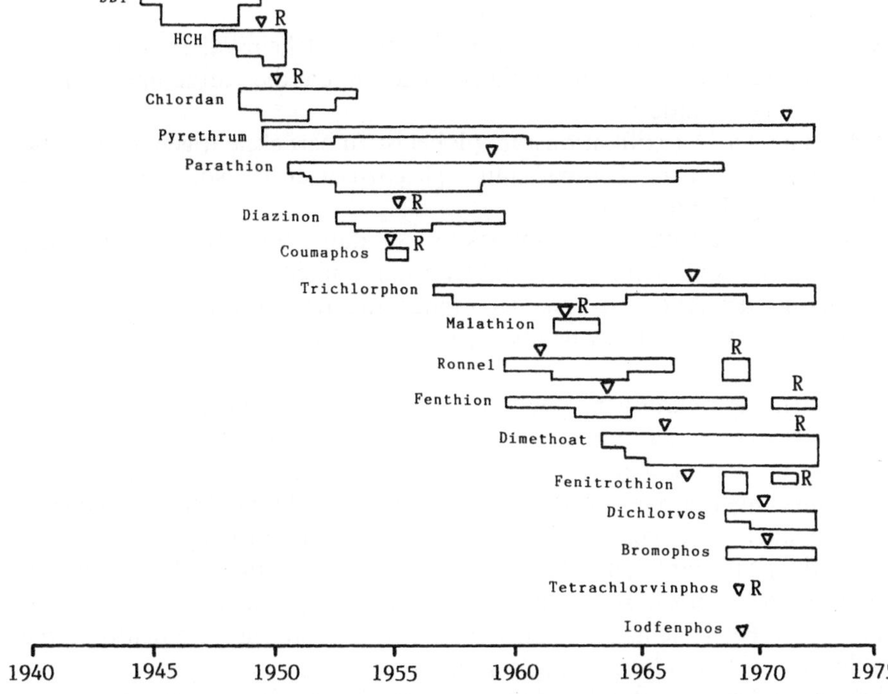

Abb. 2.66. Zeitlicher Ablauf der Entwicklung von Resistenz gegen verschiedene Insektizide bei der Stubenfliege (Musca domestica) infolge großflächiger Bekämpfung auf dänischen Farmen. Die Breite des Streifens gibt den Umfang der Insektizidnutzung (von wenigen bis zur Mehrzahl der Farmen) an. [Nach Wood]
▼: Erstes, praktisch bedeutendes Auftreten von Resistenz
R: Ausbreitung der Resistenz über die Mehrzahl der Farmen

daß ein bis dahin mehr oder weniger selektionsneutrales Allelpaar, dessen Verteilung im Genpool lediglich Zufallsschwankungen unterworfen war – wenn nicht sogar ein schwacher, entgegengerichteter Selektionsdruck bestand –, im zahlenmäßigen Verhältnis beider Allele jetzt von diesem zusätzlichen Selektionsfaktor gesteuert wird.

Eine mögliche Folge solcher Verschiebungen innerhalb des Genpools, die erhebliche praktische Bedeutung besitzt, ist das Auftreten von Resistenz. Nicht alle Arten besitzen die genetische Voraussetzung zur Entwicklung von Resistenz. Beispielsweise hat die Tse-tse-Fliege (Glossina spec.) im Verlauf eines 25jährigen Einsatzes von Insektiziden noch keinerlei Resistenz erworben, während die Stubenfliege (Musca domestica) in Dänemark inzwischen gegen 17 verschiedene Insektizide resistent ist (Abb. 2.66). Auch die Art der Chemikalie spielt eine Rolle. So erfolgte die Ausbildung von Resistenz in Unkräutern gegen Triazine schneller und in mehr Arten als gegen Phenoxyessigsäurederivate.

Resistenz kann auf verschiedenen Wegen erlangt werden. Die wichtigsten davon sind:
- Verhaltensänderungen, die den Kontakt mit der Chemikalie verhindern
- Strukturänderungen in den Deckgewebszellen, die die Aufnahme über die Oberfläche verhindern
- Erhöhung der Detoxifikationsrate (dabei ist zu berücksichtigen, daß Metabolisierung nicht mit Detoxifikation gleichzusetzen ist, sondern auch zur Aktivierung führen kann)
- Strukturänderungen des Zielmoleküls, so daß seine Reaktion mit der Chemikalie – und damit seine Inaktivierung – nicht mehr möglich ist
- Steigerung der Aktivität bzw. der Menge anderer Enzyme, die die Funktion des blockierten Enzyms übernehmen können

Verschiedene Populationen einer Art können verschiedene Mechanismen entwickeln, aber es kann auch ein Individuum mehrere Strategien zur Verringerung des chemischen Stresses erwerben. Resistenz gegen mehr als eine Chemikalie innerhalb einer Population kann sowohl unabhängig voneinander als auch miteinander kombiniert auftreten, wenn der Mechanismus, der vor einer Substanz schützt, gleichzeitig auch gegen andere Verbindungen hilft (cross-resistance). In einem solchen Fall hängt die Dauer der Wirksamkeit des Pestizideinsatzes auch davon ab, in welcher Reihenfolge die verschiedenen Verbindungen angewendet werden.

Die Wahrscheinlichkeit dafür, daß sich innerhalb einer Population ein resistenter Stamm bildet, bzw. die Schnelligkeit, mit der dies geschieht, hängt vor allem davon ab, welchem Strategietyp die Population angehört. Zum Erwerb von Insektizidresistenz sind im Durchschnitt 10–15 Generationen nötig. Je dichter die Generationen aufeinanderfolgen, desto schneller breitet sich die Resistenz innerhalb der Population aus. Dagegen wirkt die oft gleichzeitg hohe Mobilität der r-Strategen verzögernd, da die genetische Durchmischung der Population länger dauert, und immer wieder nichtresistente Individuen in das mit der Chemikalie belastete Gebiet einwandern können. Deshalb spielen sowohl die biologischen Gegebenheiten des Schädlings als auch die Effektivität der Bekämpfung eine Rolle. Während die Stubenfliege in Dänemark in weiten Gebieten derart kontrolliert wird, daß für sie großflächig eine einheitliche Belastung durch die Chemikalie entsteht, ist die Tse-tse-Fliege außerordentlich mobil und an so unterschiedlichen Tieren und Nahrungspflanzen zu finden, daß trotz Bekämpfung keine einheitliche Umgebung in Bezug auf Insektizide zu erreichen ist. Entsprechend schneller verlief der Resistenzerwerb bei der Stubenfliege.

Auch die Expressivität des entscheidenden Gens spielt eine Rolle. Dominant vererbte Eigenschaften verbreiten sich schneller in der Population als rezessiv vererbte (Abb. 2.67); die meisten Mutationen sind aber zunächst rezessiv. Außerdem können die resistenzvermittelnden Gene gleichzeitig Träger von nachteiligen Eigenschaften sein, die die relative Fitness des Individuums soweit reduzieren, daß sie ohne die Belastung durch die stärker selektierende Chemikalie weniger oder nicht mehr konkurrenzfähig sind.

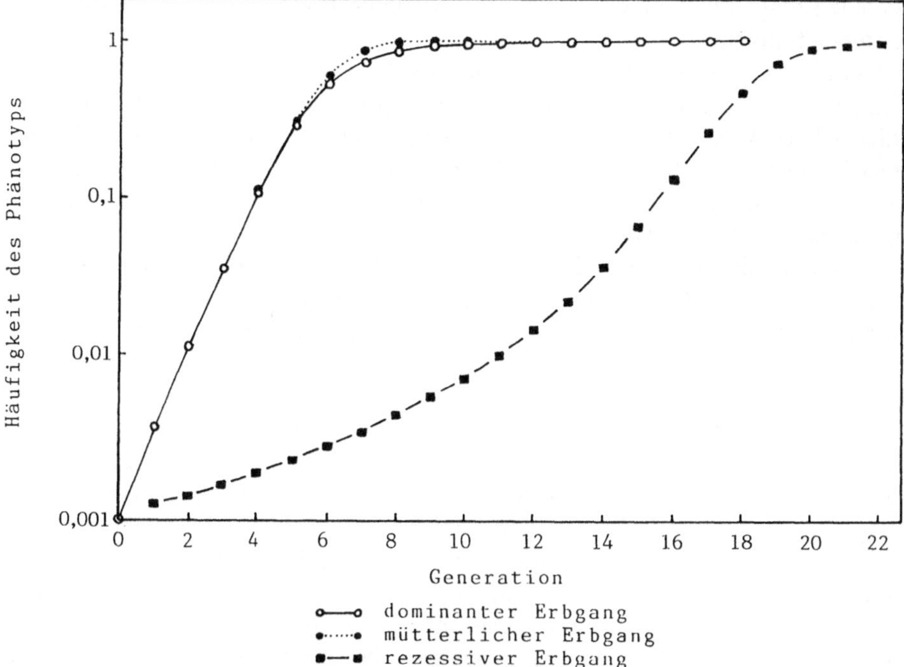

Abb. 2.67. Ausbreitung des Phenotyps Toleranz innerhalb einer Population in Abhängigkeit von der Art der Vererbung. Die anfängliche Häufigkeit ist $\frac{1}{1000}$. Der Selektionsnachteil der Nichttoleranz soll in allen Fällen 0,7 betragen. [Nach Macnair]

Dominante und rezessive Organophosphat-Resistenzfaktoren, die im homozygoten Zustand zu verminderter Lebensfähigkeit führen, wurden beispielsweise bei der Spinnmilbe Tetranychus telarius gefunden. Im Gegensatz dazu zeichnen sich Heterozygote oft durch erhöhte Konkurrenzfähigkeit aus. Deshalb hängt die Geschwindigkeit der Resistenzausbreitung bzw. das Andauern dieser Eigenschaft auch davon ab, ob die Exposition kontinuierlich oder in Schüben erfolgt, und wie das Verhältnis der Genotypen zum Zeitpunkt der Applikation ist. Werden viele der Heterozygoten getötet, solange der Resistenzfaktor noch selten ist, dann wird die Entwicklung der Resistenz verlangsamt. Werden dagegen die Heterozygoten zu einem späteren Zeitpunkt reduziert, wenn sich der Resistenzfaktor bereits in der Population ausgebreitet hat, dann wird die Verfestigung der Resistenz beschleunigt. Noch komplizierter wird die Vorhersage der Ausbreitungsgeschwindigkeit dadurch, daß häufig nicht ein Gen allein für die Ausprägung eines Merkmals zuständig ist, sondern daß mehrere Gene eventuell unterschiedlicher Expressivität zusammenwirken.

Verschiedene Populationen einer Art können sich in der Gesamtheit ihrer genetischen Ausstattung ebenso voneinander unterscheiden wie Individuen. Entsprechend läßt sich erwarten, daß die unterschiedlichen Populationen einer Art auf vergleichbare Belastungen mit der gleichen Chemikalie verschieden reagieren können. Allerdings existieren bisher kaum diesbezügliche Untersuchungen.

Geht man von der Ebene der einzelnen Population oder Art auf die des Ökosystems über, dann müssen die Interaktionen der einzelnen Arten noch stärker berücksichtigt werden. Darunter versteht man in erster Linie direkte Beziehungen wie Räuber-Beute- oder Konkurrenzverhältnisse. Reduziert man die Feinde einer bestimmten Art, dann läßt sich ein Anstieg der Häufigkeit der Beuteart erwarten.

Dies gilt allerdings nur dann, wenn unter natürlichen Bedingungen der Fraß durch diese Feinde der wichtigste limitierende Faktor ist. Auch hier stammt ein großer Teil des gegenwärtigen Wissens aus der Schädlingsbekämpfung. Das längerfristige Resultat der Kontrolle des Kohlweißlings (Pieris rapae), dessen Raupen sich von Brassica-Arten ernähren, war häufig ein starker Anstieg der Schmetterlingspopulation. Die Raupen werden zwar durch das Besprühen der Pflanzen sehr effektiv getötet, aber sobald das DDT von den Blättern abgewaschen ist bzw. neue, insektizidfreie Blätter ausgetrieben sind, erholt sich der Bestand sehr schnell. Dagegen werden die wichtigsten Feinde der Raupe (Spinnen, Laufkäfer u.a. Bodenarthropoden) durch das mit dem Regen oder mit abgefallenen Blättern in den Boden gelangte und dort sehr persistente DDT über Jahre hinaus geschädigt. Der Populationsanstieg der Beuteart beruht in diesem Fall darauf, daß die Beute in einer Umgebung lebt, in der die Wirkung der Chemikalie bald verloren geht, nämlich auf der wachsenden Pflanze, während sich die Feinde überwiegend in einer Umgebung aufhalten, in der der Effekt der Chemikalie am längsten anhält, d. h. am Boden.

Ähnliche Zusammenhänge lassen sich oft bei Konkurrenzverhältnissen nachweisen. So führte die Reduktion der dominierenden Stechmückenart Südost-Sardiniens (Anopheles labranchiae) zu einer Ausbreitung von Anopheles hispaniola. Da letztere aufgrund ihres andersartigen Verhaltens von den Kontrollmaßnahmen weniger betroffen war, konnte sie die freigewordene Habitate von Anopheles labranchiae erobern.

Ebenso wichtig wie direkte sind aber auch indirekte Interaktionen wie die Einflüsse einer Art auf die Umgebung einer anderen Art. Ein Beispiel dafür ist der sogenannte Industrie-Melanismus beim Birkenspanner (Biston betularis), der sich tagsüber auf Baumstämmen aufhält. Er kommt in mehreren unterschiedlich stark gefleckten und dadurch unterschiedlich hellen bzw. dunklen Farbvarianten vor. Unter natürlichen Bedingungen wird die Baumrinde von hellen Flechten besiedelt. Auf diesem Untergrund sind die hellen Formen des Insektes hervorragend getarnt, während die dunklen Formen von Vögeln viel leichter gesehen und erbeutet werden können. Entsprechend sind normalerweise die hellen Formen häufiger als die dunklen. In Gebieten hoher Luftbelastung sind diese Flechten nicht mehr lebensfähig. Auf der unbesiedelten, dunklen Rinde sind jedoch die hellen Birkenspanner auffälliger als die dunklen. Dadurch verschiebt sich das Zahlenverhältnis zwischen den Formen zugunsten der dunklen (Abb. 2.68). Bei gemäßigter Luftverschmutzung ist es auch möglich, daß nicht alle rindenbe-

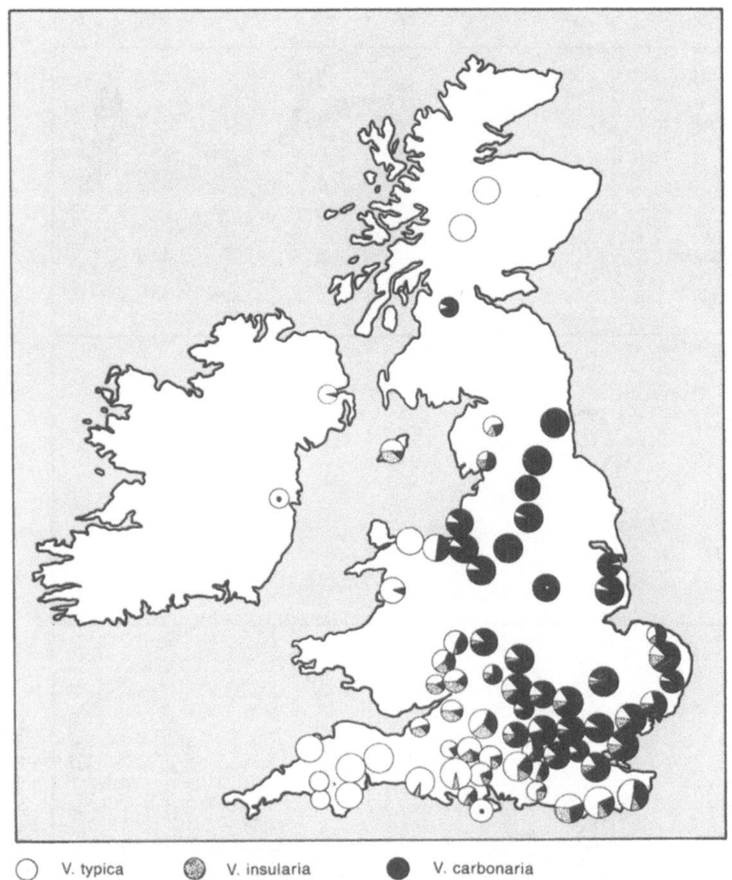

Abb. 2.68. Geographische Verteilung der Farbvarianten v. typica (hell), v. insularia (mittel) und v. carbonaria (dunkel) des Birkenspanners (Biston betularis) in Großbritannien. [Nach Moriarty]

siedelnden Flechten verschwinden, sondern sich nur deren Artenspektrum ändert. Dominieren als Folge davon grüne Algen und Flechten, dann sind alle Formen gleich auffällig.

Im allgemeinen sind die Beziehungen in einem Ökosystem derart zahlreich und auf so komplizierte Weise miteinander vernetzt, daß sich nicht alle Faktoren, die bei der Wirkung von Chemikalien berücksichtigt werden müßten, überblicken lassen. Es wird deshalb häufig versucht, die Gesundheit bzw. Krankheit eines Ökosystems anhand des Vorhandenseins oder Fehlens bestimmter Zeigerarten festzustellen (Abb. 2.69). Das ist jedoch in doppelter Hinsicht problematisch.

Erstens hängt das Ausmaß, in dem eine einzelne Art auf eine Chemikalie reagiert, von ganz bestimmten Gegebenheiten ab, u.a. von artspezifischer Empfindlichkeit, zusätzlichen Stressoren oder von Art zu Art verschiedener Expositionshöhe, die sich nicht auf andere Arten und schon gar nicht auf

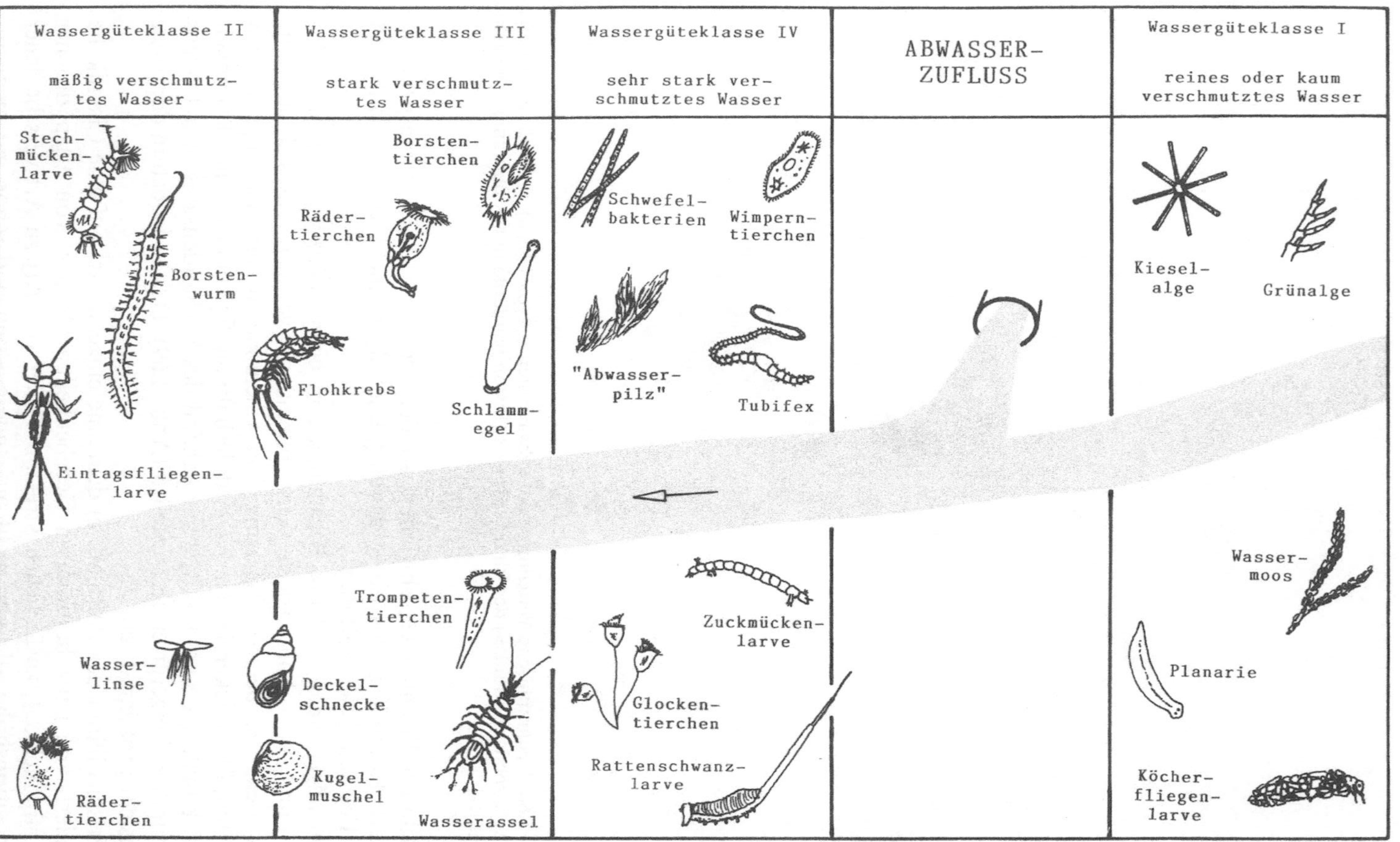

Abb. 2.69. Bestimmung der Gewässergüteklasse anhand von Zeigerorganismen

das gesamte System übertragen lassen. Es ist denkbar, daß eine Art stark reduziert wird bzw. verschwindet, während alle anderen Arten des Systems nicht im geringsten beeinträchtigt sind. Das Verschwinden von Zeigerarten kann deshalb nur darauf hinweisen, daß eine Belastung vorhanden ist, nicht aber, ob diese Belastung auf das ganze System wirkt. Insofern ist die Beobachtung von Zeigerarten zwar dann sinnvoll, wenn nur entschieden werden soll, ob festgesetzte Belastungsgrenzen überschritten wurden, aber bezüglich der Gesundheit eines Ökosystems liefert ihr Vorhandensein oder Fehlen nur begrenzte Informationen.

Zweitens existiert keine allgemein gültige Definition für die Gesundheit bzw. Krankheit eines Ökosystems. Ein Moorsee, der sich durch kontinuierlichen Düngereintrag langsam in einen eutrophen See umwandelt, ist nicht unbedingt krank. Ein eutropher See ist eine ebenso komplexe, stabile und gesunde Gemeinschaft wie ein dystropher oder oligotropher See; die drastische Verschiebung in der Artenzusammensetzung des Sees ist deshalb, objektiv gesehen, keine Zustandsverschlechterung, sondern nur eine Zustandsänderung. Selbst in den Fällen, in denen durch die Umstrukturierung keine andere natürliche Gemeinschaft entsteht, sondern eine völlig neue – aber stabile – Artenzusammensetzung auftritt, muß dieses neu entstandene System nicht als krank betrachtet werden. Es ist eventuell nur weniger erwünscht, wobei ökonomische, soziale oder ästhetische Gründe im Vordergrund stehen können.

Die Auswirkungen starker Umweltbelastungen auf Ökosysteme werden gelegentlich als Retrogression bezeichnet, worunter die Abnahme von Artenvielfalt, Produktivität, Biomasse und struktureller Komplexität des Systems zusammengefaßt werden. Diese Betrachtungsweise basiert auf Untersuchungen von Umgebungen hoch belastender Emissionsquellen, in denen sich in Richtung auf die Quelle zu oft eine starke Abnahme der Artenzahl bis hin zur fast völligen Verödung beobachten läßt. Derartige Übergänge finden sich jedoch auch dort, wo ein natürlicher Streßfaktor immer stärker wird, wie im Gebirge mit zunehmender Höhe oder an Küsten mit starkem Salzgradienten. Und auch unter streßfreien Bedingungen zeichnen sich bestimmte Stadien mancher Ökosysteme durch eine relative Artenarmut aus. Weder eine geringe Zahl von Arten noch deren extreme Spezialisierung oder Unempfindlichkeit läßt sich generell als Krankheitssymptom bewerten. Man kann daraus lediglich schließen, daß in diesem System Streßfaktoren, und zwar nichtanthropogene oder anthropogene, wirksam sind.

Literatur

Abou-Donia MB (1979) Delayed Neurotoxicity of Phenylphosphonothioate Esters. Science 205:713–715

Adams DO, Yang SF (1979) Ethylene biosynthesis: Identification of 1-amino-cyclopropane-1-carboxylic acid as an intermediate in the conversion of methionine to ethylene. Proceedings of the National Academy of Science USA 76(1):170–174

Ahokas JT (1979) Cytochrome P-450 in Fish Liver Microsomes and Carcinogen Activation, Kahn MA (Ed) Pesticide and Xenobiotic Metabolism in Aquatic Organisms. ACS-Symposium-Series, Washington

Aldridge WN, Barnes JM (1952) Some Problems in Assessing the Toxicity of the "Organo-phosphorus" Insecticides towards Mammals. Nature 169:345–347

Allen JW, Sharief Y, Langenbach RJ (1982) An Overview of Ethyl Carbamate (Urethane) and its Genotoxic Activity. Environmental Science Research 25:443–460

Ames BN (1983) Dietary Carcinogens and Anticarcinogens. Science 221:1256–1264

Ashton FM, Crafts AS, Mode of Action of Herbicides, New York, a) 1973 (1. Aufl.) und b) 1981 (2. Aufl.), Wiley

Baron RL (1981) Delayed Neurotoxicity and other Consequences of Organophosphate Esters. Annual Reviews of Entomology 26:29–48

Bateman AJ (1976) The Mutagenic Action of Urethane. Mutation Research 39:75–96

Bazzaz FA, Sipe TW (1987) Physiological Ecology, Disturbance and Ecosystem Recovery. In: Schulze ED, Zwölfer H (Eds) Potentials and Limitations of Ecosystem Analysis. Springer, Berlin

Bors W, Saran M, Lengfelder E, Spöttl R, Michel C (1974) The Relevance of the Superoxid Anion Radical in Biological Systems. Current Topics Radiation Research Quarterly 9:247–309

Boutwell RK (1973) The Function and Mechanism of Promotors of Carcinogenesis. Critical Reviews in Toxicology 2(3):419–443

Casida JE, Eto M, Baron RL (1961) Biological Activity of a Tri-o-Cresylphosphate Metabo-lite. Nature 191:1396–1397

Cavanagh JB (1973) Peripheral Neuropathy Caused by Chemical Agents. Critical Reviews in Toxicology 2(3):365–407

Conn EE (1979) Cyanogenic Glycosides. In: Neuberger A, Jukes TH (Eds) Biochemistry of Nutrition I. International Review of Biochemistry Vol. 27, Baltimore, S. 21–43

Csukas I, Gungl E, Fedorcsak I, Vida G, Antoni F, Turtoczky I, Solymosy F (1979) Urethane and Hydroxyurethane induce sister-chromatid exchanges in cultured human lymphocy-tes. Mutation Research 67:315–319

Dempster JP (1975) Effects of Organochlorine Insecticides on Animal Populations. In: Moriarty F (Ed) Organochlorine Insecticides: Persistent Organic Pollutants, Academic Press, London, S. 231–248

Dittrich V (1963) A Recessive Factor for Organophosphate-Resistance in Populations of the Two-Spotted Spider-Mite, Tetranychus telarius. Journal of Economic Entomology 56(3):182–184

Douce R, Neuburger M (1989) The Uniqueness of Plant Mitochondria. Annual Review of Plant Physiology and Plant Molecular Biology 40:371–414

Elad D (1976) Photoproducts of Purins. In: Wang SY (Ed) Photochemistry and Photobio-logy of Nucleic Acids Vol. I, Academic Press, New York, S. 357–380

Elcombe CR, Franklin RB, Lech JJ (1979) Induction of Hepatic Microsomal Enzymes in Rainbow Trout. In: Khan MA (Ed) Pesticide and Xenobiotic Metabolism in Aquatic Organisms. ACS-Symposium-Series, Washington, S. 319–337

Eto M (1974) Organophosphorus Pesticides: Organic and Biochemical Chemistry, Chemical Rubber Company Press, Cleveland

Fest C, Schmidt K-J (1970) Insektizide Phosphorsäureester. In: Wegler R (Hrsg) Chemie der Pflanzenschutz- und Schädlingsbekämpfungsmittel Bd. 1, Springer, Heidelberg

Fisher B, Fisher ER (1959) Experimental Evidence in Support of the Dormant Tumor Cell. Science 130:918–919

Fisher GJ, Johns HE (1976) Pyrimidine Photodimers. In: Wang SY (Ed) Photochemistry and Photobiology of Nucleic Acids Vol. I, Academic Press, New York, S. 225–294

Floss HG, Hadwiger L, Conn EE (1965) Enzymatic formation of β-cyanoalanine from Cyanide. Nature 208:1207–1208

Foote CS (1976) Photosensitized Oxidation and Singlet Oxygen: Consequences in Biological Systems. In: Pryor WA (Ed) Free Radicals in Biology Vol. II, Academic Press, New York

Forman HJ, Boveris A (1982) Superoxid Radical and Hydrogen Peroxide in Mitochondria. In: Pryor WA (Ed) Free Radicals in Biology Vol. V, Academic Press, New York

Forth W et al. (1975) Allgemeine und spezielle Pharmakologie und Toxikologie, Bibliogra-phisches Institut, Zürich

Fukuto TR (1979) Effect of Structure on the Interaction of Organophosphorus and Carbamate Esters with Acetylcholinesterase. In: Narahashi T (Ed) Neurotoxicology of Insecticides and Pheromones, Plenum Press, New York

Garraway JL, Wain RL (1976) The Design of Auxin-Type Herbicides. In: Drug Design Vol. VII, Academic Press, New York, S. 115–164

Graf H (1990) Sauerstoffradikale in biologischen Systemen. GIT Fachzeitschrift für das Laboratorium 34(8):963–970

Greim H, Wolff T (1984) Carcinogenicity of organic halogenated compounds. ACS Monographs 182:525–575

Grue CE, Powell GVN, McChesney MJ (1982) Care of Nestlings by Wild Female Starlings Exposed to an Organophosphate Pesticide. Journal of Applied Ecology 19:327–335

Henschler D (Ed) (1984) Gesundheitsschädliche Arbeitsstoffe. Toxikologisch-Arbeitsmedizinische Begründung von MAK-Werten, 10. Lieferung, Weinheim

Henschler D (1990) Schwache Carcinogene: Die Bewertung der krebserzeugenden Wirkung chemischer Stoffe. In: Bewertung und Begrenzung stoffbedingter Umweltrisiken. Sonderdruck aus Nachrichten aus Chemie, Technik und Laboratorium 1/90:6–7

Henschler D, Eder F (1986) Structure-activity relationship of α, β-unsaturated carbonylic compounds, IARC Scientific Publications 70:197–205

Howard-Flanders P (1981) Inducible Repair of DNA. Scientific American 245(11):56–64

Hutber GN, Lord EI, Loughman BC (1978) The Metabolic Fate of Phenoxyacetic Acids in Higher Plants. Journal of Experimental Botany 29, no. 110, S. 619–629

IARC (1974) Monographs on the evaluation of carcinogenic risk of the chemicals to man Vol. 7, S. 111–140

Iyer VW, Szybalski W (1964) Mitomycins and Porfiromycins: Chemical Mechanism of Activation and Cross-linking of DNA. Science 145:55–58

Jefferies DJ (1973) The Effects of Organochlorine Insecticides and their Metabolites on Breeding Birds. Journal of Reproduction and Fertility 19:337–352

Johnson MK (1975) The Delayed Neuropathy Caused by some Organophosphorus Esters: Mechanism and Challenge. Critical Reviews in Toxicology 3:289–314

Johnson MK (1981) Initiation of Organophosphate Neurotoxicity. Toxicology and Applied Pharmacology 61:480–481

Johnson MK (1975) Organophosphorus Esters Causing Delayed Neurotoxic Effects. Archives of Toxicology 34:259–288

Johnson MK (1990): Organophosphates and Delayed Neuropathy – Is NTE Alive and Well? Toxicology and Applied Pharmacology 102:385–399

Jones SW, Sudershan P, O'Brien RD (1979) Interaction of Insecticides with Acetylcholin Receptors. In: Narahashi T (Ed) Neurotoxicology of Insecticides and Pheromones, Plenum Press, New York

Juchau MR (1981) The Biochemical Basis of Chemical Teratogenesis, Elsevier, Amsterdam

Karlsson P (1984) Kurzes Lehrbuch der Biochemie für Mediziner und Naturwissenschaftler, Thieme, Stuttgart

Kaudewitz F (1983) Genetik, UTB, Stuttgart

Keiding J (1975) Problems of Housefly (Musca domestica) Control due to Multiresistance to Insecticides. Journal of Hygiene, Epidemiology, Microbiology and Immunology 19:340–355

Keilin D, Hartree EF (1938) Cytochrome a and Cytochrome Oxidase. Nature 141:870–871

Kirsch-Volders M (Ed) (1984) Mutagenicity, Carcinogenicity, and Teratogenicity of Industrial Pollutants, Plenum Press, New York

Knodel H, Kull U (1981) Ökologie und Umweltschutz, Metzler, Stuttgart

Knowles CO, Casida JE (1966) Mode of Action of Organophosphate Anthelmintics. Cholinesterase Inhibition in Ascaris lumbricoides. Journal of Agricultural and Food Chemistry 14:566–572

Korte F (Hrsg) (1987) Lehrbuch der Ökologischen Chemie, Thieme, Stuttgart

Krinsky NI (1979) Biological Roles of Singlet Oxygen. In: Wasserman HH, Murray RW (Eds) Singlet Oxygen, Academic Press, London

Kuschinsky G, Lüllmann H (1987) Kurzes Lehrbuch der Pharmakologie und Toxikologie, Thieme, Stuttgart

Landolt-Börnstein (1989) Zahlenwerte und Funktionen aus Naturwissenschaften und Technik (Neue Serie), Gruppe VII (Biophysik), Bd 1, Teilband 6, London, S. 247–266

Laskowski MB, Dettbarn WD (1975) Presynaptic Effects of Neuromuscular Cholinesterase Inhibition. The Journal of Pharmacology and Experimental Therapeutics 194(2):351–361

Laties GG (1982) The cyanide-resistant, alternative path in higher plant respiration. Annual Review of Plant Physiology 33:519–555

LeBaron HM, Gressel J (1982) Herbicide Resistance in Plants, Wiley, New York

Lees DR (1981) Industrial Melanism: Genetic Adaptations of Animals to Air Pollution. In: Bishop JA, Cook LM (Eds) Genetic Consequences of Man Made Change, Academic Press, London, S. 129–176

Lehninger AL (1975) Biochemie, VCH, Weinheim

Lewontin RC (1978) Adaption. Scientific American 239:212–230

Libbert E (1979) Lehrbuch der Pflanzenphysiologie, Fischer, Stuttgart

Lockie JD, Ratcliffe DA, Balharry R (1969) Breeding Success and Organochlorine Residues in Golden Eagles in West Scotland. Journal of Applied Ecology 6:381–389

Luckwill LC, Lloyd-Jones CP (1960) Metabolism of Plant Growth Regulators I. 2,4-Dichlorphenoxyacetic Acid in Leaves of Red and Black Current. Annals of Applied Biology 48(3):613–625

Lurie S, Arie RB, Faust M (1989) Ethylene, β-cyanoalanine synthetase and cyanide insensitive respiration in ripening apples: the effect of calcium. In: Clijsters H, de Proft M, Marcelle R, van Poucke M (Eds) Biochemical and Physiological Aspects of Ethylene Production in Lower and Higher Plants. Kluwer Academic, Dordrecht

Macnair MR (1981) Tolerance of Higher Plants to Toxic Materials. In: Bishop JA, Cook LM (Eds) Genetic Consequences of Man Made Change, Academic Press, London, S. 177–209

Marumo S (1986) Auxins. In: Takahashi T (Ed) Chemistry of Plant Hormones, Boca Raton, Florida, S. 10–56

Matsumura F, Brown AWA (1963) Studies on Carboxyesterase in Malathion-Resistant Culex tarsalis. Journal of Economic Entomology 56(3):381–388

Matsumura F, Hogendijk CJ (1964) The Enzymatic Degradation of Parathion in Organophosphate-Susceptible and Resistant Houseflies. Journal of Agricultural and Food Chemistry 12(5):447–453

McGilvery RW, Goldstein G (1979) Biochemistry, A Functional Approach, W.B. Saunders Company, Philadelphia

Metcalf RL (1982): Historical Perspective of Organophosphorus Ester-Induced Delayed Neurotoxicity. Neurotoxicology 3:269–284

Miller JM, Conn EE (1980) Metabolism of Hydrogen Cyanide by Higher Plants. Plant Physiology 65:1199–1202

Moriarty F (1988) Ecotoxicology, Academic Press, London

Myers DK, Mendel B, Gersmann HR, Ketelaar JAA (1952) Oxidation of Thiophosphate Insecticides in the Rat. Nature 170:805–807

O'Brien RD (1967) Insecticides – Action and Metabolism, Academic Press, New York

Odum EP (1983) Grundlagen der Ökologie Bd. I und II, Thieme, Stuttgart

Oppenoorth FJ, van Asperen K (1960) Allelic Genes in the Housefly Producing Modified Enzymes That Cause Organophosphate Resistance. Science 132:298–299

Osborne DJ (1968) Defoliation and Defoliants. Nature 219:564–567

Osborne DJ, Wain RL (1951) Plant Growth-regulating Activity in Certain Aryloxyalkylcarboxylic Acids. Science 114:92–93

Ottaway JH (1980) The Biochemistry of Pollution. Studies in Biology 123, Arnold, London

Patrick MH, Rahn RO (1976) Photochemistry of DNA and Polynucleotides: Photoproducts. In: Wang SY (Ed) Photochemistry and Photobiology of Nucleic Acids Vol. II, Academic Press, New York, S. 35–95

Peiser GD, Wang T-T, Hoffmann NE, Yang SF, Liu H-W, Walsh CT (1984) Formation of cyanide from carbon 1 of 1-aminocyclopropane-1-carboxylic acid during its conversion to ethylene. Proceedings of the National Academy of Science USA 81:3059–3063

Penzlin H (1980) Lehrbuch der Tierphysiologie, Fischer, Stuttgart

Phillips DH (1985) Chemical Carcinogenesis. In: Farmer PB, Walker JM (Eds) The Molecular Basis of Cancer, Groom Helm, London

Rahn RO, Patrick MH (1976) Photochemistry of DNA. Secondary Structure, Photosensitization, Base Substitution, and Exogenous Molecules. In: Wang SY (Ed) Photochemistry and Photobiology of Nucleic Acids Vol. II, Academic Press, New York, S. 97–145

Ratcliffe DA (1970) Changes attributable to pesticides in egg breakage frequency and eggshell thickness in some British birds. Journal of Applied Ecology 7:67–115

Richter G (1988) Stoffwechselphysiologie der Pflanzen, Thieme, Stuttgart

Roberts GT, Allen JW (1980) Tissue-Specific Induction of Sister Chromatid Exchanges by Ethylcarbamate in Mice. Environmental Mutagenesis 2:17–26

Rothwell NV (1979) Understanding genetics, Oxford Univ. Press, New York

Rubery PH (1981) Auxin Receptors. Annual Review of Plant Physiology 32:569–596

Schröder HC (1986) Biochemische Grundlagen des Alterns. Chemie in unserer Zeit (4):128–138

Silbernagl S, Despopoulos A (1979) dtv-Atlas der Physiologie, dtv/Thieme, Stuttgart

Smith KC (1976) The Radiation-Induced Addition of Proteins and other Molecules to Nucleic Acids. In: Wang SY (Ed) Photochemistry and Photobiology of Nucleic Acids Vol. II, Academic Press, New York, S. 187–218

Soifer WN (1976) Molekulare Mechanismen der Mutagenese und Reparatur, Akademie-Verlag, Berlin

Solomos T, Laties GG (1974) Similarities between the Action of Ethylene and Cyanide in Initiating the Climacteric and Ripening of Avocados. Plant Physiology 54:506:511

Solomos T, Laties GG (1976) Effects of Cyanide and Ethylene on the Respiration of Cyanide-sensitive and Cyanide-resistant Plant Tissues. Plant Physiology 58:47–50

Stebbing ARD (1982) Hormesis – The Stimulation of Growth by Low Levels of Inhibitors. The Science of the Total Environment 22:213–234

Street JC (1964) DDT-Antagonism to Dieldrin Storage in Adipose Tissue of Rats. Science 146:1580–1581

Tripathi RK, O'Brien RD (1973) Effect of Organophosphates in Vivo upon Acetylcholinesterase Isozymes from Housefly Head and Thorax. Pesticide Biochemistry and Physiology 2:418–424

Ulrich B (1987) Stability, Elasticity and Resilience of Terrestrial Ecosystems with Respect to Matter Balance. In: Schulze E-D, Zwölfer H (Eds) Potentials and Limitations of Ecosystem Analysis, Springer, Berlin

Vendrell M, Dominguez M (1989) Effect of Auxins on Ethylene Biosynthesis in Banana Fruit. In: Clijsters H, De Proft M, Marcelle R, van Poucke M (Eds) Biochemical and Physiological Aspects of Ethylene Production in Lower and Higher Plants, Kluwer Academic, Dordrecht

Vennesland B, Conn EE, Knowles CJ, Westley J, Wissing F (1981): Cyanide in Biology. Academic Press, London, New York

Wain RL (1977) Chemicals which Control Plant Growth. Chemical Society Reviews 6, No. 3:261–275

Wain RL (1955) Herbicidal Selectivity through Specific Action of Plants on Compounds Applied. Journal of Agricultural and Food Chemistry 3:128–130

Wain RL, Taylor FRS, Taylor HF (1965) Phenols as Plant Growth Regulators. Nature 207:167–169

Wang SY (1976) Pyrimidine Biomolecular Photoproducts. In: Wang SY (Ed) Photochemistry and Photobiology of Nucleic Acids Vol. I, Academic Press, New York, S. 295–356

Watson JD, Hopkins NH, Roberts JW, Argetsinger-Steitz J, Weiner AM (1987) Molecular Biology of the Gene, 4 edit. Menlo Park, California

Wellhöner HH (1976) Allgemeine und systematische Pharmakologie und Toxikologie, Springer, Berlin

Westley J (1973) Rhodanese. Advances in Enzymology 39:327–368
Williams RT (1959) Detoxification Mechanisms, Chapman & Hall LTD, London
Wirth W, Gloxhuber C (1981) Toxikologie für Ärzte, Naturwissenschaftler und Apotheker, Thieme, Stuttgart
Wood RJ (1981) Insecticide Resistance: Populations and Evolution. In: Bishop JA, Cook LM (Eds) Genetic Consequences of Man Made Change, Academic Press, London, S. 97–127
Woodwell GM (1970) Effects of Pollution on the Structure and Physiology of Ecosystems. Science 168:429–433
Woolley DE, Chernobieff JR, Reiter LW (1979) Effects of Parathion on the Mammalian Nervous System. In: Narahashi T (Ed) Neurotoxicology of Insecticides and Pheromones, Plenum Press, New York

3 Rückstände von Chemikalien

Substanzen, die absichtlich oder unbeabsichtigt in die Umwelt eingebracht werden, können dort unter bestimmten Bedingungen Rückstände bilden. Diese stellen für die menschliche Gesundheit vor allem dann ein Problem dar, wenn sie zur Kontamination von Lebensmitteln führen, so daß nicht nur einzelne Risikogruppen, wie z. B. Beschäftigte in der Produktion und Anwendung, gefährdet sind, sondern große Teile der Bevölkerung. Vorkommen, Entstehung und Verhalten von Rückständen wurden am intensivsten bei Pestiziden untersucht, die deshalb als Modell für die wissenschaftliche, administrative und gesetzliche Handhabung von Umweltchemikalien dienen können. Die für Pestizide definierten Begriffe sind auf andere Chemikalien mit anderen Anwendungsbereichen übertragbar.

Als Pestizidrückstände bezeichnet man die verbleibende Konzentration von zur Schädlingsbekämpfung benutzten Chemikalien bzw. ihren Umwandlungs- und Abbauprodukten auf oder in der Pflanze, im Boden, im Wasser oder in Nahrungsmitteln. Für den Umgang mit ihnen muß folgendes geklärt werden:
- die chemische Form des Rückstandes einer bestimmten Substanz (Identifizierung und Charakterisierung)
- die Höhe der Rückstände in Boden, Pflanze, Nahrungsmittel usw. (Quantifizierung)
- das Verhalten der Rückstände in lebenden Systemen (Human- und Ökotoxikologie)
- die Höhe der Rückstände im Endverbrauch
- vorhandene bzw. notwendige gesetzliche Maßnahmen (Regulation)

Die Entwicklung von Analysenmethoden zur Identifizierung und Quantifizierung eines Pestizids und die Untersuchung seines Verhaltens liefern die Basis für gesetzliche Bestimmungen bezüglich der tolerierbaren Rückstandsmengen in verschiedenen Nahrungsmitteln (Abb. 3.1).

Die Zahl der zur Verfügung stehenden Pestizide liefert keinen Hinweis darauf, durch welche Stoffe und in welchem Ausmaß eine Kontamination von Lebensmitteln möglich ist. Beispielsweise konnten von den ca. 900 Präparaten, die in den späten 60er Jahren in der BRD angeboten wurden, ca. 200 unter normalen Bedingungen nicht mit Lebensmitteln in Kontakt kommen (Wildverbißmittel, Herbizide zur Anwendung auf Wegen und Plätzen). Von den damaligen ca. 150 Wirkstoffen mußten ca. 130 als potentielle Rückstandsbildner in Betracht gezogen werden. Für die in den USA verwendeten

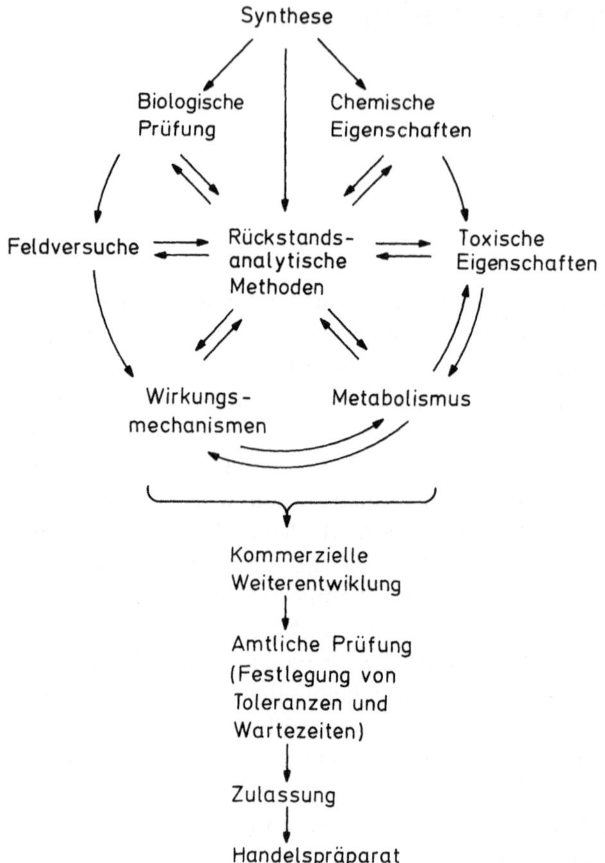

Abb. 3.1. Stufen der Entwicklung eines neuen Pestizids. [Nach Frehse]

Präparate wurden 1964 folgende Zahlen veröffentlicht: 42% der hergestellten Pestizide wurden von Farmern angewendet; der Rest wurde im öffentlichen Bereich, im Privatbereich und in der Industrie verbraucht bzw. exportiert. Von den im Agrarsektor eingesetzten Mitteln wurden 93% auf Pflanzen appliziert, 3% bei Tieren angewendet und 3% für sonstige Zwecke genutzt. Diesen Mitteln lagen ca. 250 Wirkstoffe zugrunde, von denen bei der Nutzung einige wenige den Hauptanteil bildeten. Zwei der Herbizide machten zusammen 55% aller ausgebrachten Herbizide aus, sechs Insektizide 75% aller verwendeten Insektizide und ein Fungizid 80% aller benutzten Fungizide. Zur Zeit (Januar 1990) sind in der BRD 958 Pflanzenschutzmittel mit 216 Wirkstoffen zugelassen, die sich folgendermaßen aufteilen:

Herbizide:	324 ≙ 34%		Wachstumsregler:	29 ≙ 3,1%
Insektizide, Akarizide:	204 ≙ 21,4%		Repellents:	34 ≙ 3,6%
Fungizide:	196 ≙ 20,6%		Molluskizide:	46 ≙ 4,8%
Rodentizide:	69 ≙ 7,3%		Sonstige:	50 ≙ 5,2%

Es ist deshalb nicht möglich, aus der Zahl der angebotenen Präparate auf das Ausmaß der potentiellen Gefährdung durch Rückstände zu schließen. Ausschlaggebend für Entstehung und Höhe der Rückstände sind eine ganze Reihe von Faktoren, die bei der gesetzlichen Regelung der Pestizidanwendung berücksichtigt werden müssen.

3.1 Entstehung, Höhe und Verbreitung von Rückständen

Die Faktoren, die die Höhe von Rückständen in Lebensmitteln bestimmen, sind unterschiedlich, je nachdem, ob die Pestizide für den Pflanzen- oder den Vorratsschutz benutzt werden, ob die Pflanzen direkt als Nahrung bzw. zur Tierfütterung verwendet werden oder ob das Pestizid auf den Boden bzw. in Gewässer gelangt. Dabei ist in jedem Fall wichtig, daß bei der Applikation die Anwendungsvorschriften eingehalten werden. Unerlaubt hohe Rückstände können beispielsweise entstehen, wenn Pestizide zu häufig, in zu hohen Mengen oder auf die falschen Kulturen aufgebracht werden oder wenn die gesetzlichen Wartefristen zwischen Applikation und Ernte nicht beachtet werden. In vielen Fällen, in denen erhöhte Rückstandswerte gemessen wurden, lagen jedoch die Ursachen außerhalb der Kontrolle des betroffenen Landwirts.

Im Anschluß sollen einige der bestimmenden Faktoren näher erläutert werden.

3.1.1 Rückstände in pflanzlichen Produkten

Von der Gesamtmenge der Substanz, die auf eine Pflanzenkultur ausgebracht wird, gelangt nur ein Teil direkt auf die Nutzpflanze; der Rest fällt auf den Boden bzw. den Unterwuchs oder wird verdriftet. Der Anteil, der sich auf der Nutzpflanze ablagert, bildet ein Wirkstoffdepot, dessen Höhe von der Oberflächenbeschaffenheit der Pflanze und der Art der Applikation abhängt. Die Größenordnung eines solchen Depots läßt sich durch folgendes Beispiel verdeutlichen: Bei der Applikation von 3000 l Spritzbrühe mit einem Gehalt von 0,1 % Wirkstoff auf eine Apfelbaumpflanzung von 1 ha Größe (1500 Bäume) gelangen 3 kg Wirkstoff auf die Gesamtfläche und 2 g Wirkstoff auf jeden Baum bzw. seine nächste Umgebung. Ein Zehntel davon (200 mg) entfällt auf die Früchte des Baums. Geht man von 50 kg Fruchtertrag je Baum aus, dann ergibt sich im Durchschnitt pro kg Äpfel ein Depot von 4 mg (= 4 ppm).

Depot und Rückstand sind nicht immer identisch. Von einem Rückstand spricht man erst dann, wenn Einflüsse einwirken, die zum Transport oder zur Umwandlung der Substanz führen können. So kann der als Depot vorliegende Wirkstoff auf der Pflanzenoberfläche bleiben, durch äußere Einflüsse entfernt oder durch die Pflanze aufgenommen werden. Zu den externen Einflüssen gehören Regen, Wind, Codestillation bei der Respiration der Pflanze, Temperatur und Umsetzungen an der Oberfläche, z. B. mit Luftsauerstoff oder unter Lichteinwirkung. Die Faktoren, die die Aufnahme in die Oberflächenschichten bzw. darunterliegende Gewebe bestimmen, sind in Tabelle 2.1 aufgeführt. Nach der Resorption spielen Transport und enzymatische Umwandlungen eine entscheidende Rolle. Insgesamt können Rückstände in drei verschiedenen Bereichen der Pflanze vorliegen:

1) extracuticulär: Rückstände, die der Cuticula äußerlich anhaften (eigentliche Oberflächenrückstände)
2) cuticulär: Rückstände, die in die Cuticula eingebettet bzw. in ihr gelöst sind
3) subcuticulär: Rückstände, die die Cuticula passiert haben; dazu gehören alle Rückstände in den verschiedenen Geweben der Pflanze

Da die Angaben von Rückständen im allgemeinen auf eine Gewichtseinheit bezogen werden, steigen die Werte cuticulärer und extracuticulärer Rückstände mit zunehmendem Verhältnis von Oberfläche zu Gewicht. Eine Wirkstoffmenge von 1 µg/cm^2 entspricht einem Rückstand von ca. 2,4 ppm auf Kirschen und von ca. 120 ppm auf Kirschblättern.

Im folgenden sollen die Faktoren, die für die Höhe von Rückständen in Pflanzen von Bedeutung sind, kurz beschrieben werden.

Zeitraum zwischen Applikation und Ernte

Im Anschluß an die Applikation des Pestizids beginnt sofort die Abnahme des Rückstandes. Ursache dafür sind nicht nur Abbau und Transport der Chemikalie, sondern auch das Wachstum der Pflanze. Letzteres verringert nicht nur den relativen Anteil des Pestizids durch Oberflächen- und Gewichtszunahme der Pflanze, sondern auch den absoluten Gehalt, indem abgestorbene, pestizidhaltige Pflanzenteile abgeworfen werden.

Verfolgt man die Abnahme der Rückstände zwischen Pestizidanwendung und Ernte und trägt sie graphisch gegen die Zeit auf, dann erhält man die Abbaukurve der Substanz. Die Degradation läßt sich meistens durch eine Kinetik erster Ordnung beschreiben, so daß man eine Gerade erhält, wenn man statt der Rückstandskonzentrationen deren Logarithmen einsetzt. Der Verlust an Wirkstoff ist proportional zur jeweils vorhandenen Rückstandsmenge. Die Halbwertzeit ist unabhängig von der Ausgangskonzentration.

In der Praxis bestehen die aufgenommenen Kurven oft aus zwei Abschnitten (Abb. 3.2), von denen der erste überwiegend durch mechanische Verluste von der Oberfläche und der zweite hauptsächlich durch chemische Umwandlungen und das Wachstum der Pflanze bestimmt wird. Befindet sich der Rückstand an geschützten Stellen, wo er dem Abbau entzogen ist, dann kann eventuell noch ein dritter Abschnitt unterschieden werden. Aber unabhängig von der exakten Form der Kurve nimmt die Geschwindigkeit des Abbaus mit der Zeit ab. Um das Abbauverhalten eines Wirkstoffes zu charakterisieren, benötigt man deshalb zwei Werte, die die Zeit der Abnahme der Substanz um 50 bzw. 90% (DT$_{50}$- bzw. DT$_{90}$-Wert) angeben.

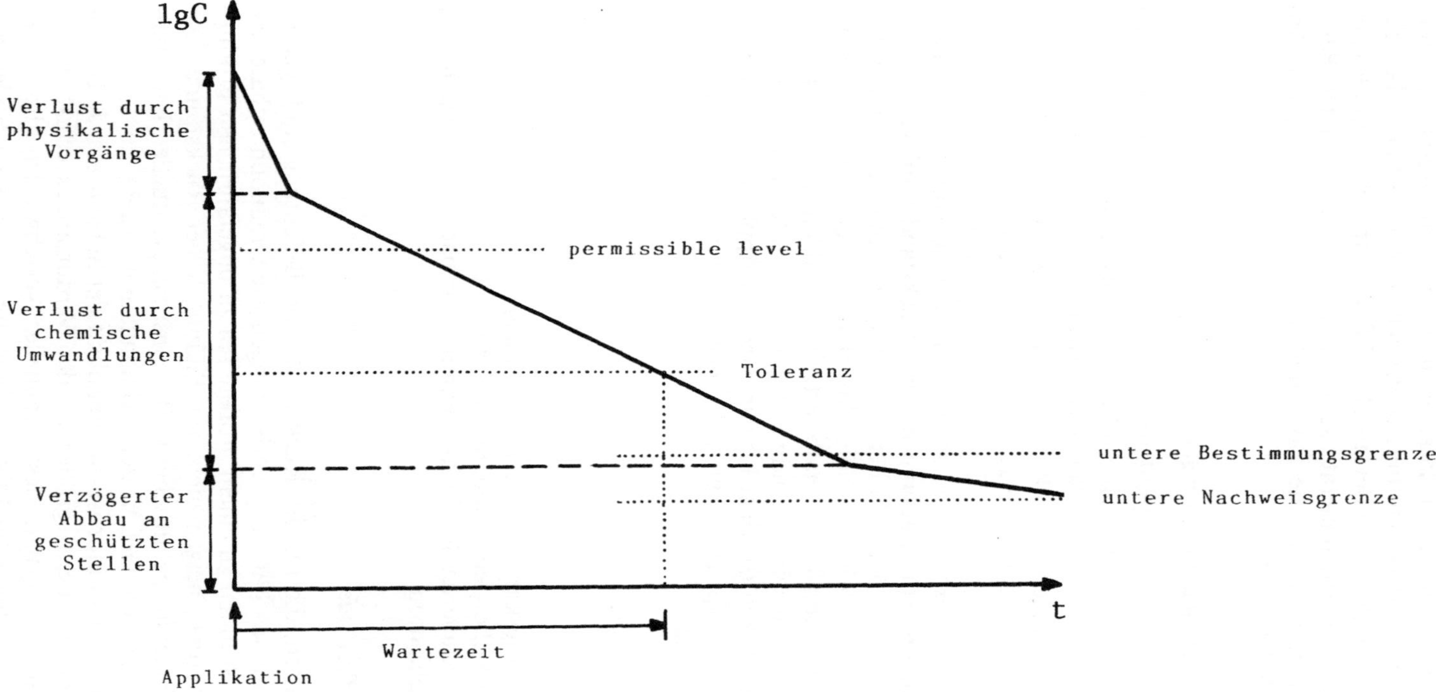

Abb. 3.2. Zeitlicher Verlauf des Abbaus von Wirkstoffen. [Nach Frehse]

Die Abbaugeschwindigkeit ist von Pflanze zu Pflanze sehr verschieden und variiert auch erheblich zwischen unterschiedlichen Wirkstoffen, aber für eine gegebene Verbindung ist bei der gleichen Pflanzenart und dem gleichen Anwendungsmuster die Abnahmerate so verläßlich, daß die meisten Pestizidregulierungen in Europa nur die Dosis und die Wartefrist zwischen Anwendung und Ernte betreffen.

Zahl der Applikationen und Dosierungen

Wenn Zahl und Zeitpunkt der Applikationen gleich sind, dann wachsen die Rückstandswerte mit zunehmender Höhe der Dosis. Bei konstanter Gesamtdosis und gleichem Zeitpunkt der ersten Anwendung ergibt eine einzelne große Dosis einen geringeren Rückstand als mehrere kleinere Dosen, von denen notwendigerweise die letzte zeitlich kurz vor der Ernte liegt. Wird für jede Applikation die gleiche Dosis verwendet, dann erhöht sich mit jeder Applikation die Gesamtdosis, so daß unabhängig von der Zeit nach der letzten Ausbringung ein insgesamt höherer Rückstand resultiert.

Zur Akkumulation bei wiederholter Anwendung kommt es dann, wenn der Rückstand von der vorhergehenden Applikation noch nicht vollständig verschwunden ist. Bei konstanter Halbwertzeit, gleichbleibender Dosis und regelmäßigen Abständen wird irgendwann eine Wirkstoffkonzentration erreicht, bei der der Wirkstoffverlust bis zur nächsten Applikation genau der verabreichten Dosis entspricht (Abb. 3.3). Diesen Grenzwert (r/C_0) erhält man aus der Beziehung

$$\frac{r}{C_0} = \frac{1}{1 - \dfrac{C}{C_0}}$$

C_0 = Ausgangskonzentration des Pestizids
C = Pestizidkonzentration zum Zeitpunkt t
r = akkumulierter Rückstand unmittelbar nach der wiederholten Applikation

Eigenschaften der Pestizide

Zu den Eigenschaften, die für die Rückstände von Bedeutung sind, gehört vor allem die chemische Stabilität. Verbindungen wie Organophosphate, die innerhalb weniger Stunden zu einem großen Teil zu ungefährlichen Produkten hydrolysiert werden, neigen nicht zur Bildung hoher Rückstände. Dagegen bleibt die Toxizität metallischer Gifte selbst bei eventuellen Umwandlungen erhalten, so daß die Gefahr der Akkumulation besteht.

Ein weiterer wichtiger Faktor ist die Volatilität der Substanzen. Je flüchtiger die Verbindung ist, desto größer ist der Verdunstungsverlust bereits während des Ausbringens und desto schneller verschwinden die Rückstände. Andererseits können flüchtige Verbindungen auch vom Boden aus verdunsten und auf der Pflanze kondensieren. Beispielsweise werden DDT-

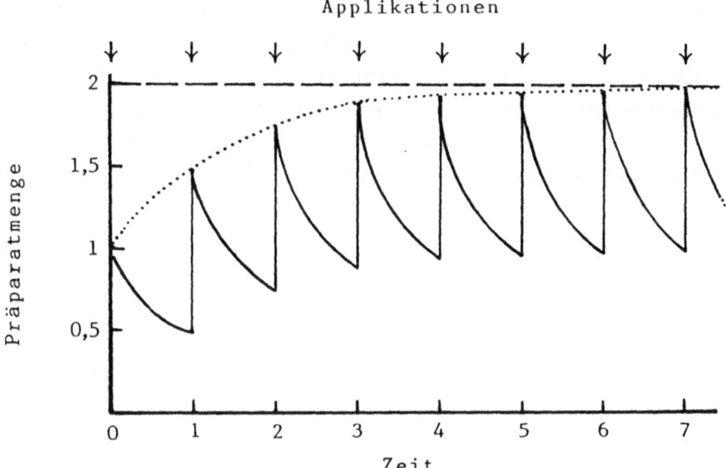

Abb. 3.3. Zeitlicher Verlauf der Akkumulierung von Rückständen bei jeweils einmaliger Applikation der Präparatmenge $P = 1$ pro Zeiteinheit t bei einer Abnahmekinetik 1. Ordnung und einer Halbwertzeit $t_{1/2} = 1$. [Nach Frehse]

Rückstände auf Sojapflanzen hauptsächlich durch Verdampfung aus kontaminierten Böden heraus verursacht. Auch diejenigen Eigenschaften, die Absorption und Translokation beeinflussen, spielen eine Rolle. Manche Substanzen (z. B. Aldicarb, Demeton, Disulfoton und Phosphamidon) werden in so hohem Umfang transportiert, daß sie gezielt als systemische Insektizide eingesetzt werden. Demeton beispielsweise wird normalerweise auf die Blätter appliziert, von denen aus es in der Pflanze verteilt wird, während andere Pestizide, wie Aldicarb, in den Boden eingebracht, dort von der Pflanze resorbiert und von der Wurzel aus in andere Pflanzenteile transportiert werden. Auch Substanzen, wie manche Organochlorverbindungen, die zwar nicht in größerem Ausmaß transportiert, aber doch sehr leicht aufgenommen werden, können zu höheren Rückständen in den Resorptionsorganen führen. Bei Applikation auf den Boden sind davon vor allem die als Nahrung verwendeten, unterirdischen Teile von Pflanzen, wie Möhren, Kartoffeln oder Erdnüsse, betroffen.

Interaktionen verschiedener Verbindungen

Über das Zusammenwirken von Pestiziden, die durch Zufall gleichzeitig vorliegen (z. B. durch Drift), ist wenig bekannt. Die Untersuchungen deuten jedoch darauf hin, daß das unbeabsichtigte Vereinigen von Verbindungen zu unerwarteten und eventuell auch nachteiligen Effekten führen kann. Andererseits werden häufig gezielt mehrere Verbindungen kombiniert, um einen zu schnellen Wirkungsverlust zu verhindern.

Von Rotenon ist bekannt, daß es auf der Pflanzenoberfläche in niedriger Konzentration (0,3–30 ppm) die Photoisomerisierung von Dieldrin und anderen Cyclodieninsektiziden katalysiert. Photodieldrin ist nicht nur toxischer als Dieldrin, sondern auch persistenter. Wird jedoch Rotenon stattdessen mit Organophosphaten oder Methylcarbamaten kombiniert, dann beschleunigt es überwiegend deren Photoabbau. Allerdings ist Rotenon zwar als Photosensibilisator hochaktiv, verliert seine Wirkung aber relativ schnell. Weniger aktive, dafür aber längerlebige Verbindungen könnten unter Umweltbedingungen größere Effekte bewirken.

Art der Formulierung

Bei Applikation im gleichen Verhältnis erhält man im Fall von Stäuben niedrigere Anfangsrückstände als bei Flüssigkeiten. Andererseits können Stäube auch zu unerwartet hohen Rückständen führen, wenn die Pflanzen zum Zeitpunkt der Anwendung taufeucht sind. Auch Granulate, die speziell entwickelt wurden, um die Pflanzendecke zu passieren und ausschließlich auf dem Boden zur Wirkung zu kommen, können in taschenartigen Blattansätzen oder Grasbüscheln hängenbleiben. Sie stellen dann zwar keinen eigentlichen Rückstand dar, können aber zu einer hohen Kontamination von Pflanzenfressern führen, wenn sie mit der Pflanze zusammen aufgenommen werden.

Wenn die Anfangsrückstände gleich groß sind, dann werden diejenigen von staubförmigen Formulierungen vergleichsweise am schnellsten reduziert und solche von öligen Lösungen am langsamsten.

Art der Pflanze

Wieviel Pestizid zurückgehalten wird, hängt u. a. von der Oberflächenstruktur der Pflanze ab. Auf schwer benetzbaren, glatten Wachsschichten bleibt weniger hängen als zwischen Haaren oder Schuppen. Ölreservoirs können stark lipophile Verbindungen vor allem dann speichern, wenn sie über die Oberfläche leicht zugänglich sind, z. B. bei Oliven oder den Schalen von Citrusfrüchten. Sind sie dagegen durch Gewebe von der Oberfläche isoliert, wie bei ölhaltigen Samen, dann tritt im allgemeinen keine Pestizidanreicherung auf.

Wenn die übrigen Bedingungen gleich sind, dann ist die Höhe des Rückstandes eine Funktion der Größe der Oberfläche. Wird nur ein Teil der Pflanze als Nahrungsmittel genutzt, dann muß das Oberflächen/Volumen-Verhältnis dieses Teils beachtet werden. Früchte weisen oft geringere Rückstände auf als die Blätter derselben Pflanze. Dies ist vor allem dann von Bedeutung, wenn Pflanzenabfälle als Viehfutter genutzt werden sollen, wie etwa bei Erbsen oder Süßmais. In solchen Fällen dürfen bestimmte Pestizide nicht verwendet werden.

Bei Verbindungen, die in den Boden gelangt sind, spielt auch die Absorptionsfähigkeit der Pflanze eine Rolle. Das Ausmaß der Aufnahme über unterirdische Organe variiert nicht nur zwischen den verschiedenen Arten, sondern auch zwischen den einzelnen Züchtungen innerhalb einer Art. So differiert die Absorption von Aldrin bzw. Heptachlor in fünf verschiedenen

Möhrensorten um Faktoren bis zu 2,5. Auch die Verteilung von Insektiziden zwischen Rinde und Mark ist bei den einzelnen Varietäten verschieden. Sowohl die Penetration als auch die Translokation innerhalb der Pflanze werden außerdem durch die Nährstoffe beeinflußt.

Klima und Wetter

Die wichtigsten Faktoren in diesem Zusammenhang sind Niederschläge, Temperatur und Wind. Für den Einfluß von Regen ist dessen Zeitpunkt von Bedeutung. Regnet es kurz nach der Anwendung, dann kann ein beträchtlicher Teil der Verbindung abgewaschen werden. Später in der Saison zeigen Niederschläge wenig Wirkung, da die dann noch vorhandenen Rückstände fester gebunden sind.

Die Lufttemperatur kann je nach Ort, Jahres- und Tageszeit und Bewölkung erheblich schwanken. Zusätzlich kann die Temperatur in der Pflanze bzw. in ihrer direkten Umgebung von der der freien Luft um mehrere Grad abweichen. So ergaben Messungen in Baumwollpflanzungen im Südwesten der USA, daß die Lufttemperatur innerhalb des Blätterdaches allgemein um 1 °C niedriger liegt als oberhalb davon und daß Blätter mit hohem Turgor ca. 2–3 °C kühler sind als die freie Luft, während welkende Blätter ca. 3 °C wärmer sein können als die durchschnittliche Lufttemperatur. Durch solche Differenzen wird sowohl die Verdunstungsrate als auch die Abbaugeschwindigkeit beeinflußt.

Wind ist nicht nur für die Verdunstung flüchtiger Verbindungen wichtig, sondern kann während der Applikation generell zu höheren Verlusten bzw. umgekehrt zur unbeabsichtigten Anreicherung auf angrenzenden Kulturen führen. So waren Überschreitungen gesetzlich begrenzter Rückstandsmengen in Milchprodukten gelegentlich darauf zurückzuführen, daß Weideland durch Abdrift von benachbarten Anbauflächen kontaminiert worden war.

Ein weiterer Faktor, der den Abbau von Pestiziden auf der Oberfläche beeinflußt, ist das Licht. Die Geschwindigkeit der Photodegradation hängt von der Sonnenscheindauer, der Lichtintensität und dem UV-Anteil des Lichtes ab. Entsprechend verringert Beschattung (z. B. bei Unterwuchs bzw. Unterkulturen) die Abbaurate.

Gewächshauskulturen stellen einen Sonderfall dar. Wind und UV-Strahlung fehlen weitgehend, und die Niederschläge – in Form von Gießen bzw. Sprengen – sind in ihrer Wirkung zumindest reduziert. Dafür können aber die Temperaturen sehr viel höhere Werte erreichen als bei den entsprechenden Freilandkulturen. Die wenigen Untersuchungen, die bisher vorliegen, lassen darauf schließen, daß beim Unterglasanbau die Rückstände langsamer abnehmen als im Freien. Für die Anwendung von Pflanzenschutzmitteln in Gewächshäusern wurden deshalb besondere Wartezeiten festgesetzt.

Lagerung

Die Art der Aufbewahrung hat normalerweise keinen Einfluß auf die Rückstandshöhe derjenigen Pestizide, die stabil genug sind, bis zur Ernte unverändert zu bleiben. Eine Ausnahme bildet die Einlagerung in Silos. Unter den dortigen Bedingungen werden einige sonst sehr persistente Verbindungen zu einem großen Teil abgebaut bzw. umgewandelt. So wurde nachgewiesen, daß DDT durch Hefe sehr effektiv in DDD überführt wird.

Zur Vorbeugung gegen Insektenfraß oder Pilzbefall wird Erntegut meistens zu Beginn und oft auch noch im Verlauf der Lagerung mit Insektiziden bzw. Fungiziden behandelt. Dadurch kann es zu einer relativ hohen Kontamination kommen. So wurde experimentell gezeigt, daß bei der Verwendung von DDT Konzentrationen von 30–50 ppm benötigt werden, um bei Getreide Schutz gegen Insektenfraß zu bieten. Das Mehl, das anschließend aus diesem Getreide hergestellt wurde, enthielt Rückstände in der Größenordnung von 15 ppm, während Kleie und andere Nebenprodukte über 100 ppm aufwiesen. DDT wurde deshalb in Europa nie in größerem Umfang für den Vorratsschutz eingesetzt.

Nach der Applikation auf Vorräte unterliegen die Pestizide anderen Einflüssen als nach der Anwendung auf Pflanzen. Die Witterungsfaktoren fehlen, und auch ein enzymatischer Abbau ist nicht oder nur sehr begrenzt möglich. Dafür müssen Einwirkungsdauer, Belüftungszeit und das Verhalten des Lagerguts als chromatographische Säule in die Kalkulation einbezogen werden. Auch Reaktionen zwischen Pestiziden und Inhaltsstoffen des gelagerten Materials wurden nachgewiesen. Manche Begasungsmittel bilden beispielsweise persistente Verbindungen mit dem Protein von Getreidekörnern. So reagiert Trichlorethen mit Cystein zu Dichlorvinylcystein und Trichlorethan mit Trimethylamin zu Cholinchlorid.

Zubereitung

Die Kontamination der Nahrung, die letztendlich gegessen wird, ist oft um vieles geringer als die der pflanzlichen Primärerzeugnisse. Bei manchen Produkten wird ein großer Teil der Rückstände dadurch entfernt, daß die am stärksten belasteten Gewebe (Fruchtschale, Deckblätter) für die eigentlichen Nahrungsmittel nicht verwendet werden. So ist es möglich, aus DDT-haltigen Weinbeeren rückstandsfreien Saft zu gewinnen bzw. aus dem Brei von kontaminierten Beeren unbelastete Marmelade herzustellen. Auch bei Kohl- und Salatköpfen wird der Gehalt an Pestiziden durch das Verwerfen der äußersten Blätter erheblich verringert. Allerdings führt die Abtrennung der rückstandsfreien Teile zu hochbelasteten Nebenprodukten bzw. Abfällen, die dann nicht mehr, wie früher üblich, für andere Nahrungsmittel oder zur Tierfütterung genutzt werden dürfen. Die unterschiedliche Belastung verschiedener Haupt- und Nebenprodukte der Getreideverarbeitung zeigt Tabelle 3.1.

Rückstände können nicht nur in der oben beschriebenen Weise abgetrennt, sondern in manchen Fällen auch durch Erhitzen ausgetrieben oder zerstört werden. So führt das Backen von Brot möglicherweise durch Verdunstung zu einer Verringerung des Pestizidgehaltes der Kruste. Auch das Konservieren in Metalldosen hat bei Äpfeln, Pfirsichen und Tomaten gering-

Tabelle 3.1. Gehalt an Malathion in Roggen bzw. Roggenprodukten. [Nach Frehse]

Produkt	Gehalt (ppm)
Roggen	
frisch behandelt	10
2 Wochen gelagert	5,3
6 Monate gelagert	2,6
11 Monate gelagert und 2 × umgeschaufelt	3,3
11 Monate gelagerter und 2 × umgeschaufelter Roggen	
gereinigt	3
Schmachtkorn (Fein- und Halbkörner)	6,7
Flugkleie (Staub)	60
Mehl, Type 1150[a]	1,9
Mehl, Type 815[a]	1,2
Blaumehl (aus dem Inneren des Korns)	0,6
Futtermehl (aus den Randschichten des Korns)	13,5
Kleie	16,8
Flachbrot aus Mehl 1150	0,4[b]
Flachbrot aus Mehl 815	0,2[b]
Braugerste	
vor dem Einweichen	10
nach 48 h Einweichen	1,2
nach 8 d Keimung	0,13
nach Keimung und 7 h Trocknen bei 70 °C	0,08

[a] Die Typenzahl gibt den mittleren Aschegehalt in mg/100 g Mehltrockensubstanz an; je höher der Aschegehalt ist, desto höher ist der Anteil an Bestandteilen aus den äußeren Schichten des Korns.

[b] Bezogen auf den Mehlanteil.

fügige Verluste an DDT zur Folge. Da bei der Verwendung von Pyrex zum Einmachen des Obstes keine Abnahme des DDT-Gehaltes zu beobachten ist, nimmt man an, daß das Metall die Zersetzung katalysiert. Allerdings sind die Verluste an Organochlor-Verbindungen durch Kochen in der Praxis unbedeutend. Dagegen werden Organophosphate, sofern sie noch vorhanden sind, durch Kochen vollständig zu ungiftigen Produkten hydrolysiert.

3.1.2 Rückstände in tierischen Produkten

Rückstände in Lebensmitteln tierischer Herkunft treten sowohl durch direkte Behandlung von Tieren mit Insektiziden im Rahmen tiermedizinischer Maßnahmen auf als auch durch die Anwendung auf Ställe bzw. Weideland oder durch die Ernährung mit pestizidhaltigem Futter. Ursachen für eine Belastung des Futters sind die Verfütterung hochkontaminierter Abfälle aus der Lebensmittelproduktion, Rückstände persistenter Pflanzenschutzmittel im Boden, die von der Behandlung der vorangegangenen Kulturen stammen, sowie Abdrift bei der Anwendung auf angrenzende Kulturen. Relativ hohe Rückstände können vor allem dann auftreten, wenn das Futter aus der unmittelbaren Nachbarschaft von Baumwollfeldern oder Obstplantagen stammt. Beispielsweise wurden in den Eiern von Hühnern, die von Obstgartenbesitzern gehalten wurden, DDT-Gehalte von ca. 21 ppm nachgewiesen. Auf anderer Futterbasis produzierte Eier der gleichen Gegend enthielten im Durchschnitt nur 0,11 ppm.

Obwohl viele Substanzen in Geweben gespeichert bzw. mit der Milch ausgeschieden werden können, sind im allgemeinen nur die persistenten Organochlorinsektizide in höheren als Spurenkonzentrationen nachweisbar. Ihre Konzentration in Milchprodukten gleicher Herkunft läßt sich mit dem Butterfettgehalt korrelieren. Von einigen dieser inzwischen fast überall verbreiteten Verbindungen sind Rückstände in Spuren unvermeidbar, so daß die Behörden in den USA, die ursprünglich nur völlig rückstandsfreie Milch erlaubten, nachgeben mußten. Seit 1967 sind in der Milch DDT-, DDD- und DDE-Gehalte bis zu 0,05 ppm zulässig und in Milchprodukten je nach Fettgehalt bis 1,25 ppm.

Für die Verringerung von Rückständen durch Zubereitung gilt wie bei Pflanzen, daß die Beseitigung der höher kontaminierten Anteile zu einer niedrigeren Belastung der eigentlichen Nahrung führt. So können Fettanteile vor oder auch nach der Zubereitung weggeschnitten werden. Manchmal läßt sich das Fett auch auskochen. In beiden Fällen dürfen Fett bzw. Brühe dann nicht mehr als Nahrung oder Tierfutter dienen.

3.1.3   Rückstände in Boden oder Wasser

In den Boden gelangen Pflanzenschutzmittel durch direkte Applikation, durch Drift bzw. Abtropfen von Pflanzen im Verlauf von deren Behandlung sowie durch das Abfallen und die Zersetzung abgestorbener Teile von rückstandshaltigen Pflanzen. Eine direkte Gefahr geht von belasteten Böden unter normalen Bedingungen nicht aus, aber die enthaltenen Pestizide bilden ein Reservoir, das bei genügend hoher Persistenz über einen langen Zeitraum hinweg zur Kontamination der auf diesen Böden wachsenden Kulturen oder auch Wildpflanzen führen kann.

Der Übergang der Pestizide in die Pflanze kann dadurch erfolgen, daß die leichter flüchtigen Substanzen verdunsten, auf der Pflanze kondensieren und dann über die Blätter aufgenommen werden. In begrenztem Ausmaß ist auch ein Transport der Chemikalie mit dem Staub möglich, an den sie adsorbiert wird. Der Hauptaufnahmeweg führt jedoch über die unterirdischen Organe der Pflanze. Davon sind Arten wie Möhren und Kartoffeln besonders stark betroffen. Sandige Böden begünstigen die Aufnahme durch die Pflanze, während Böden mit einem hohen Anteil an organischer Substanz die Chemikalien stärker binden und dadurch weniger leicht freigeben. In einem Versuch ließ sich beispielsweise durch die Zugabe von Kohle zu Lehmschlamm im Verhältnis von 2 ppm die Adsorption von Aldrin und Dieldrin durch Möhren und Kartoffeln um mehr als 50 % senken, und die Aufnahme von Heptachlor, Heptachlorepoxid und γ-Chlordan wurde um mehr als 60% reduziert. Dabei hielt die Wirkung einer einmaligen Beimengung von Kohle während der gesamten Versuchsdauer (4 Jahre) an. Allerdings wird durch die feste Adsorption der Pestizide an Humusbestandteile auch ihre Persistenz erhöht. Der Übertritt in die Pflanze erfolgt wahrscheinlich nicht kontinuierlich, sondern in Schüben, möglicherweise in Abhängigkeit von Niederschlägen.

Die Höhe von Rückständen im Boden bzw. die Geschwindigkeit ihrer Abnahme hängt von einer Reihe von Faktoren ab, die drei Kategorien zugeordnet werden: Faktoren, die mit der Anwendungspraxis zusammenhängen, Faktoren, die die Umweltbedingungen einschließen, und Faktoren, die Wanderung und Umwandlungen der Chemikalie im Boden bestimmen. Zum Teil sind es die gleichen Einflüsse, die sich auf die Rückstände in Pflanzen auswirken.

In kultivierten Böden, auf deren Oberfläche regelmäßig (jährlich oder auch öfter) kleinere Mengen an Pestiziden ausgebracht werden, wurde in vielen Fällen die Einstellung eines dynamischen Gleichgewichtes beobachtet, aufgrund dessen der Level eines bestimmten Pestizids insgesamt relativ stabil bleibt. Die Geschwindigkeit der Pestizidabnahme nach den einzelnen Applikationen ist zu Beginn (d.h. im ersten und eventuell auch noch im zweiten Jahr) höher und später geringer. Aus einigen Untersuchungen läßt sich schließen, daß sich die Gleichgewichtseinstellung bei Organochlorinsektiziden unter Freilandbedingungen mit einer Kinetik erster Ordnung beschreiben läßt. Bei sehr hohen Konzentrationen dagegen scheint der Abbau eher einer Kinetik nullter Ordnung zu folgen. Allerdings sind dazu offenbar Pestizidgehalte nötig, die in der Landwirtschaft normalerweise nicht auftreten. Eine endgültige Erklärung der widersprüchlichen experimentellen Ergebnisse ist zur Zeit noch nicht möglich.

Die chemische Stabilität der jeweiligen Verbindung besitzt einen großen Einfluß auf deren Verweildauer im Boden. Unterschiede in der Persistenz existieren nicht nur zwischen den einzelnen Pestizidklassen, sondern auch innerhalb der Gruppen. So wird Malathion im Boden innerhalb von 8 Tagen auf ca. 3% des Anfangsgehaltes reduziert, während Parathion dafür unter gleichen Bedingungen ca. 90 Tage braucht. Die Umwandlung oder auch Evaporation kann durch Beimengungen verzögert werden. Beispielsweise nimmt Heptachlor in einer Formulierung mit Aroclor oder Terpentinharz im Boden langsamer ab als in einer Formulierung mit aromatreichem Schwerbenzin.

Die Bodenfeuchtigkeit kann die Abnahme der Rückstände auf drei verschiedenen Wegen beeinflussen: durch Verdrängung an den Bindungsstellen mit der Folge, daß das Pestizid leichter verdunstet, durch nichtenzymatische Hydrolyse und durch Begünstigung bzw. Verminderung des Wachstums von Mikroorganismen, die die Chemikalie umwandeln können. Letzteres hängt zusätzlich von der Temperatur ab, die außerdem die Verdunstungsrate und die Geschwindigkeit der abiotischen Reaktionen bestimmt. In gefrorenem Boden findet kein Abbau statt. Bei 6 °C dagegen ist der Verlust an Rückstand bereits erheblich, und mit steigender Temperatur nimmt er zu. Mißt man die prozentuale Abnahme von Aldrin in 56 Tagen, jeweils in gefrorenem Boden bzw. bei 6, bei 26 und bei 46 °C, dann bleibt ein Restrückstand von 100, 63, 38 bzw. 10 %.

Eine Kultivierung des Bodens (regelmäßiges Pflügen o. a. Maßnahmen) begünstigt die Evaporation. Eine dicke Pflanzenbedeckung kann dagegen die Verdunstungsrate erheblich senken, und zwar wahrscheinlich dadurch, daß sie sowohl die Oberflächentemperatur als auch die Luftbewegung über dem Boden herabsetzt. So verringerte sich die Abnahme von Aldrin- und Heptachlorrückständen durch Anpflanzung von Luzerne im Zeitraum von 3 Jahren um das Zwei- bis Dreifache. Der Unterschied zu unbedecktem Boden wurde noch größer, wenn die Versuchsdauer auf 7 oder mehr Jahre erhöht wurde.

Die Geschwindigkeit der Umwandlung von Pflanzenschutzmitteln hängt von allen Faktoren ab, die die biologische Aktivität im Boden beeinflussen. Dazu gehören nicht nur die physikalischen und chemischen Parameter, sondern auch die Organismenzusammensetzung im Boden. Dabei kann es zur direkten gegenseitigen Inhibition oder auch zur Konkurrenz um die vorhandenen Nährstoffe kommen. Im allgemeinen sind die Organismen, die die persistenten Verbindungen angreifen können, auf zusätzliche Nahrungsquellen angewiesen. So kann Mucor alternans DDT nur dann effektiv abbauen, wenn gleichzeitig Glucose und Ammoniumnitrat zur Verfügung stehen. Wird Glucose durch andere Zucker, z. B. Ribose, ersetzt, dann läßt die Umsetzungsrate nach. Die Art der Metabolite ist unabhängig von der Art des Zuckers; sie variiert aber in Abhängigkeit von der Art der Stickstoffquelle. Auch die Konzentration der Substanz spielt eine Rolle. So bewirken hohe Gehalte mancher Insektizide einen Rückgang des Wachstums von Bodenpilzen. Inwieweit davon die Abbaurate betroffen wird, ist verschieden. Andererseits können Mikroorganismen bei Zugabe von Pestiziden zum Boden auch auf ähnliche Weise zum Wachsen angeregt werden wie durch die Beimengung von Nährstoffen. Bei welchem Chemikaliengehalt es zur Stimulierung kommt und ab wann Inhibition eintritt, ist noch weitgehend unbekannt.

3.2 Gesetzliche Regelungen

Obwohl Toleranzwerte für die Begrenzung von Pestizidrückständen in Lebensmitteln teilweise auf toxikologischen Daten basieren, stellen sie kein Maß für die Toxizität einer Verbindung dar. Das liegt zum einen an den unterschiedlichen Kriterien und Sicherheitsfaktoren, auf denen die Toleranzen aufgebaut sind, und zum zweiten an erheblichen Differenzen in der zugrunde liegenden Einstellung bezüglich der Sicherheitsfaktoren. Die Unterschiede beruhen nicht nur auf den verschiedenen Eigenschaften der einzelnen Chemikalien, sondern es besteht auch die Tendenz, bei gleicher Toxizität geringere Sicherheitsfaktoren für Substanzen zu akzeptieren, die natürlichen

Ursprungs oder seit Generationen bekannt sind. Dämpfe werden oft in höheren Konzentrationen zugelassen als Stäube, sofern beide gleich ungefährlich sind.

Die ersten Vorschläge in den 30er Jahren in Bezug auf Sicherheitsfaktoren (d. h. Faktoren, anhand derer die höchste erlaubte Dosis der jeweiligen Verbindung unter ihre LD_{50} oder einen anderen Schwellenwert gesenkt wird) gingen von statistischen Überlegungen aus. Die „maximal tolerierbare Dosis" wurde definiert als die Konzentration an Substanz, die sehr selten zu einem Effekt (Tod oder auch Änderung bestimmter physiologischer Parameter) führt, und festgesetzt auf drei Standardabweichungen weniger als die LD_{50}. „Sehr selten" hieß demnach, daß ungefähr bei einem von 742 Tieren unter Testbedingungen ein Effekt auftrat. Später wurde der Wert geändert auf sechs Standardabweichungen unterhalb der LD_{50}. Ein Effekt war dann nur noch bei einem von 10^9 Tieren unter Testbedingungen zu erwarten. Der daraus resultierende Sicherheitsfaktor variierte je nach Substanz zwischen 1,6 und 6,3. Der Hauptnachteil bei der Verwendung rein statistischer Verfahren zur Ermittlung das Faktors lag darin, daß mögliche Differenzen zwischen den Auswirkungen auf das jeweilige Versuchstier und denen auf den Menschen nicht berücksichtigt wurden.

Dem am häufigsten benutzten, numerischen Sicherheitsfaktor 100 liegt die Überlegung zugrunde, daß der Mensch etwa zehnmal empfindlicher reagiert als die Ratte, und daß manche Menschen ungefähr zehnmal sensibler sein können als der Durchschnitt. Diese beiden Zahlen wurden multipliziert. Der Faktor 100 bietet zwar keine absolute Sicherheit, ist aber groß genug, um das Risiko durch Rückstände in der Nahrung zu minimieren und trotzdem den Zusatz von Chemikalien, die zur Produktion bzw. Verarbeitung unverzichtbar sind, zu ermöglichen. Sind die toxikologischen Daten noch nicht vollständig, dann wird der Sicherheitsfaktor vergrößert. Liegen z. B. nur Ergebnisse von Tests bezüglich der subchronischen Effekte vor, dann wird von den US-Behörden der Faktor 2000 verwendet. Umgekehrt kann der Faktor aber auch verkleinert werden.

Indem man die NOEL-Werte (no-observed-effect-level, Tab. 3.2) durch den Sicherheitsfaktor S ($= 100$) dividiert, erhält man die sogenannten ADI-Werte (acceptable daily intake), die jeweils von internationalen Gremien wie FAO („Food and Agriculture Organisation") und WHO („World Health Organisation") zusammengestellt und veröffentlicht werden. Diese Werte geben an, wieviel mg einer Verbindung pro kg Körpergewicht keine Schädigung bewirken, wenn ein Mensch sie ein Leben lang täglich aufnimmt. Sind verschiedene Berechnungsweisen möglich oder liegen von mehreren Versuchstierarten unterschiedliche NOEL-Werte vor, dann gilt der jeweils kleinste Wert.

Durch Multiplikation des ADI-Wertes mit dem menschlichen Durchschnittskörpergewicht KG ($= 60$ kg) erhält man die absolute Menge eines einzelnen Stoffes (R-Wert in mg/Tag), die in der täglichen Nahrung enthalten sein darf. Nimmt man für die täglich verzehrte Menge an Nahrungsmitteln, die jeweils die Substanz als Rückstand enthalten können, also z. B. an Fleisch, Obst und Gemüse, N kg an, dann ergibt sich für den als

Tabelle 3.2. No-observed-effect-level verschiedener Chemikalien für Warmblüter (in mg/kg Körpergewicht/Tag)

Chemikalie	Ratte	Hund	Mensch
Heptachlor	0,25	0,0625	
Malathion	5		0,2
Parathion	0,05		0,05
Dimethoat	0,4		0,2
Dieldrin	0,025	0,025	
Thiram	2,5	5	
Aldrin	0,025	0,025	
Captan	50	100	
Demeton	0,05	0,025	0,07
Dichlorvos	0,25	0,08	0,033

toxisch unbedenklich geltenden Anteil der Chemikalie in jeweils einem dieser Nahrungsbestandteile (permissible level = p.l.-Wert) R/N ppm. Dabei muß nicht nur berücksichtigt werden, welchen Anteil an der Gesamtnahrung die einzelnen Lebensmittel stellen, die mit dem gleichen Pflanzenschutzmittel behandelt wurden, sondern auch, auf wieviele verschiedene Nahrungsmittel dieses Pestizid angewendet wird. Je nach Verbrauchergewohnheiten können also voneinander abweichende Ergebnisse resultieren. Wird beispielsweise ein Insektizid nur für Reis benutzt, dann liegt der p.l.-Wert in Ländern, in denen Reis als Hauptnahrungsmittel dient, niedriger als in Ländern, in denen er nur gelegentlich gegessen wird.

Die zulässigen Höchstmengen von Pestiziden in Lebensmitteln (Toleranzen) werden von der FAO und WHO vorgeschlagen und dann auf nationaler Ebene jeweils für die Stufen Ernte, Transport, Verkauf, Zubereitung und endgültiger Verbrauch festgelegt. Diese maximalen Rückstandswerte orientieren sich einerseits an der realen Situation, d. h., an den Rückständen, die bei vorschriftsmäßiger Anwendung zu erwarten sind; sie sind also keine Sicherheitsgrenzwerte. Andererseits müssen sie aber so festgelegt werden, daß der ADI-Wert nicht überschritten wird. Wenn die in der Praxis erreichbaren, minimalen Rückstandswerte einer Verbindung mit den aus der Toxikologie abgeleiteten p.l.-Werten nicht in Einklang zu bringen sind (z. B. bei hochpersistenten Chemikalien mit sehr niedrigem ADI-Wert), dann werden sogenannte praktische Rückstandsgrenzen empfohlen, die von den unvermeidbaren Sekundärrückständen ausgehen, d. h., von den Gehalten, die nicht aus der direkten Anwendung stammen.

Da das Einhalten von Toleranzen für die Erzeuger von Nahrungsmitteln nicht unmittelbar überprüfbar ist, werden für den praktischen Gebrauch von Pflanzenschutzmitteln zusätzlich Wartezeiten festgelegt (Tabelle 3.3). Diese bezeichnen den Mindestzeitraum, der zwischen der Applikation eines bestimmten Pestizids auf eine bestimmte Pflanze und ihrer Ernte verstreichen muß. Diese Wartezeiten sind so bemessen, daß bei Befolgung der Anwendungsvorschriften ein Überschreiten der Toleranz nicht zu erwarten ist.

Tabelle 3.3. Toleranzen (in ppm) und Wartezeiten (in Tagen) für verschiedene Pestizide in der BRD und den USA

Verbindung	Toleranzen		Wartezeiten		
	BRD	USA	Obst	Gemüse	Ackerbau
Diphenyl	70	110	—	—	—
Methoxychlor	10	14	14	14	14
Pyrethriol	1	1	frei	frei	frei
Carbaryl	3	10	7	7	7
Malathion	0,5	8	7	7	7
Parathion	0,5	1	14	14	14
Azinphos-methyl	0,4	2	14	14	14
Heptachlor	0	0–0,1	—	Besondere Regelungen	
Lindan	2	10	30	21	21

Unabhängig von den Toleranzen für die Chemikalien in den verschiedenen Lebensmitteln gibt es Sonderregelungen, die beispielsweise Nahrung für einzelne Gruppen, wie Säuglinge und Kleinkinder, betreffen. Ursprünglich durften Lebensmittel, die laut Auszeichnung für Säuglinge bestimmt waren, keine Rückstände enthalten. Inzwischen haben sich jedoch infolge der Verfeinerung der Analysenmethoden die Nachweisgrenzen stetig nach unten verlagert, so daß heute Pestizide auch in Nahrungsmitteln gefunden werden können, die früher als rückstandsfrei galten. Da außerdem das Vorhandensein nicht nachweisbarer Rückstände nicht ausgeschlossen werden kann, wurde der Begriff „keine Rückstände" durch einen definierten Zahlenwert (negligible residue bzw. negligible tolerance) ersetzt. Dieser geringfügige Rückstand ist definiert als die Menge eines in bzw. auf Ernteprodukten zurückbleibenden Pestizids, die bei täglicher Aufnahme als toxikologisch unbedenklich angesehen werden kann.

Literatur

Biologische Bundesanstalt für Land- und Forstwirtschaft: BBA Presseinformation, Braunschweig, 6. Februar 1990

Biologische Bundesanstalt für Land- und Forstwirtschaft: Pflanzenschutzmittel – amtlich geprüft und zugelassen, Braunschweig, Auflage 1990

Cruz M, White JL (1972) Surface Chemistry of Pesticide-Soil Interactions. In: Coulston F, Korte F (Eds) Environmental Quality and Safety Vol. 1, Thieme, Academic Press, Stuttgart, New York, S. 221–229

Egan H (1973) Pesticide Residues in Food – the Situation Today. In: Coulston F, Korte F (Eds) Environmental Quality and Safety Vol. 2, Thieme, Academic Press, Stuttgart, New York, S. 78–87

Frehse H (1970) Rückstände von Pflanzenschutzmitteln in Nahrung und Umwelt. In: Wegler R (Hrsg) Chemie der Pflanzenschutz- und Schädlingsbekämpfungsmittel Bd. II, Springer, Heidelberg, S. 433–515

Hayes WJ (1975) Toxicology of Pesticides, Williams & Wilkins, Baltimore
Heeschen W (1972) Analyses for Residues in Milk and Milk Products. In: Coulston F, Korte F (Eds) Environmental Quality and Safety Vol. 1, Thieme, Academic Press, Stuttgart, New York, S. 229–234
Kreuzer W (1973) Toxic Microelements and Therapeutica in Food of Animal Origin. In: Coulston F, Korte F (Eds) Environmental Quality and Safety Vol. 2, Thieme, Academic Press, Stuttgart, New York, S. 105–109
Matsumura F, Esaac EG (1979) Degradation of Pesticides by Algae and Aquatic Microorganisms. In: Khan MA (Ed) Pesticide and Xenobiotic Metabolism in Aquatic Organisms. ACS-Symposium Series, Washington
Tiel van N (1972) Pesticides in Environment and Food. In Coulston F, Korte F (Eds) Environmental Quality and Safety Vol. 1, Thieme, Academic Press, Stuttgart, New York, S. 180–189

4 Experimentelle Methoden zur Untersuchung des Verhaltens von Chemikalien

Um die ökologisch-chemischen Reaktionen von Chemikalien und die daraus resultierenden Umweltveränderungen erfassen und vorhersagen zu können, benötigt man experimentelle Daten zur Persistenz, zum Dispersionsverhalten, zu den Umwandlungsraten unter biotischen bzw. abiotischen Bedingungen und zur Ökotoxikologie der einzelnen Verbindungen. Zur Gewinnung dieser Daten gibt es drei Möglichkeiten:

- Experimentelle Erforschung des Einflusses der einzelnen Umweltfaktoren auf das Verhalten einer bestimmten Chemikalie in der Umwelt. In diesem Fall stehen Methoden der Biologie, der Biochemie, der Pharmakologie, der Ökologie und der Bodenkunde im Vordergrund. Darüber hinaus werden die Chemikalien nicht nur isoliert, sondern auch vergleichend auf Abbau, Umwandlung, Verteilung, Aufnahme in Organismen und Akkumulation untersucht.
- Experimente in natürlichen oder simulierten Systemen. Analysiert werden alle auf eine Modellchemikalie einwirkenden Faktoren des untersuchten Systems. Dazu werden ausschließlich chemische Methoden angewendet; biologische und meteorologische Daten dienen nur dazu, den Zustand des Systems zu beschreiben.
- Identifizierung möglichst aller in Umweltproben enthaltenen Chemikalien und ihre quantitative Bestimmung in regelmäßigen Abständen. Ziel solcher Untersuchungen ist vor allem das Erkennen von Konzentrationstrends. Probleme ergeben sich bei diesem Konzept sowohl aufgrund der methodischen Schwierigkeiten des qualitativen und quantitativen Nachweises im Spurenbereich als auch durch die nicht immer zu gewährleistende Repräsentanz der Proben. Deshalb werden solche Erhebungen hauptsächlich bei den leichter zu analysierenden Kompartimenten Luft und Wasser durchgeführt, desgleichen im medizinischen Bereich durch Analysen menschlicher Blut- und Gewebeproben zur Beurteilung der Exposition der Bevölkerung. Dabei werden die Untersuchungen auf diejenigen Substanzen beschränkt, für die bereits spurenanalytische Methoden entwickelt wurden. Da im Rahmen derartiger Erhebungen auch Naturstoffe erfaßt werden können, läßt sich anhand der Änderung von deren Konzentrationen die Veränderung der Umweltqualität direkt erkennen.

Mit welchen experimentellen Methoden die Wechselwirkungen zwischen Chemikalien und der Umwelt erfaßt werden können und welche Grenzen ihrer Anwendung gesetzt sind, soll im folgenden an einigen ausgewählten Beispielen erläutert werden. Der Schwerpunkt soll dabei auf chemischen Methoden zur Untersuchung in biotischen und abiotischen Systemen liegen. Die offiziell von der EG vorgeschriebenen Tests zur Charakterisierung von Umweltchemikalien sind im Anschluß an dieses Kapitel tabellarisch zusammengefaßt.

4.1 Untersuchungen in biologischen Systemen

Um die Dynamik der Aufnahme von Chemikalien durch Organismen, ihre Verteilung zwischen den Organen, ihre Metabolisierung und ihre Akkumulation bzw. Ausscheidung aufzuklären, werden chemische, biochemische und pharmakologische Methoden eingesetzt. Je nach Art des analysierten Vorgangs können ausgewählte Testorganismen (in vivo-Versuche) oder isolierte Gewebe, Zellkulturen, Zellhomogenate, Zellorganelle oder molekulare Zellbestandteile wie Enzyme (in vitro-Versuche) Verwendung finden. Dabei muß berücksichtigt werden, daß biochemische Reaktionen in lebenden Organismen nicht isoliert ablaufen, sondern mit anderen Prozessen gekoppelt sind. Gerade bei Reaktionen von Chemikalien mit definierten Makromolekülen, wie Enzymen, der DNA o.a., können Ergebnisse von in vitro- und in vivo-Tests erheblich differieren, wenn sich etwa die Aktivität der Ausgangsverbindung von der ihrer Metaboliten stark unterscheidet oder wenn die Wirkung durch Verteilungsvorgänge bzw. Anreicherung in hohem Maß beeinflußt wird. Werden statt einzelner Zellen oder Organismen ganze Systeme untersucht, dann müssen wiederum ökologische Gesetzmäßigkeiten beachtet werden.

Die Untersuchung des Verhaltens bzw. der Wirkung einzelner Substanzen erfolgt in der Regel nach einem der gesetzlich vorgeschriebenen Stufenpläne (vgl. Kap. 5), in denen auch bestimmte Parameter festgelegt sind, zu denen Daten vorliegen müssen. Auf der Ebene des Organismus sind dies die akute und chronische Toxizität (LD_{50} bzw. LC_{50} oder auch LC_{100}), während für die Systemebene ebenfalls die Toxizität, aber auch Biokonzentrationsfaktoren, biologische Abbaubarkeit und Verteilung von vorrangiger Bedeutung sind. Zusätzlich wird bei Organismen nach Möglichkeit auch der Wirkungsort identifiziert, und auf allen Ebenen werden Wirkungsmechanismen und synergetische Effekte analysiert.

4.1.1 Untersuchungen auf der molekularen Ebene

Neben der Aufklärung von Reaktionsabläufen sind vor allem kinetische Daten das Ziel zahlreicher Experimente. Zu diesen gehören nicht nur die Geschwindigkeitskonstanten der einzelnen Reaktionen, sondern auch die

Bindungsstärken von Komplexen zwischen den Xenobiotika und den zelleigenen Molekülen sowie die Anzahl der Bindungsstellen (Bindungskapazität) des Rezeptors. Die Bestimmung von Komplexdissoziationskonstanten
soll als Beispiel für die Untersuchung auf der subzellulären Ebene dienen.

Geht man davon aus, daß die Bindung der Chemikalie an den Rezeptor
reversibel ist, daß sich also ein Gleichgewicht zwischen freier Chemikalie
und unbesetztem Rezeptor einerseits und Chemikalie-Rezeptor-Komplex
andererseits einstellt, dann läßt sich die Dissoziationskonstante dieses
Komplexes auf zwei Wegen ermitteln: nichtspektroskopisch durch indirekte
Verfahren und spektroskopisch durch direkte Analysenverfahren. Gemeinsam ist beiden Methoden, daß die Konzentrationsänderung des Liganden
nach der Gleichgewichtseinstellung ermittelt wird.

4.1.1.1 Indirekte Methoden

Bei diesen Verfahren wird nach der Gleichgewichtseinstellung der nicht gebundene Anteil der Chemikalie vom Komplex und vom restlichen freien
Rezeptor abgetrennt und anschließend quantitativ bestimmt. Techniken, die
sich für die Trennung eignen, sind die Gleichgewichtsdialyse, die Ultrafiltration, die Ultrazentrifugation und die Gelfiltration.

Die Berechnung der Dissoziationskonstanten erfolgt über das Massenwirkungsgesetz.

$$C + R \rightleftharpoons CR$$

$$K_D = \frac{[C] \cdot [R]}{[CR]}$$

$$= \frac{[C] \cdot ([R]_0 - [CR])}{[CR]}$$

$[C]$ = Konzentration der freien Chemikalie (mol/l)

$[R]_0$ = Konzentration des gesamten Rezeptors

$[R]$ = Konzentration des freien Rezeptors (g/l)

$[CR]$ = Konzentration des Komplexes (mol/l)

Berücksichtigt man außerdem, daß ein Rezeptor mehrere Bindungsstellen
besitzen kann, und definiert die Anzahl der Bindungsstellen als Bindungskapazität β, dann erhält man

$$K_D = \frac{[C] \cdot (\beta \cdot [R]_0 - [CR])}{[CR]}$$

$\beta \cdot [R]_0 - [CR]$ = Konzentration an freien Bindungsstellen

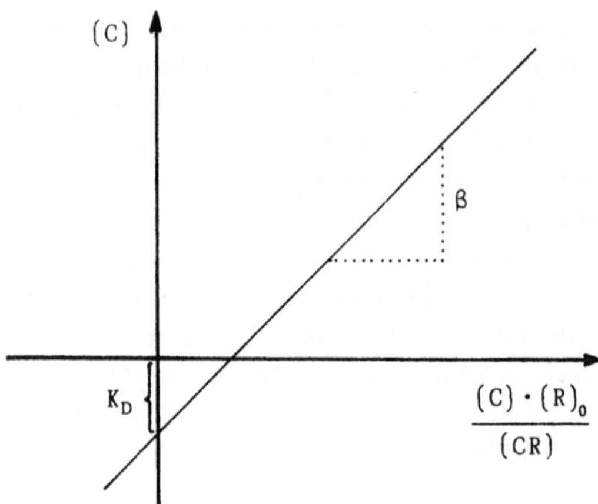

Abb. 4.1. Schematische Darstellung der Berechnung der Dissoziationskonstanten K_D (Ordinatenabschnitt) und der Bindungskapazität β (Steigung der Geraden). [Nach Seydel u. Schaper]

Durch Umformung ergibt sich daraus:

$$K_D = \frac{[C] \cdot \beta \cdot [R]_0 - [C] \cdot [CR]}{[CR]}$$

$$\Longleftrightarrow [CR]\,(K_D + [C]) = [C] \cdot \beta \cdot [R]_0$$

$$\Longleftrightarrow [CR] = \frac{[C] \cdot \beta \cdot [R]_0}{K_D + [C]}$$

$$\Longleftrightarrow K_D + [C] = \frac{[C] \cdot \beta \cdot [R]_0}{[CR]}$$

$$\Longleftrightarrow [C] = \frac{[C] \cdot \beta \cdot [R]_0}{[CR]} - K_D$$

Trägt man $[C] \cdot [R]_0/[CR]$ gegen $[C]$ auf, dann erhält man eine Gerade, aus der sowohl die Dissoziationskonstante als auch die Bindungskapazität entnommen werden kann (Abb. 4.1).

4.1.1.2 Direkte Methoden

Bei diesen Verfahren wird der Komplex nicht von dem ungebundenen Substrat bzw. Rezeptor abgetrennt. Dies hat den Vorteil, daß das Gleichgewicht zwischen freier und gebundener Chemikalie nicht gestört werden kann. Andererseits kann die Anwesenheit des Makromoleküls die quantitative Bestimmung behindern. Außerdem sind fast alle direkten Verfahren nicht universell anwendbar.

Ein Beispiel für eine direkte Methode ist die Differenzenspektroskopie. Bei Chemikalien, die im UV-Bereich absorbieren, läßt sich ihre Konzentra-

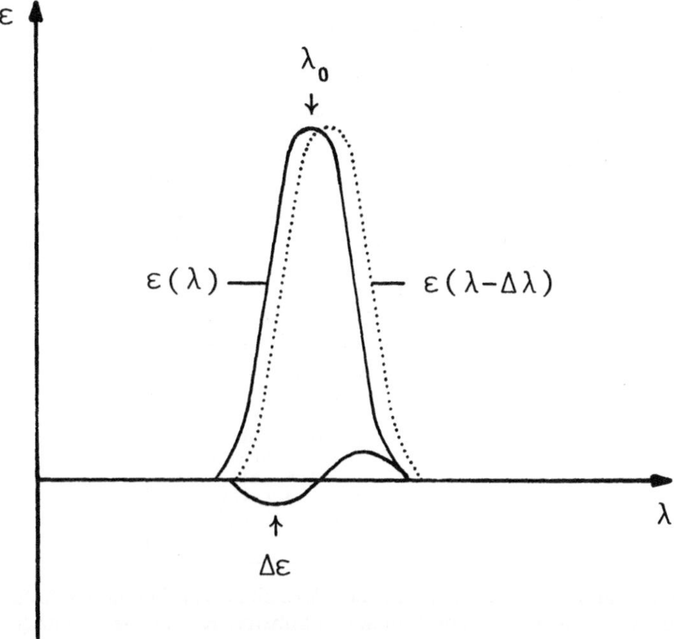

Abb. 4.2. Schematische Darstellung eines UV-Differenzen-Spektrums. Zur Vereinfachung wurden mögliche Intensitätsänderungen durch die Verschiebung nicht berücksichtigt. [Nach Seydel u. Schaper]

tionsänderung während der Gleichgewichtseinstellung anhand von UV-Differenzenspektren (Abb. 4.2) verfolgen. Das UV-Verhalten einer Substanz kann durch die Wechselwirkung mit dem Rezeptor unterschiedlich stark beeinflußt werden. Aus der Richtung und dem Ausmaß der Verschiebung des Absorptionsmaximums läßt sich auf die Stärke der Bindung zwischen Ligand und Rezeptor schließen.

Abbildung 4.3 zeigt die Versuchsanordnung, mit der UV-Differenzenspektren aufgenommen werden können. Die Extinktion der einzelnen Verbindungen hängt von ihrer jeweiligen Konzentration ab. Nimmt man an, daß alle drei Komponenten – Chemikalie, Rezeptor und Komplex – bei der eingestrahlten Wellenlänge absorbieren, dann gilt für die Gesamtextinktion der Meßküvette

$$E_1 = (\varepsilon_C \cdot [C] + \varepsilon_R \cdot [R] + \varepsilon_{CR} \cdot [CR]) \cdot d$$

und für die Vergleichsküvette

$$E_2 = (\varepsilon_C \cdot [C]_0 + \varepsilon_R \cdot [R]_0) \cdot d$$

Daraus ergibt sich für die Extinktionsdifferenz

$$E_1 - E_2 = (\varepsilon_C \cdot ([C] - [C]_0) + \varepsilon_R \cdot ([R] - [R]_0) + \varepsilon_{CR} \cdot [CR]) \cdot d$$

Wenn das Differenzenspektrum bei gleichbleibender Rezeptorausgangskonzentration und variierender Chemikalienausgangskonzentration aufgenom-

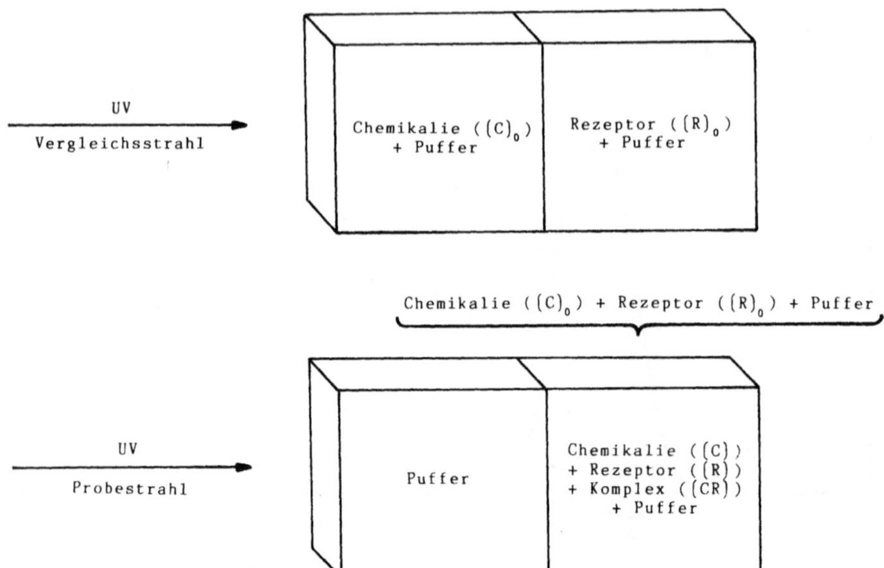

Abb. 4.3. Anordnung und Füllung der Küvetten bei der Aufnahme von UV-Differenzen-Spektren zur Bestimmung der Dissoziationskonstanten von Substrat-Rezeptor-Komplexen. [Nach Seydel u. Schaper]

Tabelle 4.1. Direkte und indirekte Techniken zur Bestimmung der Dissoziationskonstanten von Substrat-Rezeptor-Komplexen. [Nach Seydel u. Schaper]

Substrat	Rezeptor	Meßtechnik
Sulfonamide	Serumproteine Humanserumalbumin Carboanhydrase	Ultrazentrifugation Circulardichroismus Dialyse, Mikrokalorimetrie, Elektronenspinresonanz
Anaesthetika	Lipide	Elektronenspinresonanz
Barbiturate	Humanserumalbumin Phospholipide	Dialyse NMR
Benzanthrazen, Benzpyren	Humanserumalbumin	Fluoreszenz
Tetracycline	Ribosomen Humanserumalbumin	Fluoreszenz UV-Differenzen-Spektroskopie
Warfarin	Humanserumalbumin	Fluoreszenz, Gelchromatographie
Methylorange	Humanserumalbumin	Ultrafiltration
Atropin, Eserin	Acetylcholinesterase	NMR
Substituierte Nitrophenole	Cyclohexamylose	NMR, Circulardichroismus
Penicilline	Serumalbumine Phospholipide	Mikrokalorimetrie NMR
Actinomycin, Daunomycin	DNA	Mikrokalorimetrie, Circulardichroismus
Salicylate	Humanserumalbumin	Dialyse, Gelchromatographie

men wird, dann steigt [CR] mit zunehmender Chemikalienkonzentration an und erreicht bei $[C]_0 > [R]_0$ einen Grenzwert. Im Bereich der Sättigung des Rezeptors sind dann sowohl [CR] als auch $[R] - [R]_0$ bzw. $[C] - [C]_0$ konstant. Damit wird auch ΔE konstant. Deren Grenzwert bei Rezeptorsättigung soll als ΔE_S bezeichnet werden.

Betrachtet man im Bereich unterhalb der Sättigung statt der absoluten Extinktionsdifferenz deren Verhältnis zu ihrem Grenzwert ($\Delta E : \Delta E_S$), dann stellt man fest, daß der Quotient mit zunehmender Chemikalienausgangskonzentration ansteigt (bis maximal 1). Einen ebensolchen Anstieg mit Zunahme von $[C]_0$ erhält man bei dem Verhältnis $[CR] : [R]_0$. Es gilt

$$\frac{\Delta E}{\Delta E_S} = \frac{[CR]}{[R]_0} \quad \text{bzw.} \quad [CR] = [R]_0 \cdot \frac{\Delta E}{\Delta E_S}$$

Setzt man diese Gleichung in die Massenwirkungsgleichung

$$K_D = \frac{([R]_0 - [CR]) \cdot ([C]_0 - [CR])}{[CR]}$$

ein, dann erhält man

$$K_D = \frac{\left([R]_0 - [R]_0 \cdot \frac{\Delta E}{\Delta E_S}\right) \cdot \left([C]_0 - [R]_0 \cdot \frac{\Delta E}{\Delta E_S}\right)}{[R]_0 \cdot \frac{\Delta E}{\Delta E_S}}$$

$$\Longleftrightarrow K_D = \frac{[R]_0 \cdot \left(1 - \frac{\Delta E}{\Delta E_S}\right) \cdot \left([C]_0 - [R]_0 \cdot \frac{\Delta E}{\Delta E_S}\right)}{[R]_0 \cdot \frac{\Delta E}{\Delta E_S}}$$

$$\Longleftrightarrow \frac{\Delta E}{\Delta E_S} = \frac{1}{K_D} \cdot \left(1 - \frac{\Delta E}{\Delta E_S}\right) \cdot \left([C]_0 - [R]_0 \cdot \frac{\Delta E}{\Delta E_S}\right)$$

Dieser Ausdruck läßt sich vereinfachen auf

$$y = \frac{1}{K_D} \cdot x$$

Man erhält also $1/K_D$ als Steigung der Geraden.

Weitere Parameter, die durch die Komplexbildung beeinflußt werden und so zur Bestimmung von K_D dienen können, sind etwa die Bandenbreite und die chemische Verschiebung im NMR-Spektrum der Chemikalie oder die optische Rotation des Rezeptors. Einige Beispiele für direkte und indirekte Techniken zur Ermittlung der Bindungsstärke von Substrat-Rezeptor-Komplexen sind in Tabelle 4.1 aufgeführt.

4.1.2 Verwendung ausgewählter Testorganismen

Für die Versuche an lebenden Organismen im Rahmen der gesetzlich fest-
gelegten Tests zur Bewertung von Umweltchemikalien sind im allgemeinen
auch die jeweils zu verwendenden Arten vorgeschrieben. Darüber hinaus
gilt bei der Auswahl geeigneter Organismen, daß sie zwar einerseits bezüglich ihres Stoffwechsels repräsentativ für ihre Gruppe (Mikroorganismen,
Pflanzen, Insekten usw.) sein sollten, andererseits aber auch genügend sen-
sitiv gegenüber der Chemikalie sein müssen. Zusätzlich sollen die experimentellen Ergebnisse Rückschlüsse bezüglich der potentiellen Gefährdung
des Menschen oder eines Ökosystems bzw. der gesamten Umwelt ermöglichen. Im ersten Fall muß die verwendete Tierart dem Menschen nahe genug stehen, während sie im zweiten Fall von Bedeutung für die Prozesse
innerhalb des Ökosystems sein muß. Weitere Auswahlkriterien sind an der
Praxis orientiert, wie etwa die ganzjährige Verfügbarkeit der Organismen
durch Laborzucht oder die ökonomische Vertretbarkeit der Wahl.

Generell gilt, daß die Substanz möglichst an mehreren Arten vergleichend
untersucht werden sollte, wenn der Verdacht besteht, daß der Standardtest-
organismus unempfindlicher ist als der Mensch bzw. eine untypische Reaktion zeigt. Vor allem bei Tests zur Untersuchung der Akkumulation ist folgendes zu beachten:
1) Nur vergleichbare Daten sollten verglichen werden. Es ist üblich, Angaben bei Arten von niedrigeren trophischen Stufen wegen der geringen
   Größe der Individuen auf den Gesamtorganismus oder sogar die Ge-
   samtmasse einer Vielzahl von Organismen zu beziehen, während bei
   größeren Arten einzelne Gewebe analysiert werden. Ist dies der Fall,
   dann kann der direkte Vergleich irreführend sein.
2) Gehören die zu vergleichenden Arten sehr weit auseinanderliegenden
   taxonomischen Kategorien an, dann ist es zweifelhaft, ob Gewebe oder
   Organe analoger Funktion wirklich vergleichbar sind. Der Bezug auf
   den Gesamtorganismus ist dann angemessener, auch wenn bei größeren
   Arten die Gesamtanalyse nicht leicht durchführbar ist.
3) Die Konzentrationsangaben können auf das Frisch- oder Trockengewicht bezogen sein, aber auch der Lipid- oder der Proteinanteil werden
   als Basis benutzt. Sofern nicht wesentliche Gründe dagegen sprechen,
   sollte jedoch das Frischgewicht als Bezugspunkt gewählt werden.

Bei jedem Einsatz von lebenden Organismen müssen die Haltungsbedingungen auch während des Versuches bestmöglich und der jeweiligen Art an-
gemessen sein. Bei Tieren zählen dazu Fütterung, Raumbedarf, Luftfeuchtigkeit und Temperatur ebenso wie der Hell-Dunkel-Rhythmus und – v. a.
bei längerfristigen Experimenten – die Anwesenheit von Artgenossen bei
sozial lebenden Arten. Die Gesundheit der Tiere bzw. Pflanzen muß ein-
wandfrei sein, und es dürfen keine physiologischen Ausnahmezustände, wie
hohes Alter, Jugendstadien oder Trächtigkeit, vorliegen. Da der Metabolismus zwischen den Geschlechtern einer Art häufig differiert, sollten Männchen und Weibchen nach Möglichkeit getrennt untersucht werden.

Insgesamt wurden mehr als 70 Testverfahren für einzelne Organismen bzw. Organismengruppen (Bakterien, Algen, Pilze, höhere Pflanzen, Würmer, Krebse, Insekten, Fische, Amphibien, Vögel, Säuger) entwickelt, die wichtige Glieder von Ökosystemen bilden.

Mikroorganismen

Bei Mikroorganismen werden sowohl einzelne Arten als auch aus Wasser oder Böden isolierte Mischkulturen verwendet, um den biologischen Abbau in Gesamt- bzw. Teilsystemen zu analysieren. Ergebnisse von Mischkulturen, die in einem synthetischen Nährmedium gehalten werden, können allerdings nur qualitative Hinweise auf die Umsetzung von Chemikalien in natürlichen Systemen liefern, da sich Nährstoffangebot, Populationsdichte und Stoffwechselaktivität von Bakterien unter Laborbedingungen mit denen unter natürlichen Bedingungen nicht vergleichen lassen. Findet in Mischkulturen eine Umwandlung statt, dann kann die jeweils aktive Art nachträglich selektiert werden. Organismen, die die Chemikalie als Kohlenstoffquelle nutzen können, werden während des Versuchs in einem Medium gehalten, das bis auf die Substanz kohlenstofffrei ist. Um ein eventuelles Adaptationsvermögen der Art zu testen, wird die Konzentration der Substanz in einer Reihe von Versuchen gesteigert. Eventuell können adaptierte Bakterienstämme auch aus stark kontaminierten Umweltproben, wie Abwasser oder Klärschlamm, isoliert werden.

Weitere an Bakterien zu untersuchende Vorgänge sind die Mechanismen der Aufnahme, der Umwandlung und der Exkretion sowie die Bindung der Substanzen an definierte Zellbestandteile. Auch eine Identifizierung der Umwandlungsprodukte sollte nach Möglichkeit erfolgen. Um die Abbauwege aufzuklären, können die Umwandlungsprodukte ebenfalls der gleichen oder auch einer anderen Art appliziert werden; im zweiten Fall sollte die Art über die Nahrungskette den gleichen Metaboliten ausgesetzt sein.

Algen

Reinkulturen von Algen lassen sich in automatisch geregelten Anlagen problemlos in hoher Individuendichte züchten. Auch genetisch einheitliche Stämme sind leicht erhältlich. Bei Versuchen mit ihnen wird außer Aufnahme, Umwandlung und Biokonzentration auch die eventuelle Veränderung physiologischer Parameter (Atmung, Photosyntheseleistung u.a.) registriert. Anhand der Hemmung bzw. Stimulierung des Wachstums unter dem Einfluß des Wirkstoffs läßt sich dessen Algentoxizität beurteilen. Dazu mißt man die Sauerstoffproduktion durch Titration nach Winkler, die Primärproduktion durch Bestimmung der Aufnahme von Hydrogencarbonat oder den Chlorophyllgehalt durch Extraktion, Extraktzentrifugation mit anschließender Photometrie oder direkte Photometrie.

Das empfindlichste und zeitsparendste Verfahren zur Bestimmung des relativen Chlorophyllgehaltes ist die Chlorophyll-Fluoreszenz-Methode, bei der die Fluoreszenzstrahlung des Pigmentes P 680 im Photosystem II gemessen wird. Um unabhängig vom physiologischen Zustand der Algenpopulation eine direkte Abhängigkeit der Fluoreszenzausbeute vom Chlorophyllgehalt zu erhalten, wird bei der zu messenden Probe durch Zugabe eines Phenylharnstoffherbizids (DCMU o.a.) der Elektronenübergang zwischen den beiden Photosystemen hinter dem Primärakzeptor Q blockiert. Bestrahlt man die Probe dann mit blauem Licht, z. B. unter Verwendung einer Xenon-Hochdruckentladungsröhre als Impulslichtquelle, dann erhält man im roten Spektralbereich eine charakteristische Fluoreszenzstrahlung, deren Intensitätsänderung mit der Photosyntheseleistung korreliert ist und deshalb Hinweise auf den physiologischen Zustand der Algen liefert.

Höhere Pflanzen

Versuche mit höheren Pflanzen werden am besten in Hydrokultur durchgeführt, um Störeffekte durch Ionenaustausch, Sorptionsvorgänge und bakterielle Aktivität weitgehend auszuschalten. Viele Pflanzen lassen sich in Gewächshäusern oder Klimakammern über Generationen hinweg in Hydrokultur ziehen. Durch in vitro-Vermehrung unter sterilen Bedingungen kann außerdem genetisch identisches Pflanzenmaterial in ausreichender Menge bereitgestellt werden.

Zur Ermittlung von Aufnahme, Umwandlung und Ausscheidung kann die Chemikalie in das Wasser oder auf die Blätter appliziert werden. Zur qualitativen Bestimmung von Metaboliten kann man die Verbindung auch in die Wurzeln oder in den Sproß injizieren. Die Verteilung und Umwandlung im Blattgewebe kann aber auch ebenso gut an isolierten Blättern gemessen werden, die in eine Nährlösung mit der zu untersuchenden Substanz tauchen (Autoradiographie).

Führt man Experimente mit Pflanzen durch, die im Boden wurzeln, dann liegt bereits ein relativ komplexes System vor. Wenn die Blätter mit der Substanz behandelt werden, dann lassen sich die Prozesse im Boden bei der Bilanzierung vernachlässigen, da die Bodenmikroorganismen nur den Teil der Substanz beeinflussen können, der von den Pflanzen ausgeschieden wird. Appliziert man den Wirkstoff dagegen auf den Boden, dann kann zum Zeitpunkt der Aufnahme bereits eine teilweise oder vollständige bakterielle Umwandlung stattgefunden haben. Dadurch können die Ergebnisse eventuell erheblich verfälscht werden. Um die Prozesse im Boden von denen in der Pflanze unterscheiden zu können, müssen Parallelversuche mit reinem Boden, mit Pflanzen in sterilem Boden und mit Pflanzen in Hydrokultur durchgeführt werden. Da die Sterilisation des Bodens jedoch auch dessen physikalische und chemische Eigenschaften ändert, ist eine quantitative Bewertung der Umwandlungen nur begrenzt möglich.

Abbildung 4.4 zeigt eine geschlossene Versuchsanordnung, mittels derer sich der Wirkstofffluß in einem Pflanze-Boden-System quantitativ erfassen läßt. Auf diese Weise können auch die flüchtigen Umwandlungsprodukte wie CO_2 in die Bilanz einbezogen werden, so daß sich Wiederfindungs-

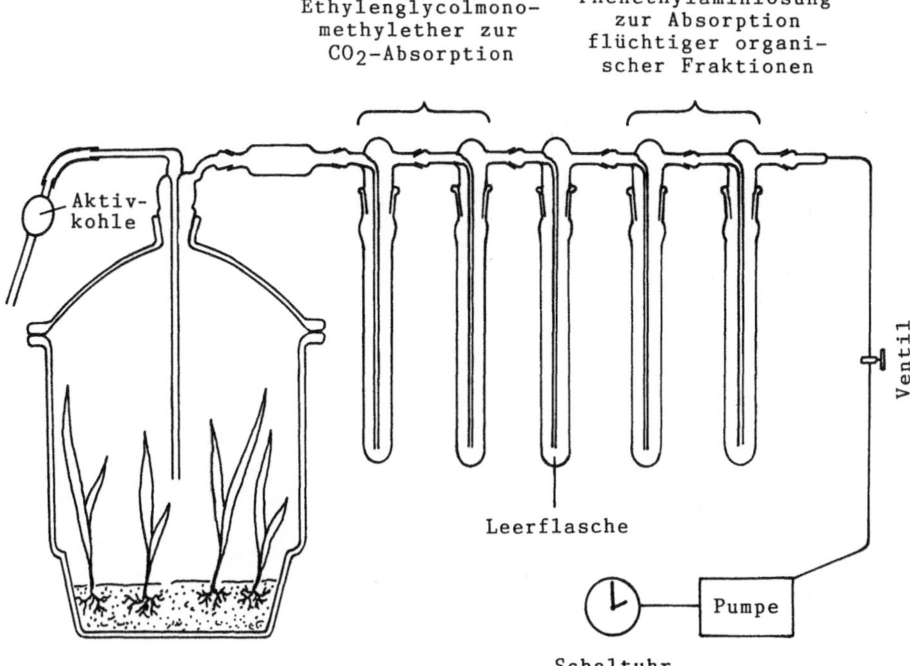

Abb. 4.4. Anordnung zur Bestimmung der Verteilung, Umwandlung und Mineralisierung von Umweltchemikalien in einem Boden-Pflanze-System. [Nach Kloskowski et al.]

raten bis zu 100 % erreichen lassen. Das Ergebnis eines solchen Tests ist in Abb. 4.5 dargestellt.

Rädertiere (Rotatorien)

Rädertiere sind als Teil des Zooplanktons ein wichtiges Glied in den Nahrungsketten aquatischer Systeme. Da sie eine streng deterministische Entwicklung aufweisen, die zur Zellkonstanz führt, und im adulten Stadium keine Zellteilungen mehr durchmachen, so daß sich die Populationen physiologisch immer im gleichen Zustand befinden, reagieren sie sehr empfindlich auf exogene Störungen. Sie eignen sich deshalb auch als Indikatororganismen in natürlichen Systemen. In Labortests werden hauptsächlich Klone von parthenogenetischen Weibchen zur Untersuchung subakut toxischer Chemikalienwirkungen verwendet. Solche Tests dauern in der Regel 3–4 Wochen. Dabei werden Individuendichte und Eiproduktion bzw. Eientwicklung unter der Schadstoffeinwirkung verfolgt.

Fische

Fische sind zwar unempfindlicher gegenüber Chemikalien als Plankton und viele Crustaceen, können aber mit Giften auf vielfältige Weise in Kontakt

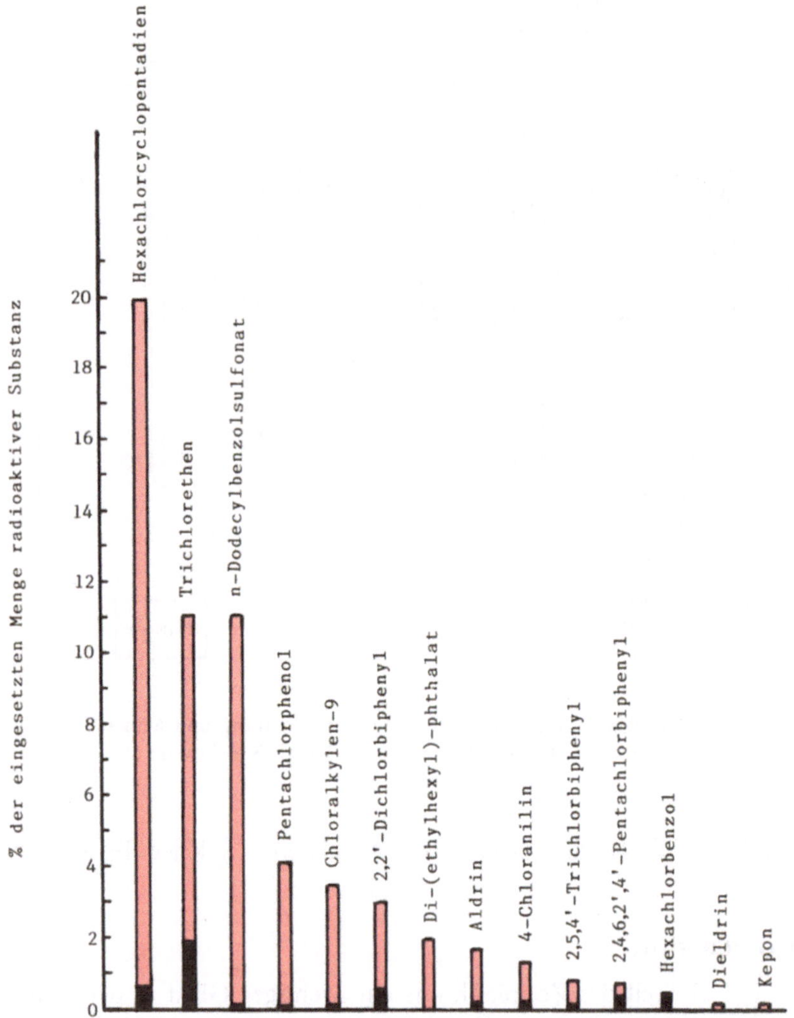

Abb. 4.5. Abbau von ^{14}C-markierten Verbindungen bei einem einwöchigen Versuch in dem in Abb. 4.4 dargestellten Testsystem, rot: CO_2, schwarz: organische Fraktion. [Nach Korte]

kommen, indem sie sie über die Körperoberfläche, über die Nahrung oder über beide aufnehmen. Je nach Aufnahmeweg kann die Expositionshöhe sehr verschieden sein. Vor der Durchführung eines Experimentes müssen deshalb Daten bezüglich des Verhaltens der jeweiligen Verbindung in wäßrigen Systemen und deren Nahrungsketten vorliegen. Erst dann kann die Art der Applikation gewählt werden. Die Substanz kann injiziert werden, wird aber normalerweise mit der Nahrung verabreicht bzw. im Wasser gelöst. Dabei müssen mögliche Anteile der Substanz berücksichtigt werden, die verdunstet sind oder an der Aquarienwand bzw. im Sand adsorbiert vor-

Tabelle 4.2. Empfohlene Fischarten für Toxizitäts- und Bioakkumulationsuntersuchungen. [Nach Korte]

Art	Testziel
Brachydanio rerio (Zebrabärbling)	B
Cyprinus carpio (Karpfen)	T, B
Ictalurus melas (Amerikanischer Wels)	B
Jordanella floridae (Florida-Kärpfling)	T
Lepomis macrochirus (Blauer Sonnenbarsch)	B, T
Leuciscus idus melanotus (Goldorfe)	T
Oryzias latipes (Japanischer Reisfisch)	B, T
Phoxinus phoxinus (Elritze)	T
Pimephales promelas (Amerikanische Elritze)	B, T
Poecilia reticulata (Guppy)	B, T
Salmo gairdneri (Regenbogenforelle)	B, T
Pleuronectes spec. (Scholle)	B, T

B = Bioakkumulation.   T = Toxizität.

liegen. Da Fische nicht in sterilem Wasser gehalten werden können, sind Blindversuche mit Versuchsbecken ohne Fischbesatz unvermeidlich.

Die abiotischen Faktoren, die die Aufnahme, Speicherung und Umwandlung von Xenobiotika beeinflussen können, wie pH-Wert, Temperatur und Wasserhärte, müssen genau kontrolliert werden. Wenn man beispielsweise die Akkumulationsfaktoren von Pentachlorphenol in Goldorfen (Leuciscus idus melanotus) oder Zebrabärblingen (Brachydanio rerio) mißt und den pH-Wert von 6 auf 7,8 ändert, dann sinken die Faktoren von 1600 bzw. 750 auf 450. Eine Temperaturerhöhung von 8 °C auf 25 °C bei pH 7,8 bewirkt bei Goldorfen einen Anstieg des Faktors auf 600, während bei einer Temperatursteigerung von 16 °C auf 35 °C bei Zebrabärblingen eine Abnahme des Faktors von 900 auf 360 erfolgt. Auch bei einer Erhöhung der Wasserhärte von 0 auf 25 °dH ändern sich die Anreicherungsfaktoren, und zwar von 3000 auf 300 bei Zebrabärblingen und von 570 auf 380 bei Goldorfen.

Zur Untersuchung von Toxizität bzw. Bioakkumulation erfolgt die Auswahl der zu testenden Fischart nach dem Kriterium der maximal und minimal empfindlichsten Art. Die Fischspezies, deren Verwendung von der OECD, der EPA, der EG oder anderen Instanzen empfohlen wird, sind in Tabelle 4.2 aufgeführt. Bei der Aufklärung von Aufnahme, Speicherung und Umwandlungen spielt auch der Fettgehalt der Fische eine große Rolle. Weitere biologische Parameter, die einen Einfluß auf die Ergebnisse ausüben können, sind das Alter der Fische und die Belegungsdichte des Wasserbeckens.

Warmblüter

Als Versuchstiere für Toxizitätsprüfungen werden im allgemeinen Nagetiere oder Kaninchen benutzt, während bei der Aufklärung von Absorption, Verteilung, Umwandlung und Ausscheidung auch andere Spezies Verwendung finden. Die Methodik ist in allen Fällen prinzipiell gleich. Die Substanz wird oral, intraperitoneal oder intravenös appliziert, bei gasförmigen Verbindungen auch durch Inhalation, wobei die Dosis – außer bei reinen Toxizitätstests – nach Möglichkeit in der Größenordnung liegen sollte, in der die Verbindung in der Umwelt vorkommen kann. Da jedoch die Konzentrationen unter natürlichen Bedingungen meistens sehr gering sind, läßt sich diese Forderung oft nur begrenzt erfüllen. Bei vergleichenden Untersuchungen einer Chemikalie an mehreren Tierarten sollte auch die Belastung der Tiere hinsichtlich der Konzentration in der Nahrung oder Luft annähernd gleich sein. Die Bezugsgröße bei ökotoxikologischen Untersuchungen ist also nicht das Körpergewicht der Tiere, wie in der klassischen Toxikologie, sondern die Umweltsituation.

Da die Belastung durch eine Chemikalie unter Umweltbedingungen meistens längere Zeit anhält, sollten auch Langzeituntersuchungen möglichst bis zur Einstellung des Gleichgewichtes durchgeführt werden. Bei hochchlorierten organischen Verbindungen kann dies sehr lange dauern, so daß sich eventuell Versuchszeiträume von mehreren Jahren ergeben. Wenn die Akkumulation extrem langsam verläuft, dann kann die Sättigungskonzentration auch aus dem Kurvenverlauf extrapoliert werden, den man aus den Ergebnissen der täglichen Exkrementanalyse erhält.

Anhand der Ausscheidungsgeschwindigkeit nach Beendigung der Exposition können sowohl die biologische Halbwertzeit eines Wirkstoffes bestimmt als auch Organe mit lang anhaltender Retention identifiziert werden. Desgleichen lassen sich die Einflüsse auf die Ausscheidungsgeschwindigkeit analysieren. So wurde durch Experimente mit Ratten festgestellt, daß die Exkretion von hochchlorierten Aromaten, wie PCB oder Hexachlorbenzol, durch Zusatz von Tensiden oder flüssigem Paraffin zur täglichen Nahrung signifikant beschleunigt werden kann (Tabelle 4.3), ohne daß es zu toxischen Erscheinungen kommt. Solche Erkenntnisse sind vor allem für die Entwicklung von Methoden zur Detoxifikation inkorporierter persistenter Verbindungen von Bedeutung.

4.1.3 Simulierung ökologischer Systeme

Während man bei der Analyse des Verhaltens von Chemikalien in isolierten Organismen die Einwirkung definierter, kontrollierbarer, einzeln meßbarer Parameter prüft, wird bei der Untersuchung von Wirkstoffen in Systemen normalerweise nur die Summe der Einflüsse erfaßt. Allerdings kann durch Variation der physiologischen Parameter bzw. durch Blindversuche auch der Einfluß von einzelnen Faktoren bestimmt werden. Im Verhältnis zu natürlichen Systemen ist in Laborsystemen die Zahl der einwirkenden Faktoren ohnehin meistens reduziert. Der Vorteil derart vereinfachter Systeme besteht darin, daß sie experimentell leichter zu handhaben und die Ergebnisse reproduzierbarer sind. Nachteilig an der Reduktion der Einflüsse ist die oft mangelnde ökologische Bedeutung der Daten.

Ein Beispiel für ein stark vereinfachtes Modellsystem ist das im folgenden beschriebene, das für Experimente mit Pestiziden eingesetzt wurde. Es be-

Tabelle 4.3. Rückstandshöhe von ^{14}C-HCB in verschiedenen Organen der Ratte nach längerem Zusatz von Paraffin zur täglichen Nahrung. Zu Beginn des Versuches wurde allen Tieren eine Woche lang Futter verabreicht, das 1,5 mg ^{14}C-HCB/kg Körpergewicht enthielt. Danach wurde HCB weggelassen und bei der Hälfte der Tiere die tägliche Nahrung zu 8% mit flüssigem Paraffin versetzt. Die Kontrollgruppe erhielt die gleiche Nahrungsmenge ohne Paraffinzusatz. Angegeben sind Mittelwert und Standardabweichung von jeweils fünf Tieren; kleinere Versuchstiergruppen sind in Klammern vermerkt. [Nach Korte]

Gewebe	nach 35 Tagen		nach 53 Tagen	
	mit Paraffin	ohne Paraffin	mit Paraffin	ohne Paraffin
Milz	19,5 ± 6,4	71,4 ± 20,3	3,9 ± 0,9 (4)	76,2 ± 47,5
Leber	37,8 ± 11,2	111,6 ± 24	12,2 (2)	186 (1)
Niere	16,1 ± 4,6	94,1 ± 28	8,4 ± 3,2	61,2 ± 19,9
Hoden	12,6 ± 3,1	40,3 ± 2,5	n.a.	21 ± 10,9
Prostata	12,6 ± 6,6	48,1 ± 20,4	n.a.	21,8 ± 9
Bauchfett	468 ± 132	1920 ± 422	190 ± 104	1128 ± 549
Magen	26 ± 6,6	117,8 ± 46,9	7,8 ± 1	137,4 ± 78
Dünndarm	42 ± 22,1	154,7 ± 119,9	n.a.	91,6 ± 27
Dickdarm	25,8 ± 12,9	125,6 ± 6,2	n.a.	62 ± 31,1
Muskel	7,2 ± 2,6	35 ± 19,7	2 ± 0,8	53,3 ± 27,7 (4)
Haut	18,4 ± 6	100,6 ± 40,5	7 ± 1 (3)	94,4 ± 18,9
Knochen	10,9 ± 2,4	37,4 ± 5,6	4,1 ± 2	36,7 ± 22,1 (4)
Herz	17,6 ± 4,9	62,5 ± 14,3	4,8 ± 2,5	n.a.
Lunge	19,3 ± 6,1	89,2 ± 15,4	9,6 ± 3,3	56 ± 35,2
Hirnanhangdrüse	49,6 ± 15,3	187,3 ± 69,3	11,6 ± 8,4	80,8 ± 39,6
Schilddrüse	25,4 ± 12,1	92,6 ± 36,2	8,2 ± 1,3	57 ± 26,6
Hirn	17,5 ± 3,8	127,1 ± 28,5	5,7 ± 1,6	40,6 ± 10,6
Nebennieren[a]	96,4	492,1	73,1	391,9
Blut	12,5 ± 5,3	43,9 ± 10,8	4,5 ± 2,2	33,2 ± 10,5

[a] Mischproben von fünf Tieren.

stand aus Pflanzen (Sorghum halepense), die in einem Aquarium auf einer Sandbank wuchsen, die zum Wasser hin flach abfiel. Das Gesamtvolumen des Wassers betrug 7 l. Zu Beginn des Versuchs wurden außerdem 10 Schnecken der Gattung Physa, 30 Wasserflöhe der Art Daphnia magna, einige Stränge der Alge Oedogonium cardiacum und einige ml von Aquariumwasser mit einer Planktonkultur in das Wasser gegeben. Nach 20 Tagen wurde das Pestizid auf die Pflanzen appliziert und zusätzlich Raupen von Estigmene acrea auf deren Blätter gesetzt. Sechs Tage danach wurden Moskitolarven (Culex pipiens) in das Wasser eingebracht und nach weiteren vier Tagen Fische (Gambusia affinis). Für die Ausbreitung des Pestizids von der Pflanze aus wurde folgender Weg angenommen:

<pre>
                      Oedogonium
                       cardiacum   →   Physa
                        (Alge)   (Schnecke)
                           ↑
Sorghum   Estigmene
halepense →   acrea   → Kot
               (Raupe)   ↓
                       Kieselalgen → Plankton → Culex pipiens   → Gambusia affinis
                                                 (Moskitolarve)   (Koboldkärpfling)
</pre>

Wasser- und Sandproben wurden in Intervallen entnommen, während Organismen erst nach Abschluß des Versuchs nach insgesamt 33 Tagen analysiert wurden. Registriert wurde die Verteilung des Pestizids und seiner Metaboliten im Wasser und in den Organismen.

Geeignet ist eine solche Versuchsanordnung vor allem für die Bestimmung der Metaboliten einer ganzen Reihe von Organismen. Die quantitativen Daten sind dagegen von geringer Aussagekraft, da die individuelle Expositionshöhe der Organismen nicht bekannt ist. Ein weiterer Nachteil dieses Systems bestand darin, daß eine derartige Ansammlung von Arten noch kein funktionierendes Ökosystem darstellt. Keine der Arten reproduzierte sich oder bildete eine echte Population. Es entstand auch kein interartliches Gleichgewicht; beispielsweise wurde ein großer Teil der Pflanzen von den Raupen innerhalb von 3–4 Tagen aufgefressen. Gingen die Raupen oder Daphnien während des Versuchs durch die Wirkung des Pestizids ein, dann wurden sie durch neue Tiere ersetzt. Wichtige ökologische Nischen blieben unbesetzt, wie beispielsweise das Sandlückensystem. Zudem wurde statt natürlichem Boden reiner Sand benutzt, da sich die Substanzen aus letzterem leichter isolieren ließen und keine unkalkulierbaren Effekte auftraten. Dadurch lassen sich die Ergebnisse aber auch nicht auf natürliche Systeme übertragen. Auf diese Weise vereinigen solche Anordnungen häufig die Nachteile von natürlichen und künstlichen Systemen: sie sind zu kompliziert, um leicht interpretierbare Daten zu liefern, aber auch zu künstlich, um für Feldsituationen direkt relevant zu sein.

Das Hauptproblem bei der Imitation von Ökosystemen im Labor besteht darin, daß erstens nur relativ wenige Arten leicht zu halten sind und zweitens aus Mangel an Platz oft nicht genügend große Populationen einer trophischen Stufe gehalten werden können, um darauf eine zweite trophische Ebene aufzubauen. Selbst wenn dies gelingt, dann enthält jedes Niveau nur eine Art, so daß Interaktionen zwischen Arten der gleichen trophischen Stufe ausgeschlossen sind. Der Wert solcher Systeme besteht deshalb weniger in den quantitativen Daten als in der Untersuchung ausgewählter Komponenten eines natürlichen Systems. Welche Erkenntnisse gewonnen werden können, hängt von der Konstruktion des künstlichen Systems ab. Umgekehrt entscheidet die Zielsetzung des Experimentes darüber, ob die Studie besser an natürlichen oder an künstlichen Systemen durchgeführt wird, und im letzteren Fall, wie komplex die Laboranlage sein muß. Es ist nicht sinnvoll zu versuchen, Ökosysteme im Labor vollständig nachzuahmen; das erhöht nur die Kosten und verringert dabei den Erkenntniswert. Hypothesen, deren Richtigkeit an Ökosystemen geprüft werden kann, sollten im Freiland getestet werden. Die Funktion von Laborsystemen kann unter anderem darin bestehen, solche Hypothesen aufzustellen und damit die Vorarbeit für Freilandstudien zu leisten.

Für die meisten Laboruntersuchungen werden sogenannte Mikrokosmen verwendet. Darunter versteht man Laborsysteme, die folgende Voraussetzungen erfüllen:

1) Alle drei Umweltkompartimente (Erde, Wasser, Luft) müssen vertreten sein.
2) Input und Output müssen registriert werden können.
3) Die Umweltbedingungen, wie Licht, Temperatur, Durchmischungsrate u. a., müssen entweder konstant oder meßbar sein.

Um brauchbare Ergebnisse zu erhalten, sollten in jedem Fall Langzeituntersuchungen von drei bis sechs oder mehr Monaten durchgeführt werden. Soweit möglich sollte ein Quasi-Gleichgewichtszustand erreicht werden. Außerdem muß der Behälter so groß sein, daß sich Wandeffekte nicht mehr störend auswirken können, und nicht zuletzt müssen die Variablen, die untersucht werden sollen, auch meßbar und kontrollierbar sein. Die wichtigste Voraussetzung für die Konstruktion eines Laborsystems ist deshalb die genaue Kenntnis des zu imitierenden Ökosystems bzw. seiner Komponenten.

Terrestrische Systeme

Führt man Experimente zur Umwandlung in bzw. Verdampfung aus den obersten Bodenschichten unter kontrollierten Laborbedingungen durch, dann sind die gewonnenen Daten häufig auf das Freiland anwendbar. Dagegen lassen sich Ergebnisse von Laborversuchen zur Auswaschung von Substanzen, bei denen standardisierte Böden benutzt werden, bisher nicht auf Umweltbedingungen übertragen und dienen deshalb hauptsächlich dem Vergleich des Verhaltens verschiedener Chemikalien in unterschiedlichen Bodentypen. Auch Laborexperimente mit Boden-Pflanze-Systemen lassen sich in der Regel nur qualitativ für die Praxis auswerten. Eine Bilanzierung ist nur in geschlossenen Systemen möglich, in denen jedoch die Bedingungen gegenüber denen in natürlichen Systemen verändert sind.

Aquatische Systeme

Die Untersuchung des Verhaltens von Chemikalien in Wasser wird meistens in Mikrokosmen durchgeführt, die in der Regel nur aus Wasser, Sediment und ausgewählten Organismen eines trophischen Niveaus bestehen. Bei der Besetzung von Süßwasseraquarien kann man sich auch an der Besiedlung kleiner Teiche orientieren. Es ist allerdings schwierig, die Populationen während der Versuchsdauer konstant zu halten. Höhere trophische Stufen, wie Fische, müssen beispielsweise oft ausgeschlossen werden, weil sie die Pflanzen zu schnell abweiden. Planktische Produzenten wiederum eignen sich nicht für Akkumulations- und Abbaustudien, weil ihre Biomasse zu gering ist. Dagegen lassen sich von Insektenlarven, Würmern, Schnecken und Kleinkrebsen wiederholt Proben entnehmen, so daß über die gesamte Versuchsdauer Rückstandsprofile erstellt werden können.

Abbildung 4.6 zeigt ein Beispiel für einen Mikrokosmos zur Untersuchung von Süß- oder Salzwassersystemen. Die Anordnung besteht aus einem Glas- oder Plastikzylinder, der für Licht im Bereich von 340–730 nm

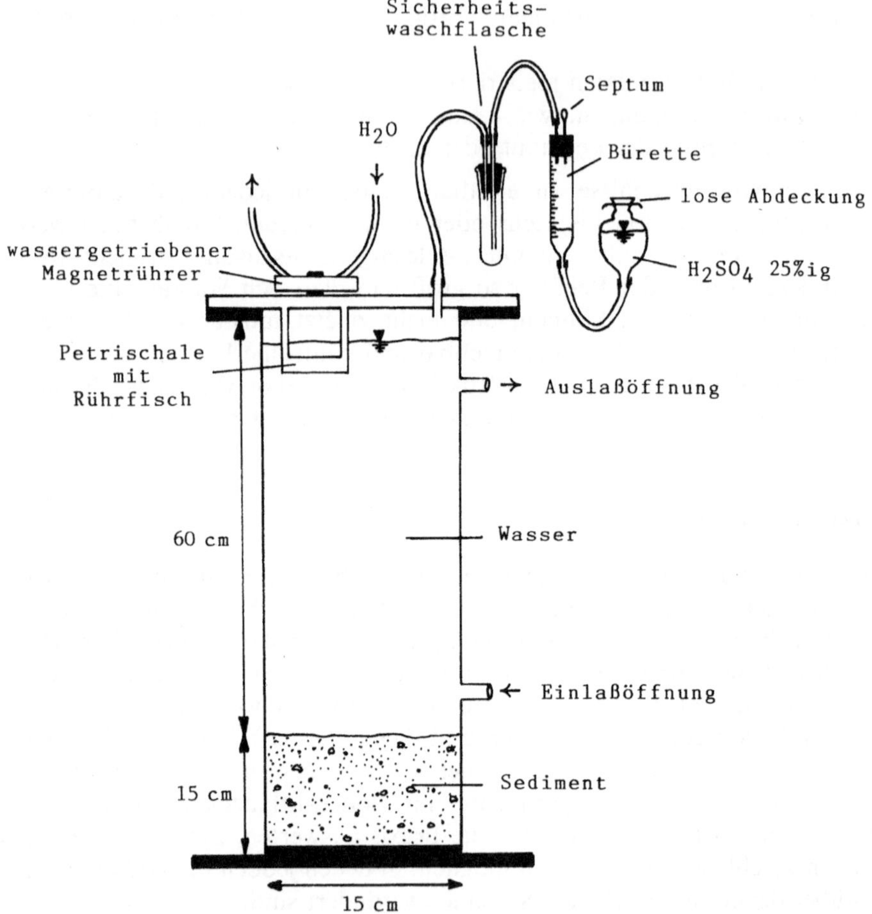

Abb. 4.6. Schematische Darstellung eines aquatischen Mikrokosmos. [Nach Porcella et al.]

vollständig durchlässig ist. Nur der untere Teil ist schwarz gestrichen, um seitliches Licht vom Sediment fernzuhalten. Die drei Phasen bestehen aus natürlichem oder künstlichem Sediment, natürlichem oder synthetischem Süß- oder Meereswasser und einer ca. 2 cm dicken Luftschicht darüber. Die enthaltenen Mikroorganismen gehören hauptsächlich zu den Produzenten und Destruenten; es sind aber auch einige Konsumenten anwesend. Nach der Füllung wird der Behälter versiegelt. Der Austausch der Flüssigkeit und die Entnahme von Proben erfolgen über spezielle Ein- und Auslaßöffnungen. Die Durchmischung wird anhand eines externen Magnetrührers so durchgeführt, daß das Sediment nicht aufgewirbelt und ein semikontinuierlicher Durchfluß erreicht wird. Die Gasphase ist über ein Manometer (50 ml Bürette) mit der Atmosphäre verbunden. Zur Minimierung der Gasaufnahme ist das Druckausgleichsgefäß mit 2,5%iger Schwefelsäure gefüllt. Ein Septum am oberen Ende der Bürette ermöglicht die Entnahme von Gas-

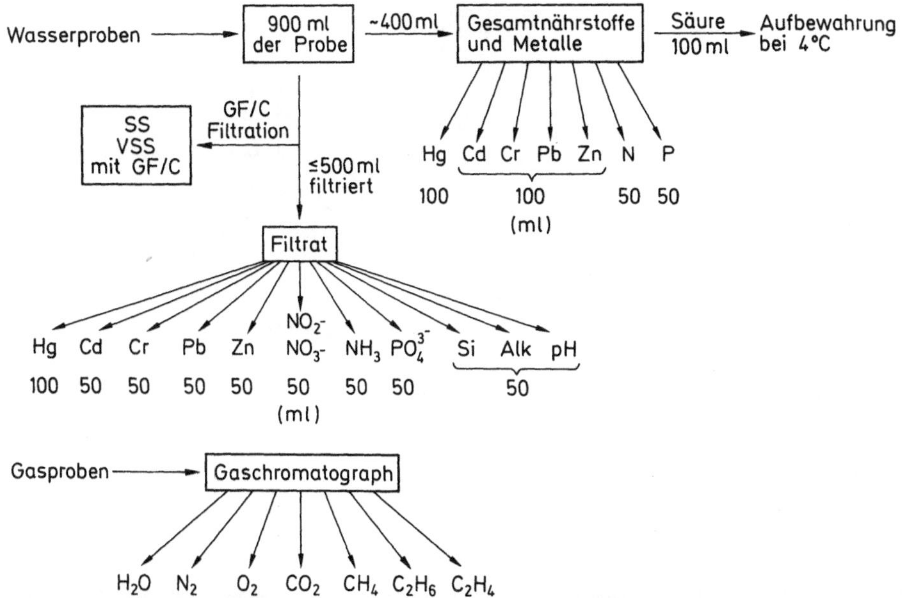

Abb. 4.7. Aufarbeitungsschema für die intervallweise entnommenen Wasser- und Gasproben aus dem aquatischen Mikrokosmos in Abb. 4.6. [Nach Porcella et al.]

proben, die anschließend gaschromatographisch analysiert werden. Abbildung 4.7 gibt einen Überblick über das Schema der Probenaufarbeitung. Anhand dieses Systems können Massenbilanzen aufgestellt, die Art der Umwandlungsprodukte in Abhängigkeit von variierenden Bedingungen geklärt und Prozesse der unteren trophischen Ebenen (Photosyntheserate, Respiration, anaerober Abbau oder Kohlenstoffkreislauf) untersucht werden.

Auch Fließwassersysteme können unterschiedlich weit vereinfacht und auf Labormaßstab reduziert werden. Das Ausmaß künstlicher Bäche reicht von über 200 m langen Anlagen mit kontinuierlich fließendem, das Bett nur einmal durchströmendem Wasser, die wegen des benötigten großen Wasserreservoirs sehr kostspielig sind, bis zu Systemen von wenigen Metern Länge, bei denen das Wasser im Kreis fließt (Abb. 4.8). Solche stark reduzierten Systeme werden beispielsweise benutzt, um die Auswirkungen verschiedener Einflüsse auf Entwicklung, Reproduktion oder Verhalten von Fließwasserfischen oder -insekten zu studieren.

Relativ leicht zu handhaben sind Belebtschlammsysteme, die in biologischen Kläranlagen zum Abbau organischer Rückstände eingesetzt werden. Allerdings handelt es sich bei Belebtschlamm nicht um ein natürliches System. Bei technischen Anlagen zur biologischen Abwasserreinigung läßt sich der Abbau von Einzelchemikalien durch die Analyse des einströmenden Abwassers und des auslaufenden gereinigten Wassers messen. Die Bestimmung der Wirksamkeit der biologischen Klärung erfolgt über die Messung der Abnahme des biologischen Sauerstoffbedarfs, des organisch gebundenen

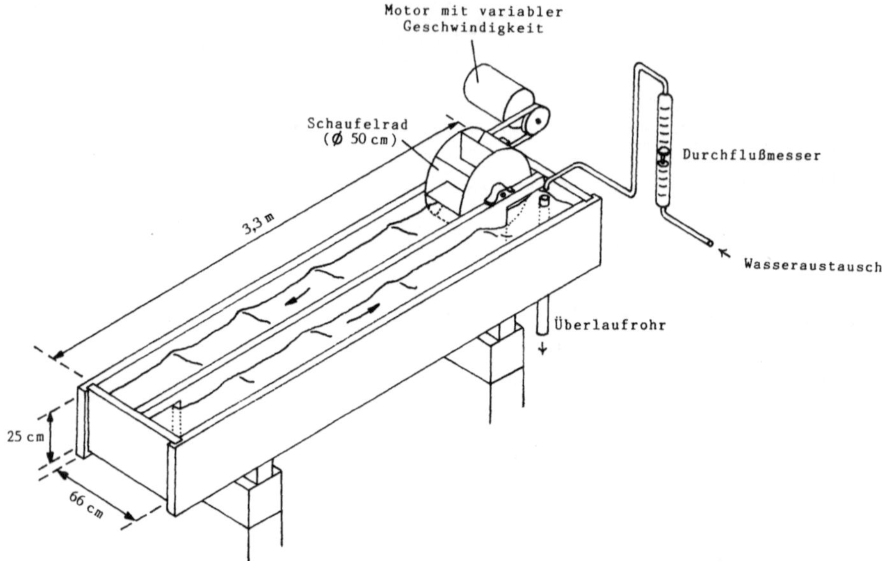

Abb. 4.8. Schematische Darstellung eines Fließwasser-Laborsystems. [Nach Warren u. Davies]

Restkohlenstoffs und ähnlicher Summenparameter. Simuliert man solche Anlagen im Labor (Abb. 4.9), dann besteht die Hauptschwierigkeit darin, daß die mikrobielle Zusammensetzung und die Biomasseproduktion auch bei regelmäßiger Überimpfung in einen Laborfermenter nicht vollständig mit der am Entnahmeort vergleichbar sind.

Auch Versuche zur Simulierung ganzer natürlicher Systeme mit Wasser, Sediment, Pflanzen und Tieren (Mesokosmen) werden durchgeführt, um qualitative Aussagen über das Verhalten von Chemikalien in wäßrigen Systemen zu gewinnen. Allerdings können funktionsfähige Systeme solcher Art in der Regel nicht mehr auf Labormaßstab verkleinert werden, so daß die Anlagen im Freiland aufgebaut werden müssen. Dazu werden oft größere Ökosysteme, wie Seen, künstlich in Subsysteme unterteilt. Eine Bilanzierung ist allerdings auch bei wäßrigen Systemen nur unter Abschluß und quantitativer Rückführung aller – auch der gasförmigen – Produkte möglich und läßt sich deshalb nur an Mikrokosmen durchführen.

4.1.4 Freilandstudien

Untersuchungen von natürlichen Systemen sind vor allem dann unvermeidlich, wenn die Ergebnisse von Einzel- bzw. Multispeziestests bezüglich ihrer Übertragbarkeit auf Ökosysteme überprüft werden sollen. Dabei lassen sich theoretisch drei Methoden unterscheiden: 1) Einzelbeobachtungen (survey), bei denen durch Messung verschiedener Parameter zu einem bestimmten Zeitpunkt ausschließlich die momentane Situation erfaßt wird, 2) wiederholte Einzelbeobachtungen (surveillance), durch die allmähliche Änderun-

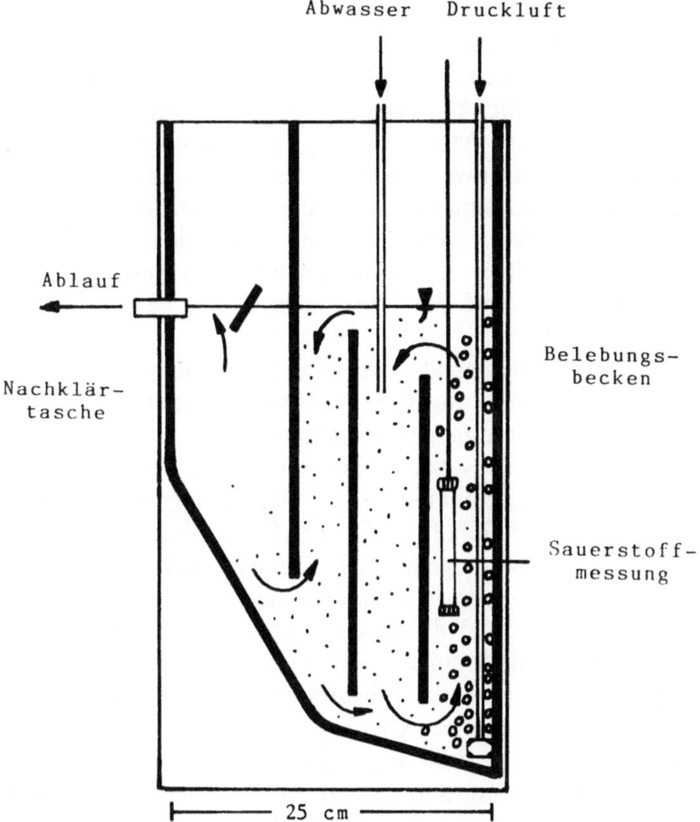

Abb. 4.9. Labormodell der biologischen Abwasserreinigung mit Belebtschlamm. [Nach Korte]

gen registriert werden können, und 3) regelmäßige Beobachtungen oder Messungen mit dem Ziel, die Übereinstimmung des Umweltzustandes mit einem bereits definierten Standardzustand zu überprüfen (monitoring). In der Praxis verschmelzen die letzten beiden Verfahren oft miteinander.

Bei der dritten Methode läßt sich zusätzlich ein aktives Monitoring von einem passiven unterscheiden. Das erstere ist prospektiv und wird dann angewendet, wenn die ökotoxikologischen Eigenschaften einer Verbindung noch ungenügend bekannt sind, während das letztere retrospektiv ist, das heißt, es werden Beobachtungen durchgeführt, nachdem bereits ein Schaden, wie zum Beispiel eine Ölpest oder das Waldsterben, aufgetreten ist, mit dem Ziel, den Schädigungsgrad festzustellen. In beiden Fällen lassen sich mehrere Arten von Informationen gewinnen:
– die Geschwindigkeit des Eintrags von Chemikalien in die Umwelt
– der Grad der Umweltkontamination bzw. dessen Veränderung
– biologische Effekte

Über den relativen Nutzen der Überwachung der Expositionshöhe und der Suche nach ökologischen Effekten gehen die Meinungen auseinander. Wirkstoffrückstände sind leichter nachzuweisen bzw. zu quantifizieren als biologische Auswirkungen. Andererseits können bei ausschließlicher Messung von Rückstandshöhen Probleme auftreten. So ist es praktisch unmöglich, alle Kontaminanten routinemäßig zu messen, und es stehen auch nicht immer ausreichend empfindliche Methoden für Routineuntersuchungen zur Verfügung. Kurzfristige Spitzenwerte werden bei regelmäßiger Probennahme möglicherweise gar nicht bemerkt. Auch die biologische Bedeutung der vorgefundenen Rückstandswerte einer Substanz ist oft nicht vollständig bekannt, und nicht zuletzt bleiben Interaktionen zwischen verschiedenen Verbindungen unberücksichtig. Auf die Untersuchung der Effekte kann deshalb nicht verzichtet werden.

Sowohl biologische Auswirkungen als auch die Expositionshöhe lassen sich durch kontinuierliche Beobachtung bzw. regelmäßige Analyse von Organismen ermitteln. Die Bestimmung der Rückstandshöhe in organischen Proben statt in anorganischen hat sogar mehrere Vorteile: Erstens weisen Organismen bei persistenten Chemikalien, wie Organochlor-Insektiziden oder Schwermetallen, oft höhere Gehalte auf, so daß Nachweis und Quantifizierung leichter sind, zweitens spiegeln die Ergebnisse nicht den absoluten Betrag einer Substanz in der Umwelt, sondern deren Bioverfügbarkeit, die von größerer Bedeutung ist, und drittens entspricht der Gehalt in Organismen der Gesamtbelastung über einen bestimmten Zeitraum, so daß die Interpretation der Ergebnisse nicht durch Schwankungen erschwert wird.

Um allerdings aus der Belastung eines Organismus Rückschlüsse auf diejenige seiner Umgebung ziehen zu können, müssen die biologischen Gegebenheiten der Art, deren Habitat und das ökochemische Verhalten der Chemikalie bekannt sein. Selbst wenn dies der Fall ist, läßt sich aus der Rückstandshöhe in einer Art nicht auf diejenige in einer anderen Art schließen. Bei der alleinigen Betrachtung von Rückständen in Organismen besteht außerdem die Gefahr, daß sich ein falsches Bild ergibt, wenn die Probennahme nicht repräsentativ ist. Dies kann beispielsweise dann vorkommen, wenn aufgrund der Sammelmethode (z. B. Insektenfallen) die Probenzusammensetzung von Eigenschaften der Organismen, wie deren Aktivität, abhängt, die von der Chemikalie beeinflußt werden können. Bei Änderungen der Rückstandshöhe müssen auch andere Ursachen als Expositionsschwankungen in Betracht gezogen werden, wie beispielsweise Interaktionen mit anderen Substanzen. Und schließlich sagen die Mittelwerte eines längeren Zeitraums oft weniger über die Gefährdung eines Ökosystems aus als Extremwerte. Insgesamt sollte deshalb zur Gewinnung von Rückstandsdaten die Analyse von Organismen nur dann vor der von anorganischen Proben bevorzugt werden, wenn die Art selbst von Interesse ist. In der Mehrzahl der Fälle sollten sowohl biotische als auch abiotische Proben untersucht werden.

Die biologischen Auswirkungen von Chemikalien lassen sich in der Regel an der Änderung von drei Größen erkennen: den physiologischen Parametern bzw. dem Verhalten von Individuen, der Größe, Struktur oder Verteilung von Populationen und dem Genpool. Die für die Überwachung ausgewählten

Arten sollten je nach Ziel der Untersuchung mehrere Voraussetzungen erfüllen. Im Fall von Rückstandsmessungen sind das:
- weite Verteilung der Population und genügend hohe Individuendichte, so daß die Population durch die Probennahmen nicht beeinflußt wird
- problemlose Identifizierung und Sammlung
- geeignete Größe
- sessile Lebensweise während der meisten Lebensstadien

Für die Registrierung biologischer Effekte sind zusätzlich folgende Kriterien von Bedeutung:
- Die enthaltenen Rückstände sollten hoch genug sein, um einen problemlosen Nachweis zu ermöglichen, aber gleichzeitig so niedrig, daß die Organismen weder getötet noch erheblich beeinträchtigt werden.
- Die Art sollte sich für ergänzende Laborstudien eignen.
- Über die Art sollten ausreichende biologische Informationen vorliegen. Geeignet sind deshalb besonders Arten von ökonomischem, ästhetischem, wissenschaftlichem oder sportlichem Interesse, weil diese am gründlichsten erforscht wurden.
- Von den in Frage kommenden Arten sollten diejenigen gewählt werden, die von der Chemikalie wahrscheinlich am stärksten betroffen sind.

Die Parameter, die im Rahmen von Routineuntersuchungen erfaßt werden können, sind in Tabelle 4.4 zusammengestellt. Wieviel Zeit die Freilandstudie beansprucht, hängt von einer ganzen Reihe von Faktoren ab, wie

Tabelle 4.4. Parameter, die zur Beurteilung des ökotoxikologischen Verhaltens von Chemikalien in Freilandstudien geprüft werden können

Stoffzyklen	→ Konzentrationen wichtiger Elemente → Transportbilanz → Abbauleistung → exogene Faktoren (Licht, Klima u. a.) → Energieflußraten
Populationsdynamik	→ Populationsdichte → Produktivität
Artenzahl	→ Diversitätsindex → Verteilungsmuster (zufällig, regelmäßig, kumulativ)
Ökologische Nischen	→ Biozönosen und Mikrohabitate → Nischenbreite → Nischenüberlappung
Interspezifische Beziehungen	→ Konkurrenz → Nahrungskettentransfer → trophische Ebenen
Dynamik des Systems	→ Sukzessionen → Dispersion → Langzeitstabilität → Pufferkapazität → Produktivität (Biomasse, Primär- und Sekundärproduktion, Nutzung der Ressourcen)

Klima, Dauer der Vegetationsperiode, Wachstums- und Reproduktions-
raten, Art, Dauer und Höhe des Schadstoffeintrags, Toxizität der Chemikalie und Regenerationsfähigkeit des Systems. So läßt sich die Primärproduktion oft erst am Ende einer Vegetationsperiode bestimmen, während
ein Rückgang der Photosyntheserate in relativ kurzer Zeit während der gesamten Vegetationsperiode meßbar ist. Manche Auswirkungen, wie etwa
Änderungen der Populationsdichte vieler Arten lassen sich eventuell erst
nach mehreren Jahren erkennen.

Um Veränderungen als solche identifizieren und die Einflüsse natürlicher
Faktoren von den Folgen anthropogener Eingriffe unterscheiden zu können,
müssen Daten auch von unbelasteten Stellen gewonnen werden, die bezüglich der natürlichen Bedingungen mit den kontaminierten übereinstimmen.
Allerdings lassen sich ökologisch wirklich vergleichbare Kontrollbereiche oft
nicht leicht finden.

4.2   Untersuchungen abiotischer Umwandlungen

Abiotische Umwandlungen in der Atmosphäre oder in Gewässern lassen
sich ebenso wie biologische Vorgänge durch Monitoring untersuchen. Es
existiert aber auch eine Reihe von Testsystemen, in denen die Bedingungen einzelner Kompartimente simuliert werden, um den abiotischen Abbau
organischer Verbindungen gezielt aufklären zu können. Ein großer Teil
der abiotischen Umwandlungen von Umweltchemikalien läuft in der
Atmosphäre ab. Von ebenso großer Bedeutung sind Umsetzungen an Oberflächen. Die wichtigsten physikalisch-chemischen Faktoren, die derartige
Reaktionen bestimmen, sind die spektrale Verteilung des Sonnenlichtes in
der Troposphäre, die Temperatur, die Art und Konzentration der Verunreinigungen und bei Oberflächen auch deren katalytische Eigenschaften. Da
sich diese Faktoren im Labor nur unvollständig nachahmen lassen, können
die auf solche Weise gewonnenen kinetischen Daten nur beschränkt auf
Umweltbedingungen übertragen werden. Trotzdem stellen diese Tests eine
wichtige Möglichkeit zur Bestimmung der relativen Stabilität organischer
Verbindungen dar.

4.2.1   Untersuchungen in der Gasphase

Das Hauptproblem bei der Simulierung atmosphärischer Bedingungen besteht darin, daß sich eine teilweise Adsorption der zu analysierenden Verbindungen an die Wände der Reaktionsgefäße nicht vermeiden läßt. Als Folge
davon können Konzentrationsschwankungen auftreten, die eine exakte Bestimmung der Abbauraten erheblich erschweren. Zusätzlich kann es zu Ober-
flächenreaktionen kommen, so daß in Wirklichkeit eher ein heterogenes
System vorliegt. Es hat sich deshalb als notwendig erwiesen, möglichst große

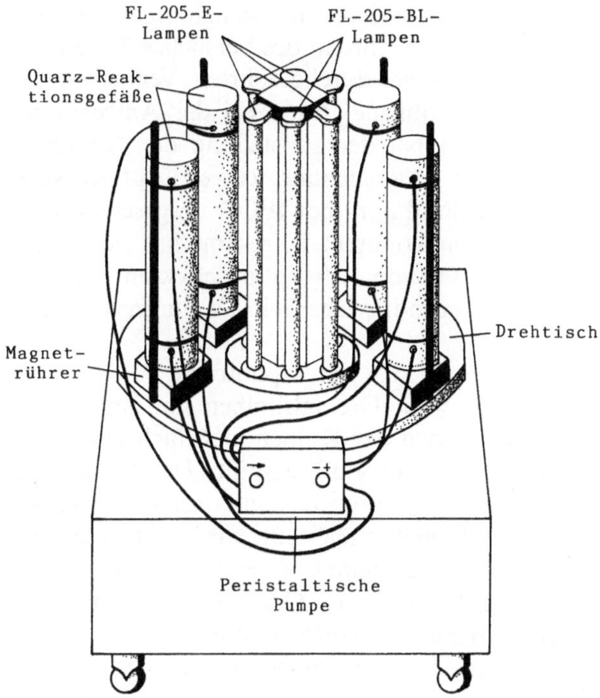

Abb. 4.10. Bestrahlungsapparatur nach M. Fujiki. [Nach Mansour et al.]

Reaktionsgefäße zu konstruieren, um ein günstiges Oberflächen-Volumen-Verhältnis und damit eine bessere Annäherung an die Gasphase zu erreichen. Eine weitere Schwierigkeit ergibt sich dadurch, daß die Nachweis- bzw. Bestimmungseinheiten meistens nicht mit dem Reaktionsgefäß gekoppelt sind, so daß beim Probentransport erhebliche Fehler auftreten können.

Eines der ersten Testverfahren zur Bestimmung der relativen Abbaugeschwindigkeit bei der direkten photochemischen Zersetzung in der Gasphase war der Fujiki-Test, der 1978 von der OECD für Screening-Tests vorgeschlagen wurde. Der Versuchsaufbau (Abb. 4.10) bestand aus mehreren zentral angeordneten UV-Lampen vom Typ FL 20 S-BL (360 nm) und FL 20 S-E (300 nm), die von vier zylindrischen Reaktionsgefäßen aus Quarz mit einem Durchmesser von 10 cm und einer Höhe von 40 cm umgeben waren. Die Verbindungsschläuche und Dichtungen bestanden aus Tygon G. Zur Umwälzung der Luft diente eine Schlauchpumpe, die eine konstante Fördermenge von 10 ml/min gewährleistete. Füllung und Probennahme erfolgten mittels einer Gasdosierspritze mit Absperrventil. Die Konzentration der zu untersuchenden Substanz in der Testvorschrift war auf 10 ppm festgesetzt, konnte aber bei Bedarf auch höher oder niedriger liegen, je nachdem, wie sich die Substanz in der Gasphase verhielt. Nach der Bestimmung der Anfangskonzentration in den Reaktionsgefäßen wurde die Verbindung 24 Stunden lang bestrahlt und dabei jeweils nach 2, 4, 6 und

24 Stunden chromatographisch die noch vorhandene Menge an Ausgangs-substanz ermittelt. Die Temperatur betrug während des Versuches 25–30 °C.

Die Ergebnisse einer mit diesem System durchgeführten Versuchsreihe sind in Tabelle 4.5 zusammengefaßt. Probleme traten bei der Anwendung dieses Testverfahrens sowohl allgemein bei der Einstellung der Anfangs-konzentration als auch speziell bei der Untersuchung schwerflüchtiger Ver-bindungen auf, so daß acht der fünfzehn durch die OECD vorgeschlagenen Modellsubstanzen nicht geprüft werden konnten. Insgesamt hat sich diese Methode wegen des zu hohen Einflusses von Adsorptionseffekten und der daraus resultierenden mangelnden Reproduzierbarkeit als ungeeignet er-wiesen.

Ein weiteres System zur Untersuchung der Direktphotolyse in der Gas-phase besteht aus einem thermostatisierten Dreihalskolben mit einem Vo-lumen von ca. 4 l. Vor jedem Versuch wird der Kolben mehrfach evakuiert und anschließend mit trockener, CO_2-freier Luft gespült. Die Dosierung der Testsubstanz erfolgt mit einer Spritze durch ein Silikonseptum, wobei eine Ausgangskonzentration von 100 ppm eingestellt wird. Für die Be-strahlung wird eine Quecksilberhochdrucklampe ($\lambda = 230$–290 nm) be-nutzt. Als Produkte werden CO_2 mittels eines IR-Gasanalysators und CO gaschromatographisch mit einem Ultraschalldetektor bestimmt.

Auch bei diesem Verfahren wirken sich die Sorptionseffekte wegen des geringen Gefäßvolumens relativ stark aus. Aufgrund der Verwendung von Wellenlängen, die in der Troposphäre nicht vorkommen, lassen sich außer-dem die erhaltenen Mineralisierungsraten nicht auf die Atmosphäre über-tragen. Zur Bestimmung der relativen Photostabilität von leichtflüchtigen Verbindungen ist die Methode jedoch geeignet. Tabelle 4.6 zeigt die Ergeb-nisse der vergleichenden Untersuchung von Verbindungen verschiedener Substanzklassen.

Ein Schnelltestsystem zur Untersuchung der direkten Photolyse flüch-tiger organischer Verbindungen ist das Gasphase-Massenanalysator-System (Abb. 4.11). Es besteht aus einem beheizbaren Reaktionsgefäß aus Pyrexglas mit einem Reaktionsvolumen von 20 l und einem Einsatz für eine Quecksilberhochdrucklampe. Der Rezipient kann mittels einer Turbomole-kularpumpe evakuiert werden. Nach Erreichen des gewünschten Drucks wird die Verbindung über ein spezielles Einlaßsystem in die Gasphase ge-bracht. Die Bestimmung der Ausgangskonzentration erfolgt über die Mes-sung des Drucks. Das Gasgemisch gelangt über ein Ventil direkt in einen Quadrupol-Massenanalysator, so daß die während der Bestrahlung gebil-deten Produkte kontinuierlich identifiziert und quantifiziert werden kön-nen. Verwendet man eine Lichtquelle mit monochromatischem Licht, dann lassen sich mit dieser Versuchsanordnung auch Quantenausbeuten und andere kinetische Daten gewinnen. Auch eine Untersuchung des indirek-ten photochemischen Abbaus ist möglich, indem zusätzlich Fremdgase (NO_x, SO_2, O_3 o.a.) in das Bestrahlungsgefäß eingebracht werden.

Die Direktphotolyse wurde an mehreren Modellsubstanzen untersucht. Dazu wurden Verbindungen mit einem Reinheitsgrad von mindestens 99 %

Tabelle 4.5. Signifikante, physikalisch-chemische Eigenschaften und Rückstandshöhe nach 24 h Bestrahlung im Fujiki-Testsystem bei den von der OECD vorgeschlagenen Modellsubstanzen [Nach Korte]

Modellsubstanz	λ_{max} (nm)	Dampfdruck bei 20 °C (mbar)	Ausgangs-konzentration (mg/l)	Menge an Modellsubstanz nach Versuchsende (% der Ausgangskonzentration)		
				Bestrahlung mit Anschluß an Schlauchpumpe	Bestrahlung ohne Anschluß an Schlauchpumpe	Dunkel-reaktion
Hexachlorbenzol	291	$2,8 \cdot 10^{-5}$ (bei 25 °C)	12,4	n.d.	n.d.	n.d.
Tris-(2,3-dibrompropyl)-phosphat	n.d.	n.d.	n.d.	n.d.	n.d.	n.d.
Benzol	279	100	9	29,5	81,23	87,9
Trichlorethen	200	77	14,6	16,1	26,9	83,5
Styroloxid	269	5,4	10,5	16,1	53,5	85,5
1,1-Dichlorethen	208	663	12,6	36,6[a]	72,4[a]	82,7
Thioharnstoff	238	–	n.d.	n.d.	n.d.	n.d.
1,2,4-Trichlorbenzol	286	$2,8 \cdot 10^{-1}$	8,7	13,7	76,9	85,4
2,4,6-Trichlorphenol	294	$1,3 \cdot 10^{-2}$	n.d.	n.d.	n.d.	n.d.
4-Chloranilin	296	$1,9 \cdot 10^{-2}$	10,3	12,4	56,3	80,3
2,6-Dichlorbenzonitril	298	$6,7 \cdot 10^{-4}$ (bei 25 °C)	n.d.	n.d.	n.d.	n.d.
Pentachlorphenol	302	$1,5 \cdot 10^{-4}$	n.d.	n.d.	n.d.	n.d.
Atrazin	265	$3,9 \cdot 10^{-7}$	n.d.	n.d.	n.d.	n.d.
Lindan	< 290	$3,9 \cdot 10^{-2}$	n.d.	n.d.	n.d.	n.d.
4-Nitrophenol	311	$4,5 \cdot 10^{-4}$	9,5	7,27	38,6	90,3
Methanol	210	128	10,3	–	82	–
Tetrachlormethan	265	122	8,7	–	68	–

n.d. = nicht detektierbar.
[a] bereits nach 6 h Bestrahlung.

Tabelle 4.6. Bildung von CO_2 und CO bei der Direktphotolyse verschiedener Verbindungen nach 2 h Bestrahlung ($\lambda > 230$ nm) bei 100 vpm Ausgangssubstanz. [Nach Hustert u. Parlar]

Substanz-klasse	Verbindung	gebildetes CO_2 (vpm)	gebildetes CO (vpm)	Abbau (%)
Alkane	n-Pentan	35	31	13,2
	n-Hexan	41	35	12,7
	n-Heptan	46	36	11,7
	n-Octan	53	–	–
	Cyclohexan	84	120	34
Alkene	Ethen	48	39	43,5
	i-Buten	47	46	23,2
	3-Methylbuten-1	59	80	27,8
	Cyclopenten	96	115	42,2
Aromaten	Benzol	68	121	31,5
	Toluol	126	198	46,3
	o-Xylol	> 200	208	> 51
	p-Xylol	> 200	293	> 61,6
Alkohole	Methanol	29	40	69
	Ethanol	32	39	35,5
	n-Propanol	38	40	26
	n-Butanol	40	–	–
	Isoamylalkohol	40	54	18,8
	Allylalkohol	32	87	39,7
Ester	Ameisensäuremethylester	86	–	–
	Essigester	138	143	70,3
Ether	Diethylether	38	37	18,8
	Tetrahydrofuran	39	35	18,5
Ketone	Aceton	110	91	67
	Ethylmethylketon	118	89	51,8
	Methylpropylketon	113	139	50,4
Aldehyde	Acetaldehyd	53	46	49,5
	Propionaldehyd	93	114	70,3
	Butyraldehyd	94	134	57

benutzt. Nach der Bestimmung ihrer jeweiligen Konzentrationsbereiche im Reaktionsgefäß bzw. der Empfindlichkeit des Massenanalysators gegenüber den verschiedenen Verbindungen wurde eine Anfangskonzentration von 25 ppm eingestellt, der Massenanalysator auf diesen Konzentrationsbereich stabilisiert und die Lampe nach kurzer Einbrennzeit in das System eingebracht. Dann wurde die Abnahme der Ausgangsverbindung verfolgt. Zur Berechnung der Halbwertzeiten (Tabelle 4.7) wurde eine Reaktion erster Ordnung angenommen.

Durch die kontinuierliche Analyse der Zusammensetzung des Gasgemisches während der Bestrahlung lassen sich auch Aussagen über den Reaktionsablauf machen. So ergibt die Produktanalyse bei der photochemischen Zersetzung von Nitrobenzol ($\lambda_{max} = 268,5$ nm, Ausbreitung der Bande bis 290 nm), daß primär Nitrosobenzol und p-Nitrophenol entstehen. Es müssen also intermediär Sauerstoffatome ($O(^3P)$) gebildet werden, die die Abbau-

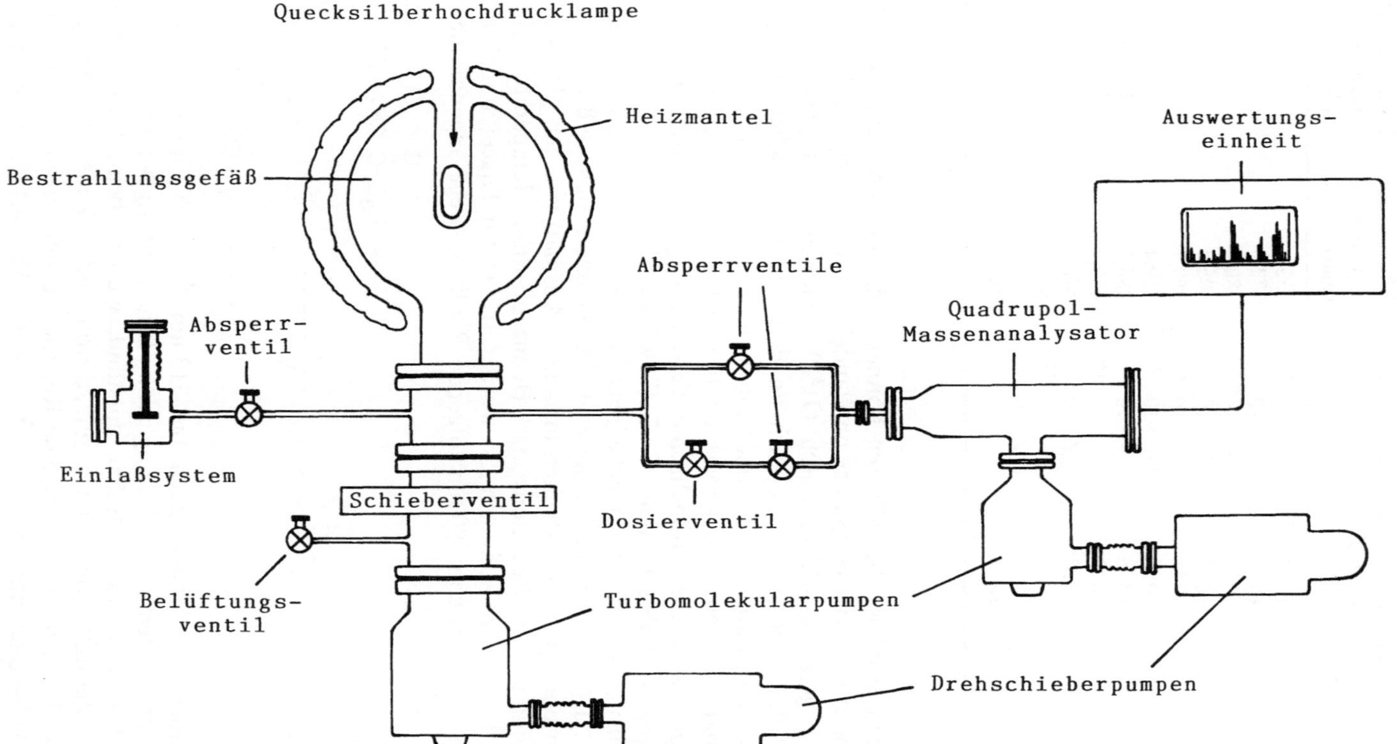

Abb. 4.11. Schematische Darstellung des Gasphase-Massenanalysatorsystems. [Nach Parlar et al. (1983)]

Tabelle 4.7. Geschwindigkeitskonstanten und Halbwertzeiten bei der Photolyse verschiedener Verbindungen im Gasphase-Massenanalysatorsystem. [Nach Parlar et al. (1983)]

Verbindung	$k\ (s^{-1})$		$t_{1/2}$	
	experimentell	berechnet	experimentell (min)	berechnet (d)
Benzaldehyd	$3,5\ \cdot 10^{-4}$	$7,9\ \cdot 10^{-6}$	33	1,06
Methylvinylketon	$1,59\cdot 10^{-4}$	$1,7\ \cdot 10^{-7}$	72,3	47
Iodanisol	$1,43\cdot 10^{-4}$	$1,4\ \cdot 10^{-7}$	80,4	57
Nitrobenzol	$1,2\ \cdot 10^{-4}$	$1,2\ \cdot 10^{-7}$	95,8	67
Trichlorethen	$7,2\ \cdot 10^{-5}$	$6,8\ \cdot 10^{-8}$	159,7	1 170
Acrolein	$5,24\cdot 10^{-5}$	$3,6\ \cdot 10^{-9}$	219,4	2 160
Pyridin	$2,98\cdot 10^{-5}$	$7\ \cdot 10^{-10}$	386,3	10 890
Aceton	$2,55\cdot 10^{-5}$	$5\ \cdot 10^{-10}$	450,9	15 840
Toluol	$2,12\cdot 10^{-5}$	$2,66\cdot 10^{-8}$	542,4	300
Cumol	$1,82\cdot 10^{-5}$	$1,5\ \cdot 10^{-11}$	631,8	528 000
Dicyclopentadien	$1,76\cdot 10^{-5}$	$1,26\cdot 10^{-11}$	653,4	633 600
Tetrachlormethan	$1,6\ \cdot 10^{-5}$	$1\ \cdot 10^{-11}$	714,2	792 000

geschwindigkeit erheblich beeinflussen können. Bei Trichlorethen, das sich in der Gasphase sehr viel langsamer umwandelt als in Lösung, wird wahrscheinlich der gesamte Abbau durch $O(^3P)$ kontrolliert. Möglicherweise werden reaktive Sauerstoffspezies auch an den Wandoberflächen erzeugt, so daß selbst Verbindungen, die oberhalb von 290 nm kein Licht absorbieren, abgebaut werden. Eine andere Erklärung für das Auftreten solcher Umwandlungen wäre die bathochrome Verschiebung der Absorption bei der Anlagerung der Substanzen an die Gefäßwände.

Als Modellsubstanz für zusätzliche reaktionskinetische Untersuchungen wurde Diacetyl ($\lambda_{max} = 313$ nm) eingesetzt. Dabei zeigte sich, daß die Umsetzungsraten und Quantenausbeuten in hohem Ausmaß von den physikalischen Bedingungen im Reaktionsgefäß (Konzentration, Temperatur, eingestrahlte Wellenlängen) abhingen. So wurden früher für Diacetyl auch bei Wellenlängen oberhalb von 290 nm folgende Reaktionswege angenommen:

$$H_3C-\overset{O}{\overset{||}{C}}-\overset{O}{\overset{||}{C}}-CH_3 \xrightarrow[\lambda > 290\,nm]{h\cdot\nu} (H_3C-\overset{O}{\overset{||}{C}}-\overset{O}{\overset{||}{C}}-CH_3)^* \begin{cases} \rightarrow H_3C-\overset{O}{\overset{||}{C}}-CH_3 + CO \\ \rightarrow 2\,CO + C_2H_6 \\ \rightarrow CH_4 + CO + H_2CO \end{cases}$$

Während jedoch mit Wellenlängen bis 313 nm bei 30 °C im Gasphase-Massenanalysatorsystem die Bildung von Ethan nachgewiesen werden konnte und bei 60 °C auch Methan entstand, wurden beim Einsatz von Wellenlängen oberhalb von 290 nm nur Aceton und CO als Produkte gefunden. Dabei handelt es sich um eine Reaktion erster Ordnung mit einer Geschwindigkeitskonstante von $2,3 \cdot 10^{-3}\ s^{-1}$ (Abb. 4.12). Daß keine

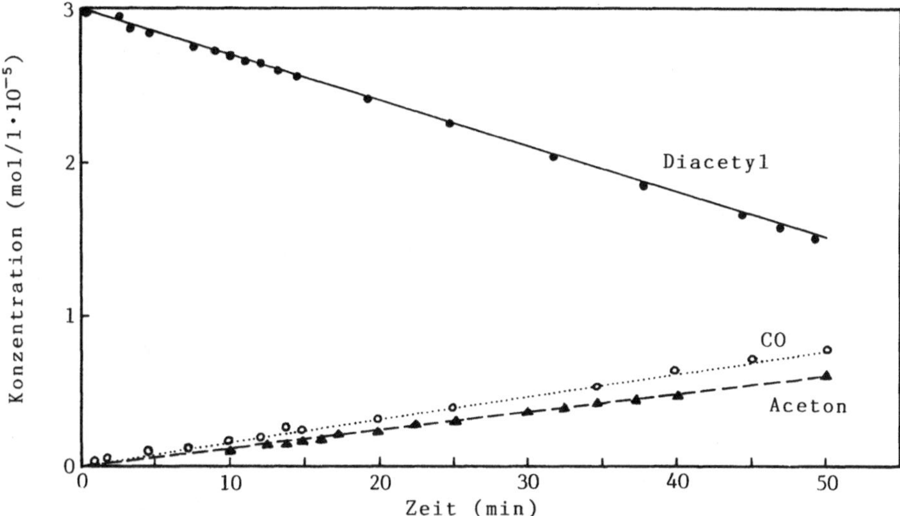

Abb. 4.12. Konzentrations-Zeit-Diagramm der photoinduzierten Umsetzung von Diacetyl bei $\lambda > 290$ nm ($k = 2,3 \cdot 10^{-3}\,\mathrm{s}^{-1}$). [Nach Parlar et al. (1983)]

Alkane gebildet werden, ist ein Hinweis auf einen streng intramolekularen Ablauf der Umsetzung, bei der die endständige Methylgruppe unter Eliminierung von CO direkt auf die α-Carbonylgruppe übertragen wird.

Ebenso wichtig wie die Untersuchung der Kinetik von Direktphotolysereaktionen ist die Aufklärung von indirekt photochemischen Abbauprozessen, die durch Reaktion mit photochemisch erzeugten reaktiven Sauerstoffspezies auftreten. Dabei lassen sich zwei Zielrichtungen unterscheiden: die Charakterisierung der Abbauwege durch Bestimmung der Produktverteilung bei Primärreaktionen und die Ermittlung der Oxidations-Geschwindigkeitskonstanten in Abhängigkeit von der Temperatur und dem Partialdruck des Sauerstoffs bzw. der Testsubstanz.

Für die Bestimmung der Geschwindigkeitskonstanten der Reaktion von Hydroxylradikalen mit unterschiedlichen Verbindungen wurden mehrere, prinzipiell ähnliche Verfahren entwickelt, die sich hauptsächlich darin unterscheiden, mit welcher Methode die Radikale erzeugt bzw. deren jeweilige Konzentration gemessen wird. Geeignet für die OH-Produktion ist die Blitzlicht- oder Laser-Photolyse von H_2O, H_2O_2, HNO_3, O_3 oder anderen Vorläufern, während der Nachweis durch Laser-Absorption oder Resonanzfluoreszenz erfolgen kann.

Abbildung 4.13 zeigt das Schema eines dieser Testsysteme. In einer thermostatisierten Reaktionsdurchflußzelle werden die OH-Radikale mittels eines Excimer-Lasers durch Photolyse von HNO_3 bei 193 oder 248 nm erzeugt. Ihre Anfangskonzentration wird nach der Gleichung

$$[OH]_0 = N \cdot [HNO_3] \cdot \sigma_{HNO_3} \cdot \Phi_{OH}$$

$\sigma = $ Gasphasen-Absorptionsquerschnitt
$\Phi = $ Quantenausbeute

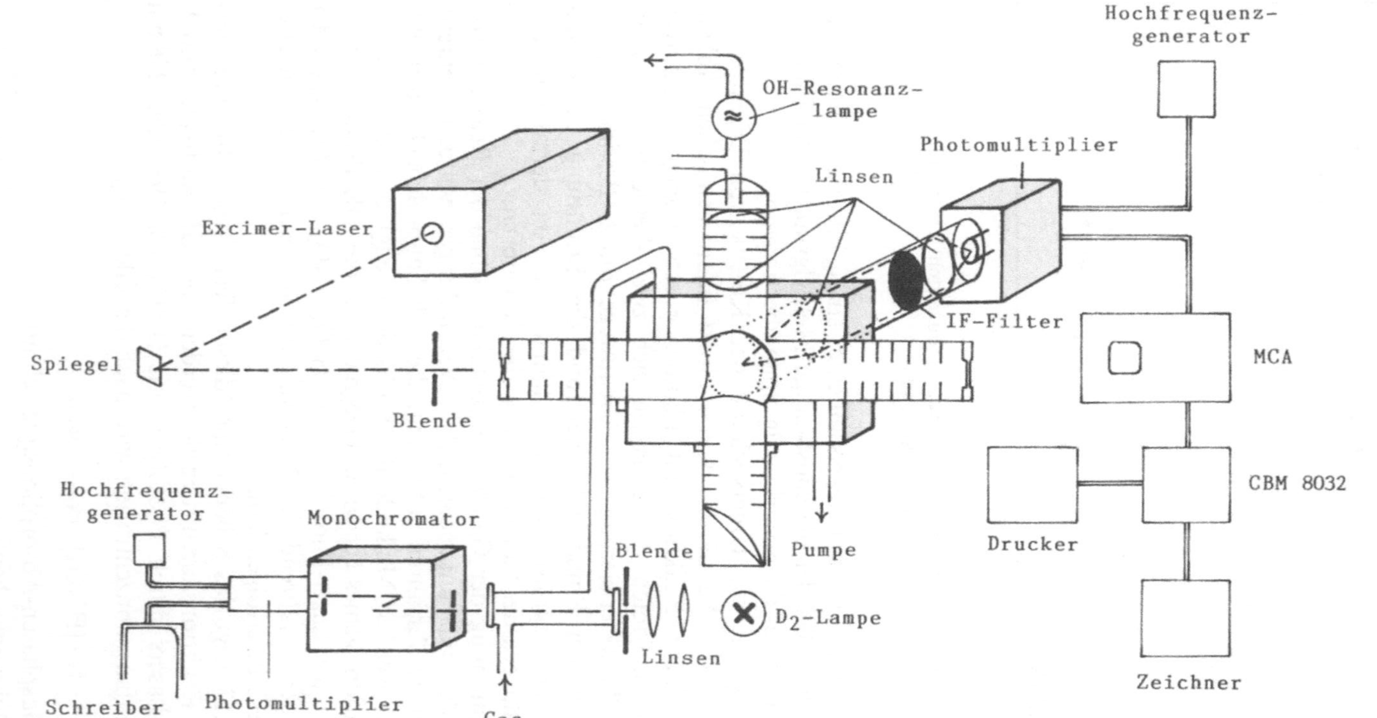

Abb. 4.13. Testsystem zur Bestimmung der Geschwindigkeitskonstanten von Reaktionen des Hydroxylradikals; L = Linse, PMT = Photomultiplier, HV = Hochfrequenzgenerator, MCA, CBM 8032 = Rechnertypen. [Nach Lorenz u. Zellner]

geschätzt, wobei eine Quantenausbeute von eins angenommen und für den Gasphasen-Absorptionsquerschnitt bei 248 nm $2 \cdot 10^{-20}$ cm^2 eingesetzt wird. Während der Reaktion mit der Testsubstanz wird die Konzentrationsänderung der Radikale über die A-X-Resonanzfluoreszenz kontinuierlich verfolgt. Da die Reaktion zwischen $\cdot$OH und HNO_3 ebenfalls zur Abnahme der Radikale beiträgt, wird zusätzlich die Konzentration des Reaktanten A durch dessen UV-Absorption bei 194 nm kontinuierlich am Eingang der Zelle gemessen. Insgesamt ergibt sich für die Abnahmerate:

$$k_{1.\,Ord} = \frac{\Delta \ln [OH]}{\Delta t} = k_A [A] + k_{HNO_3} [HNO_3] + k_{diff}$$

$$k_{diff} = \text{Radikalverlust durch Transport}$$

Daraus erhält man die Geschwindigkeitskonstante zweiter Ordnung, indem man $k_{1.\,Ord}$ gegen die Konzentration von A aufträgt (Abb. 4.14).

Einer der Vorteile dieser Versuchsanordnung besteht darin, daß mit dem Detektionslichtstrahl nur ein kleiner Teil des Reaktionsraumes erfaßt wird, so daß sich die Störungen durch Wandreaktionen kaum auswirken. Im allgemeinen müssen aber bei Gasphasenreaktionen in Smogkammern die Wandeffekte berücksichtigt werden. So wird der OH-Radikal-Vorläufer HNO_2 möglicherweise in der heterogenen Phase gebildet.

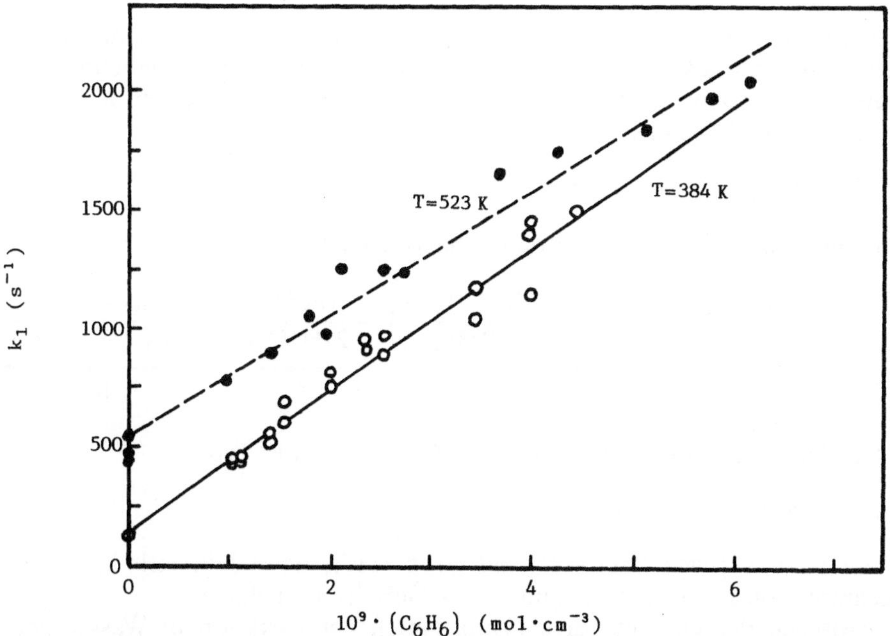

Abb. 4.14. Abhängigkeit der Geschwindigkeitskonstanten pseudoerster Ordnung von der Benzolkonzentration bei der Reaktion von Hydroxylradikalen mit Benzol bei verschiedenen Temperaturen. [Nach Lorenz u. Zellner]

Außerdem lassen sich mit solchen Systemen nur Verbindungen untersuchen, die einen genügend hohen Dampfdruck aufweisen. Deshalb wurde eine Methode entwickelt, die Geschwindigkeitskonstante der Reaktionen von Hydroxylradikalen in Lösung zu messen und anhand der so erhaltenen Werte die Konstante der entsprechenden Gasphasenreaktion zu schätzen.

Die Experimente werden unter Stickstoff durchgeführt, um Sauerstoff auszuschließen. Als Lösungsmittel dient Wasser bzw. bei in H_2O schwerlöslichen Verbindungen Freon 113 ($C_2Cl_3F_3$). Die Radikale werden durch Reaktion von H_2O_2 mit Fe^{2+} erzeugt. Nach der Reaktion erfolgt die Quantifizierung durch Titration des restlichen H_2O_2 mit $KMnO_4$ oder durch photometrische Messung des Fe^{3+} als Thiocyanatkomplex bzw. des Fe^{2+} als 1,10-Phenanthrolinkomplex. Bezüglich des Reaktionsschemas wurde folgender Vorschlag gemacht:

$$H_2O_2 + Fe^{2+} \xrightarrow{k_1} Fe^{3+} + {}^\bullet OH + OH^- \qquad k_1 = 76 \, M^{-1} \cdot s^{-1}$$

$$^\bullet OH + Fe^{2+} \xrightarrow{k_2} Fe^{3+} + OH^- \qquad k_2 = 3 \cdot 10^8 \, M^{-1} \cdot s^{-1}$$

$$^\bullet OH + R_1H \xrightarrow{k_3} H_2O + R_1^\bullet$$

$$^\bullet OH + R_2H \xrightarrow{k_4} H_2O + R_2^\bullet$$

$$^\bullet OH + R_3H \xrightarrow{k_5} H_2O + R_3^\bullet$$

$$R_1^\bullet + Fe^{3+} \xrightarrow{k_6} Fe^{2+} + \text{Produkte}$$

$$2\,R_2^\bullet \xrightarrow{k_7} \text{Dimer}$$

$$R_3^\bullet + Fe^{2+} \xrightarrow[+H^+]{k_8} R_3H + Fe^{3+}$$

Die ebenfalls mögliche Seitenreaktion von $^\bullet OH$ mit H_2O_2 bzw. mit anderen Hydroxylradikalen kann durch die Reaktionsbedingungen eliminiert werden. Insgesamt setzt sich die Geschwindigkeitskonstante der Reaktion in Wasser aus folgenden Konstanten zusammen:

$$k_{OH_{aq}} = k_3 + k_4 + k_5$$

Die Bestimmung von $k_{OH_{aq}}$ erfolgt anhand der Gleichung

$$\underbrace{\frac{[Fe^{2+}]}{2\,[H_2O_2]}}_{R} = 2\underbrace{\frac{k_2}{k_3 + k_4 + k_5}}_{a} \cdot \underbrace{\frac{[Fe^{2+}]_0}{2\,[RH]_0}}_{r} \cdot \left(1 - \underbrace{\frac{[Fe^{2+}]}{2\,[H_2O_2]}}_{R}\right) + \underbrace{\frac{k_4 + k_5}{2\,(k_3 + k_4 + k_5)}}_{b}$$

Vereinfacht dargestellt erhält man eine Gleichung vom Typ

$$R = 2\,ar\,(1 - R) + b$$

Trägt man R gegen $2r(1 - R)$ auf (Abb. 4.15), dann läßt sich $k_{OH_{aq}}$ bei Kenntnis von k_2 aus der Steigung a der Geraden entnehmen.

Zwischen der Geschwindigkeitskonstanten der Reaktion in Wasser und der zugehörigen Gasphasenkonstanten wurde folgende Relation gefunden:

$$\log k_{OH_{Luft}} = 1,29 + 0,891 \log k_{OH_{aq}}$$

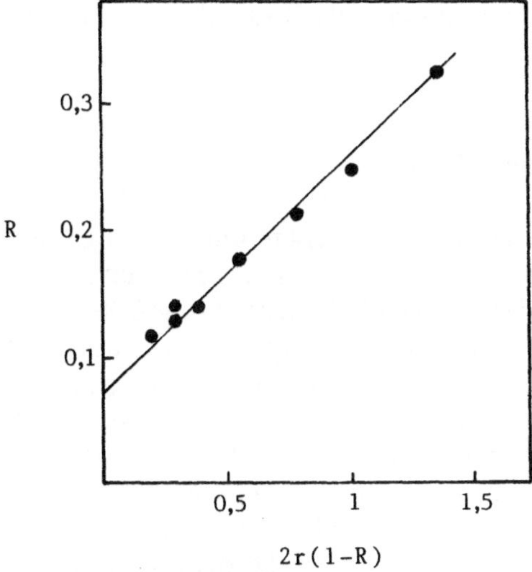

Abb. 4.15. R aufgetragen gegen $2r$ $(1 - R)$ bei Isopropanol. [Nach Klöpffer et al.]

Sie ist nur für wenige, sehr kleine Moleküle und für Aromaten mit elektronenziehenden Substituenten ungültig. Für die meisten Verbindungen ergibt sich eine ausreichende Übereinstimmung zwischen den geschätzten Werten und den Vergleichswerten aus der Literatur (Tabelle 4.8).

Vorteilhaft bei diesem Verfahren ist die einfache Durchführung, die ausschließlich eine konventionelle Laborausrüstung erfordert. Einschränkungen in der Anwendung ergeben sich dadurch, daß erstens die Testsubstanz genügend wasserlöslich sein muß – die Benutzung von F 113 ist wegen dessen Umweltbedenklichkeit problematisch –, daß zweitens der pH-Wert der Testlösung so niedrig ist, daß Basen und Salze schwacher Säuren im Gegensatz zu Umweltbedingungen protoniert vorliegen, daß drittens die Testchemikalien keine Komplexe mit Eisenionen bilden dürfen und viertens die photometrische Konzentrationsbestimmung durch farbige Oxidationsprodukte gestört werden kann. Auch die Untersuchung flüchtiger Substanzen bereitet Schwierigkeiten. Dagegen eignet sich diese Testmethode gut zur

Tabelle 4.8. In Lösung gemessene und danach für die Gasphase geschätzte Werte für k_{OH}. [Nach Klöpffer et al.]

Verbindung	$k_{OH_{aq}}$, gemessen $(M^{-1} \cdot s^{-1})$	$k_{OH_{Luft}}$ $(mol \cdot cm^{-3} \cdot s^{-1})$	
		geschätzt	Literaturwert
Ethylacetat	$1,22 \cdot 10^9$	$4 \ \cdot 10^{-12}$	$1 \ \cdot 10^{-12}$
Harnstoff	$2,1 \ \cdot 10^6$	$1,4 \cdot 10^{-14}$	–
Isopropanol	$1,6 \ \cdot 10^9$	$5,1 \cdot 10^{-12}$	$5,48 \cdot 10^{-12}$
Methanol	$1,23 \cdot 10^9$	$4,1 \cdot 10^{-12}$	$1,0 \ \cdot 10^{-12}$
Dichlormethan	$2,2 \ \cdot 10^7$	$1,1 \cdot 10^{-13}$	$1,5 \ \cdot 10^{-13}$
p-Nitrophenol	$3 \ \cdot 10^9$	$9 \ \cdot 10^{-1}$	–

Bestimmung der relativen Abbaubarkeit durch OH-Radikale bei schwerflüchtigen Verbindungen.

4.2.2 Untersuchungen in der heterogenen Phase

Experimente zum Photoabbau an Oberflächen müssen unter hochgradig standardisierten Bedingungen durchgeführt werden, um reproduzierbare und vergleichbare Ergebnisse zu liefern. Deshalb besteht das größte Problem darin, daß sich die gewonnenen Daten nicht direkt auf natürliche Verhältnisse übertragen lassen. Beispielsweise sind die potentiellen, natürlichen Adsorptionsflächen (Böden, Gestein, Pflanzenoberflächen, Aerosole) sehr heterogen, während im Labor in der Regel nur Standardadsorber wie Silicagel oder Al_2O_3 verwendet werden, die in ihren Eigenschaften trockenen Aerosolen oder Wüstensand ähneln. Diese bilden aber nur einen geringen Teil der Gesamtoberfläche in der Umwelt. Außerdem sind weder der Feuchtigkeitsgehalt noch das Konzentrationsverhältnis repräsentativ. Über das Ausmaß der Adsorption von Chemikalien an katalytisch wirksame Oberflächen in der Umwelt ist kaum etwas bekannt. Um die Empfindlichkeit des Nachweises zu erhöhen, werden die Verbindungen auf den Oberflächen angereichert, und auch das Verhältnis von Gesamtvolumen zu photochemisch aktiver Oberfläche (Adsorbens plus Gefäßwände) ist sehr viel kleiner als etwa das Verhältnis von Atmosphärenvolumen zur Aerosol-Gesamtoberfläche. Die im Labor gemessenen Verweilzeiten müssen deshalb bei Übertragung auf die natürlichen Bedingungen entsprechend korrigiert werden. Auch durch die Art der Probenvorbereitung und mögliche Dunkelreaktionen werden die im Labor ermittelten Geschwindigkeitskonstanten so weit beeinflußt, daß sich bei der gleichen Testverbindung Schwankungen über mehrere Größenordnungen ergeben können.

Ein von der Gesellschaft für Strahlen- und Umweltforschung (GSF) entwickeltes Verfahren dient der vergleichenden Bewertung der photochemischen Stabilität von an Oberflächen adsorbierten, schwerflüchtigen Umweltchemikalien. Für die Untersuchung der Oberflächenmineralisierung wird ein zylindrischer, doppelwandiger Reaktor aus Pyrex- oder Quarzglas mit einem zusätzlichen Kühlmantel und Gaszuleitungen benutzt (Abb. 4.16). Die Reaktionskammer wird mit standardisiertem Kieselgel gefüllt, an dessen Oberfläche die Testsubstanz in einer pseudomonomolekularen Schicht adsorbiert vorliegt. Zur Bestrahlung wird eine Xenon- oder Quecksilberhochdrucklampe mit Pyrexfilter verwendet. Nach der Belichtung werden die Mineralisierungsprodukte (CO_2, CO, HCl, Cl_2) naßchemisch, IR-spektroskopisch oder bei radioaktiver Markierung auch über die Radioaktivität quantitativ bestimmt. Die entstandene Menge an CO_2 kann auch automatisch durch einen CO_2-Analyzer registriert und mittels eines Integrators ausgewertet werden. Die Quantifizierung erfolgt in diesem Fall durch den Vergleich mit einer Eichkurve, die durch Einspritzen unterschiedlicher Mengen an CO_2 in den Reaktor und anschließende Spülung erstellt wird.

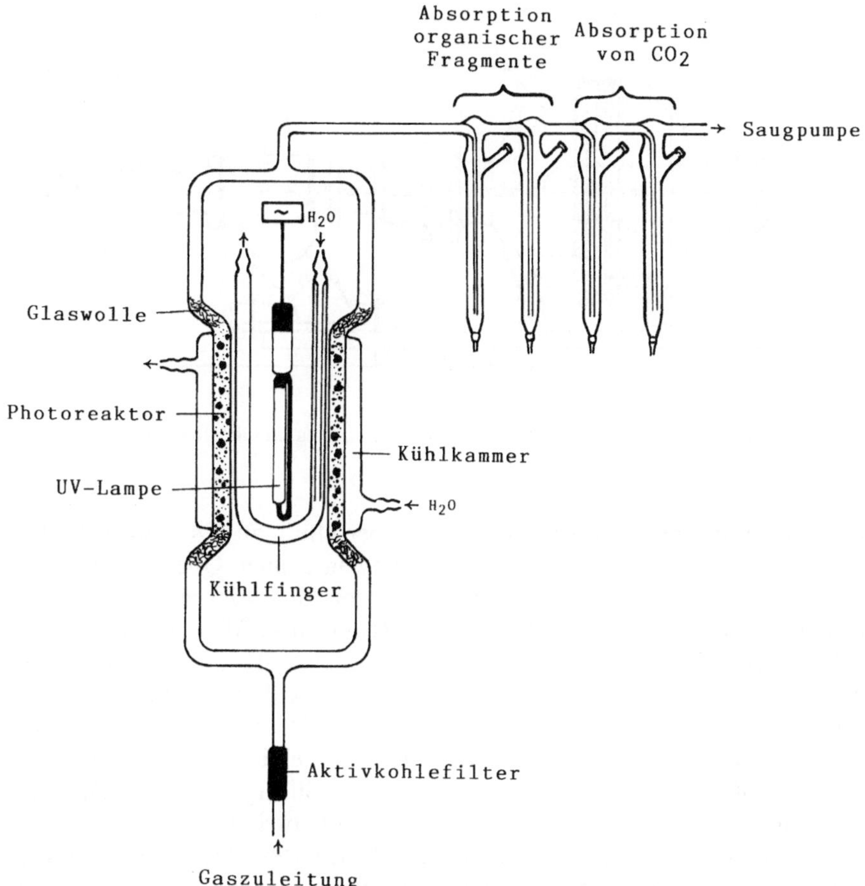

Abb. 4.16. Mikroreaktor für einen Photomineralisierungstest an Oberflächen. [Nach Freitag et al.]

Bei einer weiterentwickelten Form dieses Testsystems ist der Reaktionsraum des Reaktors in zwei Kammern mit getrennten Gaszuleitungen unterteilt, so daß in einem Versuch die adsorbierte Testsubstanz und eine adsorbierte Referenzchemikalie bzw. unbelegtes Kieselgel als Blindprobe gleichzeitig unter identischen Bedingungen bestrahlt werden können. Außerdem lassen sich damit günstigere Strömungsverhältnisse und als Folge davon leichter auswertbare Peaks erreichen.

Die experimentelle Anordnung eines weiteren Testsystems der GSF ist in Abb. 4.17 dargestellt. Von der Verbindung wird mit Stickstoff als Trägergas so viel auf reines Silicagel aufgebracht, daß von einer annähernd monomolekularen Belegung ausgegangen werden kann, und die tatsächlich adsorbierte Menge an Substanz durch Gaschromatographie und Elementaranalyse bestimmt. Anschließend werden 350 g des mit der Testverbindung belegten Silicagels in das Bestrahlungsgefäß eingebracht, das danach zweimal evakuiert und mit reinem Sauerstoff geflutet wird, so daß im Ver-

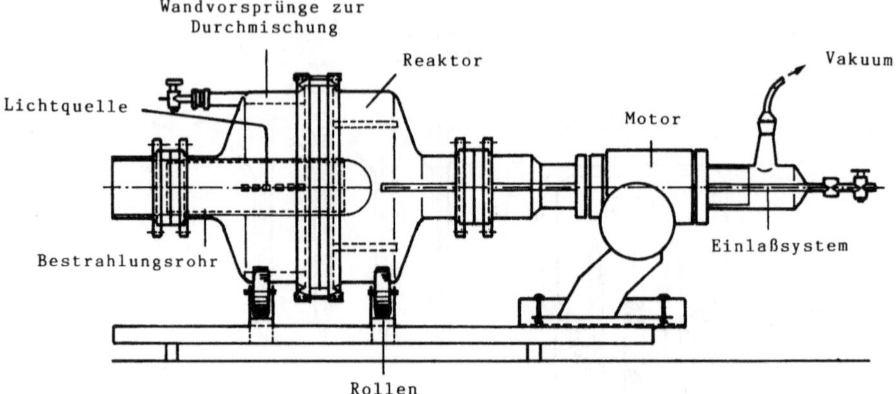

Abb. 4.17. Bestrahlungsapparatur für die Photomineralisierung an Oberflächen. [Nach Gäb et al.]

hältnis zur adsorbierten Verbindung ein Überschuß an O_2 gewährleistet ist. Nach drei- bis sechsstündiger Bestrahlung mit einer Quecksilberhochdrucklampe mit Quarz- oder Pyrexfilter werden die Mineralisierungsprodukte (CO_2, Cl_2) mit Stickstoff aus dem Reaktionsgefäß entfernt und in einer Serie von Waschflaschen mit verdünnter NaOH aufgefangen. Die quantitative Bestimmung von CO_2 erfolgt durch acidometrische Titration des CO_3^{2-} und die des Cl_2 durch iodometrische Titration des OCl^-. Diejenigen Abbauprodukte, die nicht vom Silicagel eluiert werden können, wie HCl, werden bestimmt, indem ein Teil des Silicagels mit NaOH gewaschen und das Cl^- potentiometrisch mit $AgNO_3$ titriert wird.

Beide Testsysteme können aufgrund der idealisierten Bedingungen keine direkt auf die Umwelt anwendbaren Daten liefern, eignen sich aber für die relative Bewertung der Umweltstabilität bzw. für grobe Schätzungen der Abbaubarkeit von Chemikalien an natürlichen Oberflächen.

4.3 Isotopenmarkierung

Der Einsatz isotopenmarkierter Verbindungen ist unerläßlich für die quantitative Bestimmung von Substanzen, für die keine ausreichend empfindlichen spurenanalytischen Methoden zur Verfügung stehen. Aber auch bei der Aufklärung von Abbauwegen sowohl in biologischen als auch in abiotischen Systemen ist die Isotopenmarkierung zu empfehlen, da nur so das Auffinden aller Umwandlungsprodukte gewährleistet ist. Nicht zuletzt kann mit dieser Methode auch die Dispersion innerhalb eines Systems verfolgt werden.

Zur Markierung von Verbindungen eignen sich verschiedene Isotope, die stabil oder instabil sein können. Ihr Einsatzbereich hängt von der Zielsetzung des Experimentes und auch von technischen Gegebenheiten sowie von Sicherheitserwägungen ab.

Die wichtigsten stabilen Isotope sind ^{15}N, ^{13}C und ^{18}O. Ihr Hauptvorteil liegt darin, daß sie ohne Risiko auch in größeren Mengen offen in der Umwelt eingesetzt werden können. Die Verwendung von ^{15}N und ^{18}O kann allerdings insofern zu Problemen führen, als beide Elemente als Bestandteile reaktiver Gruppen Isotopenaustauschprozessen unterliegen. Vei Versuchen mit anorganischen Verbindungen als Edukte oder Produkte müssen zusätzlich Schwankungen im natürlichen Isotopenverhältnis berücksichtigt werden.

Schließlich wirkt sich auch der oft höhere Aufwand beim Probenaufschluß und Nachweis nachteilig aus. So muß bei der zu untersuchenden Verbindung die Masse der einzelnen Isotope getrennt nachgewiesen und die Isotopenzusammensetzung des markierten Elements quantitativ bestimmt werden, um die isotopenangereicherten Substanzen von nicht angereicherten unterscheiden zu können. Dazu benötigt man ein hochauflösendes Massenspektrometer. Die Methode der Probenaufarbeitung hängt von der Art des Isotops ab. Beispielsweise wird ^{15}N nach dem Naßaufschluß zuerst in Ammoniumsulfat überführt, anschließend zu Stickstoff oxidiert und zuletzt massenspektrometrisch analysiert.

Der Nachweis von ^{15}N-markierten Verbindungen ist auch durch IR-, NMR-, Mikrowellen- und Emissionsspektroskopie möglich, die jedoch mit Ausnahme der letzten nicht für Routineuntersuchungen eingesetzt werden. Bei der Emissionsspektroskopie wird der Stickstoff bei niedrigem Druck durch hochfrequente Strahlung (13–100 MHz) angeregt. Das resultierende Emissionsspektrum im UV-Bereich hängt von der Isotopenzusammensetzung des Stickstoffmoleküls ab, so daß durch die Messung der relativen Intensitäten das Stickstoff-Isotopenverhältnis ermittelt werden kann. Diese Methode ist zwar weniger genau als die Massenspektrometrie, ermöglicht jedoch den Nachweis von Stickstoff noch bei einem N-Gehalt von weniger als 10 µg. Wegen der geringen Menge, die zur Analyse benötigt wird, besteht allerdings die Gefahr der Kontamination durch stickstoffhaltige Begleitsubstanzen.

Stabile Isotope werden in zunehmendem Ausmaß in der Landwirtschaft und in der Biologie eingesetzt. Ein Beispiel für die Verwendung von ^{15}N bei Freilandexperimenten ist der Lysimeterversuch zur Harnstoffaufnahme und -bilanzierung (Abb. 4.18). Dagegen sind stabile Isotope für Untersuchungen zum Transport von Substanzen in Organismen und zur Verteilung zwischen den Organen weniger geeignet. Derartige Versuche lassen sich nur dann relativ leicht durchführen, wenn flüssige Proben, wie Blut, Urin oder Pflanzensaft, entnommen werden können.

Für Experimente zur chemischen oder ökologischen Bilanzierung sind instabile Isotope besser geeignet. Zu den wichtigsten gehören ^{14}C, ^{3}H (T), ^{35}S, ^{32}P und ^{36}Cl. Mit Ausnahme von ^{32}P gehören sie alle zu den relativ energiearmen β-Strahlern. Energiereiche γ-Strahler finden meistens nur dort Verwendung, wo keine β-Strahler zur Verfügung stehen. Da die γ-Strahlung zu chemischen und biologischen Veränderungen führt, lassen sich solche Isotope für ökologische Untersuchungen nur bei speziellen Fragestellun-

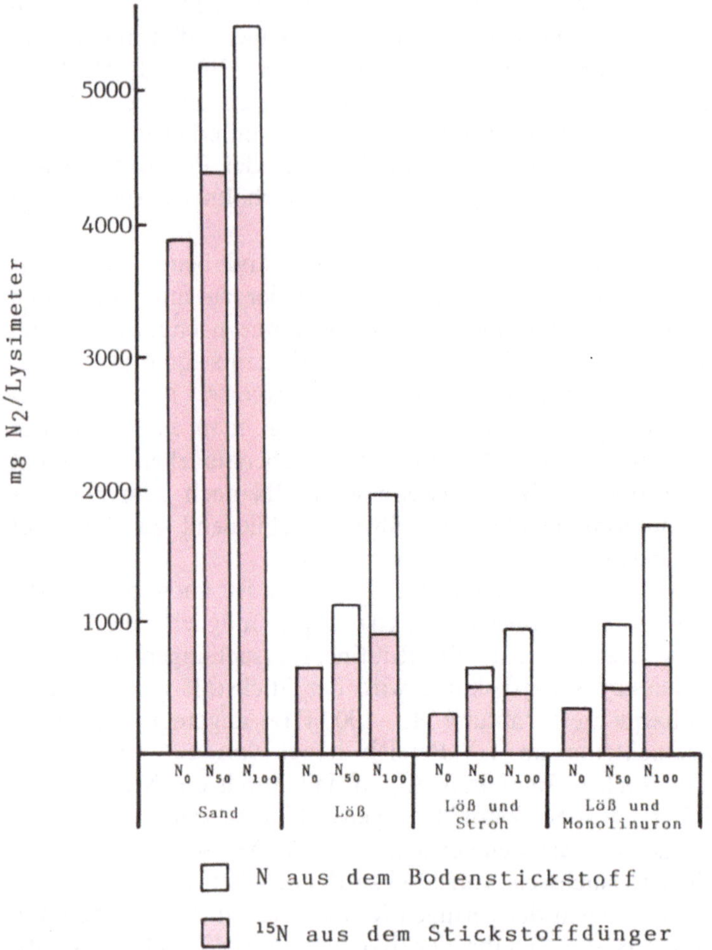

Abb. 4.18. Lysimeterversuch zur Bestimmung der Gesamtstickstoffaufnahme durch Kartoffelpflanzen in Abhängigkeit von Boden- bzw. Düngerstickstoff, Strohdüngung, Bodentyp und Einsatz von Monolinuron (N_0; N_{50}; N_{100} = 0; 50; 100 kg N/ha Dosierung). [Nach Korte]

gen benutzen. So nimmt man ^{11}C zur Messung des Assimilattransportes in Pflanzen, da dessen Strahlung im Gegensatz zur β-Strahlung des ^{14}C den Körper durchdringt und deshalb von außen gemessen werden kann.

Für die Detektion der Isotope ist ihre spezifische Aktivität von Bedeutung. Einerseits sollte sie groß genug sein, um eine hohe Nachweisempfindlichkeit zu garantieren, andererseits darf sie aber nicht während des Versuches zur Autoradiolyse der Verbindung führen. Radionuklide mit einer Aktivität von 10–100 nCi können mit den üblichen Detektoren, wie dem Geiger-Müller-Zähler, mit hoher Genauigkeit nachgewiesen werden. Auch 1–10 nCi ($\doteq$ 37–370 Bq) sind noch ohne größeren technischen

Aufwand meßbar. 10 nCi entsprechen z. B. bei ^{35}S ($t_{1/2} = 87{,}2$ d) einer Konzentration von $6{,}66 \cdot 10^{-12}$ mol/l.

Für Nachweis und Quantifizierung der markierten Verbindungen eignen sich verschiedene Detektortypen. Ionisationszähler werden sowohl zur qualitativen als auch zur halbquantitativen Bestimmung von β-Strahlern benutzt. Die Auswertung von Papier-, Dünnschicht- und Gaschromatogrammen erfolgt in der Regel mit Proportional-Durchflußzählern, die ausreichend empfindlich und einfach zu handhaben sind. Bei Papier- und Dünnschichtchromatogrammen läßt sich die Strahlenquelle durch Abtasten des Chromatogramms mit Scannern lokalisieren. Je nach Gerätetyp liegt die Zählausbeute zwischen 15 und ca. 25% für ^{14}C und bei ca. 1% für T. Bei der Gaschromatographie wird die zu messende Substanz zu ^{14}CO$_2$ oxidiert und anschließend in das Zählrohr überführt. Die Zählausbeute kann hier 90–95% erreichen. Die Nachweisgrenze für den Peak einer radioaktiven Substanz liegt bei 50–100 Zerfällen pro Minute. Mit HPLC-Geräten, die mit sehr leistungsfähigen Radiodetektionseinheiten gekoppelt sind, lassen sich noch Fraktionen mit einer Aktivität von ca. 20 Zerfällen pro Minute nachweisen.

Eine relativ einfache Methode für die Messung der Radioaktivitätsverteilung in Pflanzen, Gewebeschnitten oder Schichtdiagrammen ist die Autoradiographie, bei der hochempfindliche Filme durch die β-Strahlung geschwärzt werden. Wegen des etwas höheren Arbeitsaufwandes bei der Schnittpräparation und Filmexposition empfiehlt sich dieses Verfahren jedoch nicht für Routineanalysen. Die quantitative Auswertung erfolgt nach der Filmentwicklung durch Densitometrie. Die Nachweisgrenze für ^{14}C liegt bei ca. 10^5 Zerfällen pro cm^2, während für ein differenziertes Schwärzungsbild $5 \cdot 10^6$ Zerfälle pro cm^2 benötigt werden. Bei sehr niedriger Aktivität muß deshalb lange belichtet werden, wobei die Ergebnisse durch Diffusionsvorgänge verfälscht werden können. Dies gilt vor allem für die Mikroautoradiographie. Eine Steigerung der Empfindlichkeit läßt sich erreichen, indem man die Probe mit organischen Szintillatoren imprägniert (Szintillations-Autoradiographie = Fluorographie). Diese werden durch die β-Strahlung angeregt und emittieren Lichtquanten, welche wegen der geringeren Selbstabsorption zu einem größeren Teil in den Film gelangen.

Zur Messung energiearmer β-Strahlung sind vor allem Szintillationszähler geeignet. Bei ihnen wird die zu messende Verbindung in einem organischen Lösungsmittel gelöst, das zusätzlich einen Szintillator enthält. Ebensogut können Szintillatorgemische eingesetzt werden, bei denen ein Primärszintillator die β-Strahlung absorbiert und dann seinerseits den Sekundärszintillator anregt. Dessen Lichtemission wird über eine Photokathode und einen Sekundärelektronenvervielfacher nachgewiesen. Da die Bestimmung suspendierter Substanzen in manchen Fällen schwierig ist, können die Proben auch zu ^{14}CO$_2$ oxidiert und dann anhand eines Flüssig-Szintillationszählers quantifiziert werden. Die Zählausbeute beträgt für ^{14}C über 90% und für T ca. 60%. Die Hauptvorteile dieses Detektortyps sind seine Genauigkeit, die Einfachheit der Messung und der hohe Grad an Automation bei modernen Geräten.

Welches Isotop für die Markierung gewählt wird, hängt vom Ziel des Experimentes ab. Während sich ^{14}C zur Untersuchung der Veränderung des Kohlenstoffgerüstes im Verlauf von biotischen und abiotischen Umwandlungen am besten eignet, müssen ^{35}S, ^{32}P und ^{36}Cl dann verwendet werden, wenn ihr Verbleib bzw. derjenige ihrer jeweiligen Gruppe nach der Abspaltung geklärt werden soll. Sowohl mit ^{14}C als auch mit den anderen Isotopen kann der Einbau bestimmter Atome in Biomoleküle nachgewiesen werden. Problematisch bei ^{32}P und ^{35}S sind ihre kurzen Halbwertzeiten von 14,2 bzw. 87,5 Tagen. Auch ^{13}N kann wegen seines extrem schnellen Zerfalls ($t_{1/2} = 9{,}96$ min) nur für entsprechend kurzzeitige Experimente genutzt werden. Ähnliches gilt für ^{11}C mit einer Halbwertzeit von 20,3 min, das für Messungen des photosynthetischen Stoffumsatzes und des Assimilattransportes eingesetzt wird. Dagegen liegt die Schwierigkeit bei der Markierung mit T eher in dessen hoher Austauschrate bzw. in der Möglichkeit des enzymatischen Tritiumtransfers.

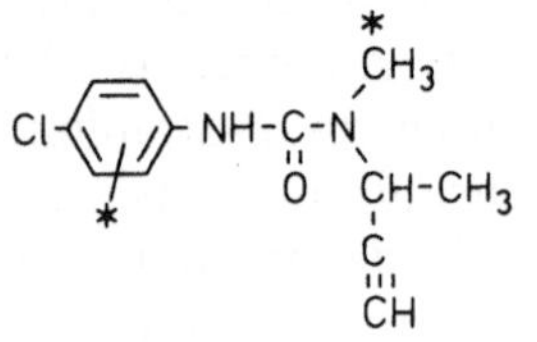

Abb. 4.19. Isotopenmarkierte Positionen bei Buturon. [Nach Korte]

Am häufigsten werden Verbindungen mit ^{14}C markiert. Soll das langfristige Verhalten der Chemikalie untersucht werden, dann muß das Isotop in die voraussichtlich stabilste Gruppe des Moleküls eingebaut werden. Können dagegen persistente Folgeprodukte entstehen, dann empfiehlt sich die Markierung der Verbindung an mehreren Positionen und die vergleichende Analyse ihrer Umwandlung in Parallelversuchen. So wurde beim Herbizid Buturon ^{14}C sowohl in den Ring als auch in eine Methylgruppe der Seitenkette eingeführt (Abb. 4.19), um zu entscheiden, welcher Teil des Moleküls unverändert bleibt und welcher Teil mineralisiert bzw. in Biomoleküle integriert wird.

Tabelle 4.9. Von der EG vorgeschriebene Methoden zur Bestimmung der physikalisch-chemischen Eigenschaften, der Toxizität und der Ökotoxizität von Chemikalien auf der Grundstufe der gesetzlichen Bewertung des Gefahrenpotentials. [Aus: Amtsbl. der EG L 251]

PC-Parameter	Definition	Einheiten
Schmelzpunkt bzw. Schmelzbereich	Schmelzpunkt = Temperatur, bei der unter normalem, atmosphärischem Druck der Übergang zwischen fester und flüssiger Phase stattfindet	$t\,(°C) =$ $T\,(K) - 273{,}15$

Prinzip	Bemerkungen
Allmähliches Aufheizen der Substanz und Registrierung der Temperatur des Schmelzbeginns und des vollständigen Schmelzens	*Maximale Genauigkeit:* Kapillarmethode: $\pm\,0{,}5-0{,}1$ K Heiztischmethoden: $\pm\,0{,}2-1$ K Gefrierpunktmethode: $\pm\,0{,}5$ K

Kapillarmethode: Eine geringe Menge der fein zerriebenen Substanz wird in einem Kapillarröhrchen verdichtet und dieses zusammen mit einem Thermometer in einem Flüssigkeitsbad oder einem Metallblock erhitzt. Während des Schmelzvorgangs sollte der Temperaturanstieg weniger als 1 K/min betragen. Man notiert die Temperatur des Schmelzbeginns und des vollständigen Schmelzens und eventuell dabei auftretende Zersetzung oder Sublimation. Die Registrierung des Schmelzens kann bei nicht stark gefärbten Substanzen auch mit einer Photozelle erfolgen (Änderung der optischen Eigenschaften beim Schmelzen).

Heiztischmethoden:

a) Schmelzmikroskop: Die Probe wird auf einem mit einer Glasplatte abgedeckten Objektträger auf eine Metallplatte über einer Heizkammer gelegt, durch eine Öffnung in der Mitte der Platte beleuchtet und während des Aufheizens durch ein Mikroskop bobachtet. Die Methode eignet sich zur Schmelzpunktbestimmung bei sehr kleinen Substanzmengen.

b) Kofler-Heizbank: Zwei beheizte Metallblöcke unterschiedlicher Wärmeleitfähigkeit sind so kombiniert, daß auf ihrer ganzen Länge ein fast linearer Temperaturgradient besteht. Die Bank ist mit einer Skala geeicht. Die Substanz wird in einer dünnen Schicht auf die Oberfläche der Bank gebracht, wobei sich zwischen flüssiger und fester Phase eine scharfe Trennlinie bildet, deren Temperatur an der Skala abgelesen wird.

c) Meniskusmethode: Bestimmt wird die Temperatur, bei der sich ein Silikonölmeniskus sichtbar verlagert, der zwischen dem Heiztisch und einer durch die Probe getragenen Glasabdeckplatte eingeschlossen ist. Diese Methode wird speziell für Polyamide verwendet.

Gefrierpunktmethode: Die Probe wird in einem speziellen Reagenzglas in einem geeigneten Gerät unter Rühren abgekühlt und alle 30 Sekunden die Temperatur notiert. Der Bereich, in dem die Temperatur während einiger Messungen konstant bleibt, ist (nach entsprechender Thermometerkorrektur) die Kristallisationstemperatur. Diese Methode wird speziell für Flüssigkeiten verwendet.

Tabelle 4.9 (Fortsetzung)

PC-Parameter	Definition	Einheiten
Siedepunkt bzw. Siedebereich	Standardsiedepunkt = Temperatur, bei der der Dampfdruck einer Flüssigkeit bei Sättigung dem Standarddruck entspricht	*Druck:* 100 kPa = 1 bar = 0,1 MPa 133 Pa = 1 mm Hg = 1 Torr (mm Hg und Torr sind als Einheiten nicht zugelassen) *Temp.:* t (°C) = T (K) − 273,15

Prinzip	Bemerkungen
Allmähliches Aufheizen der Substanz und Bestimmung der Siede- oder Rekondensationstemperatur unter Gleichgewichtsbedingungen	*Maximale Genauigkeit:* Ebulliometer: ± 1,4–2,5 K Dynamische Methode: ± 0,5 K Destillationsmethode: ± 0,5 K Verfahren nach Siwoloboff: ± 1–2 K Photozellen-Detektion: ± 0,3 K

Bestimmung mit dem Ebulliometer: Die Flüssigkeit wird in diesem Gerät bei atmosphärischem Druck unter Gleichgewichtsbedingungen bis zum Sieden erhitzt.

Dynamische Methode: Während des Siedeprozesses wird die Rekondensationstemperatur des Dampfes im Rückfluß mit einem Thermometer oder Thermoelement gemessen. Dabei wird ein bestimmter Druck (101,325 kPa) eingestellt. Der Siedepunkt ist erreicht, wenn die Temperatur bei konstantem Druck konstant bleibt. Die Methode ist anwendbar bis zu Temperaturen von 350 °C und eignet sich auch zu Dampfdruckbestimmungen.

Destillationsmethode: Die Flüssigkeit wird destilliert und sowohl die Rekondensationstemperatur des Dampfes als auch die Menge an Destillat bestimmt.

Verfahren nach Siwoloboff: Die Probe wird in einem Probenröhrchen im Wärmebad erhitzt. In das Probenröhrchen taucht eine Siedekapillare, die 1 cm über dem unteren Ende zugeschmolzen ist und im unteren Teil eine Luftblase enthält. Bestimmt wird die Temperatur, bei der eine regelmäßige Kette von Bläschen aus der Siedekapillare entweicht (Siedebeginn) bzw. bei der die Blasenkette bei Kühlung abbricht und die Flüssigkeit in der Siedekapillare ansteigt (Siedepunkt). In einem abgewandelten Verfahren wird das Probenröhrchen mit Siedekapillare in einem Metallblock erhitzt und die Zahl der aufsteigenden Bläschen automatisch photoelektrisch registriert. Dadurch werden Bestimmungen unterhalb der Raumtemperatur bis zu − 20 °C möglich.

Tabelle 4.9 (Fortsetzung)

PC-Parameter	Definition	Einheiten
Relative Dichte	Relative Dichte = Verhältnis zwischen der Masse eines bestimmten Volumens der Substanz bei 20 °C und der Masse des gleichen Volumens von Wasser bei 4 °C	*Dichte:* kg/m^3 *Relative Dichte:* dimensionslos

Prinzip	Bemerkungen
Ermittlung der Dichte aus dem Auftrieb eines Körpers in der flüssigen Substanz, dem Auftrieb der festen Substanz in Wasser oder aus Gewicht und Volumen	Keine Einschränkungen bezüglich des Reinheitsgrades

Auftriebsmethoden:
a) Aräometer: Die Dichte wird durch Ablesen der Eintauchtiefe eines Schwimmkörpers an einer Skala ermittelt. Die Methode ist auf Flüssigkeiten beschränkt.

b) Tauchkugelmethode: Die Flüssigkeit wird vor und nach dem Eintauchen einer Kugel bekannten Volumens gewogen und aus der Differenz der beiden Werte die Dichte bestimmt. Die Methode ist auf Flüssigkeiten beschränkt.

c) Hydrostatische Waage: Feste Proben werden sowohl an der Luft als auch in Wasser gewogen. Bei Flüssigkeiten wird ein Körper bekannten Volumens zuerst an der Luft und dann in der Probenflüssigkeit gewogen. Aus der Differenz der Werte wird die Dichte berechnet.

Pyknometer-Methoden: Pyknometer (unterschiedlicher Form, aber in jedem Fall mit bekannten Volumina) werden sowohl leer als auch mit der Probensubstanz gefüllt gewogen und aus der Differenz der Werte die Dichte berechnet. Die Methode eignet sich für feste und flüssige Stoffe. Speziell für Feststoffe können Luftvergleichspyknometer benutzt werden. Dabei wird das Volumen der Substanz in Luft oder einem Inertgas in einem Zylinder mit veränderbarem, kalibriertem Volumen ermittelt. Anschließend wird die Substanz gewogen und aus Volumen und Gewicht die Dichte berechnet.

Schwingungsdichtemesser: Ein in Form eines U-Rohrs gebauter, mechanischer Oszillator wird in Schwingungen versetzt. Deren Frequenz hängt von seiner Masse ab. Beim Eintauchen in eine Probenflüssigkeit ändert sich die Resonanzfrequenz in Abhängigkeit von der Dichte. Das Gerät wird mit zwei Flüssigkeiten bekannter Dichte geeicht, die den zu messenden Bereich einschließen.

Tabelle 4.9 (Fortsetzung)

PC-Parameter	Definition	Einheiten
Dampfdruck	Dampfdruck = Sättigungs-druck über einer festen oder flüssigen Substanz	*Druck:* in Pascal ($=$ Newton/m^2) 1 bar $= 10^5$ Pa; 1 at $= 9{,}81 \cdot 10^4$ Pa 1 atm $= 1{,}013 \cdot 10^5$ Pa 1 Torr $= 1$ mm Hg $= 1{,}333 \cdot 10^2$ Pa *Temp.:* in Kelvin: 1 °C $= 273{,}15$ K

Prinzip	Bemerkungen
Messung der Siedetemperatur bei vorgegebenem Druck oder des Drucks bei vorgegebener Temperatur oder Messung der Substanzmenge in der Gasphase	Verunreinigungen können das Ergebnis stark beeinflussen. *Reproduzierbarkeit:* dynamische Methode: 1–5% statische Methode: 5–10% Isoteniskop: 5–10% Dampfdruckwaage: 5–20% Gassättigungsmethode: 10–30%

Dynamische Methode: In einem Siedegefäß mit Aufsatzkühler wird die Siedetemperatur der Substanz bei verschiedenen festgesetzten Drücken zwischen 10^3 und 10^5 Pa gemessen. Der Siedepunkt bzw. bei Gemischen das Siedegleichgewicht ist erreicht, wenn die Temperatur bei konstantem Druck konstant bleibt. Die Methode ist anwendbar im Bereich von 10^3 bis 10^5 Pa bzw. 20 und 100 °C.

Statische Methode: Es wird der Dampfdruck gemessen, der sich in einem geschlossenen System bei verschiedenen vorgegebenen Temperaturen im thermodynamischen Gleichgewicht über einer Substanz einstellt. Die Methode eignet sich für Ein- und Mehrkomponentensysteme und ist anwendbar zwischen 10^{-3} und 1 Pa bzw. 0 und 100 °C.

Isoteniskop: Diese Methode beruht ebenfalls auf einem statischen Verfahren, eignet sich jedoch nicht für Mehrkomponentensysteme. Zur Dampfdruckbestimmung wird die Substanz in einem Isoteniskop durch wiederholtes Erhitzen bei Unterdruck entgast. Anschließend wird mittels eines Luftbades die gewünschte Temperatur eingestellt, der Dampfdruck gegen den bekannten Druck eines inerten Gases ausbalanciert und die Differenz abgelesen. Die Methode ist anwendbar zwischen 10^2 und 10^5 Pa bzw. 0 und 100 °C.

Dampfdruckwaage: Unter Vakuumbedingungen wird die Menge an Substanz pro Zeiteinheit bestimmt, die durch eine Öffnung bekannter Größe eine Meßzelle so verläßt, daß ihre Rückkehr in die Zelle vernachlässigt werden kann. Dabei mißt man den Impuls des Dampfstrahls auf eine empfindliche Waage oder ermittelt den Gewichtsverlust. Die Methode ist anwendbar zwischen 10^{-3} und 1 Pa bzw. 0 und 100 °C.

Gassättigungsmethode: Ein Strom eines inerten Trägergases wird so über die Substanz geleitet, daß er sich mit deren Dampf sättigt. Anschließend wird der Dampf in einer Falle gesammelt. Man mißt die Substanzmenge, die von einer bekannten Menge an Trägergas transportiert wird und berechnet daraus den Dampfdruck bei einer vorgegebenen Temperatur. Die Methode ist anwendbar bis 1 Pa.

Tabelle 4.9 (Fortsetzung)

PC-Parameter	Definition	Einheiten
Oberflächen-spannung	Oberflächenspannung = freie Oberflächenenthalpie pro Oberflächeneinheit	$1\ \mathrm{N/m} = 10^3\ \mathrm{dyn/cm}$ $1\ \mathrm{mN/m} = 1\ \mathrm{dyn/cm}$

Prinzip	Bemerkungen
Messung der maximalen Kraft, die nötig ist, um einen in Kontakt mit der Oberfläche der Flüssigkeit stehenden Gegenstand von der Oberfläche zu lösen bzw. mit ihm die Oberfläche hochzuziehen	Keine Einschränkung bezüglich des Reinheitsgrades der Substanzen

OECD-Ringmethode: Die zur Messung verwendeten Tensiometer bestehen im wesentlichen aus einem höhenverstellbaren Tisch, einem Kraftmeßsystem und einem Meßkörper (ein Ring aus Platin-Iridium-Draht mit einem Umfang von ca. 60 cm und einer Stärke von ca. 0,4 mm, der horizontal aufgehängt und mit dem Kraftmeßsystem verbunden ist). Die Prüfflüssigkeit befindet sich während der Messung in einem thermostatisierten Gefäß. Zur Bestimmung der Kraft wird das Tischoberteil sehr langsam abgesenkt, bis ein maximaler Wert der Kraft erreicht ist, ohne daß der am Ring haftende Flüssigkeitsfilm abreißt. Dann wird die Kraft abgelesen.

PC-Parameter	Definition	Einheiten	Prinzip
Wasserlöslichkeit	Wasserlöslichkeit einer Substanz = deren Massensättigungskonzentration in Wasser bei einer bestimmten Temperatur	$\mathrm{kg/m^3}$ oder g/l bei 20 °C	Bestimmung der Sättigungskonzentration bei der Prüftemperatur

Bemerkungen

Strukturformel, Dampfdruck, Dissoziationskonstante und pH-abhängiges Hydrolyseverhalten müssen vorher bekannt sein. Beide Methoden sind nicht anwendbar bei hochflüchtigen oder in Wasser zersetzbaren Substanzen. Die ungefähre Wasserlöslichkeit muß in einem Vorversuch ermittelt werden. Kleine Verunreinigungen können zu großen Fehlern führen; die Konzentration sollte deshalb mit einer substanzspezifischen Analysenmethode bestimmt werden.
Empfindlichkeit; Je nach Analysenmethode bis $< 10^{-6}$ g/l
Reproduzierbarkeit: Säulen-Elutions-Methode: $< 30\%$; Kolben-Methode: $< 15\%$

Säulen-Elutions-Methode: Eine Mikro-Säule wird mit einem inerten Trägermaterial (Glaskugeln, Sand oder Silicagel) und der Substanz im Überschuß gefüllt. Anschließend wird die Substanz mit bidestilliertem Wasser eluiert und die Konzentration der Eluatfraktion bestimmt. Das Sättigungsgleichgewicht ist erreicht, wenn die Konzentrationen von fünf

Tabelle 4.9 (Fortsetzung)

aufeinanderfolgenden Fraktionen um nicht mehr als $\pm\,30\%$ variieren. Dabei sollten die Proben in solchen zeitlichen Abständen genommen werden, daß zwischen ihnen mindestens 10 Säulenbett-Volumina durch die Säule gelaufen sind. Die Methode ist geeignet für schwerlösliche Substanzen ($< 10^{-2}$ g/l).

Kolben-Methode: Von der Probe wird durch längeres Schütteln von Wasser mit einem Überschuß an Substanz bei 30 °C eine heißgesättigte Lösung mit Bodenkörper hergestellt. Anschließend wird die Lösung 24 h unter gelegentlichem Schütteln bei 20 °C stehengelassen, bis sich das Sättigungsgleichgewicht wieder eingestellt hat, zentrifugiert und die Konzentration in der wäßrigen Phase bestimmt. Die Methode ist geeignet für leichtlösliche Substanzen ($> 10^{-2}$ g/l).

PC-Parameter	Definition	Einheiten	Prinzip
Fettlöslichkeit	Fettlöslichkeit = Massenanteil einer Substanz, der mit flüssigem Fett ohne chemische Reaktion eine homogene Phase bildet	mg/100 g Standardfett bei 37 °C	Bestimmung der Sättigungskonzentration bei der Prüftemperatur

Bemerkungen

Strukturformel, Stabilität der Substanz bei 50 °C, Wasserlöslichkeit und Verteilungskoeffizient sollten bekannt sein. Die Methode eignet sich nicht für bei 50 °C flüchtige Substanzen bzw. für solche, die mit Triglyceriden reagieren.

Methode: In einem Vorversuch wird die ungefähre Menge an Substanz ermittelt, die für eine bei 37 °C gesättigte Lösung in einem Standardfett benötigt wird. Mit jeweils der doppelten Menge an Prüfsubstanz werden unter längerem Rühren eine bei 50 °C und eine bei 30 °C gesättigte Lösung mit Bodenkörper hergestellt. Anschließend werden beide Lösungen bei 37 °C längere Zeit gerührt und dann noch mindestens 1 h bei 37 °C stehengelassen, bis sich die ungelösten Bestandteile abgetrennt haben und eine homogene Phase entstanden ist. Dabei ist darauf zu achten, daß keine Emulsion oder Suspension entsteht. Zuletzt wird jeder gesättigten Fettphase eine Probe entnommen, gewogen und der Massenanteil bestimmt.

Tabelle 4.9 (Fortsetzung)

PC-Parameter	Definition	Einheiten
Verteilungs-koeffizient	Verteilungskoeffizient (P) = Verhältnis der Gleichgewichtskonzentrationen (c_i) einer gelösten Substanz in einem Zweiphasensystem aus zwei weitgehend unmischbaren Lösungsmitteln (im allgemeinen Wasser und n-Octanol) $$P_{OW} = \frac{c_{\text{n-Octanol}}}{c_{\text{Wasser}}}$$	dimensionslos Angabe als log P

Prinzip	Bemerkungen
Bestimmung der Substanzkonzentration in beiden Phasen nach der Gleichgewichtseinstellung	Dissoziationskonstante, Wasserlöslichkeit und Oberflächenspannung sollten bekannt sein. Die Methode ist nicht geeignet für oberflächenaktive Substanzen. Das Ergebnis kann durch Verunreinigungen stark beeinflußt werden.

Methode: Definierte Volumina beider Phasen des Lösungsmittelsystems werden zusammengegeben, 24 h geschüttelt und dann stehengelassen, bis sich die Phasen getrennt haben und der Zustand gegenseitiger Sättigung erreicht ist. Um Verdampfungsverluste zu vermeiden, sollte das Gesamtvolumen des Zweiphasensystems das Prüfgefäß fast ausfüllen. Die Menge an zu lösender Substanz wird nach einem Vorversuch so festgelegt, daß in jeder Phase maximal 0,01 Mol/l gelöst sind, aber auch die Nachweisgrenze des verwendeten Analysenverfahrens nicht unterschritten wird. Anschließend wird die Substanz in n-Octanol gelöst (zwischen 1 und 100 mg/l), der Gehalt genau bestimmt, ein genau abgemessenes Volumen davon zum Zweiphasensystem gegeben und bei konstanter Temperatur (zwischen 20 und 25 °C) geschüttelt. Danach werden die beiden Phasen in einer möglichst thermostatisierten Zentrifuge getrennt und jeweils die Konzentration darin bestimmt.

Tabelle 4.9 (Fortsetzung)

PC-Parameter	Definition	Einheiten
Flammpunkt	Flammpunkt = niedrigste Temperatur (bezogen auf 101,325 kPa), bei der sich in einem geschlossenen Tiegel unter den Prüfbedingungen Dämpfe in solcher Menge entwickeln, daß sich ein durch Fremdzündung entflammbares Dampf-Luft-Gemisch bildet.	$t\,(^{\circ}\mathrm{C}) =$ $T\,(\mathrm{K}) - 273{,}15$

Prinzip	Bemerkungen
Allmähliche Erwärmung der Substanz in einem geschlossenen System, bis die Dampfkonzentration in der Luft zur Entzündung des Gemisches ausreicht.	Nur anwendbar auf Flüssigkeiten, deren Dämpfe durch Zündquellen entflammt werden können; Reproduzierbarkeit: je nach Methode max. $\pm\,2\,^{\circ}\mathrm{C}$; benötigte Vorinformation: Entzündlichkeit

Methode: Eine Substanzprobe wird in ein verschließbares Prüfgefäß gefüllt, das vor Zugluft geschützt aufgestellt wird. Der Tiegel wird allmählich erwärmt, bis der Dampf eine ausreichend hohe Konzentration in der Luft erreicht hat und das Dampf-Luft-Gemisch gezündet werden kann.

PC-Parameter	Definition
Entzündlichkeit	Leichtentzündlich sind a) Feststoffe, deren Abbrandgeschwindigkeit unter Versuchsbedingungen $< 45\,\mathrm{s}$ ist b) alle Metallpulver, die entzündet werden können und vollständig durchglühen c) feste und flüssige Stoffe, die in Kontakt mit Feuchtigkeit leichtentzündliche Gase ($> 1\,\mathrm{l/kg} \cdot \mathrm{h}$) entwickeln d) feste oder flüssige Substanzen, die sich bei Kontakt mit der Luft bei Raumtemperatur innerhalb von 5 min selbst entzünden

Einheiten	Prinzip	Bemerkungen
Abbrandzeit: in s	Messung der Entzündbarkeit und Schnelligkeit der Flammenausbreitung	*Benötigte Vorinformation:* Explosionsgefahr

Feststoffe: Mit Hilfe einer Metallform wird die Prüfsubstanz in ihrer handelsüblichen Form auf einer nicht brennbaren Platte zu einer Schüttung von 250 mm Länge geformt und an einem Ende entzündet. Nach einem Abbrand von 80 mm wird die Abbrandzeit über die folgenden 100 mm gemessen. Die Methode ist anwendbar auf körnige, pulverige und pastenförmige Substanzen.

Gase: Ein Glaszylinder mit Zündelektroden und Druckentlastungsöffnung wird mit einem Gas/Luft-Gemisch gefüllt. Anschließend wird bei Raumtemperatur ein Induktionsfunke von 0,5 s Dauer erzeugt und beobachtet, ob sich eine Flamme von der Zündquelle

Tabelle 4.9 (Fortsetzung)

ablöst und selbständig ausbreitet. Der Gasanteil des Gemisches wird ausgehend von 1 % Volumenanteil stufenweise um 1 % erhöht, bis eine Entzündung erfolgt. Die beiden Grenzwerte des Brenngasgehaltes, bei denen eine selbständige Flammenausbreitung gerade nicht mehr auftritt, gibt den Explosionsbereich des Gemisches an.

Stoffe und Zubereitungen, die bei Kontakt mit Wasser oder Luftfeuchtigkeit leichtentzündliche Gase in gefährlichen Mengen entwickeln: Die Substanz wird zuerst in destilliertes Wasser von 20 °C gegeben und festgestellt, ob sich das dabei entwickelte Gas entzündet. Anschließend wird die Substanz auf Filterpapier gegeben, das auf der Oberfläche von 20 °C warmem destilliertem Wasser schwimmt, und das sich entwickelnde Gas auf Entzündlichkeit geprüft. Danach werden einige Tropfen destilliertes Wasser auf eine Schüttung der Prüfsubstanz von 2 cm Höhe und 3 cm Durchmesser gegeben und das Gas erneut geprüft. Zuletzt wird die Prüfsubstanz mit 20 °C warmem, destilliertem Wasser versetzt und über einen längeren Zeitraum (je nach Bedarf 7 h bis 5 Tage) in Abständen von je 1 h die entwickelte Gasmenge gemessen. Die Messung kann abgebrochen werden, wenn die Menge zu irgendeinem Zeitpunkt 1 l/kg · h übersteigt. Die Methode eignet sich nicht für Stoffe, die sich bei Kontakt mit der Luft selbst entzünden.

Selbstentzündlichkeit: Eine Prozellanschale von 10 cm Durchmesser wird ca. 5 mm hoch mit Diatomeenerde gefüllt. Ca. 5 cm³ der zu prüfenden Flüssigkeit werden in die Schale gegossen und beobachtet, ob sie sich innerhalb von 5 min selbst entzünden. Von pulverförmigen Feststoffen werden 1–2 cm³ aus ca. 1 m Höhe auf eine nicht brennbare Unterlage geschüttet und beobachtet, ob sie sich beim Fallen oder nach Ablagerung innerhalb von 5 min entzünden.

PC-Parameter	Definition	Einheiten
Relative Selbstentzündungstemperatur	Selbstentzündungstemperatur = niedrigste Temperatur, bei der sich die Substanz bei Kontakt mit Luft unter Prüfbedingungen selbst entzündet	°C

Prinzip	Bemerkungen
Langsames Aufheizen der Substanz und Aufnahme einer Innentemperatur-Zeit-Kurve	*Benötigte Vorinformation:* Explosionsgefahr

Methode: Eine definierte Substanzmenge wird in einem Ofen mit einer Rate von 0,5 °C/min von Raumtemperatur auf 400 °C erhitzt (bzw. bis zum Schmelzpunkt der Substanz, falls dieser < 400 °C ist). Gleichzeitig wird die Temperatur im Innern der Probe gemessen und eine Temperatur-Zeit-Kurve erstellt. Da bei Selbstentzündung unter Versuchsbedingungen die Wärmeentwicklung größer ist als die Wärmeableitung, steigt die Innentemperatur der Probe in einem solchen Fall über die Ofentemperatur hinaus stark an. Diejenige Ofentemperatur, bei der die Probentemperatur durch Selbsterhitzung 400 °C erreicht hat, wird als Selbstentzündungstemperatur bezeichnet. Diese Methode ist nicht geeignet für explosive Stoffe.

Tabelle 4.9 (Fortsetzung)

PC-Parameter	Definition	Einheiten	Prinzip
Explosionsgefahr	Explosionsgefährlich sind Stoffe und Zubereitungen, die durch Flammenzündung zur Explosion gebracht werden können bzw. gegen Stoß oder Reibung empfindlicher sind als Dinitrobenzol.	–	Die Probe wird erhitzt, gerieben und einem Schlag ausgesetzt und festgestellt, ob es dabei zur Explosion kommt.

Bemerkungen

Die Prüfungen sind überflüssig, wenn thermodynamische Daten (Bildungs-, Zersetzungsenthalpie) oder Strukturformel erkennen lassen, daß der Stoff sich nicht unter schneller, wärmeliefernder Bildung von Gasen zersetzen kann.

Thermische Empfindlichkeit: Als Vorversuch wird zuerst eine sehr kleine Menge der Prüfsubstanz offen mit einem Bunsenbrenner erhitzt. Anschließend werden Proben davon unter unterschiedlichen Einschlußbedingungen in einer Stahlhülse erhitzt. Tritt während eines Einzelversuches innerhalb von 5 min keine Explosion ein, dann wird der Versuch abgebrochen. Ein Stoff gilt als explosionsgefährlich, wenn er unter den Prüfbedingungen zur Explosion kommt, d. h., wenn die Hülse in drei oder mehr Splitter zerlegt wird.

Mechanische Empfindlichkeit (Stoß): Die trockene, zerkleinerte und gesiebte Prüfsubstanz wird auf einem Stahlamboß dem Schlag eines Fallgewichtes von 10 kg mit einer Fallhöhe von 0,4 m ausgesetzt. Die Probe gilt als explosionsgefährlich, wenn es bei sechs Einzelversuchen mindestens einmal zur Explosion oder Entzündung kommt.

Mechanische Empfindlichkeit (Reibung): Die trockene, zerkleinerte und gesiebte Prüfsubstanz wird auf ein bewegliches Porzellanplättchen gebracht, das in einem durch Gleitschienen geführten Schlitten befestigt wird. Auf die Probe wird ein Porzellanstift fest aufgesetzt und mit ca. 360 N belastet. Anschließend wird der Schlitten durch einen Motor so angetrieben, daß das Porzellanplättchen unter dem Stift eine Hin- und Herbewegung von 10 mm Länge ausführt. Eine Probe gilt als explosionsgefährlich, wenn bei 6 Einzelversuchen mindestens einmal eine Explosion, Entflammung oder ein Knistern auftritt.

Tabelle 4.9 (Fortsetzung)

PC-Parameter	Definition	Einheiten	Prinzip
Brandfördernde Eigenschaften	Abbrandzeit = Zeit, in der sich die Reaktionszone über die Schüttung ausbreitet	Abbrandzeit: s Abbrandgeschwindigkeit: mm/s	Mischung der Probe mit einer brennbaren Substanz, Entzündung und Messung der Abbrandgeschwindigkeit

Bemerkungen

Benötigte Vorinformation: Explosionsgefahr, Entzündbarkeit und toxische Eigenschaften Die Prüfung ist nicht notwendig, wenn anhand der Strukturformel erkennbar ist, daß der Stoff mit brennbarem Material nicht exotherm reagieren kann.

Methode: Die getrocknete, zerkleinerte und gesiebte Prüfsubstanz wird mit einer definierten brennbaren Substanz (Weichholzsägemehl oder Cellulosepulver mit mehr als 85% Anteil an Fasern mit einer Länge von 0,02 bis 0,075 mm) in verschiedenen Verhältnissen von 10 bis 90% Massenanteil an Oxidationsmittel (in Intervallen von 10%) gemischt. Die Mischung wird auf einer nicht brennbaren Unterlage zu einer Schüttung geformt und mit einem Gasbrenner oder erhitzten Platindraht gezündet. Nachdem die Reaktionszone sich 30 mm vom Startpunkt entfernt hat, wird die Abbrandzeit über eine Strecke von 200 mm gemessen. Ist die höchste der bei mehreren Versuchen gemessenen Abbrandgeschwindigkeiten größer oder gleich der des Referenzgemisches oder zeigt das Gemisch eine heftige Reaktion, dann gilt die Substanz als brandfördernd. Als Referenzgemisch dient Bariumnitrat (p. a.)/Cellulosepulver (üblicherweise mit einem Massenanteil an Bariumnitrat von 60%). Die Methode ist nicht anwendbar auf explosive oder leicht entzündliche Substanzen, organische Peroxide oder brennbare feste Stoffe, die unter den Versuchsbedingungen schmelzen.

Parameter	Definition	Einheiten
Akute Toxizität	Akute Toxizität = Schädigende Auswirkungen, die innerhalb eines bestimmten Zeitraumes nach Verabreichung einer Einzeldosis der Substanz auftreten	LD_{50} (mg/kg Körpergewicht) = statistisch errechnete Einzeldosis, die voraussichtlich bei 50% der exponierten Tiere tödlich wirkt

Prinzip	Bemerkungen
Einmalige Behandlung mehrerer Versuchstiergruppen mit der Substanz in unterschiedlichen Dosierungen und auf unterschiedliche Weise und Beobachtung der Auswirkungen über einen längeren Zeitraum	Kontrollierte Versuchsbedingungen und eine gute, artgerechte Haltung und Fütterung der Tiere müssen gewährleistet sein

Methode: Vor dem Versuch werden die Tiere mehrere Tage lang unter experimentellen Haltungs- und Fütterungsbedingungen eingewöhnt. Dann werden geschlechtsreife, junge Tiere randomisiert, in Gruppen von je 5 männlichen und 5 weiblichen Tieren aufgeteilt

Tabelle 4.9 (Fortsetzung)

und die Prüfsubstanz in abgestuften Dosierungen (eine Dosierung pro Gruppe) appliziert. Die Dosisgruppen (mindestens 3) müssen die Bestimmung der LD_{50} und das Erkennen einer Dosis-Wirkungs-Beziehung ermöglichen. Die maximale Dosis richtet sich nach der Art der Applikation. Nach der Verabreichung der Substanz werden die Tiere mindestens 14 Tage lang beobachtet und der Zeitpunkt des Auftretens und Abklingens von Vergiftungserscheinungen, die Art der Symptome (Veränderung von Haut, Fell, Augen, Schleimhäuten, Atmung, Kreislauf, Gewicht, Motorik, Verhalten u. a.) und der Zeitpunkt von Todesfällen registriert. Nach Abschluß des Versuches werden sowohl die gestorbenen als auch die überlebenden Tiere seziert und nötigenfalls Gewebeproben für histopathologische Untersuchungen entnommen.

Art der Applikation:

Oral: Als Versuchstiere sollten, wenn möglich, Ratten verwendet werden. Die Substanz wird in einem geeigneten Lösungsmittel (möglichst Wasser oder Pflanzenöl) gelöst oder suspendiert. Die Volumina der verschiedenen Dosierungen sollten so wenig wie möglich differieren. Das maximale Volumen für Nagetiere sollte 10 ml/kg Körpergewicht (bei wäßrigen Lösungen 20 ml/kg) sein. Die maximale Dosis beträgt 5000 mg/kg. Vor der Applikation erhalten die Tiere über längere Zeit (bei Ratten eine Nacht lang) kein Futter. Dann werden sie gewogen und die Substanz in einer einmaligen Dosis (oder in Teilmengen über einen Zeitraum von maximal 24 h) oral mit der Schlundsonde verabreicht. Danach wird der Futterentzug noch 3–4 Stunden beibehalten. Bei einer Verabreichung in Teilmengen müssen die Tiere je nach der Länge des Expositionszeitraums zwischendurch gefüttert werden.

Inhalation: Als Versuchstiere sollten, wenn möglich, Ratten verwendet werden. Es wird eine Inhalationsanlage benutzt, die einen dynamischen Luftstrom mit einem mindestens zwölfmaligen Luftwechsel pro Stunde, einen angemessenen Sauerstoffgehalt und eine gleichmäßig verteilte Exposition garantiert. Für Expositionen des Mund-Nasenbereichs, des Kopfes bzw. des ganzen Körpers werden Inhalationskammern verwendet. Die Temperatur sollte während des Versuches ca. 22 °C betragen und die relative Luftfeuchtigkeit zwischen 30 und 70 % liegen. Die maximale Dosis liegt bei 20 mg/l bei Gasen und 5 mg/l bei Aerosolen und Stäuben; die Expositionsdauer beträgt mindestens 4 Stunden.

Dermal: Als Versuchstiere können Ratten oder Kaninchen benutzt werden. Ca. 24 h vor Versuchsbeginn wird das Fell auf dem Rücken (ca. 10 % der Körperoberfläche) abgeschnitten bzw. rasiert. Dabei darf die Haut nicht verletzt werden. Feststoffe werden mit Wasser angefeuchtet, flüssige Prüfsubstanzen werden unverdünnt in einer dünnen, einheitlichen Schicht aufgetragen. Die maximale Dosis beträgt 2000 mg/kg, die Expositionsdauer 24 h. In dieser Zeit wird die Substanz mit einem Pflaster festgehalten und so abgedeckt, daß sie nicht oral aufgenommen werden kann. Anschließend werden die Reste sorgfältig abgewaschen. Während des Versuchs werden die Tiere einzeln gehalten.

Tabelle 4.9 (Fortsetzung)

Parameter	Definition	Prinzip
Akute Reizwirkung	*Hautreizung* = Auslösung von reversiblen Entzündungserscheinungen *Augenreizung* = Auslösung von reversiblen Veränderungen am Auge *Hautsensibilisierung* = immunologische Hautreaktion	Behandlung der Haut bzw. eines Auges der Tiere mit der Substanz und Beobachtung der Haut- bzw. Augenreaktion über einen längeren Zeitraum

Bemerkungen

Stark saure oder alkalische oder bereits als giftig nachgewiesene Substanzen brauchen nicht mehr auf Reizwirkung geprüft zu werden.

Hautreizung: Als Versuchstier wird das Albino-Kaninchen bevorzugt. Die Tiere werden einzeln gehalten. Ca. 24 h vor Versuchsbeginn wird das Fell auf dem Rücken geschoren, wobei die Haut nicht verletzt werden darf. Von Flüssigkeiten werden 0,5 ml und von Festsubstanzen 0,5 g (mit Wasser angefeuchtet) auf eine Hautfläche von ca. 6 cm^2 aufgetragen, mit einem Mulläppchen abgedeckt und durch einen Verband so gesichert, daß sie nicht oral aufgenommen oder inhaliert werden können. Nach 4 Stunden wird die Substanz möglichst schonend entfernt. Die Beobachtungszeit beträgt normalerweise maximal 14 Tage. Dabei wird das Auftreten und Abklingen von Rötung, Schorfbildung oder Ödemen registriert. Als Kontrolle dient die unbehandelte Haut des gleichen Tieres, so daß keine Vergleichstiere benötigt werden.

Augenreizung: Die bevorzugte Tierart ist das Albino-Kaninchen. 0,1 ml bzw. 0,1 g der Prüfsubstanz werden unter den Bindehautsack eines Auges appliziert. Das unbehandelte Auge dient als Kontrolle. Die Expositionszeit beträgt 24 h. Nach 1, 24, 48 und 72 Stunden werden die Augen auf Veränderungen an Cornea, Iris und Bindehaut untersucht. Insgesamt genügt normalerweise eine Beobachtungszeit von 21 Tagen. Tritt eine Reizung auf, dann kann zusätzlich geprüft werden, ob sich die reizende Wirkung durch Auswaschen des Auges 4 s bzw. 30 s nach der Applikation verringern läßt.

Hautsensibilisierung: Als Versuchstier wird das Albino-Meerschweinchen benutzt. Das Fell wird im Schulterbereich geschoren und die Tiere gewogen. In der Induktionsphase erhalten die Tiere zu Beginn jeweils drei intrakutane Injektionen in beide Schultern: 0,1 ml Freund'sches Adjuvans (FCA), 0,1 ml Prüfsubstanz (evtl. in einem Vehikel) und 0,1 ml Prüfsubstanz in FCA. Eine Woche später werden die Schultern erneut geschoren, die (ggf. in einem geeigneten Vehikel gelöste) Substanz wird dermal appliziert und für 48 Stunden mit einem Verband fixiert. 21 Tage nach der Erstbehandlung erfolgt die Auslöseexposition. Dazu werden die Flanken geschoren. Auf die linke Flanke wird die Prüfsubstanz appliziert und auf die rechte das Vehikel. Die Konzentration der Prüfsubstanz sollte der maximalen Dosierung entsprechen, die in der Induktionsphase verträglich ist, d. h. sie darf bei nicht sensibilisierten Tieren keine Hautreizung hervorrufen. Die Expositionszeit beträgt 24 Stunden. 48 und 72 Stunden nach der Auslöseexposition wird die Haut auf eine Reizung untersucht.

Tabelle 4.9 (Fortsetzung)

Parameter	Definition	Prinzip
Subakute Toxizität	Subakute (= subchronische) Toxizität = schädigende Auswirkungen, die innerhalb eines kurzen Zeitraumes als Ergebnis wiederholter täglicher Exposition auftreten	Tägliche Behandlung mehrerer Versuchstiergruppen mit der Substanz in unterschiedlichen Dosierungen und auf unterschiedliche Weise und Beobachtung der Auswirkungen über einen längeren Zeitraum

Methode: Vor dem Versuch werden die Tiere mehrere Tage lang unter experimentellen Fütterungs- und Haltungsbedingungen eingewöhnt und den Versuchsgruppen zugeordnet. Dann wird die Prüfsubstanz in mindestens drei abgestuften Dosierungen (eine Dosierung pro Gruppe) appliziert. Dabei sollte die höchste Dosierung so gewählt werden, daß bei einmaliger Applikation auf jeden Fall toxische Effekte auftreten, die Tiere aber nicht oder nur in sehr geringer Zahl sterben. Die niedrigste Dosierung darf keine sichtbaren toxischen Effekte hervorrufen. Anschließend werden die Tiere über einen Zeitraum von 28 Tagen täglich auf Vergiftungssymptome (Zeitpunkt, Grad und Dauer) kontrolliert und der Zeitpunkt von Todesfällen registriert. Im Anschluß an den Versuch werden die Tiere seziert und makroskopisch, histopathologisch und klinisch-biochemisch (Blutparameter) untersucht.

Art der Applikation:

Oral: Als Versuchstiere werden Ratten verwendet. Die Verabreichung erfolgt in konstanter Konzentration 28 Tage lang täglich im Futter, in Kapseln, im Trinkwasser oder mit der Schlundsonde. Die jeweilige Methode wird bei allen Tieren während des ganzen Versuchs beibehalten. Wird die Substanz mit der Schlundsonde verabreicht, dann muß das täglich zur gleichen Zeit erfolgen. Die Dosierungen sollten wöchentlich oder 14tägig so angepaßt werden, daß ihre Relation zum Körpergewicht der Tiere erhalten bleibt.

Inhalation: Für die Versuche werden Ratten benutzt. Die Applikation erfolgt mit einer Inhalationsanlage, die einen dynamischen Luftstrom mit einem zwölfmaligen Luftwechsel pro Stunde, einen adäquaten Sauerstoffgehalt und eine gleichmäßig verteilte Exposition garantiert. Wenn eine Inhalationskammer verwendet wird, dann sollte das Gesamtvolumen der Versuchstiere 5% des Kammervolumens nicht überschreiten. Die Exposition erfolgt an 5–7 Tagen pro Woche 6 Stunden lang. Währenddessen erhalten die Tiere weder Futter noch Wasser.

Dermal: Es können Ratten, Kaninchen oder Meerschweinchen verwendet werden. Kurz vor Versuchsbeginn wird das Fell auf dem Rücken geschoren. Das Scheren muß wöchentlich wiederholt werden, wobei die Haut nicht verletzt werden darf. Feststoffe werden mit Wasser angefeuchtet, Flüssigkeiten unverdünnt appliziert und mit einem Verband abgedeckt. Die Einwirkzeit beträgt mindestens 6 Stunden pro Tag.

Tabelle 4.9 (Fortsetzung)

Parameter	Definition	Prinzip
Mutagenität	Mutagen sind Substanzen, die in Säuger- bzw. Bakterienzellen Chromosomenaberrationen bzw. Genmutationen auslösen	Behandlung von Zellkulturen bzw. Versuchstieren mit der Prüfsubstanz, Anreicherung von Metaphasen durch Applikation eines Spindelinhibitors und Untersuchung der Zellen auf die Häufigkeit von Chromosomenaberrationen bzw. Genmutationen

In vitro-Test (Säuger): Die Prüfsubstanz wird in einem Kulturmedium bzw. Trägermaterial gelöst und in unterschiedlichen Konzentrationen zu Kulturen von etablierten Zellinien (menschlichen Lymphozyten oder Zellen von chinesischen Hamstern) in der exponentiellen Wachstumsphase gegeben. Einem Teil der Kulturen wird außerdem ein Leberenzym-Aktivierungsgemisch zugesetzt. Wenn die Behandlung nicht die gesamte Länge eines Zellzyklus umfaßt, dann muß zu mehreren Zeiten fixiert werden, um Zellen zu erhalten, die sich während der Exposition in verschiedenen Phasen des Zellzyklus befanden. 1 bis 2 Stunden vor der Entnahme werden die Kulturen mit einem Spindelinhibitor (Colchicin) behandelt, damit sich Metaphasen anreichern. Zu geeigneten Zeitpunkten werden die Zellen aufgearbeitet und Chromosomenpräparate hergestellt. Die gefärbten Präparate werden auf Chromosomenaberrationen untersucht. Als Negativkontrollen dienen sowohl unbehandelte Kulturen als auch solche, die nur mit dem Leberenzym-Aktivierungsgemisch (bzw. nur mit dem Lösungsmittel der Substanz) behandelt wurden. Bei der Verwendung von Leberenzym-Aktivierungsgemischen muß eine Positivkontrolle mit einer Verbindung durchgeführt werden, die nachgewiesenermaßen eine Stoffwechselaktivierung erfordert.

In vivo-Test (Säuger): Die Prüfsubstanz wird in physiologischer Kochsalzlösung gelöst bzw. in einem nicht-toxischen, unreaktiven Trägermaterial suspendiert und den Versuchstieren (Ratten, Mäuse oder chinesische Hamster) oral oder intraperitoneal appliziert. Als Positivkontrolle wird eine Verbindung verwendet, von der bekannt ist, daß sie in vivo Chromosomenaberrationen verursacht. Zusätzlich werden Negativkontrollen durchgeführt. 6, 24 bzw. 48 Stunden nach der Applikation werden die Tiere intraperitoneal mit einem Spindelinhibitor (Colchicin) behandelt und getötet. Das Knochenmark beider Oberschenkel wird mit einer isotonischen Lösung herausgespült, die Zellen präpariert, angefärbt und auf Chromosomenaberrationen untersucht.

Mikrokerntest: Mikrokerne bilden sich aus Chromosomenbruchstücken oder ganzen Chromosomen in proliferierenden Zellen. Bei der Entwicklung von Erythroblasten zu Erythrozyten wird der Hauptkern ausgestoßen, während der Mikrokern im Zytoplasma bleibt. Der Mikrokerntest wird analog zum in vivo-Test an Mäusen durchgeführt und die Knochenmarkzellen präpariert. Anschließend werden die polychromatischen Erythrozyten auf die Häufigkeit von Mikrokernen analysiert. Zusätzlich wird das Verhältnis von normochromatischen zu polychromatischen Erythrozyten bestimmt.

Rückmutationstest (Ames-Test): Die Methode entspricht dem in vitro-Test (Säuger). Verwendet werden Bakterienstämme, die eine vom Wildtyp phänotypisch leicht unterscheidbare Punktmutation aufweisen (z. B. Enzymmangelmutanten). Die Kulturen werden mit und ohne Zusatz eines stoffwechselaktivierenden Systems mit der Prüfsubstanz behandelt und dann bei 37 °C 48–72 Stunden lang inkubiert. Anschließend werden die Revertanten-Kolonien ausgezählt. Toxizität wird durch Reduzierung spontaner Revertanten, durch vermindertes Hintergrundwachstum bzw. anhand des Überlebens der Bakterien in den behandelten Kulturen nachgewiesen. Geeignete Bakterienstämme sind WPZ, WP2uvrA und WP2uvrApKM101 von Escherichia coli (Reversionssystem: $trp^- \longrightarrow trp^+$) und TA 1535, TA 1537, TA 98 und TA 100 von Salmonella typhimurium (Reversionssystem: $his^- \longrightarrow his^+$).

Tabelle 4.9 (Fortsetzung)

Parameter	Definition	Einheiten	Prinzip
Chemischer Sauerstoff-bedarf (CSB)	CSB = Sauerstoffmenge eines Oxidationsmittels, das eine bestimmte Substanz unter Testbedingungen verbraucht	g Sauerstoff-verbrauch/ g Prüfsubstanz	Oxidation der Substanz mit Dichromat und Rücktitration des unverbrauchten Dichromats

Bemerkungen

Nur anwendbar für feste und flüssige organische Substanzen;
benötigte Vorinformation: Gehalt an Halogen- und Eisensalzen oder halogenierten Kohlenwasserstoffen.

Methode: Eine bestimmte Menge der in Wasser gelösten oder verteilten Substanz wird in stark schwefelsaurem Medium mit Kaliumdichromat im Überschuß und in Anwesenheit von Silbersulfat durch Erhitzen am Rückflußkühler angereichert. Das nicht verbrauchte Dichromat wird durch Titration mit standardisierter Ammoniumeisen(II)sulfatlösung bestimmt. Das Ergebnis kann durch enthaltene Chloride verfälscht werden. Zur Verringerung der Störungen wird bei chlorhaltigen Verbindungen Quecksilbersulfat zugesetzt. Auch Verunreinigungen mit anderen anorganischen oder reduzierenden bzw. oxidierenden Verbindungen können den CSB-Wert verfälschen.

Parameter	Definition	Einheiten
Biochemischer Sauerstoff-bedarf (BSB)	BSB = Menge an gelöstem Sauerstoff, die zur biochemischen Oxidation einer bestimmten Menge einer gelösten Substanz unter Testbedingungen nötig ist	g Sauerstoffbedarf (BSB)/g Prüfsubstanz

Prinzip	Bemerkungen
Bestimmung des Sauerstoffverbrauchs durch Testkulturen in einem mit Substanz versetzten Nährmedium	Nur anwendbar für organische Substanzen, die in den Testkonzentrationen nicht hemmend auf die Kulturorganismen wirken

Methode: Die Prüfsubstanz wird in einer geeigneten Konzentration in einem sauerstoffreichen Nährmedium gelöst oder dispergiert, mit einem Inokulum angeimpft und bei gleichbleibender Temperatur im Dunkeln inkubiert. Die Testdauer sollte zwischen 5 und 28 Tagen liegen. Parallel dazu wird ein Blindversuch ohne Prüfsubstanz durchgeführt. Vor Beginn und nach Beendigung des Tests wird der Gehalt an gelöstem Sauerstoff bestimmt.

Tabelle 4.9 (Fortsetzung)

Parameter	Definition	Einheiten
Hydrolysier-barkeit	Hydrolysierbarkeit = die Geschwindigkeit der Reaktion $RX + H_2O \longrightarrow ROH + HX$ bzw. die Halbwertzeit (= Zeit, nach der die Ausgangskonzentration der Substanz um 50% reduziert ist)	$k\,(\text{Zeit}^{-1}) = \dfrac{2{,}303}{t} \cdot \lg \dfrac{C_0}{C_t}$ $t_{1/2}(\text{Zeit}) = \dfrac{0{,}693}{k}$

Prinzip

Verfolgung der Konzentrationsabnahme der Substanz in Wasser und Ermittlung der Konstante aus den Werten.

Methode: Die Substanz wird in geringer Konzentration (max. 0,01 M bzw. die halbe Sättigungskonzentration, je nachdem, welcher Wert niedriger ist) in gepuffertem Wasser von pH 4,7 und 9 gelöst. Das verwendete Puffersystem darf die Hydrolysegeschwindigkeit nicht beeinflussen. Bei schwerlöslichen Verbindungen können auch mit Wasser mischbare, organische Lösungsmittel verwendet werden. Sie dürfen aber den Verlauf der Hydrolyse nicht beeinflussen, und der Anteil an organischen Lösungsmitteln sollte geringer sein als 1%. Gelöster Sauerstoff und mögliche bakterielle oder photochemische Zersetzungen müssen ausgeschlossen werden. Anschließend wird bei verschiedenen, jeweils konstant gehaltenen Temperaturen ($\pm$ 0,5 °C) mit einer für die Substanz geeigneten Analysenmethode die Konzentrationsabnahme in Abhängigkeit von der Zeit verfolgt. Die Logarithmen der Konzentrationen werden gegen die Zeit aufgetragen und daraus die Geschwindigkeitskonstante pseudoerster Ordnung und die Halbwertzeit ermittelt. Wenn die direkte Bestimmung der Konstanten für eine gegebene Temperatur nicht möglich ist, dann trägt man den Logarithmus der bei anderen Temperaturen ermittelten Konstanten gegen den reziproken Wert der Temperatur (in K) auf und extrapoliert daraus den Wert.

Tabelle 4.9 (Fortsetzung)

Parameter	Definition	Einheiten
Fisch- und Daphnien-Toxizität	Akute Toxizität = deutlich erkennbare schädigende Wirkung, die im Organismus innerhalb kurzer Zeit durch Einwirkung des Stoffes hervorgerufen wird	LC_{50} (mg/l oder ppm) = Konzentration im Wasser, die 50% der Fische innerhalb der Prüfzeit tötet. EC_{50} (ppm) = mittlere effektive Konzentration, die 50% der Daphnien innerhalb der Prüfzeit schwimmunfähig macht.

Prinzip	Bemerkungen
Haltung der Tiere über einen längeren Zeitraum in Wasser, das die Prüfsubstanz in verschiedenen Konzentrationen enthält, und Erfassung der Mortalität bzw. Immobilisierung der Tiere	*Benötigte Vorinformationen:* Wasserlöslichkeit, Dampfdruck, Dissoziationskonstante, chemische Stabilität und biologische Abbaubarkeit der Substanz

Methode: Von der Prüfsubstanz wird durch Lösen in destilliertem Wasser bzw. durch Dispersion mit Ultraschall oder Zusatz von Emulgatoren eine Stammlösung hergestellt. Falls eine Angleichung des pH-Wertes an das Verdünnungswasser notwendig ist, dann muß dessen Einstellung (mit HCl bzw. NaOH) so erfolgen, daß dadurch die Konzentration nicht verändert wird. Zur Herstellung der verschiedenen Prüfkonzentrationen wird die Stammlösung mit schadstoffreiem Trinkwasser, einwandfreiem natürlichem oder zubereitetem Wasser verdünnt. Die Gesamthärte sollte zwischen 50 und 25 mg/l (bezogen auf $CaCO_3$) liegen, der pH-Wert zwischen 6 und 8,5, und der O_2-Gehalt sollte mindestens 60% der Luftsauerstoffsättigung betragen. In diesem Wasser werden die Tiere für längere Zeit gehalten. In dieser Zeit sollten die jeweiligen Konzentrationen um nicht mehr als 20% absinken. Die Geräte zur Messung und Regulierung der Bedingungen müssen aus chemisch inertem Material sein. Die tägliche Beleuchtungsdauer sollte 12–16 Stunden betragen.

Fischtest: Verwendet werden Goldorfe, Guppy, Regenbogenforelle, Blauer Sonnenbarsch, Japanischer Reisfisch, Karpfen, Zebrabärbling oder Amerikanische Elritze. Die Tiere werden vor dem Versuch zuerst 7 Tage lang in Wasser der gleichen Qualität und Temperatur gehalten, wie es für die Verdünnung verwendet wurde. Während des Versuches erfolgt keine Fütterung. Die Beobachtungszeit beträgt, wenn möglich, 96, mindestens aber 48 Stunden. Registriert werden Gleichgewichtsverlust, Veränderungen von Schwimmverhalten, Atmung, Pigmentierung u. a. und Zahl und Zeitpunkt der Todesfälle. Die verschiedenen Mortalitäten werden gegen die jeweiligen Konzentrationen aufgetragen und daraus der LC_{50}-Wert ermittelt.

Daphnientest: Verwendet werden Daphnia magna oder Daphnia pulex. Die Tiere sollten zu Beginn der Prüfung mehr als 6 und weniger als 24 Stunden alt sein. Die Expositionsdauer beträgt 24 oder wenn nötig auch 48 Stunden. Die Prüflösung sollte nur leicht belüftet und während der Prüfzeit nicht erneuert werden. Nach Abschluß der Prüfung werden Sauerstoffgehalt und pH-Wert bestimmt und der EC_{50}-Wert graphisch ermittelt. Als schwimmunfähig gelten Daphnien, die nach leichter Bewegung des Prüfbehälters innerhalb von 15 s keine Schwimmbewegung zeigen.

Tabelle 4.9 (Fortsetzung)

Parameter	Definition	Einheiten	Prinzip
Biologische Abbaubarkeit	Unterschiedlich bei den einzelnen Methoden	Unterschiedlich bei den einzelnen Methoden	Bakterieller Abbau der Prüfsubstanz in einem aeroben wäßrigen Milieu und Verfolgung des Abbaus anhand der Konzentrationsabnahme, der CO_2-Entwicklung oder des Sauerstoffverbrauchs

Bemerkungen

Anwendbar auf organische Substanzen, die auf Bakterien nicht hemmend wirken und (mit Ausnahme des Flaschentests) einen vernachlässigbaren Dampfdruck besitzen: für OECD- und AFNOR-Test muß die Substanz auch ausreichend wasserlöslich sein und darf nicht an Glasflächen adsorbiert werden.

Modifizierter OECD-Screening-Test:
Definition: Abbau = prozentuale Abnahme von DOC (= dissolved organic carbon) bezogen auf die Prüfsubstanz

$$D_t = \left(1 - \frac{C_t - C_{bl(t)}}{C_0 - C_{bl(0)}}\right) \cdot 100;$$

D_t = Abbau (%)
C_0 = DOC-Konzentration (mg DOC/l) des Kulturmediums zu Beginn des Tests
C_t = DOC-Konzentration (mg DOC/l) des Kulturmediums zum Zeitpunkt t
$C_{bl(0)}$ = DOC-Konzentration (mg DOC/l) im Blindversuch bei Testbeginn
$C_{bl(t)}$ = DOC-Konzentration (mg DOC/l) im Blindversuch zum Zeitpunkt t

Methode: Eine bestimmte Menge (5–40 mg DOC/l) der Prüfsubstanz wird in einem mineralischen Nährmedium gelöst, das Spurenelemente und essentielle Vitamine enthält. Die Lösung wird mit einer geringen Menge polyvalenter Mikroorganismen angeimpft und bei 20–25 °C im Dunkeln oder bei diffuser Beleuchtung unter Schütteln 28 Tage lang bebrütet. Dabei wird der Abbau durch DOC-Analyse in verschiedenen Abständen verfolgt. Durch Parallelversuche mit einer Kontrollsubstanz (Anilin, Natriumacetat o. a.) bzw. ohne Prüf- und Kontrollsubstanz wird die Aktivität der Bakterien überprüft bzw. der DOC-Blindwert ermittelt.

Modifizierter AFNOR-Test: Definition und Methode entsprechen denen des modifizierten OECD-Screening Tests. Dabei werden Mikroorganismen verwendet, die die Substanz als einzige Energiequelle nutzen. Eingesetzt wird soviel Substanz, wie 40 mg organischem Kohlenstoff/l entspricht. Nach 3, 7, 14 und 28 Tagen wird der in der Lösung noch vorhandene organische Kohlenstoff bestimmt.

Modifizierter Sturm-Test:
Definition: Abbau = prozentualer Anteil der Menge an freigesetztem Kohlendioxid an der theoretischen Kohlendioxidmenge ($ThCO_2$), die bei einer vollständigen Oxidation der Substanz entstehen würde.

Methode: Eingesetzt werden Standardkonzentrationen von 10 und 20 mg Substanz/l Nährlösung. Die Durchführung entspricht der des modifizierten OECD-Screening-Tests. Das freigesetzte CO_2 wird an $BaCO_3$ gebunden und der Abbau der Verbindung über die

Tabelle 4.9 (Fortsetzung)

CO_2-Analyse verfolgt. Zuletzt wird unter Abzug des Blindwertes die gesamte CO_2-Menge bestimmt, die aus der Prüfsubstanz stammt.

Geschlossener Flaschentest:

Definition: Abbau = prozentuales Verhältnis zwischen BSB (biochemischer Sauerstoffbedarf) und ThSB (theoretischer Sauerstoffbedarf) oder zwischen BSB und CSB (chemischer Sauerstoffbedarf)

$$\% \text{ Abbau} = \left(\frac{\text{mg } O_2/\text{mg Testsubstanz}}{\text{ThSB}} \right) \cdot 100$$

$$\text{oder} \quad \% \text{ Abbau} = \left(\frac{\text{mg } O_2/\text{mg Testsubstanz}}{\text{mg CSB/mg Testsubstanz}} \right) \cdot 100$$

Die beiden Methoden ergeben manchmal verschiedene Ergebnisse.

Methode: Eine bestimmte Menge der Prüfsubstanz (ca. 2 mg/l) wird in einer mineralischen Nährlösung gelöst, mit einer geringen Anzahl polyvalenter Bakterien beimpft und in verschlossenen Flaschen im Dunkeln bei 20–21 °C gehalten. Der Abbau wird 28 Tage lang durch Sauerstoffanalyse verfolgt. Parallel dazu werden Versuche mit Kontrollsubstanzen zur Überprüfung der Bakterienaktivität und ohne Prüf- und Kontrollsubstanz zur Bestimmung des Sauerstoffblindwertes durchgeführt.

Modifizierter MITI-Test:

$$\textit{Definition:} \qquad \text{Prozentualer Abbau (\%)} = \left(\frac{\text{BSB} - \text{B}}{\text{ThSB}} \right) \cdot 100\%$$

$$\text{oder} \quad \text{Prozentualer Abbau (\%)} = \left(\frac{\text{BSB} - \text{B}}{\text{CSB}} \right) \cdot 100\%$$

$$\text{oder} \quad \text{Prozentualer Abbau (\%)} = \left(\frac{\text{Sb} - \text{Sa}}{\text{Sb}} \right) \cdot 100\%$$

B = Biochemischer Sauerstoffbedarf des Blindwertes
Sa = Restliche Menge der Prüfsubstanz am Ende des biologischen Abbaus
Sb = Restliche Menge der Prüfsubstanz in einem Ansatz, der nur aus
      Wasser und Prüfsubstanz besteht

Methode: Verwendet werden Mikroorganismen, die nicht an die Prüfsubstanz adaptiert sind und sie als einzige Quelle an organischem Kohlenstoff benutzen. Die Substanz wird zusammen mit der Impfkultur in ein geschlossenes, automatisch arbeitendes System (Respirometer) gegeben. Während der Dauer des Testes (28 Tage) wird der BSB kontinuierlich gemessen. Zusätzlich werden chemische Analysen (Messung des DOC oder der restlichen Prüfsubstanz) durchgeführt.

Literatur

AFNOR Method for the evaluation in aqueous medium of the biodegradability of so called "total" of organic products. T 90–302

Amtsblatt der Europäischen Gemeinschaften L 251, 19. Sept. 1984

Baumgarten D (1975) Füllmengenkontrolle bei vorgepackten Erzeugnissen – Verfahren zur Dichtebestimmung bei flüssigen Produkten und ihre praktische Anwendung. Die Pharmazeutische Industrie Vol. 37, S. 717–726

Biodegradability and bioaccumulation test of chemical substances (C-5/98/JAP), 1978

Bretherick L (1979) Handbook of Reactive Chemical Hazards, London, S. 60–63

Bruckmann P, Eynck P (1980) Prüfungsmethoden und Bewertungsverfahren des photochemischen Abbauverhaltens von chemischen Substanzen. Internationale Arbeitstagung, Reichstag Berlin

Bruckmann P, Müller W (1982) Photochemische Umwandlungen von organischen Verbindungen in der Gasphase. Schriftenreihe der Landesanstalt für Imissionsschutz des Landes Nordrhein-Westfalen, Essen 55

Caballa SH, Patterson M, Kapoor IP (1979) A Terrestrial-Aquatic Model Ecosystem for Evaluating the Environmental Fate of Drugs and Related Residues in Animal Excreta. In: Khan MA (Ed) Pesticide and Xenobiotic Metabolism in Aquatic Organisms, ACS-Symposium-Series, Washington

Crosby DG, Landrum PF, Fischer CC (1979) Investigation of Xenobiotic Metabolism in Intact Aquatic Animals. In: Khan MA (Ed) Pesticide and Xenobiotic Metabolism in Aquatic Organisms, ACS-Symposium-Series, Washington

Feind D, Zieris F-J, Huber W (1985) Entwicklung und Gleichgewichtseinstellung von Süßwasser-Modellökosystemen. Verhandlungen der Gesellschaft für Ökologie 13:359–367

Freitag D, Geyer H, Kraus A, Viswanathan R, Kotzias D, Attar A, Klein W, Korte F (1982) Ecotoxicological Profile Analysis VII. Screening Chemicals for their Environmental Behaviour by Comparative Evaluation. Ecotoxicology and Environmental Safety 6:60–81

Gäb S, Schmitzer J, Thamm HW, Parlar H, Korte F (1977) Photomineralisation rate of organic compounds adsorbed on particulate matter. Nature 270:331–333

Gerike P, Fischer WK (1979) A correlation study of biodegradability determinations with various chemicals in various tests. Ecotoxicology and Environmental Safety 3(2):159–173

Gerike P, Fischer WK (1981) A correlation study of biodegradability determinations with various chemicals in various tests II – Additional results and conclusions. Ecotoxicology and Environmental Safety 5(1):45–55

Greim H, Andrae U, Forster U, Schwarz L (1986) Application, Limitations and Research Requirements of in Vitro Test Systems in Toxicology. Archives of Toxicology Suppl. 9:225–236

Gunkel G, Heisig-Gunkel G (1987) Kleinteiche als Modellökosysteme für die ökotoxikologische Beurteilung von Schadstoffen. In: Lillelund K, Haar de U, Elster H-J, Karbe L, Schwoerbel I, Simonis W (Eds) Bioakkumulation in Nahrungsketten, DFG-Forschungsbericht, Weinheim, S. 187–201

Harkins WD, Jordan HF (1930) In: The Journal of the American Chemical Society Vol. 52, S. 1751–1772

Hustert K, Parlar H (1981) Ein Testverfahren zum photochemischen Abbau von Umweltchemikalien in der Gasphase. Chemosphere 10:1045–1050

Information Required for Regulation of Toxic Substances. Materialien 3/79 des Umweltbundesamtes, Berlin, 1979

ISO 1773

IUPAC (1976) Recommended reference materials for realisation of physico-chemical properties. Pure and Applied Chemistry, Vol. 4, S. 508

IUPAC (1976) Physicochemical Measurements: Catalogue of Reference Materials from National Laboratories, Pure and Applied Chemistry Vol. 48:505–515

Klais O (1980) Übertragbarkeit von Untersuchungen zum heterogenen Abbau im Labor-maßstab auf atmosphärische Bedingungen. In: Internationale Arbeitstagung über Prüfungsmethoden und Bewertungsverfahren zur Bestimmung des photochemischen Abbauverhaltens von chemischen Substanzen, 2.–4. Dez. Berlin, Tagungsband

Klöpffer W, Kauffmann G, Frank R (1985) Phototransformation of Air Pollutants: Rapid Tests for the Determination of k_{OH}. Zeitschrift für Naturforschung 40a:686–692

Kloskowski R, Scheunert I, Klein W, Korte F (1981) Laboratory Screening of Distribution, Conversion and Mineralization of Chemicals in the Soil-Plant-System and Comparison to Outdoor Experimental Data. Chemosphere 10:1089–1100

Koenen H, Ide KH (1955) Über die Prüfung explosiver Stoffe I. Ermittlung der Reib-empfindlichkeit. Explosive Stoffe Vol. 3, S. 57–65 und S. 89–93

Koenen H, Ide KH (1956) Über die Prüfung explosiver Stoffe III. Ermittlung der Empfind-lichkeit explosiver Stoffe gegen thermische Beanspruchung in einer Erhitzungskammer mit verschiedenen definierten Öffnungen (Stahlhusenverfahren). Explosive Stoffe Vol. 4, S. 119–125 und S. 143–148

Koenen H, Ide KH, Haupt W (1958) Über die Prüfung explosiver Stoffe IV. Ermittlung der Schlagempfindlichkeit explosiver Stoffe von fester, flüssiger und gelatinoser Beschaffen-heit. Explosive Stoffe Vol. 6, S. 178–189, 200–214 und 223–235

Korte F (1987) (Hrsg) Lehrbuch der Ökologischen Chemie, Thieme, Stuttgart

Larson RJ (1979) Estimation of biodegradation potential of xenobiotic organic chemicals. Applied and Environmental Microbiology 38:1153–1161

Leopold H (1970) Die digitale Messung von Flüssigkeiten. Elektronik Vol. 19, S. 297–302

Lieser KH (1980) Einführung in die Kernchemie, Verlag Chemie, Weinheim

Lorenz K, Zellner R (1983) Kinetics of the Reactions of OH-Radicals with Benzene, Benzene-d_6 and Naphthalene. In: Berichte der Bunsengesellschaft für physikalische Chemie 87:629–636

Mansour M, Hustert K, Korte F (1981) Erfahrungen mit dem Fujiki-Test. Chemosphere 10:1275–1280

Merz W, Hulpke H, Neu H-J, Wilmes R (1980) Erfahrungen mit dem erweiterten Photo-mineralisierungstest. In: Internationale Arbeitstagung über Prüfungsmethoden und Bewertungsverfahren zur Bestimmung des photochemischen Abbauverhaltens von chemischen Substanzen, 2.–4. Dezember. Berlin, Tagungsband

Metcalf RL (1977) Model Ecosystem Approach to Insecticide Degradation: A Critique. Annual Review of Entomology 22:241–261

Metcalf RL, Sangha GK, Kapoor IP (1971) Model Ecosystem for the Evaluation of Pesticide Biodegradability and Ecological Magnification. Environmental Science and Technology 5:709–713

Moriarty F (1988) Ecotoxicology, Academic Press, London

OECD, Paris, 1981, Test Guideline 102. Decision of the Council C (81) 30 Final

OECD, Paris, 1981, Test Guideline 103. Decision of the Council C (81) 30 Final

OECD, Paris, 1981, Test Guideline 104. Decision of the Council C (81) 30 Final

OECD, Paris, 1981, Test Guideline 104 ref. (4) Decision of the Council C (81) 30 Final

OECD, Paris, 1981, Test Guideline 105. Decision of the Council C (81) 30 Final

OECD, Paris, 1981, Test Guideline 107, ref. (2) und 107 ref. (10), Decision of the Council C (81) 30 Final

OECD, Paris, 1981, Test Guideline 109. Decision of the Council C (81) 30 Final

OECD, Paris, 1981, Test Guideline 115. Decision of the Council C (81) 30 Final

OECD, Paris, 1981, Test Guideline 116. Decision of the Council C (81) 30 Final

OECD, Paris, 1981, Test Guideline 301 A–E. Decision of the Council C (81) 30 Final

ONU, 1980, December, United Nations Committee of Experts on the Transport of Dangerous Goods (document ST/SG/AC/10/5/Add. 3, Table 4.3)

Parlar H (1980) Eine neue Methode zur Bestimmung der Photostabilität von Umweltchemi-kalien adsorbiert an Oberflächen. In: Internationale Arbeitstagung über Prüfungsmetho-den und Bewertungsverfahren zur Bestimmung des photochemischen Abbauverhaltens von chemischen Substanzen, 2.–4. Dez. Berlin, Tagungsband

Parlar H, Coelhan M, Vaughan D, Czermak P, Köhler U, Korte F (1983) Gasphase-Massen-analysatorsystem zur Bestimmung der Photostabilität organischer Verbindungen unter simulierten troposphärischen Bedingungen. Fresenius Zeitschrift für Analytische Chemie 315:605–609

Pfister G, Gäb S, Seltzer H, Korte F (1983) Zur Standardisierung des GSF-Tests: Bestimmung und Wertung von Einflußgrößen bei der Photomineralisierung. Fresenius Zeitschrift für Analytische Chemie 314:751–754

Porcella DB, Adams VD, Medine AJ, Cowan PA (1982) Using Three-phase Aquatic Microcosms to Assess Fates and Impacts of Chemicals in Microbial Communities. Water Research 16:489–501

Pritchard PH (1982) Model Ecosystems. In: Conway RA (Ed) Environmental Risk Analysis for Chemicals, New York, S. 257–353

Riemann J (1976) Der Einsatz der digitalen Dichtemessung im Brauereilaboratorium. Brauwissenschaft Vol. 9, S. 253–255

Schmidt W, Zhu G, Becker KH, Fink EH (1983) Zur Reaktivität der organischen Verbindungen gegenüber OH-Radikalen. 16. Bunsenkolloqium, Battelle Institut, Frankfurt

Seydel JK, Schaper K-J (1979) Chemische Struktur und biologische Aktivität von Wirkstoffen, VCH, Weinheim

Taub FB (1974) Closed Ecological Systems. Annual Review of Ecology and Systematics 5:139–160

The Biodegradability and Bioaccumulation of New and Existing Chemical Substances, 5, 8 (C-3/78/JAP), 1978

The Chemical Substances Control Law in Japan (Chemical Products Safety Division, Basic Industries Bureau MITI) (C-2/78/JAP), 1978

U. N. Dok. Nr. ST/SG/AC 10/1 Rev. 1

Vorläufige Prüfrichtlinie der OECD, Paris, zur Bestimmung von Stoffen, die bei Berührung mit Wasser leichtentzündliche Gase in gefährlicher Menge entwickeln (A 80/28 – Schlußbericht des OECD-Prüfprogramms für Chemikalien)

Vorläufige Prüfrichtlinie der OECD, Paris, zur Bestimmung des pyrophoren Verhaltens von festen und flüssigen Stoffen (A 80/23 – Schlußbericht des OECD-Prüfprogramms für Chemikalien)

Wagenbreth H (1979) Die Tauchkugel zur Bestimmung der Dichte von Flüssigkeiten. Technisches Messen tm Vol. 11, S. 427–430

Warren CE, Davies GE (1971) Laboratory Stream Research: Objectives, Possibilities, and Constraints. Annual Review of Ecology and Systematics 2:111–144

WDR I, 24.10.89, Landreport

Zellner R (1983) Reaktionen von n-Paraffinen mit OH-Radikalen. Vortrag 16. Bunsenkolloquium, Battelle-Institut, Frankfurt

Zetsch LC (1983) Zur Korrelierbarkeit von physikalisch-chemischen Größen mit den Reaktivitäten der OH-Radikale in der homogenen Phase. 16. Bunsenkolloquium, Battelle-Institut, Frankfurt

5 Gefährlichkeitsbewertung und gesetzliche Regelung von Chemikalien

Um die Belastung der Umwelt durch Chemikalien in Zukunft zu vermeiden oder doch wenigstens zu minimieren, wurde 1979 die EG-Richtlinie 79/831/EWG („Richtlinie des Rates der Europäischen Gemeinschaften vom 18. September 1979 zur sechsten Änderung der Richtlinie 67/548/EWG zur Angleichung der Rechts- und Verwaltungsvorschriften für die Einstufung, Verpackung und Kennzeichnung gefährlicher Stoffe") erlassen, die auch den Rahmen für das deutsche Chemikaliengesetz (Gesetz zum Schutz vor gefährlichen Stoffen vom 16. September 1980, ChemG) lieferte. Dieses Gesetz dient ausdrücklich dem Schutz des Menschen und der Umwelt vor den Einwirkungen gefährlicher Stoffe. Zu diesem Zweck enthält es Bestimmungen, die Prüfung, Anmeldung, Einordnung in Gefahrenklassen, Kennzeichnung und Verpackung von Stoffen und Zubereitungen betreffen.

Als gefährlich gelten Stoffe dann, wenn sie giftig, ätzend, reizend, explosionsgefährlich, brandfördernd, leicht oder hochentzündlich, krebserregend, fruchtschädigend oder erbgutverändernd sind, sonstige chronisch schädigende bzw. umweltgefährdende Eigenschaften besitzen oder wenn darin enthaltene Verunreinigungen bzw. Zersetzungsprodukte diese Eigenschaften aufweisen. Des weiteren werden Stoffe als gefährlich bezeichnet, die „geeignet sind, die natürliche Beschaffenheit von Wasser, Boden oder Luft, Pflanzen, Tieren oder Mikroorganismen sowie des Naturhaushalts derart zu verändern, daß dadurch erhebliche Gefahren oder erhebliche Nachteile für die Allgemeinheit herbeigeführt werden". Ausdrücklich ausgeschlossen aus den Bestimmungen sind Lebensmittel, Tabakerzeugnisse, Kosmetika, Futtermittel und Zusatzstoffe, Arzneimittel, Abfälle, Abwasser, Altöle sowie radioaktive Abfälle, die alle im Rahmen anderer Gesetze geregelt sind.

Das vorgeschriebene Anmeldeverfahren für Chemikalien, die in Verkehr gebracht werden sollen, besteht darin, daß der Anmelder der zuständigen Behörde bestimmte stoffbezogene Daten und Prüfungsergebnisse vorlegt, die dort bewertet werden. Welche Tests durchgeführt werden müssen, hängt vor allem vom beabsichtigten Ausmaß der Vermarktung ab:

Grundstufe: ab 1 t/a oder 50 t insgesamt
1. Stufe: ab 100 t/a oder 500 t insgesamt
2. Stufe: ab 1000 t/a oder 5000 t insgesamt

Wird weniger als 1 t/a pro Hersteller in den Verkehr gebracht, dann braucht die Chemikalie nicht angemeldet zu werden. Von der Anmeldepflicht ausgenommen sind außerdem Stoffe, die nur für maximal ein Jahr zur Erforschung, Erprobung oder Weiterentwicklung in Verkehr gebracht werden, und Kunststoffe (Polymerisate, Polykondensate und Polyaddukte mit einem Massenanteil ihres Hauptmonomers von < 2%).

Jede Anmeldung muß die Identitätsmerkmale der Chemikalie (Bezeichnungen, Summen- und Strukturformel, Spektraldaten, Zusammensetzung), Angaben zur Anwendung, Verpackung und Kennzeichnung, die schädliche Wirkung bei der Verwendung sowie die jährlich zu vermarktende oder einzuführende Menge enthalten. Des weiteren sind Verfahren zur sachgerechten Beseitigung bzw. Neutralisation, Wiederverwertungsmöglichkeiten, Hinweise auf Gefahren, Vorsichtsmaßnahmen oder Sofortmaßnahmen bei Personen- oder Sachschäden sowie die geforderten Testergebnisse vorzulegen. Die Prüfnachweise umfassen für die Grundstufe:

- Zusammensetzung, Art und Anteil von Hilfsstoffen, Hauptverunreinigungen bzw. Zersetzungsprodukten (soweit bekannt)
- physikalisch-chemische Eigenschaften (Schmelzpunkt, Siedepunkt, relative Dichte, Dampfdruck, Oberflächenspannung, Wasser- und Fettlöslichkeit, n-Octanol/Wasser-Verteilungskoeffizient, Flammpunkt, Entzündlichkeit, Explosionsgefährlichkeit, Selbstentzündlichkeit, brandfördernde Eigenschaften)
- akute Toxizität (Test an Ratten)
- karzinogene oder mutagene Eigenschaften
- reizende, ätzende oder Überempfindlichkeitsreaktionen auslösende Eigenschaften (Prüfung auf Haut- und Augenreizung und Sensibilisierung)
- subakute Toxizität
- umweltgefährdende Eigenschaften (Prüfung auf abiotische Abbaubarkeit und akute Fisch- und Daphnientoxizität)

Für die 1. Stufe wird an zusätzlichen Prüfungen gefordert:
- subchronische Toxizität
- Beeinträchtigung der Fruchtbarkeit (Tests an 1–2 Generationen)
- umweltgefährliche Eigenschaften (Prüfung auf langfristige Fisch- und Daphnientoxizität, Wachstumshemmung bei einzelligen Algen, Wirkung auf eine höhere Pflanzen- und eine Regenwurmart, Bioakkumulation bei einer Fischart, langfristige biotische Abbaubarkeit)
- karzinogene, mutagene und teratogene Eigenschaften

Für die 2. Stufe muß außerdem geprüft werden:
- toxikokinetische und biotransformatorische Eigenschaften
- chronische Toxizität
- karzinogene Eigenschaften (Langzeittierversuche)
- eventuell akute und subakute Toxizität (Tests an weiteren Tierarten)
- verhaltensstörende Eigenschaften
- fruchtbarkeitsverändernde und fruchtschädigende Eigenschaften (Tests an 3 Generationen)
- weitere umweltgefährliche Eigenschaften (Prüfung auf Bioakkumulation, Abbaubarkeit und Mobilität in weiteren Versuchen, langfristige Fisch-

toxizität, Auswirkung auf die Fortpflanzung, bei einem Bioakkumulationsfaktor > 100 auch akute bzw. subakute Toxizität an Vögeln und bei Bedarf auch an anderen Organismen, bei geringer Abbaubarkeit auch Adsorption und Desorption)

Insgesamt enthält dieses Gesetz
- ein Stufensystem, das sich hauptsächlich am Umfang der Vermarktung orientiert
- aufeinander aufbauende, den einzelnen Stufen zugeordnete Datengruppen, zu denen Informationen vorliegen müssen
- standardisierte Testmethoden und Vorschriften zur Durchführung der Tests nach den Richtlinien der guten Laborpraxis
- Regelungen bezüglich der Vertraulichkeit der Daten
- Vorschriften für die Gefahreneinstufung, Verpackung und Kennzeichnung von Chemikalien

Die Gefährlichkeitsbewertung und anschließende Klassifizierung von Stoffen wird zwar gefordert, aber ausreichende Kriterien dafür werden nicht gegeben. Desgleichen fehlen Richtlinien für die Bewertung der Testergebnisse. Dies liegt zum Teil daran, daß die wissenschaftliche Diskussion über die Aussagekraft der Testdaten, die relative Wichtigkeit der einzelnen Tests und die Eignung verschiedener Verfahren zur Gefährlichkeitsbewertung noch nicht abgeschlossen ist, zum Teil aber auch daran, daß es noch kein standardisiertes Verfahren zur Gesamtbeurteilung von Chemikalien gibt.

Bei der Bewertung des Gefahrenpotentials einer Substanz muß zweierlei berücksichtigt werden: ihre möglichen Auswirkungen auf den Menschen oder die Umwelt (effect evaluation) und die zu erwartende Exposition, ohne die es nicht zu einer Wirkung kommen kann (exposure analysis). Insgesamt versteht man unter Gefahrenpotential sowohl das durch einzelne Testergebnisse erfaßbare, direkte Risiko, das auf Substanzeigenschaften, wie toxisch oder karzinogen, beruht, als auch ein allgemeines Risiko, das sich erst durch die Kombination verschiedener Eigenschaften bzw. Testresultate ergibt. Während die Ermittlung des direkten Risikos bei entsprechender Laborausrüstung durch Behörden oder beliebige Labors erfolgen kann, müssen für das Aufstellen einer Gesamtbeurteilung Experten eingesetzt werden. In die Gesamtbewertung müssen auch soziale und ökonomische Gegebenheiten einbezogen werden, die in jedem Land verschieden sind. Die Entscheidungsfindung erfolgt deshalb in zwei Schritten: der Schätzung der potentiellen Gefährdung und der Risiko-Nutzen-Abwägung (Abb. 5.1).

Bei der Durchführung eines solchen Verfahrens darf jedoch nicht vergessen werden, daß die Ermittlung der Exposition anhand von mehr oder weniger vereinfachten Modellen erfolgt. Deshalb können sowohl die realen Konzentrationen in einzelnen Umweltkompartimenten als auch die individuelle Exposition einzelner Arten von den geschätzten Werten erheblich abweichen. Außerdem werden die Vernetzungen innerhalb von biologischen Systemen in Tests nicht erfaßt, so daß sie nur unzureichend in die Schätzungen eingehen können. Aus einzelnen oder kombinierten Testdaten

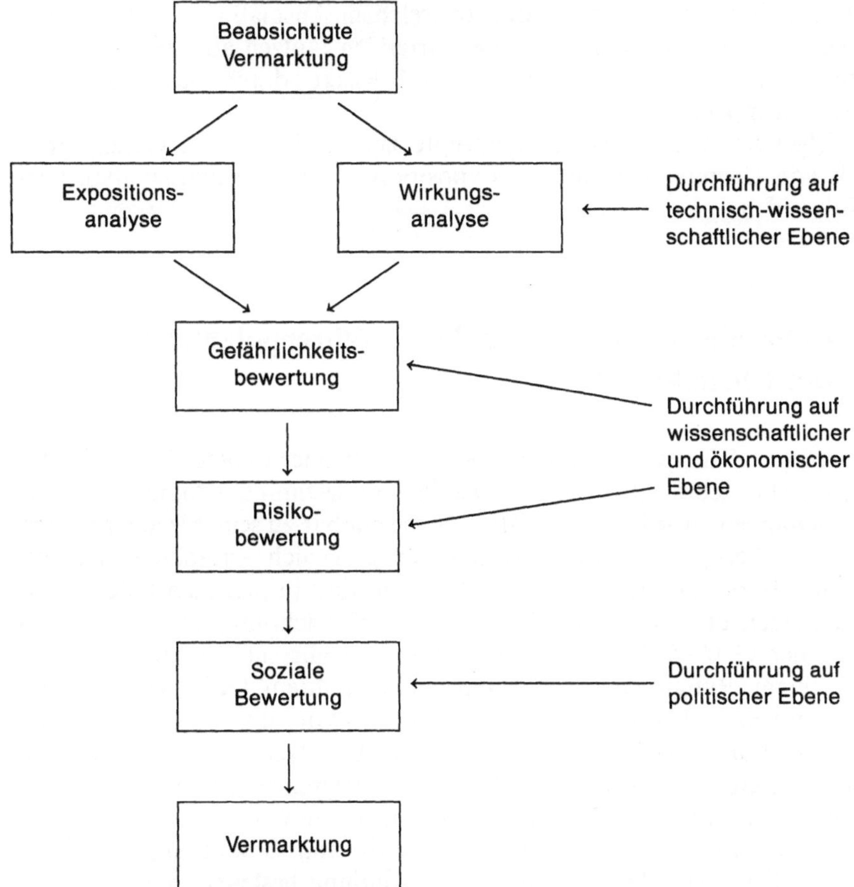

Abb. 5.1. Verfahren vor der Vermarktung einer neuen Chemikalie. [Nach Parlar]

kann deshalb nur geschlossen werden, welche Konzentrationen in der Umwelt nicht erreicht werden dürfen; die Ableitung „tolerierbarer Konzentrationen" bzw. „unbedenklicher Situationen" ist wissenschaftstheoretisch nicht zulässig. Das bedeutet, daß das umfassende Ziel, der Schutz aller Organismen eines Systems, nicht haltbar ist. Erfaßt werden eventuell nur die bedenklichsten Fälle, bei denen eine konkrete Gefährdung aus den Labordaten ersichtlich ist.

Nicht zuletzt spielt bei der staatlichen Gefahrenvorsorge das Verhältnismäßigkeitsprinzip eine wesentliche Rolle. Bei einem sehr bedeutenden geschützten Rechtsgut wird eine Gefahr bereits bei einer sehr geringen Eintrittswahrscheinlichkeit nicht mehr akzeptiert. Umgekehrt reicht eine rein theoretische Möglichkeit des Schadenseintritts für staatliche Maßnahmen in der Regel nicht aus. Deshalb bleibt immer ein Restrisiko, das diejenigen Auswirkungen umfaßt, deren Eintrittswahrscheinlichkeit entweder nur nach den Regeln der Wahrscheinlichkeitsrechnung ermittelt oder überhaupt nicht berechnet werden kann. In welchem Ausmaß ein Risiko akzeptiert wird, hängt außerdem vom zu erwartenden Nutzen ab, aber auch von der relativen Wichtung von Nutzen und Risiko durch unterschiedliche Interessengruppen.

Im folgenden sollen mehrere Konzepte zur Schätzung des Gefahrenpotentials von Chemikalien und zur Expositions- bzw. Wirkungsanalyse vorgestellt werden.

5.1 Konzepte zur Bewertung des Gefahrenpotentials von Chemikalien

In der letzten Zeit wurde eine ganze Reihe mehr oder weniger komplizierter Bewertungskonzepte entworfen, die jeweils von bestimmten Annahmen bzw. Vereinfachungen ausgehen, um praktisch anwendbar zu sein. Sie alle basieren auf substanzbezogenen Daten und anderen gesetzlich verlangten, umweltrelevanten Informationen, unterscheiden sich aber in den zugrunde liegenden Interessen und, als Folge davon, in der Gewichtung der Daten. „Bewertung der Gefährlichkeit" bedeutet dabei im allgemeinen eher die Aufstellung einer Rangfolge für Substanzen nach ihrem Gefährlichkeitsgrad als eine objektive Beurteilung des Risikos; die Vor- und Nachteile der jeweiligen Verfahren hängen vom Interesse des Benutzers ab. Da die meisten Systeme außerdem für unterschiedliche, eng begrenzte Zwecke entworfen wurden, ist ein Vergleich ihrer Nützlichkeit nicht sinnvoll.

Trotz der Unterschiede, die in der Auswahl und Gewichtung der Parameter und der Methode der Entscheidungsfindung bestehen, herrscht doch weitgehend Übereinstimmung über die Gewinnung der benötigten Daten. Insgesamt lassen sich vier Wege unterscheiden:
- die stochastische Methode, bei der unter variablen Bedingungen eine Vielzahl von Daten gesammelt wird, anhand derer die in der Umwelt beobachteten Konzentrationen eines Stoffes mit seiner Wirkung in verschiedenen Umweltkompartimenten korreliert werden,
- die Mikrokosmos-Methode, bei der man ein physikalisches Modell eines bestimmten Umweltausschnittes konstruiert und daran das Verhalten der Chemikalien studiert,
- die deterministische Methode, bei der Transport und Verteilung von Substanzen anhand von mathematischen Modellen vorausgesagt und die Wirkung gesondert untersucht wird,
- die Referenzsubstanz-Methode, bei der die Daten analog zum deterministischen Verfahren erworben und anschließend mit den Daten von Chemikalien verglichen werden, deren Gefahrenpotential bekannt ist.

Die Schätzung des Gefahrenpotentials einer Substanz geschieht in der Regel durch den Vergleich ihrer in der Umwelt gefundenen oder prognostizierten Konzentrationen mit denjenigen, die für repräsentative Arten oder

Ökosysteme toxisch sind. Meistens wird ein Stufensystem benutzt, bei dem jeder Ebene bestimmte Tests zugeordnet sind, deren Ergebnisse darüber entscheiden, ob und in welchem Umfang die Tests der nächsten Stufe durchgeführt werden müssen. Während sich die Anforderungen an die Grundstufe bei der Mehrzahl der Konzepte ähneln, bestehen zwischen den für die höheren Ebenen geforderten Informationen zum Teil größere Unterschiede. Insgesamt gibt es zwei Gruppen von Kriterien: solche, die über die Notwendigkeit und Art weiterer Tests entscheiden, und solche, die zu Schlüssen über die Höhe des Risikos bzw. die nötigen regulatorischen Maßnahmen führen. Quantitative Kriterien werden in der Regel nur auf den unteren Ebenen verwendet, wohingegen qualitative Kriterien mit zunehmender Höhe der Stufe immer mehr an Bedeutung gewinnen.

Sehr weit verbreitet sind Punktsysteme, die dazu dienen, Chemikalien nach ihrer relativen potentiellen Umweltgefährlichkeit einzuordnen. Die meisten Konzepte gehen bis zu einem gewissen Grad von einem Punktsystem aus. Es erleichtert zu Beginn der Bewertung die Entscheidung darüber, ob die Substanz im weiteren Verlauf des Verfahrens zusätzlichen Tests unterzogen, in Monitoring-Programme aufgenommen oder besonderen gesetzlichen Bestimmungen unterworfen werden soll.

Nach der Definition des Ziels und der Abgrenzung des Anwendungsbereichs besteht der erste Schritt dieser Verfahren im allgemeinen darin, eine Liste der Chemikalien zu erstellen, die näher untersucht werden sollen bzw. als Referenzsubstanzen für neue Stoffe dienen können. Im Anschluß daran wird die Auswahl durch ein vielstufiges Verfahren weiter eingeschränkt, und es werden die adäquaten Daten gesammelt. Schließlich werden zur Vereinfachung des Vergleichs entweder die erhaltenen Ergebnisse mathematisch transformiert, oder die Ergebnisspanne wird in Abschnitte unterteilt, denen jeweils Punkte zugeordnet werden. Die Kombination der Punkte kann dann additiv oder multiplikativ erfolgen. Um sowohl eine hohe Gesamtpunktzahl als auch hohe Einzelpunkte in die Bewertung einbeziehen zu können, werden oft zusätzlich Schwellenwerte festgesetzt.

Bei den meisten Konzepten wird denjenigen Chemikalien Priorität eingeräumt, die den geringsten Sicherheitsspielraum aufweisen, d.h. den geringsten Abstand zwischen der no-observed-effect-Konzentration bzw. der maximal akzeptablen Konzentration der toxischen Substanz und deren in der Umwelt auftretenden Konzentration. Dabei wird ein mögliches Zusammenwirken mit anderen, gleichzeitig anwesenden Stoffen ebensowenig berücksichtigt wie die Bedeutung von Metaboliten. Entsprechend sind Sicherheitsspielräume und Grenzwerte oft Gegenstand heftiger Kontroversen, und das Verhältnis von Subjektivität zu Objektivität bei der Entscheidungsfindung variiert zwischen den verschiedenen Konzepten erheblich. Allerdings läßt sich die Unsicherheit darüber, ob ein Risiko noch annehmbar ist oder nicht mehr, auch nicht durch Quantifizierung und Festlegung von Grenzwerten beseitigen. Die Abwägung von Nutzen und Risiko wird notwendigerweise nach immer wieder neu festzusetzenden Kriterien erfolgen müssen.

5.1.1 Das Benchmark-Konzept

Das Benchmark-Konzept beinhaltet ein sehr einfaches Verfahren, das 1972 zur Prognose des Verhaltens von Pestiziden unter Umweltbedingungen entwickelt wurde. Ursprünglich bestand es aus folgenden Schritten:
- Eingrenzung der wichtigsten Eigenschaften, die das Verhalten von Pestiziden in der Umwelt bestimmen
- Entwicklung von Testmethoden zur Messung dieser Parameter
- Testen dieser Eigenschaften bei den in großem Umfang genutzten Pestiziden (benchmark pesticides)
- Aufstellen einer Beziehung zwischen diesen Labordaten und dem Umweltverhalten der zugehörigen Pestizide

Das Verhalten eines neu hergestellten Pestizids wurde anschließend anhand der Prüfung dieser Parameter und des Vergleichs der Ergebnisse mit denen der Benchmark-Pestizide vorhergesagt.

Später wurde dieses Konzept auch auf andere Substanzklassen angewendet, indem eine oder mehrere Referenzchemikalien aus wichtigen Klassen toxischer Verbindungen ausgewählt wurden. Die Schlüsselparameter dieser Substanzen wurden zu deren sogenanntem Umweltprofil kombiniert, das folgende Eigenschaften umfaßt:
- Wasserlöslichkeit
- Dampfdruck
- Hydrolysierbarkeit
- Abbaubarkeit im Boden
- Adsorptionsverhalten
- Flüchtigkeit
- Photoabbau
- Verteilungskoeffizient

Mittels dieser Profile wird das Verhalten neuer Chemikalien vorhergesagt, indem durch Strukturvergleich die zugehörige Referenzchemikalie identifiziert und dann deren Klasse das Verhaltensmuster entnommen wird (Abb. 5.2).

5.1.2 Die ökotoxikologische Profilanalyse

Die ökotoxikologische Profilanalyse ist ein Schnelltestverfahren zur Überprüfung der Umweltrelevanz von Chemikalien. Sie ist nicht als Entscheidungshilfe für gesetzliche Regelungen gedacht, sondern zur Identifizierung von potentiell umweltgefährlichen Stoffen, um deren tiefergehende Prüfung zu ermöglichen. Die Grundlage für die Risikobewertung bildet die Annahme, daß die Umweltrelevanz von Chemikalien durch die Parameter Anwendungshöhe, Anwendungsmuster, Abbaubarkeit, Art und Verhalten der Umwandlungsprodukte, Dispersion und Akkumulation bestimmt wird. Während die ersten beiden Faktoren nur statistisch erfaßt werden können, lassen sich die übrigen im Labor untersuchen. Deshalb wurden zur Be-

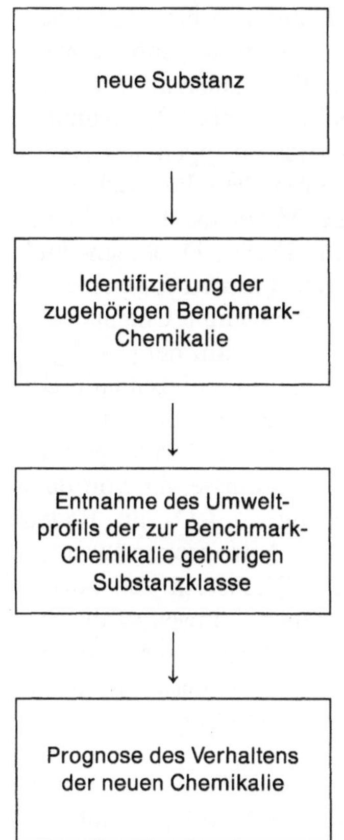

Abb. 5.2. Gefährlichkeitsbewertung nach dem Benchmark-Konzept. [Nach Haque]

schreibung des umweltrelevanten Verhaltens fünf in Schnelltests zu ermittelnde Eigenschaften ausgewählt:
– Retention, Verteilung und Exkretion in Ratten
– Bioakkumulation in Fischen
– Bioakkumulation in Algen
– Umwandlungen, Abbau und Akkumulation in biologisch aktivem Schlamm
– Photomineralisierung

Bei der Bewertung dieser Eigenschaften wird davon ausgegangen, daß Chemikalien, die sehr langsam abgebaut werden, generell auch in der Umwelt global verteilt und im Organismus gespeichert bzw. über Nahrungsketten angereichert werden. Umgekehrt wird angenommen, daß Verbindungen, die schnell abgebaut werden und sich nicht anreichern, keine Gefahr für die Umwelt darstellen, es sei denn, sie wirken bereits in sehr niedriger Konzentration toxisch.

Im ersten Schritt der Erstellung von Profilanalysen wurden die oben angeführten Parameter bei einer Reihe von bekannten Substanzen (Referenzchemikalien) geprüft, welche zu unterschiedlichen Verbindungsklassen gehören und ein breites Spektrum an physikalisch-chemischen bzw. toxischen Eigenschaften und Anwendungsmustern abdecken. Die Testergebnisse wurden dann derart in Skalen angeordnet, daß die zu einer Substanz gehörenden Daten deren ökotoxikologisches Profil ergeben (Abb. 5.3). Anhand ihrer Profile wurden die Verbindungen dann in drei Gruppen unterteilt: positiv, negativ oder unsicher bezüglich ihrer ökotoxischen Eigenschaften. Bei Verbindungen der letzten Gruppe besteht die Möglichkeit, ihr Profil durch die Untersuchung zusätzlicher Parameter, wie Fisch-, Daphnien- und Bakterientoxizität sowie die Inhibition des Algenwachstums zu erweitern.

In die so erstellten Skalen können nun alle neu untersuchten Chemikalien eingeordnet werden, wobei sich die ökotoxikologische Relevanz der jeweiligen Substanz durch den Vergleich mit den Referenzchemikalien schätzen läßt. Bei verschiedenen, kürzlich getesteten Nitroparaffinen etwa wurden eine geringe Akkumulationstendenz, eine hohe Abbaubarkeit und eine geringe Toxizität festgestellt. Lediglich zwei Tests lieferten Ergebnisse, die von dem positiven Gesamtbild abwichen: die Mineralisierung zu CO_2 im Boden war relativ gering, und mit der Ausnahme von 2-Nitropropan wirkten alle untersuchten Nitroparaffine hemmend auf das Wachstum von Algen. Trotzdem wurden sie alle bezüglich ihrer potentiellen Umweltgefährlichkeit als vergleichsweise sicher eingestuft. Ziel des Bewertungsverfahrens ist es, durch die Ausdehnung der Untersuchungen auf isomere, homologe und analoge Verbindungen Korrelationen zwischen Strukturen und ökologischen Profilen zu finden.

Ein weiteres Bewertungsschema baut auf der ökotoxikologischen Profilanalyse auf. Um den Vergleich von neu getesteten Verbindungen mit den Referenzchemikalien und damit die Einstufung zu vereinfachen, wurden die Testergebnisse der Referenzsubstanzen derart zusammengefaßt, daß die Einordnung in die Bewertungsklassen (positiv, negativ oder unsicher bezüglich ihrer Umweltrelevanz) nur anhand einer einzelnen Zahl erfolgt. Dazu wurde für jeden einzelnen Test die Ergebnisspanne der Referenzchemikalien in drei Bereiche unterteilt, die den Bewertungen hohes, unsicheres und niedriges Gefährdungspotential entsprechen. Zusätzlich wurden stellvertretend für die realen Testdaten willkürlich dimensionslose Zahlen gewählt, die einen direkten Vergleich zwischen den Tests erlauben. Für die Säugerretentionsdaten (in %) wurden z. B. die drei Bereiche 1 ($\hat{=}$ positiv), $1 > x > 10$ ($\hat{=}$ unsicher) und 10 ($\hat{=}$ negativ) festgesetzt.

Anschließend wurden die einzelnen Tests gewichtet, da ohne eine solche Wichtung die durch vier Tests vertretene Bioakkumulation überbetont würde. Für die Wichtung gibt es verschiedene Möglichkeiten (Tabelle 5.1), aber in jedem Fall ergibt die Kombination der Zahlenwerte aller Tests eine Summe von 1–3. Diese Spanne wurde den Bewertungsklassen zugeteilt: 1–1,5 entspricht der Einstufung des Gefahrenpotentials als gering, 1,5–2,5 der als unsicher und 2,5–3 der als hoch. In Tabelle 5.2 sind die verschiedenen Klassifizierungen der Referenzsubstanzen zusammengestellt, die sich in Abhängigkeit von der jeweiligen Wichtung ergeben. Daß die Bewertung der einzelnen Verbindungen trotz der sehr unterschiedlichen Wichtungen kaum

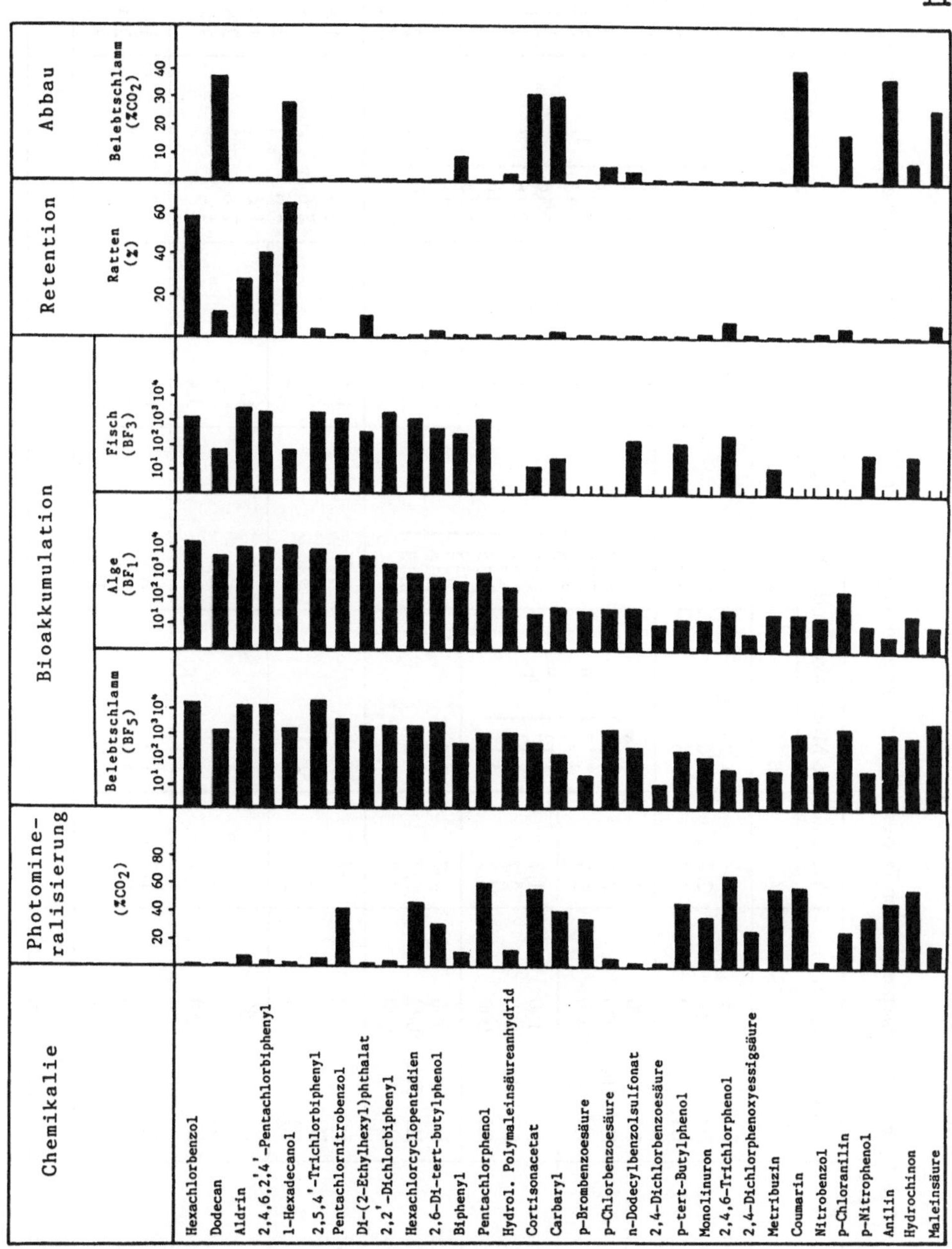

Abb. 5.3. Ökotoxikologisches Profil verschiedener Referenzchemikalien. Die Verbindungen sind nach zunehmender Wasserlöslichkeit geordnet. BF$_n$ = Bioakkumulationsfaktor im n-Tage-Test. [Nach Freitag et al. (1982)]

Tabelle 5.1. Unterteilung der Ergebnisspannen der Testresultate der ökotoxikologischen Profilanalyse und Möglichkeiten zur Wichtung einzelner Tests. [Nach Klein et al.]

Test	Unterteilung der Ergebnisspanne	A	B	C	D	E	F
Bioakkumulation in Ratten (Retention, %)	I: 1 II: 1– 10 III: 10	1/7 2/7 3/7	1/6 2/6 3/6	1/5 2/5 3/5	1/16 2/16 3/16	1/16 2/16 3/16	1/12 2/12 3/12
Bioakkumulation in Fischen (BF$_3$)	I: 100 II: 100–1000 III: 1000	1/7 2/7 3/7	1/12 2/12 3/12	1/15 2/15 3/15	1/16 2/16 3/16	1/16 2/16 3/16	1/12 2/12 3/12
Bioakkumulation in Algen (BF$_1$)	I: 100 II: 100–1000 III: 1000	1/7 2/7 3/7	1/12 2/12 3/12 } 1/6, 2/6, 3/6	1/15 2/15 3/15	1/16 2/16 3/16	1/16 2/16 3/16	1/12 2/12 3/12 } 1/4, 2/4, 3/4
Bioakkumulation in Belebtschlamm (BF$_5$)	I: 500 II: 500–5000 III: 5000	1/7 2/7 3/7	1/6 2/6 3/6	1/15 2/15 3/15 } 1/5, 2/5, 3/5	1/16 2/16 3/16 } 1/4, 2/4, 3/4	1/16 2/16 3/16 } 1/4, 2/4, 3/4	1/4 2/4 3/4
Abbau durch Belebtschlamm (% CO$_2$)	I: 5 II: 1– 5 III: 1	1/7 2/7 3/7	1/6 2/6 3/6	1/5 2/5 3/5	1/4 2/4 3/4	1/6 2/6 3/6	1/8 2/8 3/8
Photoabbau (% CO$_2$)	I: 50 II: 10– 50 III: 10	1/7 2/7 3/7	1/6 2/6 3/6	1/5 2/5 3/5	1/4 2/4 3/4	1/6 2/6 3/6 } 1/3, 2/3, 3/3	1/8 2/8 3/8 } 1/4, 2/4, 3/4
Daphnientoxizität (EC$_{50}$ in mg/l)	I: 10 II: 1– 10 III: 1	1/7 2/7 3/7	1/6 2/6 3/6	1/5 2/5 3/5	1/4 2/4 3/4	1/3 2/3 3/3	1/4 2/4 3/4
Summe				1–3			

Tabelle 5.2. Klassifizierung einiger getesteter Substanzen in Abhängigkeit von der jeweiligen Wichtung. [Nach Klein et al.]

Substanz	Klassifizierung in Abhängigkeit von den Wichtungsfaktoren					
	A	B	C	D	E	F
Atrazin	II	II	II	II	II	I
Benzidin	II	II	II	II	II	II
Benzol	I	I	II	I	I	I
4-Chloranilin	II	II	II	II	II	II
2,6-Dichlorbenzonitril	II	II	II	II	II	II
Hexachlorbenzol	III	III	III	III	III	III
Lindan	II	II	III	III	II	II
4-Nitrophenol	I	I	II	II	II	I
Pentachlorphenol	II	II	II	II	II	II
Perylen	II	II	II	III	II	III
Thioharnstoff	I	I	II	II	I	I
1,2,4-Trichlorbenzol	II	II	II	II	II	II
Trichlorethen	II	II	II	II	II	II
2,4,6-Trichlorphenol	II	II	II	II	II	II
p,p'-DDT	III	III	III	III	III	III

I:　niedriges Gefährdungspotential.
II:　unsicheres Gefährdungspotential.
III:　hohes Gefährdungspotential.

variiert, ist ein Hinweis darauf, daß die Sicherheit der Zuordnung zu den einzelnen Klassen als relativ hoch beurteilt werden kann.

5.1.3　Das Yardstick-Konzept

In diesem Konzept basiert die Einstufung von Chemikalien auf den gleichen umweltrelevanten Eigenschaften, die auch der ökotoxikologischen Profilanalyse zugrunde liegen. Die diesbezüglichen Daten werden durch mathematische Operationen zusammengefaßt und der resultierende Wert mit dem einer sogenannten Bewertungschemikalie verglichen. Das Ergebnis dieses Vergleichs entscheidet darüber, ob die Substanz weiterhin der untersten Gefahrenebene (potentiell umweltgefährlich) angehört oder in Ebene II (umweltverdächtig) bzw. Ebene III (umweltgefährlich) eingestuft wird. Umweltsichere Substanzen gibt es definitionsgemäßt nicht.

Im ersten Schritt des Prüfverfahrens werden für eine Reihe von Verbindungen, deren ökotoxikologisches Verhalten bereits bekannt ist (Bewertungschemikalien), die Prüfungsergebnisse in den Bereichen
– physikalisch-chemische Eigenschaften
– Abbaubarkeit
– Akkumulationsfähigkeit
– ökotoxikologische Eigenschaften
– humantoxikologische Eigenschaften

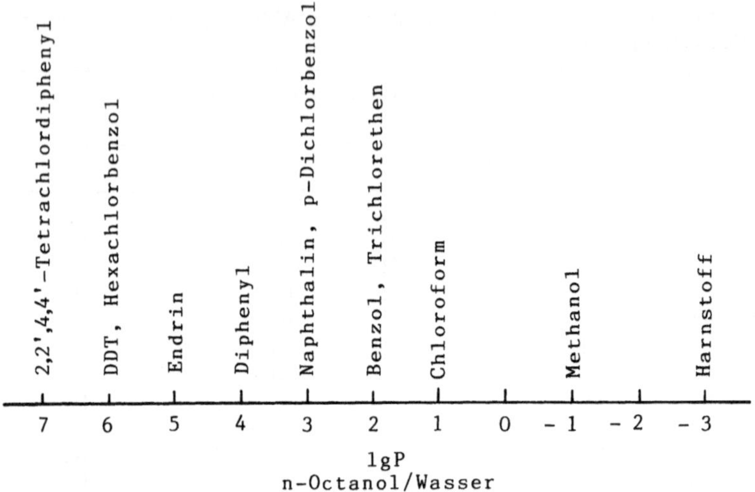

Abb. 5.4. Bildung einer Skala aus den möglichen Ergebnissen der einzelnen Tests (Yard-sticks I, hier am Beispiel des n-Octanol/Wasser-Verteilungskoeffizienten) und Zuordnung von Referenzsubstanzen zu den einzelnen Werten. Für die Werte 0 und -2 müssen noch Verbindungen gefunden werden. [Nach Schmidt-Bleek u. Haberland]

zusammengestellt. Für jeden Parameter, wie Schmelzpunkt, Verteilungs-koeffizient, biologische Abbaubarkeit usw. werden die Testdaten der ver-schiedenen Substanzen nach steigenden Werten auf einer Skala angeord-net (Abb. 5.4), die linear oder logarithmisch unterteilt werden kann. Diese Skalen werden als Yardsticks I bezeichnet. Da sich je nach Art der Para-meter bzw. Testergebnisse unterschiedliche Zahlenbereiche und Eintei-lungen ergeben, die Yardsticks I aber zur schnellen Prüfung der Einzel-werte untereinander vergleichbar sein sollen, wird ihnen allen gemeinsam ein sogenannter Einstufungs-Yardstick unterlegt (Abb. 5.5), der von 0 bis 100 reicht; kleine Werte entsprechen der Kategorie „potentiell umwelt-gefährlich" und große Werte der Kategorie „umweltgefährlich".

Diese Yardsticks I werden nun nach Prüfungsgruppen geordnet (Yard-sticks II), denen je nach Umweltrelevanz der enthaltenen Eigenschaften ein Wichtungsfaktor zugeordnet wird, mit dem jeweils alle Yardsticks I innerhalb der Prüfgruppe multipliziert werden. Die Yardsticks II können als Matrizen aufgefaßt werden, bei denen die Zeilen jeweils aus den Yard-sticks I bestehen und die Spalten aus den einzelnen Prüfungsergebnissen. Damit läßt sich für jede Matrix eine Determinante D berechnen. Die De-terminanten der einzelnen Prüfungsgruppen können wiederum als Kom-ponenten eines Zeilenvektors (Bewertungsvektors) zusammengefaßt wer-den. Dieser Bewertungsvektor A ist eine Funktion der Yardsticks I und der Yardsticks II und damit sowohl von den eingegangenen Einzeldaten abhängig als auch von deren Reihenfolge in den Yardsticks I bzw. von deren Anordnung in den Yardsticks II.

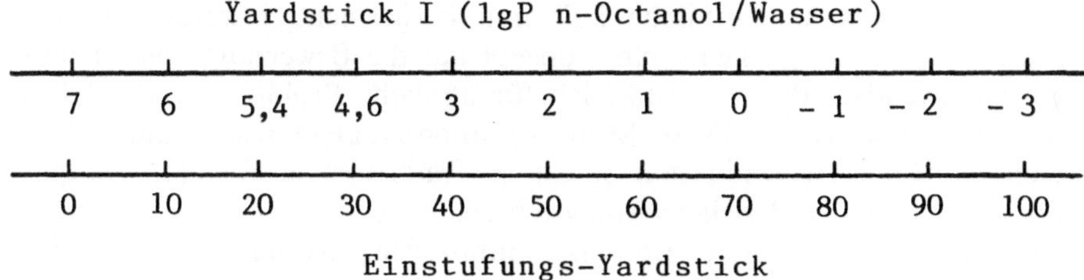

Abb. 5.5. Unterlegung der Yardsticks I mit einem Einstufungs-Yardstick. [Nach Schmidt-Bleek u. Haberland]

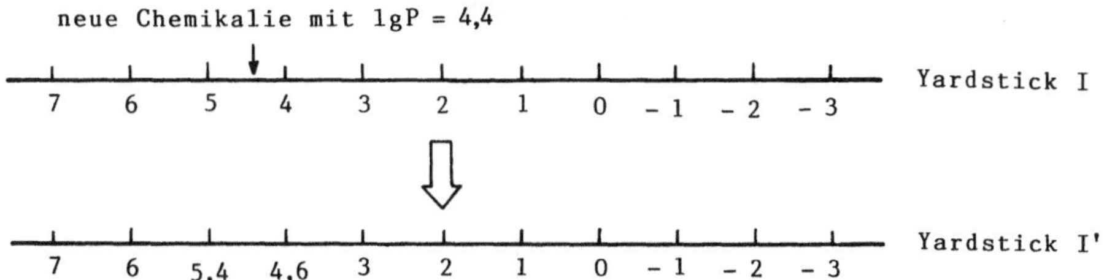

Abb. 5.6. Einfügung der Testdaten neu geprüfter Substanzen in die Yardsticks I. [Nach Schmidt-Bleek u. Haberland]

Die Einstufung von neu getesteten Chemikalien erfolgt zuerst auf der Ebene der Yardsticks I, indem der Wert jedes geprüften Parameters in die entsprechende Skala eingefügt wird. Durch die Eingliederung ändert sich der Wert des jeweiligen Yardsticks I (Abb. 5.6), der dann als Yardstick I' bezeichnet wird. Anschließend wird in der übergeordneten Prüfungsgruppe die zugehörige Zeile der Matrix gegen die neue ausgetauscht, so daß man eine Matrix II' mit einer Determinante II' erhält. Daraus ergibt sich ein Bewertungsvektor A', der noch mit zwei weiteren Beurteilungsgrößen verknüpft wird, die die vermarktete Menge und die Anwendungen der Chemikalie repräsentieren. Insgesamt erhält man so den Bewertungsvektor der neuen Chemikalie A*, der im Endverfahren mit dem Vektor A der Bewertungschemikalie verglichen wird. Dazu wird die Differenz A* − A gebildet und anhand einer weiteren Skala (Yardstick III) mit den Prüfgrößen x_1 und x_2 verglichen. x_1 und x_2 sind Toleranzwerte, die international festgelegt werden sollten. Es bedeutet

$|\Delta A| = x_1$: Einstufung als umweltgefährlich

$|\Delta A| = x_2$: Einstufung als umweltverdächtig

$|\Delta A| > x_2$: solange die Betrachtung als potentiell umweltgefährlich, bis gegebenenfalls neue Erkenntnisse eine Änderung der Einstufung notwendig machen.

5.1.4 Die Konkordanz-Analyse

Da bei einer effektiven Gefährlichkeitsbewertung bzw. Risiko-Nutzen-Abwägung nicht nur Testergebnisse ausgewertet, sondern auch politische, soziale, ökonomische und ethische Faktoren berücksichtigt werden sollten, wurde der Vorschlag gemacht, ein Konzept auf die Bewertung von Chemikalien anzuwenden, das in Frankreich für ähnliche Probleme in der Ökonomie entwickelt wurde. Diese Multi-Kriterien-Analyse wurde unter dem Namen ELECTRE (Elimination et Choix Traduisant la Réalité) bekannt und wird auch als Konkordanz-Analyse bezeichnet.

Auch bei dieser Methode werden komplizierte, mathematische Operationen benutzt, um nicht direkt vergleichbare Parameter systematisch miteinander zu verknüpfen. So wird aus allen zu prüfenden Substanzen e_i $(i = 1, 2, 3, \ldots, n)$ und den durchzuführenden Tests p_j $(j = 1, 2, 3, \ldots, m)$ eine Matrix erstellt, die alle Testdaten enthält:

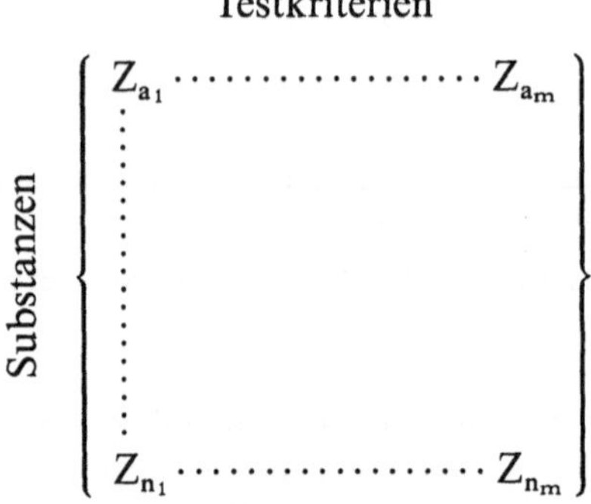

In diese Matrix wird eine fiktive Substanz e_i^* eingeordnet, deren Werte willkürlich festzulegenden Normergebnissen entsprechen. Wegen der unterschiedlichen Dimensionen der Testergebnisse werden außerdem sämtliche Skalen in dimensionslose, lineare Skalen von $0-1$ überführt, bei denen 0 der besten und 1 der schlechtesten Bewertung entspricht. Des weiteren erhalten die einzelnen Testkriterien Wichtungsfaktoren w_j. Anschließend wird jede einzelne Substanz e_i mit e_i^* verglichen, und ihre transformierten Daten werden zwei Gruppen zugeordnet. Das Konkordanz-Set umfaßt diejenigen Werte, bezüglich derer e_i als positiver zu betrachten ist als e_i^*, während sich das Diskordanz-Set aus denjenigen Werten zusammensetzt, bezüglich derer e_i als weniger akzeptabel gilt als e_i^*. Ein sehr umfangreiches Konkordanz-Set bedeutet, daß die geprüfte Substanz e_i hinsichtlich vieler Testkriterien nicht schlechter oder sogar besser ist als die Norm.

Da es bei der Zuordnung zum Diskordanz-Set nicht nur interessiert, wie groß der Anteil der Kriterien einer Substanz ist, die negativer sind als die Norm, sondern auch, um welchen Betrag sie jeweils negativer sind, wurde zusätzlich ein sogenannter Diskordanz-Indikator d eingeführt, in den sowohl die Differenzen der transformierten Werte von e_i und e_i^* als auch die Wichtungsfaktoren der zugehörigen Kriterien eingehen. Analog wird ein Konkordanz-Indikator c benutzt, um die relative Annehmbarkeit der Substanz e_i für eine bestimmte Wichtungsgruppe auszudrücken. Beide Indikatoren werden durch Schwellenwerte p (für den Konkordanz-Indikator) und q (für den Diskordanz-Indikator) begrenzt. Der Schwellenwert q dient dazu, solche Verbindungen auszuschließen, die ein derart negatives Ergebnis bei einem einzelnen Test aufweisen, daß ihre Eliminierung bereits dadurch gerechtfertigt wird. Solche Einzelmerkmale können beispielsweise Karzinogenität oder eine hohe Persistenz sein. Dagegen liegt der Zweck von p darin, die Produktion von Chemikalien in bestimmten Mengen dann freizugeben, wenn die Gesamtbewertung der Substanz e_i besser ist als die von e_i^*. Die Festlegung von p und q erfolgt nach politischen bzw. ethischen Prioritäten.

Folgendes Beispiel soll die Beurteilung von Chemikalien mittels dieses Verfahrens verdeutlichen: Fünf Substanzen (b, c, d, e, f) werden in bezug auf vier Kriterien (I, II, III, IV) mit der Substanz a verglichen. Als transformierte Matrix ergibt sich:

	I	II	III	IV	c_{ai}	d_{ai}
a	0,6	0,5	0,7	0,6	—	—
b	0,4	0,1	0,1	0,5	1	0
c	0,5	0,3	0,4	0,7	0,6	0,04
d	0,9	0,1	0,1	0,2	0,9	0,03
e	0,2	0,7	0,9	0,3	0,5	0,06
f	0,1	0,9	0,1	0,1	0,8	0,08

$$p = 0,7$$
$$q = 0,05$$
$$w_I = 0,1$$
$$w_{II} = 0,2$$
$$w_{III} = 0,3$$
$$w_{IV} = 0,4$$

Als Ergebnis des Vergleichs werden c, e und f abgelehnt, weil

für c: $c_{a_c}(0,6) < p(0,7)$

für e: $c_{a_e}(0,5) < p(0,7)$ und $d_{a_e}(0,06) > q(0,05)$

für f: $d_{a_f}(0,08) > q(0,05)$

Dagegen können b und c akzeptiert werden.

5.1.5 Gefährlichkeitsbewertungen auf der Basis der Richtlinie 79/831/EG

Nach der Veröffentlichung der EG-Direktive 79/831/EG wurden mehrere Versuche unternommen, Bewertungskonzepte zu entwickeln, die auf den in der Richtlinie geforderten Informationen aufbauen. So werden bei einem 1982 entstandenen Verfahren die Testergebnisse der Grundstufe benutzt, um eine vorläufige Gefahreneinschätzung vorzunehmen. Diese Einstufung soll der eigentlichen Gefährlichkeitsbewertung vorausgehen, sie aber nicht ersetzen.

Für die Klassifizierung der Chemikalien wurden aus den beiden Kategorien Exposition und Wirkung die Parameter
– Anwendungsmuster
– Bioakkumulationspotential (vertreten durch den n-Octanol/Wasser-Verteilungskoeffizienten P_{OW})
– Verteilung zwischen den Kompartimenten (ermittelt aus Dampfdruck, Wasserlöslichkeit und Molmasse)
– Persistenz (zusammengesetzt aus biotischem und abiotischem Abbau)
– akute Fischtoxizität
– akute Daphnientoxizität
– akute Säugertoxizität (oral oder inhalativ)
– Mutagenität
– Hautsensibilisierung

ausgewählt, die Spanne der möglichen Testergebnisse in Bereiche unterteilt und den Bereichen Punktwerte zugeordnet (Tabelle 5.3). Für jede zu testende Substanz werden diese Punkte innerhalb der Bereiche folgendermaßen zusammengefaßt:

Exposition:

$$\text{Boden:} \quad \frac{C_S \cdot P_S}{U} = E_S$$

C_S = Anreicherung im Boden
P_S = Persistenz im Boden
U = Anwendungsmuster
E_S = Exposition des Bodens

$$\text{Wasser:} \quad \frac{C_W \cdot (P_W + BA)}{U} = E_W$$

C_W = Anreicherung im Wasser
P_W = Persistenz im Wasser
BA = Bioakkumulationspotential
E_W = Exposition des Wassers

$$\text{Luft:} \quad \frac{C_A \cdot P_A}{U} = E_A$$

C_A = Anreicherung in der Luft
P_A = Persistenz in der Luft
E_A = Exposition der Luft

Wirkung:

$$\text{Boden:} \quad EF_L + \frac{EF_M + EF_H}{2} = EF'_S$$

$$\text{Wasser:} \quad EF_D + \frac{EF_M + EF_H}{2} = EF'_W$$

$$\text{Luft:} \quad EF_L + \frac{EF_M + EF_H}{2} = EF'_A$$

EF_L = Säugertoxizität (oral oder inhalativ)
EF_H = Hautsensibilisierung
EF_M = Mutagenität
$EF_D = \frac{1}{2} \cdot$ (Fischtoxizität + Daphnientoxizität)

Durch Multiplikation der jeweiligen E- und EF'-Werte ergibt sich ein Wert (X, Y bzw. Z) für jedes Kompartiment.

$$E_S \cdot EF'_S = X$$
$$E_W \cdot EF'_W = Y$$
$$E_A \cdot EF'_A = Z$$

Die resultierenden Werte variieren zwischen folgenden Extremen:

	maximal	minimal	Differenz
X	63	0,4	62,6
Y	315	1,2	313,8
Z	31,5	0,4	31,1

Um sie untereinander vergleichbar zu machen, werden sie so standardisiert, daß Werte zwischen 0 und 1 resultieren.

$$\frac{X - X_{min}}{X_{Diff}} = S_x$$

$$\frac{Y - Y_{min}}{Y_{Diff}} = S_y$$

$$\frac{Z - Z_{min}}{Z_{Diff}} = S_z$$

Diesen Standardwerten werden drei Stufen zugeteilt:

$0-0,25 \longrightarrow$ „weiß": keine besondere Aufmerksamkeit nötig; Bewertung anhand der vermarkteten Menge, wie vom EG-Stufenplan vorgesehen

$0,25-0,5 \longrightarrow$ „grau": im Auge zu behalten; zusätzliche Tests eventuell schon ab 10 t/a oder 50 t insgesamt

$0,5-1 \longrightarrow$ „schwarz": sofortige und intensive Untersuchung nötig

Tabelle 5.3. Unterteilung der Ergebnisspannen der Testresultate und Zuordnung von Punktwerten zu den einzelnen Bereichen. [Nach Schmidt-Bleek et al.]

Parameter	Ergebnisspanne	zugeordnete Punkte
Anwendungsmuster	$> 90\%$ in geschlossenen Systemen und 10% im öffentlichen Verkehr	5
	$> 50\%$ in öffentlichem Verkehr, landwirtschaftlicher Nutzung oder im Handel	2
	$> 80\%$ in öffentlichem Verkehr, landwirtschaftlicher Nutzung oder im Handel	1
Bioakkumulationspotential	$1 < P_{OW} \leq 10^2$	2
	$10^2 < P_{OW} \leq 10^3$	4
	$10^3 < P_{OW} \leq 10^5$	8
	$10^5 < P_{OW}$	16
Verteilung zwischen den Kompartimenten	Kompartiment mit der höchsten Anreicherung	3
	Kompartiment mit mittlerer Anreicherung	2
	Kompartiment mit der niedrigsten Anreicherung	1
Persistenz	entweder:	
	$t_{1/2}$ der Hydrolyse ≤ 1 a	1
	persistent	2
	oder:	
	Photoabbau in der Luft gegeben	1
	Photoabbau in der Luft nicht gesichert	2
	Bioabbau im Wasser gegeben	1
Fischtoxizität	$LC_{50} > 100$	1
	$1 < LC_{50} < 100$ (mg/l)	2
	$LC_{50} < 1$	3
Daphnientoxizität	$LC_{50} > 100$	1
	$1 < LC_{50} < 100$ (mg/l)	2
	$LC_{50} < 1$	3
Säugertoxizität	oral: $LD_{50} > 25$	1
	$5 < LD_{50} < 25$ (mg/kg)	2
	$LD_{50} < 5$	3
	inhalativ: $LD_{50} > 0{,}2$	1
	$0{,}05 < LD_{50} < 0{,}2$	2
	$LD_{50} < 0{,}05$ (mg/l)	3
Mutagenität	negativ – negativ	1
	positiv – negativ	2
	positiv – positiv	3
Hautsensibilisierung	keine Sensibilisierung	1
	Sensibilisierung fraglich	2,25
	Sensibilisierung gegeben	1,5

Eine Chemikalie wird dann der Stufe „schwarz" zugeordnet, wenn entweder X oder Y oder Z der Kategorie „schwarz" zufällt. Die Klassifizierung „grau" ergibt sich dann, wenn weder X noch Y oder Z als „schwarz" bewertet werden, aber mindestens einer der Werte als „grau", während die Einstufung als „weiß" dann erfolgt, wenn alle drei Werte zu „weiß" gehören.

Ein ähnliches, aber einfacheres Verfahren zur Schnellerkennung eventueller Umweltgefährlichkeit von Chemikalien wurde 1985 für die EG-Kommission entwickelt. Es basiert ausschließlich auf wenigen Daten der Grundstufe und ist deshalb leicht durchführbar und wenig aufwendig, eignet sich aber nicht zur Risikoschätzung oder Erstellung des vollständigen Umweltprofils einer Substanz.

Die Deklarierung von Chemikalien als potentiell umweltgefährlich erfolgt hier ebenfalls aufgrund von zwei Kriterien: einem Wirkungsparameter, nämlich der Toxizität, und einem Expositionsparameter, der sich aus Abbaubarkeit, Dispersion und Bioakkumulation zusammensetzt. Dabei wird ein dreistufiges Schema (Abb. 5.7) benutzt.

Im ersten Schritt werden die Chemikalien mittels der Toxizitätstests der Grundstufe – akute Toxizität für Ratten (oral oder inhalativ), Fische und Daphnien – bezüglich ihrer Human- und Umwelttoxizität geprüft. Alle Stoffe, die bei auch nur einem dieser Tests die Bewertung „sehr toxisch" erhalten, werden als gefährlich für die gesamte Umwelt betrachtet. Dabei gelten folgende Grenzwerte:

akute Toxizität für Ratten (oral): $LD_{50} < 25$ mg/kg
akute Toxizität für Ratten (inhalativ): $LD_{50} < 0,5$ mg/kg
akute Toxizität für Fische: $LC_{50} < 0,1$ mg/l
akute Toxizität für Daphnien: $EC_{50} < 0,1$ mg/l

Im zweiten Schritt wird bei den Substanzen, die aufgrund der Toxizitätsdaten nur als mäßig gefährlich eingestuft wurden, die Verteilung zwischen den drei Kompartimenten Boden, Wasser und Luft geschätzt sowie die Abbaubarkeit getestet. Die Kalkulation der Verteilung erfolgt mittels eines einfachen Fugazitäts-Modells, in das die fünf Parameter Wasserlöslichkeit, Dampfdruck, relative Molekülmasse, n-Octanol/Wasser-Verteilungskoeffizient und Adsorptionskoeffizient eingehen. Ergibt sich bei der Berechnung, daß 1% der Chemikalie oder mehr in einem bestimmten Kompartiment vorliegt, dann wird für dieses Kompartiment ein Risiko postuliert. Als leicht degradierbar gelten Stoffe, die bei einem der von der EG vorgeschriebenen Abbaubarkeitstests innerhalb von 28 Tagen zu 70% (beim MITI-Test zu 60%) abgebaut werden. Substanzen, die den Abbaubarkeitstest nicht bestehen oder ein hohes Expositionspotential für ein Kompartiment oder mehrere davon erkennen lassen, werden für eine Klassifizierung als umweltgefährlich in Betracht gezogen.

Im dritten Schritt werden die Substanzen, die eine mäßige Toxizität und eine geringe Abbaubarkeit oder hohe Exposition aufweisen, hinsichtlich ihrer Fähigkeit zur Bioakkumulation und ihrer Ökotoxizität untersucht.

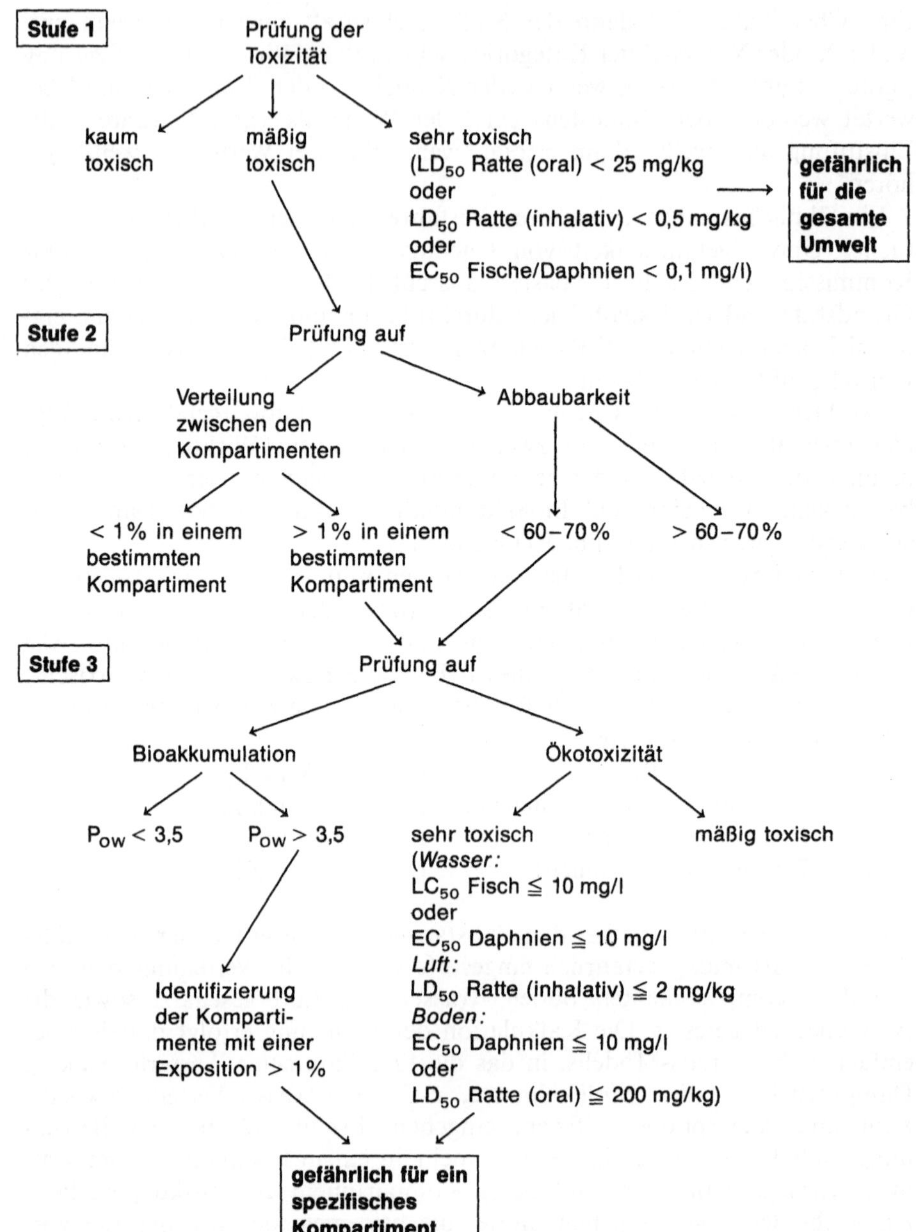

Abb. 5.7. Schema zur Schnelleinstufung von Chemikalien

Als Maß für das erstere dient der n-Octanol/Wasser-Verteilungskoeffizient mit einem Grenzwert von $P_{OW} > 3,5$, der einem Bioakkumulationsfaktor in der Größenordnung von 300 entspricht. Die Ökotoxizität schließlich wird für die einzelnen Kompartimente anhand folgender Tests bzw. Grenzwerte ermittelt:

für Wasser: Fischtoxizität: $LC_{50} \leq 10$ mg/l
              Daphnientoxizität: $EC_{50} \leq 10$ mg/l

für Boden: Rattentoxizität (oral): $LD_{50} \leq 200$ mg/kg
              Daphnientoxizität: $EC_{50} \leq 10$ mg/l

für Luft: Rattentoxizität (inhalativ): $LD_{50} \leq 2$ mg/kg

Als Kriterium für die Bodentoxizität wurde der Daphnientest herangezogen, weil innerhalb der Grundstufe kein anderer Versuch an Wirbellosen vorgesehen ist. Bei den Kompartimenten, für die zwei Testdaten zur Verfügung stehen, entscheidet der niedrigere Wert über die Einstufung der Chemikalie. Als umweltgefährlich werden alle Stoffe betrachtet, die aufgrund der Testergebnisse als ökotoxisch für das oder die Kompartimente bezeichnet werden können, für das bzw. die auf der zweiten Stufe bereits eine bedenklich hohe Exposition oder eine geringe Abbaubarkeit festgestellt wurde.

Auch diese Methode der Klassifizierung dient ausdrücklich nur der vorläufigen Kennzeichnung gefährlicher Substanzen vor der eigentlichen Bewertung und ist ausschließlich dafür anwendbar. So wird bei der Schnelleinstufung eine eventuelle Toxizität für Pflanzen oder Bodenorganismen vernachlässigt, und auch die zur Persistenz vorliegenden Daten reichen für eine tiefergehende Beurteilung nicht aus. Außerdem lassen sich einige Substanzklassen, wie z.B. Polymere, nicht anhand dieses Schemas testen, das deshalb wie das zuerst beschriebene nur als Vorstufe zu einem umfassenderen Bewertungsverfahren dienen kann.

5.1.6 Gefährlichkeitsbewertung nach der Schweizer Stoffverordnung

Diese Methode zur halbquantitativen Beurteilung des Gefahrenpotentials von Chemikalien, die sich an der Schweizer Stoffverordnung orientiert, wurde 1989 vorgeschlagen und wird vom Beratergremium für umweltrelevante Altstoffe (BUA) benutzt. Sie basiert auf Expositions- und Wirkungsdaten und soll zur Entscheidung darüber führen, welche Daten für die Bewertung benötigt werden, ob ein Grenzwert gesetzt werden muß und ob Maßnahmen zur Expositionsminderung, wie z.B. eine Einschränkung des Anwendungsbereiches, ergriffen werden müssen. Bei den Ergebnissen, die sich mit diesem Verfahren erzielen lassen, sind zwar Fehler nicht auszuschließen, aber in der Mehrzahl der Fälle reicht die erreichbare Genauigkeit für eine erste Einstufung der Substanzen aus. Einen Überblick über die einzelnen Schritte der Schätzung des Gefahrenpotentials nach dem Schweizer Vorbild gibt Abb. 5.8.

Stoff: Azofarbstoffe

Verwendung und Verbrauch: Einfärbung von Textilien. Aufziehgrad: 95%.
Jahresverbrauch CH = 1400 kg

Gefahrenbeurteilung

Eintrag:
Abwasser: 70 kg jährlich aus industrieller/gewerblicher Verwendung.
KVA/Deponie: Maximal 1330 kg aus Entsorgung eingefärbter Textilien.

Umweltrelevante Stoffeigenschaften:
- Giftig für Fische (LC_{50} 96 h = 8 mg/l)
- Nicht mutagen; Giftklasse 4
- Nicht leicht abbaubar (4% DOC-Elimination in einem OECD Test zur „Ready Bio-degradibility")
- Keine Akkumulationstendenz ($\log P_{OW} = -2{,}4$)

Verknüpfung von Eintrag und Stoffeigenschaften:
KVA/Deponie: Die Entsorgung eingefärbter Textilien ist unproblematisch.
Abwasser: Der Stoff wird stoßweise ins Abwasser eingetragen, ist fischgiftig und voraussichtlich schlecht abbaubar.

Konsequenz: Für das aquatische Milieu ist eine Risikobeurteilung durchzuführen.

Risikobeurteilung

Exposition: Konzentration Cv im Vorfluter unter den „worst case" Annahmen von Seite 83
(Annex 3).
Unter der Annahme, daß 10 Färbereien diesen Stoff an jeweils 100 Tagen einsetzen, beträgt der Tageseintrag

$$EA = \frac{70}{10 \times 100} = 0{,}07 \text{ kg} = 70\,000 \text{ mg}$$

$$\underline{Cv} = \frac{7 \times 10^4}{10 \times 10^6} = \underline{0{,}007 \text{ mg/l}}$$

Ökotoxizität: Da nur lokale Stoßbelastungen auftreten, sind akute Toxizitätsdaten für die Beurteilung der Gefährdung von Wasserorganismen ausreichend

Abb. 5.8. Schätzung des Gefahrenpotentials nach der Schweizer Stoffverordnung. [Nach Broecker (1990)]

Die Durchführung einer solchen Bewertung soll am Beispiel von Distearylmethylamin, einem Zwischenprodukt der Herstellung von Tensiden in Weichspülern, gezeigt werden. Diese Verbindung ist kaum toxisch (LD_{50} Ratte, oral > 2000 mg/kg) und im Ames-Test nicht mutagen, aber hautreizend. Die Ökotoxizität wird als niedrig eingestuft (LC_{50} Zebrabärbling im 96 h Test > 100 mg/l, Schadwirkung für Bakterien im 24-h-Gärröhrchentest 150 mg/l, biologische Abbaubarkeit in 3 h zu 100%, Wasserlöslichkeit des technischen Produktes 300 mg/l). Da die Wasserlöslichkeit der Reinsubstanz wahrscheinlich gering ist, beziehen sich all diese Daten möglicherweise auf leichter wasserlösliche Nebenbestandteile des technischen Produktes. Zur Beurteilung eventueller chronischer, karzinogener oder teratogener Effekte liegen nicht genug Informationen vor. Ob diese Parameter in weiteren Tests geprüft werden sollten oder nicht, wird anhand der Exposition entschieden.

Da es sich bei dieser Verbindung um einen Feststoff handelt, der in geschlossenen Systemen hergestellt und verarbeitet wird, ist die Wahrscheinlichkeit eines Kontaktes am Arbeitsplatz vernachlässigbar. Eine Exposition der Umwelt ist lediglich möglich über die Anwendung des Folgeproduktes, in dem bis zu 2% der Ausgangsstoffe enthalten sein können, ist aber angesichts der Produktionsmenge (< 1000 t/a) gering. Das Gefährlichkeitspotential könnte deshalb als niedrig bezeichnet werden. Da Waschmittel jedoch in sehr vielen Bereichen und in großem Umfang angewendet werden, wurde Distearylmethylamin vom BUA wie alle anderen Waschmittelvorprodukte den Stoffen der Gruppe II zugeordnet, bei denen weitere Untersuchungen zur Wirkung für notwendig gehalten werden.

Eine andere Klassifizierung wäre beispielsweise dann vorgenommen worden, wenn Informationen über eine potentielle Gefährdung durch Karzinogenität oder Gentoxizität vorgelegen hätten. Dann wäre wahrscheinlich angesichts der allgemeinen Exposition der Bevölkerung ein ausführlicher Stoffbericht bezüglich des Wirkungsspektrums und des Expositionspotentials angefertigt worden. Bei nachgewiesener Gentoxizität wäre eventuell sogar die Verwendung als Zwischenprodukt für im öffentlichen Gebrauch befindliche Produkte in Frage gestellt worden. In jedem Fall hätte der Anteil in Waschmittelrohstoffen erheblich gesenkt werden müssen.

Eine wiederum andere Situation hätte sich ergeben, wenn Distearylmethylamin mit den anfangs genannten Toxizitätsdaten ausschließlich zur Herstellung von Reinigern für Industriebedarf verwendet würde, so daß lediglich die Exposition am Arbeitsplatz zu berücksichtigen wäre. In einem solchen Fall wäre die Substanz wahrscheinlich auf die unterste Stufe gestellt worden, auf der keine zusätzlichen Untersuchungen verlangt werden.

5.1.7   Das E4Chem-Modell

E4Chem (**E**xposure and **E**cotoxicity **E**stimation for **E**nvironmental **Chemi**cals) ist ein Computerprogramm, das primär zur Erstellung einer Prioritätsliste von gefährlichen Stoffen entwickelt wurde, aber auch für andere Anwendungszwecke erweitert werden kann. Es basiert auf den Empfehlungen der OECD und dem deutschen Chemikaliengesetz und beinhaltet sowohl Modelle zur Expositions- und Wirkungsanalyse als auch ein System zur Transformation und zum Vergleich der gewonnenen Daten. Die in die Bewertung eingehenden Parameter sind in Tabelle 5.4 zusammengefaßt.

Für die Durchführung der Expositionsanalyse wurden insgesamt fünf Submodelle entworfen, mittels derer sich die Konzentrationen von Chemikalien in den Kompartimenten Boden, Wasser und Luft schätzen lassen. Sie sind in Kap. 5.2.3 ausführlicher beschrieben. Ein weiteres Subsystem (RLTEC) dient zur Ermittlung der Freisetzungsrate anhand der verfügbaren Informationen über das Anwendungsmuster. Dieses Teilprogramm ist allerdings nur für die höheren Ebenen der Prioritätsprüfung vorgesehen; in den früheren Stadien, in denen das Vermarktungsvolumen nur ungefähr bekannt ist, wird das Ausmaß der Freisetzung nur grob geschätzt. Das ökotoxische Potential wird mit dem Modell ETTOX berechnet, das auf den Ergebnissen von Einzelspezies-Toxizitätstests basiert.

Tabelle 5.4. Parameter zur Bewertung der Gefährlichkeit von Chemikalien anhand des E4Chem-Modells. [Nach Rohleder et al.]

Exposition	Freisetzungspotential	⟶ Freisetzungsrate
		⟶ Input-Medium
	Anreicherungspotential	⟶ Persistenz
		⟶ Mobilität
		⟶ Geoakkumulation
		⟶ Kontamination des Wassers
		⟶ Bioakkumulation
Wirkung	Ökotoxisches Potential	⟶ Toxizität für aquatische Arten
		⟶ Toxizität für terrestrische Arten

Bei den meisten anderen Konzepten werden die Daten bereits in einem der ersten Schritte in Skalen geordnet bzw. in Gruppen zusammengefaßt, so daß einerseits sehr unterschiedliche Werte eines Parameters in einem Punktwert zusammengefaßt sein können, andererseits aber durch die Grenzziehung der Unterschied von dicht nebeneinanderliegenden Ergebnissen überbewertet wird. Dagegen werden beim E4Chem-Modell die Daten erst auf einem höheren Niveau der Gefährlichkeitsbewertung und nach der Auswahl einer begrenzten Zahl von Chemikalien skaliert. Auf den unteren Stufen werden die einzelnen Daten lediglich so transformiert, daß sie sich direkt vergleichen lassen; sie gehen aber jeweils isoliert in die Bewertung ein.

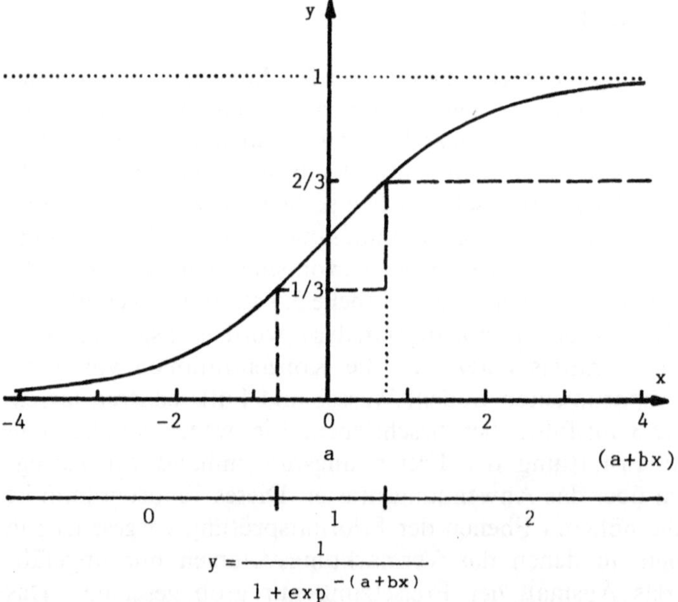

$$y = \frac{1}{1 + \exp^{-(a+bx)}}$$

Abb. 5.9. Transformationsfunktion für die Skalierung der Testergebnisse. [Nach Rohleder et al.]

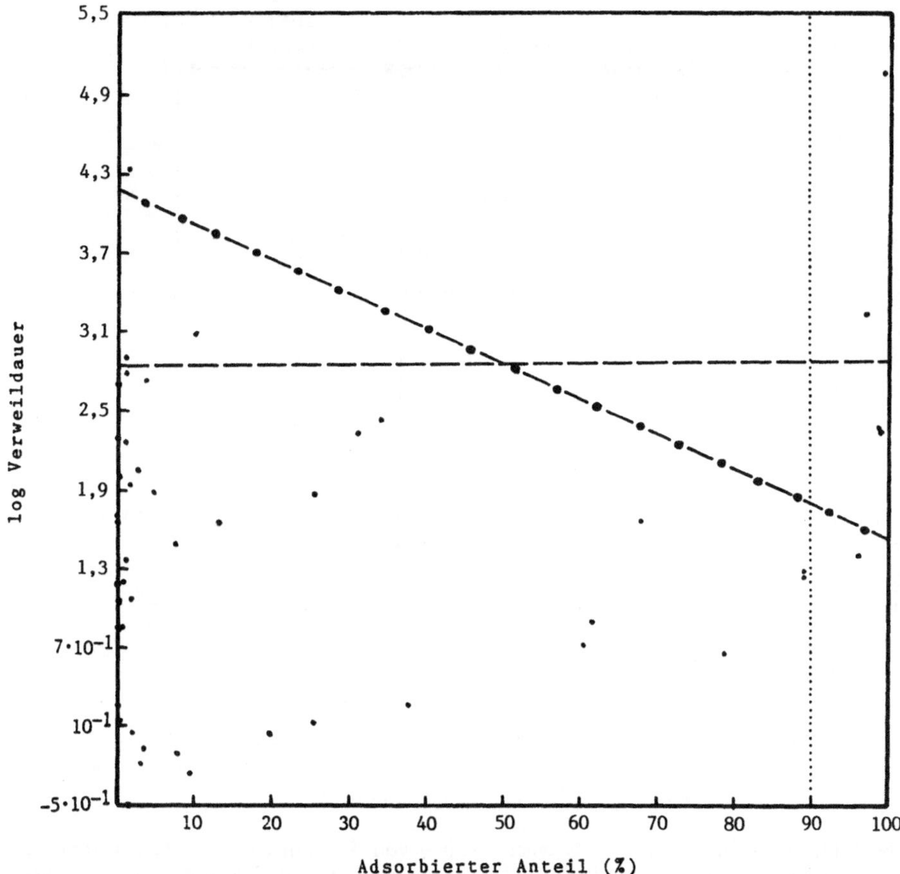

Abb. 5.10. Prinzip der Auswahl von 10% aus einer Gruppe von 50 Substanzen durch Gegeneinanderauftragen zweier Parameter (hier Persistenz und Akkumulation) und Ziehung verschiedener Grenzlinien. [Nach Matthies et al.]
------ Auswahl der Substanzen mit hoher Persistenz
.... Auswahl der Substanzen mit hoher Akkumulation
—·—·— Auswahl der Substanzen mit hoher Persistenz und hoher Akkumulation

Die Transformationsfunktion ist in Abb. 5.9 dargestellt. Während die Eingangswerte von minus bis plus unendlich reichen, ergibt sich für die transformierten Daten eine Ergebnisspanne von 0–1; a und b bezeichnen einen „mittleren" Wert bzw. ein Streckungsmaß. Grenzwerte können je nach Bedarf definiert werden, indem man die 0–1-Skala in drei gleich große Bereiche unterteilt oder indem man 1/3 bzw. 2/3 der zur Prüfung anstehenden Chemikalien auswählt.

Für die Klassifizierung von Chemikalien bzw. die Identifizierung von Substanzen mit besonders hohen Gefahrenpotentialen können die Parameter jeweils mit den transformierten oder auch unveränderten Werten gegeneinander aufgetragen werden. Abbildung 5.10 zeigt ein solches Diagramm,

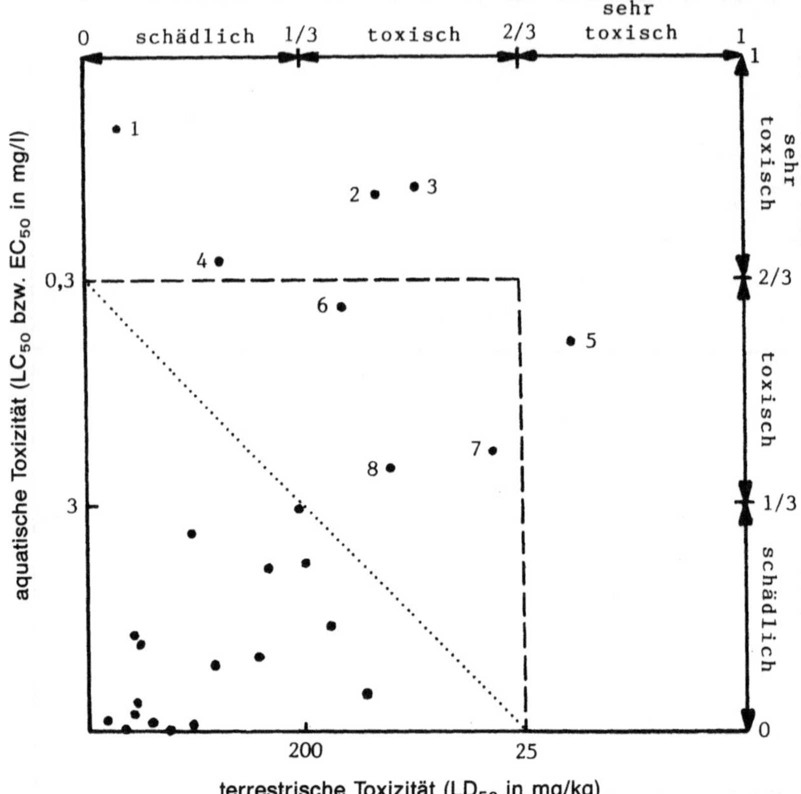

Abb. 5.11. Auswahl von 10% aus einer Gruppe von Substanzen durch Gegeneinanderauftragen der Parameter aquatische und terrestrische Toxizität. Die normalerweise logarithmischen Skalen sind hier in 0–1-Skalen überführt. *1* HCB; *2* DDT; *3* γ-HCH; *4* 1,1-Dichlorethan; *5* Acetoncyanhydrin; *6* PCP; *7* Butylbenzylphthalat; *8* 4-Chloranilin. [Nach Rohleder et al.]

bei dem für 50 Substanzen die Aufenthaltsdauer im Wasser gegen das Ausmaß an Adsorption an das Sediment aufgetragen ist. Sollen beispielsweise 10% dieser Chemikalien für eine tiefergehende Prüfung ausgewählt werden, dann gibt es mehrere Möglichkeiten:
– Auswahl der Substanzen mit einer hohen Persistenz durch Ziehung einer horizontalen Grenzlinie
– Auswahl der Substanzen mit einem hohen Akkumulationspotential durch Ziehung einer vertikalen Grenzlinie
– Auswahl der Substanzen, die sowohl eine hohe Persistenz als auch eine hohe Akkumulationsfähigkeit aufweisen, durch Ziehung einer schrägen Grenzlinie, deren Neigung beliebig gewählt werden kann.

Entsprechend können auch alle anderen Testergebnisse in die Beurteilung einbezogen werden. Ein weiteres Beispiel ist in Abb. 5.11 dargestellt, in der die aquatische Toxizität gegen die terrestrische aufgetragen ist. Folgende Grenzwerte wurden festgelegt:

	LD_{50} (Ratte, Maus) (mg/kg)	LC_{50} (Fisch)/ EC_{50} (Daphnien) (mg/l)	0–1-Skala
sehr toxisch			
	25	0,3	2/3
toxisch			
	200	3	1/3
mäßig oder nicht toxisch			

Die gestrichelte Linie in der Graphik grenzt diejenigen Chemikalien aus, die entweder eine hohe aquatische oder eine hohe terrestrische Toxizität besitzen, während Stoffe, die für beide Kompartimente toxisch sind, durch die gepunktete Linie abgetrennt werden. Die verschiedenen Möglichkeiten zur Festlegung von Grenzlinien sind in Abb. 5.12 zusammengefaßt.

Bei der Anwendung dieses Bewertungsmodells sollte darauf geachtet werden, daß die Präzision der Daten um so höher sein muß, je höher die Substanz in der Prioritätsliste eingestuft wird. Außerdem ist es besser, durch

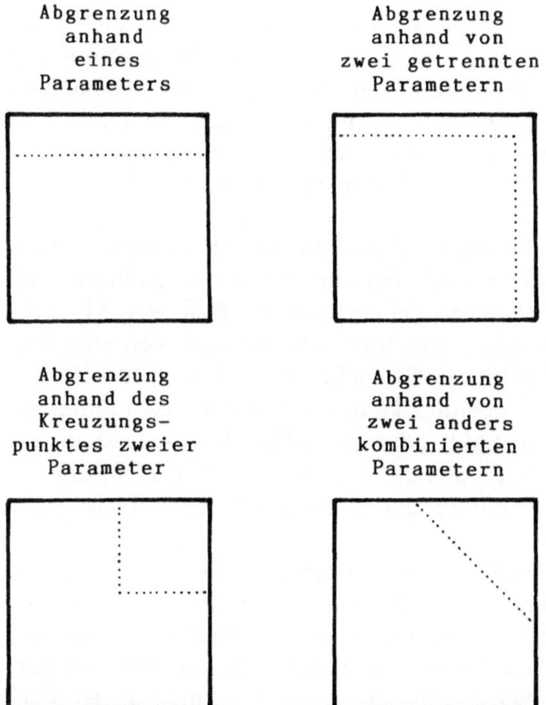

Abb. 5.12. Verschiedene Möglichkeiten zur Auswahl von 20% aus einer Gruppe von Chemikalien anhand von zwei Parametern. [Nach Rohleder et al.]

relativ niedrige Grenzwerte Stoffe niedriger Priorität von der näheren Untersuchung auszuschließen, als durch hohe Grenzwerte lediglich besonders verdächtige Chemikalien für weitere Prüfungen auszuwählen, da sonst Substanzen im kritischen Bereich aufgrund ungenauer Daten übersehen werden können. Die Grenzlinien müssen nicht notwendigerweise linear sein; in Zukunft, wenn mehr Daten von Referenzchemikalien zur Verfügung stehen, sind auch empirische Kurven denkbar.

Die Vorteile dieses Bewertungsprogramms liegen hauptsächlich in der Möglichkeit, eine große Anzahl von Chemikalien mit umfangreichem Datenmaterial mit relativ geringem Aufwand zu bewältigen, und in der Flexibilität des Systems, das leicht unterschiedlichen Einstufungskriterien angepaßt werden kann. Dagegen wird die Anwendbarkeit vor allem durch die oft mangelnde Verfügbarkeit der Daten eingeschränkt.

5.2 Methoden der Expositionsanalyse

Die Beurteilung des Gefahrenpotentials von Chemikalien umfaßt zwei Bereiche: die Prüfung des Wirkungsspektrums der Substanz und die Ermittlung von Art und Ausmaß ihres Kontaktes mit der Umwelt. Wirkung und Exposition werden jedoch in den gesetzlichen Bestimmungen der verschiedenen Länder ungleich gewichtet. Während etwa in den USA bei der Anmeldung neuer Stoffe nach dem amerikanischen Chemikaliengesetz (TSCA = Toxic Substances Control Act) der Schwerpunkt einseitig auf der Expositionsanalyse liegt, dominiert in der BRD die Wirkungsanalyse. Daß die Exposition zum Teil zu wenig beachtet wird, liegt unter anderem daran, daß die Ermittlung bzw. Prognose der vorhandenen bzw. zu erwartenden Belastung mit größeren Schwierigkeiten verbunden ist als die Vorhersage möglicher Effekte.

So hat es sich gezeigt, daß die lokale Verteilung in der Umwelt je nach Nähe zur Emissionsquelle und je nach den lokalen bzw. großräumigen Bedingungen zum Teil bis zu mehreren Zehnerpotenzen differiert. Modelle, anhand derer lediglich die globale Verteilung vorausgesagt werden kann, sind deshalb auf spezifische Probleme oft nicht anwendbar. Modelle, die auch für die Berechnung der Exposition kleinerer Umweltausschnitte, wie die Umgebung einer bestimmten Stadt oder ein definiertes Ökosystem, geeignet sind, benötigen wiederum so viele Daten, daß bei Kenntnis all dieser Größen die Modelle für die Prognose eventuell schon nicht mehr nötig sind.

Auch bei der analytischen Bestimmung einzelner Stoffe wurden in der Vergangenheit erhebliche Fehler gemacht, die zu groben Fehleinschätzungen der ökotoxikologischen Relevanz dieser Verbindungen führten. Als Folge davon reichen für eine Reihe von Substanzen die zur Zeit vorliegenden Messungen für eine Schätzung der Konzentrationen in der Umwelt nicht aus. Selbst die Produktionshöhe genügt nicht als Anhaltspunkt für die zu erwartende Exposition, da zwischen hergestellter Menge und

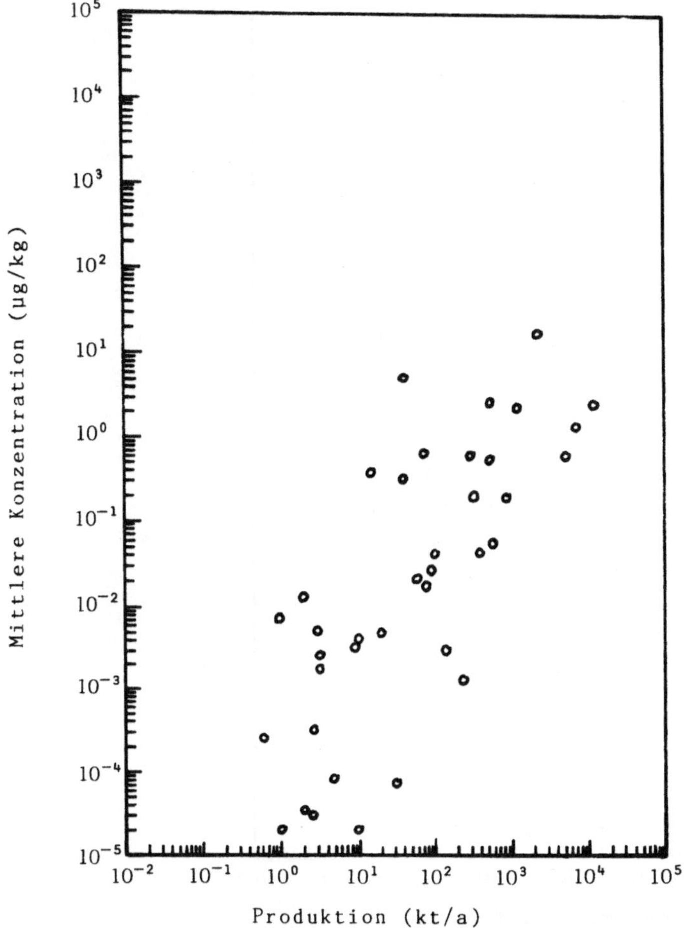

Abb. 5.13. Mittlere Konzentration von Referenzchemikalien in der Luft, aufgetragen gegen die jährliche Produktionsmenge. [Nach Broecker]

mittlerer Konzentration des Stoffes in der Umwelt keine Korrelation besteht (Abb. 5.13). Bei einer hohen Produktionsmenge kommt es zwar mit größerer Wahrscheinlichkeit zum Kontakt mit der Umwelt als bei einer niedrigen, aber die Annahme, daß ein in großem Umfang hergestellter Stoff automatisch zu hoher Exposition führt, ist nicht zulässig. Selbst aus der geschätzten Eintragsmenge läßt sich die zu erwartende Belastung nicht direkt ableiten (Abb. 5.14).

In die Prognose der Exposition müssen drei Gruppen von Parametern eingehen: anwendungsbezogene Informationen, stoffinhärente Eigenschaften und die systeminhärenten Eigenschaften der betroffenen Kompartimente. Durch die Berechnungen sollten außerdem sowohl die Konzentrationen direkt an den Emissionsquellen selbst erfaßt werden, als auch diejenigen in definierten Abständen vom Eintrittsort bzw. nach Einstellung eines Quasi-Gleichgewichtes zwischen den Kompartimenten. Und schließ-

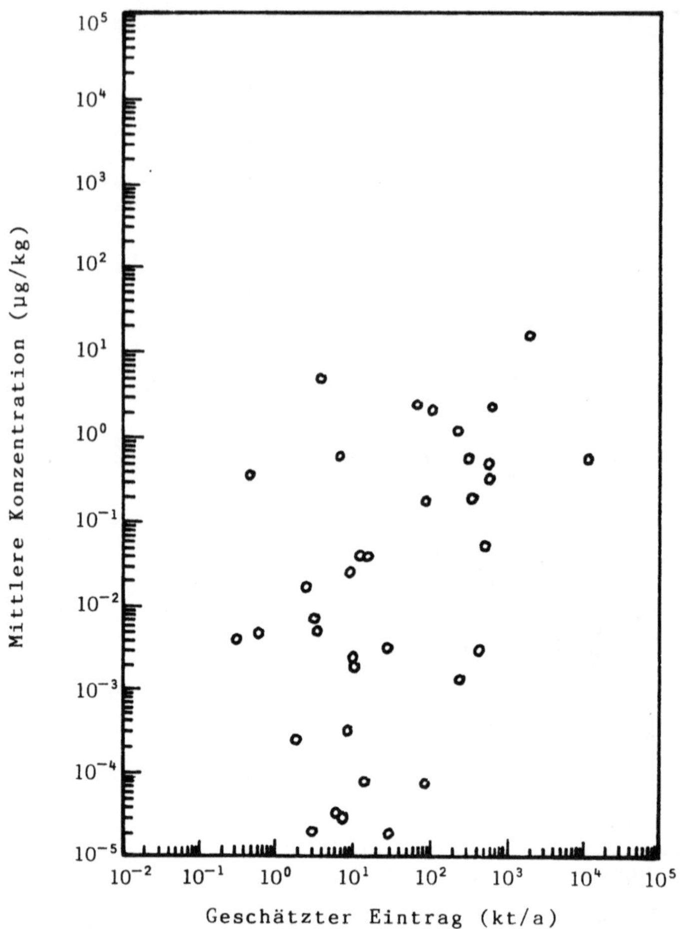

Abb. 5.14. Mittlere Konzentration von Referenzchemikalien in der Luft, aufgetragen gegen den geschätzten jährlichen Eintrag in die Umwelt. [Nach Broecker]

lich werden noch nach Art und Objekt der Gefährdung folgende Fälle unterschieden:
- die direkte Exposition von Menschen (DHE = Direct Human Exposure), d.h. die Exposition einzelner durch Direktkontakt im Verlauf von Herstellung, Transport oder Anwendung
- die direkte Exposition der Umwelt (DEE = Direct Environmental Exposure), d.h. die lokale Belastung einzelner Umweltbereiche durch punktförmige oder kleinflächige Quellen
- die indirekte Exposition von Menschen (IHE = Indirect Human Exposure), d.h. die allgemeine Exposition der Gesamtbevölkerung nach der großräumigen Verteilung der Chemikalie
- die allgemeine Exposition der Umwelt (GEE = General Environmental Exposure), d.h. die Belastung der gesamten Umwelt nach der großräumigen Verteilung der Chemikalie

Je nach der Schwerpunktsetzung sind die Verfahren zur Expositionsanalyse sehr unterschiedlich konzipiert. Dabei wird die direkte Belastung von Menschen im allgemeinen nicht berücksichtigt, da sie nicht unter das Chemikaliengesetz fällt, sondern durch Regelungen in anderen Bereichen, wie etwa dem Arbeitsschutz, begrenzt wird.

5.2.1 Fugazitätsmodelle

Die Anwendung des Fugazitätsprinzips auf die Prognose des Verhaltens von Chemikalien in der Umwelt hat zu der Entwicklung einer ganzen Reihe von Modellen geführt, bei denen Transport, Verteilung und Abbau durch einfache Gleichungen ausgedrückt werden. Je nach Komplexität der Modelle können sie auf Gleichgewichts- oder Ungleichgewichtsprozesse, auf globale Abläufe oder auf spezifische Umweltsituationen angewendet werden. Da die Ausdrücke, mit denen der Transfer zwischen den Kompartimenten beschrieben wird, additiv sind, lassen sich aufeinanderfolgende Prozesse zu einer Massenbilanz mit einheitlichem Term zusammenfassen, so daß die verschiedenen Modelle bzw. Teilmodelle leicht kombiniert werden können.

Als Fugazität f bezeichnet man das Bestreben einer Substanz, eine Phase zu verlassen und sich über das gesamte System zu verteilen. Wenn die Tendenz zur Flucht aus einer Phase heraus von derjenigen zum Verlassen der anderen Phasen genau kompensiert wird, dann stellt sich ein Gleichgewicht ein. Besteht das System aus n Phasen bzw. Kompartimenten, dann gilt im Gleichgewicht:

$$f_1 = f_2 = \ldots = f_n$$

Fugazität und Konzentration sind einander proportional:

$$C = Z \cdot f$$

Der Proportionalitätsfaktor Z wird als Fugazitätskapazität bezeichnet; er ist substanzspezifisch für jede Phase bei einer gegebenen Temperatur. Seine Größe hängt von den Eigenschaften der Substanz (Wasserlöslichkeit, Dampfdruck, n-Octanol/Wasser-Verteilungskoeffizient), den Eigenschaften der Phase und den Wechselwirkungen zwischen Phase und Chemikalie ab, so daß das Verhältnis zwischen den Z-Werten zweier Phasen a und b dem zugehörigen Verteilungskoeffizienten K_{ab} entspricht.

$$K_{ab} = \frac{C_a}{C_b} = \frac{Z_a \cdot f}{Z_b \cdot f} = \frac{Z_a}{Z_b}$$

Die Gleichungen, mittels derer die Z-Werte verschiedener Kompartimente berechnet werden können, sind in Tabelle 5.5 angegeben.

In einer Serie von aufeinander aufbauenden Modellen können diese Gleichungen benutzt werden, um das Verhalten von Chemikalien zu studieren. Eines der am häufigsten benutzten Systeme ist die „Unit-World"

Tabelle 5.5. Definition der Fugazitätskapazität Z für die Kompartimente Luft, Wasser, Boden, Sediment, suspendiertes Sediment und Organismen (Fisch). [Nach Paterson u. Mackey]

Z_1	Luft	$1/R \cdot T$
Z_2	Wasser	C^S/P^S
Z_3	Boden (Φ = Anteil an organischem Kohlenstoff = 0,02 ϱ = Dichte = 1,5 kg/l)	$Z_2\, K_{OC}\, \Phi_3\, \varrho_3$
Z_4	Sediment (Φ = Anteil an organischem Kohlenstoff = 0,04 ϱ = Dichte = 1,5 kg/l)	$Z_2\, K_{OC}\, \Phi_4\, \varrho_4$
Z_5	Suspendiertes Sediment (Φ = Anteil an organischem Kohlenstoff = 0,04 ϱ = Dichte = 1,5 kg/l)	$Z_2\, K_{OC}\, \Phi_5\, \varrho_5$
Z_6	Organismen (Fisch) (ϱ = Dichte = 1 kg/l)	$Z_2\, K_B\, \varrho_6$

P^S = Dampfdruck (Pa).
C^S = Wasserlöslichkeit (mol/m^3).
K_{OC} = Verteilungskoeffizient Boden/Wasser (K_{OC} = 0,411 K_{OW}).
K_B = Biokonzentrationsfaktor (K_B = 0,048 K_{OW}).
K_{OW} = n-Octanol/Wasser-Verteilungskoeffizient.
T = 298 K.
R = 8,314 J/mol · K.

(Abb. 5.15), die aus sechs Kompartimenten besteht: Luft, Wasser, Boden, Sediment, suspensiertes Sediment und Organismen. Die Abmessungen der einzelnen Einheiten wurden willkürlich festgelegt, sind aber bezüglich des Volumenverhältnisses den realen Verhältnissen angepaßt. Mittels dieses Systems lassen sich je nach den vorgegebenen Bedingungen zunehmend kompliziertere Prozesse berechnen.

Auf der untersten Ebene wird lediglich die Verteilung einer Substanz zwischen den Phasen kalkuliert. Dazu wird angenommen, daß die Verbindung unreaktiv ist und sich innerhalb jeder Phase homogen verteilt. Für die Gesamtmenge M (in mol) der Chemikalie in dem System mit i Kompartimenten gilt:

$$M = \Sigma\, C_i \cdot V_i = \Sigma\, f_i \cdot Z_i \cdot V_i = f \cdot \Sigma\, Z_i \cdot V_i$$

$$V_i = \text{Volumen des Kompartimentes i (m}^3\text{)}$$

Anhand dieser Gleichung kann für jede Phase sowohl die relative Konzentration der Substanz als auch der Massenanteil ermittelt werden. Wird die Gesamtmenge der Verbindung im System festgesetzt, dann können auch die absoluten Konzentrationen bzw. Massenanteile berechnet werden.

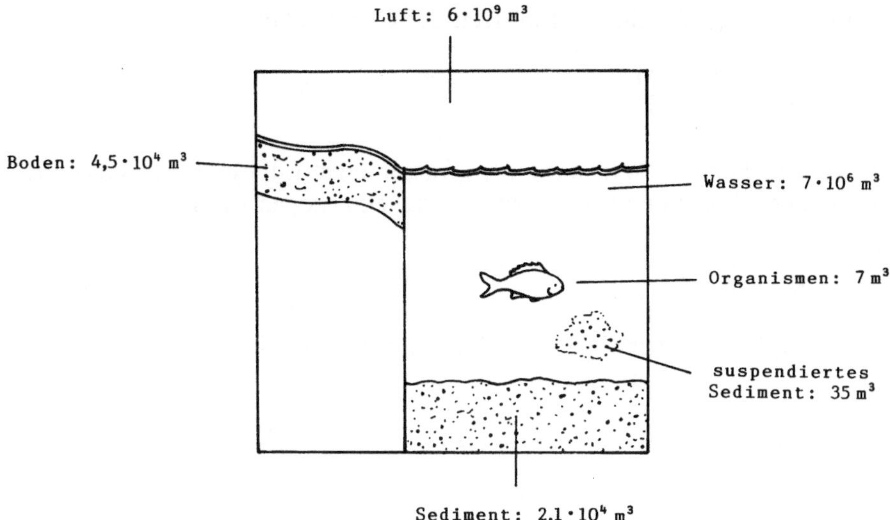

Abb. 5.15. Schema der „Unit World". [Nach Paterson u. Mackey]

Auf der zweiten Stufe werden mögliche Reaktionen der Verbindung und eventuell auch Advektion in die Kalkulation einbezogen. Dabei geht man von der Annahme aus, daß Transferprozesse sehr viel schneller verlaufen als Umwandlungen, so daß Emissionen in das System als Ganzes stattfinden. Für die Reaktionen wird eine Kinetik erster Ordnung vorausgesetzt. Da die einzelnen Umsetzungen (Photolyse, Hydrolyse, Oxidationen, Biodegradation u.a.) sich addieren, erhält man für die Geschwindigkeit, mit der die Substanz aus einem Kompartiment entfernt wird:

$$V_i \cdot C_i \cdot \Sigma k = V_i \cdot C_i \cdot k_i (mol/h), \quad \text{wobei } k_i = \Sigma k$$

Entsprechend gilt für das Gesamtsystem bei einer Eintragsrate E (in mol/h):

$$E = \Sigma V_i \cdot C_i \cdot \Sigma k_i$$

Setzt man statt der Konzentration die Fugazität ein, dann erhält man:

$$E = f \cdot \Sigma V_i \cdot Z_i \cdot k_i$$

Die relativen bzw. absoluten Konzentrationen oder Massen in den einzelnen Phasen werden wie oben berechnet. Der Hauptabbauweg ist derjenige, für den $V_i \cdot Z_i \cdot k_i$ am größten ist. Die Abnahme im gesamten System erhält man aus dem Quotienten von Gesamtreaktionsrate und Gesamtmenge im System:

$$k_{ges} = \frac{\Sigma V_i \cdot C_i \cdot k_i}{\Sigma V_i \cdot C_i} = \frac{E}{M}$$

Daraus ergibt sich für die Halbwertzeit der Chemikalie:

$$\tau_{ges} = \frac{1}{k_{ges}} = \frac{M}{E}$$

Zusätzlich kann die Advektion in Wasser oder Luft in Form einer Geschwindigkeitskonstante erster Ordnung k_{A_i} einbezogen werden.

$$k_{A_i} = \frac{G_i}{V_i}$$

G_i = Geschwindigkeit des Ein- und Austritts in die bzw. aus der Phase (m^3/h)

Bei einer Eintragskonzentration C_E resultiert für die Massenbilanz

$$E + \Sigma\, G_i \cdot C_E = \Sigma\, V_i \cdot C_i(k_i + k_{A_i})$$

und

$$f = \frac{E + \Sigma\, G_i \cdot C_E}{\Sigma\, V_i \cdot Z_i(k_i + k_{A_i})}$$

Auf analoge Weise kann die Konzentrationsabnahme durch Sedimentierung oder Austausch zwischen Troposphäre und Stratosphäre berücksichtigt werden.

Wegen ihrer Beschränkung auf geschlossene Systeme mit thermodynamischem Gleichgewicht sind die Anwendungsmöglichkeiten der ersten beiden Ebenen begrenzt. In größerem Umfang praktisch anwendbar ist die dritte Stufe, auf der von einem Fließgleichgewicht und unterschiedlichen Fugazitäten in den einzelnen Kompartimenten ausgegangen wird. Es muß deshalb unterschieden werden, in welches Kompartiment hinein die Emission erfolgt. Für den Flux N (in mol/h) bei Diffusion zwischen zwei Phasen gilt:

$$N = D_{ij} \cdot f_i - D_{ji} \cdot f_j$$

D = Transferkoeffizient ($mol/m^3 \cdot h$)

Daraus ergibt sich für die reversible Diffusion, bei der $D_{ij} = D_{ji}$ ist:

$$N = D_{ij} \cdot (f_i - f_j)$$

Die jeweiligen Transferkoeffizienten lassen sich aus Größen wie Interphasen-Transferfläche, Massentransferkoeffizient, Ein- und Austrittsraten bzw. der Aufenthaltsdauer der Substanz in der Phase errechnen.

Auch nicht-diffusive Transferprozesse können einbezogen werden. Dazu gehören beispielsweise nasse und trockene Deposition aus der Atmosphäre, Sedimentation und Resuspension im Wasser oder Nahrungsaufnahme von Organismen. Die resultierenden Gleichungssysteme können algebraisch oder durch Matrixinversion gelöst werden.

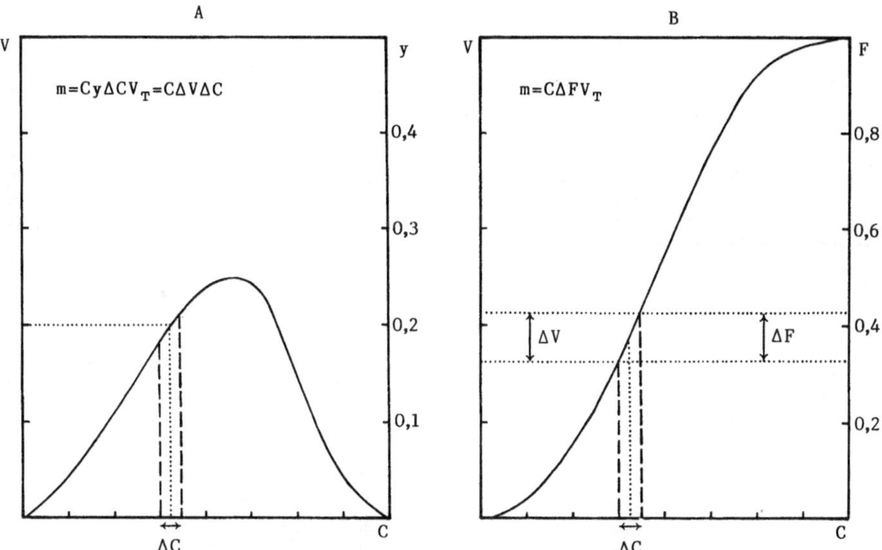

Abb. 5.16. Schematische Darstellung einer normalen **A** und einer kumulativen **B** Verteilungsfunktion zur Kalkulation der Substanzmengen in bestimmten Konzentrationsbereichen. [Nach Paterson u. Mackey]

Auf der vierten Stufe wird das Verhalten von Substanzen in offenen Systemen im Zustand des Ungleichgewichts durch eine Reihe von Differentialgleichungen beschrieben:

$$\frac{V_i\, dC_i}{dt} = \frac{V_i\, Z_i\, df_i}{dt} = E - f_i\, V_i\, Z_i\, k_i - \Sigma_j\, D_{ij}\, f_i + \Sigma_j\, D_{ji}\, f_j$$

Durch diese können auch zeitabhängige Variationen des Eintritts bzw. der Konzentrationsabnahme und die Zeit bis zur Gleichgewichtseinstellung kalkuliert werden. Bei langfristiger, gleichmäßiger Emission nähern sich die Konzentrationen allmählich den Werten, die man anhand der Gleichungen der 3. Ebene erhält.

Auf der fünften Ebene schließlich können auch räumliche und zeitliche Variationen der Konzentration innerhalb der Kompartimente berechnet werden. Die Beschreibung des Verteilungsmusters erfolgt durch Normal-, logarithmische oder Weibull-Funktionen, wobei es für jede Funktion zwei Formen gibt: eine normale Verteilungsfunktion mit y als Ordinate und eine kumulative Verteilungsfunktion mit F als Ordinate (Abb. 5.16). Enthält das gesamte Volumen V_T des Kompartimentes M Mol der Substanz in heterogener Verteilung, dann ist y (in m^3/mol) der Anteil des Gesamtvolumens, in dem die Konzentration im Bereich von C bis C + ΔC liegt. F (dimensionslos) dagegen ist der Volumenanteil, in dem weniger Substanz als eine gegebene Konzentration vorliegt. Dabei gelten die Grenzwerte C → ∞, F → 1 und y → 0. Wenn C = 0 ist, dann ist auch F = 0. Der Anteil des Volumens mit einer Konzentration zwischen C und C + ΔC läßt sich

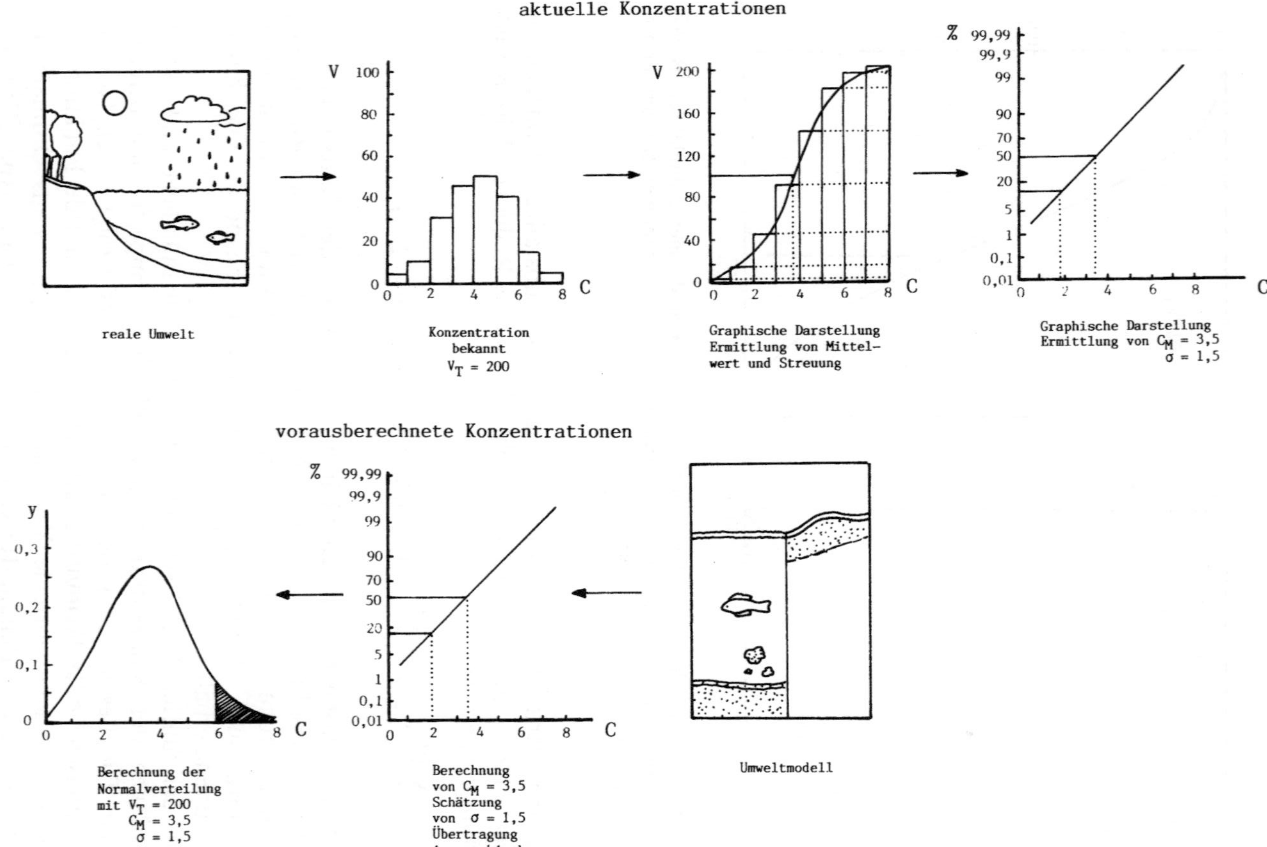

Abb. 5.17. Möglichkeit der Auswertung von Monitoring-Daten und geschätzten Konzentrationen im Rahmen des Fugazitäts-Modells. **a** vorwärtsgerichtetes Verfahren; **b** rückwärtsgerichtetes Verfahren. [Nach de Greef et al.]

aus der y-Kurve (als $V_T y \, \Delta C$) oder der F-Kurve (als $V_T \, \Delta F$) entnehmen. Die Substanzmengen werden dann bestimmt als $\Sigma \, C \, V_T \, y \, \Delta C$ oder als $\Sigma \, C \, V_T \, \Delta F$, und die Gesamtmenge der Chemikalie im Kompartiment erhält man über die Gleichung

$$V_T \cdot C_M = V_T \int\limits_0^\infty (Cy) \, dC$$

C_M = mittlere Konzentration

Zur Anwendung dieser Ebene auf reale Umweltsituationen können Monitoring-Daten gegen ein bekanntes Gesamtvolumen aufgetragen und M, C_M und die Streuung berechnet werden (Abb. 5.17a). Umgekehrt können diese Werte auch geschätzt werden, und aus ihnen kann dann auf die zu erwartende Verteilung geschlossen werden (Abb. 5.17b). Legt man nicht reale Umweltsysteme, sondern Modellsysteme zugrunde, dann eignen sich die Fugazitätsmodelle auch für den Vergleich des Verhaltens von Chemikalien und die Gewinnung allgemeiner Verhaltensmuster.

5.2.2 Expositionsanalyse auf der Basis des OECD-MPD

1982 wurde der Beschluß C (82) 196 (Final) der OECD veröffentlicht, in dem die Mitgliedstaaten aufgefordert wurden, vor der Vermarktung neuer Chemikalien genügend Informationen zur Verfügung zu stellen, anhand derer das zu erwartende Risiko geschätzt werden kann. Dafür wurde eine Liste von Parametern (MPD = Minimum Pre-Marketing Set of Data, vgl. Tabelle 5.6) erstellt, die als Ausgangspunkt für eine Bewertung dienen können. Um den Anmeldern entgegenzukommen, wurde beschlossen, auch die Expositionsanalyse ausschließlich mit den Informationen des MPD durchzuführen. Das bedeutet, daß alle wichtigen Transport- und Transformationswege einer Substanz entweder als Funktion dieser Daten ausgedrückt werden oder doch aus diesen Daten Schlüsse auf typische bzw. maximale Belastungen möglich sein sollten. Tabelle 5.7 (s. S. 342) gibt einen Überblick über die Gleichungen, anhand derer auf der Basis des MPD Verteilung und Umwandlungen geschätzt werden können.

Die Exposition umfaßt generell zweierlei: die potentielle Verteilung (PED = Potential Environmental Distribution) und die potentielle Konzentration (PEC = Potential Environmental Concentration). Während die PEC einen Ungleichgewichtszustand, etwa nach der Emission einer Substanz durch eine Punktquelle, beschreibt, wird bei der Ermittlung der PED die Situation nach der Einstellung eines thermodynamischen bzw. Fließgleichgewichtes geschätzt. Die Parameter, von denen die Verteilung abhängt, sind im MPD enthalten; für die Bestimmung des PEC dagegen müssen systemcharakteristische Eigenschaften und das Emissionsmuster bekannt sein. Für die Berechnung der PEC werden Fugazitätsmodelle verwendet. Die Volumina, die von der OECD für das Standard-Umweltsystem

Tabelle 5.6. Test-Parameter für das OECD-MPD (Minimum Premarketing Set of Data).
[Nach Klein]

Identifikationsdaten	Nomenklaturbezeichnung (IUPAC) Andere Bezeichnungen Strukturformel CAS-Nummer Spektren des technischen und des gereinigten Produktes Reinheitsgrad des technischen Produktes Art und Anteil der Verunreinigungen Notwendige Zusätze oder Stabilisatoren und ihr Gewichtsanteil
Produktions- und anwendungsbezogene Daten	Geschätzte Jahresproduktion (in t/a) Beabsichtigte Anwendung Vorschläge bezüglich Beseitigung oder Wiederverwendung Art des Transportes Empfohlene Sicherheits- und Sofortmaßnahmen
Physikalisch-chemische Daten	Schmelzpunkt Siedepunkt Relative Dichte Dampfdruck Wasserlöslichkeit Verteilungskoeffizient Hydrolyse Spektren Adsorption/Desorption Dissoziationskonstante Partikelgröße
Daten zur akuten und chronischen Toxizität	Akute Toxizität oral Akute Toxizität dermal Akute Toxizität inhalativ Hautreizung Hautsensibilisierung Augenreizung Toxizität im 14- bis 28-Tage-Test bei wiederholter Exposition Mutagenität
Daten zur Ökotoxizität	LC_{50} Fisch, 96 h Reproduktion Daphnien, 14 Tage Wachstumsinhibition Alge, 4 Tage
Daten zu Abbau und Akkumulation	Biodegradation (Leichtigkeit des Abbaus) Bioakkumulation (n-Octanol/Wasser-Verteilungskoeffizient, Fett- und Wasserlöslichkeit, Bioabbaubarkeit)

angegeben wurden, sind in Abb. 5.18 angegeben. Die benötigten Daten umfassen

- Molekülmasse
- Wasserlöslichkeit
- Dampfdruck
- n-Octanol/Wasser-Verteilungskoeffizient
- Adsorptionskoeffizient.

Es kann entweder die Massenverteilung P_i zwischen den Kompartimenten berechnet werden oder der Anteil P_i' in einem bestimmten Kompartiment nach der Gleichgewichtseinstellung. Während die P_i-Werte Informationen darüber liefern, wie sich die Chemikalie zwischen den Kompartimenten verteilt, zeigen die P_i'-Werte, in welchen Kompartimenten die höchsten Konzentrationen zu erwarten sind. Letzteres ist dann von Bedeutung, wenn die Belastung eines bestimmten Kompartimentes beurteilt werden soll.

5.2.3 Expositionsanalyse im Rahmen des E4Chem-Modells

Um für die Bewertung des relativen Gefahrenpotentials von Chemikalien mittels des E4Chem-Modells die voraussichtliche Exposition schätzen zu

Tabelle 5.7. Hauptprozesse der Verteilung und des Abbaus in der Umwelt und ihre mathematische Repräsentation. [Nach Klein]

Prozeß	Berechnung	Benötigte MPD-Daten	Benötigte umweltbezogene Daten
Luft/Wasser Transfer und Verteilung	$k_{WA} = \dfrac{(H/R \cdot T) \cdot k_l \cdot k_g}{(H/R \cdot T) \cdot k_g + k_l} \cdot \dfrac{A}{V_W}$ $[h^{-1}]$ $k_{AW} = \dfrac{k_l \cdot k_g}{(H/R \cdot T) \cdot k_g + k_l} \cdot \dfrac{A}{V_A}$ $[h^{-1}]$ $K_{AW} = \dfrac{P \cdot M}{1000\, S \cdot R \cdot T}$ k_{WA} = Wasser/Luft-Transfer-Geschwindigkeitskonstante k_{AW} = Luft/Wasser-Transfer-Geschwindigkeitskonstante K_{AW} = Luft/Wasser-Verteilungskoeffizient k_g = Gasphasen-Austauschkoeffizient = $k_{gl} \cdot \sqrt{18/M}$ $[cm \cdot s^{-1}]$ k_l = Flüssigphasen-Austauschkoeffizient $k_{ll} \cdot \sqrt{44/M}$ $[cm \cdot s^{-1}]$ k_{gl} = Gasphasen-Austauschrate für Wasser k_{ll} = Flüssigphasen-Austauschrate für CO_2 H = Henry-Konstante = $\dfrac{p \cdot M}{S \cdot 1000}$ $[Pa \cdot m^3/mol]$ T = 298 K R = 8,314 Pa $\cdot$ m^3/mol $\cdot$ K	Molekülmasse M [g/mol] Dampfdruck P [Pa] Wasserlöslichkeit S [kg/m^3]	Grenzfläche A [m^2] Wasservolumen V_W [m^3] Luftvolumen V_A [m^3] Flußrate, Turbulenz

Tabelle 5.7 (Fortsetzung)

Prozeß	Berechnung	Benötigte MPD-Daten	Benötigte umweltbezogene Daten
Luft/Boden Transfer und Verteilung	$$k_{SA} = \frac{(H/RTK_D\varrho) \cdot k_l \cdot k_g}{(H/RTK_D\varrho) \cdot k_g + k_l} \cdot \frac{A}{V_S}$$ $$k_{AS} = \frac{k_l \cdot k_g}{(H/RTK_D\varrho) \cdot k_g + k_l} \cdot \frac{A}{V_A}$$ $$K_{AS} = \frac{P \cdot M}{1000\, S \cdot R \cdot T \cdot K_D \cdot \varrho}$$ k_{SA} = Boden/Luft-Transfer-Geschwindigkeitskonstante k_{AS} = Luft/Boden-Transfer-Geschwindigkeitskonstante K_{AS} = Luft/Boden-Verteilungskoeffizient	Molekülmasse Dampfdruck Wasserlöslichkeit Adsorptionskoeffizient K_D [m^3 Wasser/10^3 kg Adsorptionsmittel] $= k_{OC}\dfrac{\%\ \text{org. C}}{100}$	Grenzfläche Bodenvolumen V_S [m^3] Luftvolumen Windgeschwindigkeit, Turbulenz Bodendichte ϱ [kg/m^3] % organischer Kohlenstoff
Wasser/ Sediment Verteilung	$\lg K_{OC} = \lg P_{OW} - 0{,}21$ $$K_D = \frac{\%\ \text{org. Kohlenstoff}}{100}$$	n-Octanol/Wasser-Verteilungskoeffizient (P_{OW})	% organischer Kohlenstoff
Leaching	$$R_f = \left(1 + K_D \cdot \left(\frac{1}{\Theta^{2/3}} - 1\right) \cdot \varrho\right)^{-1}$$	Adsorptionskoeffizient	% organischer Kohlenstoff Porenanteil (Θ) Boden
Photolyse	$$k_p = \Phi \sum_\lambda \sigma_\lambda\, J'_\lambda\ [d^{-1}]$$ Φ = Quantenausbeute (wird meistens = 1 gesetzt) k_p = Photolyserate	UV/VIS-Adsorptionsspektrum Adsorptionsquerschnitt (σ_λ) [$cm^2 \cdot$ Moleküle^{-1}]	Solarintensität J'_λ [Photonen $\cdot$ cm$^{-2} \cdot$ d^{-1}]
Oxidation ($^{\cdot}$OH)	$$k'_{OH} = \sum_i n_i\, \alpha_{Hi}\, \beta_{Hi}\, k_{Hi}$$ $$+ \sum \alpha_{Ej}\, k_{Ej} + \sum d_{Ej}$$ $$+ \sum \alpha_{Al}\, k_{Al}$$ k'_{OH} = Geschwindigkeitskonstante 1. Ordnung ($= k_{OH} \cdot [^{\cdot}OH]$) k_{Hi}, k_{Ej}, k_{Al} = Reaktivitäten des i-ten H-Atoms, der j-ten C=C-Doppelbindung bzw. l-ten aromatischen Gruppe α_H, β_H = Effekt von Substituenten in α- bzw. β-Stellung	Strukturformel	OH-Konzentration

Tabelle 5.7 (Fortsetzung)

Prozeß	Berechnung	Benötigte MPD-Daten	Benötigte umweltbezogene Daten
Hydrolyse	$1\ \text{d} \geq t_{1/2} \geq 1\ \text{a}$ $k_H = k_A \cdot [H^+] + k_B \cdot [OH^-]$ $\qquad + k_N\ [s^{-1}]$ $k_A, k_B =$ Geschwindigkeitskonstanten 2. Ordnung der säure- bzw. basenkatalysierten Reaktion $k_N =$ Geschwindigkeitskonstante pseudo-erster Ordnung der neutralen Reaktion	Hydrolyse als Funktion des pH-Wertes	pH-Wert
Biodegradation durch aerobe Bakterien	wenn die Substanz leicht abbaubar ist: $k > 0{,}07\ \text{d}^{-1}$ wenn die Substanz schwer abbaubar ist: $k = 0$	Daten zur Biodegradation	–
Bioakkumulation in Wasser	$\lg \text{BCF} = 0{,}79\ \lg P_{OW} - 0{,}4$	n-Octanol/Wasser-Verteilungskoeffizient	–
Abiotische Akkumulation	$\lg K_{OC} = \lg P_{OW} - 0{,}21$ $\lg K_{OC} = 0{,}544\ P_{OW} + 1{,}37$	n-Octanol/Wasser-Verteilungskoeffizient	% organischer Kohlenstoff

Für den Transport innerhalb der Phasen, die Oxidation durch O_3 und $ROO^{\cdot}$ und die Biodegradation durch anaerobe Bakterien stehen noch keine Berechnungsmöglichkeiten zur Verfügung.

können, wurde ein Computermodell entwickelt, mit dem sich anhand von Ort, Art und Umfang der Freisetzung, den Eigenschaften der jeweiligen Substanz und denen des betroffenen Kompartimentes dessen mögliche Belastung berechnen läßt. Dabei repräsentiert jedes der Submodelle einen bestimmten Ausschnitt der Umwelt, so daß der erste Schritt der Expositionsanalyse darin besteht, das wahrscheinlich am höchsten belastete Kompartiment zu ermitteln. Dieses wird sowohl durch die Emissionsquelle bestimmt als auch durch die Eigenschaften der Substanz. Beispielsweise sollte bei einem Stoff, der zwar in die Atmosphäre freigesetzt, dort aber hauptsächlich an Aerosole gebunden wird – erkennbar an einer hohen Depositionsrate im Submodell für die Troposphäre –, zusätzlich das Teilmodell für den Boden angewendet werden.

Für die Kalkulation der Verteilung zwischen den Kompartimenten (vertreten durch die drei thermodynamischen Phasen) wird ein einfaches Gleichgewichtsmodell (EXTND, Abb. 5.19 und 5.20) benutzt, das auf dem Fugazitätsprinzip beruht. Darin werden die Transportprozesse innerhalb der Kompartimente vernachlässigt, der Transport zwischen den Phasen wird

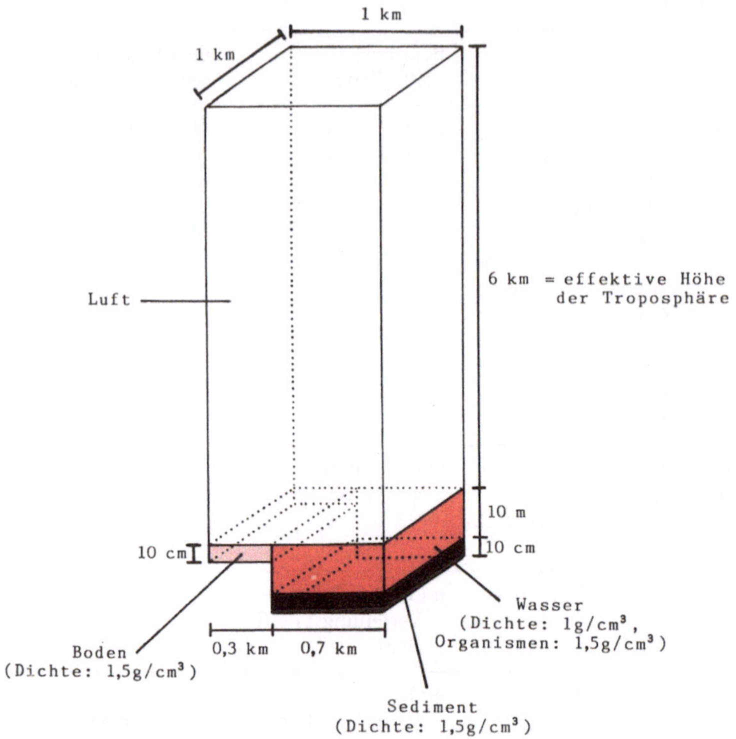

Abb. 5.18. OECD-Standard-Umweltmodell. [Nach Klein]

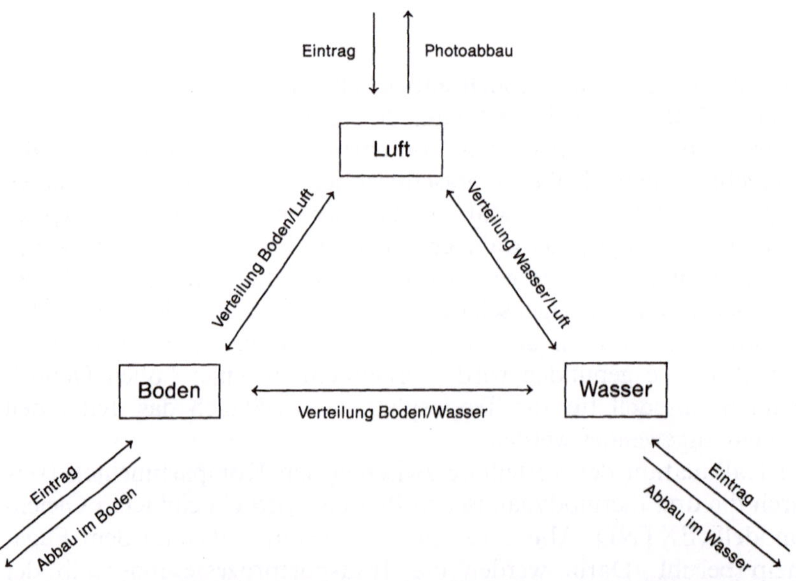

Abb. 5.19. Schematische Darstellung des EXTND-Submodells. [Nach Matthies et al.]

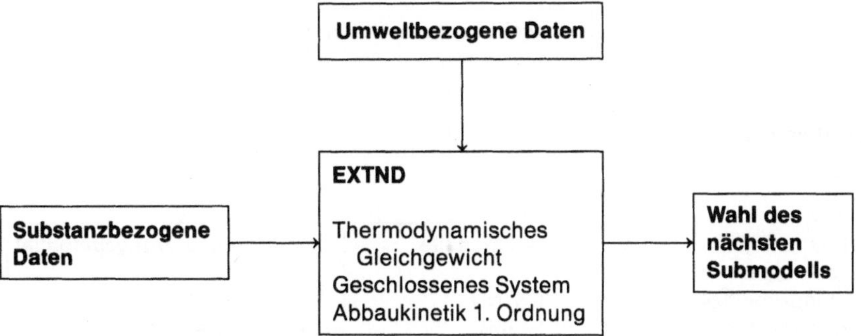

Abb. 5.20. Flußdiagramm für das EXTND-Modell. [Nach Matthies et al.]

anhand der Verteilungskoeffizienten berechnet, und für die biotischen und abiotischen Abbauprozesse wird eine Kinetik erster Ordnung angenommen. Des weiteren gehen Volumen und Dichte der drei Phasen, der pH-Wert und der Gehalt des Sorptionsmittels an organischem Kohlenstoff ein. Die Verteilung und das Verhalten der Chemikalie innerhalb der Kompartimente wird anschließend mit einem der Submodelle EXAIR, EXWAT oder EXSOL geschätzt. Alle drei verwenden die gleichen substanzbezogenen Parameter (Abb. 5.21), gehen aber von unterschiedlichen umweltbezogenen Daten aus.

Das EXAIR-Modell (Abb. 5.22) dient dazu, den atmosphärischen Transport mittlerer Reichweite bei flächenhafter Emission, wie durch Städte, landwirtschaftlich genutzte Areale oder Verkehrsadern, zu berechnen. Drei Hauptprozesse, die an der Verringerung der Ausgangskonzentration beteiligt sind, werden berücksichtigt:
– Winddrift
– nasse und trockene Deposition
– direkter und indirekter Photoabbau

Die Konzentration C in der Entfernung x von der Emissionsquelle erhält man über die Gleichung

$$C_x = C_0 \cdot A \cdot \exp^{\left\{-(B+C+D)\frac{x}{u}\right\}}$$

C_x = Konzentration in der Entfernung x

C_0 = Konzentration am Emissionsort

A = Verdünnung durch laterale Verteilung

B = trockene Deposition

C = nasse Deposition

D = Degradation

x = Entfernung in Windrichtung

u = durchschnittliche, vertikale Windgeschwindigkeit der Durchmischungsschicht

Problematisch ist dabei vor allem die Bestimmung des Verteilungsgleichgewichtes zwischen der Gasphase und der Oberfläche der Aerosole. Auch

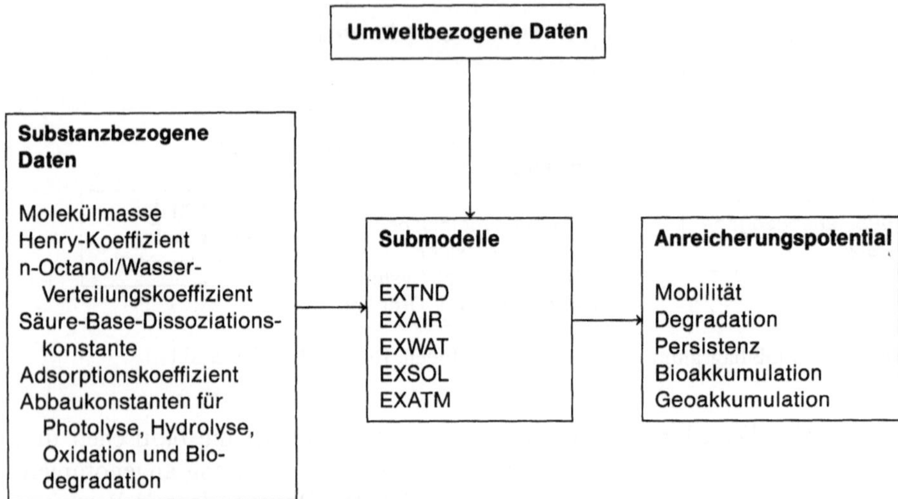

Abb. 5.21. Flußdiagramm für die Gesamtheit der Submodelle. [Nach Matthies et al.]

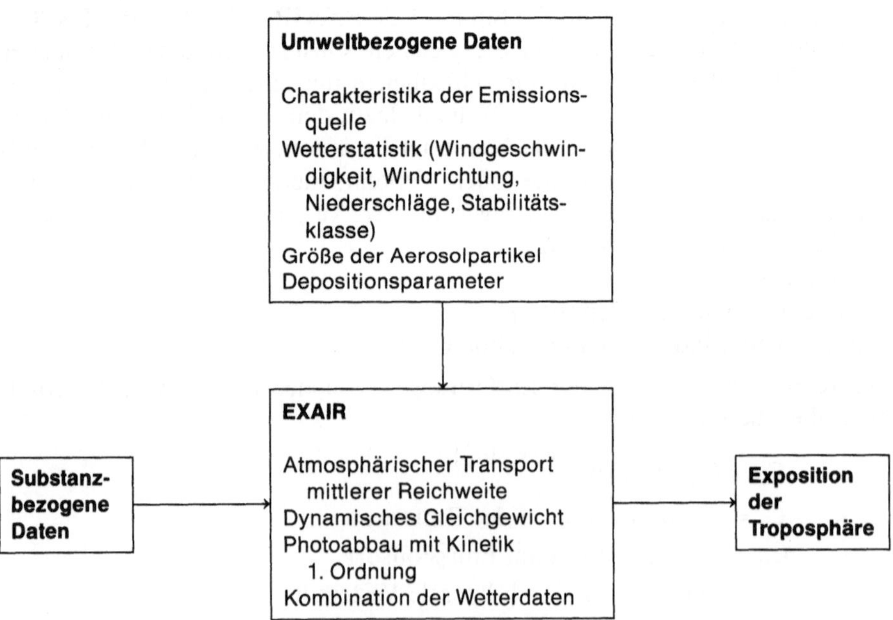

Abb. 5.22. Flußdiagramm für das EXAIR-Modell. [Nach Matthies et al.]

die Geschwindigkeit der trockenen Deposition bei Gasen ist nur für wenige Substanzen bekannt.

Die potentiellen Konzentrationen von Chemikalien im Boden werden mittels des EXSOL-Modells (Abb. 5.23) vorausgesagt. Dieses ist aus drei Subsystemen zusammengesetzt: dem Boden, dem Bodenwasser und der Bodenluft. Der Transport der Substanz kann je nach ihrem Aggregatzu-

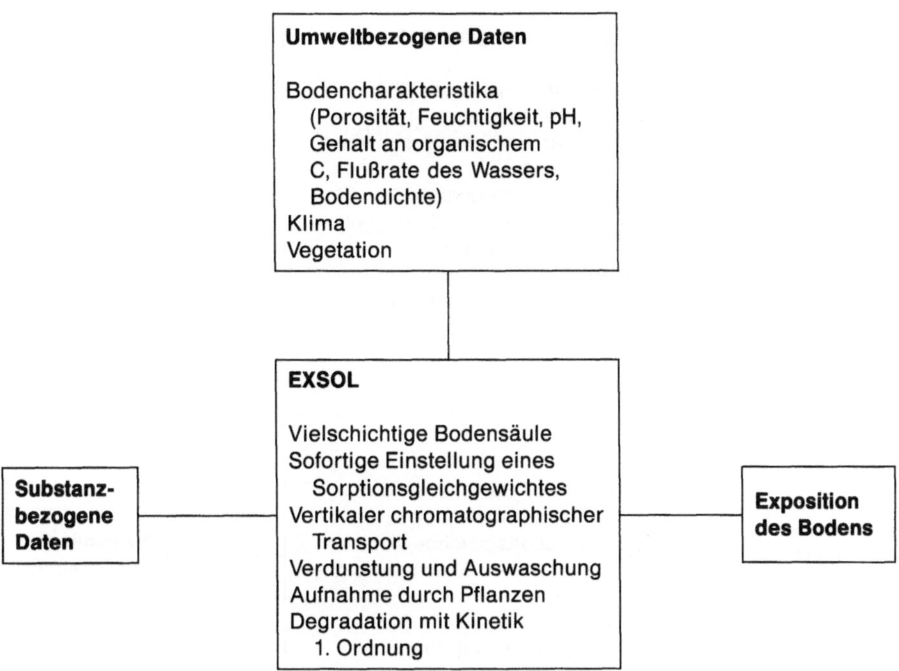

Abb. 5.23. Flußdiagramm für das EXSOL-Modell. [Nach Matthies et al.]

stand bzw. Löslichkeitsverhalten über die Gas- oder die wäßrige Phase
verlaufen. Zusätzlich spielen Verdampfung, Auslaugung und abiotische
bzw. mikrobielle Umwandlungen eine Rolle. Die Aufnahme durch Wurzeln,
der Transport in die Pflanzen und die Konzentrationen in ihnen werden
anhand der n-Octanol/Wasser-Verteilungskoeffizienten und der Biokonzentrationsfaktoren berechnet.

Schließlich gibt es noch zwei Modelle, eines für das Kompartiment Wasser (EXWAT) und ein zweites für die Luft (EXATM). Das EXWAT-Modell
(Abb. 5.24) enthält freies Wasser (stehend und fließend) und Sediment als
Teilsysteme, für die ein thermodynamisches Gleichgewicht und Abbau in
beiden Phasen angenommen wird. Das EXATM-Modell dient der Kalkulation des Austausches zwischen Troposphäre und Stratosphäre und setzt
sich aus jeweils vier troposphärischen und stratosphärischen Subsystemen zusammen, die Berührungsflächen überall dort aufweisen, wo in den
60er Jahren starke Konzentrationsgefälle von Radionukliden beobachtet
wurden, entsprechend dem globalen atmosphärischen Zirkulationssystem.
Noch nicht einbezogen in das Gesamtkonzept sind die Umweltbereiche
Grundwasser und Meere.

All diese Submodelle müssen für jede Substanz bzw. Substanzklasse
kalibriert und verifiziert werden. So wurde beispielsweise das EXATM-
Modell durch Anwendung auf das global verteilte Freon 11 (CCl_3F) getestet. Dazu wurde die troposphärische Konzentration, die aufgrund der

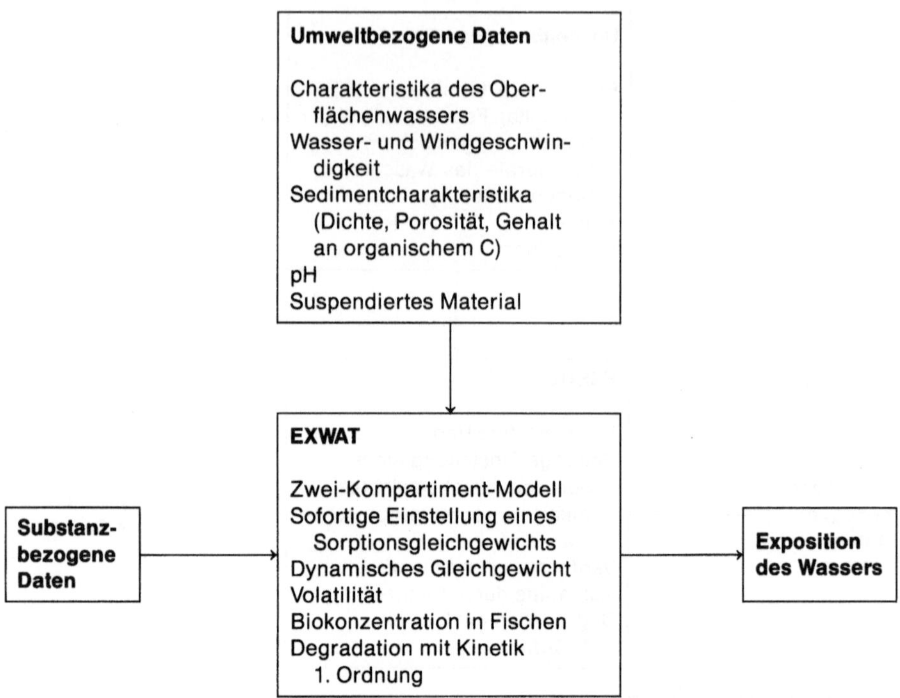

Abb. 5.24. Flußdiagramm für das EXWAT-Modell. [Nach Matthies et al.]

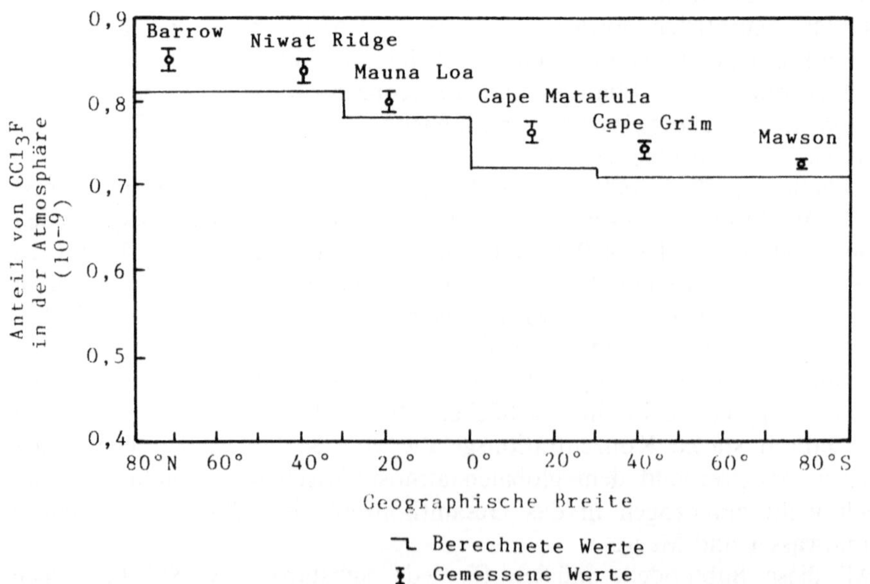

Abb. 5.25. Vergleich der für den Januar 1979 berechneten globalen Konzentrationen an CCl_3F mit den im gleichen Zeitraum an sechs Meßstationen registrierten Werten. [Nach Matthies et al.]

für den Zeitraum 1960–1979 geschätzten, weltweiten Freisetzungsrate für den Januar 1979 berechnet wurde, mit derjenigen verglichen, die im gleichen Monat im Rahmen eines Monitoring-Programms an sechs Meßstationen aufgezeichnet wurde (Abb. 5.25). Die geringfügige Differenz zwischen kalkulierten und gemessenen Werten läßt sich durch eine Unterschätzung der Freisetzungsrate erklären, so daß sich das Ergebnis als Indiz dafür betrachten läßt, daß sich mit diesem Modell vergleichsweise realistische Resultate erzielen lassen.

5.2.4 Expositionsanalyse anhand von Produktionshöhe und Anwendungsmuster

Das größte Problem bei der Prognose von Exposition und Gefahrenpotential besteht oft im Mangel an Daten. Bei den wichtigsten Verbindungen sind das Anwendungsmuster und eventuell auch das ungefähre Produktionsvolumen in Handbüchern zu finden, aber bei den meisten Chemikalien sind lediglich CAS-Nummer, Name und Strukturformel bekannt, und manchmal nicht einmal alle drei. Selbst wenn weitere Daten bereits veröffentlicht wurden, sind Recherchen oft zu zeit- oder kostenaufwendig, da sich der überwiegende Teil der Quellen entweder nur auf Produktion und Handel bezieht oder auf physikalisch-chemische Eigenschaften oder auf biologisch-toxikologische. Aufgrund finanzieller und zeitlicher Beschränkungen können auch nicht so viele Verbindungen getestet werden, daß sich Struktur-Aktivitätsbeziehungen o. a. Korrelationen aufstellen ließen. Es ist deshalb für die Bewertung oft notwendig, mit den wenigen zur Verfügung stehenden Daten auszukommen.

Für solche Fälle wurde ein Verfahren zur groben Schätzung der Exposition vorgeschlagen, das auf einfachen empirischen Regeln beruht. Das Anwendungsmuster z. B. läßt sich anhand solcher Regeln der Strukturformel entnehmen. Dabei wird die Zugehörigkeit der Substanz zu einer bestimmten Anwendungsgruppe aus der Molekülmasse, der An- oder Abwesenheit bestimmter funktioneller Gruppen o. a. abgeleitet. So gilt etwa, daß
- Lösungsmittel eine niedrige Molekülmasse (< 200) besitzen
- Zwischenprodukte durch reaktive funktionelle Gruppen ($-NH_2$, $-NO_2$, $-Cl$) gekennzeichnet sind
- Farbstoffe sich durch konjugierte Doppelbindungssysteme auszeichnen
- Insektizide zu ca. zehn Substanzgruppen (Carbamate, Phosphorsäureester, flüchtige chlorierte oder bromierte Alkane u. a.) gehören.

Um die Fehleranfälligkeit einer Klassifizierung mit Hilfe solcher Regeln zu testen, wurde eine Reihe von zufallsmäßig ausgewählten Verbindungen zwei Chemikern zur Schätzung des Anwendungsmusters vorgelegt und deren Angaben mit denen eines Handbuches verglichen. Dabei wurden von insgesamt 15 Substanzen 12 richtig eingeschätzt. Für eine provisorische Einstufung ist demnach die Zuverlässigkeit dieser Methode ausreichend.

Nach dem geschätzten Anwendungsmuster können dann die Chemikalien fünf Gruppen zugeteilt werden, die in unterschiedlichem Ausmaß in die Umwelt gelangen:
- destruktive Anwendung (z. B. Brennstoffe und Zwischenprodukte)
- Anwendung in geschlossenen Systemen (z. B. Katalysatoren)
- offene, nicht dispersive Anwendung (z. B. Schneidflüssigkeiten)
- offene, dispersive Anwendung (z. B. Weichmacher)
- direkte Anwendung in der Umwelt (z. B. Pestizide)

Für die Gruppe der Intermediate, die so umfassend ist, daß sich aus der Zugehörigkeit zu ihr keine brauchbaren Informationen entnehmen lassen, wurde außerdem eine Unterscheidung je nach der Klasse des Endproduktes (Polymere, Pestizide, Pharmazeutika) vorgeschlagen.

Für all diese Gruppen gilt, daß es während der Herstellung, der Verarbeitung und des Endverbrauchs zu Emissionen in die Umwelt kommt. Diese liegen in der Größenordnung von 0,1 % während der Produktion und insgesamt zwischen 0,01 und 8 % in kontrollierten Situationen, ohne Berücksichtigung des Endverbrauchs, bei dem Emissionen bis zu 100 % möglich sind. Daraus ergeben sich für die einzelnen Klassen folgende Freisetzungsmengen:
- destruktive Anwendung: 1–10 %
- Anwendung in geschlossenen Systemen: 1–10 %
- offene, nicht dispersive Anwendung: 10–100 %
- offene, dispersive Anwendung: 100 %
- direkte Anwendung in der Umwelt: 100 %

Anwendungsklasse / Produktionsvolumen	destruktive Anwendung	Anwendung in geschlossenen Systemen	offene, nicht dispersive Anwendung	offene, dispersive Anwendung	direkte Anwendung in der Umwelt
hoch	Brennstoffe, Zwischenprodukte			Lösungsmittel	
mittel				Desinfektionsmittel, Weichmacher	Pestizide
niedrig					

Abb. 5.26. Matrix zur Schätzung des Expositionspotentials von Chemikalien anhand der Anwendungsgruppe und des Produktionsvolumens. [Nach Rippen et al.]

Obwohl die Exposition durch das spezielle Anwendungsmuster einer Verbindung oder Sicherheitsmaßnahmen noch reduziert werden kann, läßt sich diesen Zahlen doch die maximal mögliche Belastung der Umwelt entnehmen.

Da die Exposition nicht nur vom Anwendungsmuster, sondern auch von der Produktionshöhe bestimmt wird, wurden die fünf Klassen zusätzlich in drei Bereiche mit hohem, mittlerem und niedrigem Produktionsvolumen unterteilt. Dadurch ergibt sich eine Matrix (Abb. 5.26), bei der der rechte, obere Teil diejenigen Substanzen umfaßt, deren Expositionspotential voraussichtlich hoch ist und die deshalb bei einer genaueren Prüfung zuerst berücksichtigt werden sollten.

Die Sicherheit dieses Verfahrens bei seiner Anwendung zur Erstellung einer Rangfolge läßt sich beim Vorliegen von mehr Informationen erhöhen, indem man die Matrix um die Dimensionen Persistenz und Toxizität erweitert. Das würde z. B. die Unterscheidung von Verbindungen wie Benzol und n-Hexan ermöglichen, die beide als Bestandteile von Benzin der Kategorie „hohes Produktionsvolumen und destruktive Nutzung" zuzuordnen sind. Während n-Hexan wenig toxisch ist und in der Luft eine relativ kurze Lebensdauer besitzt, ist Benzol karzinogen und sehr viel stabiler, so daß dem letzteren trotz der annähernd gleichen Exposition höhere Priorität eingeräumt werden sollte.

5.3 Methoden der Wirkungsanalyse

Ein wichtiger Bestandteil aller Verfahren zur Bewertung des Gefahrenpotentials von Chemikalien sollte die Prognose der möglichen Wirkungen auf Arten und natürliche Systeme sein. Es gibt aber sehr wenige Modelle, die wirklich dazu geeignet sind, Informationen über den Effekt einer Substanz auf ein System zu liefern. In den meisten Konzepten wird die Ökotoxizität lediglich als Funktion bestimmter, durch Tests überprüfbarer, toxischer Effekte betrachtet, und von den systembezogenen Modellen gehen viele über den Ansatz – Prognose der Exposition und Forderung zur umfassenderen Bereitstellung von Daten – nicht hinaus. Die Ursache dafür liegt nicht nur im Mangel an substanz- bzw. systembezogenen Daten, sondern auch darin, daß Resultate der meisten Tests und Monitoring-Programme nichts über das Zusammenwirken der Glieder eines Systems unter natürlichen Bedingungen aussagen können.

So bestehen die gesetzlich geforderten Prüfungen überwiegend aus Monospezies-Tests, denen sich, streng genommen, nur die Wirkung der Substanz auf die untersuchte Art unter Testbedingungen entnehmen läßt. Auch die Ökotoxizitätstests der höheren Stufen liefern letztlich nur Anhaltspunkte dafür, wie sich die Substanz in der Umwelt unter bestimmten Bedingungen verhalten kann, nicht aber darüber, wie sie sich in einem spezifischen Ökosystem unter realen Bedingungen verhalten wird. Vor

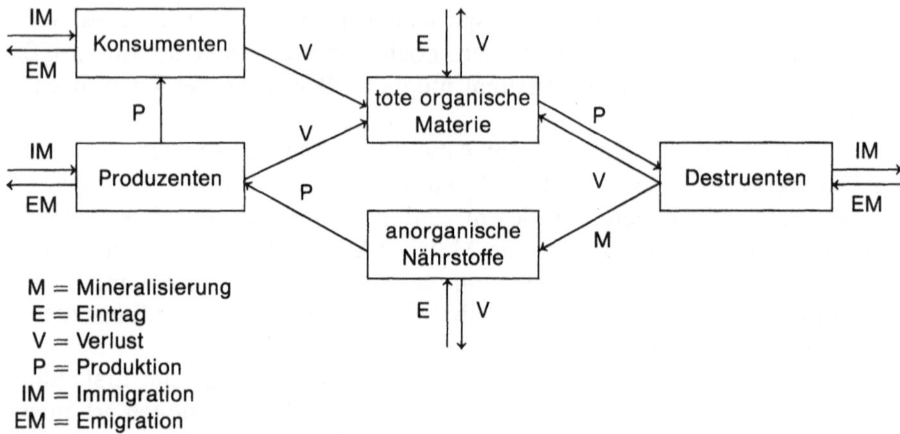

Abb. 5.27. Kompartimente und Prozesse des Umweltmodells. [Nach Benz]

allem Langzeiteffekte, wie die Änderung von Populationsdichten oder die Verschiebung des Gleichgewichtes zwischen den Arten eines Systems, lassen sich nur sehr grob schätzen.

Als Beispiel für Konzepte zur Bewertung der Wirkung von Chemikalien auf natürliche Systeme soll ein Teilmodell beschrieben werden, das zum E4Chem-Modell gehört. Es simuliert die wichtigsten dynamischen Prozesse von Ökosystemen unter Betonung der Nährstoffzyklen und ermöglicht so allgemeine Aussagen über die Änderung der Massenbalance unter dem Einfluß einer Chemikalie.

Um den Stofffluß berechnen zu können, wird die Umwelt in fünf Kompartimente unterteilt, von denen drei (Produzenten, Konsumenten und Destruenten) die trophischen Ebenen repräsentieren und durch Metabolismus und eine spezifische Ernährungsweise gekennzeichnet sind. Die anderen beiden Kompartimente entsprechen den Bereichen „tote organische Materie" und „anorganische Nährstoffe". Sämtliche Kompartimente stehen durch Stofftransfer miteinander in Verbindung (Abb. 5.27). Für die Erfassung der Populationsdynamik wird angenommen, daß sich die Individuen einer Population in einem der folgenden Zustände befinden:
– vital, d.h. fähig zur Reproduktion
– nicht-vital, d.h. lebend, aber unfähig zur Reproduktion
– tot

Innerhalb der ersten beiden Zustände sind die Individuen durch die Zahl ihrer Defekte gekennzeichnet, wobei Defekte als irreversible Störungen der Lebensfähigkeit definiert sind. Von der Zahl der Defekte hängt die Wahrscheinlichkeit des Übergangs zwischen den Zuständen ab, während die Wahrscheinlichkeit des Auftretens eines Defektes eine Funktion aller biotischen und abiotischen Streßfaktoren ist. Von diesen werden im Modell nur die Ernährungssituation und die Auswirkungen von Chemikalien berücksichtigt. Dabei läßt sich der Einfluß der Ernährung als Sättigungs-

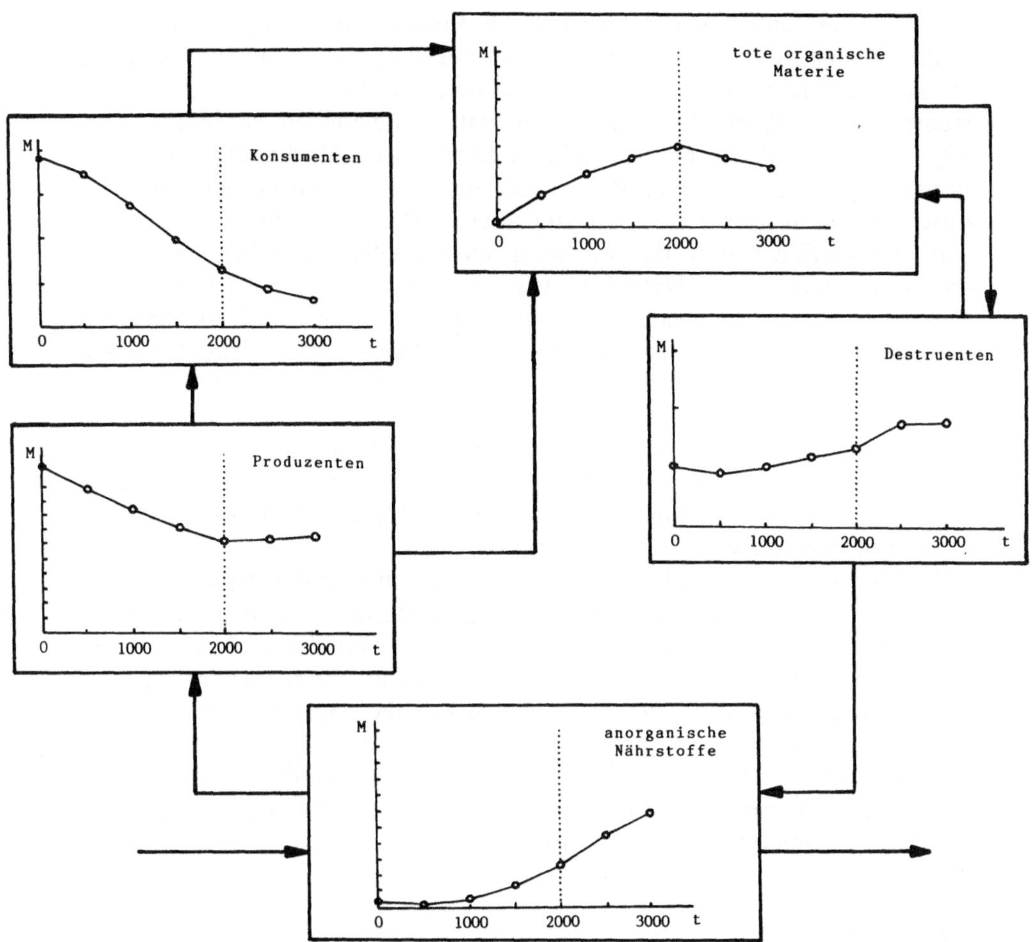

Abb. 5.28. Entwicklung der Masse der Kompartimente (M) während und nach der Belastung durch eine Chemikalie bei einer Dosis von 0,5 Einheiten und einer Expositionsdauer von 2000 Zeiteinheiten. [Nach Benz]

funktion formulieren, während der Effekt von Substanzen durch eine Dosis-Wirkungsfunktion beschrieben wird. Informationen über die Zusammenhänge zwischen Streßfaktoren und Defekten erhält man durch die Messung der Effekte unter der Voraussetzung, daß die Effekte unabhängig voneinander auftreten und jeder Effekt eine Vielzahl von Defekten anzeigt. Testresultate sind nur dann verwendbar, wenn sie nicht nur, wie gesetzlich vorgeschrieben, an einer einzelnen Art gewonnen werden, sondern an mehreren Arten, die repräsentativ für die Gruppen des Modells sind; desgleichen sind Testergebnisse geeignet, die Aussagen über die funktionale Qualität dieser Gruppen (z. B. über die Inhibition der Assimilation) ermöglichen.

Vitale Individuen liefern einen positiven Beitrag zur Populationsmasse und nicht-vitale einen negativen. Berechnet man die Änderung der Populationsmassen unter dem längerfristigen Einfluß einer Chemikalie, dann stellt man fest, daß die Reaktion der Population stark von ihrer Stellung im System abhängt (Abb. 5.28). Beispielsweise wurde bei einer Computerstudie eine konstante Exposition von 2000 Zeiteinheiten vorgegeben, gefolgt von einer Phase der sekundären Sukzession. Als Ergebnis sank die Populationsmasse während des ersten Abschnitts sowohl bei den Produzenten als auch bei den Konsumenten, wobei aber die Konsumenten stärker betroffen waren, da sich bei ihnen zusätzlich zur Chemikalie noch die Verringerung der Nahrungsbasis auswirkte. Nach Beendigung der Exposition nahm die Masse der Produzenten wieder leicht zu, während die Reduktion der Konsumenten anhielt. Die Masse der Destruenten nahm zu Beginn der Exposition kurz ab, stieg dann aber trotz des Einflusses des Stressors wieder an als Folge der Zunahme an toter organischer Materie. Die gesteigerte Tätigkeit der Zersetzer führte wiederum zu einer Erhöhung der anorganischen Masse. Aufgrund der niedrigen Produktivität der Produzenten und der Zunahme an anorganischer Materie muß außerdem mit einer erhöhten Auswaschung gerechnet werden.

Da die trophischen Stufen nur in ihrer Gesamtheit in die Berechnung eingehen, ist es zwar möglich, eine gleichmäßige Beeinträchtigung aller Arten eines trophischen Niveaus an der Verringerung von dessen Masse zu erkennen, nicht aber eine Beeinträchtigung einzelner Arten, da im letzteren Fall die Massenabnahme der geschädigten Populationen mit einer Massenzunahme von deren Konkurrenten verbunden sein kann, so daß sich die Gesamtbilanz nicht ändert. Deshalb erlaubt dieses Modell zwar die Prognose der allgemeinen Entwicklung von Ökosystemen, eignet sich aber nicht zur Anwendung auf ein spezifisches System.

Literatur

Astill BD, Lockhart HB, Moses JB, Nasr A, Raleigh RL, Terhaar CJ (1982) Sequential testing for chemical risk assessment. In: Conway RA (Ed) Environmental Risk Analysis for Chemicals, Van Nostrand Reinhold Company, New York

Ahmed AK, Dominguez GS (1982) The development of testing requirements under the Substance Control Act. In: Conway RA (Ed) Environmental Risk Analysis for Chemicals, Van Nostrand Reinhold Company, New York

Benz J (1986) A Modelling Attempt for Estimating Ecotoxicity. In: Environmental Modelling for Priority Setting among Existing Chemicals. Proceedings of the Workshop 11.–13. Nov. 1985 München–Neuherberg. Ecomed, München, S. 354–370

Broecker B (1990) Expositionsanalsye in der Stoffbewertung. In: Bewertung und Begrenzung stoffbedingter Umweltrisiken, Sonderdruck aus Nachrichten aus Chemie, Technik und Laboratorium 1/90. S. 16–19

Broecker B (1986) The Value of Available Models for Environmental Exposure Analysis for Priority Setting in Chemical Industry. In: Environmental Modelling for Priority Setting among Existing Chemicals. Proceedings of the Workshop 11.–13. Nov. 1985 München–Neuherberg, Ecomed, München, S. 268–278

Bro-Rassmussen F (1986) A Proposal for an EEC-Scheme for Definition and Classification of Substances as Dangerous for the Environment. In: Environmental Modelling for Priority Setting among Existing Chemicals. Proceedings of the Workshop 11.–13. Nov. 1985 München–Neuherberg, Ecomed, München, S. 437–445

Coulston F, Korte F (Ed) (1974) Environmental Quality and Safety Vol. 3, Thieme, Academic Press, Stuttgart

Freitag D, Geyer H, Kraus A, Viswanathan R, Kotzias D, Attar A, Klein W, Korte F (1982) Ecotoxicological Profile Analysis VII. Screening Chemicals for their Environmental Behaviour by Comparative Evaluation. Ecotoxicology and Environmental Safety 6:60–81

Gesetz zum Schutz vor gefährlichen Stoffen (Chemikaliengesetz–ChemG) vom 16. Sept. 1980. In: DTV-Umwelt-Recht, 4. Aufl., Beck-Texte im dtv-Verlag, München, 1987

Geyer H, Politzki G, Feitag D (1984) Prediction of Ecotoxicological Behaviour of Chemicals: Relationship between n-Octanol/Water Partition Coefficient and Bioaccumulation of Organic Chemicals by Alga Chlorella. Chemosphere 13:269–284

Greef de E, Mackay D, Paterson S (1986) Recent Developments in Fugacity Modelling and Environmental Exposure. In: Environmental Modelling for Priority Setting among Existing Chemicals. Proceedings of the Workshop 11.–13. Nov. 1985, München–Neuherberg, Ecomed, München, S. 33–77

Haque R (ed) (1980) Dynamics, Exposure and Hazard Assessment of Toxic Chemicals, Ann Arbor Science

Henschler D (1988) Das deutsche System der Bewertung und Regelung gesundheitsgefährdender Arbeitsstoffe. Bericht über das internationale Kolloquium über die Verhütung von Arbeitsunfällen und Berufskrankheiten in der chemischen Industrie, Dez., S. 329–345

Information Required for Regulation of Toxic Substances. Materialien 3/79 des Umweltbundesamtes, Berlin, 1979

Klein AW, (1985) OECD Fate and Mobility Test Methods. In: Hutzinger O (Ed) The Handbook of Environmental Chemistry Vol. 2, Part C, Springer, Berlin, S. 1–28

Klein W, Geyer H, Freitag D, Rohleder H (1984) Sensitivity of Schemes for Ecotoxicological Hazard Ranking of Chemicals. Chemosphere 13:203–211

Korte F, Freitag D, Geyer H, Klein W, Kraus A, Lahaniatis E (1978) Ecotoxicologic Profile Analysis. A Concept for Establishing Ecotoxicologic Priority Lists for Chemicals. Chemosphere 1:79–102

Lee SS (1982) Mathematical modeling for prediction of chemical fate. In: Conway RA (Ed) Environmental Risk Analysis for Chemicals, New York, S. 241–256

Matthies M, Brüggemann R, Trenkle R (1986) A Multimedia Modelling Approach for Comparing the Environmental Fate of Chemicals. In: Environmental Modelling for Priority Setting among Existing Chemicals. Proceedings of the Workshop 11.–13. Nov. 1985 München–Neuherberg. Ecomed, München, S. 211–252

Opperhuizen A, Hutzinger O (1982) Multi-Criteria Analysis and Risk Assessment. Chemosphere 11:675–678

Parlar H Evaluation of the Exposure to the Environment to New Chemicals Put on the Market (Application Directive 79/831/EEC) Proposal for the Commission of the European Communities – DG XI – 2.2.1984

Paterson S, Mackay D (1985) The Fugacity Concept in Environmental Modelling. In: Hutzinger O (Ed) The Handbook of Environmental Chemistry Vol. 2, Part C, Springer, Berlin, S. 121–140

Poremski HJ, Greiner P, Neidhard H (1986) Practical Approaches in Environmental Exposure Analysis. In: Environmental Modelling for Priority Setting among Existing Chemicals. Proceedings of the Workshop 11.–13. Nov. 1985 München–Neuherberg, Ecomed, München, S. 450–454

Rippen G, Frank A, Zietz E (1986) Priority Setting among Existing Chemicals by Means of Use Pattern and Production Volume. In: Environmental Modelling for Priority Setting among Existing Chemicals. Proceedings of the Workshop 11.–13. Nov. 1985 München–Neuherberg, Ecomed, München, S. 482–490

Rohleder H, Münzer B, Voigt K (1985) E4Chem (Exposure and Ecotoxicology Estimation for Environmental Chemicals) – A Computerized Aid for Priority Setting. In: Environmental Modelling for Priority Setting among Existing Chemicals. Proceedings of the Workshop 11.–13. Nov. 1985 München–Neuherberg, Ecomed, München, S. 491–525

Rudolph P, Boje R (1986) Ökotoxikologie, Grundlagen für die ökotoxikologische Bewertung von Umweltchemikalien nach dem Chemikaliengesetz. Ecomed, München
Schmidt-Bleek F, Haberland W (1979) Zur Bewertung von Umweltchemikalien, Zeitschrift für Umweltpolitik 2:127–143
Schmidt-Bleek F, Haberland W, Klein A, Caroli S (1982) Steps towards Environmental Hazard Assessment of New Chemicals (including a Hazard Ranking Scheme, based upon Directive 79/831/EEC). Chemosphere 11:383–415

Sachverzeichnis

Die kursiv gedruckten Zahlen beziehen sich auf Abbildungen

Springer-Verlag und Umwelt

Als internationaler wissenschaftlicher Verlag sind wir uns unserer besonderen Verpflichtung der Umwelt gegenüber bewußt und beziehen umweltorientierte Grundsätze in Unternehmensentscheidungen mit ein.

Von unseren Geschäftspartnern (Druckereien, Papierfabriken, Verpackungsherstellern usw.) verlangen wir, daß sie sowohl beim Herstellungsprozeß selbst als auch beim Einsatz der zur Verwendung kommenden Materialien ökologische Gesichtspunkte berücksichtigen.

Das für dieses Buch verwendete Papier ist aus chlorfrei bzw. chlorarm hergestelltem Zellstoff gefertigt und im pH-Wert neutral.